Zugangscode

Nutzungsdauer 24 Monate

M3MCHV28

https://www.pearson.de/mylab/experimentalphysik3

Experimentalphysik 3

Atome und Kerne

Martin Erdmann
Günter Flügge

Pearson

Bibliografische Information der Deutschen Nationalbibliothek

Die Deutsche Nationalbibliothek verzeichnet diese Publikation in der Deutschen Nationalbibliografie; detaillierte bibliografische Daten sind im Internet über *http://dnb.dnb.de* abrufbar.

Der Umwelt zuliebe verzichten wir auf Einschweißfolie.

10 9 8 7 6 5 4 3 2 1

28 27 26 25

ISBN 978-3-86894-417-4 (Buch)
ISBN 978-3-86326-312-6 (E-Book)

Zugangscode einlösbar bis 30.09.2027

St. Martin-Straße 82, D-81541 München

www.pearson.de
A part of Pearson plc worldwide

Programmleitung: Birger Peil, bpeil@pearson.de
Coverabbildung: © wacomka, Shutterstock
Satz: le-tex publishing services, Leipzig
Druck und Verarbeitung: GraphyCems, Villatuerta, Navarra

Printed in Spain

Inhaltsverzeichnis

Physik Denken

Im Physikstudium eignen Sie sich Fähigkeiten und Methoden an, um Naturvorgänge beschreiben zu können. Professionelles Arbeiten in der Physik erfordert fundierte Kenntnisse über experimentelle Methoden und theoretische Konzepte, die auf mathematischer Basis entwickelt werden. *Physik Denken* ist ein integratives Lehrkonzept, das Sie an das moderne Physikverständnis heranführt.

Die dreibändige Lehrbuchreihe zur Experimentalphysik orientiert sich an den Anforderungen des Bachelorstudiums Physik. Unterteilt in *Mechanik und Wärme, Felder und Wellen, Atome und Kerne*, vermittelt Ihnen diese Reihe die Themenbereiche, die in Lehrveranstaltungen präsentiert und in Prüfungen abgefragt werden.

Jedes dieser Lehrbücher unterstützt Sie im Studium mit einem breit angelegten Instrumentarium:

- Passende Lernstoffportionen helfen, Ihren Lernfortschritt zu strukturieren.
- Das Lehrbuch gibt Ihnen ausführliche Berechnungen an die Hand, wie sie zum Verständnis der physikalischen Zusammenhänge erforderlich sind und in Übungsaufgaben und Klausuren gefordert werden.
- Zahlreiche präzise Abbildungen unterstützen Ihren Verständnisprozess.
- Das Buch hält mehrere hilfreiche Kästen für Sie bereit: In den Kästen *Beispiele* werden Anwendungen physikalischer Konzepte vorgestellt, und in den Kästen *Experimente* werden Demonstrationsversuche beschrieben. Kurze *mathematische Einschübe* erklären mathematische Symbole und ihre Bedeutung.
- In den Demonstrationsexperimenten für Vorlesungen untersuchen wir fundamentale Konzepte quantitativ anhand der Messdaten und zeigen entsprechende Auswertungen. Ebenso nutzen wir Datenbanken und Daten aus Veröffentlichungen, um physikalische Konzepte in Verteilungen darzustellen.
- Die Kästen *Zusammenfassungen* geben in Kurzform die wichtigsten Konzepte jedes Kapitels für die Vorbereitung von Klausuren und mündlichen Prüfungen wieder.

Gespräche über themenübergreifende Fragestellungen sind erfahrungsgemäß für den Lernfortschritt besonders wichtig und sollten frühzeitig mit Studienpartnern begonnen und praktiziert werden. In mündlichen Prüfungen sind sie der Gradmesser für den Wissensstand über physikalische Methoden und Konzepte:

- Damit Sie Ihren Lernfortschritt überprüfen können, gibt es in den Kapiteln *Gemeinsam verstehen* Aufgabenstellungen für Partnerarbeit. Im Anhang des elektronischen Lehrbuchs bzw. im Online-Bereich des Pearson Verlags finden Sie Skizzen möglicher Gesprächsverläufe.
- Außerdem sind für Selbsttests einige *Aufgaben* zusammengestellt, deren Lösungen Sie sämtlich im Anhang des elektronischen Lehrbuchs bzw. im Online-Bereich des Pearson Verlags finden.
- Darüber hinaus haben Sie Zugriff auf zahlreiche Online-Aufgaben in *MyLab Physik* des Pearson Verlags.

Der vorliegende Band vermittelt Ihnen die grundlegenden Phänomene zur Physik der *Atome und Kerne*. Zunächst werden die Phänomene der Quantenphysik eingeführt, die häufig bereits in Physik-Leistungskursen zumindest angesprochen werden. Ergänzt wird dieser Teil 1 durch eine pragmatische Einführung in quantenmechanische Berechnungen. Thema des zweiten Teils ist das Wasserstoffatom als grundlegendes Beispiel für eine Elektron-Proton-Bindung aufgrund elektromagnetischer Wechselwirkung. Der dritte Teil erklärt die Atome als Mehrelektronensysteme und untersucht die Strukturen der Atomhülle. Der vierte Teil wendet sich der Kernphysik zu, die Bindungszustände von Protonen und Neutronen aufgrund der starken Wechselwirkung beschreibt.

Dieses Lehrbuch hat sich in Struktur, Text, Datenanalysen, Abbildungen über mehr als zehn Jahre aus meinen Vorlesungen heraus kontinuierlich entwickelt. Meinem Kollegen Prof. Dr. Lutz Feld mit seinem Team danke ich für die herausragenden Experimente der Physik-Sammlung und meinen Mitarbeitern für die sorgfältige Durchführung der Experimente. Den Studierenden meiner Vorlesungen danke ich für zahlreiche weiterführende Diskussionen und Zuarbeiten bei den Abbildungen. Meinem Kollegen Prof. Dr. Günter Flügge danke ich für seinen ausführlichen Gesamtreview der Lehrinhalte und für sehr hilfreiche Textbeiträge. Für die langjährige Zusammenarbeit und hervorragende Gestaltung der Lehrbuchreihe danke ich dem Pearson Verlag, insbesondere dem Lektor Herrn Birger Peil.

Schließlich wende ich mich an Sie als Leserinnen und Leser mit der Bitte um Hinweise auf mögliche Unstimmigkeiten, die trotz der großen Sorgfalt bei der Erstellung des Lehrbuchs auffallen (erdmann@physik.rwth-aachen.de).

Aachen

Univ.-Prof. Dr. rer. nat. Martin Erdmann
Herausgeber

MyLab | Experimentalphysik 3 – Learn a little... do a little

Zugangscode vorne im Buch

Ebenfalls enthalten, wie im Klassiker Giancoli Physik, ist die Umsetzung des bei Studierenden bewährten didaktischen Konzepts der digitalen Arbeitsblätter *Learn a little... do a little*. Hier werden mit Ihnen im zum Buch gehörigen **MyLab | Experimentalphysik 3** interaktive Aufgaben in Schritt-für-Schritt-Lösungen mit Zwischenergebnissen und Herleitungen durchgearbeitet. Verschiedene Aufgaben unterschiedlicher Schwierigkeitsgrade helfen Ihnen dabei, sich am Verständnis der Physik zu erfreuen.

Ebenso in **MyLab | Experimentalphysik 3** enthalten ist ein Klausurtrainer, mit dem Sie sich Aufgaben als Übungsklausur generieren lassen können und der Ihnen als Auswertung Empfehlungen zur Wiederholung von Kapiteln des Lehrbuchs gibt.

Das *Gradebook* in **MyLab | Experimentalphysik 3** gibt Ihnen eine Übersicht der Aufgaben, die sie absolviert haben, sodass Sie stets das Gelernte im Überblick haben. Eine detaillierte Anleitung finden Sie auf der Startseite zum **MyLab | Experimentalphysik 3**.

MyLab | Experimentalphysik 3 – Learning to go

In **MyLab | Experimentalphysik 3** kann Mensch sich mit jedem Browser einloggen, der JavaScript aktiviert hat. Wir empfehlen ein Laptop oder Tablet. Zusätzlich können Sie das Lehrbuch als E-Book zum Lesen überall mitnehmen.

Nutzen Sie diese einzigartige Möglichkeit zur Wiederholung des Stoffs und zur (Klausur-) Vorbereitung. Lernen Sie damit im Team, an der Uni oder im Rahmen des Selbststudiums. Fordern Sie bei Fragen die Unterstützung der Tutoren ein, sie helfen Ihnen gern. Lassen Sie sich nicht durch kleine Rückschläge entmutigen, sondern bleiben Sie dran. Dafür haben wir das **MyLab | Experimentalphysik 3** entwickelt, das Ihnen in kleinen *Learn a little... do a little*-Schritten zur Seite steht.

Bei technischen Fragen zu **MyLab | Experimentalphysik 3** können Sie sich jederzeit an unseren Support wenden.

Wir wünschen Ihnen viel Erfolg.

Ihr Pearson Team

Quantenphysik und Quantenmechanik

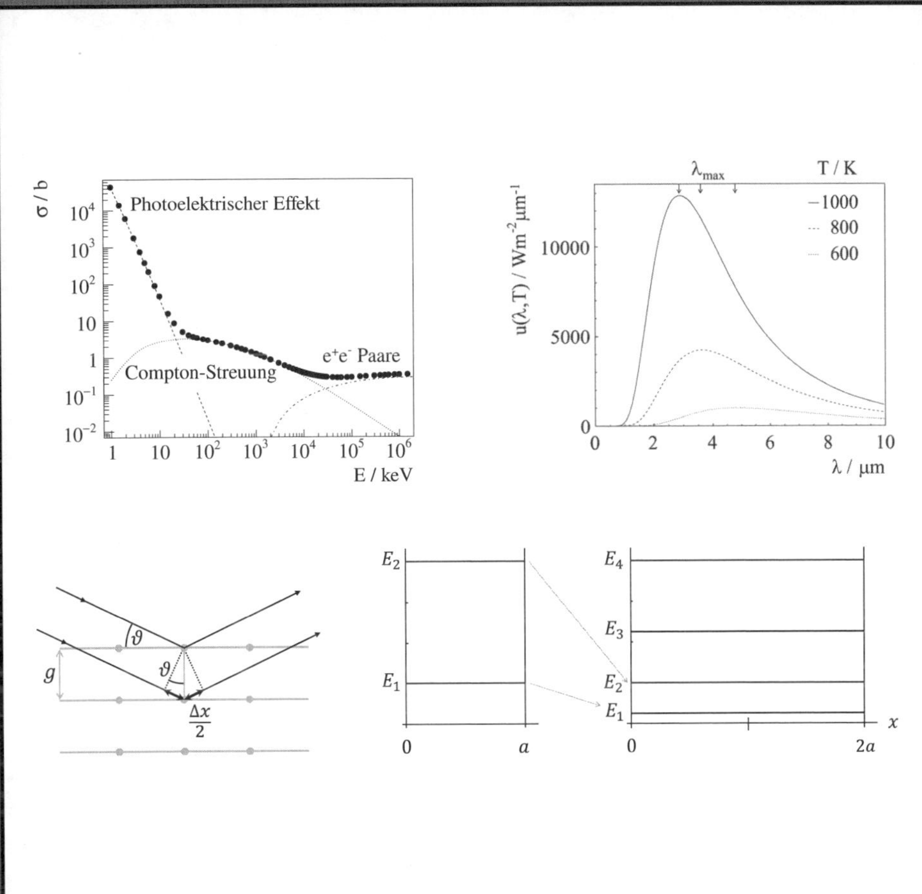

Teil I

Photonen

1

ÜBERBLICK

» Licht hat gleichermaßen Wellen- und Teilchencharakter. Passend für die jeweilige Fragestellung verwenden wir zum Beispiel für Interferenzphänomene von Licht elektromagnetische Wellen und für die Absorption von Licht in einem Material Lichtquanten („Photonen“).

In diesem Kapitel fokussieren wir auf experimentelle Beobachtungen, die durch Beschreibung mit Photonen gut verständlich werden. Dazu gehören die Licht-Absorption in einem Material und die Licht-Abstrahlung (Emission) aus einem Material. Ebenso zählen drei weitere Wechselwirkungen von Photonen mit Material dazu: Photoelektrischer Effekt, Compton-Streuung und Paarbildung.

Schließlich stellen wir das Plancksche Strahlungsgesetz vor, das die Abstrahlungscharakteristik eines heißen Hohlraumkörpers beschreibt. Das zugehörige Plancksche Wirkungsquantum h ist eine zentrale Größe der Quantenphysik. «

1.1 Absorption, Emission von Photonen

Für die Beschreibung einer ganzen Reihe von experimentellen Beobachtungen mit Licht eignet sich seine Teilcheneigenschaft. Wir sprechen von **Photonen**, deren Energie proportional mit der Frequenz des Lichts ansteigt:

$$E_\gamma = h\,\nu \tag{1.1}$$

Dabei ist die Proportionalitätskonstante das **Plancksche Wirkungsquantum**

$$h = 6{,}62607015 \cdot 10^{-34}\,\text{Js} \ . \tag{1.2}$$

Proportional zur Anzahl der Photonen steigt die Lichtintensität.

Wir untersuchen im Folgenden Wechselwirkungen von Photonen mit Atomen. Atome bestehen aus einem positiv geladenen Atomkern und einer Hülle aus Elektronen. Die Elektronen befinden sich in Zuständen, denen jeweils eine diskrete Energie E zugeordnet ist (ausführlich erklärt in Kapitel 4).

Absorption: Treffen Photonen auf die Atome eines Materials können sie absorbiert werden. Bei diesem **Absorptionsvorgang** wird durch die Energie des Photons ein Elektron z. B. vom Energiezustand E_1 in einen höheren Zustand E_2 angehoben (►Abbildung 1.1).

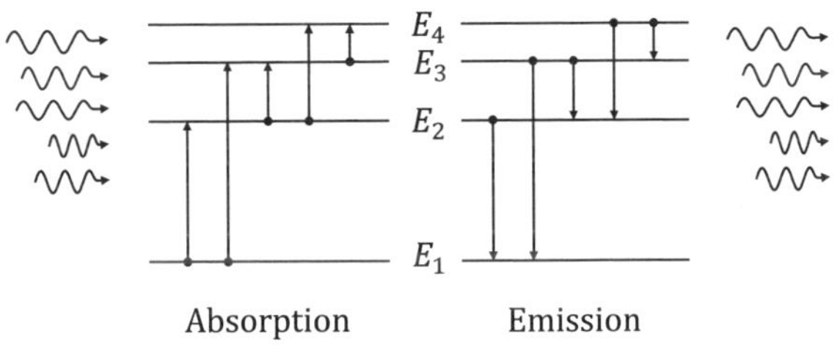

Abbildung 1.1 Bei der Absorption eines Photons durch ein Atom wird ein Elektron der Atomhülle von einem tieferen auf ein höheres Energieniveau angehoben. Auch die Ausstrahlung (Emission) eines Photons aus einem Atom ist mit einem Elektron-Übergang verbunden. Wegen der Energieerhaltung müssen Energiedifferenz ΔE der Elektronen-Zustände und Photon-Energie E_γ übereinstimmen.

Aufgrund der Energieerhaltung muss die Photon-Energie E_γ beim Absorptionsprozess der Energiedifferenz zweier Elektronen-Zustände E_i und E_j in der Atomhülle entsprechen (►Abbildung 1.1):

$$E_\gamma = \Delta E = E_j - E_i \tag{1.3}$$

Emission: Die Abstrahlung oder auch **Emission** von Photonen aus Atomen verläuft umgekehrt (►Abbildung 1.1). Bei einem Elektron-Übergang aus einem höheren Energiezustand E_j nach $E_i < E_j$ wird ein Photon entsprechender Energie abgestrahlt $E_\gamma = \Delta E = E_j - E_i$.

Bezeichnungen: Häufig verwenden wir die auf 2π normierte Version des Planckschen Wirkungsquantums, die durch einen Querstrich angezeigt wird:

$$\hbar \equiv \frac{h}{2\pi} \tag{1.4}$$

Aufgrund des Zusammenhangs zwischen der Frequenz ν und der Kreisfrequenz $\omega = 2\pi\nu$ werden wir alternativ auch folgende Schreibweise für die Photon-Energie verwenden:

$$E_\gamma = \hbar\,\omega \tag{1.5}$$

Ebenso beschreiben wir wegen des Zusammenhangs zwischen der Frequenz ν, der Wellenlänge λ und der Lichtgeschwindigkeit $c = \lambda\,\nu$ die Energie des Photons auch durch:

$$E_\gamma = \frac{h\,c}{\lambda} \tag{1.6}$$

Experiment 1: Gelbes Natrium-Licht

In diesem Experiment veranschaulichen wir den Vorgang der Absorption von Licht. Wir verbrennen etwas Kochsalz (NaCl) in einer Flamme und beleuchten sie zunächst mit weißem Licht, das auf einen Schirm fällt (►Abbildung 1.2).

Anschließend tauschen wir die Lichtquelle gegen eine Natrium-Lampe. Das typische Natrium-Gelb mit Wellenlängen um $\lambda \approx 590\,\text{nm}$ entsteht durch Emissionen aus zwei dicht nebeneinander liegenden Energieniveaus. Jetzt wird der Schatten der Flamme auf dem Schirm deutlich sichtbar.

Wenn wir die Natrium-Atome in der Flamme mit den Wellenlängen des gelben Natrium-Lichts beleuchten, wird das Licht von den Natrium-Atomen absorbiert und nach kurzer Zeit in eine beliebige Raumrichtung wieder emittiert, wobei nur ein

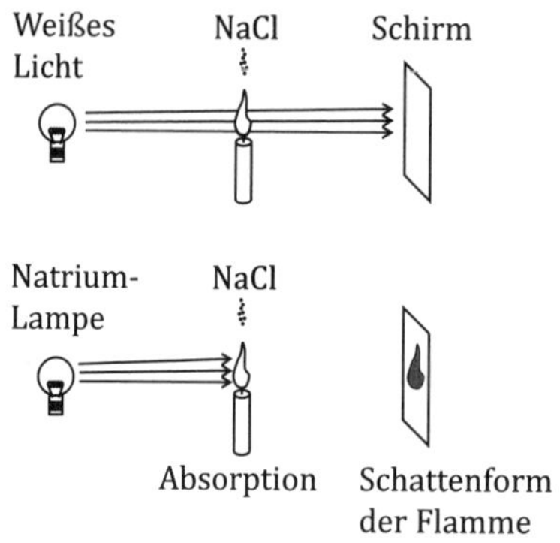

Abbildung 1.2 Die Absorption von Licht durch Kochsalzdampf NaCl gelingt nur bei passend eingestrahlten Lichtfrequenzen. Weißes Lampenlicht hat keinen sichtbaren Effekt, das Licht einer Natrium-Lampe wird dagegen absorbiert und führt zum Schatten der Flamme auf dem Schirm.

kleiner Anteil auf dem Schirm landet. Dadurch ergibt sich der Schatten der Flamme auf dem Schirm.

Bei weißem Licht wird nur ein winziger Anteil der Lichtintensität die entsprechenden Frequenzen tragen, die vom Natrium absorbiert werden. Der überwiegende Anteil landet auf dem Schirm, sodass kein Schatten sichtbar wird.

Zum Mitnehmen: Nützliche Zusammenhänge

Im Band Experimentalphysik 1 [18] hatten wir die nützliche Energieeinheit

$$\text{Elektronenvolt eV} \quad \text{mit } 1\,\text{eV} \approx 1{,}6 \cdot 10^{-19}\,\text{J} \tag{1.7}$$

$$\text{mit der Elementarladung } e \approx 1{,}6 \cdot 10^{-19}\,\text{C} \tag{1.8}$$

eingeführt, die wir im Folgenden sehr häufig verwenden werden. Mit dem ebenfalls dort eingeführten relativistischen Zusammenhang zwischen Energie, Impuls und Masse von Einstein (Einsteinbeziehung)

$$E^2 = \vec{p}^{\,2} \cdot c^2 + m^2 \cdot c^4 \tag{1.9}$$

ergeben sich dann folgende Einheiten für die Masse m und den Impuls p:

$$\text{Masse } m\text{:} \quad \text{eV}/c^2,\ \text{keV}/c^2,\ \text{MeV}/c^2,\ \text{GeV}/c^2 \tag{1.10}$$

$$\text{Impuls } p\text{:} \quad \text{eV}/c,\ \text{keV}/c,\ \text{MeV}/c,\ \text{GeV}/c \tag{1.11}$$

Aus Energie E und Impulsvektor $\vec{p}$ bilden wir den Viererimpuls $\mathbf{p}$ mit den entsprechenden Einheiten eV$/c$ etc:

$$\mathbf{p} = \begin{pmatrix} E/c \\ p_x \\ p_y \\ p_z \end{pmatrix} = \begin{pmatrix} E/c \\ \vec{p} \end{pmatrix} \tag{1.12}$$

Für Abschätzungen ist in diesem Zusammenhang auch die Größe

$$\hbar c = 0{,}197\,\text{eV}\,\mu\text{m} \approx 0{,}2\,\text{eV}\,\mu\text{m} = 0{,}2\,\text{GeV fm} \tag{1.13}$$

wichtig. Eine komfortable Umrechnung zwischen der Wellenlänge λ eines Photons und seiner Energie E nach $E_\gamma = h\,c/\lambda$ (1.6) wird ebenfalls häufig gebraucht (beachten Sie die Einheiten der Wellenlängenangabe):

$$E_\gamma \approx \frac{1{,}24}{(\lambda/\mu\text{m})}\,\text{eV} \quad \text{oder} \quad E_\gamma \approx \frac{1{,}24}{(\lambda/\text{nm})}\,\text{keV} \tag{1.14}$$

Aus der Thermodynamik gibt es die nützliche Näherung für den Boltzmann-Energieterm $k_\text{B}\,T$ bei Zimmertemperatur $T = 300\,\text{K}$

$$k_\text{B}\,T \approx 1/40\,\text{eV} = 0{,}025\,\text{eV}\,. \tag{1.15}$$

Hilfreich sind manchmal auch die atomare Längeneinheit Angström Å

$$1\,\text{Å} = 10^{-10}\,\text{m}\,, \tag{1.16}$$

sowie die sehr guten Näherungen

$$c \approx 3 \cdot 10^8\,\text{m/s} \quad \text{und} \quad 1\,\text{Jahr} = 1\,\text{a} \approx \pi \cdot 10^7\,\text{s}\,. \tag{1.17}$$

1.1.1 Franck-Hertz-Versuch

Der folgende Versuch zeigt eindrücklich diskrete Energiezustände in der Atomhülle. Elektronen der Atomhülle werden dabei durch Stöße mit anderen, von außen kommenden Elektronen angeregt. Bei der Rückkehr vom angeregten Energiezustand in den Grundzustand werden Photonen emittiert.

Experiment 2: Franck-Hertz-Versuch

Der Versuchsaufbau ist in der ►Abbildung 1.3 gezeigt. Eine mit Quecksilberdampf gefüllte Röhre verfügt über einen beheizten Draht als Elektronenquelle, eine Beschleunigungsspannung U_B zu einem Gitter (Anode) sowie eine Gegenspannung ΔU mit einer Elektrode (Kathode) zur Messung von Elektronen der Quelle.

Ungestört beschleunigte Elektronen aus der Quelle tragen beim Gitter die kinetische Energie $E_{\text{kin}} = e \cdot U_B$. Zwischen dem Gitter und der weiteren Elektrode reduziert das elektrische Feld durch die Gegenspannung ΔU die kinetische Energie der Elektronen.

Die an der rechten Elektrode ankommenden Elektronen verursachen den Strom I, der in der ►Abbildung 1.3 als Funktion der angelegten Beschleunigungsspannung U_B gezeigt ist. Der Strom steigt und fällt in Intervallen, wobei Maxima und Minima im Abstand von $U = 4{,}9\,\text{V}$ auftreten.

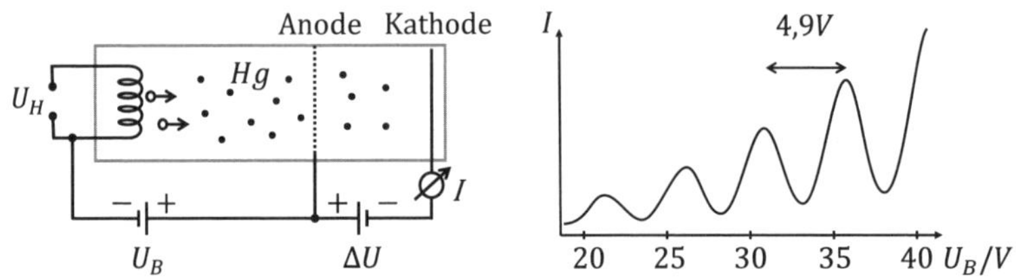

Abbildung 1.3 In der mit Quecksilberdampf gefüllten Röhre werden Elektronen aus dem geheizten Draht bis zum Anodengitter mit variabler Spannung U_B beschleunigt. Dahinter müssen die Elektronen das bremsende elektrische Feld (konstante Gegenspannung ΔU) überwinden. Der Strom I in Abhängigkeit von der Beschleunigungsspannung U_B zeigt Maxima und Minima bei festen Abständen von $\Delta U_B = 4{,}9\,\text{V}$.

Inelastische Stoßprozesse: Die angelegte Spannung U_B zwischen dem beheizten Draht und der Anode erzeugt ein elektrisches Feld, in dem die Elektronen auf eine kinetische Energie von maximal

$$E_{\text{kin}} = e\,U_B \tag{1.18}$$

beschleunigt werden (►Abbildung 1.3). Die Elektronen können auf ihrem Weg elastische und inelastische Stöße mit den Quecksilber-Atomen (Hg) des Hg-Dampfs erfahren. Bei inelastischen Stößen

$$\underbrace{\mathrm{e}^-}_{E_{\text{kin}}=e\,U_B} + \mathrm{Hg} \to \underbrace{\mathrm{e}^{-\,\prime}}_{E'_{\text{kin}}<E_{\text{kin}}} + \underbrace{\mathrm{Hg}^*}_{\text{angeregtes Hg}} \tag{1.19}$$

können die Elektronen so viel kinetische Energie verlieren, dass sie die Mess-Elektrode wegen der Gegenspannung ΔU nicht erreichen. Der gemessene Strom I wird durch solche inelastischen Stöße reduziert.

Die entscheidende Beobachtung in der Messung ist, dass es keine kontinuierliche Reduktion des Stroms durch inelastische Stöße der Elektronen mit den Hg-*Atomen gibt, sondern sich Minima des Stroms (und entsprechende Maxima) ergeben.*

Die ausgezeichneten Minima in der ►Abbildung 1.3 zeigen, dass ein Quecksilber-Atom bei einem inelastischen Zusammenstoß mit einem Elektron ein bestimmtes Energiequantum ΔE aufnehmen kann. Entsprechend verliert das Elektron Energie, sodass seine kinetische Energie nach dem Stoß um ΔE reduziert ist:

$$E'_{\text{kin}} = E_{\text{kin}} - \Delta E \tag{1.20}$$

Ist die verbleibende kinetische Energie E'_{kin} des Elektrons zu klein, um die Gegenspannung ΔU zu überwinden ($E'_{\text{kin}} < e\,\Delta U$), kann es nicht zur Strommessung beitragen.

Der Anstieg des Stroms mit steigender Beschleunigungsspannung U nach dem ersten Minimum zeigt, dass die Elektronen selbst nach einem inelastischen Stoß genügend kinetische Energie erhalten, um die Mess-Elektrode zu erreichen. Erst wenn sie genügend kinetische Energie für einen zweiten inelastischen Stoß mit einem weiteren Quecksilber-Atom mitbringen, das das zweite Energiequantum ΔE aufnimmt, bricht der Strom zu einem weiteren Minimum zusammen.

Photonnachweis: In einer verbesserten Variante des Versuchsaufbaus lassen sich Photonen im ultravioletten Bereich ($\lambda \approx 250\,\text{nm}$) nachweisen. Falls diese Photonen bei der Rückkehr angeregter Quecksilber-Atome in deren Grundzustand emittiert wurden, sollte ihre Energie E_γ gerade dem gemessenen Energieunterschied $\Delta E = e\,\Delta U$ mit der Spannungsdifferenz $\Delta U = 4{,}9\,\text{V}$ entsprechen. Mit $e\,\Delta U = E_\gamma = h\,c/\lambda$ (1.6) bzw. $(E_\gamma/\text{eV}) = 1{,}24/(\lambda/\mu\text{m})$ (1.14) erhalten wir als erwartete Wellenlänge:

$$\lambda = \frac{1{,}24}{(E_\gamma/\text{eV})}\,\mu\text{m} = \frac{1{,}24}{4{,}9}\,\mu\text{m} = 253\,\text{nm}\,. \tag{1.21}$$

Demnach entspricht die gemessene Wellenlänge der von den Quecksilber-Atomen emittierten Photonen dem Energiequantum ΔE im Quecksilber-Atom (1.20).

Diskrete Anregung des Quecksilber-Atoms: Mit der experimentellen Beobachtung dieser Photonen ergibt sich also ein insgesamt konsistentes Bild: In den Quecksilber-Atomen gibt es oberhalb des Grundzustands mindestens ein diskretes Anregungsniveau, das z. B. durch einen Stoß mit einem ganz bestimmten Energieübertrag ΔE erreicht werden kann.

Bei Rückkehr des Atoms in den Grundzustand wird die Anregungsenergie in Form eines Photons emittiert, das exakt den Energieunterschied zwischen dem Grundzustand und dem Anregungszustand als elektromagnetische Strahlung $\lambda = h\,c/\Delta E$ fortträgt.

J. Franck und G. L. Hertz erhielten für ihre Arbeiten 1925 den Nobelpreis.

1.2 Wechselwirkungen von Photonen mit Materie

Das Energiespektrum der Photonen bzw. das Wellenlängenspektrum der elektromagnetischen Strahlung überstreicht viele Größenordnungen (siehe Band 2 [19]).

In Abhängigkeit von der Photon-Energie gibt es verschiedene Wechselwirkungsprozesse, bei denen Photonen entstehen oder an denen Photonen teilnehmen (►Tabelle 1.1). Elektronen-Übergänge in Atomen und die dabei ausgesandten Photonen haben wir bereits angesprochen. Die Photon-Energien liegen dabei im eV-Bereich (Kapitel 1.1).

Photon-Energie	Prozess mit Photon	Nach der Wechselwirkung
1 eV	Emission, Absorption	Elektron bleibt im Atom gebunden.
10 eV	Photoelektrischer Effekt	γ erzeugt freies Elektron.
100 keV	Compton-Streuung	γ streut an freiem Elektron.
1 MeV	e^+e^--Paarbildung	γ erzeugt freies Elektron und Positron.

Tabelle 1.1 Wechselwirkungsprozesse von Photonen γ mit Materie in Abhängigkeit von der Photon-Energie.

Im Folgenden werden wir weitere Wechselwirkungen von Photonen mit Materie vorstellen und dabei die Photon-Energie erhöhen. Wie in ►Abbildung 1.4 am Beispiel von Kohlenstoff C gezeigt ist, geben die in der ►Tabelle 1.1 genannten Photon-Energien eine grobe Orientierung. Allerdings gibt es keine strikte Trennung der Prozesse anhand der Photon-Energie, verschiedene Prozesse können in Energiebereichen überlappen.

Beim photoelektrischen Effekt wird ein Elektron aus einem Material herausgeschlagen. Die Photon-Energien liegen dafür bei mehreren eV (Kapitel 1.2.1).

Bei höheren Photon-Energien (ca. 100 keV) findet die Compton-Streuung zwischen einem Photon und einem freien Elektron statt. Das Elektron kann auch quasi-frei sein, d. h. in einem Atom nur schwach gebunden (Kapitel 1.2.2).

Bei Photon-Energien $E_\gamma > 2\,m_e\,c^2$, oberhalb der Schwelle zur Produktion eines Elektron-Positron-Paares mit den Massen $m_e = 511\,\mathrm{keV}/c^2$, kann aus dem Photon in der Nähe eines Atoms ein e^+e^--Paar gebildet werden (Kapitel 1.2.3).

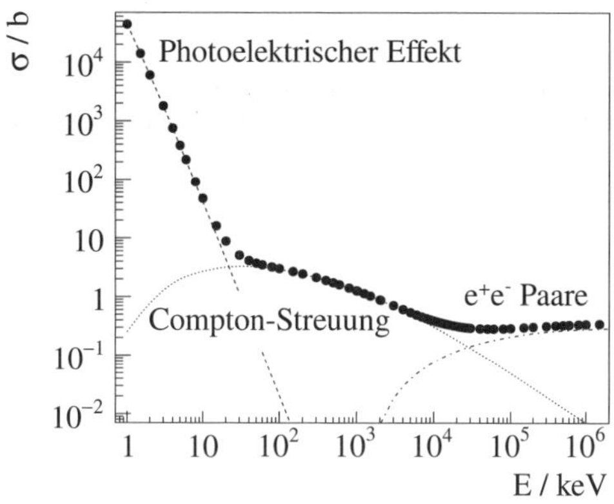

Abbildung 1.4 Die Photon-Wechselwirkungen mit Kohlenstoff C als Funktion der Photon-Energie E_γ. Die Beiträge des photoelektrischen Effekts, der Compton-Streuung und der Paarbildung sind einzeln eingezeichnet. Die vertikale Achse beschreibt die Wahrscheinlichkeit einer Wechselwirkung in Form des sogenannten Streuquerschnitts σ, den wir in Kapitel 14 detailliert beschreiben (Daten aus [9]).

Bei noch höheren Energien der Photonen an Teilchenbeschleunigern oder aus dem Universum werden Wechselwirkungen zwischen Elementarteilchen verursacht, die zu Teilchenbündeln (Jets) bzw. in der Erdatmosphäre zu Teilchenschauern führen können.

1.2.1 Photoelektrischer Effekt

Das Entfernen von Elektronen aus einem Material durch Einstrahlung von Licht bezeichnen wir als **Photoelektrischen Effekt**, oder häufig einfach **Photoeffekt**. Für das Verständnis dieses Prozesses eignet sich die Beschreibung des Lichts über Photonen besonders gut.

Experiment 3: Photoelektrischer Effekt

In einem evakuierten Rohr befinden sich zwei Elektroden. Sie sind über ein Strommessgerät mit einer Spannungsquelle verbunden, deren Polarität sich umschalten lasst (►Abbildung 1.5). Legen wir eine Spannung U an die Kathode, fließt zunächst kein Strom I. Bestrahlen wir die Kathode jedoch mit ultraviolettem Licht, können wir einen Strom zwischen Kathode und Anode nachweisen.

Die Stromstärke I ist erwartungsgemäß proportional zur Intensität $S_{\text{II}} > S_{\text{I}}$ des Lichts. (►untere linke Abbildung 1.5). Allerdings gibt es eine Mindestfrequenz ν_{min}, unterhalb derer auch bei hohen Spannungen U und Intensitäten S kein Strom fließt. Dabei hängt ν_{min} vom Material der Kathode ab.

Das Umpolen der Spannungsquelle auf eine Gegenspannung (►rechte obere Abbildung 1.5) bewirkt, dass bei fester Frequenz $\nu = \text{const.}$ der Strom I mit zunehmender Gegenspannung U_G abnimmt und schließlich verschwindet.

Vergrößern wir die Frequenz ν, so benötigen wir eine höhere Gegenspannung U_G, um den Strom zum Verschwinden zu bringen. (►untere rechte Abbildung 1.5). Die Spannung für das Verschwinden des Stroms ist unabhängig von der eingestrahlten Lichtintensität.

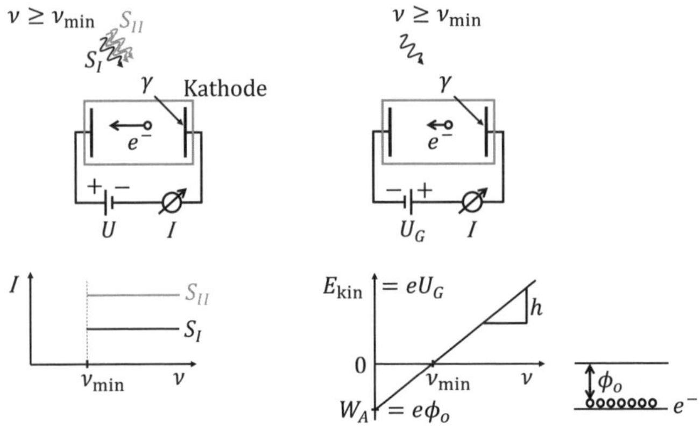

Abbildung 1.5 Photoelektrischer Effekt: Im Vakuum sind zwei Elektroden mit einer variablen Spannungsquelle verbunden, die sich umpolen lässt. Die Kathode wird mit ultraviolettem Licht bestrahlt und der Strom I gemessen. Links: Oberhalb einer minimalen Frequenz ν_{min} (Elektron-Austrittsarbeit $W_A = e\,\Phi_\circ$) ergibt sich ein Strom, der proportional mit der Intensität S ansteigt. Rechts: Aufgrund der Energieerhaltung $E_{\text{kin}} = h\,\nu - W_A$ (1.22) steigt die erforderliche Gegenspannung U_G für vollständiges Abbremsen der Elektronen mit der Frequenz ν.

Photonen und Elektron-Austrittsarbeit: Die Photonen übertragen ihre Energie auf Elektronen der Atome des Kathodenmaterials. Bei genügend Energie lösen sie damit diese Elektronen aus der Kathode heraus (linke obere ►Abbildung 1.5). Unterstützt von der angelegten Spannung U wandern die Elektronen zur positiv geladenen Elektrode (Anode) und verursachen damit den gemessenen Strom I. Die Elektronen werden als **Photoelektronen** bezeichnet, die Kathode heißt entsprechend **Photokathode**.

Um ein Elektron aus dem Metall der Photokathode herauszulösen, muss es das Potential $\Phi_\circ$ seines Bindungszustands überwinden (►Abbildung 1.5). Die Austrittsarbeit $W_A = e\,\Phi_\circ$, die dabei geleistet werden muss, hängt vom Material der Elektrode ab.

Aufgrund der Energieerhaltung erwarten wir, dass die Energie $E_\gamma = h\,\nu$ der Photonen abzüglich der **Austrittsarbeit** W_A der Elektronen aus der Photokathode als anfängliche kinetische Energie E_{kin} der Photoelektronen zur Verfügung steht:

$$E_{\text{kin}} = E_\gamma - W_A = h\,\nu - W_A \geq 0 \tag{1.22}$$

Die Energie $E_\gamma = h\,\nu$ jedes einzelnen Photons muss groß genug sein, um die Austrittsarbeit W_A eines Elektrons aus der Photokathode zu leisten. Dafür ist die Mindestfrequenz ν_{min} erforderlich:

$$W_A = h\,\nu_{\text{min}} \tag{1.23}$$

Bei zu wenig Energie der Photonen tritt kein photoelektrischer Effekt auf, eine Steigerung der Lichtintensität kann daran nichts ändern.

Nachweis der Energieerhaltung: Wir betrachten Messungen des photoelektrischen Effekts entsprechend der rechten oberen ►Abbildung 1.5, bei denen die beiden Pole vertauscht sind und die angelegte Spannung U_G ein Gegenfeld erzeugt. Für einen messbaren Strom I müssen die von den Photonen aus der Anode ausgelösten Photoelektronen ausreichend kinetische Energie E_{kin} mitbringen, um das elektrische Gegenfeld durch die Spannung U_G zu überwinden.

Für jede Lichtfrequenz ν justieren wir die Gegenspannung U_G gerade so, dass der gemessene Strom Null wird $I = 0$ (►rechte untere Abbildung 1.5). Dann entspricht die bremsende Energie $e\,U_G$ des elektrischen Felds gerade der kinetischen Energie E_{kin} der Photoelektronen:

$$e\,U_G = E_{\text{kin}} \tag{1.24}$$

Setzen wir die Energiebilanz $E_{\text{kin}} = h\,\nu - W_A$ (1.22) ein, so erhalten wir:

$$e\,U_G = h\,\nu - W_A \tag{1.25}$$

Dabei ist das Plancksche Wirkungsquantum h die Proportionalitätskonstante.

Experiment 4: Plancksches Wirkungsquantum

Den linearen Zusammenhang (1.25) übertragen wir in folgendes Messprinzip, das in der unteren rechten ►Abbildung 1.5 gezeigt ist: Durch Variation der eingestrahlten Lichtfrequenzen ν und der passenden Einstellung der Gegenspannung U_G können wir das Plancksche Wirkungsquantum h, die Austrittsarbeit W_A und die Grenzfrequenz ν_{min} (1.23) bestimmen.

In der ►Abbildung 1.6 sind die Messdaten der Gegenspannung U_G als Funktion verschiedener Lichtfrequenzen ν aufgetragen. Dabei haben wir U_G mit der Elektronladung e multipliziert, um die kinetische Energie E_{kin} der Photoelektronen zu zeigen.

Aus der Geradenanpassung lesen wir die Werte für das Plancksche Wirkungsquantum $h = (6{,}75 \pm 0{,}36) \cdot 10^{-34}$ J s, die Austrittsarbeit $|W_A| = (1{,}79 \pm 0{,}14)$ eV und die Grenzfrequenz $\nu_{\text{min}} = (0{,}42 \pm 0{,}04) \cdot 10^{15}$ Hz bzw. $\lambda_{\text{max}} = (707 \pm 70)$ nm ab.

Den photoelektrischen Effekt entdeckte Heinrich Hertz 1887 bei Versuchen mit einer Funkenstrecke. Dabei wurde die Funkenübertragung durch Bestrahlung der Metalloberflächen mit ultraviolettem Licht begünstigt. Philipp Lenard (Nobelpreis 1905) konnte 1899 bei verfeinerten Versuchen im Hochvakuum nachweisen, dass dabei Elektronen emittiert werden und quantitative Messungen durchführen. Albert Einstein (Nobelpreis 1921) gab 1905 die korrekte Interpretation der Messergebnisse mithilfe der Quantenvorstellung von Licht als Photonen.

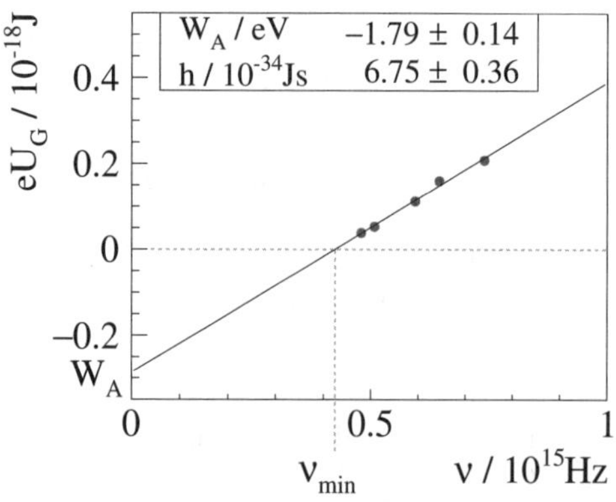

Abbildung 1.6 Messung des photoelektrischen Effekts: Entsprechend ►Abbildung 1.5 sind die Messwerte der Gegenspannung U_G für das vollständige Abbremsen der Elektronen $E_{\text{kin}} = e\,U_G$ als Funktion der eingestrahlten Lichtfrequenzen ν aufgetragen. Mit einer Geradenanpassung bestimmen wir das Plancksche Wirkungsquantum h, die Austrittsarbeit W_A und die Grenzfrequenz ν_{min}.

Beispiel 1: Photomultiplier

Für den Nachweis von Licht wird der photoelektrische Effekt in folgender Weise genutzt (►Abbildung 1.7). In einem Photomultiplier lösen einfallende Photonen in der Photokathode Photoelektronen aus. Diese Elektronen werden durch ein elektrisches Feld beschleunigt und dabei auf eine Elektrode (Dynode) geschickt. Durch ihre hohen kinetischen Energien lösen die Elektronen dort weitere Elektronen aus. Durch Hintereinanderschaltung weiterer Beschleunigungsstrecken wird so eine Elektronenlawine erzeugt, deren Ladung am Ausgang des Photomultipliers messbar ist.

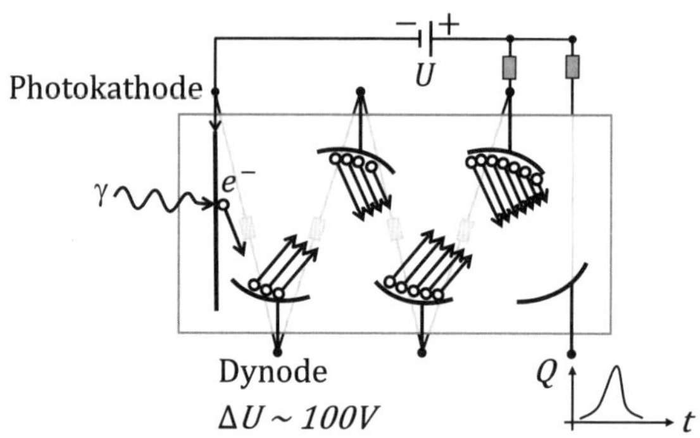

Abbildung 1.7 Photomultiplier: Photonen γ treffen die Photokathode und lösen dort über den photoelektrischen Effekt Elektronen e^- aus, die auf eine Dynode gelenkt werden. Durch beschleunigende elektrische Felder werden die anfänglichen Elektronen vervielfältigt und schließlich ein kurzer Ladungspuls $Q(t)$ gemessen. Beschleunigungsspannungen zwischen den Dynoden liegen typisch bei $\Delta U \approx 100$ V.

1.2.2 Compton-Streuung

Die Streuung eines Photons an einem freien Elektron bezeichnen wir als **Compton-Streuung**. Wir beschreiben in diesem Abschnitt zunächst ein Experiment, in dem das Photon auf ein zumindest näherungsweise freies, ruhendes Elektron trifft (►Abbildung 1.8). Bei dem Streuprozess wird Energie und Impuls vom Photon auf das Elektron übertragen, wie wir durch Messung von Energie E'_γ und Winkel ϑ des gestreuten Photons nachweisen werden.

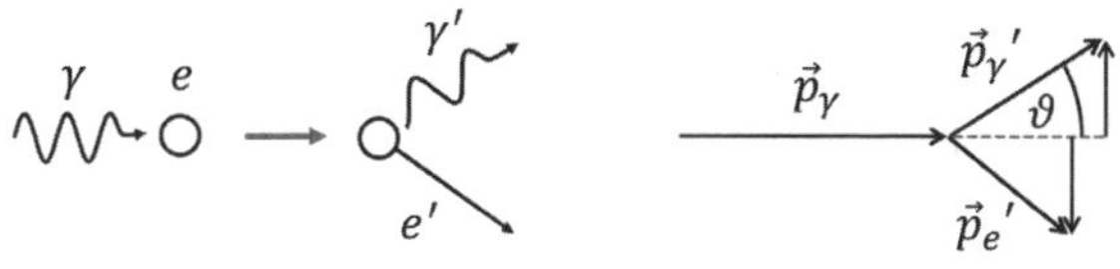

Abbildung 1.8 Bei der Compton-Streuung trifft ein Photon auf ein ruhendes Elektron (links). Durch den Streuprozess überträgt das Photon einen Teil seiner Energie auf das Elektron. Der ursprüngliche Photonimpuls $\vec{p}_\gamma$ teilt sich nach dem Streuprozess auf das Photon $\vec{p}'_\gamma$ und das Elektron $\vec{p}'_e$ auf. Die Impulskomponenten senkrecht zur Einfallsrichtung des Photons sind entgegengesetzt gleich groß (Impulserhaltung, rechts).

Anschließend berechnen wir den wichtigen Zusammenhang zwischen dem Photon-Streuwinkel und der Änderung der Energie bzw. Wellenlänge des Photons. Schließlich führen wir die Compton-Wellenlänge ein, die eine charakteristische Strukturlänge des Photon-Streupartners – hier des Elektrons – ist.

Experiment 5: Compton-Streuung

Wir verwenden das Licht einer Röntgenröhre (Anodenmaterial Molybdän Mo mit K_α-Linie der Energie $E_\gamma = 17{,}44\,\text{keV}$, siehe Kapitel 11.1.2) und beleuchten damit einen Plexiglaskörper. Die Elektronen in den äußeren Atomhüllen des Plexiglases sehen wir näherungsweise als „freie Elektronen" an. Hinter dem Plexiglas messen wir mit einem schwenkbaren Photondetektor das Energiespektrum der gestreuten Photonen als Funktion des Streuwinkels ϑ (►obere Abbildung 1.9).

Unter dem Photon-Streuwinkel $\vartheta = 0$ messen wir die Photon-Energie $E_\gamma = 17{,}4\,\text{keV}$ entsprechend der K_α-Linie des Molybdäns Mo in der Röntgenröhre (►untere Abbildung 1.9). Messen wir z. B. bei dem Streuwinkel $\vartheta = 60°$, reduziert sich die Photon-Energie auf $E'_\gamma = 17{,}05\,\text{keV}$. Offenbar hängt die Energie des gestreuten Photons vom Streuwinkel ab.

Streuwinkel und Energie des Photons

Um den Zusammenhang zwischen Streuwinkel ϑ und Energie E'_γ des gestreuten Photons quantitativ zu verstehen, nutzen wir die Energie- und Impulserhaltung beim Streuprozess zwischen Photon und Elektron. Beide Erhaltungsgrößen sind in der Summe der

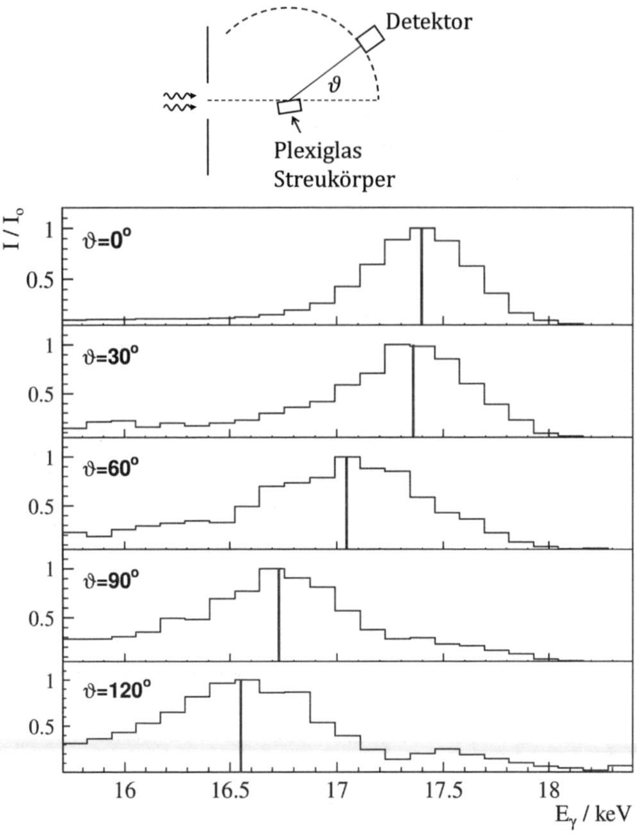

Abbildung 1.9 Oben: Photonen einer Röntgenröhre werden an einem Plexiglaskörper gestreut und in einem Detektor unter verschiedenen Streuwinkeln ϑ mit ihrer Energie E'_γ nachgewiesen. Unten: Beim Streuwinkel $\vartheta = 0°$ messen wir die Photon-Energie $E_\gamma = E'_\gamma = 17{,}4\,\text{keV}$. Mit größerem Streuwinkel ϑ reduziert sich die Energie des gestreuten Photons, wobei die vertikalen Linien jeweils eine Mittelwertanpassung anzeigen.

Viererimpulse (1.12) von Photon und Elektron vor und nach der Streuung enthalten:

$$\mathbf{p}_\gamma + \mathbf{p}_e = \mathbf{p}'_\gamma + \mathbf{p}'_e \tag{1.26}$$

In Komponentenschreibweise mit den Energien E und den Impulsvektoren $\vec{p}$ ergibt sich daraus für ein anfangs ruhendes Elektron ($\vec{p}_e = 0$):

$$\begin{pmatrix} E_\gamma/c \\ \vec{p}_\gamma \end{pmatrix} + \begin{pmatrix} E_e/c \\ 0 \end{pmatrix} = \begin{pmatrix} E'_\gamma/c \\ \vec{p}'_\gamma \end{pmatrix} + \begin{pmatrix} E'_e/c \\ \vec{p}'_e \end{pmatrix} \tag{1.27}$$

Das anfangs ruhende Elektron hat aufgrund von Einsteins relativistischem Zusammenhang zwischen Gesamtenergie, kinetischer Energie und Ruheenergie (1.9)

$$E^2 = \vec{p}^{\,2} \cdot c^2 + m^2 \cdot c^4 \tag{1.28}$$

zunächst nur Ruheenergie durch seine Elektronmasse m_e

$$E_e = m_e \cdot c^2 \tag{1.29}$$

und erhält durch den Stoß die Gesamtenergie

$$E'_e = \sqrt{\vec{p}_e^{\prime\,2} \cdot c^2 + m_e^2 \cdot c^4}\,. \tag{1.30}$$

Beim Photon entspricht die Gesamtenergie (1.28) seiner kinetischen Energie, da es keine Ruhemasse trägt. Vor und nach der Streuung lauten seine Energien:

$$E_\gamma = |\vec{p}_\gamma| \cdot c \tag{1.31}$$

$$E'_\gamma = |\vec{p}'_\gamma| \cdot c \tag{1.32}$$

Durch den Streuprozess wird das Photon aus seiner ursprünglichen Richtung um den Streuwinkel ϑ abgelenkt, den wir in unserem Experiment zusammen mit der Energie E'_γ des gestreuten Photons beobachten (►Abbildungen 1.8, 1.9).

Da wir das gestreute Elektron nicht direkt messen können, nutzen wir die Erhaltung der Viererimpulssumme (1.27), um die Größen $\vec{p}'_e$ und E'_e des gestreuten Elektrons zu berechnen und dann zu ersetzen.

Energieerhaltung: Aus der Energieerhaltung in (1.27) ergibt sich durch Umsortieren der Terme, Quadrieren und Einsetzen der Energien des Elektrons (1.29) und (1.30) für die kinetische Energie $\vec{p}'_e\,c$ des gestreuten Elektrons:

$$\begin{aligned}
E_\gamma + E_e &= E'_\gamma + E'_e \\
E_e'^{\,2} &= \left[\left(E_\gamma - E'_\gamma\right) + E_e\right]^2 \\
\vec{p}_e^{\prime\,2}\,c^2 + m_e^2\,c^4 &= (E_\gamma - E'_\gamma)^2 + \underbrace{E_e^2}_{=m_e^2\,c^4} + 2\underbrace{E_e}_{=m_e\,c^2}\,(E_\gamma - E'_\gamma) \\
\vec{p}_e^{\prime\,2}\,c^2 &= E_\gamma^2 + E_\gamma'^{\,2} - 2\,E_\gamma E'_\gamma + 2\,m_e\,c^2\,\left(E_\gamma - E'_\gamma\right)
\end{aligned} \tag{1.33}$$

Impulserhaltung: Durch Quadrieren der umsortierten Impulserhaltung (1.27) und Ausnutzen der Zusammenhänge zwischen Photon-Energie und -impuls (1.31) und (1.32) erhalten wir ebenfalls einen Ausdruck für die kinetische Energie $\vec{p}'_e\,c$ des gestreuten Elektrons:

$$\begin{aligned}
\vec{p}_\gamma &= \vec{p}'_\gamma + \vec{p}'_e \\
\vec{p}_e^{\prime\,2} &= (\vec{p}'_\gamma - \vec{p}_\gamma)^2 \\
&= \vec{p}_\gamma^{\prime\,2} + \vec{p}_\gamma^{\,2} - 2\,|\vec{p}'_\gamma|\,|\vec{p}_\gamma|\,\cos\vartheta \\
\vec{p}_e^{\prime\,2}\,c^2 &= E_\gamma^2 + E_\gamma'^{\,2} - 2\,E_\gamma\,E'_\gamma\,\cos\vartheta
\end{aligned} \tag{1.34}$$

Energie- und Impulserhaltung: Durch Gleichsetzen der beiden Gleichungen für die kinetische Energie $\vec{p}'_e\,c$ des gestreuten Elektrons (1.33) und (1.34) erhalten wir:

$$\begin{aligned}
E_\gamma^2 + E_\gamma'^{\,2} - 2\,E_\gamma E'_\gamma + 2\,m_e\,c^2\,\left(E_\gamma - E'_\gamma\right) &= E_\gamma^2 + E_\gamma'^{\,2} - 2\,E_\gamma E'_\gamma \cdot \cos\vartheta \\
m_e\,c^2\,\left(E_\gamma - E'_\gamma\right) &= E_\gamma E'_\gamma\,(1 - \cos\vartheta) \\
\frac{E_\gamma - E'_\gamma}{E_\gamma E'_\gamma} &= \frac{1}{m_e\,c^2}\,(1 - \cos\vartheta) \\
\frac{1}{E'_\gamma} - \frac{1}{E_\gamma} &= \frac{1}{m_e\,c^2}\,(1 - \cos\vartheta)
\end{aligned} \tag{1.35}$$

Änderung der Photon-Energie durch den Streuprozess: Um die Energie E'_γ des gestreuten Photons in Abhängigkeit vom Streuwinkel ϑ zu erhalten, multiplizieren wir (1.35) mit der anfänglichen Photon-Energie E_γ und lösen nach E'_γ auf:

$$\frac{E_\gamma}{E'_\gamma} - 1 = \frac{E_\gamma}{m_e\,c^2}\,(1 - \cos\vartheta)$$

$$E'_\gamma = E_\gamma \cdot \left(1 + \frac{E_\gamma}{m_e c^2} \cdot (1 - \cos\vartheta)\right)^{-1} \tag{1.36}$$

Bei unserer Messung (►Abbildung 1.9) unter dem Streuwinkel $\vartheta = 60°$ erwarten wir daher bei der anfänglichen Photon-Energie $E_\gamma = 17{,}44\,\text{keV}$ und der Elektronmasse $m_e = 511\,\text{keV}/c^2$ nur eine kleine Verringerung der Photon-Energie durch den Streuprozess:

$$\begin{aligned} E'_\gamma &= 17{,}44\,\text{keV} \cdot \left(1 + \frac{17{,}44}{511} \cdot (1 - \cos 60°)\right)^{-1} \\ &= 17{,}44\,\text{keV} \cdot 0{,}983 = 17{,}15\,\text{keV}\,. \end{aligned} \tag{1.37}$$

Im Vergleich zeigt der Messwert $E'_\gamma = 17{,}05\,\text{keV}$ tatsächlich nur eine geringe Änderung der Photon-Energie und entspricht damit im Rahmen der Messunsicherheiten unserer Erwartung.

In ►Abbildung 1.10 ist der Verlauf des Streuwinkelterms $1 - \cos\vartheta$ (1.36) skizziert. Die maximal und minimal möglichen Energien des gestreuten Photons ergeben sich für Vorwärtsstreuung $\vartheta = 0$ und Rückwärtsstreuung $\vartheta = \pi$ mit $1 - \cos\pi = 2$:

$$E'_{\gamma\,\text{max}} = E_\gamma \tag{1.38}$$

$$E'_{\gamma\,\text{min}} = E_\gamma\,\frac{1}{1 + \frac{2\,E_\gamma}{m_e\,c^2}} \tag{1.39}$$

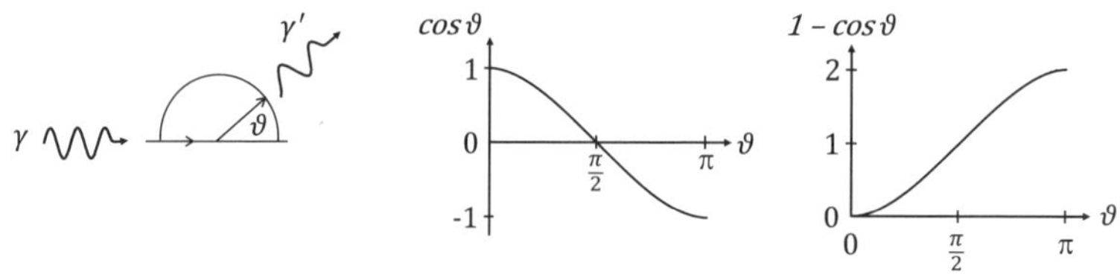

Abbildung 1.10 Verlauf des Photon-Streuwinkels ϑ bei der Compton-Streuung bis zur Rückwärtsstreuung der Photonen

Wellenlängenverschiebung und Compton-Wellenlänge

Den Ausdruck für die Änderung der Photon-Energie (1.35)

$$\frac{1}{E'_\gamma} - \frac{1}{E_\gamma} = \frac{1}{m_e\,c^2}\,(1 - \cos\vartheta) \tag{1.40}$$

können wir mit $E_\gamma = h\,c/\lambda$ (1.6) zu einer intuitiven Gleichung umschreiben, in der die Verschiebung der Wellenlänge des Photons in einem direkten Zusammenhang mit seinem Streuwinkel ϑ steht:

$$\lambda' - \lambda = \frac{h}{m_e\,c} \cdot (1 - \cos\vartheta) \tag{1.41}$$

Der konstante Faktor $h/(m_e c)$ auf der rechten Seite der Gleichung hat die Einheit Meter m. Er wird als **Compton-Wellenlänge** λ_C bezeichnet und hängt von der Masse des Streupartners ab. Die Compton-Wellenlänge für die Streuung an einem Elektron beträgt

$$\lambda_C \equiv \frac{h}{m_e \cdot c} = 2{,}42631023867(73)\ \mathrm{pm} \tag{1.42}$$

und bezeichnet eine charakteristische Strukturlänge des Elektrons als Streupartner des Photons. Beim Vergleich mit einem Compton-Streuprozess z. B. an einem freien Proton ist die Compton-Wellenlänge durch die große Masse des Protons sehr viel geringer $\lambda_C \approx$ 1 fm.

Insgesamt ergibt sich für den Compton-Streuprozess an einem ruhenden Elektron eine Wellenlängenänderung, die Null oder positiv ist:

$$\lambda' - \lambda = \lambda_C\,(1 - \cos\vartheta) \geq 0\,. \tag{1.43}$$

Die Wellenlänge des Photons kann nach dem Streuprozess nur größer werden. Konsistent mit der oben ausgeführten Energiebeschreibung des Compton-Streuprozesses (1.36) verliert das Photon Energie, die auf das Elektron übertragen wird. Die maximale Wellenlänge nach dem Streuprozess ist bei Rückwärtsstreuung um die doppelte Compton-Wellenlänge größer als die ursprüngliche Wellenlänge des Photons ($1 - \cos\pi = 2$, ►Abbildung 1.10):

$$\lambda'_{\mathrm{max}} = \lambda + 2\,\lambda_C \tag{1.44}$$

In unserem Experiment beträgt die ursprüngliche Wellenlänge des Photons $\lambda = (1{,}24/(E_\gamma/\mathrm{keV}))\ \mathrm{nm} = 71\ \mathrm{pm}$ (1.14), sodass sich als maximal mögliche Wellenlänge

$$\lambda'_{\mathrm{max}} = \lambda + 2\,\lambda_C = (71 + 2 \cdot 2{,}43)\ \mathrm{pm} \approx 76\ \mathrm{pm} \tag{1.45}$$

ergibt.

Messung der Compton-Wellenlänge: Wir nutzen die in ►Abbildung 1.9 gezeigten Messdaten und bestimmen mithilfe von $E_\gamma = h\,c/\lambda$ (1.6) die Vergrößerung der Wellenlänge $\Delta\lambda = \lambda' - \lambda$ als Funktion von $1 - \cos\vartheta$ (►Abbildung 1.11). Wegen (1.41) erwarten

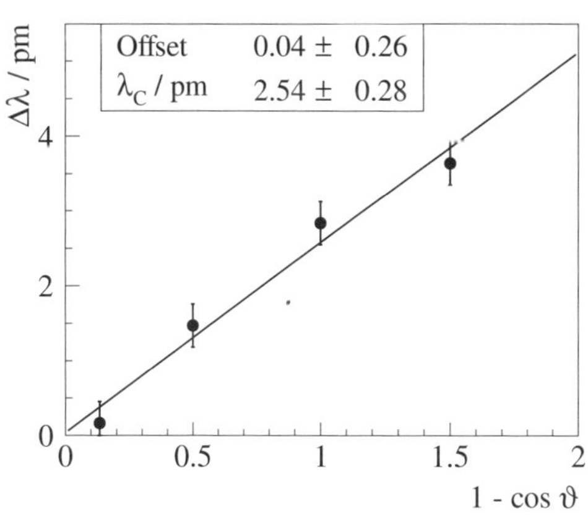

Abbildung 1.11 Bestimmung der Compton-Wellenlänge λ_C aus der Änderung der Photon-Wellenlänge $\Delta\lambda = \lambda' - \lambda$ (1.41) als Funktion von $1 - \cos\vartheta$ mit dem Photon-Streuwinkel ϑ (Messdaten aus ►Abbildung 1.9).

wir einen linearen Zusammenhang und erhalten als Steigung die Compton-Wellenlänge $\lambda_C = (2{,}54 \pm 0{,}28)$ pm in Übereinstimmung mit sehr viel präziseren Messungen (1.42).

Arthur H. Compton entdeckte den nach ihm benannten Effekt, für den er 1927 den Nobelpreis erhielt.

1.2.3 Elektron-Positron-Paarbildung

Nach Einstein ist Masse eine Form der Energie. Besitzt ein Photon ausreichend viel Energie E_γ, die mindestens der Summe der Ruheenergien eines Elektrons und eines Positrons entspricht ($E_\gamma > 2\,m_e\,c^2$), kann das Photon in der Nähe eines Atomkerns in ein e^+e^--Paar übergehen (►Abbildung 1.12). Das Vorhandensein eines Atomkerns ist für die Energie- und Impulserhaltung zwangsläufige Voraussetzung, wie man anhand der Aufgabe unten überprüfen kann.

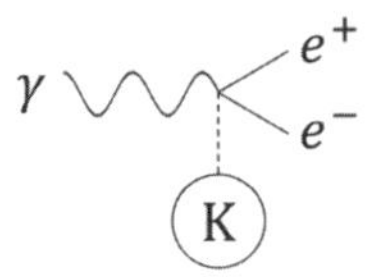

Abbildung 1.12 Paarbildung eines Elektron-Positron-Paares aus einem Photon in der Nähe eines Atomkerns

Energie-, Impulserhaltung: Bei der Bildung eines Elektron-Positron-Paares e^+e^- aus einem Photon berücksichtigen wir die Impulsaufnahme durch den nahen Kern in der Summe der Viererimpulse links vor und rechts nach dem Bildungsprozess:

$$\mathbf{p}_\gamma + \mathbf{p}_K = \mathbf{p}_{e^+} + \mathbf{p}_{e^-} + \mathbf{p}'_K \tag{1.46}$$

In Komponentenschreibweise erhalten wir für die Energie- und Impulserhaltung:

$$\begin{pmatrix} E_\gamma/c \\ \vec{p}_\gamma \end{pmatrix} + \begin{pmatrix} m_K\,c \\ 0 \end{pmatrix} = \begin{pmatrix} E_{e^+}/c \\ \vec{p}_{e^+} \end{pmatrix} + \begin{pmatrix} E_{e^-}/c \\ \vec{p}_{e^-} \end{pmatrix} + \begin{pmatrix} E'_K/c \\ \vec{p}'_K \end{pmatrix} \tag{1.47}$$

Aus der Energie- und Impulserhaltung in (1.47) können wir mithilfe von $E^2 = p^2\,c^2 + m^2\,c^4$ (1.9) die erforderliche Mindestenergie E_γ des Photons berechnen. Wir vereinfachen die Aufgabe durch Projektion auf eine eindimensionale Bewegung nur in x-Richtung und eine gleichmäßige Aufteilung von Energie und Impuls des Photons auf das e^+e^--Paar. Wir gehen von einem kleinen Impuls $\vec{p}'_K$ des Kerns im Vergleich zu seiner Masse $m_K \gg \vec{p}'_K/c$ aus, sodass wir eine Taylor-Entwicklung verwenden können. Schließlich nutzen wir die Impulserhaltung $p_\gamma = 2\,p_e + p_K$:

$$E_\gamma = 2\,E_e + E'_K - m_K\,c^2 \tag{1.48}$$

$$= 2\,E_e + \sqrt{p'^2_K\,c^2 + m_K^2\,c^4} - m_K\,c^2 \tag{1.49}$$

$$\approx 2\,E_e + m_K\,c^2\left(1 + \frac{1}{2}\frac{p'^2_K}{m_K^2\,c^2}\right) - m_K\,c^2 \tag{1.50}$$

$$\approx 2\,E_e + \frac{1}{2}\frac{p'^2_K}{m_K} \tag{1.51}$$

$$\approx 2\,E_e + \frac{1}{2}\frac{(p_\gamma - 2\,p_e)^2}{m_K} \tag{1.52}$$

In beiden Termen der rechten Seite ist die Mindestenergie von e^+ und e^- jeweils $E_e = m_e\,c^2$ bei $p_e = 0$ und die Photon-Energie muss die Ruhemasse des e^+e^--Paares erzeugen können $p_\gamma = E_\gamma/c = 2\,m_e\,c$:

$$E_\gamma \geq 2\,m_e\,c^2 + \frac{m_e^2\,c^2}{m_K} \tag{1.53}$$

Das Photon benötigt demnach einen winzigen Bruchteil

$$\frac{m_e^2\,c^2}{m_K} < 3 \cdot 10^{-4}\,\text{MeV} = 300\,\text{eV} \tag{1.54}$$

mehr Energie als nur für die Masse des e^+e^--Paares ($2\,m_e\,c^2 = 1{,}022\,\text{MeV}$), damit der nahe Kern durch seine Impulsaufnahme Energie- und Impulserhaltung gewährleisten kann.

Aufgabe 1: Paarerzeugung im Vakuum: Energie-, Impulsverletzung

Zeigen Sie, dass eine e^+e^--Paarbildung aus dem Photon γ im Vakuum zur Verletzung der Energie-, Impulserhaltung führt.

1.3 Plancksches Strahlungsgesetz

Ein sogenannter „schwarzer Körper“ absorbiert alle auf ihn einfallende Strahlung vollständig. Der Körper sendet selbst Strahlung mit einer bestimmten Frequenzverteilung aus, die von seiner Temperatur T abhängt. Zur Beschreibung dieser Strahlung stellen wir uns einen Hohlraum vor, der nur eine kleine Öffnung besitzt, aus dem die sogenannte **Hohlraumstrahlung** entweichen kann (►linke Abbildung 1.13).

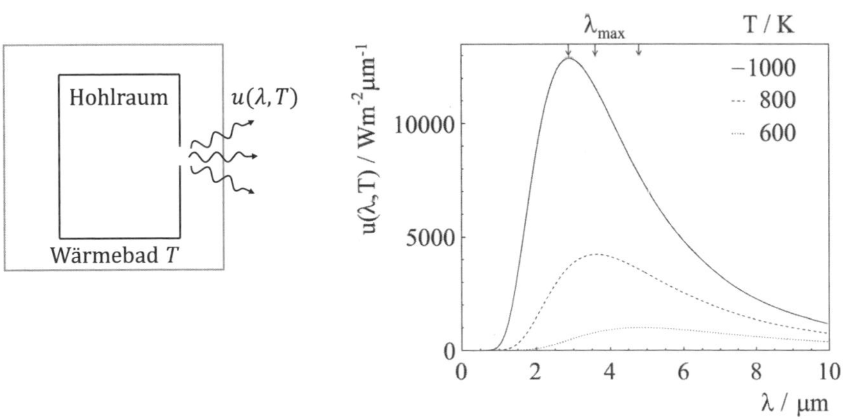

Abbildung 1.13 Die Abstrahlung elektromagnetischer Wellen aus einem Hohlraum der Temperatur T folgt dem Planckschen Strahlungsgesetz (1.55), das die Strahlungsenergiedichte $u(\nu, T)$ in Abhängigkeit von der Frequenz ν und der Temperatur T erfasst. Die Wellenlänge des Maximums der Verteilung λ_{max} folgt dem Wienschen Verschiebungsgesetz (1.65), das Integral der Verteilung dem Stefan-Boltzmann-Gesetz (1.67).

Experiment 6: Hohlraumstrahlung

Ein Hohlraum wird in einem Wärmebad auf die Temperatur T gebracht (►linke Abbildung 1.13). Wir beobachten elektromagnetische Wellen, die aus dem Hohlraum durch eine kleine Öffnung ausgesendet werden. Die Intensität dieser Strahlung zeigt ein breites Frequenzsspektrum, das stark von der Temperatur abhängt (rechte ►Abbildung 1.13).

Das **Plancksche Strahlungsgesetz** beschreibt die Frequenz- oder Wellenlängenverteilung der aus dem Hohlraum austretenden Strahlung (►rechte Abbildung 1.13):

$$\underbrace{u(\nu,T)\,d\nu}_{(1)} = \underbrace{\frac{8\,\pi\,h\,\nu^3}{c^3}}_{(2)}\,\frac{1}{\underbrace{e^{\frac{h\,\nu}{k_B T}}-1}_{(3)}}\,d\nu \qquad (1.55)$$

Im Folgenden betrachten wir zunächst die einzelnen Terme 1–3 und zeigen dann, wie sich aus diesem Gesetz die zuvor bekannten Strahlungsgesetze ergeben (Rayleigh-Jeans, Wiensches Verschiebungsgesetz, Stefan-Boltzmann). Schließlich werden wir das Plancksche Strahlungsgesetz (1.55) nach Einsteins Vorschlag herleiten.

1.3.1 Terme des Planckschen Strahlungsgesetzes

Die Bedeutung der drei Terme des Planckschen Strahlungsgesetzes (1.55) schauen wir uns hier detailliert an.

(1) Spektrale Energiedichte: Der Term (1) in (1.55) ist die sogenannte spektrale Energiedichte

$$u(\nu,T)\,d\nu = \frac{\text{Strahlungsenergie } E \text{ im Frequenzintervall } [\nu,\nu+d\nu]}{\text{Volumen}}\,. \qquad (1.56)$$

Berechnet wird demnach die Energiedichte des Strahlungsfelds aller Photonen in Bezug auf Volumen und Frequenz.

(2) Spektrale Modendichte: Der Term (2) in (1.55)

$$\frac{8\,\pi\,h\,\nu^3}{c^3} \qquad (1.57)$$

enthält die Energie der Photonen

$$E = h\,\nu \qquad (1.58)$$

und die sogenannte spektrale Modendichte $dn/d\nu$ eines Hohlraumresonators. Sie bezeichnet die Anzahl der möglichen Eigenschwingungen des elektromagnetischen Felds pro Resonatorvolumen für 2 Polarisationsrichtungen innerhalb des Frequenzintervalls $[\nu,\nu+d\nu]$:

$$\frac{dn}{d\nu} = \frac{8\,\pi\,\nu^2}{c^3} \qquad (1.59)$$

(3) Bose-Einstein-Verteilung: Der Term (3) enthält die Temperaturabhängigkeit T der Hohlraumstrahlung in der Einheit Kelvin und die Boltzmann-Konstante k_B:

$$\langle N\rangle(h\,\nu, T) = \frac{1}{e^{\frac{h\,\nu}{k_B T}} - 1} \tag{1.60}$$

Dieser Term beschreibt die **mittlere Besetzungszahl** $\langle N\rangle(E, T)$ eines Zustands mit der Energie $E = h\,\nu$ bei der Temperatur T im thermischen Gleichgewicht des Hohlraumstrahlers. Er entspricht der sogenannten Bose-Einstein-Verteilung, einer Wahrscheinlichkeitsverteilung für identische Bosonen (Teilchen mit ganzzahligem Spin) der Quantenstatistik. Sie kommt hier zur Anwendung, da Photonen Spin 1 tragen.

Für große Temperaturen $T \to \infty$ wird wegen

$$e^{\frac{h\,\nu}{k_B T}} \to 1 \tag{1.61}$$

der Nenner klein, sodass die spektrale Energiedichte entsprechend stark ansteigt.

Max Planck führte 1899 das **Plancksche Wirkungsquantum** h ein und konnte damit das Spektrum des Hohlraumstrahlers erklären (Nobelpreis 1918).

1.3.2 Plancksches Strahlungsgesetz umfasst Strahlungsgesetze

Bereits vor dem Planckschen Strahlungsgesetz waren wichtige Zusammenhänge zwischen Strahlung und Temperatur erforscht worden, die sich im Nachhinein konsistent aus dem Planckschen Strahlungsgesetz ergeben.

Rayleigh-Jeans-Gesetz

Für kleine Energien der Strahlung im Vergleich zur Temperatur

$$h\,\nu \ll k_B\,T \tag{1.62}$$

kann die Exponentialfunktion (1.55) in einer Taylor-Entwicklung genähert werden:

$$\frac{1}{e^{\frac{h\,\nu}{k_B T}} - 1} \approx \frac{1}{1 + \frac{h\,\nu}{k_B T} - 1} = \frac{k_B\,T}{h\,\nu} \tag{1.63}$$

Diese Näherung des Planckschen Strahlungsgesetzes ergibt das **Rayleigh-Jeans-Gesetz**:

$$u(\nu, T)\,d\nu = \frac{8\,\pi\,\nu^2}{c^3}\,k_B\,T\,d\nu \tag{1.64}$$

Wie die Näherung oben zeigt, beschreibt dieses Gesetz die Strahlungsdichte für kleine Frequenzen, divergiert aber wegen $u(\nu, T) \propto \nu^2$ (1.64) bei hohen Frequenzen ν. Noch ohne Kenntnis von (1.55) hieß das Divergenzproblem die „Ultraviolett-Katastophe“.

Wiensches Verschiebungsgesetz

Aus der Ableitung des Planckschen Strahlungsgesetzes (1.55) ergibt sich die Frequenz bzw. Wellenlänge λ_{max}, bei der die spektrale Energiedichte maximal ist. Die Position des Maximums ist temperaturabhängig. Der inverse Zusammenhang zwischen Maximum und Temperatur heißt **Wiensches Verschiebungsgesetz**

$$\lambda_{\text{max}} \cdot T = b \tag{1.65}$$

mit der **Wienschen Verschiebungskonstanten**

$$b = \frac{h\,c}{a\,k_{\text{B}}} = 2\,897{,}771\,955\ldots\ \mu\text{m}\,\text{K}\,. \tag{1.66}$$

Ein Teil der Maximumsberechnung wird numerisch durchgeführt und resultiert im Wert a, dazu kommen wegen des neuen SI-Systems die exakten Werte für h, c und k_{B}, sodass b selbst einen exakten Wert besitzt.

Stefan-Boltzmann-Gesetz

Wenn lediglich die Temperaturabhängigkeit der Strahlung von Interesse ist, ergibt sich durch Integration über alle Frequenzen das Stefan-Boltzmann-Gesetz. Die Intensität der Strahlung in den Halbraum beträgt

$$I = \frac{P}{A} = \sigma\,T^4\ , \tag{1.67}$$

wobei P die Strahlungsleistung des schwarzen Körpers, A die strahlende Fläche und σ die **Stefan-Boltzmann-Konstante** ist. Auch die Stefan-Boltzmann-Konstante leitet sich aus den Konstanten c, h und k_{B} des SI-Systems ab und hat deshalb einen exakten Wert:

$$\sigma = \frac{2\,\pi^5\,k_{\text{B}}^4}{15\,h^3\,c^2} = 5{,}670\,374\,419\ldots \cdot 10^{-8}\ \frac{\text{W}}{\text{m}^2\text{K}^4} \tag{1.68}$$

Bemerkenswert in (1.67) ist die Abhängigkeit der Strahlungsintensität von der Temperatur zur vierten Potenz T^4. In der rechten ►Abbildung 1.13 ist gezeigt, wie schnell sich die Fläche unter der Kurve bei erhöhten Temperaturen vergrößert. Zum Beispiel ergibt sich bei Verdopplung der Temperatur $T_2 = 2\,T_1$ die vierfache Intensität $I_2 = 16\,I_1$.

Die Gesetze (1.65) und (1.67) wurden klassisch aus experimentellen Untersuchungen und thermodynamischen Überlegungen von Wilhelm Wien, Josef Stefan und Ludwig Boltzmann hergeleitet und wurden durch das Plancksche Strahlungsgesetz in einen gemeinsamen Zusammenhang gebracht.

Beispiel 2: Hohlraumstrahlung

Photonen aus der Frühzeit des Universums finden wir heute als sogenannte kosmische Hintergrundstrahlung. Die Energieverteilung der kosmischen Hintergrundstrahlung folgt dem Planckschen Strahlungsgesetz (►Abbildung 1.14). Präzise Messungen zeigen eine Temperatur von $T = 2{,}7255\,\text{K}$ [45].

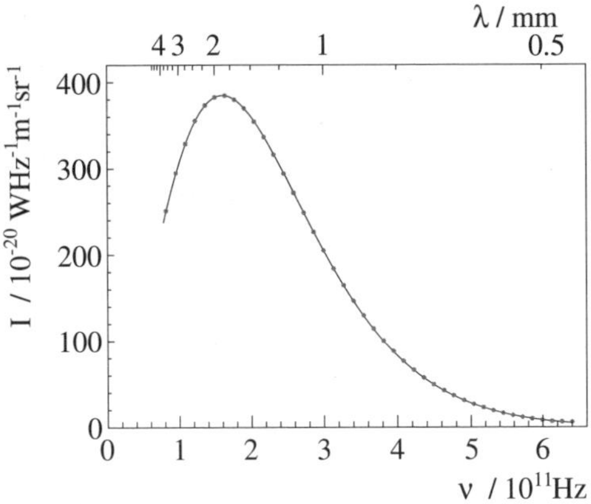

Abbildung 1.14 Das Frequenzspektrum der kosmischen Hintergrundstrahlung folgt dem Planckschen Strahlunggesetz (1.55), dessen Vorhersage für die Temperatur $T = 2{,}73\,\mathrm{K}$ (Kurve) die Messpunkte des Satelliten-Experiments COBE (Symbole) sehr präzise beschreibt (Daten aus [23]).

1.3.3 Einstein-Herleitung Plancksches Strahlungsgesetz

Nach Einsteins Vorstellung absorbieren und emittieren die Wände des Hohlraums elektromagnetische Strahlung in der Form von Photonen mit der Energie $E = h\,\nu$. Dabei gibt es drei relevante Prozesse, die durch die sogenannten **Einstein-Koeffizienten** beschrieben werden, die wir im Folgenden vorstellen.

Wir betrachten hier nur zwei diskrete Energieniveaus im Wandmedium mit den Energien E_1 und E_2, deren aktuelle **Besetzungszahlen** N_1 und N_2 sind (►Abbildung 1.15).

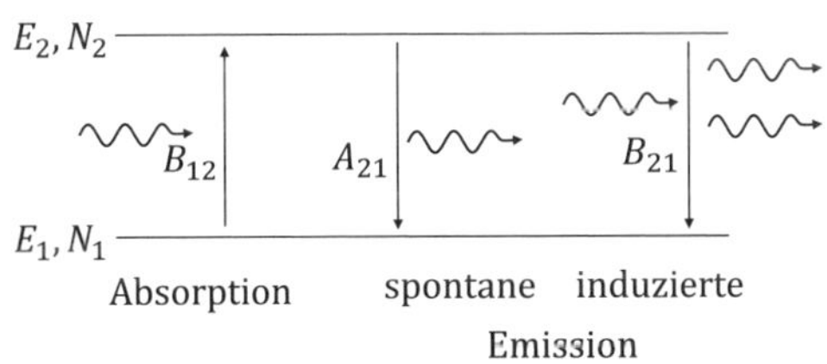

Abbildung 1.15 Einstein führte für seine Herleitung des Planckschen Strahlungsgesetzes (1.55) die drei Einstein-Koeffizienten der Absorption B_{12} (1.72), der spontanen Emission A_{21} (1.69) und der induzierten Emission B_{21} (1.74) ein. N_1 und N_2 bezeichnen die Besetzung zweier Energieniveaus mit $E_2 > E_1$.

Einstein-Koeffizient A_{21} der spontanen Emission

Bei einem spontanen Emissionsprozess wird ein Photon mit der Energie $E = h\nu = E_2 - E_1$ an das Strahlungsfeld abgegeben. Dabei wechselt ein Elektron des Mediums vom angeregten Zustand mit der Energie E_2 in den Zustand mit der niedrigeren Energie E_1.

Die Anzahl N_{21} der Prozesse pro Zeit ist proportional zur Besetzungszahl des Zustands N_2:

$$\frac{dN_{21}}{dt} = A_{21} \cdot N_2 \tag{1.69}$$

$$= \frac{dN_1}{dt} = -\frac{dN_2}{dt} \tag{1.70}$$

Dabei erhöht sich die Besetzungszahl N_1 und N_2 erniedrigt sich. A_{21} beschreibt also die Übergangswahrscheinlichkeit pro Zeit. Ihr inverser Wert entspricht der mittleren Lebensdauer τ des Zustands mit der Energie E_2 (vergleiche Kapitel 9.2):

$$\tau = \frac{1}{A_{21}} \tag{1.71}$$

Einstein-Koeffizient B_{12} der Absorption

Bei einem Absorptionsprozess verschwindet ein Photon mit der Energie $E = h\,\nu = E_2 - E_1$ aus dem Strahlungsfeld. Dabei wird ein Elektron aus dem Zustand E_1 auf das höhere Niveau E_2 gehoben.

Die Anzahl N_{12} solcher Prozesse pro Zeit ist proportional zur Besetzungszahl N_1 des Zustands E_1 und der Strahlungsdichte $u(\nu)$ des elektromagnetischen Felds:

$$\frac{dN_{12}}{dt} = B_{12} \cdot u(\nu) \cdot N_1 \tag{1.72}$$

$$= -\frac{dN_1}{dt} = \frac{dN_2}{dt} \tag{1.73}$$

Dabei erhöht sich die Besetzungszahl N_2 und N_1 erniedrigt sich. B_{12} beschreibt die Übergangswahrscheinlichkeit pro Zeit *und* Strahlungsdichteeinheit vom Zustand E_1 nach E_2.

Einstein-Koeffizient B_{21} der induzierten Emission

Bei einer induzierten Emission erzwingt das Strahlungsfeld die Aussendung eines Photons mit der Energie $E = h\,\nu = E_2 - E_1$.

Die Anzahl N'_{21} solcher Prozesse pro Zeit ist proportional zur Besetzungszahl N_2 des Zustands mit Energie E_2 und der Strahlungsdichte $u(\nu)$:

$$\frac{dN'_{21}}{dt} = B_{21} \cdot u(\nu) \cdot N_2 \tag{1.74}$$

$$= -\frac{dN_2}{dt} = \frac{dN_1}{dt} \tag{1.75}$$

Dabei erhöht sich die Besetzungszahl N_1 und N_2 erniedrigt sich. B_{21} beschreibt die Übergangswahrscheinlichkeit pro Zeit *und* Strahlungsdichteeinheit vom Zustand E_2 nach E_1.

Die Prozesse der induzierten Emission und der Absorption sind komplementäre Vorgänge

$$B_{21} = B_{12}\,, \tag{1.76}$$

wie wir auch in der folgenden Herleitung des Planckschen Strahlungsgesetzes sehen werden (1.82).

Einstein führte die induzierte Emission 1916 ein, die nicht nur einen entscheidenden Beitrag zur Herleitung des Planckschen Strahlungsgesetzes ergibt, sondern auch eine der Voraussetzungen für den Laser ist (Kapitel 9.5).

Gleichgewicht der Absorptions- und Emissionsprozesse

Im thermischen Gleichgewicht der Absorptions- und Emissionsprozesse gilt:

$$\frac{dN_{12}}{dt} = \frac{dN_{21}}{dt} + \frac{dN'_{21}}{dt} \tag{1.77}$$

Einsetzen der Gleichungen (1.72), (1.69) und (1.74) ergibt einen Ausdruck, der proportional zu der relativen Besetzung der Energieniveaus ist:

$$\begin{aligned} B_{12} \cdot u(\nu) \cdot N_1 &= A_{21} \cdot N_2 + B_{21} \cdot u(\nu) \cdot N_2 \\ \frac{N_2}{N_1} &= \frac{B_{12} \cdot u(\nu)}{A_{21} + B_{21} \cdot u(\nu)} \end{aligned} \tag{1.78}$$

Um das Verhältnis der Besetzungszahlen N_1 und N_2 auf der linken Seite der Gleichung zu ermitteln, nutzen wir die Boltzmann-Verteilungsfunktion der Thermodynamik. Für ein System im Gleichgewicht ist die Wahrscheinlichkeit für die Besetzung eines Zustands mit Energie E bei gegebener Temperatur T exponentialverteilt und proportional zu

$$e^{-\frac{E}{k_B T}} . \tag{1.79}$$

Dabei erkennen wir den **Boltzmann-Faktor** wieder, den wir schon in Band 1 [18] kennengelernt haben. Die relative Besetzung der beiden Energieniveaus in (1.78) hängt von der Energiedifferenz $E_2 - E_1$ in den Wandatomen ab, die der Photon-Energie $E = h\nu$ im Strahlungsfeld entspricht:

$$\frac{N_2}{N_1} = \frac{e^{-\frac{E_2}{k_B T}}}{e^{-\frac{E_1}{k_B T}}} = e^{-\frac{E_2 - E_1}{k_B T}} = e^{-\frac{h\nu}{k_B T}} \tag{1.80}$$

Setzen wir (1.80) in Gleichung (1.78) ein, können wir die Energiedichte $u(\nu)$ des Strahlungsfelds berechnen:

$$\begin{aligned} e^{-\frac{h\nu}{k_B T}} &= \frac{B_{12} \cdot u(\nu)}{A_{21} + B_{21} \cdot u(\nu)} \\ B_{12} \cdot u(\nu) \cdot e^{\frac{h\nu}{k_B T}} &= A_{21} + B_{21} \cdot u(\nu) \\ u(\nu) \left(B_{12} \cdot e^{\frac{h\nu}{k_B T}} - B_{21} \right) &= A_{21} \\ u(\nu) &= \frac{A_{21}}{B_{12} \cdot e^{\frac{h\nu}{k_B T}} - B_{21}} \end{aligned} \tag{1.81}$$

Für große Temperaturen $T \to \infty$ geht auch die Energiedichte $u \to \infty$, d. h. der Nenner wird Null. Daher müssen die beiden Einstein-Koeffizienten

$$B_{12} = B_{21} \tag{1.82}$$

gleich groß sein. Die Prozesse Absorption und induzierte Emission sind demnach komplementär zueinander.

Für kleine Energien der Strahlung im Vergleich zur Temperatur

$$h\,\nu \ll k_{\mathrm{B}}\,T \tag{1.83}$$

können wir die Exponentialfunktion wie zuvor in einer Taylor-Entwicklung nähern (1.63):

$$u(\nu) = \frac{A_{21}}{B_{12}\cdot\left(e^{\frac{h\,\nu}{k_{\mathrm{B}}\,T}}-1\right)} \approx \frac{A_{21}}{B_{12}}\cdot\frac{k_{\mathrm{B}}\,T}{h\,\nu} \tag{1.84}$$

In diesem Frequenzbereich gilt das Rayleigh-Jeans Gesetz (1.64), die Strahlungsdichte (1.84) muss ihm entsprechen. Der Vergleich liefert uns einen weiteren Zusammenhang zwischen den Einstein-Koeffizienten:

$$\frac{A_{21}}{B_{12}}\cdot\frac{k_{\mathrm{B}}\,T}{h\,\nu} = \frac{8\,\pi\,\nu^2}{c^3}\,k_{\mathrm{B}}\,T$$

$$A_{21} = \frac{8\,\pi\,h\,\nu^3}{c^3}\cdot B_{12} \tag{1.85}$$

$$= \frac{dn}{d\nu}\cdot h\,\nu\cdot B_{12} \tag{1.86}$$

Setzen wir in die Energiedichte (1.81) die Informationen über die Einstein-Koeffizienten aus den Gleichungen (1.82) und (1.85) ein und multiplizieren beide Seiten mit dem Frequenzintervall $d\nu$, so erhalten wir das Plancksche Strahlungsgesetz (1.55):

$$u(\nu)\,d\nu = \frac{8\,\pi\,h\,\nu^3}{c^3}\cdot\frac{1}{e^{\frac{h\,\nu}{k_{\mathrm{B}}\,T}}-1}\cdot d\nu \tag{1.87}$$

Mit dieser Herleitung bestätigt Einstein erneut die Interpretation des Lichts als Photonen mit Energie $E = h\,\nu$.

Das Wichtigste zum Mitnehmen

Zum Mitnehmen: Photonen 1

- In der Quantenphysik ist die Beschreibung von Licht als **Photonen** oder Lichtquanten gut geeignet. Mit den Zusammenhängen zwischen Frequenz ν, Kreisfrequenz $\omega = 2\pi\nu$, Wellenlänge λ und Vakuumlichtgeschwindigkeit $c = \lambda\nu$ lässt sich die Photon-Energie wie folgt schreiben:

$$E_\gamma = h\,\nu \tag{1.1}$$

$$E_\gamma = h\,c/\lambda \tag{1.6}$$

$$E_\gamma = \hbar\omega \tag{1.5}$$

  Dabei ist das Plancksche Wirkungsquantum h und seine Kurzschreibweise für die Division von h durch $2\,\pi$:

$$h = 6{,}62607015 \cdot 10^{-34}\,\text{Js} \tag{1.2}$$

$$\hbar \equiv \frac{h}{2\pi} \tag{1.4}$$

- Bei **Absorption** eines Photons mit der Energie E_γ im Atom wird ein Elektron der Atomhülle von seinem Energiezustand E_i auf ein höheres Energieniveau E_j gehoben, es gilt Energieerhaltung:

$$E_\gamma = \Delta E = E_j - E_i \tag{1.3}$$

  Bei **Emission** eines Photons aus dem Atom geht ein Elektron von einem angeregten Energiezustand in einen tieferen Zustand über, wobei auch hier die Energie erhalten ist: $E_\gamma = \Delta E = E_j - E_i$

- Der **Franck-Hertz-Versuch** zeigt **diskrete Energieniveaus der Elektronen** in der Atomhülle durch Anregung mit Stößen äußerer Elektronen. Die Emission von Photonen beim Übergang der Atom-Elektronen in ihren Grundzustand zeigt die Energieerhaltung.

- Der **photoelektrische Effekt** zeigt das Entfernen eines Elektrons aus einem Material durch Einstrahlung eines Photons. Die Photon-Energie muss ausreichend groß sein, um die Austrittsarbeit des Elektrons aus dem Material zu leisten. Die kinetische Energie E_{kin} des herausgeschlagenen Elektrons ergibt sich aus der Photon-Energie $E_\gamma = h\,\nu$ abzüglich der Austrittsarbeit W_A:

$$E_{\text{kin}} = E_\gamma - W_A \tag{1.22}$$

Zum Mitnehmen: Photonen 2

- **Compton-Streuung** bezeichnet die Wechselwirkung eines Photons mit einem (idealerweise freien) Elektron. Der Energieverlust des Photons, bzw. die Wellenlängenänderung $\lambda' - \lambda$, ist mit der **Compton-Wellenlänge** λ_C proportional zum Kosinus seines Streuwinkels ϑ:

$$\lambda' - \lambda = \lambda_C \cdot (1 - \cos\vartheta) \tag{1.41}$$

$$\lambda_C \equiv \frac{h}{m_e \cdot c} = 2{,}42631023867(73)\ \text{pm} \tag{1.42}$$

- Die **Elektron-Positron-Paarbildung** aus einem Photon ist nur möglich, wenn die Photon-Energie E_γ die Ruheenergien von Elektron und Positron mit jeweils der Masse m_e übersteigt und ein Impulsübertrag z. B. auf einen Atomkern stattfindet:

$$E_\gamma \geq 2\, m_e\, c^2 + \frac{m_e^2\, c^2}{m_K} \tag{1.53}$$

- Das **Plancksche Strahlungsgesetz** beschreibt mit $u \cdot d\nu$ die Strahlungsenergie eines Hohlraums bei der Temperatur T im Frequenzintervall $[\nu, \nu + d\nu]$ pro Volumen:

$$u(\nu, T)\, d\nu = \frac{8\pi\, h\, \nu^3}{c^3} \frac{1}{e^{\frac{h\nu}{k_B T}} - 1} d\nu \tag{1.55}$$

  Terme des Gesetzes sind die Photon-Energie $E_\gamma = h\,\nu$, die spektrale Modendichte $dn/d\nu$ und die Bose-Einstein-Verteilung für die Photonen mit Spin 1. Die thermodynamischen Gesetze Rayleigh-Jeans, Wiensche Verschiebung und Stefan-Boltzmann sind darin enthalten.

- Einsteins Herleitung des Planckschen Strahlungsgesetzes durch die Koeffizienten der **spontanen Emission** A_{21}, der **Absorption** B_{12} und der **induzierten Emission** B_{21} unterstreicht die Lichtinterpretation als Photonen und ist wegweisend für z. B. den Laser. N_1 und N_2 bezeichnen die Besetzung zweier Energieniveaus mit $E_2 > E_1$ und dN_{21}/dt etc. die Übergänge pro Zeit, u ist die Strahlungsenergiedichte in (1.55):

$$\frac{dN_{21}}{dt} = A_{21} \cdot N_2 \tag{1.69}$$

$$\frac{dN_{12}}{dt} = B_{12} \cdot u \cdot N_1 \tag{1.72}$$

$$\frac{dN'_{21}}{dt} = B_{21} \cdot u \cdot N_2 \tag{1.74}$$

Materiewellen

2

ÜBERBLICK

» Licht hat Wellen- und Teilchencharakter (Kapitel 1). Teilchen besitzen ebenfalls Teilchen- und Wellencharakter. Wir stellen zunächst die Hypothese von De-Broglie vor, die Teilchenimpulse Wellenlängen zuordnet. Nach kurzer Erinnerung an Interferenzphänomene mit Licht zeigen wir den Wellencharakter von Neutronen und Elektronen bei Beugungs-, Interferenz- und Reflexions-Experimenten. Wir beschreiben diese Teilchen dabei als „Materiewellen". «

2.1 De-Broglie-Hypothese

Photonen: Wir erinnern zunächst an die wichtigsten Zusammenhänge für den Teilchencharakter von Licht. Photonen tragen die **Energie**

$$E_\gamma = h\,\nu \qquad (1.1)$$

$$= h\,c/\lambda \qquad (1.6)$$

wobei h das Plancksche Wirkungsquantum, ν die Lichtfrequenz, c die Vakuumlichtgeschwindigkeit und λ die Lichtwellenlänge bezeichnen.

Den **Impuls** p_γ des Photons können wir ebenfalls über seine **Wellenlänge** ausdrücken. Das Photon trägt keine Ruhemasse $m_\gamma = 0$. Aufgrund der Einsteinbeziehung (1.9) ergibt sich ein direkter Zusammenhang zwischen Energie und Impuls:

$$E_\gamma = \sqrt{\vec{p_\gamma}^{\,2} \cdot c^2 + m_\gamma^2 \cdot c^4} = |\vec{p_\gamma}|\,c \qquad (2.1)$$

Setzen wir für die Energie Gleichung (1.6) ein, so können wir die Photon-Wellenlänge λ durch den Photonimpuls p_γ ausdrücken:

$$\lambda = \frac{h\,c}{E_\gamma} = \frac{h}{p_\gamma} \qquad (2.2)$$

Materieteilchen: Louis de Broglie drehte in seiner Dissertation 1924 das Argument um und postulierte mit (2.2) einen Wellencharakter auch für massive Teilchen. Hier formulieren wir die Grundidee wie folgt:

Jedem Teilchen mit der Ruhemasse m, einem (nicht-relativistischen) Impuls p und damit einer kinetischen Energie $E = p^2/(2\,m)$ kann man ebenso wie einem Photon (der Ruhemasse 0) eine Frequenz ν und eine Wellenlänge λ zuordnen:

$$\lambda = \frac{h}{p} \qquad (2.3)$$

Wie in der entsprechenden Photon-Gleichung (2.2) bezeichnet h das Plancksche Wirkungsquantum (1.2).

Als Zusammenhang zwischen kinetischer Energie $E_{\text{kin}} = p^2/(2\,m)$ und Wellenlänge λ erhalten wir:

$$\lambda = \frac{h}{p} = \frac{h}{\sqrt{2\,m\,E_{\text{kin}}}} = \frac{2\pi\,\hbar\,c}{\sqrt{2\,m\,c^2}}\,\frac{1}{\sqrt{E_{\text{kin}}}} \qquad (2.4)$$

Die rechte Form der Gleichung (2.4) ist auf die in der Atomphysik gebräuchlichen Einheiten der Masse (eV$/c^2$) und auf die Merkformel für $\hbar\,c = 0{,}2\,\text{eV}\,\mu\text{m}$ (1.13) zugeschnitten.

Die Gleichungen (2.3) und (2.4) implizieren: Je größer der Impuls p oder die Wurzel aus der kinetischen Energie E_{kin}, desto kürzer ist die Wellenlänge λ des Teilchens. Demnach haben Teilchen auch Welleneigenschaften und können als sogenannte **Materiewellen** aufgefasst werden. Es können Interferenzphänomene mit Teilchen auftreten, die wir in den folgenden Kapiteln untersuchen werden. De Broglie erhielt für seine Arbeiten 1929 den Nobelpreis.

Für den Zusammenhang zwischen Teilchenimpuls und Welleneigenschaften $p = h/\lambda$ (2.3) werden wir später häufig folgende alternative Schreibweise mit der Wellenzahl $k = 2\,\pi/\lambda$ verwenden ($\hbar = h/(2\,\pi)$ (1.4)):

$$p = \hbar\, k \tag{2.5}$$

2.2 Interferenz am Doppelspalt

Die Interferenzerscheinungen am Doppelspalt mit Licht haben wir ausführlich im Band 2 [19] beschrieben. Wir wiederholen hier die wichtigsten Konzepte. Anschließend zeigen wir die entsprechende Messung mit Neutronen, die den Wellencharakter der Neutronen eindrücklich beweist.

2.2.1 Doppelspalt-Experiment mit Lichtwellen

Wellenamplitude und Intensität: Die Richtungsauslenkung einer Welle am Ort $\vec{r}$ zur Zeit t beschreiben wir allgemein mit

$$\vec{\xi}(\vec{r}, t) = \vec{\xi}_\circ\, e^{-i(\vec{k}\vec{r} - \omega t + \varphi)}\,. \tag{2.6}$$

Die Welle wird durch die Amplitude $\vec{\xi}_\circ$, die Ausbreitungsrichtung $\vec{k}/|\vec{k}|$, die Wellenzahl $|\vec{k}| = 2\pi/\lambda$, die Kreisfrequenz $\omega = 2\pi\,\nu$ und eine Phasenverschiebung φ charakterisiert.

Für Licht entspricht der Realteil der Auslenkung $\vec{\xi}$ dem elektrischen Feldvektor $\vec{E}$, der senkrecht auf der Ausbreitungsrichtung steht. Die beobachtete Intensität I des Lichts ergibt sich aus dem Quadrat der Amplitude

$$I = \epsilon_\circ\, c\, |\vec{E}|^2\,. \tag{2.7}$$

Interferenz: Setzt sich das Licht aus mindestens zwei monochromatischen Teilwellen (d. h. gleiche Frequenz ν bzw. Wellenlänge λ) zusammen, die aber relativ zueinander um $\delta = \varphi_2 - \varphi_1$ phasenverschoben sind, ergeben sich Interferenzerscheinungen in der beobachteten Intensität. Zur Vereinfachung nehmen wir gleiche Amplituden $E_\circ \equiv E_{\circ 1} = E_{\circ 2}$ an

$$I(\delta) = \epsilon_\circ\, c\, |\vec{E}_1 + \vec{E}_2|^2 \tag{2.8}$$

$$= \epsilon_\circ\, c\, 2\, E_\circ^2\, (1 + \cos\delta\,)\,, \tag{2.9}$$

sodass Interferenzmaxima bei

$$\delta = n\, 2\pi\,, \quad n \in \mathbb{Z} \tag{2.10}$$

und Minima bei $\delta = (2n + 1)\,\pi$ entstehen.

Falls die beiden Teilwellen von verschiedenen Quellpositionen Q_1 und Q_2 herkommen, an denen die beiden Quellen synchron schwingen (typisch für Experimente am Doppelspalt oder Gitter), lässt sich die relative Phasenverschiebung $\delta/(2\pi)$ über den Wegunterschied $\Delta r = |\vec{r}_2 - \vec{r}_1|$ der Teilwellen zum Beobachtungspunkt P in Einheiten der Wellenlänge λ ausdrücken:

$$\frac{\delta}{2\pi} = \frac{\Delta r}{\lambda} \tag{2.11}$$

Doppelspalt-Experiment: In ►Abbildung 2.1 ist ein Experiment am Doppelspalt mit dem Spaltabstand d und der Spaltbreite b skizziert. Das beobachtete Interferenzmuster ist eine Überlagerung aus dem Muster der beiden Spalten und der Beugung an den Einzelspalten.

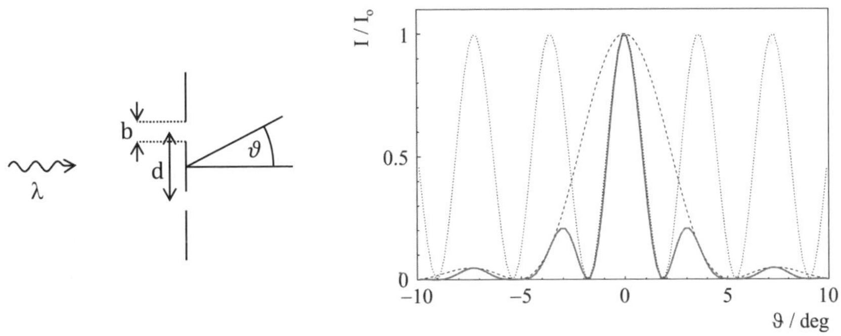

Abbildung 2.1 Beim Doppelspalt-Experiment mit Licht der Wellenlänge λ entsteht die Intensitätsverteilung (2.16) durch Überlagerung des Interferenzmusters der Spalte im Abstand d (schnellere Oszillation) und dem Beugungsmuster aus der Breite b der Spalte (langsamere Oszillation).

Für die beiden Spalte ergibt der Wegunterschied zwischen zwei Teilwellen zum Beobachtungspunkt $\Delta r = d \sin\vartheta$. Interferenzmaxima ergeben sich mit (2.10) und (2.11) aus

$$n\,\lambda = d\,\sin\vartheta \tag{2.12}$$

mit $n \in \mathbb{Z}$, bzw. ausgedrückt durch die Phasenverschiebung (2.11):

$$\delta_I = 2\pi\,\frac{d\,\sin\vartheta}{\lambda} \tag{2.13}$$

Für die Beugung am Einzelspalt ergeben sich Beugungsminima bei

$$n\,\lambda = b\,\sin\vartheta \tag{2.14}$$

mit $n \in \mathbb{Z}, n \neq 0$, oder als Phasenverschiebung geschrieben:

$$\delta_B = 2\pi\,\frac{b\,\sin\vartheta}{\lambda} \tag{2.15}$$

Die Intensität hinter dem Doppelspalt zeigt ein Interferenzmuster in Abhängigkeit des Winkels ϑ zum Beobachtungspunkt

$$I(\vartheta) = I_\circ \cdot \frac{\sin^2\left(\delta_B/2\right)}{\left(\delta_B/2\right)^2} \cdot \cos^2\left(\delta_I\right)\,, \tag{2.16}$$

das sich aus der Kombination der Interferenzerscheinungen am Einzelspalt (2. Term rechts) und Doppelspalt (3. Term rechts) ergibt.

2.2.2 Doppelspalt-Experiment mit Neutronen

Neutronen haben eine Struktur aus Quarks und Gluonen und daher eine räumliche Ausdehnung mit einem Radius von $r \approx 0.7\,\mathrm{fm}$ (Kapitel 15.2, 16). Trotz ihrer räumlichen Ausdehnung zeigen Neutronen Welleneigenschaften in Interferenzexperimenten.

Neutronenwellenlänge: Neutronen werden zahlreich bei Kernspaltungsprozessen in Atomkraftwerken erzeugt (Kapitel 18.2). Die Neutronen werden durch verschiedene Maßnahmen stark verlangsamt (z. B. Streuprozesse mit geeignetem Energie-Absorbermaterial), sodass ihre Wellenlänge für Interferenzexperimente geeignet ist.

Bei einer nicht-relativistischen kinetischen Energie der Neutronen von $E_{\mathrm{kin}} = 0{,}24\,\mathrm{meV}$ ergibt sich mit (2.4) eine Neutron-Wellenlänge von:

$$\lambda = \frac{h}{p_n} = \frac{2\pi\,\hbar c}{\sqrt{2\,m_n\,c^2}}\,\frac{1}{\sqrt{E_n}} = \frac{2\pi \cdot 197\,\mathrm{eV\,nm}}{\sqrt{2 \cdot 939{,}6\,\mathrm{MeV}}}\,\frac{1}{\sqrt{0{,}24\,\mathrm{meV}}} = 1{,}84\,\mathrm{nm} \qquad (2.17)$$

Neutronennachweis: Der Nachweis der elektrisch neutralen Neutronen gelingt durch eine Reaktion, bei der elektrisch geladene Teilchen entstehen. Der Detektor wird mit Bortrifluorid-Gas BF_3 gefüllt, in dem Neutronen eingefangen werden. Als Reaktion auf den Neutron-Einfang wird ein zweifach geladener Helium-Kern emittiert (α-Teilchen, siehe Kapitel 17)

$${}^{10}_{5}\mathrm{B} + n \to {}^{7}_{3}\mathrm{Li}^{3+} + {}^{4}_{2}\mathrm{He}^{2+}\,. \qquad (2.18)$$

Damit gelingt der Neutron-Nachweis im Detektor über den Nachweis geladener Teilchen.

Experiment 7: Neutronen am Doppelspalt

Die Absorption von Neutronen ist nicht so einfach wie beim Licht-Experiment, sodass bei der Konstruktion des Doppelspalts geeignete Absorbermaterialien eingesetzt werden müssen. R. Gähler und A. Zeilinger [25] verwendeten einen Bor-Draht (vergleiche oben mit dem Neutron-Nachweis) als Trennung der beiden Spalte des Doppelspalts und begrenzten die Spalte links und rechts mithilfe von Glas, das mit den Absorbern Bor B und Gadolinium Gd angereichert war. Der Doppelspalt hatte einen Spaltabstand von $d = 126\,\mu\mathrm{m}$, die Spaltbreiten waren $b \approx 22\,\mu\mathrm{m}$ und die Wellenlänge der Neutronen betrug $\lambda = 1{,}845\,\mathrm{nm}$. In der ►Abbildung 2.2 sind Messungen mit dem Bortrifluorid-Detektor BF_3 gezeigt, der im Abstand von $L = 5\,\mathrm{m}$ hinter einem beweglichen Spalt quer zur Strahlrichtung verschoben wurde.

Neutron-Interferenz am Doppelspalt analog zu Lichtwellen: Wir interpretieren das Messergebnis in ►Abbildung 2.2 mithilfe der Gleichungen für die Interferenz von Lichtwellen. Maxima der Doppelspalt-Interferenz erwarten wir bei $n\,\lambda = d\,\sin\vartheta$ (2.12). In der Näherung kleiner Winkel $\sin\Delta\vartheta \approx \Delta\vartheta$ ergibt sich mit der Wellenlänge $\lambda = 1{,}845\,\mathrm{nm}$ und

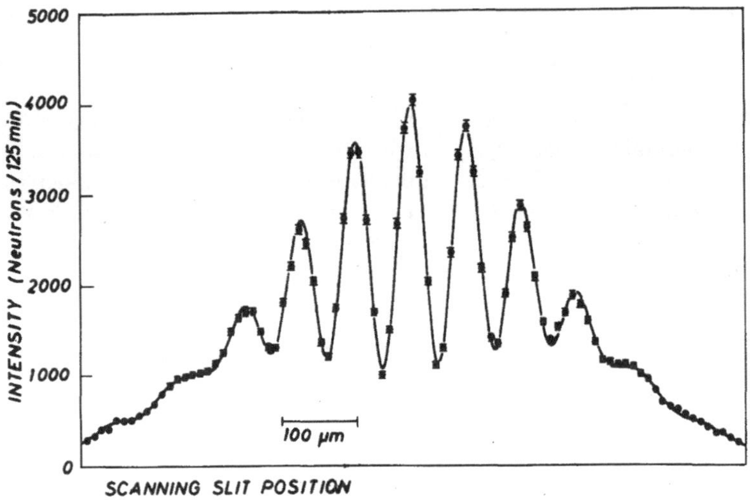

Abbildung 2.2 Beim Doppelspalt-Experiment mit Neutronen wurde die Zählratenverteilung senkrecht zur Strahlrichtung mit einem Bortrifluorid-Gasdetektor BF_3 im Abstand von $L = 5\,\mathrm{m}$ abgetastet. Die durchgezogene Kurve zeigt die theoretische Vorhersage (Nachdruck Am. J. Phys. 59 (1991) 316 mit Genehmigung von AIP Publishing [25]).

der Spaltbreite $d = 126\,\mu\mathrm{m}$ als erwarteter Winkelabstand zwischen zwei benachbarten Maxima

$$\Delta\vartheta \approx \frac{\lambda}{d} \approx \frac{1{,}85 \cdot 10^{-9}\,\mathrm{m}}{1{,}26 \cdot 10^{-4}\,\mathrm{m}} \approx 1{,}5 \cdot 10^{-5}\,. \tag{2.19}$$

Auf dem 5 m entfernten Schirm erwarten wir damit eine Intensitätsverteilung mit Abständen von

$$\Delta = 5 \cdot 1{,}5 \cdot 10^{-5}\mathrm{m} = 75\,\mu\mathrm{m} \tag{2.20}$$

zwischen den Maxima, was gut mit der Messung übereinstimmt.

Mit einer analogen Rechnung können wir die erwartete Breite B der Beugungsfigur mit der Bedingung für das erste Minimum $\lambda = b \sin\vartheta$ (2.14) bei der Spaltbreite $b \approx 22\,\mu\mathrm{m}$ abschätzen:

$$B = 5\,\mathrm{m} \cdot \vartheta \approx 5\,\mathrm{m} \cdot 8{,}4 \cdot 10^{-5} \approx 420\,\mu\mathrm{m} \tag{2.21}$$

Auch dieser Wert findet sich in der ►Abbildung 2.2 wieder.

Interpretation der Doppelspaltmessung: Die Interpretation des Ergebnisses in ►Abbildung 2.2 zeigt Vorgänge in der Quantenmechanik, die einer klassischen Intuition paradox erscheinen:

> *Die Neutronen werden als Materieteilchen im Spaltprozess erzeugt und durch elastische Stöße gebremst. An der Interferenzstruktur verhalten sie sich dann wie Materiewellen, um schließlich im Detektor wieder als Teilchen nachgewiesen zu werden. Dabei ist ihre Winkelverteilung durch das Interferenzmuster bestimmt.*

Im Fall der Lichtwellen hatten wir die Intensität I als Beschreibungsgröße für das Interferenzmuster verwendet, die wir aus dem Quadrat der elektrischen Feldstärke $\vec{E}(\vec{r},t) = \vec{E}_\circ \exp\left(-i(\vec{k}\vec{r} - \omega t + \delta)\right)$ (2.6) berechnen: $I = \epsilon_\circ\, c\, |\vec{E}|^2$ (2.7).

Das Interferenzphänomen mit Neutronen können wir beschreiben, indem wir dem Neutron eine Wellenfunktion (analog zur elektrischen Feldstärke der Lichtwelle) zuweisen, deren Betragsquadrat wir als Wahrscheinlichkeitsverteilung oder **Wahrscheinlichkeitsdichte** deuten, die das beobachtete Interferenzmuster darstellt. Die Neutronen-Wellenfunktion wird dementsprechend auch als **Wahrscheinlichkeitsamplitude** bezeichnet. In Kapitel 3 stellen wir die Wahrscheinlichkeitsinterpretation der Quantenmechanik ausführlich vor.

Anton Zeilinger erhielt für seine Arbeiten auf dem Gebiet der Quantenphysik 2022 den Physik-Nobelpreis.

Lokalisierbarkeit: Weitere beeindruckende Experimente sind die Interferometrie-Experimente an Silizium-Einkristallen mit Neutronen [40] und die Interferenzexperimente am Doppelspalt mit Helium-Atomen [13]. Diese Experimente zeigen nicht nur allgemein den Wellencharakter auch von großen Teilchen, sondern geben darüber hinaus Information über deren Lokalisierbarkeit.

Obwohl ein Neutron nur eine räumliche Ausdehnung von $r \approx 0{,}7\,\mathrm{fm}$ hat und mit seinen Quark- und Gluon-Komponenten einen Weg im Doppelspalt oder Interferometer durchlaufen haben muss, besitzt es Kenntnis über den anderen möglichen Weg in makroskopischer Entfernung weit jenseits seiner eigenen Ausdehnung.

Das Wellenpaket des Neutrons ist demnach nichtlokal über makroskopische Distanzen.

2.3 Bragg-Reflexion

Experimente zur Untersuchung von Kristallstrukturen geben einen weiteren Zugang zu Materiewellen von Teilchen. Zunächst führen wir die sogenannte Bragg-Reflexion an einem Kristall mit Röntgenphotonen ein. Anstelle der Photonen verwenden wir anschließend Elektronen für solche Strukturuntersuchungen, wobei sich dann der Wellencharakter der Elektronen zeigt. Anders als Neutronen besitzen Elektronen im Rahmen heutiger Messgenauigkeit keine Substruktur, eine solche müsste kleiner als $r < 10^{-3}\,\mathrm{fm}$ sein.

2.3.1 Bragg-Reflexion mit Photonen

Um Kristallstrukturen zu untersuchen, benötigen wir Photonen mit Wellenlängen in der Größenordnung von Abständen im Festkörper, die im Bereich von Angström Å liegen. Röntgenphotonen mit Energien um $E_\gamma \approx 10\,\mathrm{keV}$ erreichen diese Wellenlängen (1.14):

$$\lambda = \frac{1{,}24\,\mathrm{nm}}{(E_\gamma/\mathrm{keV})} = \frac{1{,}24\,\mathrm{nm}}{10} = 1{,}24\,\text{Å} \qquad (2.22)$$

Wie wir Röntgenstrahlen erzeugen, besprechen wir in Kapitel 11.

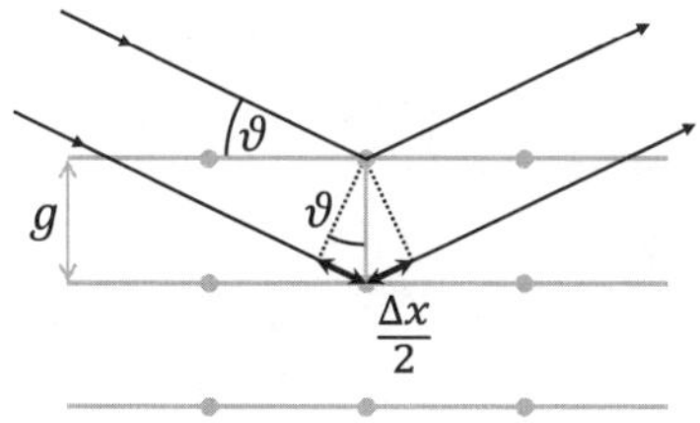

Abbildung 2.3 Maxima der Reflexion treten auf, wenn sich die Laufwege der interferierenden Strahlen um ein Vielfaches der Wellenlänge unterscheiden. g ist der Abstand der Gitterebenen, ϑ der Glanzwinkel.

Bei der Reflexion von Wellen kurzer Wellenlänge λ an einem Kristall können Interferenzerscheinungen entstehen. In der ►Abbildung 2.3 sind Wellen gezeigt, die von links auf die Gitterstruktur eines Kristalls unter dem Winkel ϑ zur Gitterebene einfallen.

Während eine Teilwelle an der oberen Gitterebene reflektiert wird, wird eine zweite Teilwelle an der darunterliegenden Gitterebene reflektiert. Die parallelen Gitterebenen haben den Abstand g, sodass mit der Reflexion eine Phasenverschiebung zwischen den Wellen entsteht, die zu den Interferenzeffekten führt. Wir bezeichnen diesen Reflexionsvorgang mit den Interferenzerscheinungen als **Bragg-Reflexion**.

Aus der ►Abbildung 2.3 lesen wir eine zusätzlich zurückgelegte Strecke Δx für die an der unteren Gitterebene reflektierte Welle mithilfe des rechten Dreiecks ab:

$$\sin\vartheta = \frac{\Delta x/2}{g} \tag{2.23}$$

Stimmt die Strecke Δx mit einem Vielfachen $n \in \mathbb{N}$ der Wellenlänge λ überein, erhalten wir Maxima der Bragg-Reflexion. Als die sogenannte **Bragg-Bedingung** für Interferenzmaxima erhalten wir in Abhängigkeit vom Einfallswinkel ϑ, vom Abstand g der Gitterebenen und von der Wellenlänge λ:

$$2\,g\,\sin\vartheta = n\,\lambda \tag{2.24}$$

Der Winkel ϑ wird auch als **Glanzwinkel** bezeichnet.

Für die Entdeckung der Reflexion von Röntgenstrahlen an Kristallen erhielt M. von Laue den Nobelpreis 1914. W. H. Bragg und W. L. Bragg (Vater und Sohn) stellten zu ihrer Beschreibung die Bragg-Bedingung (2.24) auf, sie erhielten 1915 den Nobelpreis.

2.3.2 Wellenlänge von Elektron-Materiewellen

Für die Untersuchung der Kristallstrukturen über Bragg-Reflexion (2.24) können wir alternativ z. B. Elektronen verwenden. Genau wie bei den Photonen müssen die Wellenlängen der Materiewellen in der Größenordnung von atomaren Gitterabständen liegen.

Welche Elektron-Energien wir dafür benötigen, berechnen wir mithilfe von de Broglies Beziehung (2.3). Den Impuls erhalten wir aus der kinetischen Energie E_{kin} der Elektronen

$$E_{\text{kin}} = \frac{p^2}{2\,m} \tag{2.25}$$

$$p = \sqrt{2\,m\,E_{\text{kin}}} \tag{2.26}$$

und setzen p in $\lambda = h/p$ (2.3) ein. Mit der Elektronmasse $m_e = 511\,\text{keV}$ und einer Elektron-Energie von z. B. $E_{\text{kin}} = 50\,\text{eV}$ erhalten wir eine passende Wellenlänge für Kristalluntersuchungen ($\hbar c = 197\,\text{eV nm}$ (1.13)):

$$\lambda = \frac{h}{p} = \frac{2\pi\hbar c}{\sqrt{2 m_e E_{\text{kin}}}\,c} = \frac{2\pi \cdot 197\,\text{eV nm}}{\sqrt{2 \cdot 511 \cdot 10^3 \cdot 50\,\text{eV}^2}} = 1{,}73\,\text{Å} \tag{2.27}$$

Beispiel 3: Wellenlänge beschleunigter Elektronen

Wir nutzen elektrische Felder, um Elektronen auf kinetische Energien E_{kin} zu bringen, die Wellenlängen im Angström-Bereich entsprechen (2.27).

Das elektrische Feld $|\vec{E}| = U/d$ erzeugen wir durch Anlegen einer Spannung zwischen zwei Elektroden im Abstand d voneinander (►linke Abbildung 2.4, vergleiche Band 2 [19]). Die Elektronen werden bis zur Anode auf die Energie

$$E_{\text{kin}} = e\,U \tag{2.28}$$

beschleunigt und verlassen das elektrische Feld durch eine Öffnung in der Anode. Hier bezeichnet $e = 1{,}6 \cdot 10^{-19}\,\text{C}$ die Elementarladung.

Für die Umrechnung zwischen Wellenlänge λ in nm und Spannung in Volt V bzw. Energie $E = e\,U$ in Elektronenvolt eV ergibt sich nach (2.27) (►rechte Abbildung 2.4):

$$\lambda = \frac{2\pi\,\hbar c}{\sqrt{2\,m_e\,c^2}}\,\frac{1}{\sqrt{e\,U}} = \sqrt{\frac{1{,}5}{U/\text{V}}}\,\text{nm} = \sqrt{\frac{1{,}5}{e\,U/\text{eV}}}\,\text{nm} \tag{2.29}$$

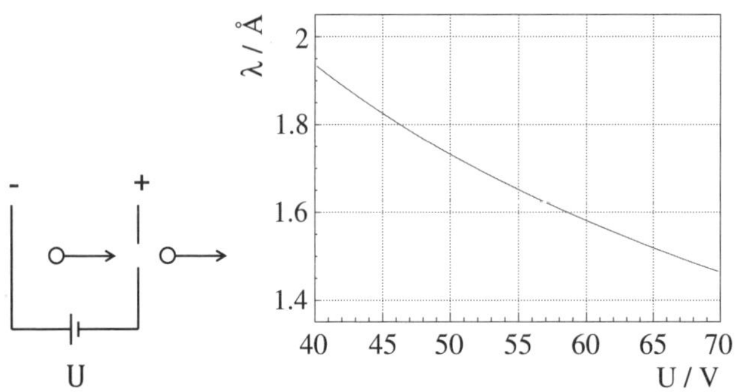

Abbildung 2.4 Geladene Teilchen werden in einem elektrischen Feld mit der Spannung U beschleunigt und treten durch eine Öffnung in der Anode aus. Die Wellenlänge λ der beschleunigten Elektronen ergibt sich mit Gleichung (2.29) aus der Beschleunigungsspannung U.

2.3.3 Bragg-Reflexion von Elektronen an Graphitprobe

Für eine experimentelle Bestätigung der Materiewellen von Elektronen nach der De-Broglie-Hypothese $\lambda = h/p$ (2.3) suchen wir bei der Reflexion von Elektronen an einer Graphitprobe nach Interferenzphänomenen.

Experiment 8: Bragg-Reflexion

In einem evakuierten Glaskolben werden Elektronen beschleunigt und auf eine Graphitprobe gelenkt. Der Kolben enthält alle notwendigen Elemente (►Abbildung 2.5): eine Elektronenquelle, eine Beschleunigungsstrecke, eine Probe aus Graphit und eine Projektionsfläche im Abstand $L = 133\,\text{mm}$, auf der auftreffende Elektronen sichtbar werden. Auf dieser Fläche beobachten wir zwei Ringe mit verschiedenen Durchmessern D_1 und D_2.

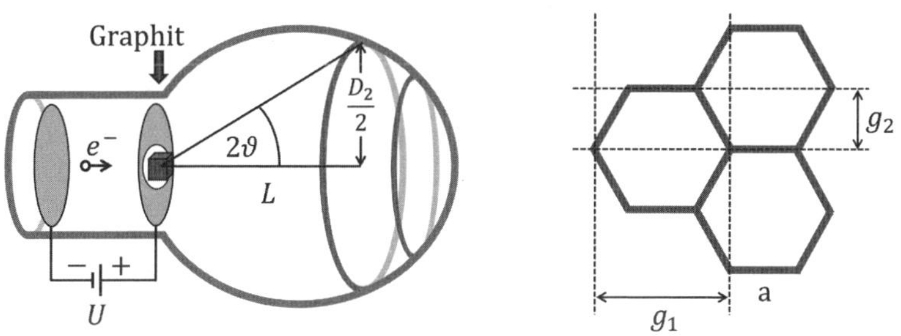

Abbildung 2.5 Elektronen werden in einer Vakuumröhre mit der Spannung U beschleunigt und treffen auf die Mikrokristallite einer Graphitprobe. Die Kristallstruktur von Graphit weist zwei charakteristische Abstände auf. Entsprechend entstehen im Abstand L zwei Interferenzringe mit den Durchmessern D_1 und D_2.

Kristallsymmetrie, Mikrokristallite: Aufgrund der Kristallsymmetrie von Graphit mit gleichseitigen Sechsecken der Seitenlänge a (►Abbildung 2.5) gibt es charakteristische Abstände g_1 und g_2 zwischen den Gitterebenen:

$$a = 1{,}42 \cdot 10^{-10}\,\text{m}\,, \quad g_1 = 2{,}13 \cdot 10^{-10}\,\text{m}\,, \quad g_2 = 1{,}23 \cdot 10^{-10}\,\text{m} \qquad (2.30)$$

Die Graphitprobe des Experiments besteht aus einem polykristallinen Material. Nehmen wir die Strahlachse der Elektronen als Bezugsrichtung, dann sind die Mikrokristallite des Materials in allen möglichen Richtungen ausgerichtet. Passt ihre Ausrichtung gerade zum Winkel ϑ der Bragg-Bedingung (2.24), so erhalten wir konstruktive Interferenz auf einem Ring um die Strahlachse mit dem halben Öffnungswinkel $2 \cdot \vartheta$ (vergleiche ►Abbildung 2.3). Entsprechend der beiden Gitterabstände g_1 und g_2 (2.30) werden im Experiment zwei Interferenzringe mit verschiedenen Durchmessern D_1 und D_2 sichtbar.

Interferenzringgröße: Im Folgenden beschränken wir unsere Diskussion auf den größeren der beiden Ringe. Aus der linken Seite der Bragg-Bedingung $2\,g\,\sin\vartheta = n\,\lambda$ (2.24) lesen wir für eine gegebene Wellenlänge $\lambda = \text{const.}$ ab, dass der kleinere Gitterabstand g_2 einem größeren Reflexionswinkel ϑ entspricht. Daher bezieht sich der größere Interferenzring mit Durchmesser D_2 auf den kleineren Gitterebenenabstand g_2 (2.30).

Die Änderung der ursprünglichen Elektronenrichtung bei der Reflexion beträgt das Zweifache des Einfallswinkels ϑ (►Abbildung 2.3). Der Ringdurchmesser D_2 und der Winkel ϑ stehen mit dem Abstand L zwischen Graphitprobe und Projektionsfläche in folgendem Zusammenhang (►Abbildung 2.5):

$$\tan(2\,\vartheta) = \frac{D_2}{2\,L} \tag{2.31}$$

Wellenlänge und Glanzwinkel: Wir messen für ansteigende Beschleunigungsspannungen $U = 2{,}7\ldots5{,}5\,\text{kV}$ die Ringdurchmesser $D_2 = 5{,}4\ldots3{,}6\,\text{cm}$. Wir erwarten, dass die Wellenlängen λ der Elektronen mit steigendem U sinkt (2.29):

$$\lambda = \sqrt{\frac{1{,}5}{e\,U/\text{eV}}}\cdot 10^3\,\text{pm} \tag{2.32}$$

Mit der Bragg-Bedingung (2.24) für das erste Interferenzmaximum $n = 1$

$$\lambda = g_2 \cdot 2\,\sin\vartheta \tag{2.33}$$

sollte genauso der Glanzwinkel ϑ und damit der Ringdurchmesser D_2 (2.31) abnehmen. In der ►Abbildung 2.6 erhalten wir durch Auftragen von $2\,\sin\vartheta$ mithilfe von $\vartheta = 0{,}5\,\arctan(D_2/(2\,L))$ (2.31) gegen λ (2.32) den linearen Zusammenhang der Bragg-Bedingung (2.33) und damit den Abstand g_2 der Gitterebenen.

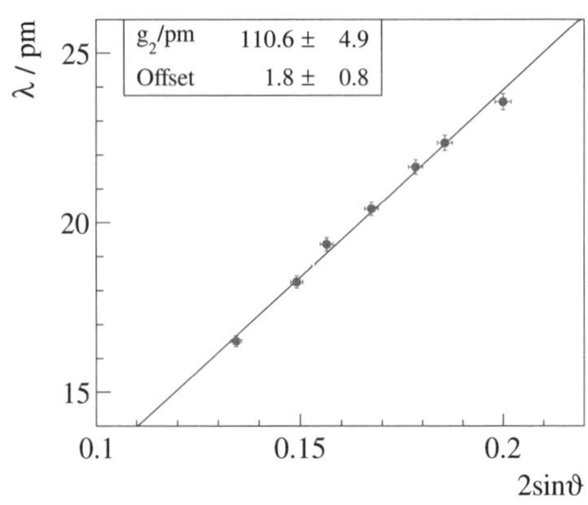

Abbildung 2.6 Mit den Messungen des größeren Ringdurchmessers D_2 aus der Bragg-Reflexion an Graphit-Mikrokristalliten (►Abbildung 2.5) berechnen wir $2\,\sin\vartheta$ des Glanzwinkels der Bragg-Reflexion (2.33). Die zugehörige Beschleungigungsspannung U übertragen wir auf die Wellenlänge λ der Elektronen (2.32). Der lineare Zusammenhang zeigt in guter Näherung den charakteristischen Abstand g_2 (2.30) der Graphit-Struktur.

Interpretation: Für verschiedene kinetische Elektron-Energien, erzeugt durch die Beschleunigungsspannungen $E_{\text{kin}} = e\,U$ (2.28), erfüllen die zugehörigen Wellenlängen λ in der ►Abbildung 2.6 bei festem Abstand g_2 der Gitterebenen immer genau die Bragg-Bedingung. Die Bragg-Reflexion von Elektronen an den Graphit-Mikrokristalliten bestätigt demnach quantitativ die Wellenlänge ihrer Materiewellen.

Die Elektron-Impulse p folgen der de Broglie-Beziehung $\lambda = h/p$ (2.3).

Aufgabe 2: Wellenlänge eines Skifahrers

Trauen Sie sich besser nicht! Wie groß ist die Wellenlänge des Skifahrers

$$\lambda = \frac{h}{p} \approx ?$$

Nehmen Sie an, der Skifahrer fährt 36 km/h schnell und wiegt 60 kg.

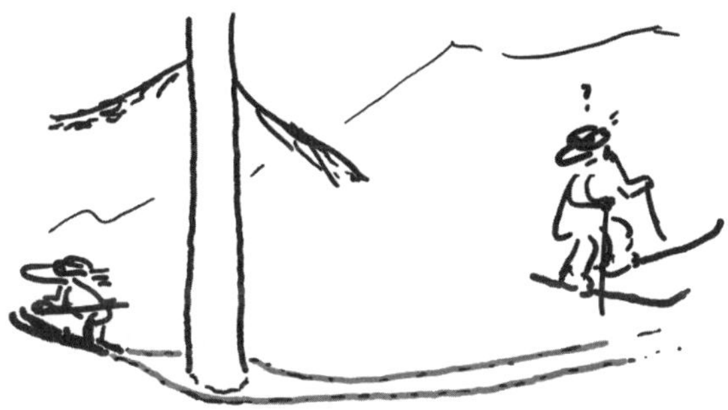

Abbildung 2.7 Doppelspalt-Experiment eines Skifahrers (inspiriert von Chas. Addams, 1940)

Das Wichtigste zum Mitnehmen

Zum Mitnehmen: Materiewellen 1

- **Licht und Teilchen haben sowohl Teilchen- als auch Wellencharakter.** Für Licht besteht der Zusammenhang zwischen Photon-Wellenlänge und -Impuls $\lambda = h/p_\gamma$ (2.2).

  Teilchen mit nicht-relativistischem Impuls p bzw. kinetischer Energie $E_{\text{kin}} = p^2/(2\,m)$ wird nach de Broglie eine Wellenlänge zugeordnet:

  $$\lambda = \frac{h}{p} \tag{2.3}$$

  $$\lambda = \frac{h}{\sqrt{2\,m\,E_{\text{kin}}}} \tag{2.4}$$

  Teilchen werden damit als **Materiewellen** mit Wellenlänge λ aufgefasst. Oft verwenden wir alternativ den Zusammenhang zwischen Teilchenimpuls und Wellenzahl $k = 2\,\pi/\lambda$ mit $\hbar = h/(2\,\pi)$ (1.4):

  $$p = \hbar\,k \tag{2.5}$$

- Die **Welleneigenschaften von Neutronen** wurden in Interferenzexperimenten demonstriert. Analog zum **Doppelspalt-Experiment** mit Licht zeigt die Zählrate von Neutronen mit der Wellenlänge $\lambda = 1{,}85\,\text{nm}$ (2.4) hinter einem Doppelspalt die Überlagerung zweier Interferenzmuster. Dabei entspricht die Neutron-Zählratenverteilung in Abhängigkeit vom Winkel ϑ zum Beobachtungspunkt quantitativ der Vorhersage für Lichtwellen gleicher Wellenlänge:

  $$I(\vartheta) = I_\circ \cdot \frac{\sin^2(\delta_B/2)}{(\delta_B/2)^2} \cdot \cos^2(\delta_I) \tag{2.16}$$

  Die Beugung an der Spaltbreite b erzeugt die Phasenverschiebung $\delta_B = 2\,\pi\,b \cdot \sin\vartheta/\lambda$ (2.15) und die Teilwellen aus beiden Spalten im Abstand d sind um $\delta_I = 2\,\pi\,d\,\sin\vartheta/\lambda$ (2.13) phasenverschoben (►Abbildung 2.1, 2.2).

- **Neutronen** haben gleichermaßen **Teilchen- und Welleneigenschaften.** Erzeugt im Atomreaktor als Materieteilchen zeigen die Neutronen am Doppelspalt die Interferenz von Materiewellen und werden als Teilchen im Detektor gezählt. Ein Neutron mit seinen Quark- und Gluon-Komponenten und der räumlichen Ausdehnung von $r \approx 0{,}7\,\text{fm}$ muss einen der beiden Spalte passiert haben und hat dennoch Kenntnis über den weit entfernten zweiten Spalt ($d \gg r$) für das Interferenzmuster beim Neutron-Nachweis (Nicht-Lokalität).

Zum Mitnehmen: Materiewellen 2

- Bei der Reflexion von Wellen an verschieden tiefen Gitterebenen eines Kristalls entstehen zwischen einzelnen Teilwellen Phasenverschiebungen und somit Interferenzeffekte (►Abbildung 2.3). Die **Bragg-Bedingung** beschreibt **Interferenzmaxima der Reflexionen** unter dem Einstrahlwinkel ϑ (Glanzwinkel) relativ zur Kristalloberfläche:

$$2\,g\,\sin\vartheta = n\,\lambda \tag{2.24}$$

  Dabei bezeichnet g den Abstand der Gitterebenen im Kristall und n die Interferenzordnung. Die Bedingung gilt allgemein für Röntgenstrahlung und Materiewellen.

- **Materiewellen von Elektronen** mit Wellenlänge λ in der Größenordnung der Kristallgitterabstände g (2.24) werden zur Untersuchung von Kristallstrukturen verwendet. Dafür werden die Elektronen in einem von der Spannung U erzeugten elektrischen Feld auf die kinetische Energie $E_{\text{kin}} = e\,U$ (2.28) beschleunigt. Ihre **Wellenlänge** beträgt mit (2.4):

$$\lambda = \sqrt{\frac{1{,}5}{e\,U/\text{eV}}}\,\text{nm} \tag{2.29}$$

  Elektronen zeigen bei heutiger Messgenauigkeit keine innere Struktur und sind daher elementare Materieteilchen.

- Die **Bragg-Reflexion von Elektronen** am Beispiel von Graphit-Mikrokristalliten bestätigt quantitativ ihre Materiewellen-Eigenschaft. Unter Variation der kinetischen Elektron-Energien durch verschiedene Beschleunigungsspannungen $E_{\text{kin}} = e\,U$ (2.28) zeigen die Winkel ϑ der Bragg-Interferenzmaxima (2.24), dass die Wellenlängen λ den Elektron-Impulsen p der de Broglie-Beziehung $\lambda = h/p$ (2.3) folgen.

Quantenmechanik

3

ÜBERBLICK

» Um physikalische Vorgänge im atomaren Bereich zu beschreiben und vorherzusagen, müssen wir unsere Vorstellung von Vorhersagen erweitern.

In diesem Kapitel wenden wir uns dafür der – anfangs gewöhnungsbedürftigen – Denkweise der Quantenmechanik zu. Zentrale Bedeutung hat dabei die Schrödinger-Gleichung als Bewegungsgleichung für Teilchen mit nicht-relativistischen Geschwindigkeiten $v \ll c$.

Zunächst erklären wir, wie Teilchen und ihre Bewegungen beschrieben werden. Als Grundlage verwenden wir die ebene Welle ψ, hier als Wellenfunktion oder auch Wahrscheinlichkeitsamplitude bezeichnet. Aus der Überlagerung mehrerer Wellen naheliegender Frequenzen ergibt sich ein Wellenpaket, dessen Position und Fortbewegung sich bestimmen lässt.

Für die üblichen Beobachtungsgrößen (Observable) eines Teilchens wie z. B. Ort, Impuls, Drehimpuls und Energie werden wir die in der Quantenmechanik gleichnamigen *Operatoren* vorstellen. Wir zeigen, wie man mit den Operatoren Berechnungen durchführt. Dabei nutzen wir Begriffe der Statistik und erinneren dafür an Erwartungswerte, insbesondere Mittelwert und Varianz.

Schließlich werden wir grundsätzliche Möglichkeiten und Beschränkungen bei Vorhersagen benennen. Dabei erklären wir, für welche Beobachtungsgrößen und für welche Kombinationen von Beobachtungsgrößen exakte Vorhersagen gemacht werden können. Ebenso zeigen wir prinzipielle Begrenzungen in der Genauigkeit gleichzeitig messbarer Größen, die z. B. für Ort und Impuls eines Teilchens in der Heisenbergschen Unschärferelation formuliert ist. «

3.1 Vorhersagen physikalischer Prozesse

Wir beginnen mit einer kurzen Rückschau auf unsere bisherigen Vorhersagemöglichkeiten für physikalische Vorgänge. Zunächst erinnern wir an die aus Band 1 [18] bekannten klassischen Bewegungsgleichungen für makroskopische Objekte und Wellen, nämlich Newtons Bewegungsgesetz und die Wellengleichung. Ihre Lösungen ergeben exakte Vorhersagen für die Bewegungen der Objekte bzw. Wellen.

Danach frischen wir unsere Kenntnisse zur Statistik auf (Statistische Methoden in der Experimentalphysik [20]). Wir erinnern daran, wie Wahrscheinlichkeitsverteilungen definiert sind und wie wir mit ihnen Erwartungswerte berechnen. Diese statistischen Begriffe haben für quantenmechanische Vorhersagen zentrale Bedeutung.

Anschließend erläutern wir Gemeinsamkeiten und Unterschiede für makroskopische Objekte, Wellen und Teilchen, wenn sie das Doppelspalt-Experiment passieren. Darüber spezifizieren wir die Eigenschaften der Wellenfunktion ψ für Teilchen.

3.1.1 Klassische Bewegungsgleichungen

Newtons Bewegungsgesetz: In der klassischen Mechanik haben wir die Bahnkurve jedes Objekts eindeutig vorhersagen (berechnen) können, wenn die Anfangsbedingungen des Objekts und die Kräfte F_i, die auf es einwirken, bekannt sind. Zum Beispiel berechnen wir den Einfluss der Federkraft $F = -D\,x$ auf die Bewegung eines Massenpunkts mit Masse m mit der Newtonschen Bewegungsgleichung (►Abbildung 3.1):

$$m\,\frac{d^2x}{dt^2} = F \tag{3.1}$$

Durch Integration von (3.1) ergibt sich als Bahnkurve der harmonische Oszillator

$$x(t) = \mathrm{Re}\left(A\,e^{\,i(\omega t+\varphi)}\right) \quad \text{mit } \omega = \sqrt{\frac{D}{m}}\,. \tag{3.2}$$

Der zeitliche Verlauf der am festen Ort stattfindenden Schwingung mit der Kreisfrequenz ω wird durch die Exponential- bzw. Kosinusfunktion $\mathrm{Re}(e^{i\omega t}) = \cos(\omega t)$ beschrieben.

Sind die Anfangsbedingungen durch die Amplitude A und die Phase φ gegeben, wissen wir zu jedem Zeitpunkt, wo sich der Massenpunkt genau befindet.

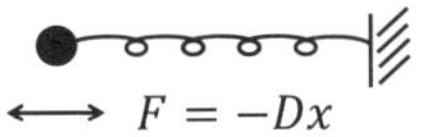

Abbildung 3.1 Eine Masse m an einer Feder mit rücktreibender Kraft $F = -D\,x$ bildet einen harmonischen Oszillator.

Wellengleichung: Die Bewegungsgleichung für Wellen ist die Wellengleichung

$$\frac{\partial^2 \xi}{\partial t^2} = v^2 \frac{\partial^2 \xi}{\partial x^2} . \tag{3.3}$$

Eine Lösung ist die ebene Welle:

$$\xi(x,t) = \mathrm{Re}\left(A\, e^{i(kx - \omega t + \varphi)}\right) \tag{3.4}$$

Die Fortbewegung der Welle (►Abbildung 3.2) ist innerhalb des Arguments der Exponentialfunktion durch die Kombination von dem Ortsanteil kx (mit der Wellenzahl $k = 2\pi/\lambda$) und dem Schwingungsterm ωt formuliert: $\mathrm{Re}(e^{i(kx-\omega t)}) = \cos(kx - \omega t)$. Beachten Sie, dass eine ebene Welle sich über den ganzen Raum erstreckt.

Durch Einsetzen der Lösung $\xi(x,t)$ in (3.3) erhalten wir für eine Welle mit der Wellenzahl k und Kreisfrequenz ω die Phasengeschwindigkeit der Welle:

$$v = \frac{\omega}{k} \tag{3.5}$$

Um einen lokalisierbaren Wellenberg wie in ►Abbildung 3.2 zu erhalten, überlagern wir mehrere ebene Wellen ξ_j mit leicht verschiedenen Frequenzen ω_j zu einem Wellenpaket. Sowohl jede Welle ξ_j einzeln als auch ihre Überlagerung $\sum_j \xi_j$ erfüllen die Wellengleichung (3.3), da ξ darin nur linear vorkommt.

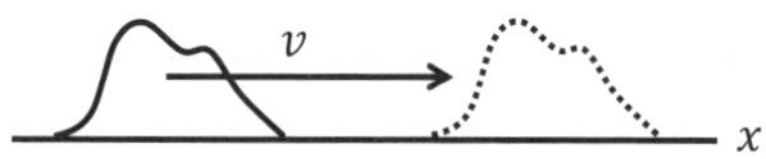

Abbildung 3.2 Ein Wellenberg bewegt sich mit der Gruppengeschwindigkeit v_G in x-Richtung.

Die Fortpflanzungsgeschwindigkeit des Wellenpakets ist die Gruppengeschwindigkeit v_G, die wir durch die Ableitung

$$v_G = \frac{d\omega(k)}{dk} \tag{3.6}$$

erhalten. Die Abhängigkeit der Kreisfrequenz $\omega(k)$ von der Wellenzahl k bezeichnen wir dabei als *Dispersionsrelation*:

$$\omega(k) = v\, k \tag{3.7}$$

Für gegebene Anfangsbedingungen durch die Amplitude A und die Phase φ können wir zu jedem Zeitpunkt vorhersagen, wo sich das Wellenpaket befindet.

3.1.2 Statistik: Wahrscheinlichkeitsverteilung, Erwartungswert

Um Vorhersagen der Quantenmechanik zu verstehen, werden wir auf Konzepte der Statistik zurückgreifen. Insbesondere Wahrscheinlichkeitsverteilungen und Erwartungswerte sind Begriffe, die uns in den folgenden Kapiteln häufig begegnen werden, sodass wir zunächst unsere Statistik-Kenntnisse auffrischen.

Wahrscheinlichkeitsverteilungen für diskrete Zufallsvariable sind intuitiv gut zu erfassen. Wir starten daher mit dem Beispiel des Würfels und wenden uns dann den Verteilungen für kontinuierliche Zufallsvariablen zu.

Beispiel 4: Diskrete Zufallsvariable

Eines der bekanntesten Beispiele zu diskreten Zufallsvariablen ist der Würfel. Die Wahrscheinlichkeit für eine bestimmte Augenzahl, z. B. 3, beträgt $P(i{=}3 \text{ würfeln}) = 1/6$. Da der Würfel immer auf eine der sechs Seiten fällt, ist die Gesamtwahrscheinlichkeit auf 1 normiert: $\sum_{i=1}^{6} p(i) = 1$. Formal beträgt die mittlere Augenzahl, gleichbedeutend mit dem Mittelwert (den wir offensichtlich nicht würfeln können):

$$\langle r \rangle = \sum_{i=1}^{6} i \cdot p(i) = 3{,}5 \tag{3.8}$$

Kontinuierliche Wahrscheinlichkeitsdichte: Für kontinuierliche Zufallsvariablen x konstruieren wir kontinuierliche Wahrscheinlichkeitsdichten $f(x)$. Eine Beispielverteilung ist in ►Abbildung 3.3 gezeigt.

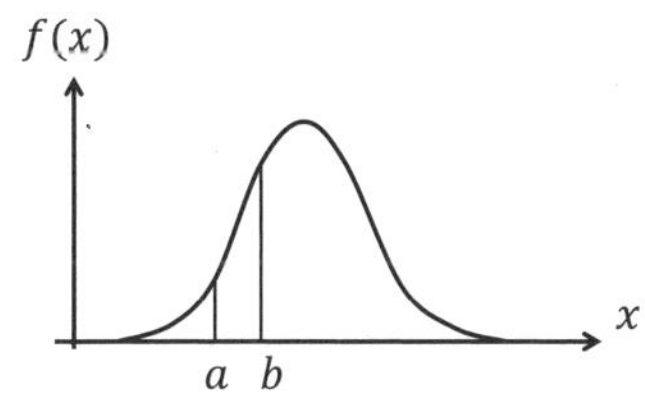

Abbildung 3.3 Wahrscheinlichkeitsdichte $f(x)$ als Funktion des Ortes x mit Intervall für $a \leq x \leq b$

Die Wahrscheinlichkeit P, einen zufälligen Wert x im Intervall $[a, b]$ zu finden, erhalten wir durch das Integral

$$P(x \in [a, b]) = \int_a^b f(x)\, dx\,. \tag{3.9}$$

Die Wahrscheinlichkeitsdichte ist auf 1 normiert:

$$\int_{-\infty}^{\infty} f(x)\, dx = 1 \tag{3.10}$$

Den Mittelwert der Wahrscheinlichkeitsdichte erhalten wir, indem wir im Integranden die Zufallsvariable x und die Dichte $f(x)$ miteinander multiplizieren und anschließend integrieren (vergleiche mit dem diskreten Fall (3.8))

$$\langle x \rangle = \int_{-\infty}^{\infty} x\, f(x)\, dx\,. \tag{3.11}$$

Erwartungswert: Den Erwartungswert einer Funktion $h(x)$ bei gegebener Wahrscheinlichkeitsdichte $f(x)$ berechnen wir mithilfe des Integrals:

$$\mathrm{E}[h(x)] = \int_{-\infty}^{\infty} h(x)\, f(x)\, dx \tag{3.12}$$

Wichtige Spezialfälle sind Erwartungswerte von Polynomfunktionen $h(x) = x^n$

$$\mathrm{E}[x^n] \tag{3.13}$$

$$\mathrm{E}\left[(x - \langle x \rangle)^n\right] \tag{3.14}$$

Beispiel 5: Erwartungswert

Der Erwartungswert von x^n mit $n = 1$ (3.13) entspricht dem *Mittelwert* (3.11):

$$\mathrm{E}(x) = \int_{-\infty}^{\infty} x\, f(x)\, dx = \langle x \rangle \tag{3.15}$$

Der Erwartungswert von $(x - \langle x \rangle)^n$ mit $n = 2$ (3.14) ist die *Varianz* (wegen der statistischen Messfehler ist den meisten die Standardabweichung σ geläufig, deren Quadrat σ^2 ist die Varianz). Der Erwartungswert der Varianz ist:

$$\begin{aligned} \mathrm{E}\left[(x - \langle x \rangle)^2\right] &= \int_{-\infty}^{\infty} (x - \langle x \rangle)^2 f(x)\, dx \\ &= \mathrm{E}[x^2] - 2\, \underbrace{\mathrm{E}[x]}_{=\langle x \rangle} \langle x \rangle + \langle x \rangle^2 \\ &= \int_{-\infty}^{\infty} x^2 f(x)\, dx - \langle x \rangle^2 \end{aligned} \tag{3.16}$$

Der erste Term auf der rechten Seite von (3.16) ist das Quadrat des rms (root mean square, quadratisches Mittel).

3.1.3 Beschreibung von Teilchen

Mikroskopisch kleine Teilchen haben Welleneigenschaften, wie wir in Kapitel 2 über Materiewellen durch verschiedene Interferenzexperimente festgestellt haben. Zur Sprachvereinfachung werden wir Objekte, die von der Größe von Atomen oder kleiner sind, im Folgenden einfach als **Teilchen** bezeichnen.

Um die mathematische Beschreibung der Teilchen zu motivieren, machen wir zunächst ein Gedankenexperiment, in dem wir klassische Objekte und Wellen sowie Teilchen durch einen Doppelspalt senden.

Experiment 9: Doppelspalt

In ►Abbildung 3.4 ist ein Doppelspalt-Gedankenversuch gezeigt, bei dem A) makroskopische Objekte (Bälle), B) Wellen (Schallwellen) und C) Teilchen (Elektronen oder Neutronen) durch einen Doppelspalt gesendet werden.

A) Makroskopische Objekte: Bei dem Beschuss des Doppelspalts mit Bällen ergibt sich als Intensitätsverteilung (Trefferverteilung) hinter dem Doppelspalt die Summe der Intensitätsverteilungen der beiden einzelnen Spalte:

$$I = I_1 + I_2 \tag{3.17}$$

Es ist keine Interferenz sichtbar.

B) Wellen: Das Interferenzmuster des Trompetenschalls ergibt sich analog zum Doppelspalt-Experiment für Lichtwellen (Kapitel 2.2.1, ►Abbildung 2.1). Um die Intensität der Schallwellen hinter dem Doppelspalt zu berechnen, addieren wir die komplexen Amplituden A_1 und A_2 der beiden Teilwellen, d. h. wir berücksichtigen Betrag und relative Phase der Wellen:

$$I \propto |A_1 + A_2|^2 \tag{3.18}$$

Die Intensitätsverteilung zeigt ein Interferenzmuster hinter dem Doppelspalt.

C) Teilchen: Wir werden uns im Folgenden auf das Doppelspalt-Experiment mit Neutronen beziehen (►Abbildung 2.2), das ein Interferenzmuster wie für Lichtwellen aufwies (►Abbildung 2.2). Es liegt nahe, diesen Teilchen eine komplexe Amplitude ψ zuzuweisen, so dass sich wie bei Wellen (3.18) das Interferenzmuster durch das Betragsquadrat der addierten Amplituden beider Doppelspaltwege ergibt:

$$I = |\psi_1 + \psi_2|^2 \tag{3.19}$$

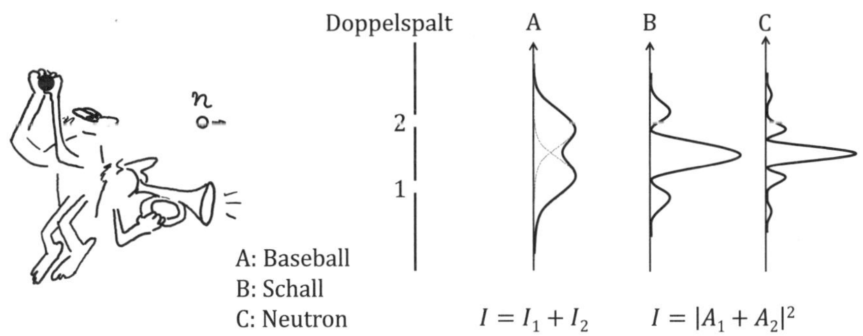

Abbildung 3.4 Doppelspalt-Experiment mit (A) makroskopischen Objekten (z. B. Bälle), (B) Schallwellen und (C) mikroskopischen Teilchen (z. B. Neutronen oder Elektronen)

Wellenfunktion

Dem vorherigen Gedankenexperiment folgend, setzen wir für die quantenmechanische Beschreibung von Teilchen komplexe **Wellenfunktionen**

$$\psi(x,t) \tag{3.20}$$

an, deren grundsätzliche Bedeutung wir hier erklären und die wir später spezifizieren werden.

Beim Doppelspalt-Experiment mit Neutronen (►Abbildung 2.2) wird jedes einzelne Neutron an genau einer Stelle auf dem Schirm hinter dem Doppelspalt auftreffen. Für einzelne Neutronen lässt sich der genaue Ort des Auftreffens dabei nicht vorhersagen.

Wenn allerdings viele Neutronen den Doppelspalt passiert haben, erhalten wir das beobachtete Interferenzmuster. Wir können das Muster durch kohärente Addition der komplexen Wellenfunktionen ψ_1 und ψ_2 für die beiden Doppelspaltwege erklären:

$$I = |\psi_1 + \psi_2|^2 \tag{3.21}$$

Die Maxima und Minima des Interferenzmusters entsprechen Materiewellen mit der Wellenlänge λ, die sich aus der De-Broglie-Wellenlänge $\lambda = h/p$ (2.3) der Neutronen ergibt.

In Experimenten mit Teilchen wie Elektronen oder Neutronen stellt sich heraus, dass auch ein einzelnes Teilchen nie an den Nullstellen dieses Interferenzmusters landet, und dass bei vielen Versuchen mit einzelnen Teilchen die meisten dort auftreffen, wo das Interferenzmuster seine Maxima aufweist. Dabei handelt es sich um ein Phänomen der *Selbstinterferenz*, das jedes einzelne Teilchen mit sich selbst produziert (bei genauem Hinschauen in der ►Abbildung 2.2 sind Messungen an den Nullstellen auf Untergrund zurückzuführen).

Es bleibt ungeklärt, durch welchen Spalt ein einzelnes Teilchen geflogen ist. Ein Elektron zum Beispiel muss sich wegen der Ladungserhaltung durch den ersten oder den zweiten Spalt bewegt haben. Gleichzeitig hat es Informationen über den anderen Spalt, da sonst kein Interferenzbild zustande käme.

Aufenthaltswahrscheinlichkeit

Als Vorhersage für das Ergebnis des Doppelspalt-Experiments können wir also zumindest eine **Wahrscheinlichkeitsaussage** formulieren:

> *Die Wahrscheinlichkeit P für die Auftreffposition eines einzelnen Teilchens auf dem Schirm hinter dem Doppelspalt ist proportional zur Intensitätsverteilung I der Materiewellen:*
>
> $$P \sim I \tag{3.22}$$

Diese Wahrscheinlichkeitsinterpretation der Wellenfunktion von 1926 geht auf M. Born zurück.

Zum Mitnehmen: Wahrscheinlichkeitsinterpretation der Wellenfunktion

Das Betragsquadrat der Wellenfunktion ψ (3.20)

$$|\psi|^2 \tag{3.23}$$

bezeichnet die **Aufenthaltswahrscheinlichkeitsdichte** für ein Teilchen (analog zu einer statistischen Wahrscheinlichkeitsdichte $f(x)$ in ►Abbildung 3.3).

Die **Aufenthaltswahrscheinlichkeit** des Teilchens im Raumbereich $[x, x + dx]$ beträgt entsprechend (vergleiche mit (3.9))

$$|\psi|^2 \, dx \,. \tag{3.24}$$

Da das Teilchen sich irgendwo im gesamten Raum befinden muss, ist die Aufenthaltswahrscheinlichkeit auf Eins normiert (wie $f(x)$ in (3.10)):

$$\int_{-\infty}^{\infty} |\psi|^2 \, dx = 1 \,. \tag{3.25}$$

Die Wellenfunktion ψ selbst interpretierte M. Born entsprechend als eine **Wahrscheinlichkeitsamplitude** (präziser: Wahrscheinlichkeitsamplitudendichte).

Wir modifizieren also für Teilchen unseren bisherigen Begriff der Vorhersage. Bislang konnten wir für ein einzelnes makroskopisches Objekt die Bahnkurve exakt vorhersagen (z. B. die Flugbahn einer Marssonde).

Die exakte Aufenthaltsposition eines Teilchens können wir nicht zu jedem Zeitpunkt vorhersagen. Stattdessen erhalten wir als Vorhersage für die Bahnkurve eines Teilchens eine Wahrscheinlichkeitsaussage, die im Sinn der Wahrscheinlichkeit natürlich eine exakte Vorhersage formuliert.

Für seine Arbeiten zur Quantenmechanik und der statistischen Interpretation der Wellenfunktion erhielt Max Born 1954 den Nobelpreis.

3.2 Schrödinger-Gleichung

Die theoretischen Grundlagen der Quantenmechanik wurden 1925 von Werner Heisenberg in der Matrizenmechanik und 1926 von Erwin Schrödinger in der Wellenmechanik gelegt. Die beiden Beschreibungen beruhen auf derselben mathematischen Struktur, wie von Schrödinger selbst und anderen gezeigt wurde. Wir werden hauptsächlich die wellenmechanische Beschreibung durch Schrödinger benutzen, die die quantenmechanischen Zustände als Wellenfunktionen beschreibt, auf die Differentialoperatoren wirken (Kapitel 3.4).

Die **Schrödinger-Gleichung** ist eine Bewegungsgleichung für mikroskopische Teilchen, die sich mit nicht-relativistischen Geschwindigkeiten bewegen. Sie bildet die grundlegende Gleichung der **Quantenmechanik**, mit der sich z. B. die Elektronenhülle von Atomen beschreiben lässt. Erwin Schrödinger erhielt 1933 den Nobelpreis für die Weiterentwicklung der Quantenmechanik.

Es gibt keine Herleitung der Schrödinger-Gleichung aus fundamentalen Prinzipien, aber mit ihr können atomare Systeme erfolgreich berechnet werden.

Bereits mit dem sehr einfachen Ansatz eines eingesperrten Teilchens werden wir sehen, dass die Quantisierung der Energiezustände in Atomen sich als Konsequenz der Bindung von Elektronen in einem mikroskopischen System ergibt.

3.2.1 Freies Teilchen

Zur Motivation der Schrödinger-Gleichung werden wir eine neue Dispersionsrelation über den Energiebegriff formulieren. Wir werden zunächst das freie Teilchen untersuchen, das nur kinetische Energie besitzt. Anschließend werden wir in einem weiteren Schritt das Teilchen einer Wechselwirkung aussetzen.

Dispersionsrelation: Die kinetische Energie E_{kin} des Teilchens können wir mit dem Impuls $p = h/\lambda = \hbar\, k$ (2.5) der De-Broglie-Beziehung folgendermaßen schreiben:

$$E_{\text{kin}} = \frac{p^2}{2\,m} = \frac{(\hbar\, k)^2}{2\,m} \tag{3.26}$$

Die Gesamtenergie E des Teilchens erhalten wir über die Frequenz ν mit $E = h\,\nu$ bzw. wegen $\omega = 2\pi\nu$ durch:

$$E = h\,\nu = \hbar\,\omega \tag{3.27}$$

Da wir ein freies Teilchen betrachten, liegt keine potentielle Energie vor ($E_{\text{pot}} = 0$). Seine Gesamtenergie E besteht nur aus der kinetischen Energie E_{kin}. Wir setzen die Gleichungen (3.26) und (3.27) ein und erhalten:

$$E = E_{\text{kin}} \tag{3.28}$$

$$\hbar\,\omega = \frac{(\hbar\, k)^2}{2\,m} \tag{3.29}$$

Damit formulieren wir folgende Dispersionsrelation für das Teilchen bzw. seine Materiewelle:

$$\omega = \frac{\hbar\, k^2}{2\,m} \tag{3.30}$$

Wellenfunktion: Motiviert durch das Gedankenexperiment zum Doppelspalt (►Experiment 9) setzen wir für ein Teilchen eine ebene Welle an

$$\psi(x,t) = \psi_\circ\, e^{i(kx-\omega t)}\,, \tag{3.31}$$

die wir im quantenmechanischen Zusammenhang als Wellenfunktion bezeichnen. Durch Überlagerung mehrerer Teilwellen mit verschiedenen Frequenzen ω könnten wir ein lokalisierbares Wellenpaket für das Teilchen bilden (vergleiche ►Abbildung 3.2), verwenden hier aber der Einfachheit halber $\psi(x,t)$ (3.31) als repräsentativ für dieses Materiewellenpaket.

Bewegungsgleichung: Wir testen nun, ob diese Wellenfunktion (3.31) die Dispersionsrelation (3.30) erfüllt. Die linke Seite der Dispersionsrelation erhalten wir durch Ableiten der Wellenfunktion nach der Zeit t:

$$\frac{\partial \psi}{\partial t} = -i\,\omega\,\psi \tag{3.32}$$

Die rechte Seite ergibt sich durch zweimaliges Ableiten nach der Ortsvariablen x:

$$\frac{\partial^2 \psi}{\partial x^2} = -k^2\,\psi \tag{3.33}$$

Setzen wir die beiden Gleichungen (3.32) und (3.33) in die Dispersionsrelation (3.30) ein und multiplizieren beide Seiten mit $\hbar$, so erhalten wir die **Schrödinger-Gleichung für ein freies Teilchen**:

$$i\,\hbar\,\frac{\partial \psi}{\partial t} = -\frac{\hbar^2}{2\,m}\,\frac{\partial^2 \psi}{\partial x^2} \tag{3.34}$$

Nach Konstruktion erfüllen die **Wellenfunktionen** $\psi(x,t)$ (3.31) die Gleichung (3.34).

3.2.2 Teilchen im Potential

Wir erweitern die Schrödinger-Gleichung auf den Fall eines Teilchens im Potential $V = V(x,t)$.

> *Es hat sich in der Physik eingebürgert, statt des korrekten Begriffs der „potentiellen Energie" vereinfacht **„Potential"** zu verwenden. Wir werden uns in diesem Buch diesem Gebrauch anschließen und „potentielle Energie" und „Potential" synonym verwenden.*

Dispersionsrelation: Für die Gesamtenergie gilt anstelle der Gleichung (3.28) mit Einsetzen der Gleichungen (3.26) und (3.27)

$$E = E_{\text{kin}} + E_{\text{pot}} \tag{3.35}$$

$$\hbar\,\omega = \frac{(\hbar\,k)^2}{2\,m} + V\,. \tag{3.36}$$

Die Dispersionsrelation (3.30) muss demnach erweitert werden:

$$\omega = \frac{\hbar\,k^2}{2\,m} + \frac{1}{\hbar}\,V \tag{3.37}$$

Bewegungsgleichung: Setzen wir wieder die beiden Ableitungen aus den Gleichungen (3.32) und (3.33) ein, erhalten wir die Bewegungsgleichung für ein Teilchen in einem Potential:

$$i\,\hbar\,\frac{\partial \psi}{\partial t} = -\frac{\hbar^2}{2\,m}\,\frac{\partial^2 \psi}{\partial x^2} + V\psi \tag{3.38}$$

Diese Gleichung wird als **zeitabhängige Schrödinger-Gleichung** bezeichnet. Per Konstruktion gilt sie nur für nicht-relativistische Teilchen, sie ist nicht lorentzinvariant. Die Schrödinger-Gleichung hat eine zentrale Bedeutung in der Atom-, Molekül- und Festkörperphysik.

Eigenschaften: Die Schrödinger-Gleichung ist *linear* in der Wellenfunktion (Wahrscheinlichkeitsamplitude) ψ. Eine Überlagerung von Wellenfunktionen, die die Schrödinger-Gleichung lösen, ist ebenfalls eine Lösung. Damit kann ein Wellenpaket gebildet werden, mit dem sich ein lokalisierbares Teilchen beschreiben lässt.

Die Bewegungsgleichung ist komplex, weshalb auch ihre Lösung ψ komplex ist. Das Betragsquadrat $|\psi|^2$ (3.23) beschreibt die Aufenthaltswahrscheinlichkeitsdichte des Teilchens. Sie ist die physikalische Lösung und immer reell.

Entsprechend ergibt sich aus $|\psi|^2\,dx$ (3.24) die Aufenthaltswahrscheinlichkeit im Raumbereich $[x, x+dx]$ mit der Normierungsbedingung (3.25) $\int_{-\infty}^{\infty} |\psi|^2\,dx = 1$ (3.25).

Randbedingungen: Die Schrödinger-Gleichung ist eine Differentialgleichung zweiter Ordnung und benötigt daher zwei Anfangsbedingungen, z. B. $\psi(0)$ und $\partial\psi/\partial x(0)$.

Zu ihrer Lösung werden folgende Zusatzbedingungen benötigt: Die Teilchendichte $\psi(x)$ ist *stetig* und wegen der Normierung (3.25) auch endlich. Der *Teilchenstrom* $\partial\psi/\partial x(x)$ ist *stetig*, solange das Potential keine Singularitäten aufweist.

3.2.3 Teilchen im zeitlich konstanten Potential

Falls das Potential zeitlich konstant ist, $V(x,t) = V(x)$, lässt sich die Wellenfunktion (3.31) der Schrödinger-Gleichung in einen zeitabhängigen und einen zeitunabhängigen Anteil aufspalten:

$$\psi(x,t) = \overline{\psi}(x)\,e^{-i\omega t} \tag{3.39}$$

Die zeitliche Ableitung ergibt mit der Gesamtenergie $E = \hbar\,\omega$ (3.27) des Teilchens:

$$\frac{\partial\psi}{\partial t} = \overline{\psi}(x)\,\frac{\partial}{\partial t}\,e^{-i\omega t} = -i\,\omega\,\psi = -\frac{i\,E}{\hbar}\,\psi \tag{3.40}$$

Wir setzen diese Zeitableitung in die zeitabhängige Schrödinger-Gleichung (3.38) ein

$$i\hbar\left(-\frac{i\,E}{\hbar}\right)\psi = -\frac{\hbar^2}{2\,m}\,\frac{\partial^2\psi}{\partial x^2} + V(x)\,\psi \tag{3.41}$$

$$\frac{\hbar^2}{2\,m}\,\frac{\partial^2\psi}{\partial x^2} = (V(x) - E)\,\psi \tag{3.42}$$

und erhalten damit die **zeitunabhängige Schrödinger-Gleichung**:

$$\frac{\partial^2\overline{\psi}(x)}{\partial x^2} = \frac{2\,m}{\hbar^2}\,(V(x) - E)\,\overline{\psi}(x) \tag{3.43}$$

Die zeitunabhängige Schrödinger-Gleichung benötigen wir später, um das Wasserstoffatom zu verstehen.

Wir haben hier die zeitunabhängige Wellenfunktion $\overline{\psi}(x)$ von der zeitabhängigen $\psi(x,t)$ unterschieden. Wir werden im Folgenden $\psi(x)$ auch für die zeitunabhängige Wellenfunktion verwenden, um die Anzahl der Zusatzsymbole gering und damit Ausdrücke übersichtlich zu halten.

3.2.4 Teilchen im konstanten Potential

Die Gesamtenergie $E = E_{\text{kin}} + V$ eines Teilchens ist aufgrund der Energieerhaltung konstant. Falls auch das Potential $V(x,t) = V_\circ = \text{const.}$ zeitlich und räumlich konstant ist, ist der Term auf der rechten Seite der zeitunabhängigen Schrödinger-Gleichung (3.43) konstant:

$$\frac{2\,m}{\hbar^2}(V_\circ - E) = \text{const.} \tag{3.44}$$

Setzen wir für die Gesamtenergie E die kinetische Energie $E_{\text{kin}} = \hbar^2\,k^2/(2\,m)$ (3.26) und das Potential $V_\circ$ ein, identifizieren wir die linke Seite dieser Gleichung mit dem negativen Quadrat des Wellenvektors k:

$$E = E_{\text{kin}} + V_\circ = \frac{\hbar^2\,k^2}{2\,m} + V_\circ \tag{3.45}$$

$$-k^2 = \frac{2\,m}{\hbar^2}(V_\circ - E) \tag{3.46}$$

Damit lautet die Schrödinger-Gleichung für ein Teilchen im konstanten Potential

$$\frac{\partial^2 \psi(x)}{\partial x^2} = -k^2\,\psi(x)\ . \tag{3.47}$$

Sie hat die Form der Differentialgleichung des harmonischen Oszillators, wobei hier die Ortsableitung anstelle der Zeitableitung steht.

Eine allgemeine Lösung der Differentialgleichung lautet

$$\psi = \psi_1\,e^{+ikx} + \psi_2\,e^{-ikx}\ . \tag{3.48}$$

3.2.5 Teilchen im Kastenpotential

Wir untersuchen ein Teilchen, dessen Bewegungsmöglichkeiten auf einen festen Raumbereich beschränkt sind. Dazu verwenden wir ein eindimensionales, unendlich hohes Kastenpotential mit den Bedingungen (►Abbildung 3.5):

$$\begin{aligned} E_{\text{pot}} &= V(x) = 0 \qquad \text{für } 0 < x < a \\ E_{\text{pot}} &= V(x) = \infty \qquad\qquad \text{sonst} \end{aligned} \tag{3.49}$$

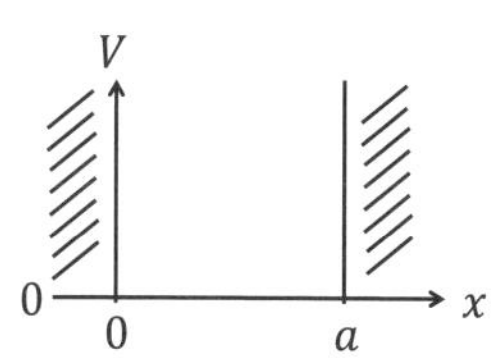

Abbildung 3.5 Kastenpotential $V(x)$ mit unendlich hohen Wänden in den Bereichen $x \leq 0$ und $x \geq a$

Schrödinger-Gleichung: Die Schrödinger-Gleichung (3.47) gilt für das konstante Potential im Raumbereich $0 < x < a$:

$$\frac{\partial^2 \psi}{\partial x^2} = -k^2 \psi \tag{3.50}$$

Da $V_\circ = 0$ ist, entspricht die Gesamtenergie E der kinetischen Energie des Teilchens $E = E_{\text{kin}}$ (3.28) und der konstante Term ist nach Gleichung (3.46)

$$k^2 = \frac{2m}{\hbar^2} E \,. \tag{3.51}$$

Wellenfunktion und ihre Randbedingungen: Die allgemeine Lösung der Schrödinger-Gleichung haben wir mit der Wellenfunktion (3.48) bereits kennengelernt:

$$\psi = \psi_1 \, e^{ikx} + \psi_2 \, e^{-ikx} \tag{3.52}$$

Eine der Randbedingungen für ψ ist, dass die Wahrscheinlichkeitsamplitude an der Stelle $x = 0$ verschwindet. Mit ihr ergibt sich die Gleichheit der Amplituden $|\psi_1|$ und $|\psi_2|$:

$$\begin{aligned} \psi(x = 0) &= 0 \\ &= \psi_1 \, e^0 + \psi_2 \, e^0 \\ \psi_\circ \equiv \psi_1 &= -\psi_2 \end{aligned} \tag{3.53}$$

Damit folgt

$$\begin{aligned} \psi(x) &= \psi_\circ \left(e^{ikx} - e^{-ikx} \right) \\ &= \psi_\circ \, 2\,i \, \sin(kx) \,. \end{aligned} \tag{3.54}$$

Die zweite Randbedingung für ψ ist, dass die Wahrscheinlichkeitsamplitude auch an der Stelle $x = a$ Null wird:

$$\begin{aligned} \psi(x = a) &= 0 \\ &= \psi_1 \, e^{ika} + \psi_2 \, e^{-ika} \\ &= \psi_\circ \, 2\,i \, \sin(ka) \end{aligned} \tag{3.55}$$

Damit diese Randbedingung erfüllt ist, muss das Argument ka der Sinusfunktion zu $\psi(a) = 0$ führen.

> *Mit der Bedingung* (3.55) *ergibt sich die entscheidende periodische Bedingung für die Quantisierung der Energiezustände. Der Sinusterm in* (3.55) *wird Null für*
>
> $$k\,a = n\,\pi \,, \qquad n = 1, 2, 3, \dots \,. \tag{3.56}$$
>
> *n hat hier die Bedeutung einer* ***Quantenzahl****.*

Diskrete Energien: Durch Einsetzen der Bedingung $k\,a = n\,\pi$ (3.56) in Gleichung (3.51)

$$E = \frac{\hbar^2}{2m} k^2 = \frac{\hbar^2}{2m} \frac{(n\,\pi)^2}{a^2} \tag{3.57}$$

erhalten wir diskrete Energien E_n, die das Teilchen ausschließlich annehmen darf:

$$E_n = \frac{\hbar^2 \pi^2}{2 m a^2} n^2 \tag{3.58}$$

Selbst der niedrigste Energiezustand $n = 1$, in dem sich das Teilchen befinden kann, hat eine von Null verschiedene Energie (**Nullpunktsenergie**).

Beispiel 6: Energieniveaus im Kastenpotential

In ►Abbildung 3.6 vergleichen wir die Energieniveaus in zwei Kastenpotentialen mit den Breiten a und $2a$. Gleichung (3.58) impliziert dafür: je größer ein System ist, in dem das Teilchen eingebunden ist, desto geringer ist seine Nullpunktsenergie. Für den makroskopischen Fall $a \to \infty$ wird die Nullpunktsenergie $E_1 = 0$.

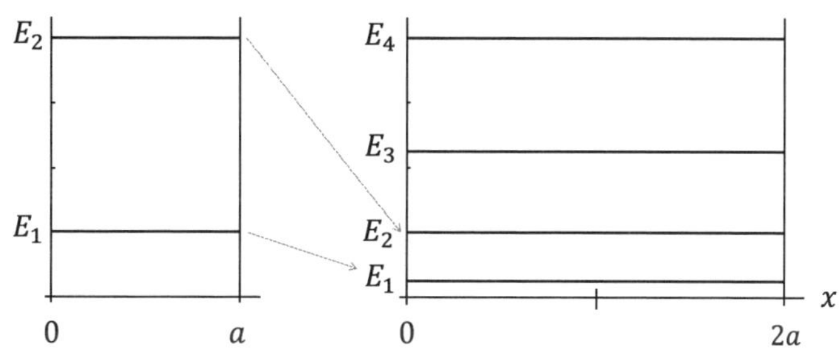

Abbildung 3.6 Bei einer Verdopplung der Breite $a \to 2a$ des Kastenpotentials sinken die Energieniveaus E um den Faktor 4 ab (3.58).

Wellenfunktion: Aus der Wellenfunktion ψ (3.54) wird mit Gleichung (3.56)

$$\psi(x) = \psi_\circ \, 2 i \sin\left(\frac{n\pi}{a} x\right) . \tag{3.59}$$

Im Folgenden berechnen wir auch die Normierung $\psi_\circ$, die sich aus der Bedingung ergibt, dass die Aufenthaltswahrscheinlichkeit P des Teilchens über den gesamten Raumbereich $P = 1$ sein muss (3.25). Da das Teilchen nicht in die Potentialwände eindringt, genügt die Berechnung des Integrals von $x = 0$ bis $x = a$:

$$\begin{aligned} \int_0^a |\psi|^2 \, dx &= \int_0^a \psi^* \psi \, dx = 1 \\ &= 4 \psi_\circ^2 \int_0^a \sin^2(k x) \, dx \\ &= 4 \psi_\circ^2 \int_0^a \frac{1}{2} (1 - \cos(2 k x)) \, dx \\ &= \psi_\circ^2 \, [2 a - \frac{1}{k} \sin(\underbrace{2 k a}_{=2 n \pi})] \end{aligned} \tag{3.60}$$

Der zweite Term auf der rechten Seite von (3.60) ist Null wegen Gleichung (3.56). Damit verbleibt als Normierung

$$\psi_\circ = \frac{1}{\sqrt{2\,a}}\,. \tag{3.61}$$

Die Lösung der Schrödinger-Gleichung lautet mit Gleichung (3.59)

$$\psi = i\sqrt{\frac{2}{a}}\,\sin\left(\frac{n\,\pi}{a}x\right)\,. \tag{3.62}$$

Aufenthaltswahrscheinlichkeit: Die Aufenthaltswahrscheinlichkeitsdichte $|\psi|^2$ (3.23) des Teilchens beträgt mit ψ aus (3.62)

$$|\psi|^2 = \psi^*\,\psi = \frac{2}{a}\sin^2\left(\frac{n\,\pi}{a}\,x\right)\,. \tag{3.63}$$

Die Aufenthaltswahrscheinlichkeit (3.24) im Intervall $[0, a/2]$ beträgt wegen der Symmetrie der Sinusfunktion

$$\int_0^{a/2} |\psi|^2\,dx = \int_0^{a/2} \psi^*\,\psi\,dx = \frac{1}{2}\,. \tag{3.64}$$

Beispiel 7: Aufenthalt im Kastenpotential

Für die Quantenzahl $n = 2$ ergeben sich die in ►Abbildung 3.7 gezeigten Lösungen für die Wahrscheinlichkeitsamplitude bzw. Wellenfunktion ψ (3.62) und die Aufenthaltswahrscheinlichkeitsdichte $|\psi|^2$ (3.63). Bei diesem Energiezustand hält sich das Teilchen in den beiden Seitenbereichen des Potentialkastens auf, nicht aber in der Mitte.

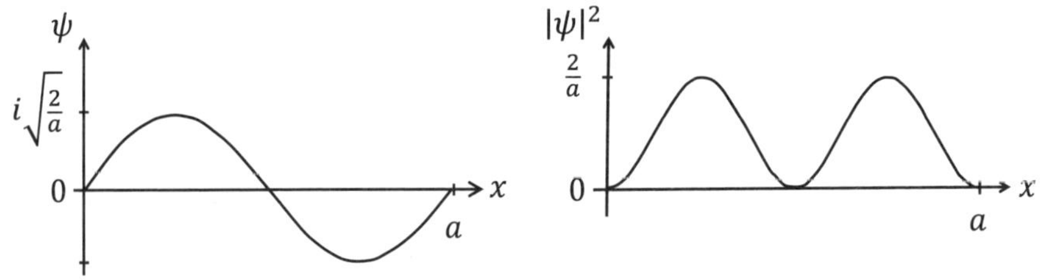

Abbildung 3.7 Die Wahrscheinlichkeitsamplitude (links) und die Wahrscheinlichkeitsdichte (rechts) für den Aufenthalt eines Teilchens im unendlich hohen Kastenpotential für die Quantenzahl $n = 2$

3.3 Heisenbergsche Unschärferelation

Verschiedene Messgrößen eines physikalischen Prozesses können häufig simultan mit hoher Präzision bestimmt werden. Allerdings können bestimmte Paarungen von Messgrößen in bestimmten Fällen nicht gleichzeitig exakt bestimmt werden. Im ►Beispiel 8 erinnern wir an die Unschärferelation der Akustik.

Für Teilchen gibt es ebenso Paarungen von Messgrößen, deren Präzision begrenzt ist. Dazu gehören insbesondere Ort und Impuls, was in der Heisenbergschen Unschärferelation formuliert ist, sowie Energie und Zeit.

Beispiel 8: Unschärferelation in der Akustik

Eine Unschärferelation haben wir bereits in Band 1 [18] im Zusammenhang mit Klangspektren und Fourieranalysen kennengelernt. Dort haben wir gesehen, dass kurze Klangpulse durch Überlagerung von harmonischen Schwingungen erzeugt werden können. Die Unschärferelation

$$\Delta\omega \cdot \Delta t \geq 1 \tag{3.65}$$

bedingt dabei folgende Einschränkung: *Um einen Klang der Zeitdauer Δt zu erzeugen, benötigen wir die Überlagerung von Schwingungen aus einem Frequenzspektrum der Breite $\Delta\omega$* (3.65). Die Unsicherheiten $\Delta\omega$ und Δt in (3.65) können wir durch Erweitern mit der Fortpflanzungsgeschwindigkeit $v = \omega/k$ (3.5) der Welle und mit $v = x/t$ umrechnen:

$$\frac{\Delta\omega}{v} \cdot v\,\Delta t \geq 1$$

$$\Delta k \cdot \Delta x \geq 1 \tag{3.66}$$

Damit haben wir die Unschärfe zwischen Frequenz und Zeit (3.65) auf eine Unschärferelation zwischen Ort und Wellenlänge übertragen. (3.66) lässt sich auch auf die Situation von ►Abbildung 3.8 anwenden: Wenn wir nur einen kleinen Ausschnitt Δx einer Welle mit der Wellenlänge λ zur Messung zur Verfügung haben, so ist eine Bestimmung der Wellenlänge $\lambda = 2\pi/k$ nur ungenau möglich. Die Unschärfe lässt sich in der Form $\Delta k \cdot \Delta x \geq 1$ schreiben.

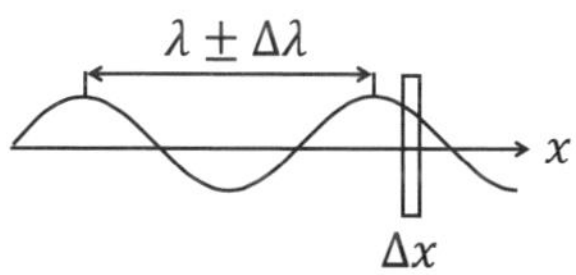

Abbildung 3.8 Die Genauigkeit $\Delta\lambda$ einer Wellenlängenmessung λ verbessert sich, wenn das Beobachtungsfenster Δx vergrößert wird.

Wie wir in den vorangegangenen Kapiteln gesehen haben, lassen sich Teilchen als Materiewellen ψ (3.31) auffassen:

$$\psi = \psi_\circ e^{i(kx-\omega t)} \tag{3.67}$$

Um das Teilchen zum Zeitpunkt $t = t_\circ$ an der Stelle $x_\circ$ lokalisieren zu können, benötigen wir zu seiner Beschreibung die Überlagerung von Teilwellen zu einem Wellenpaket, das wir hier als gaußförmig annehmen (►linke Abbildung 3.9).

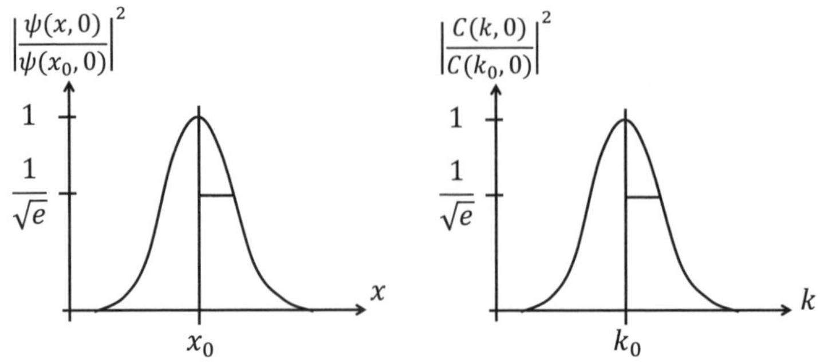

Abbildung 3.9 Links: Die Breite $\Delta x = \sigma/\sqrt{2}$ der Aufenthaltswahrscheinlichkeit $|\psi(x,0)|^2$ ist als halbe Breite bei $1/\sqrt{e}$ des Maximums von $|\psi(x,0)|^2$ bei $x_\circ$ definiert. Rechts: Die Breite $\Delta k = 1/(\sqrt{2}\,\sigma)$ des Wellenzahlspektrums $|C(k)|^2$ ist als halbe Breite bei $1/\sqrt{e}$ des Maximums bei $|C(k_\circ)|^2$ definiert.

Mathematischer Einschub: Fouriertransformation einer Gaußverteilung

Fouriertransformationen sind in Band 1 erklärt [18]. Angewandt auf den Orts- und Wellenzahlraum erhalten wir aus einer Gaußverteilung $f(x) = e^{-(x^2/\sigma^2)/2}$ in der Ortsvariablen x eine fouriertransformierte Gaußverteilung $F(k) = \sigma\, e^{-\sigma^2 k^2/2}$ mit der Wellenzahl k durch das Integral

$$F(k) = \frac{1}{\sqrt{2\pi}} \int_{-\infty}^{\infty} e^{-\frac{1}{2}\frac{x^2}{\sigma^2}}\, e^{-ik\,x}\, dx\,. \tag{3.68}$$

Die Rücktransformation lautet:

$$f(x) = \frac{1}{\sqrt{2\pi}} \int_{-\infty}^{\infty} \sigma\, e^{-\frac{1}{2}\sigma^2 k^2}\, e^{+ik\,x}\, dk \tag{3.69}$$

Der Faktor $1/\sqrt{2\pi}$ sorgt als Konvention für die Symmetrie der Gleichungen.

Breite des Wellenpakets im Phasenraum der Wellenzahlen: Die Teilwellen haben im Frequenzraum bzw. im Raum der Wellenzahlen k ebenfalls eine gaußförmige Verteilung um die Wellenzahl $k_\circ$ (►rechte Abbildung 3.9). Wir wählen die Parametrisierung der Gaußverteilung wie im Mathematischen Einschub (3.68) und (3.69). Die Amplituden C der Teilwellen lauten dann in Abhängigkeit von der Wellenzahl k

$$C(k) = C_\circ\, \sigma\, e^{-\frac{1}{2}\sigma^2 (k-k_\circ)^2}\,, \tag{3.70}$$

wobei σ ein Maß für die Breite der Verteilung und $C_\circ$ eine Normierungskonstante ist, die wir später bestimmen werden.

Wir definieren die Breite $\Delta k = |k - k_\circ|$ des Wellenzahlspektrums über die Wellenzahlen, an denen die Verteilung auf $1/\sqrt{e}$ abgefallen ist (►Abbildung 3.9):

$$\left|\frac{C(k)}{C(k_\circ)}\right|^2 = e^{-\sigma^2 (k-k_\circ)^2} = e^{-\frac{1}{2}} = \frac{1}{\sqrt{e}} \tag{3.71}$$

Durch Vergleich der Exponenten beträgt die Breite des Wellenzahlspektrums

$$\Delta k = |k - k_\circ| = \frac{1}{\sqrt{2}\,\sigma}\,. \tag{3.72}$$

Breite des Wellenpakets im Ortsraum: Die Wahrscheinlichkeitsamplitude des Wellenpakets erhalten wir durch eine Fouriertransformation vom Raum der Wellenzahlen k in den Ortsraum x:

$$\psi(x,t) = C_\circ \frac{1}{\sqrt{2\pi}} \int_{-\infty}^{\infty} \sigma\, e^{-\frac{1}{2}\sigma^2 (k-k_\circ)^2}\, e^{i((k-k_\circ)x-\omega t)}\, dk \tag{3.73}$$

Wir wollen die Wahrscheinlichkeitsdichte zu einem festen Zeitpunkt $t_\circ$ bestimmen. Um Schreibarbeit zu sparen, wählen wir die Koordinaten so, dass der mittlere Ort $x_\circ = 0$ mit dem Zeitpunkt $t_\circ = 0$ zusammenfällt.

Mit der Substitution $k' \equiv k - k_\circ$ berechnen wir das Integral (3.73) durch eine Fouriertransformation (3.69):

$$\begin{aligned} \psi(x,t=0) &= C_\circ \frac{1}{\sqrt{2\pi}} \int_{-\infty}^{\infty} \sigma\, e^{-\frac{1}{2}\sigma^2 (k-k_\circ)^2}\, e^{i(k-k_\circ)x}\, dk \\ &= C_\circ \frac{1}{\sqrt{2\pi}} \int_{-\infty}^{\infty} \sigma\, e^{-\sigma^2 (k')^2}\, e^{i(k')x}\, dk' = C_\circ\, e^{-\frac{x^2}{2\sigma^2}} \end{aligned} \tag{3.74}$$

Die Normierungskonstante $C_\circ$ ergibt sich aus der Bedingung, dass das Teilchen sich irgendwo im Raum aufhalten muss. Deswegen muss das Integral der Aufenthaltswahrscheinlichkeit über den gesamten Raum die Wahrscheinlichkeit $P = 1$ ergeben (Gleichung (3.25)):

$$P = \int_{-\infty}^{\infty} |\psi|^2\, dx = C_\circ^2 \int_{-\infty}^{\infty} e^{-\frac{x^2}{\sigma^2}}\, dx = 1 \tag{3.75}$$

Mit dem Integral aus mathematischen Tabellen

$$\int_{-\infty}^{\infty} e^{-\frac{x^2}{\sigma^2}}\, dx = \sigma\,\sqrt{\pi} \tag{3.76}$$

erhalten wir

$$C_\circ^2 = \frac{1}{\sigma\,\sqrt{\pi}}\,. \tag{3.77}$$

Wir definieren die Breite $\Delta x \equiv |x - x_\circ| = x$ der räumlichen Verteilung wieder durch die Stellen, an denen die Aufenthaltswahrscheinlichkeitsdichte $|\psi|^2$ auf $1/\sqrt{e}$ abgefallen ist (►Abbildung 3.9):

$$\frac{|\psi(x,0)|^2}{|\psi(x_\circ,0)|^2} = e^{-\frac{x^2}{\sigma^2}} = e^{-\frac{1}{2}} = \frac{1}{\sqrt{e}} \tag{3.78}$$

Der Vergleich der Exponenten ergibt diese Stelle x und damit die Breite des Wellenpakets gerade bei

$$\Delta x = |x - x_\circ| = \frac{\sigma}{\sqrt{2}}\,. \tag{3.79}$$

Unschärferelationen: Die Breite des Gaußschen Wellenpakets ist im Ortsraum $\Delta x = \sigma/\sqrt{2}$ (3.79) durch die Standardabweichung σ beschrieben. Im Phasenraum der Wellenzahlen wird die Breite des Wellenzahlspektrums $\Delta k = \sqrt{2}/\sigma$ (3.72) mit der inversen Standardabweichung σ bestimmt. Bei der Beschreibung eines Teilchens über ein lokalisierbares Wellenpaket sind die Breiten in den beiden Phasenräumen Ort und Wellenzahlen offenbar untrennbar miteinander verbunden.

Aus der Multiplikation der beiden Gleichungen (3.79) und (3.72) folgt daher

$$\Delta x \cdot \Delta k = \frac{1}{2}\,. \tag{3.80}$$

Dieser Ausdruck lässt sich mit der De-Broglie-Wellenlänge $p = \hbar\, k$ (2.5) umschreiben zu

$$\Delta x \cdot \frac{\Delta p}{\hbar} = \frac{1}{2}$$

$$\Delta x \cdot \Delta p = \frac{\hbar}{2}\,. \tag{3.81}$$

Dieser Zusammenhang ist die Heisenbergsche Unschärferelation für den Spezialfall gaußförmiger Wellenpakete. Im Allgemeinen lautet die **Heisenbergsche Unschärferelation** für beliebige Wellenpakete

$$\Delta x \cdot \Delta p \geq \frac{\hbar}{2}\,. \tag{3.82}$$

Die Heisenbergsche Unschärferelation bedeutet, dass der Ort und der Impuls eines Teilchens nicht gleichzeitig exakt bestimmbar sind. Für ein gaußförmiges Wellenpaket ist die Unschärfe minimal.

Werner Heisenberg erhielt für seine Arbeiten zur Quantenmechanik den Nobelpreis 1932.

Es gibt weitere Unschärferelationen. Die Genauigkeit der Energiebestimmung ΔE eines Teilchens ist durch das Zeitintervall Δt der Messung begrenzt:

$$\Delta E \cdot \Delta t \geq \frac{\hbar}{2} \tag{3.83}$$

3.4 Operatoren: Ort, Energie, Impuls, Drehimpuls

Erwartungswerte: Die zentrale Bedeutung der (komplexen) Wellenfunktion ψ (3.20) für die Beschreibung von Teilchen und ihrer physikalischen Prozesse im Rahmen der Quantenmechanik haben wir bereits kennengelernt. Exemplarisch ist eine zugehörige Wahrscheinlichkeitsdichte $|\psi(x)|^2$ (3.23) in ►Abbildung 3.10 gezeigt. Wir berechnen sie als Produkt der komplex konjugierten Wellenfunktion ψ^* und der Wellenfunktion ψ:

$$|\psi(x)|^2 = \psi^*\,\psi \tag{3.84}$$

Durch Integration der Wahrscheinlichkeitsdichte $|\psi(x)|^2$ können wir die Aufenthaltswahrscheinlichkeit eines Teilchens in einem Raumbereich bestimmen. Zum Beispiel be-

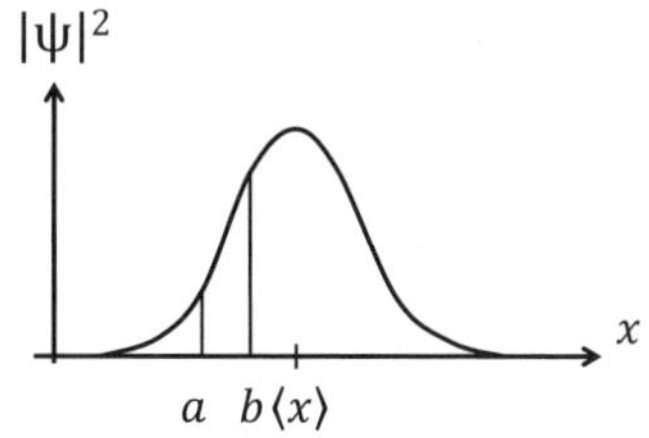

Abbildung 3.10 Gezeigt ist die Aufenthaltswahrscheinlichkeitsdichte $|\psi|^2$ als Funktion des Teilchenorts x. Den Erwartungswert $\langle x \rangle$ für die Teilchenposition erhalten wir durch Integration über den gesamten x-Bereich, die Aufenthaltswahrscheinlichkeit im Bereich $a \leq x \leq b$ durch Integration nur in diesem Intervall.

trägt die Wahrscheinlichkeit, das Teilchen im Bereich $[a, b]$ zu finden (►Abbildung 3.10),

$$\mathrm{P}[a,b] = \int_a^b |\psi(x)|^2 \, dx = \int_a^b \psi^* \, \psi \, dx \,. \tag{3.85}$$

Die mittlere Position des Teilchens ist durch den Erwartungswert gegeben:

$$\mathrm{E}(x) = \int_{-\infty}^{\infty} x \, |\psi(x)|^2 \, dx = \int_{-\infty}^{\infty} x \, \psi^* \, \psi \, dx = \langle x \rangle \tag{3.86}$$

Diese Berechnungen entsprechen dem Umgang mit statistischen Wahrscheinlichkeitsdichten, an die wir im Kapitel 3.1.2 erinnert haben.

In diesem etwas mathematischeren Kapitel führen wir einige Konzepte ein, die wir in späteren Kapiteln benötigen, um unter anderem Aussagen über den Aufenthaltsort von Teilchen treffen zu können.

Operatoren und Erwartungswerte: Im Folgenden erweitern wir Berechnungen von Vorhersagen für Teilchen durch Erwartungswerte wie z. B. $\mathrm{E}(x) = \langle x \rangle$ (3.86) auf sogenannte *Operatoren* der Quantenmechanik. Dabei nehmen wir einen sehr pragmatischen Zugang über eine Berechnungsvorschrift und verweisen für ein vertieftes Verständnis des quantenmechanischen Formalismus auf die Diskussion in der theoretischen Physik.

Die üblichen Beobachtungsgrößen (Observable) zur Beschreibung eines Teilchens und seiner Wechselwirkungen sind Ort x, kinetische Energie E_{kin}, Impuls $\vec{p}$, Drehimpuls $\vec{L}$, Potential V, Hamilton-Funktion $H = E_{\text{kin}} + V$. In der Quantenmechanik werden den Observablen gleichnamige Operatoren zugeordnet

$$\hat{O} = \hat{x}, \; \hat{E}_{\text{kin}}, \; \hat{\vec{p}}, \; \hat{\vec{L}}, \; \hat{V}, \; \hat{H} \,. \tag{3.87}$$

Für Operatoren $\hat{O}$, die auf die Wellenfunktion ψ des Teilchens wirken, berechnen wir mithilfe folgender allgemeiner Vorschrift die zugehörigen Erwartungswerte:

$$\mathrm{E}[\hat{O}] = \int_{-\infty}^{\infty} \psi^* \, \hat{O} \, \psi \, dx \tag{3.88}$$

Die Erwartungswerte sind reell $\mathrm{E} \in \mathbb{R}$ und ergeben die theoretischen Vorhersagen, die wir direkt mit den Messungen unserer Experimente vergleichen werden.

Beachten Sie, dass im Unterschied zum Betragsquadrat $|\psi(x)|^2$ in (3.86), die komplex konjugierte Wellenfunktion ψ^* links vor dem Operator $\hat{O}$ steht und ψ rechts davon. Dadurch wirkt der Operator nur auf die rechts stehende Wellenfunktion $\hat{O}\,\psi$. Die gegebene Reihenfolge im Integranden ist insbesondere bei Operatoren, die eine Ableitung wie z. B. $\partial/\partial x$ nach dem Ort enthalten, offensichtlich zu beachten.

Im Folgenden stellen wir die einzelnen Operatoren vor und zeigen deren Erwartungswerte bei Anwendung auf eine Wellenfunktion. Wir werden hier den Erwartungswert zusammen mit dem Operator $\mathrm{E}[\hat{O}] = \langle\hat{O}\rangle$ schreiben, um den quantenmechanischen Zusammenhang klar zu zeigen.

3.4.1 Ortsoperator

Die mittlere Aufenthaltsposition eines Teilchens hatten wir in (3.86) bereits berechnet. Schreiben wir das Integral für den Erwartungswert des Ortsoperators $\hat{x}$ nach der Berechnungsvorschrift für Erwartungswerte (3.88) auf

$$\mathrm{E}[\hat{x}] = \langle\hat{x}\rangle = \int_{-\infty}^{\infty} \psi^*(x)\,\hat{x}\,\psi(x)dx = \int_{-\infty}^{\infty} x\cdot|\psi(x)|^2 dx = \langle x\rangle\,, \tag{3.89}$$

entspricht der Ortsoperator $\hat{x}$ einer Multiplikation mit x:

$$\hat{x} = x \tag{3.90}$$

Formal wirkt der Ortsoperator $\hat{x}$ auf den Zustand ψ und sein Erwartungswert $\langle\hat{x}\rangle$ zeigt die theoretische Vorhersage für die mittlere Aufenthaltsposition $\langle x\rangle$ des Teilchens.

3.4.2 Impulsoperator

Die zeitunabhängige Schrödinger-Gleichung (3.43) ist eine Energiegleichung mit der Gesamtenergie E des Teilchens, seiner kinetischen E_{kin} und potentiellen Energie V:

$$\begin{aligned} \frac{\partial^2\psi}{\partial x^2} &= \frac{2\,m}{\hbar^2}\,(V(x) - E)\,\psi(x) \\ \underbrace{\frac{\hbar^2}{2\,m}\frac{\partial^2\psi}{\partial x^2}}_{E_{\mathrm{kin}}} &= (V - E)\,\psi \end{aligned} \tag{3.91}$$

Eine Lösung der Schrödinger-Gleichung ist die Wellenfunktion $\psi = e^{ikx}$ (3.48), die wir entsprechend (3.91) zweifach nach dem Ort ableiten:

$$\frac{\partial^2}{\partial x^2}\,\psi = \frac{\partial^2}{\partial x^2}\,e^{ikx} \tag{3.92}$$

$$= (i\,k)^2\,e^{ikx} \tag{3.93}$$

$$= -\frac{p^2}{\hbar^2}\,\psi \tag{3.94}$$

Im letzten Schritt haben wir die Impulsbeziehung $p = \hbar\, k$ (2.5) verwendet. Es liegt damit nahe, folgende partielle Ableitung als **Impulsoperator** zu identifizieren

$$\underbrace{\hat{p} = -i\,\hbar\,\frac{\partial}{\partial x}}_{\text{Impulsoperator}} \longleftrightarrow \underbrace{p = \hbar\, k}_{\text{Impuls}} \tag{3.95}$$

oder allgemein den **Impulsoperator in drei Dimensionen** (Nabla-Operator ∇):

$$\boxed{\hat{p} = -i\,\hbar\,\nabla} \tag{3.96}$$

Wir berechnen den Erwartungswert des Impulsoperators $\hat{p}$ hier in einer Dimension mit der Wellenfunktion $\psi = e^{ikx}$ für das Teilchen und folgen dabei der Vorschrift (3.88):

$$\begin{aligned}
\mathrm{E}[\hat{p}] = \langle \hat{p} \rangle &= \int_{-\infty}^{\infty} \psi^*\, \hat{p}\, \psi\, dx \\
&= \int_{-\infty}^{\infty} \psi^* \left(-i\,\hbar\,\frac{\partial}{\partial x}\right) e^{ikx}\, dx = -i\,\hbar\,(i\,k) \int_{-\infty}^{\infty} \psi^*\, e^{ikx}\, dx \\
&= \underbrace{\hbar\, k}_{=p} \underbrace{\int_{-\infty}^{\infty} |\psi|^2\, dx}_{=1} = p
\end{aligned} \tag{3.97}$$

Im Ergebnis ergibt sich als Erwartungswert für den Impulsoperator sinnvollerweise der Wert des Teilchenimpulses p.

3.4.3 Energieoperatoren

Operator der kinetischen Energie: Den Operator für die kinetische Energie erhalten wir über zweifache Anwendung des Impulsoperators $\hat{p} = -i\,\hbar\,\nabla$ (3.96), womit sich der Laplace-Operator $\Delta = \nabla \cdot \nabla$ ergibt:

$$\hat{E}_{\text{kin}} = \frac{\hat{p}^2}{2\,m} = \frac{1}{2\,m}\,(-i\hbar\nabla)^2$$

$$\boxed{\hat{E}_{\text{kin}} = -\frac{1}{2\,m}\,\hbar^2\,\Delta} \tag{3.98}$$

Bei Betrachtung in nur einer Dimension ergibt sich ebenfalls mit der Wellenfunktion $\psi = e^{ikx}$ für das Teilchen als Erwartungswert (3.88) seine kinetische Energie:

$$\begin{aligned}
\mathrm{E}[\hat{E}_{\text{kin}}] = \langle \hat{E}_{\text{kin}} \rangle &= \int_{-\infty}^{\infty} \psi^*\, \hat{E}_{\text{kin}}\, \psi\, dx \\
&= \int_{-\infty}^{\infty} \psi^* \left(-\frac{\hbar^2}{2\,m}\,\frac{\partial^2}{\partial x^2}\right) e^{ikx}\, dx = -\frac{\hbar^2}{2\,m}\,(i\,k)^2 \int_{-\infty}^{\infty} \psi^*\, e^{ikx}\, dx \\
&= \frac{\hbar^2\, k^2}{2\,m} \int_{-\infty}^{\infty} |\psi|^2\, dx = \frac{p^2}{2\,m}
\end{aligned} \tag{3.99}$$

Operator der potentiellen Energie: Weiterhin führen wir den Operator der potentiellen Energie ein. Er entspricht einer Multiplikation mit dem Potential V:

$$\hat{E}_{\text{pot}} = \hat{V} = V \tag{3.100}$$

Der Erwartungswert (3.88) beträgt

$$\mathrm{E}[\hat{V}] = \langle \hat{V} \rangle = \int_{-\infty}^{\infty} \psi^* V \, \psi \, dx \,. \tag{3.101}$$

Für ein konstantes Potential reduziert sich der Erwartungswert auf den Potentialwert

$$\mathrm{E}[\hat{V}] = \langle \hat{V} \rangle = V \int_{-\infty}^{\infty} |\psi|^2 \, dx = V \,. \tag{3.102}$$

Operator der Gesamtenergie: Als Operator der Gesamtenergie führen wir den sogenannten **Hamilton-Operator** ein. Er setzt sich aus der kinetischen und potentiellen Energie zusammen:

$$\hat{H} = -\frac{\hbar^2}{2m}\Delta + V \tag{3.103}$$

Damit lässt sich die zeitunabhängige Schrödinger-Gleichung (3.43)

$$\Delta \psi = \frac{2\,m}{\hbar^2}\,(V - E)\,\psi \tag{3.43}$$

$$-\frac{\hbar^2}{2\,m}\,\Delta \psi + V\psi = E\psi$$

wie folgt schreiben:

$$\hat{H}\,\psi = E\,\psi \tag{3.104}$$

Eigenwertgleichung: Die Differentialgleichung (3.104) wird durch bestimmte **reelle Energiewerte** E_i mit zugehörigen Wellenfunktionen ψ_i gelöst. Der Index i soll die Zusammengehörigkeit von E_i und ψ_i verdeutlichen:

$$\hat{H}\,\psi_i = E_i\,\psi_i \tag{3.105}$$

Der Erwartungswert (3.88) für die Gesamtenergie E_i eines Teilchens mit Wellenfunktion ψ_i ist

$$\mathrm{E}[\hat{H}] = \langle \hat{H} \rangle = \int_{-\infty}^{\infty} \psi_i^* \underbrace{\hat{H}\,\psi_i}_{=E_i\,\psi_i} \, dx = E_i \int_{-\infty}^{\infty} |\psi_i|^2 \, dx = E_i \,. \tag{3.106}$$

Zusätzlich zum Erwartungswert des Hamilton-Operators prüfen wir hier die Varianz der Vorhersage für das Teilchen mit der Gesamtenergie E_i und der Wellenfunktion ψ_i:

$$\begin{aligned}\mathrm{E_i}\left[(\hat{H}-\langle\hat{H}\rangle)^2\right] &= \int_{-\infty}^{\infty} \psi_i^* \,(\hat{H}-\langle\hat{H}\rangle)^2 \,\psi_i\, dx \\ &= \int_{-\infty}^{\infty} \underbrace{\psi_i^*\, \hat{H}\, \underbrace{\hat{H}\,\psi_i}_{=E_i\,\psi_i}}_{E_i^2\,\psi_i} dx - 2\,\underbrace{\langle\hat{H}\rangle}_{=E_i} \int_{-\infty}^{\infty} \psi_i^*\, \underbrace{\hat{H}\,\psi_i}_{=E_i\,\psi}\, dx + \underbrace{\langle\hat{H}\rangle^2}_{=E_i^2} \underbrace{\int_{-\infty}^{\infty} |\psi_i|^2\, dx}_{=1} \\ &= 0\end{aligned} \tag{3.107}$$

Die Vorhersage hat **verschwindende Varianz**, man kann also eine exakte theoretische Vorhersage für die Gesamtenergie machen. Messfehler, die zwangsläufig beim Experimentieren anfallen, existieren jedoch weiter.

Wir bezeichnen ψ_i als **Eigenfunktion des Hamilton-Operators** und E_i als **reellen Eigenwert** und somit exakte Vorhersage des Ergebnisses. Sie sind Lösungen der **Eigenwertgleichung**

$$\hat{H}\,\psi = E\,\psi \tag{3.108}$$

und damit der zeitunabhängigen Schrödinger-Gleichung.

3.4.4 Gleichzeitig messbare Größen

Analog zu (3.108) gehört zu jeder messbaren Größe A eine Eigenwertgleichung mit dem zugehörigen Operator $\hat{A}$:

$$\hat{A}\,\psi = a\,\psi \tag{3.109}$$

Die reellen Eigenwerte a_i mit der Eigenfunktion ψ_i als Lösungen von (3.109) sind die möglichen genauen Messwerte, wie man durch Multiplikation mit ψ_i^* und Integration sieht:

$$\int_{-\infty}^{\infty} \psi_i^*\,\hat{A}\,\psi_i = \int_{-\infty}^{\infty} \psi_i^*\, a_i\,\psi_i = a_i \int_{-\infty}^{\infty} \psi_i^*\,\psi_i = a_i \tag{3.110}$$

Wir betrachten zwei sogenannte **kommutierende (vertauschbare) Operatoren** $\hat{A}$ und $\hat{B}$ mit den Eigenschaften

$$\hat{A}\,\hat{B} = \hat{B}\,\hat{A} \tag{3.111}$$

$$\hat{A}\,\psi_a = a\,\psi_a \tag{3.112}$$

$$\hat{B}\,\psi_b = b\,\psi_b\,. \tag{3.113}$$

Wir wenden jetzt $\hat{A}\,\hat{B}$ auf ψ_a an:

$$\hat{A}\,(\hat{B}\,\psi_a) = \hat{B}\,(\hat{A}\,\psi_a) = \hat{B}\,a\,\psi_a = a\,(\hat{B}\,\psi_a)$$

$\hat{B}\,\psi_a$ und ψ_a sind also gleichzeitig Eigenfunktionen von $\hat{A}$ mit Eigenwert a. Damit ist $\hat{B}\,\psi_a \propto \psi_a$ und folglich ist ψ_a auch Eigenfunktion von $\hat{B}$. Wir bezeichnen die gemeinsamen Eigenfunktionen mit $\psi_{a,b}$:

$$\hat{A}\,\hat{B} = \hat{B}\,\hat{A} \;\Leftrightarrow\; \begin{cases} \hat{A}\,\psi_{a,b} = a\,\psi_{a,b} \\ \hat{B}\,\psi_{a,b} = b\,\psi_{a,b} \end{cases} \tag{3.114}$$

Kommutierende (vertauschbare) Operatoren haben gleichzeitig Eigenwerte mit gemeinsamen Eigenfunktionen.

Umgekehrt gilt auch, dass Operatoren vertauschbar sind, wenn sie gleichzeitige Eigenwerte haben (siehe Aufgabe).

Aufgabe 3: Vertauschbarkeit von Operatoren

Zeigen Sie, dass zwei Operatoren $\hat{A}$ und $\hat{B}$, die beide gleichzeitig Eigenwerte a und b haben, dann auch vertauschbar sind.

Die Vertauschbarkeit von Operatoren dient somit als wichtiger Test, ob zwei unabhängige Messgrößen gleichzeitig exakt vorhergesagt werden können. Betrachten wir dazu ein Beispiel.

Beispiel 9: Vertauschbarkeit Hamilton- und Impulsoperator

Die Vertauschbarkeit des Hamilton-Operators und des Impulsoperators prüfen wir hier nur eindimensional und mit verschwindendem Potential $V = 0$. Die Eigenwertgleichungen lauten

$$\hat{H}\,\psi = E\,\psi$$
$$\hat{p}\,\psi = p\,\psi\,.$$

Wir verwenden nun beide Operatoren hintereinander:

$$\hat{H}\,\hat{p}\,\psi = \left(-\frac{\hbar^2}{2m}\,\Delta\right)\,(-i\,\hbar\,\nabla)\,\psi = i\frac{\hbar^3}{2m}\frac{\partial^2}{\partial x^2}\,\frac{\partial}{\partial x} = i\,\frac{\hbar^3}{2m}\,\frac{\partial^3}{\partial x^3}$$

Vertauscht man beide Operatoren

$$\hat{p}\,\hat{H}\,\psi = i\frac{\hbar^3}{2m}\frac{\partial}{\partial x}\,\frac{\partial^2}{\partial x^2} = i\,\frac{\hbar^3}{2m}\,\frac{\partial^3}{\partial x^3}\,,$$

so ergibt sich dasselbe Resultat:

$$\hat{H}\,\hat{p}\,\psi = \hat{p}\,\hat{H}\,\psi$$

Energie und Impuls sind also beide gleichzeitig exakt vorhersagbar.

Aufgabe 4: Vertauschbarkeit Orts- und Impulsoperator

Gegeben sei die Wellenfunktion $\psi = e^{ikx} = e^{i\,(p/\hbar)\,x}$. Überprüfen Sie, ob Orts- und Impulsoperator vertauschbar sind. Beachten Sie dabei:

$$\hat{x}\,\psi = x\,\psi$$
$$\hat{p}\,\psi = p\,\psi$$

3.4.5 Kugelflächenfunktionen

Bevor wir den Drehimpulsoperator vorstellen, erinnern wir an die Kugelflächenfunktionen $Y_{\ell\,m_\ell}(\vartheta,\varphi)$, die aus der theoretischen Elektrodynamik bekannt sind. Sie spielen eine wichtige Rolle in der Quantenmechanik.

Mathematischer Einschub: Kugelflächenfunktionen

Kugelflächenfunktionen werden mithilfe der assoziierten Legendre-Polynome $P_{\ell\,m_\ell}$ und der Funktion $\Phi_{m_\ell}(\varphi) = e^{i\,m_\ell\,\varphi}/\sqrt{2\pi}$ gebildet:

$$Y_{\ell\,m_\ell}(\vartheta,\varphi) = P_{\ell\,m_\ell}(\vartheta)\cdot\Phi_{m_\ell}(\varphi) \tag{3.115}$$

Dabei ist der Wertebereich der Indizes:

$$\ell, m_\ell \in \mathbb{Z};\ -\ell \le m_\ell \le \ell \tag{3.116}$$

Beispiele sind in ►Tabellen 3.1 und 4.2 wiedergegeben.

Die Kugelflächenfunktionen sind auf 1 normiert und eignen sich somit als Aufenthaltswahrscheinlichkeitsdichten ($d\Omega = \sin\vartheta\,d\vartheta\,d\varphi$):

$$\int_0^{4\pi} |Y_{\ell\,m_\ell}|^2\,d\Omega = \int_0^{\pi}\int_0^{2\pi} |Y_{\ell\,m_\ell}|^2\,\sin\vartheta\,d\vartheta\,d\varphi = 1 \tag{3.117}$$

Zum Beispiel gilt für die sphärische Kugelflächenfunktion $Y_{0\,0} = 1/\sqrt{4\pi}$ mit $m_\ell = \ell = 0$:

$$\int_0^{4\pi} |Y_{0\,0}|^2\,d\Omega = \frac{1}{4\pi}\underbrace{\int_0^{\pi}\int_0^{2\pi} \sin\vartheta\,d\vartheta\,d\varphi}_{=4\pi} = 1\,. \tag{3.118}$$

In ►Tabelle 3.1 zeigen wir einige Kugelflächenfunktionen und visualisieren ihre Aufenthaltswahrscheinlichkeitsdichten als Polardiagramme in ►Abbildung 3.11.

ℓ	m_ℓ	$Y_{\ell m_\ell}$	$\lvert Y_{\ell m_\ell}\rvert^2$
0	0	$\frac{1}{\sqrt{4\pi}}$	$\frac{1}{4\pi}$
1	± 1	$\mp\frac{1}{2}\sqrt{\frac{3}{2\pi}}\sin\vartheta\exp(\pm i\varphi)$	$\frac{3}{8\pi}\sin^2(\vartheta)$
1	0	$\frac{1}{2}\sqrt{\frac{3}{\pi}}\cos(\vartheta)$	$\frac{3}{4\pi}\cos^2(\vartheta)$

Tabelle 3.1 Beispiele für Kugelflächenfunktionen

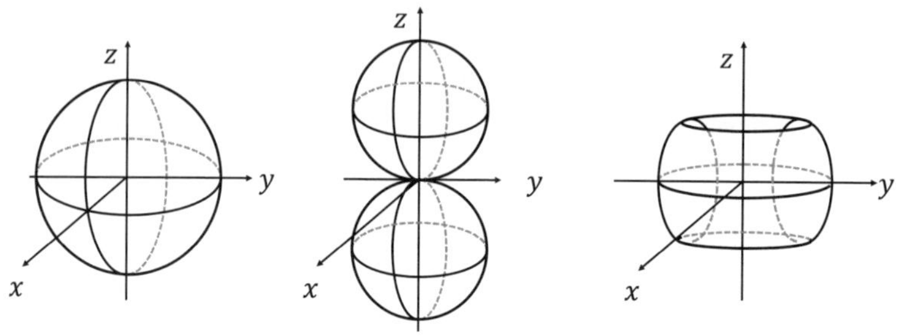

Abbildung 3.11 Die Aufenthaltswahrscheinlichkeitsdichten ℓ der Kugelflächenfunktionen mit den Indices $\ell = 0, m_\ell = 0$ und $\ell = 1, m_\ell = -1, 0, 1$: $|Y_{0\,0}|^2$ (links), $|Y_{1\,0}|^2$ (Mitte), $|Y_{1\,\pm 1}|^2$ (rechts).

3.4.6 Drehimpulsoperator

Aus der klassischen Mechanik kennen wir den Drehimpuls $\vec{L} = \vec{r} \times \vec{p}$. Wir führen deswegen einen **Drehimpulsoperator** als Kreuzprodukt des bereits bekannten Orts- (3.90) und Impulsoperators (3.96) ein:

$$\hat{\vec{L}} = \vec{r} \times (-i\hbar\nabla) \tag{3.119}$$

Kartesische Koordinaten: Damit hat der Drehimpulsoperator folgende Komponenten in kartesischen Koordinaten

$$\hat{L}_x = -i\hbar\left(y\frac{\partial}{\partial z} - z\frac{\partial}{\partial y}\right)$$
$$\hat{L}_y = -i\hbar\left(z\frac{\partial}{\partial x} - x\frac{\partial}{\partial z}\right)$$
$$\hat{L}_z = -i\hbar\left(x\frac{\partial}{\partial y} - y\frac{\partial}{\partial x}\right)$$

und hat als Quadrat:

$$\hat{L}^2 = \hat{L}_x^2 + \hat{L}_y^2 + \hat{L}_z^2 \tag{3.120}$$

Mit dem Erwartungswert $\langle\hat{L}^2\rangle$ des $\hat{L}^2$-Operators können wir den Betrag $(\langle\hat{L}^2\rangle)^{1/2}$ des Drehimpulses bestimmen.

Kugelkoordinaten: Um den Drehimpulsoperator in Kugelkoordinaten zu erhalten, muss entsprechend transformiert werden (hier nicht gezeigt). Dabei fällt die Abstandsabhängigkeit r weg:

$$\hat{L}_x = i\hbar\left(\sin(\varphi)\frac{\partial}{\partial\vartheta} + \cot(\vartheta)\cos(\varphi)\frac{\partial}{\partial\varphi}\right)$$

$$\hat{L}_y = i\hbar\left(-\cos(\varphi)\frac{\partial}{\partial\vartheta} + \cot(\vartheta)\sin(\varphi)\frac{\partial}{\partial\varphi}\right)$$

$$\hat{L}_z = -i\hbar\frac{\partial}{\partial\varphi} \tag{3.121}$$

Das Quadrat des Drehimpulsoperators in Kugelkoordinaten lautet:

$$\hat{L}^2 = -\hbar^2\left[\frac{1}{\sin\vartheta}\frac{\partial}{\partial\vartheta}\left(\sin\vartheta\frac{\partial}{\partial\vartheta}\right) + \frac{1}{\sin^2(\vartheta)}\frac{\partial^2}{\partial\varphi^2}\right] \tag{3.122}$$

Die eckige Klammer in (3.122) ist identisch mit dem Laplace-Operator Δ in Kugelkoordinaten, angewandt auf Funktionen mit $r = 1$. Diese Eigenschaft wird später wichtig bei der Berechnung des Wasserstoffatoms, wenn wir die Schrödinger-Gleichung im Fall der Coulomb-Wechselwirkung zwischen Elektron und Proton anwenden (Kapitel 4.2).

Eigenfunktionen von $\hat{L}_z$: In dem folgenden ►Beispiel 10 wird die z-Komponente des Drehimpulsoperators $\hat{L}_z$ auf eine der Kugelflächenfunktionen $Y_{3\,3}$ angewandt und gezeigt, dass $Y_{3\,3}$ Eigenfunktion von $\hat{L}_z$ ist.

Ganz allgemein kann man zeigen, dass $Y_{\ell\, m_\ell}$ Eigenfunktionen von $\hat{L}_z$ mit den Eigenwerten $m_\ell\,\hbar$ sind:

$$\hat{L}_z Y_{\ell\, m_\ell} = m_\ell\,\hbar\, Y_{\ell\, m_\ell} \tag{3.123}$$

Erwartungswerte (3.88) von $\hat{L}_z$ bei Kugelflächenfunktionen $Y_{\ell\, m_\ell}$ sind sofort gegeben durch:

$$\langle \hat{L}_z\rangle = \int Y^*_{\ell\, m_\ell}\,\hat{L}_z\, Y_{\ell\, m_\ell}\, d\Omega = m_\ell\,\hbar \int |Y_{\ell\, m_\ell}|^2\, d\Omega = m_\ell\,\hbar \tag{3.124}$$

Beispiel 10: Anwendung des Drehimpulsoperators $\hat{L}_z$

Wir wenden die z-Komponente $\hat{L}_z$ (3.121) des Drehimpulsoperators auf die Kugelflächenfunktion $Y_{3\,3}$ an:

$$\hat{L}_z\, Y_{3\,3} = -i\,\hbar\,\frac{\partial}{\partial\varphi}\left[-\frac{1}{8}\sqrt{\frac{35}{\pi}}\,\sin^3\vartheta\cdot e^{i3\varphi}\right]$$

$$= -i\,\hbar\cdot\frac{1}{8}\sqrt{\frac{35}{\pi}}\,\sin^3\vartheta\cdot(i\,3)\,e^{i3\varphi} = 3\,\hbar\, Y_{3\,3}$$

Damit ist $Y_{3\,3}$ Eigenfunktion zu $\hat{L}_z$ zum Eigenwert $3\,\hbar$.

Aufgabe 5: Drehimpulsoperator $\hat{L}_z$

Zeigen Sie, dass die Kugelflächenfunktion

$$Y_{1\,1} = -\frac{1}{2}\sqrt{\frac{3}{2\pi}}\,\sin\vartheta\, e^{i\varphi} \tag{3.125}$$

eine Eigenfunktion von $\hat{L}_z$ ist.

Für die anderen Komponenten des Drehimpulsoperators $\hat{L}_x$ oder $\hat{L}_y$ sind die Kugelflächenfunktionen $Y_{\ell\, m_\ell}$ im Allgemeinen **keine** Eigenfunktionen.

Aufgabe 6: Drehimpulsoperator $\hat{L}_x$

Zeigen Sie, dass die Kugelflächenfunktion

$$Y_{1\,1} = -\frac{1}{2}\sqrt{\frac{3}{2\pi}}\,\sin\vartheta\, e^{i\varphi} \tag{3.126}$$

keine Eigenfunktion von $\hat{L}_x$ ist.

Eigenfunktionen von $\hat{L}^2$: Im Folgenden untersuchen wir, ob Kugelflächenfunktionen $Y_{\ell\, m_\ell}$ Eigenfunktionen vom Quadrat des Drehimpulsoperators sind.

Beispiel 11: Anwendung des Drehimpulsoperators $\hat{L}^2$

Beispielhaft prüfen wir hier, ob $Y_{1\,1}$ eine Eigenfunktion des $\hat{L}^2$ Operators ist:

$$\begin{aligned}
\hat{L}^2\, Y_{1\,1} &= -\hbar^2 \left[\frac{1}{\sin\vartheta}\frac{\partial}{\partial\vartheta}\left(\sin\vartheta\,\frac{\partial}{\partial\vartheta}\right) + \frac{1}{\sin^2(\vartheta)}\frac{\partial^2}{\partial\varphi^2}\right] c_{1\,1}\,\sin\vartheta\, e^{i\varphi}\\
&= -\hbar^2\, c_{1\,1}\left[\frac{1}{\sin\vartheta}\,\frac{\partial}{\partial\vartheta}\,(\sin\vartheta\,\cos(\vartheta)) + \frac{1}{\sin^2(\vartheta)}\, i^2\,\sin\vartheta\right] e^{i\varphi}\\
&= -\frac{\hbar^2\, c_{1\,1}}{\sin\vartheta}\, e^{i\varphi}\left[\cos^2(\vartheta) - \sin^2(\vartheta) - 1\right]\\
&= -\frac{\hbar^2\, c_{1\,1}}{\sin\vartheta}\, e^{i\varphi}\,(-2\,\sin^2(\vartheta))\\
\hat{L}^2\, Y_{1\,1} &= +\hbar^2\, c_{1\,1}\, e^{i\varphi}\,\sin\vartheta\; 2 = 2\,\hbar^2\, Y_{1\,1}
\end{aligned} \tag{3.127}$$

Damit ist $Y_{1\,1}$ Eigenfunktion zu $\hat{L}^2$ zum Eigenwert $2\,\hbar^2$.

Es gilt auch allgemein, dass die Kugelflächenfunktionen $Y_{\ell m_\ell}$ Eigenfunktionen von $\hat{L}^2$ sind:

$$\hat{L}^2 Y_{\ell m_\ell} = \ell(\ell+1)\hbar^2\, Y_{\ell m_\ell} \tag{3.128}$$

Und damit folgt für den Erwartungswert des Betrags des Drehimpulses:

$$\left|\vec{L}\right| \equiv \langle\hat{L}\rangle \equiv \sqrt{\langle\hat{L}^2\rangle} = \sqrt{\ell(\ell+1)}\cdot\hbar \tag{3.129}$$

Drehimpulsbetrag, eine Drehimpulskomponente: Falls eine Wellenfunktion Eigenfunktion von verschiedenen Operatoren ist, können für die zugehörigen messbaren Größen präzise Vorhersagen berechnet werden. So sind die Kugelflächenfunktionen $Y_{\ell m_\ell}$ Eigenfunktionen von $\hat{L}^2$ und $\hat{L}_z$, jedoch nicht von $\hat{L}_x$ oder $\hat{L}_y$. Die Erwartungswerte $\langle L_z\rangle$ der $\hat{L}_z$-Komponente und $\langle L^2\rangle$ des Betragsquadrats $\hat{L}^2$ sind demnach gleichzeitig präzise vorhersagbar, aber nicht auch die $\hat{L}_x$- oder die $\hat{L}_y$-Komponente.

Gleichzeitige Eigenwerte und damit präzise Vorhersagen sind genau dann möglich, wenn die Operatoren vertauschbar sind (3.111):

$$\hat{L}_z\,\hat{L}^2\,Y_{\ell m_\ell} = m_\ell\,\hbar\cdot\ell(\ell+1)\,\hbar^2\,Y_{\ell m_\ell} = \hat{L}^2\,\hat{L}_z\,Y_{\ell m_\ell} \tag{3.130}$$

In der Theorie wird gezeigt, dass die Operatoren $\hat{L_i}$ jeder Komponente des Drehimpulses mit $\hat{L^2}$ vertauschen, nicht aber die $\hat{L_i}$ untereinander. Man kann also gemeinsam mit dem Betrag des Drehimpulses nur eine (beliebige) Komponente genau messen.

Beispiel 12: Drehimpuls

Wähle $\ell = 1$, dann nimmt m_ℓ die Werte $-1, 0, 1$ an. Das heißt, die z-Komponente des Drehimpulses kann drei verschiedene Werte annehmen. Der Betrag des Drehimpulses beträgt $\left|\vec{L}\right| = \sqrt{\ell(\ell+1)\,\hbar^2} = \sqrt{2}\cdot\hbar$. Man hat traditionell die z-Achse als ausgezeichnete Achse gewählt. Der Drehimpuls $\vec{L}$ liegt für die verschiedenen Werte von m_ℓ irgendwo auf der Kreislinie, siehe ►Abbildung 3.12.

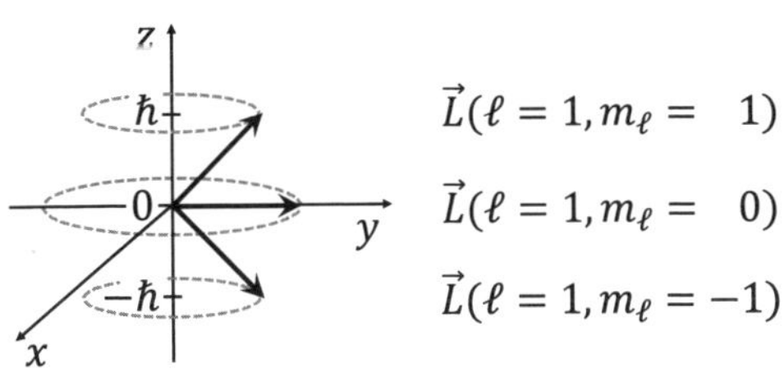

Abbildung 3.12 Über den Drehimpulsvektor mit der Drehimpulsquantenzahl $\ell = 1$ kennen wir seinen Betrag und die Projektion auf eine Achse, hier die z-Achse. Die exakte Position auf den Kreisen ist nicht bekannt.

Das Wichtigste zum Mitnehmen

Zum Mitnehmen: Quantenmechanik 1

- Zur Beschreibung von Teilchen nutzen wir **Wellenfunktionen** $\psi(x,t)$. Wir bezeichnen ψ als **Wahrscheinlichkeitsamplitude** in folgendem Sinn. Die **Aufenthaltswahrscheinlichkeitsdichte** eines Teilchens ist das Betragsquadrat der Wellenfunktion ψ. Für die **Aufenthaltswahrscheinlichkeit** im Raumbereich $[x, x+dx]$ multiplizieren wir mit dx. Die Wahrscheinlichkeit, das Teilchen irgendwo zu finden, ist nach Integration über den gesamten Raum gleich Eins:

Wahrscheinlichkeitsamplitude	$\psi(x,t)$	(3.20)
Aufenthaltswahrscheinlichkeitsdichte	$\lvert\psi\rvert^2$	(3.23)
Aufenthaltswahrscheinlichkeit	$\lvert\psi\rvert^2\,dx$	(3.24)
Normierung	$\int_{-\infty}^{\infty} \lvert\psi\rvert^2\,dx = 1$	(3.25)

- Die **Schrödinger-Gleichung** ist die Bewegungsgleichung für nicht-relativistische Teilchen ohne Spin. Wir unterscheiden die zeitabhängige und die **zeitunabhängige** Schrödinger-Gleichung, die wir für das zeitlich konstante Coulomb-Potential und das konstante Kastenpotential nutzen:

$$i\hbar\,\frac{\partial\psi}{\partial t} = -\frac{\hbar^2}{2m}\,\frac{\partial^2\psi}{\partial x^2} + V\psi \tag{3.38}$$

$$\frac{\partial^2\psi(x)}{\partial x^2} = \frac{2m}{\hbar^2}\,(V(x)-E)\,\psi(x) \tag{3.43}$$

$$-k^2 = \frac{2m}{\hbar^2}(V_\circ - E) \tag{3.46}$$

$$\frac{\partial^2\psi(x)}{\partial x^2} = -k^2\,\psi(x) \tag{3.47}$$

- Im **Kastenpotential** der Breite a und mit unendlich hohen Wänden ergeben sich für ein Teilchen mit Masse m **diskrete Energieniveaus** E mit der **Quantenzahl** n. Die **Wellenfunktionen** besitzen **Knotenpunkte**, an denen das Teilchen keinen Aufenthalt hat:

$$E_n = \frac{\hbar^2\,\pi^2}{2\,m\,a^2}\,n^2 \tag{3.58}$$

$$\psi = i\sqrt{\frac{2}{a}}\,\sin\left(\frac{n\,\pi}{a}x\right)\,. \tag{3.62}$$

Zum Mitnehmen: Quantenmechanik 2

- Unschärferelationen zeigen an, dass zwei Messgrößen nicht gleichzeitig präzise gemessen werden können. Für Ort x und Impuls p gilt die Heisenbergsche Unschärferelation. Ebenso gibt es eine Unschärferelation für Energie E und Zeit t.

$$\Delta x \cdot \Delta p \geq \frac{\hbar}{2} \tag{3.82}$$

$$\Delta E \cdot \Delta t \geq \frac{\hbar}{2} \tag{3.83}$$

- Vorhersagen für Teilchen berechnen wir als **Erwartungswerte** über **quantenmechanische Operatoren** $\hat{O}$:

$$\mathrm{E}[\hat{O}] = \int_{-\infty}^{\infty} \psi^* \, \hat{O} \, \psi \, dx \tag{3.88}$$

Entsprechend den üblichen **Beobachtungsgrößen** (Observable) sind es Operatoren für:

Ort	$\hat{x} = x$	(3.90)
Impuls	$\hat{p} = -i\,\hbar\,\nabla$	(3.96)
Kinetische Energie	$\hat{E}_{\text{kin}} = -\frac{1}{2\,m}\,\hbar^2\,\Delta$	(3.98)
Potentielle Energie	$\hat{E}_{\text{pot}} = \hat{V} = V$	(3.100)
Hamilton-Operator	$\hat{H} = -\frac{\hbar^2}{2m}\Delta + V$	(3.103)
Drehimpuls z	$\hat{L}_z = -i\hbar\frac{\partial}{\partial\varphi}$	(3.121)
Drehimpulsquadrat	$\hat{L}^2 = -\hbar^2\,\Delta_{r\,\vartheta\,\varphi}$	(3.122)

- Ist eine Wellenfunktion **Eigenfunktion** eines Operators, erhalten wir Eigenwertgleichungen mit **Eigenwerten**:

$$\hat{H}\,\psi = E\,\psi \tag{3.104}$$

$$\hat{L}_z Y_{\ell\,m_\ell} = m_\ell\,\hbar\,Y_{\ell\,m_\ell} \tag{3.123}$$

$$\hat{L}^2 Y_{\ell\,m_\ell} = \ell\,(\ell+1)\,\hbar^2\,Y_{\ell\,m_\ell} \tag{3.128}$$

Zum Mitnehmen: Quantenmechanik 3

- **Kugelflächenfunktionen** haben eine wichtige Rolle bei der Beschreibung von Elektronen in der Atomhülle. Der Wertebereich ihrer Indizes ist beschränkt:

$$Y_{\ell\, m_\ell}(\vartheta,\varphi) = P_{\ell\, m_\ell}(\vartheta)\cdot\Phi_{m_\ell}(\varphi) \tag{3.115}$$

$$\ell, m_\ell \in \mathbb{Z};\ -\ell \le m_\ell \le \ell \tag{3.116}$$

- Bei **vertauschbaren (kommutierenden) Operatoren** können die zugehörigen **Beobachtungsgrößen gleichzeitig präzise gemessen** werden. Beispiele für gleichzeitig genau messbare Größen sind Energie und Impuls, sowie das Quadrat des Drehimpulses und eine Drehimpulskomponente. Gegenbeispiele sind Ort und Impuls oder die einzelnen Komponenten des Drehimpulses.

Wasserstoff: Elektron-Proton-Bindung

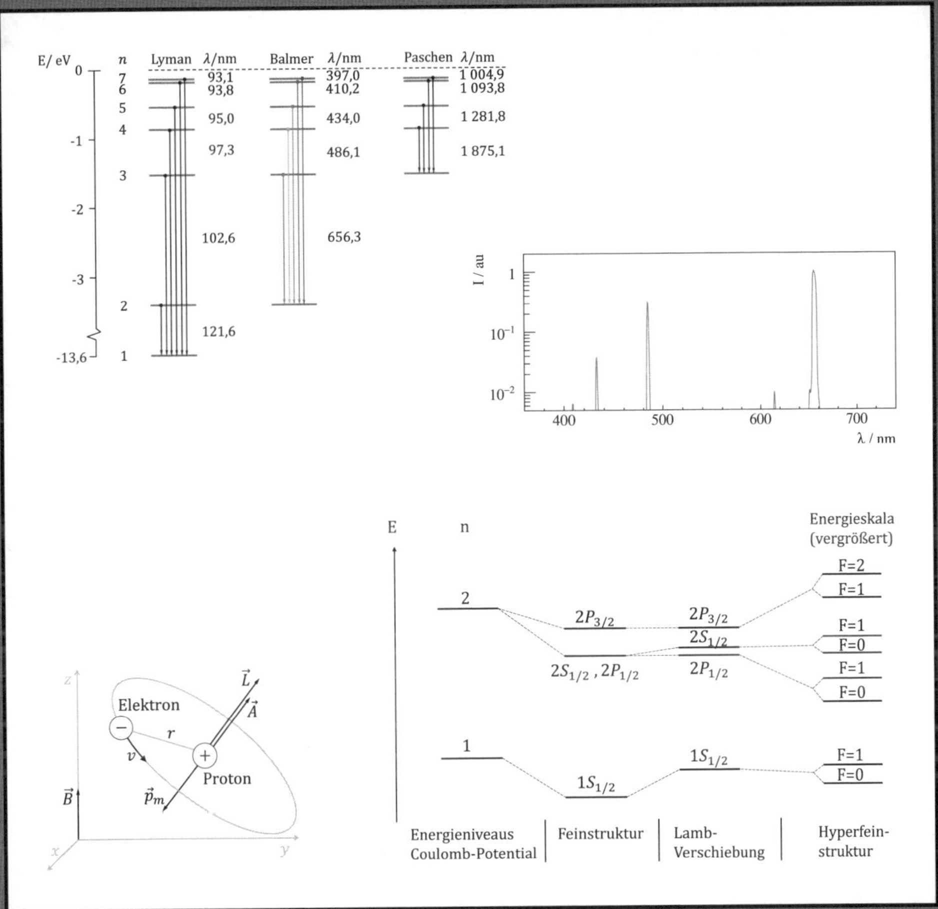

Teil II

Wasserstoffatom

4

ÜBERBLICK

» Die elektromagnetische Wechselwirkung zwischen dem positiv geladenen Proton und dem negativ geladenen Elektron ermöglicht die Bildung des Wasserstoffatoms. Im Coulomb-Potential des Protons kann das Elektron Zustände bei bestimmten diskreten Bindungsenergien annehmen.

Wir werden in diesem Kapitel zunächst Messungen zu diesen Bindungszuständen des Elektrons vornehmen. Aus den Messdaten werden wir eine Ordnung der diskreten Bindungsenergien bestimmen, die sich mit einer einzigen Quantenzahl n beschreiben lässt.

Dann werden wir mit Hilfe der Schrödinger-Gleichung die Energiezustände berechnen und dabei feststellen, dass nicht nur die Ordnung der Energieniveaus korrekt beschrieben wird, sondern die Bindungsenergien selbst quantitativ korrekt vorhergesagt werden. Mit den Lösungen der Schrödinger-Gleichung erarbeiten wir schließlich eine Vorstellung von den räumlichen Aufenthaltswahrscheinlichkeiten des Elektrons im Wasserstoffatom. «

4.1 Messung und Interpretation des Wasserstoffspektrums

Normalerweise befindet sich das Wasserstoffatom im Grundzustand, d. h. das Elektron hat die niedrigste Energie, die im Bindungszustand aus Proton und Elektron möglich ist. Um weitere Energieniveaus des Elektrons im Wasserstoffatom beobachten zu können, müssen wir dem Elektron zunächst Energie zuführen, damit es auf ein höheres Energieniveau angeregt wird. Dort wird es nur kurzzeitig verbleiben und durch Emission eines Photons in den Grundzustand zurückkehren. Die Energien dieser abgestrahlten Photonen geben uns Informationen über die Energieniveaus des Elektrons im Wasserstoffatom.

Experiment 10: Wasserstoffspektrum

Wir verwenden eine mit Wasserstoffgas gefüllte Glasröhre, in die zwei Elektroden eingelassen sind. Mit einer Hochspannung erzeugen wir eine Gasentladung, bei der so viel Bewegungsenergie der Teilchen im Gas entsteht, dass durch Kollisionen Wasserstoffmoleküle dissoziieren und Elektronen in Wasserstoffatomen angeregt werden. Wir beobachten, dass das Gas lila leuchtet. Es wird sich zeigen, dass sich das emittierte Spektrum aus vielen Wellenlängen zusammensetzt.

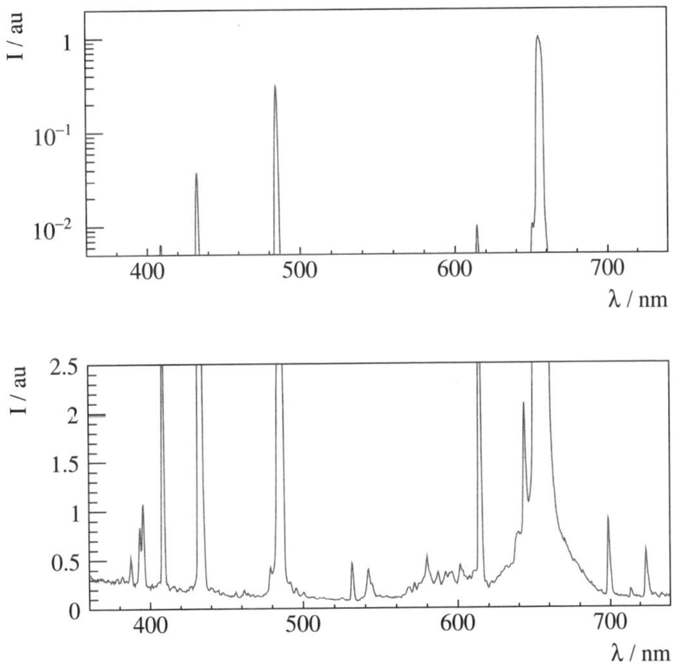

Abbildung 4.1 Wasserstoffspektrum: Mit einem Gitterspektrometer werden die Wellenlängen der Photonen einer Wasserstoffgasentladung gemessen. Die Intensität ist gegen die Wellenlänge λ in nm aufgetragen. Einige Linien (z. B. $\lambda = 396{,}5\,\text{nm}$) werden erst in der Vergrößerung sichtbar.

Wir nutzen dazu ein Gitterspektrometer, um die Wellenlängen λ der emittierten Photonen zu messen (Interferenz am Gitter trennt die Wellenlängen, siehe Band 2 [19]). In der ►Abbildung 4.1 ist das Emissionsspektrum des Wasserstoffgases gezeigt.

Photon-Spektrum, Wasserstoff-Energieniveaus: Interessant ist zunächst die Beobachtung, dass es sich nicht um ein breites Wellenlängenspektrum handelt wie bei der Hohlraumstrahlung in der ►Abbildung 1.13, sondern dass das Spektrum aus einzelnen Spektrallinien mit diskreten Wellenlängen zusammengesetzt ist. Die Messungen der Photon-Wellenlängen sind in der ►Tabelle 4.1 aufgeführt.

Atom	Zählung H-Spektrum	λ /nm	E /eV
H	1	396,5	3,13
H	2	409,6	3,03
H	3	433,5	2,86
H	4	486,0	2,55
H	5	656,8	1,89
O		615,5	2,01

Tabelle 4.1 Gemessene Wellenlängen λ am Wasserstoffgas und entsprechende Photon-Energie E_γ mit Zuordnung zu Gasatomen bzw. Restgasatomen

Die rechte Spalte der ►Tabelle 4.1 enthält die emittierten Photon-Energien $E_\gamma \approx 1.24\,\text{eV}/(\lambda/\mu\text{m})$ (1.14). Aufgrund der Energieerhaltung geben die gemessenen Photon-Energien die Unterschiede zwischen jeweils zwei diskreten Energieniveaus des Elektrons im Wasserstoffatom an (Emission in Kapitel 1.1):

$$E_\gamma = \Delta E = E_n - E_m \tag{1.3}$$

Unsere Herausforderung besteht nun darin, aus den *Differenzen* der Energien die *absoluten* Energien der Elektron-Zustände im Wasserstoffatom zu bestimmen. Wie üblich weisen wir gebundenen Zuständen eine Energie $E < 0$ zu ($E \geq 0$ sind freie Teilchen). Je stärker das Elektron gebunden ist, desto mehr Ionisierungsenergie müssen wir aufwenden, um es aus der Bindung zu holen.

Die diskreten Energien in ►Tabelle 4.1 steigen offenbar nicht quadratisch an wie beim Kastenpotential $E_n \propto n^2$ mit der Quantenzahl $n \in \mathbb{N}$ (3.58). Stattdessen setzen wir für die Energien im Wasserstoffatom ein inverses Potenzgesetz mit der Konstanten $R_\circ$ und $k \in \mathbb{N}$ an:

$$E_n = -R_\circ \, \frac{1}{n^k} \tag{4.1}$$

Die Quantenzahl $n = 1$ ergibt das niedrigste Energieniveau E_1 und damit die stärkste Bindung für das Elektron. Für $n \to \infty$ geht die Energie E_∞ gegen Null.

Potenzgesetz der Energie-Quantenzahl: Den Energie-Ansatz (4.1) wenden wir auf die Photon-Energien E_γ (1.3) der gemessenen Energiedifferenzen an.

Wir gehen hier davon aus, dass alle fünf Übergänge im Wasserstoffatom in ►Tabelle 4.1 zu einem unteren Niveau n gehören und $m > n$ mit der Schrittweite von 1 ansteigt:

$$E_\gamma = \Delta E = E_m - E_n = -R_\circ \left(\frac{1}{m^k} - \frac{1}{n^k} \right) \tag{4.2}$$

Einen linearen Zusammenhang zwischen den gemessenen Energiedifferenzen $E_\gamma = \Delta E$ auf der linken Seite und dem Ausdruck in Klammern auf der rechten Seite werden wir nur dann erreichen, wenn wir erstens den gemessenen ΔE-Werten die *richtigen Energieniveaus* mit den korrekten Quantenzahlen m und n zuordnen und zweitens gleichzeitig die *richtige Potenz* k annehmen.

Beispiel 13: Energiezustände im Wasserstoffatom: Potenzgesetz

In der linken ►Abbildung 4.2 prüfen wir in der Gleichung (4.2) die Potenz $k = 1$ für die gemessenen Energiedifferenzen $E_\gamma = \Delta E$ (►Tabelle 4.1) auf der vertikalen Achse. Mit den rechteckigen Symbolen wird die Hypothese gezeigt, dass es sich bei dem unteren Energieniveau um $n = 1$ handelt. Mit den Kreissymbolen verfolgen wir die Hypothese $n = 2$. Die Kurven zeigen Anpassungen an die beiden Hypothesen mit einer quadratischen Funktion ($f(x) = a + bx + cx^2$), wobei der quadratische Term $c \neq 0$ ist. Offenbar lassen sich die ΔE-Werte so nicht zuordnen.

In der rechten ►Abbildung 4.2 versuchen wir die Potenz $k = 2$. Übergänge auf $n = 1$ (rechteckige Symbole) passen nicht zu den gemessenen ΔE-Werten, da der quadratische Term der Funktionsanpassung $c \neq 0$ ist. Dagegen zeigen die Kreissymbole für Übergänge auf das zweite Energieniveau $n = 2$ tatsächlich den erwarteten linearen Zusammenhang ($c \approx 0$)!

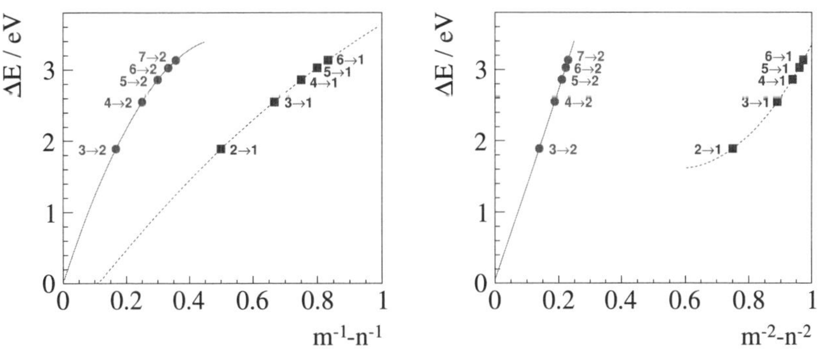

Abbildung 4.2 Zwischen welchen Energieniveaus $m \to n$ finden die gemessenen Elektron-Übergänge im Wasserstoffatom statt und welche Potenz k gehört dazu: Für $m > n$, $n = 2$ und $k = 2$ ergibt sich ein linearer Zusammenhang.

Die rechte ►Abbildung 4.2 zeigt die richtige Zuordnung der Energieniveaus $m \to n = 2$ und die inverse quadratische Abhängigkeit $k = 2$. Demnach können wir die Energieübergänge ΔE und damit die Energieniveaus im Wasserstoffatom in dieser Form berechnen:

$$E_\gamma = \Delta E = -R_\circ \left(\frac{1}{m^2} - \frac{1}{n^2} \right) \tag{4.3}$$

Experiment 11: Rydberg-Konstante

Nach der richtigen Zuordnung der Photon-Energien zu den Elektron-Übergängen können wir die Konstante $R_\circ$ in (4.3) bestimmen (►Abbildung 4.3). Sie wird als **Rydberg-Konstante** bezeichnet. Unsere Messung $R_\circ = (13{,}636 \pm 0{,}015)\,\text{eV}$ stimmt gut mit genauen Messungen überein [35]:

$$R_\circ = 13{,}605693009(84)\,\text{eV} \tag{4.4}$$

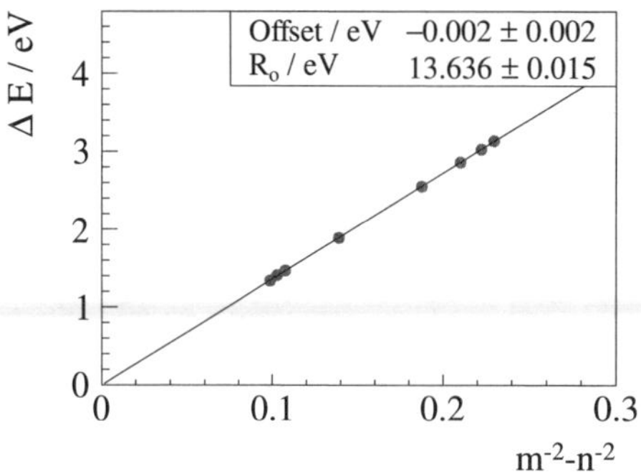

Abbildung 4.3 Übergänge des Elektrons im Wasserstoffatom als Funktion der Quantenzahlen m des Anfangszustands und n des Endzustands (4.3). Aus der Steigung passen wir die Rydberg-Konstante $R_\circ$ an.

Energiezustände des Elektrons: Die Energiezustände des Elektrons im Wasserstoffatom folgen demnach einem invers-quadratischen Potenzgesetz mit der Quantenzahl $n \in \mathbb{N}$, wobei $n = 1$ den Grundzustand $E_1 = -R_\circ = -13{,}6\,\text{eV}$ und $n > 1$ angeregte Elektron-Zustände bezeichnen (►Abbildung 4.4):

$$E_n = -R_\circ \frac{1}{n^2} \tag{4.5}$$

Zur Geschichte der Untersuchungen am Wasserstoffatom: Das Verständnis der diskreten Spektren von Atomen, insbesondere des Wasserstoffatoms, war wegweisend für die Entwicklung der Quantenphysik. In unserem Experiment haben wir vorwiegend optische Übergänge auf das zweite Energieniveau im Wasserstoffatom untersucht. Diese wurden bereits von J. J. Balmer (1885) beobachtet, später kamen die Übergänge im ultravioletten Bereich (Th. Lyman 1906) und im infraroten Bereich (F. Paschen 1908) hinzu. Die Konstante (4.4) ist nach J. Rydberg (1888) benannt.

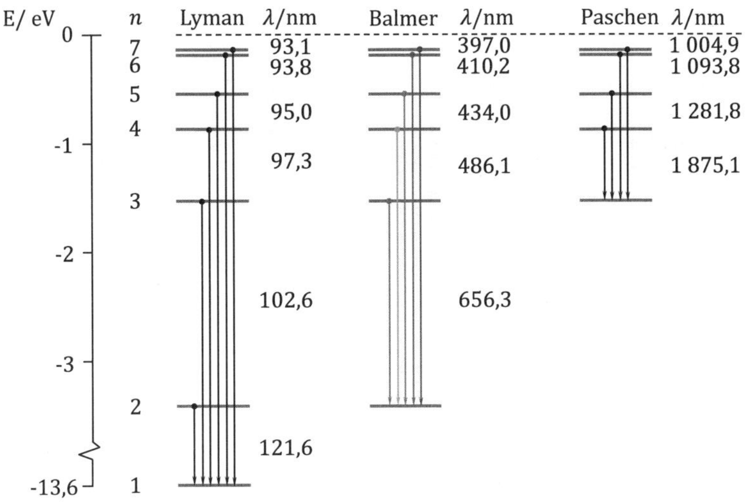

Abbildung 4.4 Energieniveaus im Wasserstoffatom geordnet nach Übergängen auf das untere Energieniveau, benannt als „Serien" nach ihren Entdeckern. Die Balmer-Serie liegt im sichtbaren Bereich (►Abbildung 4.1, ►Tabelle 4.1).

Mit seinem halbklassischen Bohrschen Atommodell konnte N. Bohr bereits Aspekte des Wasserstoffspektrums erklären (Nobelpreis 1922) und lieferte damit noch heute verwendete Bezugsgrößen im Atom. Dazu gehören der **Bohrsche Radius** für den Abstand des Elektrons vom Proton

$$\rho = \frac{4\,\pi\,\epsilon_\circ\,\hbar^2}{m_e\,e^2} \approx 0{,}5 \cdot 10^{-10}\ \mathrm{m} = 0{,}5\ \text{Å} \tag{4.6}$$

sowie das **Bohrsche Magneton** (5.37).

Photon-Intensität der Elektron-Übergänge: Die ►Abbildung 4.5 zeigt die Intensitätsmaxima der charakteristischen Wellenlängen nach einer Korrektur auf die spektrale Empfindlichkeit des Gitterspektrometers.

Mögliche Übergänge nach Gleichung (4.3) sind für Übergänge auf das Energieniveau $n = 2$ eingezeichnet. Einige beobachtete Übergänge stammen offenbar nicht vom Wasserstoffatom. Eventuell sind im Wasserstoffgas nicht alle Moleküle dissoziiert oder es gibt Verunreinigungen. Die Linie bei $\lambda = 615{,}5\,\mathrm{nm}$ z. B. passt zu einem Übergang des Sauerstoff-Atoms (►Tabelle 4.1).

In der ►Abbildung 4.5 oben zeigen wir mit unseren beobachteten Übergängen und ihren Intensitäten auch einen Vergleich mit sehr genauen Messungen (Länge der senkrechten Linien [35]). Während die Intensitäten der Übergänge bei großen Wellenlängen gut gemessen werden konnten, liegen die erwarteten Intensitäten bei kleinen Wellenlängen deutlich oberhalb unserer Messungen.

Es ist bemerkenswert, dass eine kleine Veränderung der Konstanten $R_\circ$ die berechneten Linien stark verschieben würde. Umgekehrt liefert das eine Möglichkeit, die Konstante $R_\circ$ zu bestimmen.

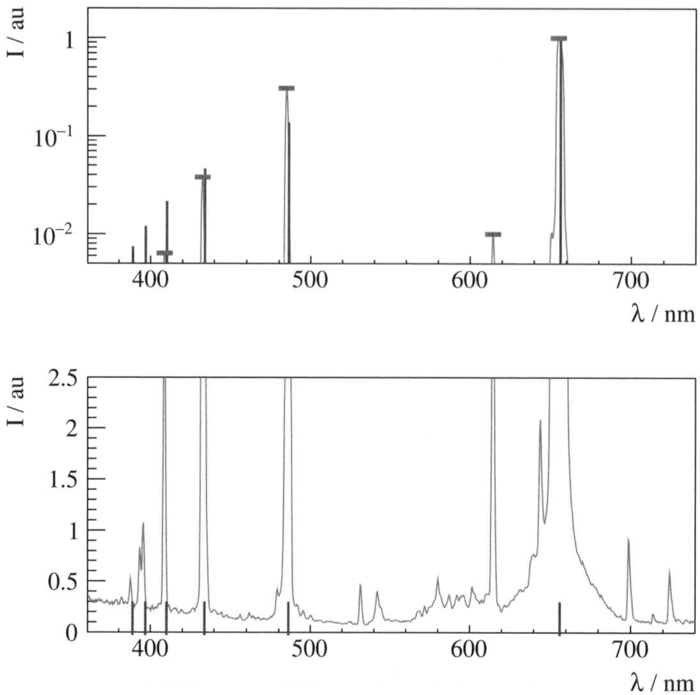

Abbildung 4.5 Die Querstriche zeigen die gemessenen Intensitäten an den Stellen der wahrscheinlichsten Wellenlängen λ. Die senkrechten Linien zeigen die erwarteten Wellenlängen für Übergänge im Wasserstoffatom auf das erste angeregte Energieniveau $n = 2$, im oberen Bild entspricht die erwartete Intensität der Länge der Striche [35]. Der Messpunkt $\lambda = 615{,}5\,\text{nm}$ passt zu einem Übergang des Sauerstoff-Atoms (Restgas).

4.2 Elektron im Coulomb-Potential

In diesem Kapitel berechnen wir die möglichen Zustände des Elektrons im Wasserstoffatom. Dafür benötigen wir zwei physikalische Konzepte: Erstens basiert die Bindung zwischen Proton und Elektron auf elektromagnetischer Anziehung, sie wird durch das Coulomb-Potential beschrieben (►Abbildung 4.6).

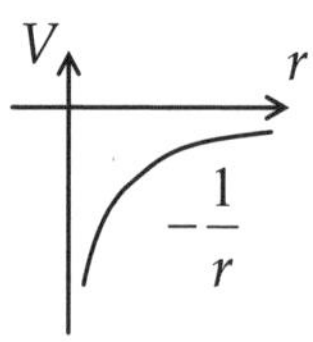

Abbildung 4.6 Elektron im Coulomb-Potential des Protons

Zweitens ist die Bewegungsgleichung für das Elektron durch die Schrödinger-Gleichung gegeben. Es genügt die zeitunabhängige Schrödinger-Gleichung, da die Ladungen des

Protons und des Elektrons zeitlich unverändert bleiben:

$$\hat{H}\,\psi = E\,\psi \tag{4.7}$$

$$\left[-\frac{\hbar^2}{2\,m_e}\,\Delta + V(r)\right]\psi = E\,\psi \tag{4.8}$$

Hier bezeichnet $V(r)$ das Coulomb-Potential

$$V(r) = -\frac{Z\,e^2}{4\,\pi\,\epsilon_\circ}\,\frac{1}{r} \tag{4.9}$$

mit dem Abstand r des Elektrons vom Proton. Die Anzahl der Elementarladungen e des Protons beträgt für das Wasserstoffatom $Z = 1$.

4.2.1 Lösungsansatz

Wir arbeiten hier in der Näherung, dass das Proton im Zentrum ruht und nur das Elektron in Bewegung ist. Genau genommen kann die Bewegung beider Teilchen in eine Schwerpunktsbewegung des Atom-Gesamtsystems aus Proton und Elektron und eine Relativbewegung der beiden Teilchen zueinander aufgeteilt werden. Der Schwerpunkt des Gesamtsystems liegt nahe am Proton, da die Protonmasse fast 2.000 mal größer ist als die Masse des Elektrons, sodass unsere Näherung für das wesentliche physikalische Verständnis des Wasserstoffatoms gut geeignet ist.

Das Potential $V(r)$ ist ein Zentralpotential und weist damit nur eine Abhängigkeit von der radialen Koordinate r auf. Wir werden also Kugelkoordinaten verwenden. Da $V(r)$ unabhängig von ϑ und φ ist, versuchen wir folgenden **Separationsansatz** für den Radialanteil und die Winkelanteile der Wahrscheinlichkeitsamplitude ψ des Elektrons:

$$\psi(r,\vartheta,\varphi) = R(r)\cdot\Theta(\vartheta)\cdot\Phi(\varphi) \tag{4.10}$$

4.2.2 Kugelflächenfunktionen $Y_{\ell m_\ell}(\vartheta,\varphi)$

Bei der Wahl der winkelabhängigen Funktionen $\Theta(\vartheta)$ und $\Phi(\varphi)$ lassen wir uns davon leiten, dass wir für den Winkelanteil des Laplace-Operators bereits einen Bezug zum Drehimpulsoperator $\hat{L}^2$ kennen (3.122), dessen Eigenfunktionen Kugelflächenfunktionen $Y_{\ell m_\ell}(\vartheta,\varphi)$ sind (3.128). Zur Erinnerung, der Laplace-Operator hat in kartesischen Koordinaten die einfache Form:

$$\Delta = \nabla\cdot\nabla = \frac{\partial^2}{\partial x^2} + \frac{\partial^2}{\partial y^2} + \frac{\partial^2}{\partial z^2} \tag{4.11}$$

In Kugelkoordinaten sieht der Laplace-Operator zunächst komplizierter aus. Der Vorteil dieser Schreibweise ist, dass der Operator sich in einen Anteil zerlegen lässt, der die radiale Ableitung enthält, und einen Anteil, der den Drehimpulsoperator $\hat{L}^2$ mit den Winkelableitungen enthält:

$$\Delta = \frac{1}{r^2}\frac{\partial}{\partial r}\left(r^2\frac{\partial}{\partial r}\right) + \frac{1}{r^2}\underbrace{\left[\frac{1}{\sin\vartheta}\frac{\partial}{\partial\vartheta}\left(\sin\vartheta\,\frac{\partial}{\partial\vartheta}\right) + \frac{1}{\sin^2(\vartheta)}\frac{\partial^2}{\partial\varphi^2}\right]}_{=-\hat{L}^2/\hbar^2} \tag{4.12}$$

Wir präzisieren unseren Ansatz (4.10) zur Lösung der Schrödinger-Gleichung durch die Kugelflächenfunktionen:

$$\psi(r,\vartheta,\varphi) = R(r)\cdot Y_{\ell\, m_\ell}(\vartheta,\varphi) \tag{4.13}$$

Der Ansatz (4.13) löst die Schrödinger-Gleichung in Bezug auf die Winkelabhängigkeit (ϑ,φ) sofort. Durch Einsetzen von Δ (4.12) in die Schrödinger-Gleichung (4.8) erhalten wir:

$$\left[-\frac{\hbar^2}{2\,m_e}\left(\frac{1}{r^2}\frac{\partial}{\partial r}\left(r^2\frac{\partial}{\partial r}\right)-\frac{1}{r^2}\frac{1}{\hbar^2}\hat{L}^2\right)+V(r)\right]R(r)\,Y_{\ell\, m_\ell}(\vartheta,\varphi) = E\,R(r)\,Y_{\ell\, m_\ell} \tag{4.14}$$

Die Anwendung des Drehimpulsoperators $\hat{L}^2\,Y_{\ell\, m_\ell} = \ell\,(\ell+1)\,\hbar^2\,Y_{\ell\, m_\ell}$ (3.128) ergibt eine Differentialgleichung, die die Drehimpulsquantenzahl ℓ enthält:

$$\begin{aligned}-\frac{\hbar^2}{2\,m_e}\left(\frac{1}{r^2}\frac{\partial}{\partial r}\left(r^2\frac{\partial}{\partial r}\right)R(r)\,Y_{\ell\, m_\ell}-\frac{1}{r^2}\frac{1}{\hbar^2}\,\ell\,(\ell+1)\,\hbar^2\,R(r)\,Y_{\ell\, m_\ell}\right)+V(r)\,R(r)\,Y_{\ell\, m_\ell}\\ = E\,R(r)\,Y_{\ell\, m_\ell}\end{aligned} \tag{4.15}$$

Die Kugelflächenfunktionen $Y_{\ell\, m_\ell}(\vartheta,\varphi)$ lassen sich herauskürzen und werden erst später wieder benötigt, wenn wir die räumliche Aufenthaltswahrscheinlichkeit des Elektrons mit Hilfe der Wahrscheinlichkeitsamplitude $\psi(r,\vartheta,\varphi)$ berechnen.

4.2.3 Radialwellenfunktion $R(r)$

In welcher Entfernung sich das Elektron vom Proton befindet, werden wir im Folgenden für die Radialwellenfunktion $R(r)$ mit der verbleibenden Gleichung (4.15) nach Kürzen der Kugelflächenfunktionen $Y_{\ell\, m_\ell}$ berechnen. Durch die Drehimpulsquantenzahl ℓ enthält sie weiterhin Informationen über den Winkelanteil. Da nur Ableitungen bezüglich der radialen Koordinate r verbleiben, ersetzen wir das Symbol der partiellen Ableitung $\partial/\partial r$ durch die Ableitung d/dr, sortieren die Terme nach Ableitungen und r-Abhängigkeiten und setzen das Coulomb-Potential $V(r)$ (4.9) ein:

$$\frac{d}{dr}\left(r^2\frac{dR(r)}{dr}\right)-\ell\,(\ell+1)\,R(r)+\frac{2\,m_e}{\hbar^2}\,r^2\,[E-V(r)]\,R(r)=0 \tag{4.16}$$

$$r^2\frac{d^2R}{dr^2}+2\,r\frac{dR}{dr}+\frac{2\,m_e}{\hbar^2}\,r^2\,[E-V(r)]\,R-\ell\,(\ell+1)\,R=0 \tag{4.17}$$

$$\frac{d^2R}{dr^2}+\frac{2}{r}\frac{dR}{dr}+\left[\frac{2\,m_e}{\hbar^2}\,E+\frac{2\,m_e}{\hbar^2}\frac{Ze^2}{4\,\pi\,\epsilon_\circ}\frac{1}{r}\right]R-\frac{\ell\,(\ell+1)}{r^2}\,R=0 \tag{4.18}$$

Wir führen folgende temporäre Abkürzungen für die Terme in den eckigen Klammern ein:

$$\kappa^2 \equiv -\frac{2\,m_e\,E}{\hbar^2} > 0 \tag{4.19}$$

$$\delta \equiv Z\,\frac{m_e\,e^2}{\hbar^2\,4\,\pi\,\epsilon_\circ} = \frac{Z}{\rho} \tag{4.20}$$

Im Folgenden werden wir nur Bindungszustände untersuchen, bei denen $E < 0$ ist. Daher ist $\kappa^2 > 0$ (4.19).

Aus Gleichung (4.18) erwarten wir, dass beide Konstanten κ und δ die Dimension einer inversen Länge haben, wie wir für κ^2 aus der Dimension von $m_e \cdot E/h^2$ berechnen können $[(eV/c^2) \cdot eV/(eV\,s)^2) = \mathrm{m}^{-2}]$. Der Parameter δ entspricht dem inversen Bohrschen Radius ρ (4.6), multipliziert mit der Anzahl der positiven Ladungen Z.

Damit lautet die zu lösende Differentialgleichung der Radialwellenfunktionen $R(r)$:

$$\frac{d^2R(r)}{dr^2} + \frac{2}{r}\frac{dR(r)}{dr} + \left[-\kappa^2 + \frac{2\,\delta}{r} - \frac{\ell\,(\ell+1)}{r^2}\right] R(r) = 0 \tag{4.21}$$

4.2.4 Fernbereich der Radialwellenfunktion

Zunächst betrachten wir große Abstände zwischen Kern und Elektron, bei denen die Terme mit r^{-2} und r^{-1} gegen Null gehen. Die Differentialgleichung vereinfacht sich damit zu:

$$\frac{d^2R}{dr^2} - \kappa^2\,R = 0 \tag{4.22}$$

Einen allgemeinen Lösungsansatz kennen wir bereits aus der Berechnung des Kastenpotentials (Kapitel 3.2.3: (3.47), (3.48)):

$$R(r) = \psi_a\,e^{\kappa\,r} + \psi_b\,e^{-\kappa\,r} \tag{4.23}$$

Den Term $\exp(+\kappa r)$ können wir wegen $\kappa > 0$ nicht normieren, er ergibt keine physikalische Lösung. Wir setzen $\psi_a = 0$ und erhalten als physikalische Lösung:

$$R(r) = \psi_b\,e^{-\kappa\,r} \tag{4.24}$$

In großer Entfernung vom Proton fällt die Wahrscheinlichkeitsamplitude des Elektrons exponentiell und damit auch seine Aufenthaltswahrscheinlichkeit. Das ist physikalisch sinnvoll, weil das Elektron für den Bindungszustand in der Nähe des Protons und seiner Coulomb-Anziehung verbleibt.

4.2.5 Nah- und Fernbereich der Radialwellenfunktion

Im Folgenden werden wir einen Lösungsweg für die Radialwellengleichung nachvollziehen und in der Argumentation sehen, dass diskrete Energiezustände erforderlich werden. Ebenso werden wir die Abstandsabhängigkeit selbst und ihre Abhängigkeit von Quantenzahlen bestimmen.

Zur besseren Übersicht nutzen wir das dimensionslose Argument $\kappa\,r$ der Exponentialfunktion des Fernfelds $\exp(-\kappa\,r)$ (4.24) als dimensionslose, radiale Koordinate

$$\xi \equiv \kappa \cdot r \tag{4.25}$$

und transformieren die bisherige Differentialgleichung (4.21) durch Multiplikation mit κ^{-2}:

$$\frac{d^2R(\xi)}{d\xi^2} + \frac{2}{\xi}\frac{dR(\xi)}{d\xi} + \left[-1 + \frac{2\,\delta}{\xi\,\kappa} - \frac{\ell\,(\ell+1)}{\xi^2}\right] R(\xi) = 0 \tag{4.26}$$

Produktansatz Nah-, Fernbereich: Um die Radialgleichung im Nah- und Fernbereich zu lösen, wählen wir einen Produktansatz aus einer Funktion $u(\xi)$ und der Exponentialfunktion des Fernfelds $\exp(-\xi)$ (4.24):

$$R(\xi) = u(\xi) \cdot e^{-\xi} \tag{4.27}$$

Mit den Abkürzungen

$$u' \equiv \frac{du}{d\xi} \qquad u'' \equiv \frac{d^2u}{d\xi^2} \tag{4.28}$$

ergeben sich für die Ableitungen der Radialwellenfunktion:

$$\frac{dR(\xi)}{d\xi} = u'\, e^{-\xi} - u\, e^{-\xi} = (u' - u)\, e^{-\xi} \tag{4.29}$$

$$\frac{d^2R(\xi)}{d\xi^2} = (u'' - u')\, e^{-\xi} - (u' - u)\, e^{-\xi} = (u'' - 2u' + u)\, e^{-\xi} \tag{4.30}$$

Wir setzen die Radialwellenfunktion $R(\xi)$ in Gleichung (4.26) ein und ordnen die Terme nach den Ableitungen der Funktion $u(\xi)$:

$$(u'' - 2\,u' + u) + \frac{2}{\xi}\,(u' - u) + \left[-1 + \frac{2\,\delta}{\xi\,\kappa} - \frac{\ell\,(\ell+1)}{\xi^2}\right] u = 0 \tag{4.31}$$

$$u'' + u' \left(\frac{2}{\xi} - 2\right) + u \left[\frac{2\,\frac{\delta}{\kappa} - 2}{\xi} - \frac{\ell\,(\ell+1)}{\xi^2}\right] = 0 \tag{4.32}$$

Potenzreihenansatz: Wir greifen hier auf Mathematikkenntnisse zurück, dass eine solche Differentialgleichung mit Hilfe eines Potenzreihenansatzes für die Funktion $u(\xi)$ gelöst werden kann:

$$u(\xi) = \xi^{\mu} \sum_{j=0}^{\infty} a_j\, \xi^j \tag{4.33}$$

$$= \sum_{j=0}^{\infty} a_j\, \xi^{j+\mu} \tag{4.34}$$

Für den folgenden Lösungsweg ist entscheidend, dass die Differentialgleichung für jede Potenz von ξ einzeln erfüllt sein muss.

Wir berechnen auch die Ableitungen

$$u'(\xi) = \sum_{j=0}^{\infty} a_j\,(j+\mu)\,\xi^{j+\mu-1}$$

$$u''(\xi) = \sum_{j=0}^{\infty} a_j\,(j+\mu)\,(j+\mu-1)\,\xi^{j+\mu-2}$$

und setzen den Potenzreihenansatz in die Differentialgleichung (4.32) ein.

Drehimpulsquantenzahl: Unser erstes Etappenziel ist, die Bedeutung des Parameters μ in (4.34) zu entschlüsseln. Zunächst betrachten wir die niedrigste Potenz von ξ, die wir für $j = 0$ erhalten:

$$\xi^{\mu-2} \tag{4.35}$$

Unsere Suche nach dieser Potenz in der Radialwellengleichung (4.32) ergibt, dass sie in den Termen u'', u'/ξ und u/ξ^2 vorhanden ist. Für die Potenz muss (4.32) einzeln erfüllt sein, sodass von der Radialwellengleichung folgende Summe verbleibt, die wir vereinfachen:

$$\begin{aligned} a_\circ\, \mu\, (\mu - 1) + 2\, a_\circ\, \mu - a_\circ\, \ell\, (\ell + 1) &= 0 \\ \mu\, (\mu + 1) - \ell\, (\ell + 1) &= 0 \end{aligned} \tag{4.36}$$

Damit identifizieren wir μ mit der Drehimpulsquantenzahl ℓ:

$$\mu = \ell \tag{4.37}$$

Die Potenzreihe startet demnach mit dem Term $u(\xi) = a_\circ\, \xi^\ell + \ldots$. Da ξ unsere dimensionslose radiale Koordinate ist, verschwindet die Lösung im Nahbereich $\xi \to 0$. Damit wird ein Mindestabstand zwischen Elektron und Proton gefordert.

Formal ginge für (4.36) auch eine Lösung $\mu = -\ell - 1$, denn es ist $(-\ell - 1) \cdot (-\ell - 1 + 1) = \ell\, (\ell + 1)$. Allerdings startet die Potenzreihe dann mit dem Term $u(\xi) = a_\circ/(\xi^{\ell+1}) + \ldots$ und divergiert für kleine Abstände $\xi \to 0$. Dies führt nicht zu einer physikalischen Lösung.

Mit $\mu = \ell$ konkretisiert sich unser Lösungsansatz für die Potenzreihe (4.34):

$$u(\xi) = \sum_{j=0}^{\infty} a_j\, \xi^{j+\ell} \tag{4.38}$$

Die Ableitungen lauten:

$$u'(\xi) = \sum_{j=0}^{\infty} a_j\, (j + \ell)\, \xi^{j+\ell-1} \tag{4.39}$$

$$u''(\xi) = \sum_{j=0}^{\infty} a_j\, (j + \ell)\, (j + \ell - 1)\, \xi^{j+\ell-2} \tag{4.40}$$

Rekursionsformel der Koeffizienten: Unser zweites Etappenziel ist die sukzessive Berechnung der Koeffizienten a_j in der Potenzreihe $u(\xi)$ (4.38) Dazu nutzen wir wieder, dass jede der höheren Potenzen ab $j = 1$ die Differentialgleichung (4.32) ebenfalls einzeln erfüllen muss.

Die Suche nach gleichen Potenzen ist hier etwas anspruchsvoller, da wegen der Summe in (4.38) immer auch die vorausgehenden Indizes $j - 1$ berücksichtigt werden müssen. Am einfachsten ist es, die Suche anhand eines konkreten Beispiels durchzuführen. Wir nehmen z. B. für $j = 1$ als Drehimpulsquantenzahl $\ell = 2$ und erhalten ξ^{+1} bei:

$$j \geq 1 \quad \Rightarrow \quad u'', \frac{u'}{\xi}, \frac{u}{\xi^2} \tag{4.41}$$

Wegen der Summe untersuchen wir auch kleinere Indizes, was in unserem Beispiel $j = 0$ ist. Mit $\ell = 2$ erhalten wir weitere Terme mit ξ^{+1}:

$$j - 1 \geq 0 \quad \Rightarrow \quad u', \frac{u}{\xi} \tag{4.42}$$

Einsetzen aller dieser Terme mit derselben Potenz von ξ in die Radialwellengleichung (4.32) ergibt folgenden Zusammenhang für die Koeffizienten:

$$a_j\,(j+\ell)\,(j+\ell-1) + a_j\,2\,(j+\ell) - a_j\,\ell\,(\ell+1) \\ - a_{j-1}\,2\,(j-1+\ell) + a_{j-1}\,2\left(\frac{\delta}{\kappa} - 1\right) = 0 \tag{4.43}$$

Beachten Sie, dass hier nur Koeffizienten a_j und ihre Vorgänger a_{j-1} auftauchen. Damit können wir eine iterative Vorschrift für die Koeffizienten a_j formulieren.

Zunächst berechnen wir die Vorfaktoren der Koeffizienten. Der Vorfaktor von a_j beträgt:

$$(j+\ell)\,(j+\ell-1) + 2\,(j+\ell) - \ell\,(\ell+1) = (j+\ell)^2 - (j+\ell) + 2\,(j+\ell) - \ell\,(\ell+1) \\ = j^2 + \ell^2 + 2\,\ell\,j + j + \ell - \ell^2 - \ell = j\,(j + 2\,\ell + 1) \tag{4.44}$$

Der Vorfaktor von a_{j-1} lautet:

$$-2\,(j-1+\ell) + 2\left(\frac{\delta}{\kappa} - 1\right) = -2\left(j + \ell - \frac{\delta}{\kappa}\right) \tag{4.45}$$

Mit diesen Vorfaktoren lautet die Rekursionsformel (4.43) für die Koeffizienten:

$$a_j = 2\,\frac{j + \ell - \frac{\delta}{\kappa}}{j\,(j + 2\,\ell + 1)}\,a_{j-1} \tag{4.46}$$

Hiermit können wir unsere Potenzreihe $u(\xi)$ (4.38) konkret bestimmen und haben damit Kandidatenlösungen für die Radialwellenfunktion R (4.27) erzielt.

Hauptquantenzahl: Unser drittes Etappenziel ist die Identifizierung einer weiteren Quantenzahl, mit der sich die diskreten Energien im Wasserstoffatom beschreiben lassen. Wenn wir mithilfe der Rekursionsformel (4.46) die Koeffizienten bestimmen und die Potenzreihe $u(\xi)$ (4.38) für $j \to \infty$ aufsummieren, divergiert $u(\xi)$ und somit auch die Radialwellenfunktion R, was keine physikalisch sinnvolle Lösung zu einer Aufenthaltswahrscheinlichkeit des Elektrons ermöglicht.

Eine Besonderheit des Zählers in der Rekursionsformel (4.46) ist, dass der Zähler für bestimmte ganzzahlige Werte

$$n \equiv \frac{\delta}{\kappa} \qquad n \in \mathbb{N} \tag{4.47}$$

Null wird und hier die Reihe abbricht. Ergeben sich also solche ganzzahligen Werte durch entsprechende Wahl der Konstanten δ (4.20) und κ (4.19), so können endliche Lösungen zustande kommen! Die wichtige Bedeutung der Zahl n wird im Rahmen der weiteren Erläuterungen evident. Wir werden n als **Hauptquantenzahl** bezeichnen.

Laut Rekursionsformel (4.46) bricht für $j = j_a$ die Reihe an der Stelle

$$j_a + \ell = n \tag{4.48}$$

ab. Zur einfachen Schreibweise ist auf der rechten Seite der Rekursionsformel der Index $j-1$ aufgeführt. Der erste Koeffizient ist aber $a_\circ$, sodass j_a hier mindestens $j_a \geq 1$ sein muss. Damit ergibt sich ein Zusammenhang zwischen der **Drehimpulsquantenzahl** ℓ und der **Hauptquantenzahl** n, der die Drehimpulsquantenzahl ℓ auf den Bereich

$$\ell \leq n - 1 \tag{4.49}$$

beschränkt.

4.2.6 Energie des Elektrons

Mit der Bedingung (4.47), dass das Verhältnis der Konstanten δ und κ einer natürlichen Zahl n folgt, erhalten wir endliche Lösungen für die Radialwellenfunktion $R(r)$ und können damit auf physikalisch sinnvolle Aufenthaltswahrscheinlichkeiten des Elektrons hoffen.

Ergeben sich mit dieser Forderung sinnvolle Werte für die Energien des Elektrons? Dafür setzen wir die Definitionen von δ (4.20) und κ (4.19) in die Bedingung (4.47) ein und erhalten:

$$\kappa^2 = \frac{\delta^2}{n^2} \tag{4.50}$$

$$-\frac{2\,m_e\,E}{\hbar^2} = \left(\frac{m_e\,Z\,e^2}{\hbar^2\,4\,\pi\,\epsilon_\circ}\right)^2 \frac{1}{n^2} \tag{4.51}$$

Das Elektron kann demnach die folgenden Energien annehmen:

$$E_n = -\underbrace{\frac{m_e\,e^4}{8\,h^2\,\epsilon_\circ^2}}_{\equiv R_\circ} Z^2\,\frac{1}{n^2} \tag{4.52}$$

Wir erhalten also **diskrete Energieniveaus** E_n, die vom Quadrat der inversen **Hauptquantenzahl** n abhängen, genau so, wie wir es von unserer Messung des Wasserstoffspektrums erwarten (4.5)! Den konstanten Term hatten wir dort als Rydberg Konstante $R_\circ$ bezeichnet, die Ladung des Wasserstoffkerns ist $Z = 1$.

4.2.7 Quantitativer Vergleich mit dem Wasserstoffspektrum

Am Beginn des Kapitels hatten wir das Wasserstoffspektrum durch Übergänge des Elektrons zwischen Zuständen erklären können, deren Energieabstände $E \propto n^{-2}$ betragen (4.5). Offenbar beschreibt die Lösung der Schrödinger-Gleichung genau diese Abhängigkeit.

Weiterhin hatten wir die Rydberg-Konstante $R_\circ$ gemessen (4.4). Der Vorfaktor in (4.52) aus der Elektronmasse, der Elektronladung, der Dielektrizitätskonstanten und dem

Planckschen Wirkungsquantum macht eine Vorhersage für die Rydberg-Konstante. Wir notieren hier alle diese Konstanten und die Umrechnung der Einheiten, um zu verdeutlichen, welche Größenordnungen hier zu einem überraschenden Ergebnis kondensieren:

$$R_\circ \equiv \frac{m_e\, e^4}{8\, h^2\, \epsilon_\circ^2} \tag{4.53}$$

$$= \frac{9{,}109 \cdot 10^{-31} \cdot \left(1{,}602 \cdot 10^{-19}\right)^4}{8 \cdot (8{,}854 \cdot 10^{-12})^2 \cdot (6{,}626 \cdot 10^{-34})^2} \frac{\text{kg C}^4}{\left(\frac{\text{A s}}{\text{V m}}\right)^2 \text{J}^2\,\text{s}^2}$$

$$= \frac{9{,}109 \cdot 1{,}602^4}{8 \cdot 6{,}626^2 \cdot 8{,}854^2} \cdot 10^{-31-76+68+24}\ \frac{\text{J C}^2\,\text{V}^2}{\text{J}^2}$$

$$= \frac{2{,}17 \cdot 10^{-18}}{1{,}602 \cdot 10^{-19}}\ \text{eV}$$

$$= 13{,}6\,\text{eV} \tag{4.54}$$

Die Berechnung des Wasserstoffspektrums durch die Lösungen der Schrödinger-Gleichung mit dem Elektron im Coulomb-Potential des Protons beschreibt demnach nicht nur qualitativ korrekt die n^{-2}-Abhängigkeit (4.5), sondern ergibt im Vergleich mit dem experimentellen Resultat der Rydberg-Konstanten $R_\circ = 13{,}6\,\text{eV}$ (4.4) quantitativ die richtigen Energieniveaus des Elektrons!

4.2.8 Lösung der Radialwellenfunktion

Wir schreiben nun die Lösungen der Radialwellenfunktion (4.27) explizit auf:

$$R_{n\,\ell}(\xi) = u(\xi) \cdot e^{-\xi}$$

$$= N \sum_{j=0}^{n-\ell-1} a_j\, \xi^{j+\ell} \cdot e^{-\xi} \tag{4.55}$$

Hier bezeichnet N eine Normierung für die Aufenthaltswahrscheinlichkeitsdichte des Elektrons, die weiter unten mit Hilfe des Integrals über alle Raumrichtungen berechnet wird. Mit den Koeffizienten

$$a_j = 2\, \frac{j + \ell - n}{j\,(j + 2\,\ell + 1)}\, a_{j-1} \tag{4.56}$$

lassen sich die ersten Radialwellenfunktionen einfach bestimmen:

$$n = 1\,,\ \ell = 0:\ R_{1\,0} = 2\,N \cdot e^{-\xi} \tag{4.57}$$

$$n = 2\,,\ \ell = 0:\ R_{2\,0} = 2\,N \cdot e^{-\xi} \cdot (1 - \xi) \tag{4.58}$$

$$n = 2\,,\ \ell = 1:\ R_{2\,1} = \frac{2}{\sqrt{3}}\,N \cdot e^{-\xi} \cdot \xi \tag{4.59}$$

$$n = 3\,,\ \ell = 0:\ R_{3\,0} = 2\,N \cdot e^{-\xi} \cdot \left(1 - 2\xi - \frac{2}{3}\xi^2\right) \tag{4.60}$$

$$n = 3\,,\ \ell = 1:\ R_{3\,1} = \frac{2\sqrt{2}\,N}{3} \cdot e^{-\xi} \cdot (2\xi - \xi^2) \tag{4.61}$$

$$n = 3\,,\ \ell = 2:\ R_{3\,2} = \frac{4\sqrt{2}\,N}{3\sqrt{10}} \cdot e^{-\xi} \cdot \xi^2 \tag{4.62}$$

Wir sehen hier durch die Polynomfunktion, dass sich für angeregte Zustände mit kleiner Drehimpulsquantenzahl ℓ Nullstellen, sogenannte Knoten, ergeben. Das bedeutet, es gibt Abstände, bei denen sich das Elektron nicht aufhalten kann.

Um die Radialwellenfunktion wieder in Ortskoordinaten r zu erhalten, müssen wir die dimensionslose Koordinate $\xi = \kappa \cdot r$ in (4.55) zurücktransformieren. Für die Konstante κ setzen wir nach (4.47) die Hauptquantenzahl n ein

$$\kappa = \frac{\delta}{n} \tag{4.63}$$

und sehen damit die explizite Abhängigkeit der Radialwellenfunktion von der Hauptquantenzahl n. Die Konstante $\delta = Z\, m_e\, e^2/(\hbar^2\, 4\,\pi\,\epsilon_\circ)$ (4.20) ist bereits bekannt. Ihre inverse Größe δ^{-1} hat die Dimension einer Länge. Für das Wasserstoffatom ($Z = 1$) entspricht sie dem **Bohrschen Radius** ρ (4.6)

$$\rho \equiv \frac{1}{\delta} = \frac{4\,\pi\,\epsilon_\circ\,\hbar^2}{m_e\, e^2} \approx 0{,}5 \cdot 10^{-10}\ \mathrm{m} = 0{,}5\,\text{Å}\,, \tag{4.64}$$

dem Bahnradius des niedrigsten Energiezustandes im halbklassischen Bohrschen Atommodell. Wir können ρ als sinnvolle Einheit für den Radius auffassen und damit und mit (4.63) die Rücktransformation auf die radiale Koordinate r vornehmen:

$$\xi = \kappa \cdot r = \frac{\delta}{n} \cdot r = Z\,\frac{1}{n} \cdot \frac{r}{\rho} \tag{4.65}$$

Für das Wasserstoffatom im Grundzustand ($Z = 1$, $n = 1$) ergibt das Einsetzen in (4.57) die Radialwellenfunktion

$$R_{1\,0} = 2\,N\,e^{-\frac{r}{\rho}}\,. \tag{4.66}$$

Die Normierung der Radialwellenfunktion wird mithilfe des Integrals der Wahrscheinlichkeitsdichte über den ganzen Raum vorgenommen. Dabei wird aus dem Integral des Kugelvolumens $dV = r^2\,dr\,\sin\vartheta\,d\vartheta\,d\varphi$ nur die radiale Komponente berücksichtigt, weil die Winkelkomponenten in den bereits normierten Kugelflächenfunktionen enthalten sind:

$$\int_0^\infty |R|^2\, r^2\, dr = 1 \tag{4.67}$$

Später werden wir solche Berechnungen durchführen, hier geben wir das Ergebnis für die Normierungskonstante an:

$$N \equiv \left(\frac{Z}{n\,\rho}\right)^{\frac{3}{2}} \tag{4.68}$$

Aufgabe 7: Radiale Wahrscheinlichkeitsdichte

Skizzieren Sie die Aufenthaltswahrscheinlichkeitsdichte des Elektrons im Wasserstoffatom für die Quantenzahlen $n = 2$ und $\ell = 0$ als Funktion des radialen Abstands r.

4.3 Elektron-Gesamtwellenfunktion, Quantenzahlen

Aus dem Ansatz (4.13) für die Wahrscheinlichkeitsamplitude des Elektrons haben wir durch Einsetzen des Coulomb-Potentials in die Schrödinger-Gleichung als Lösungen zunächst die Kugelflächenfunktionen $Y_{\ell\, m_\ell}$ in Abhängigkeit von den beiden Quantenzahlen ℓ und m_ℓ und dann die Radialwellenfunktion $R_{n\,\ell}$ in Abhängigkeit von den beiden Quantenzahlen n und ℓ erhalten. Als Gesamtwellenfunktion ergibt sich

$$\psi_{n\,\ell\, m_\ell}(r,\vartheta,\varphi) = R_{n\,\ell}(r)\cdot Y_{\ell\, m_\ell}(\vartheta,\varphi) \tag{4.69}$$

mit dem Radialteil

$$R_{n\,\ell}(r) = \left(\frac{1}{n\,\rho}\right)^{\frac{3}{2}} \sum_{j=0}^{n-\ell-1} a_j \left(\frac{r}{n\,\rho}\right)^{j+\ell} \cdot e^{-\frac{r}{n\,\rho}}\,. \tag{4.70}$$

Dabei bezeichnet ρ den Bohrschen Radius (4.6) und die Koeffizienten a_j werden über die Rekursionsformel

$$a_j = 2\,\frac{j+\ell-n}{j\,(j+2\,\ell+1)}\,a_{j-1} \tag{4.56}$$

berechnet.

Die Zustände des Elektrons im Wasserstoffatom werden demnach durch die 3 Quantenzahlen n, ℓ, m_ℓ charakterisiert. Dabei stehen die **Hauptquantenzahl** n und die **Drehimpulsquantenzahl** ℓ durch die Abbruchbedingung der Rekursionsformel in Verbindung (4.48). Die Quantenzahlen ℓ und m_ℓ sind durch die Ordnung der Kugelflächenfunktionen verknüpft (3.116). Wir bezeichnen m_ℓ als die **magnetische Quantenzahl**. Der Name wird im Zusammenhang mit dem Zeeman-Effekt verständlich, der den Einfluss von Magnetfeldern auf die Energieniveaus beschreibt (Kapitel 10.1.1).

Hier fassen wir die Quantenzahlen für das Wasserstoffatom und ihre Relationen noch einmal zusammen:

n	Hauptquantenzahl	$n = 1, 2, \ldots$	
ℓ	Drehimpulsquantenzahl	$\ell = 0, 1, \ldots, n-1$	(4.71)
m_ℓ	Magnetische Quantenzahl	$-\ell \le m_\ell \le \ell$	

Im nächsten Kapitel werden wir feststellen, dass noch eine weitere Quantenzahl m_s relevant ist. Sie beschreibt die Spineigenschaft des Elektrons.

In der ►Tabelle 4.2 sind die Wellenfunktionen des Elektrons im Wasserstoffatom für die ersten drei Hauptquantenzahlen zusammengestellt.

Haupt-quantenzahl Energie	Drehimpuls-quantenzahl	Magnetische Quantenzahl	Radiale Wellenfunktion $R_{n\ell}$; $\xi = \frac{Z}{n\rho} r$, $N = \left(\frac{Z}{n\rho}\right)^{\frac{3}{2}}$, $\rho = \frac{4\pi\epsilon_0 \hbar^2}{m_e e^2}$	Winkelanteil Wellenfunktion $Y_{\ell m_\ell}$
$n = 1$	$\ell = 0$	$m_\ell = 0$	$R_{10} = 2N\, e^{-\xi}$	$Y_{00} = \sqrt{\frac{1}{4\pi}}$
$n = 2$	$\ell = 0$	$m_\ell = 0$	$R_{20} = 2N\, e^{-\xi} \cdot (1 - \xi)$	$Y_{00} = \sqrt{\frac{1}{4\pi}}$
	$\ell = 1$	$m_\ell = 0$	$R_{21} = \frac{2}{\sqrt{3}} N\, e^{-\xi} \cdot \xi$	$Y_{10} = \sqrt{\frac{3}{4\pi}} \cos\vartheta$
		$m_\ell = \pm 1$		$Y_{1\pm1} = \mp\sqrt{\frac{3}{8\pi}} \sin\vartheta\, e^{\pm i\varphi}$
$n = 3$	$\ell = 0$	$m_\ell = 0$	$R_{30} = 2N\, e^{-\xi} \cdot \left(1 - 2\xi + \frac{2}{3}\xi^2\right)$	$Y_{00} = \sqrt{\frac{1}{4\pi}}$
	$\ell = 1$	$m_\ell = 0$	$R_{31} = \frac{2}{3}\sqrt{2} N\, e^{-\xi} \cdot \xi\, (2 - \xi^2)$	$Y_{10} = \sqrt{\frac{3}{4\pi}} \cos\vartheta$
		$m_\ell = \pm 1$		$Y_{1\pm1} = \mp\sqrt{\frac{3}{8\pi}} \sin\vartheta\, e^{\pm i\varphi}$
	$\ell = 2$	$m_\ell = 0$	$R_{32} = \frac{4}{3\sqrt{10}} N\, e^{-\xi} \cdot \xi^2$	$Y_{20} = \sqrt{\frac{5}{16\pi}} (3\cos^2\vartheta - 1)$
		$m_\ell = \pm 1$		$Y_{2\pm1} = \mp\sqrt{\frac{15}{8\pi}} \sin\vartheta \cos\vartheta\, e^{\pm i\varphi}$
		$m_\ell = \pm 2$		$Y_{2\pm2} = \sqrt{\frac{15}{32\pi}} \sin^2\vartheta\, e^{\pm 2i\varphi}$

Tabelle 4.2 Wellenfunktionen des Elektrons im Wasserstoff für die ersten drei Hauptquantenzahlen

4.4 Energieentartung

Die Energieniveaus des Elektrons hängen nur von der Hauptquantenzahl n ab (4.52). Für jeden Wert von $n > 1$ finden wir Zustände mit verschiedenen Drehimpulsquantenzahlen ℓ, die selbst wieder mehrere magnetische Quantenzahlen $-\ell \leq m_\ell \leq \ell$ aufweisen können (4.71). In ►Abbildung 4.7 ist dargestellt, dass es Zustände für das Elektron mit verschiedenen Kombinationen von Quantenzahlen gibt, die alle die gleiche Energie haben. Man spricht von Energieentartung oder einfach nur von Entartung.

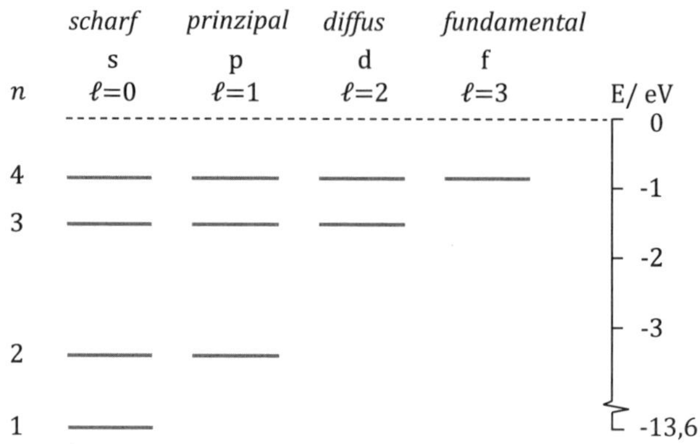

Abbildung 4.7 Energieentartung beim Wasserstoffatom: für gleiche Hauptquantenzahl n gibt es mehrere Energiezustände gleicher Energie. Die Bezeichnungen der Bahndrehimpulszustände $m_\ell = s, p, d, f$ sind historisch bedingt.

Durch die Kugelflächenfunktionen ergibt sich folgende Anzahl von Zuständen gleicher Energie:

$$-\ell \leq m_\ell \leq \ell \Rightarrow 2\ell + 1 \text{ Zustände}$$

Hinzu kommt noch die Spineigenschaft des Elektrons, die wir im nächsten Kapitel besprechen werden. Der Elektronenspin kann in zwei Projektionen mit gleicher Energie vorkommen.

Damit beträgt der gesamte Entartungsgrad für die Hauptquantenzahl n:

$$\sum_{\ell=0}^{n-1} 2\,(2\,\ell + 1) = 2\,n^2 \tag{4.72}$$

Wir werden später sehen, dass durch Zusatzeffekte die Energieentartung zum Teil aufgehoben wird. Dabei werden Energieniveaus in Abhängigkeit von Kombinationen von Quantenzahlen leicht gegeneinander verschoben (Kapitel 6).

4.5 Radiale Aufenthaltswahrscheinlichkeitsdichte

Bislang haben wir die Wellenfunktion ψ des Elektrons im Wasserstoffatom berechnet. Mit ihr haben wir eine Wahrscheinlichkeitsamplitude erhalten. Unsere nächste Frage ist, wo befindet sich eigentlich das Elektron? Wie groß ist seine Aufenthaltswahrscheinlichkeit in welchem Raumbereich?

Die Aufenthaltswahrscheinlichkeitsdichte P erhalten wir durch das Betragsquadrat der Wahrscheinlichkeitsamplitude $P = |\psi|^2$ (3.23). Um die Aufenthaltswahrscheinlichkeit (3.24) in einem Volumenelement dV zu erhalten (►Abbildung 4.8), multiplizieren wir mit dV:

$$P \cdot dV = |\psi|^2 \cdot dV \tag{4.73}$$

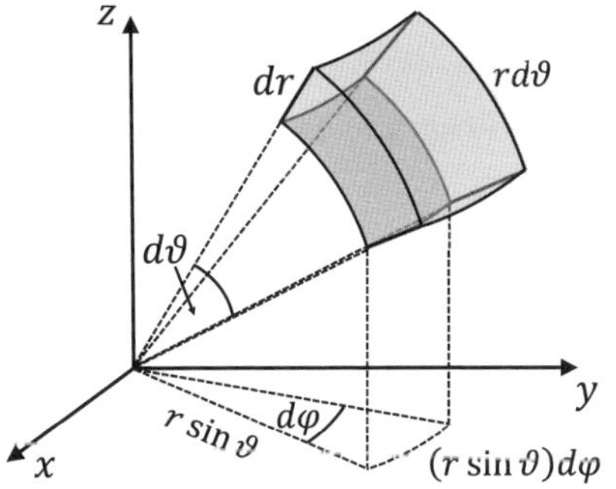

Abbildung 4.8 Volumenelement in Kugelkoordinaten

Zunächst interessiert uns die radiale Verteilung der Aufenthaltswahrscheinlichkeitsdichte des Elektrons. Dazu verwenden wir Kugelkoordinaten $dV = r^2\, dr\, \sin\vartheta\, d\vartheta\, d\varphi$ und integrieren über den Raumwinkel $d\Omega = \sin\vartheta\, d\vartheta\, d\varphi$:

$$\begin{aligned} P \cdot dr &= \int_0^{2\pi}\int_0^{\pi} |\psi|^2 \sin\vartheta\, d\vartheta\, d\varphi\, r^2 \cdot dr \\ &= \int_0^{2\pi}\int_0^{\pi} R^*_{n\,\ell}(r)\, R_{n\,\ell}(r)\, Y_{\ell\, m_\ell}{}^*(\vartheta,\varphi)\, Y_{\ell\, m_\ell}(\vartheta,\varphi)\, \sin\vartheta\, d\vartheta\, d\varphi\, r^2 \cdot dr \\ &= |R_{n\,\ell}(r)|^2\, r^2 \cdot dr \underbrace{\int_0^{2\pi}\int_0^{\pi} |Y_{\ell\, m_\ell}(\vartheta,\varphi)|^2\, d\Omega}_{=1} \end{aligned} \tag{4.74}$$

$$P \cdot dr = |R_{n\,\ell}(r)|^2\, r^2 \cdot dr \tag{4.75}$$

Dabei ist der gekennzeichnete Teil des Integrals gleich 1 wegen der Normierung der Kugelflächenfunktionen (3.117).

Für die Bestimmung der radialen Aufenthaltswahrscheinlichkeitsdichte müssen wir demnach das Betragsquadrat der Radialwellenfunktion R mit r^2 multiplizieren:

$$P(r) = |R_{n\,\ell}(r)|^2\, r^2 \tag{4.76}$$

Mit der Geometrie von Kugelschalen können wir formulieren, dass bei sehr kleinen Radien r_1 im Intervall $[r_1, r_1 + dr]$ nur geringe Aufenthaltswahrscheinlichkeit für das Elektron bestehen kann. Bei zweifach größeren Radien $r_2 = 2\,r_1$ dagegen steht im Intervall $[r_2, r_2 + dr]$ quadratisch mehr Platz zur Verfügung.

Beispiel 14: Aufenthaltswahrscheinlichkeitsdichte

Im Grundzustand des Wasserstoffatoms ist $n = 1$ und $\ell = 0$. Die Radialwellenfunktion ist

$$R_{1\,0} = 2\sqrt{\frac{1}{\rho^3}}\, e^{-\frac{r}{\rho}}\,. \tag{4.77}$$

Die radiale Aufenthaltswahrscheinlichkeitsdichte beträgt

$$P(r) = 4\,\frac{1}{\rho^3}\, e^{-2\frac{r}{\rho}} \cdot r^2$$

und ist in ►Abbildung 4.9 gezeigt. Das Maximum der Verteilung finden wir durch eine Extremwertberechnung:

$$\frac{dP}{dr} = 4\,\frac{1}{\rho^3}\left[2\,r - \frac{2}{\rho}\,r^2\right] e^{-2\frac{r}{\rho}} \stackrel{!}{=} 0$$

Für die Wahl $r = \rho$ wird der Term in eckigen Klammern null, sodass sich das Maximum der radialen Aufenthaltswahrscheinlichkeitsdichte beim Bohrschen Radius ρ befindet (►Abbildung 4.9).

Beispiel 15: Radialer Abstand des Elektrons

Wie groß ist der Erwartungswert für die Entfernung des Elektrons vom Proton? Wir wählen wieder den Grundzustand des Wasserstoffatoms wie im vorherigen Beispiel.

Als Hilfestellung dient uns folgendes Integral, das man in mathematischen Formelsammlungen nachschlagen kann:

$$\int_0^\infty r^n\, e^{-2\frac{r}{\rho}}\, dr = n!\left(\frac{\rho}{2}\right)^{n+1} \tag{4.78}$$

Zur Berechnung des Erwartungswerts (3.88) setzen wir den Operator der radialen Koordinate $\hat{r} = r$ zusammen mit der Radialwellenfunktion R_{10} (4.77) ein

$$\begin{aligned}\langle r\rangle &= \int_0^\infty R_{10}^*\, r\, R_{10}\, r^2\, dr = \frac{4}{\rho^3}\int_0^\infty r^3\, e^{-2\frac{r}{\rho}}\, dr \\ &= \frac{4\cdot 3!}{\rho^3}\left(\frac{\rho}{2}\right)^4 = \frac{4\cdot 3\cdot 2\cdot 1}{16}\,\rho = \frac{3}{2}\,\rho\,.\end{aligned}$$

Damit ist die mittlere Entfernung des Elektrons vom Proton 1,5 mal größer als der Bohrsche Radius von $\rho \approx 0{,}5$ Å (►Abbildung 4.9).

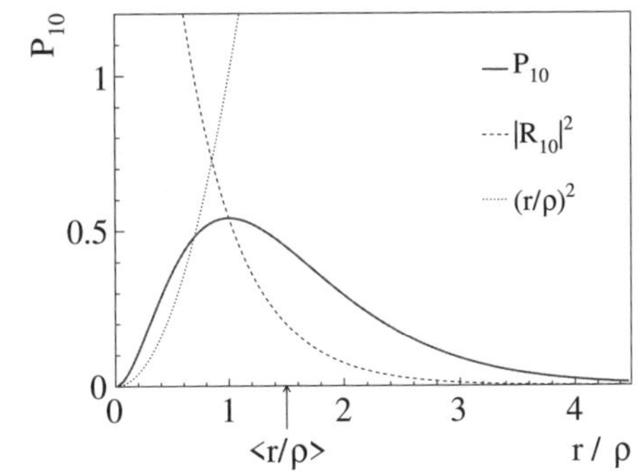

Abbildung 4.9 Aufenthaltswahrscheinlichkeitsdichte des Elektrons im Wasserstoff-Grundzustand mit dem Beitrag der exponentiellen Unterdrückung im Fernfeld (4.24) und der r^2-Abhängigkeit aus dem Volumenintegral (4.76).

In der ►Abbildung 4.10 zeigen wir verschiedene radiale Aufenthaltswahrscheinlichkeitsdichten, die sich für unterschiedliche Hauptquantenzahlen n und Drehimpulsquantenzahlen ℓ ergeben. Beachten Sie dabei die sogenannten Knoten, d. h. Nullstellen der Wahrscheinlichkeitsdichten. In diesen Abständen vom Proton hält sich das Elektron nicht auf.

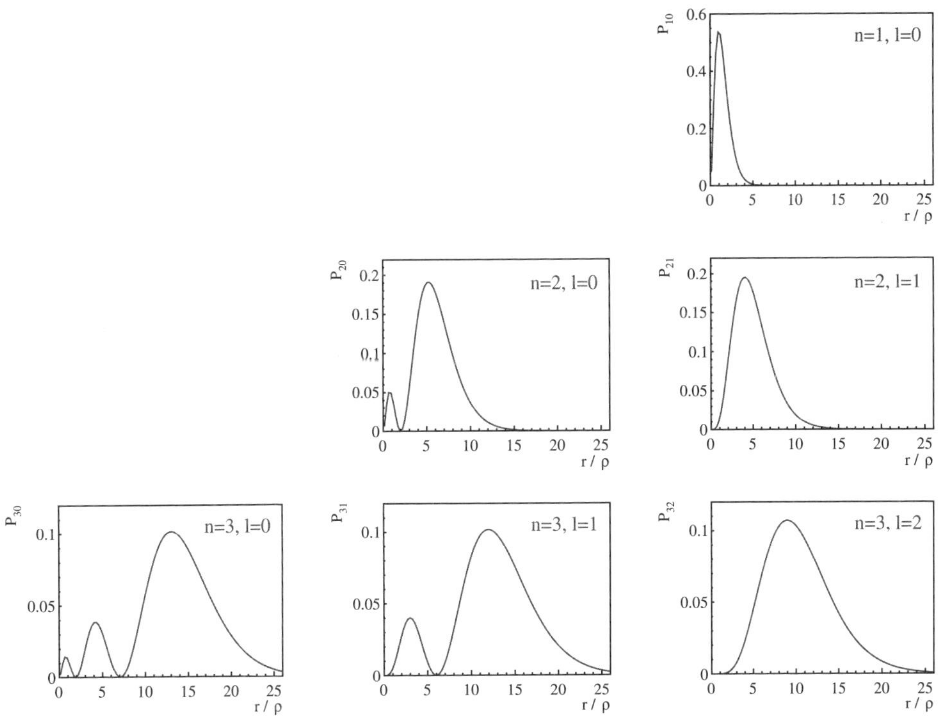

Abbildung 4.10 Radiale Aufenthaltswahrscheinlichkeitsdichte für verschiedene Quantenzahlen n und ℓ im Wasserstoffatom. Beim Kern $r = 0$ und bei den Minima (Knotenpunkte $n - \ell > 1$) hält sich das Elektron nicht auf.

Aufgabe 8: Wo ist das Elektron im H-Atom

Fertigen Sie eine dreidimensionale Skizze der räumlichen Aufenthaltswahrscheinlichkeitsdichte im Wasserstoffatom an. Verwenden Sie dabei folgende Kombinationen der Quantenzahlen:

1 $n = 3, \ell = 0, m_\ell = 0$:

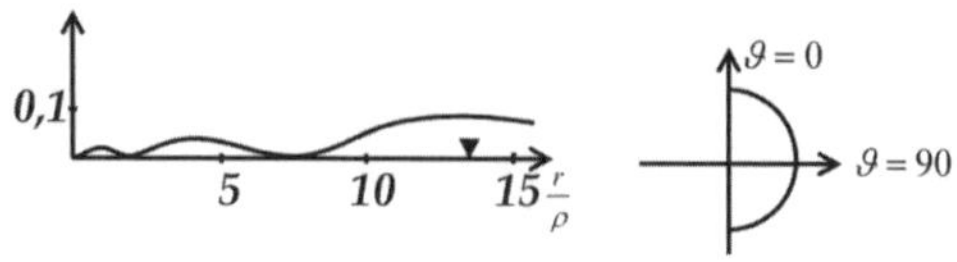

2 $n = 3, \ell = 2, m_\ell = 2$:

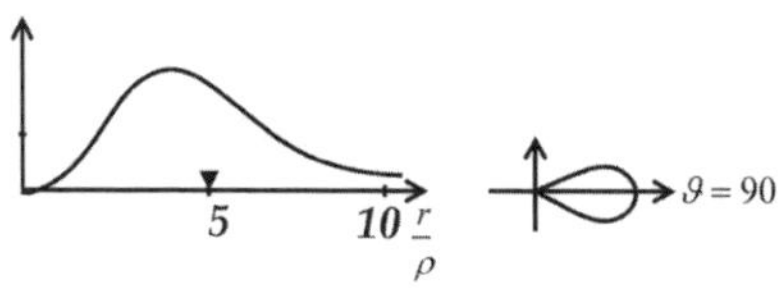

Beachten Sie, dass die Wellenfunktionen linear in die Schrödinger-Gleichung eingehen (4.7). Daher sind auch Überlagerungen von Wellenfunktionen wieder Lösungen der Schrödinger-Gleichung. Die in der Chemie gezeigten Atomorbitale entstehen aus Überlagerungen dieser Wellenfunktionen.

Das Wichtigste zum Mitnehmen

Zum Mitnehmen: Wasserstoffatom 1

- Das **Emissionsspektrum des Wasserstoffatoms** zeigt **Übergänge des Elektrons** zwischen **diskreten Energieniveaus**, die mit der **Quantenzahl** $n \in \mathbb{N}$ und der **Rydberg-Konstanten** $R_\circ$ beschrieben werden:

$$E_n = -R_\circ \, \frac{1}{n^2} \tag{4.5}$$

$$R_\circ = 13{,}605693009(84)\,\text{eV} \tag{4.4}$$

- Die **zeitunabhängige Schrödinger-Gleichung** mit dem **Coulomb-Potential** zwischen Elektron und Proton im Wasserstoffatom lautet:

$$[-\frac{\hbar^2}{2\,m_e}\,\Delta + V(r)\,]\,\psi = E\,\psi \tag{4.8}$$

$$V(r) = -\frac{Z\,e^2}{4\,\pi\,\epsilon_\circ}\,\frac{1}{r} \tag{4.9}$$

- Der **Lösungsansatz** für die **Radial- und Winkelabhängigkeiten** führt zu den **Quantenzahlen** n, ℓ und m_ℓ und zur Beschreibung von Zuständen des Elektrons:

$$\psi_{n\,\ell\,m_\ell}(r,\vartheta,\varphi) = R_{n\,\ell}(r)\cdot Y_{\ell\,m_\ell}(\vartheta,\varphi) \tag{4.69}$$

n	Hauptquantenzahl	$n = 1, 2, \ldots$	
ℓ	Drehimpulsquantenzahl	$\ell = 0, 1, \ldots, n-1$	(4.71)
m_ℓ	Magnetische Quantenzahl	$-\ell \le m_\ell \le \ell$	

- Die **Radialwellenfunktion** hängt von den **Quantenzahlen** n und ℓ ab. Ihre Koeffizienten a_j werden über eine **Rekursionsformel** bestimmt, als Abstandsmaß verwenden wir den **Bohrschen Radius** ρ:

$$R_{n\,\ell}(r) = \left(\frac{1}{n\,\rho}\right)^{\frac{3}{2}} \sum_{j=0}^{n-\ell-1} a_j \left(\frac{r}{n\,\rho}\right)^{j+\ell} \cdot e^{-\frac{r}{n\,\rho}} \tag{4.70}$$

$$a_j = 2\,\frac{j+\ell-n}{j\,(j+2\,\ell+1)}\,a_{j-1} \tag{4.56}$$

$$\rho = \frac{4\,\pi\,\epsilon_\circ\,\hbar^2}{m_e\,e^2} \approx 0{,}5\cdot 10^{-10}\,\text{m} = 0{,}5\,\text{Å} \tag{4.6}$$

Zum Mitnehmen: Wasserstoffatom 2

- Die **Winkelverteilungen** $Y_{\ell\, m_\ell}(\vartheta, \varphi)$ in der Lösung (4.69) sind die bekannten **Kugelflächenfunktionen** mit den **Quantenzahlen** ℓ und m_ℓ als deren Indizes.
- Die **Hauptquantenzahl** n beschreibt die **Energieniveaus** des Elektrons im Wasserstoffatom und reproduziert quantitativ mit seinem über (4.8) berechneten Vorfaktor die gemessene Rydberg-Konstante (4.4):

$$E_n = -\frac{m_e\, e^4}{8\, h^2\, \epsilon_\circ^2}\, Z^2\, \frac{1}{n^2} \tag{4.52}$$

  Die Kernladungszahl ist für das Wasserstoffatom $Z = 1$.
- **Energieentartung**: Für die Hauptquantenzahl n gibt es verschiedene Zustände in der Drehimpulsquantenzahl ℓ, die die gleiche Energie haben (4.52). Der Energieentartungsgrad zählt die Zustände gleicher Energie (mit den beiden Spinprojektionen des Elektrons):

$$\sum_{\ell=0}^{n-1} 2\,(2\,\ell + 1) = 2\, n^2 \tag{4.72}$$

- Die **radiale Aufenthaltswahrscheinlichkeit** des Elektrons im Wasserstoffatom

$$P(r) = |R_{n\,\ell}(r)|^2\, r^2 \tag{4.76}$$

  zeigt **Maxima** und **Knotenpunkte**, an letzteren hält sich das Elektron nicht auf.

Spin des Elektrons

5

ÜBERBLICK

» Zur Beschreibung der Teilcheneigenschaften eines Elektrons gehört seine elektrische Ladung und seine Masse. Neu kommt der sogenannte *Spin* dazu. Für seine Erklärung kennen wir kein klassisches Analogon. Im quantenmechanischen Verständnis besitzt der Spin eine Drehimpulscharakteristik und wird wie ein Drehimpulsoperator behandelt. Der Spin ist eine allgemeine Eigenschaft für Teilchen, auch das Proton und das Neutron tragen Spin.

Der Spin ist mit einem magnetischen Dipolmoment verbunden. Dieses Dipolmoment können wir in äußeren Magnetfeldern messen. Wechselwirkungen von Dipolen mit Feldern benötigen einige wichtige Konzepte der klassischen Elektrodynamik, die wir zunächst in Kurzform notieren. Danach zeigen wir die beiden wichtigsten Experimente zum Spin, das Stern-Gerlach-Experiment und eine Messung des sogenannten g-Faktors des Elektrons. Im Anschluss kombinieren wir Bahndrehimpuls und Spin zu einem Gesamtdrehimpuls. «

5.1 Dipole in Feldern

Die Wechselwirkungen von Dipolen mit Feldern sind durchaus anspruchsvoll (siehe Band 2 [19]). Für die Spin-Experimente benötigen wir eigentlich nur die Konzepte für magnetische Dipole in Magnetfeldern. Deren Verständnis ist einfacher im direkten Vergleich mit elektrischen Dipolen in elektrischen Feldern, sodass wir hier sowohl den elektrischen als auch den magnetischen Fall präsentieren.

Elektrische Dipole $\vec{p}$ erfahren im elektrischen Feld $\vec{E}$ ein Drehmoment, ebenso wirkt auf magnetische Dipolmomente $\vec{p}_m$ im Magnetfeld $\vec{B}$ ein Drehmoment:

$$\vec{M} = \vec{p} \times \vec{E} \tag{5.1}$$

$$\vec{M} = \vec{p}_m \times \vec{B} \tag{5.2}$$

Für die potentielle Energie gilt ähnlich

$$E_{\text{pot}} = -\vec{p} \cdot \vec{E} \tag{5.3}$$

$$E_{\text{pot}} = -\vec{p}_m \cdot \vec{B}\,. \tag{5.4}$$

In den folgenden Abschnitten schauen wir noch einmal genauer auf die Dipole.

5.1.1 Elektrisches Dipolmoment in elektrischen Feldern

Ein elektrischer Dipol besitzt das **Dipolmoment** (►Abbildung 5.1):

$$\vec{p} = q\,\vec{d} \tag{5.5}$$

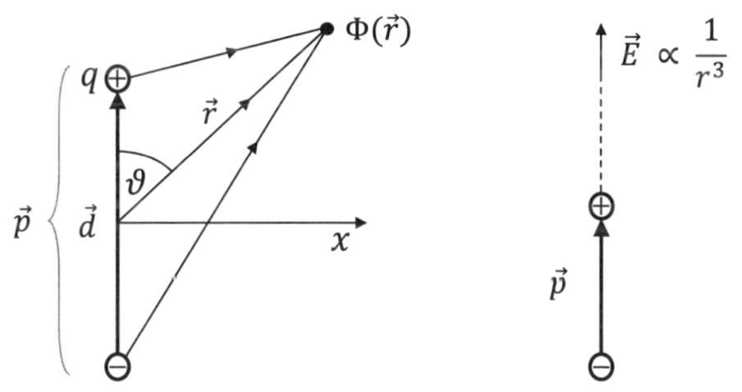

Abbildung 5.1 Links: Elektrischer Dipol $\vec{p} = q\,\vec{d}$ und sein Potential $\Phi(\vec{r})$ am Ort $\vec{r}$, rechts: elektrisches Dipolfeld $\vec{E}$ entlang der Dipolachse

Feld des elektrischen Dipols: Die beiden elektrischen Ladungen des Dipols verursachen am Ort $\vec{r}$ das Potential $\Phi(\vec{r})$, das sich durch eine Taylor-Entwicklung für $d \ll r$ vereinfachen lässt (►Abbildung 5.1):

$$\Phi(\vec{r}) = \frac{1}{4\pi\epsilon_0}\left[\frac{q}{\left|\vec{r}-\frac{\vec{d}}{2}\right|} - \frac{q}{\left|\vec{r}+\frac{\vec{d}}{2}\right|}\right] \approx \frac{p\cos\vartheta}{4\pi\epsilon_0 r^2} \tag{5.6}$$

Die Raumkomponenten des elektrischen Feldes $\vec{E} = -\operatorname{grad}\Phi$ ergeben damit:

$$E_r = \frac{1}{2\pi\epsilon_0}\frac{p}{r^3}\cos\vartheta \tag{5.7}$$

$$E_\vartheta = \frac{1}{4\pi\epsilon_0}\frac{p}{r^3}\sin\vartheta \tag{5.8}$$

$$E_\varphi = 0 \tag{5.9}$$

In späteren Diskussionen ist das *Feld entlang der Dipolachse* $\vartheta = 0$ wichtig (►Abbildung 5.1, rechts):

$$\vec{E} = \frac{1}{2\pi\epsilon_0}\frac{\vec{p}}{r^3} \tag{5.10}$$

Dipol im homogenen äußeren elektrischen Feld: Gelangt ein Dipol (5.5) in ein elektrisches Feld, dann wirkt auf ihn ein Drehmoment $\vec{M}$ (►linke Abbildung 5.2):

$$\vec{M} = \vec{r}\times\vec{F} = q\cdot\vec{d}\times\vec{E} = \vec{p}\times\vec{E} \tag{5.11}$$

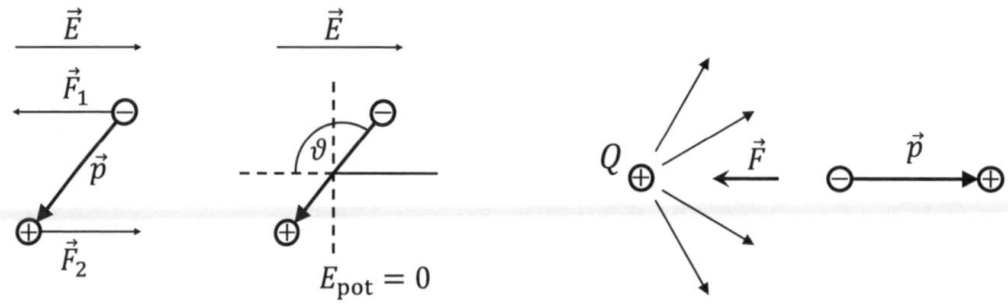

Abbildung 5.2 Links: Ein elektrischer Dipol mit Dipolmoment $\vec{p}$ wird in einem äußeren homogenen elektrischen Feld $\vec{E}$ gedreht. Zur Beschreibung verwenden wir alternativ das Drehmoment aufgrund der Kräfte F_1 und F_2 oder die potentielle Energie E_{pot} (Gleichgewichtslage $\vec{p}$ senkrecht zu $\vec{E}$, siehe Text). Rechts: Im inhomogenen elektrischen Feld z. B. einer positiven Punktladung Q wird der Dipol in Richtung wachsender Feldstärke gezogen.

Alternativ berechnen wir die **potentielle Energie des Dipols** E_{pot} in dem äußeren elektrischen Feld $\vec{E}$, indem wir die Arbeit W berechnen, die eine Drehung aus der Gleichgewichtslage $\vartheta = 0$ in ►Abbildung 5.2 benötigt:

$$W = \int_0^\vartheta |\vec{M}|\, d\vartheta = p\,E\int_0^\vartheta \sin\vartheta\, d\vartheta = -p\,E\,\cos\vartheta|_0^\vartheta = \Delta E_{pot} \tag{5.12}$$

Mit der Arbeit W erhalten wir eine Differenz ΔE_{pot} für potentielle Energien. Als Nullpunkt für die absolute potentielle Energie E_{pot} wählen wir die senkrecht aufeinanderstehenden Vektoren $\vec{p}$ und $\vec{E}$ und erhalten:

$$E_{pot} = -\vec{p}\cdot\vec{E}\ . \tag{5.13}$$

Dipol im inhomogenen äußeren elektrischen Feld: In einem äußeren *homogenen* elektrischen Feld wird der Dipol durch eine Drehung ausgerichtet, wird aber nicht verschoben.

In einem *inhomogenen* Feld dreht sich der Dipol und führt zusätzlich eine Translationsbewegung durch (►rechte Abbildung 5.2). Die auf den Dipol wirkende Kraft lässt sich folgendermaßen bestimmen:

$$\vec{F} = q\left[\vec{E}\left(\vec{r} + \frac{\vec{d}}{2}\right) - \vec{E}\left(\vec{r} - \frac{\vec{d}}{2}\right)\right] \quad (5.14)$$

Auch hier können wir für große Abstände r vom Dipol $d \ll r$ nach Taylor entwickeln und erhalten

$$\vec{F} = \nabla\vec{E} \cdot \vec{p} = \operatorname{grad}\vec{E} \cdot \vec{p}. \quad (5.15)$$

Mathematischer Einschub: Vektorgradient

Der Gradient eines Vektorfeldes (Vektorgradient) beschreibt die Änderung der Komponenten eines Vektorfeldes. Es gibt folgende Schreibweisen:

$$\nabla\vec{E} = \operatorname{grad}\vec{E} = \frac{d\vec{E}}{d\vec{r}} \quad (5.16)$$

In karthesischen Koordinaten lässt er sich als Matrix (Tensor) schreiben:

$$\nabla\vec{E} = \begin{pmatrix} \frac{\partial E_x}{\partial x} & \frac{\partial E_x}{\partial y} & \frac{\partial E_x}{\partial z} \\ \frac{\partial E_y}{\partial x} & \frac{\partial E_y}{\partial y} & \frac{\partial E_y}{\partial z} \\ \frac{\partial E_z}{\partial x} & \frac{\partial E_z}{\partial y} & \frac{\partial E_z}{\partial z} \end{pmatrix} \quad (5.17)$$

In der Matrixschreibweise ist die Wirkung des Vektorgradienten besser zu erkennen:

$$\vec{F} = \begin{pmatrix} \frac{\partial E_x}{\partial x} & \frac{\partial E_x}{\partial y} & \frac{\partial E_x}{\partial z} \\ \frac{\partial E_y}{\partial x} & \frac{\partial E_y}{\partial y} & \frac{\partial E_y}{\partial z} \\ \frac{\partial E_z}{\partial x} & \frac{\partial E_z}{\partial y} & \frac{\partial E_z}{\partial z} \end{pmatrix} \cdot \begin{pmatrix} p_x \\ p_y \\ p_z \end{pmatrix} \quad (5.18)$$

Insgesamt sind die Ergebnisse für einen elektrischen Dipol im elektrischen Feld:

> *In einem äußeren homogenen elektrischen Feld wird der elektrische Dipol durch eine Drehung ausgerichtet aber nicht verschoben. In einem inhomogenen Feld dreht sich der Dipol und wird in Richtung wachsender Feldstärke gezogen:*

$$\vec{F} = \operatorname{grad}\vec{E} \cdot \vec{p} \quad (5.15)$$

5.1.2 Magnetisches Dipolmoment in Magnetfeldern

Analog zu elektrischen Dipolen in elektrischen Feldern untersuchen wir hier das Feld magnetischer Dipole und Dipole in äußeren Magnetfeldern.

Feld des magnetischen Dipols: Dazu betrachten wir das Magnetfeld einer kreisförmigen Stromschleife mit dem Strom I und dem Radius R (►linke Abbildung 5.3). Für dünne Leiter gilt das Biot-Savart-Gesetz. Mit dem Leiterelement $d\vec{s}$ und dem Vector $\vec{r}$ von $d\vec{s}$ zum Beobachtungspunkt gilt damit für das Magnetfeld $\vec{B}(r)$

$$\vec{B}(\vec{r}) = -\frac{\mu_\circ}{4\pi} I \int \frac{|d\vec{s} \times \vec{e}_r|}{r^2} . \tag{5.19}$$

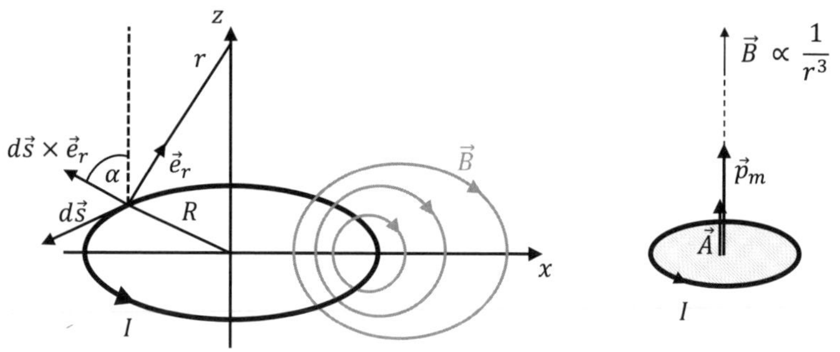

Abbildung 5.3 Links: Das Magnetfeld $\vec{B}$ außerhalb eines elektrischen Kreisstroms I mit Radius R wird durch das Biot-Savart-Gesetz (5.19) beschrieben. Rechts: Das magnetische Dipolmoment $\vec{p}_m = I\,\vec{A}$ (5.22) ist durch I und den Flächennormalenvektor $\vec{A} = \pi\,R^2\,\vec{e}_z$ gegeben, ebenso ist sein Magnetfeld $\vec{B}$ entlang der Dipolachse eingezeichnet.

Das Magnetfeld der Stromschleife entlang der z-Achse beträgt (rechte ►Abbildung 5.3) nach [19]:

$$B_z = \frac{\mu_\circ}{2} \frac{I\,R^2}{r^3} \tag{5.20}$$

Mit dem Flächennormalenvektor $\vec{A} = \pi\,R^2\,\vec{e}_z$ folgt dann für das **Magnetfeld entlang der Dipolachse** z:

$$\vec{B} = \frac{\mu_\circ}{2\pi} \frac{I\,\vec{A}}{r^3} \tag{5.21}$$

Verwenden wir zusätzlich noch das **magnetische Dipolmoment**

$$\vec{p}_m = I \cdot \vec{A} \tag{5.22}$$

erhalten wir das Magnetfeld entlang der Dipolachse analog zum elektrischen Feld (5.10)

$$\vec{B} = \frac{\mu_\circ}{2\pi} \frac{\vec{p}_m}{r^3} . \tag{5.23}$$

Dipol im homogenen äußeren Magnetfeld: Befindet sich ein stromdurchflossener Leiter der Länge a in einem Magnetfeld, so wirkt die Lorentzkraft:

$$\vec{F} = q\,\vec{v} \times \vec{B} = a \cdot I\,\left(\vec{e}_a \times \vec{B}\right) \tag{5.24}$$

Auf eine Leiterschleife (►Abbildung 5.4) mit dem magnetischen Dipolmoment $\vec{p}_m = I \cdot \vec{A} = I \cdot a\,b\,(\vec{e}_b \times \vec{e}_a)$ (5.22) in einem Magnetfeld $\vec{B}$ wirkt entsprechend das Drehmoment $\vec{M}$:

$$\begin{aligned}\vec{M} &= 2\,\frac{b}{2}\,\vec{e}_b \times \vec{F} = b\,\vec{e}_b \times a \cdot I\,\left(\vec{e}_a \times \vec{B}\right) = I\,\left(\vec{A} \times \vec{B}\right)\\ &= \vec{p}_m \times \vec{B}\end{aligned} \tag{5.25}$$

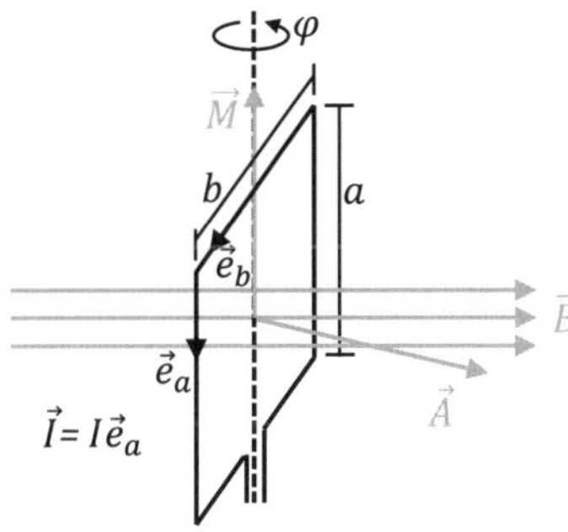

Abbildung 5.4 Auf eine Leiterschleife mit dem Strom I im Magnetfeld $\vec{B}$ wirkt ein Drehmoment $\vec{M}$.

Die **potentielle Energie** des magnetischen Dipols lässt sich analog zum elektrischen Fall aus (5.25) herleiten:

$$E_{\text{pot}} = -\vec{p}_m \cdot \vec{B} \tag{5.26}$$

Dipol im inhomogenen äußeren Magnetfeld: Zusätzlich zur Drehbewegung wollen wir eine mögliche Translation im Magnetfeld untersuchen. In einem inhomogenen Magnetfeld gilt analog zu (5.15) für die Kraft

$$\vec{F} = \nabla\,\vec{B} \cdot \vec{p}_m \tag{5.27}$$

$$= \begin{pmatrix} \frac{\partial B_x}{\partial x} & \frac{\partial B_x}{\partial y} & \frac{\partial B_x}{\partial z} \\ \frac{\partial B_y}{\partial x} & \frac{\partial B_y}{\partial y} & \frac{\partial B_y}{\partial z} \\ \frac{\partial B_z}{\partial x} & \frac{\partial B_z}{\partial y} & \frac{\partial B_z}{\partial z} \end{pmatrix} \cdot \begin{pmatrix} p_{m,\,x} \\ p_{m,\,y} \\ p_{m,\,z} \end{pmatrix} . \tag{5.28}$$

Im homogenen Magnetfeld verschwinden die Ableitungen und die resultierende Kraft ist wie im elektrischen Fall $\vec{F} = 0$. Für inhomogene Felder wirkt die Kraft $\vec{F} \neq 0$ und verschiebt den Dipol.

Beispiel 16: Dipol im inhomogenen Magnetfeld

Wir verwenden hier ein einfaches inhomogenes Magnetfeld, das nur in z-Richtung zeigt (►Abbildung 5.5). Alle Ableitungen verschwinden, außer

$$\frac{\partial B_z}{\partial z} > 0 \,. \tag{5.29}$$

Ein magnetischer Dipol erfährt darin folgende Kraft in z-Richtung:

$$\vec{F} = \operatorname{grad} \vec{B} \cdot \vec{p}_m = \begin{pmatrix} 0 & 0 & 0 \\ 0 & 0 & 0 \\ 0 & 0 & \frac{\partial B_z}{\partial z} \end{pmatrix} \cdot \begin{pmatrix} p_{m,\,x} \\ p_{m,\,y} \\ p_{m,\,z} \end{pmatrix} = \begin{pmatrix} 0 \\ 0 \\ p_{m,\,z} \cdot \frac{\partial B_z}{\partial z} \end{pmatrix} \tag{5.30}$$

$$F_z = p_{m,\,z} \cdot \frac{\partial B_z}{\partial z} \tag{5.31}$$

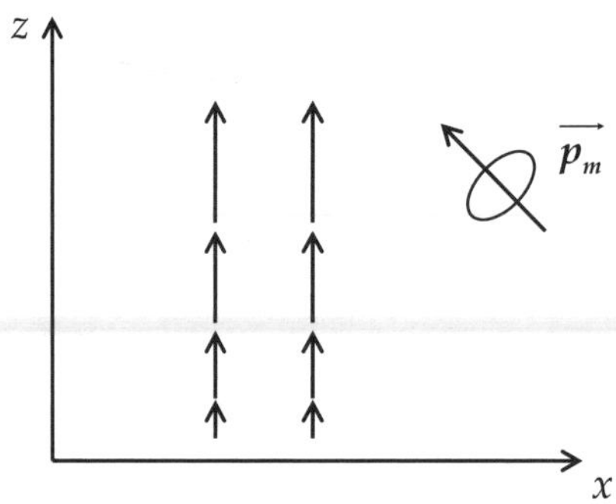

Abbildung 5.5 Drehung und Verschiebung eines magnetischen Dipols $\vec{p}_m$ im inhomogenen äußeren Magnetfeld

Insgesamt entspricht die Situation eines magnetischen Dipols im Magnetfeld der des elektrischen Dipols im elektrischen Feld:

In einem äußeren homogenen Magnetfeld wird der magnetische Dipol durch eine Drehung ausgerichtet aber nicht verschoben. In einem inhomogenen Feld dreht sich der Dipol und wird in Richtung wachsender Feldstärke gezogen:

$$\vec{F} = \operatorname{grad} \vec{B} \cdot \vec{p}_m \tag{5.30}$$

5.2 Bohrsches Magneton

Den klassischen Begriff des magnetischen Dipols übertragen wir auf das quantenmechanische System des Wasserstoffatoms. Dazu müssten wir eigentlich die Schrödinger-Gleichung mit den entsprechenden Potentialen betrachten. Viele Aspekte atomarer magnetischer Dipole können wir aber bereits halbklassisch gut erklären, was sehr viel einfacher ist.

Bahndrehimpuls und magnetisches Dipolmoment: In halbklassischer Sichtweise fassen wir das Elektron des Wasserstoffatoms als einen Kreisstrom I um den Kern auf, der aufgrund der Definition der technischen Stromrichtung entgegengesetzt zur Elektron-Bewegung verläuft (►Abbildung 5.6). Der Strom beträgt mit der Elektronladung $q = -e$

$$I = \frac{q}{T} = \frac{-e}{T} = -e\,\frac{v}{2\,\pi\,r}\,. \tag{5.32}$$

Die Geschwindigkeit v des Elektrons ersetzen wir durch seinen Bahndrehimpuls:

$$\vec{L} = \vec{r} \times \vec{p} = m_e\,r\,v\,\vec{e}_A \tag{5.33}$$

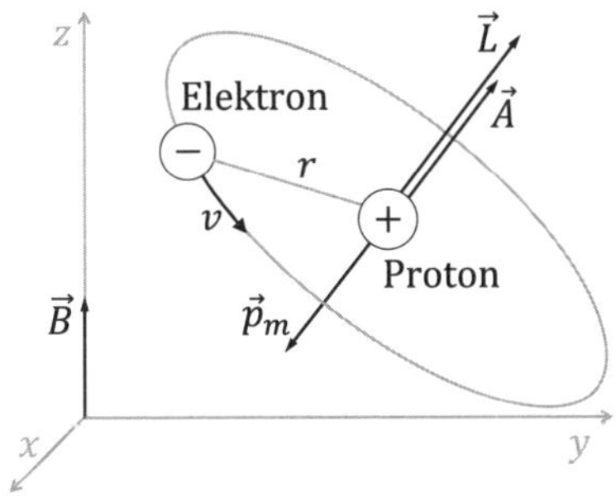

Abbildung 5.6 Ein Elektron umkreist die Achse des Flächennormalenvektors $\vec{A}$ im Abstand r mit der Geschwindigkeit $v = 2\,\pi\,r/T$. Der vom Elektron erzeugte Kreisstrom I erzeugt ein magnetisches Moment $\vec{p}_m$, das wegen der negativen Elektronladung antiparallel zu seinem Drehimpuls $\vec{L}$ verläuft. Optional kann in Richtung der z-Achse ein äußeres Magnetfeld $\vec{B}$ angelegt werden.

Wir wählen für das **quantenmechanische Dipolmoment** die allgemein übliche Bezeichnung $\vec{\mu}$ und erhalten mit (5.32), (5.33) und dem Flächennormalenvektor $\vec{A} = \pi\,r^2\,\vec{e}_A$:

$$\vec{\mu} = I \cdot \vec{A} = -e\,\frac{v}{2\,\pi\,r} \cdot \pi\,r^2\,\vec{e}_A$$

$$\vec{\mu} = -\frac{e\,\vec{L}}{2\,m_e} \tag{5.34}$$

Der Bahndrehimpuls des geladenen Elektrons ist demnach mit einem magnetischen Dipolmoment verbunden.

Magnetisches Dipolmoment im äußeren Magnetfeld: Bringen wir ein Atom in ein äußeres Magnetfeld $\vec{B}$ (►Abbildung 5.6), so wird die Energie eines Elektron-Zustands um die Energie $\Delta E = -\vec{\mu} \cdot \vec{B}$ (5.26) verschoben. Das magnetische Dipolmoment hängt vom Bahndrehimpuls $\vec{L}$ des Elektrons ab. Die Energieverschiebung ist somit proportional zum Bahndrehimpuls.

In der Quantenmechanik ist der Bahndrehimpuls für atomare Bindungszustände quantisiert. Durch die Magnetfeldrichtung ist eine Achse ausgezeichnet. Wir wählen diese Richtung als die z-Koordinate. Der Erwartungswert für die Projektion des Drehimpulses auf diese Achse ist mit der **magnetischen Quantenzahl** m_ℓ ein Vielfaches des Planckschen Wirkungsquantums (3.123):

$$L_z = m_\ell \hbar \tag{5.35}$$

Wir berechnen die Energieverschiebung im Magnetfeld (5.26), indem wir diesen quantenmechanischen Ansatz in die klassische Gleichung (5.34) einsetzen:

$$\Delta E = -\vec{\mu} \cdot \vec{B} = \underbrace{\frac{e\hbar}{2m_e}}_{\equiv \mu_B} \frac{\vec{L}}{\hbar} \cdot \vec{B} = \mu_B \frac{L_z}{\hbar} B_z = \mu_B m_\ell B_z \tag{5.36}$$

Das kleinste von Null verschiedene Dipolmoment erhalten wir für $m_\ell = 1$. Dessen Betrag bezeichnet man als das **Bohrsche Magneton**:

$$\mu_B = \frac{e\hbar}{2m_e} \tag{5.37}$$

Es hat den Wert

$$\begin{aligned} \mu_B &= 9{,}2740100783(28) \cdot 10^{-24} \, \frac{\text{J}}{\text{T}} \\ &= 57{,}883818060(17) \, \frac{\mu\text{eV}}{\text{T}} . \end{aligned} \tag{5.38}$$

Quantenmechanisch ergibt sich also das magnetische Dipolmoment $\vec{\mu}$ durch den Elektron-Bahndrehimpuls $\vec{L}$ mit (5.36):

$$\vec{\mu} = -\mu_B \frac{\vec{L}}{\hbar} \tag{5.39}$$

Die **Energieverschiebung** eines Elektron-Zustands mit Bahndrehimpuls $\vec{L}$ im äußeren Magnetfeld $\vec{B}$ beträgt mit $L_z = m_\ell \hbar$:

$$\Delta E = m_\ell \cdot \mu_B \cdot B \tag{5.40}$$

Experiment 12: Zeeman-Effekt

Durch eine Gasentladung bringen wir eine Cadmium-Probe zum Leuchten und selektieren mit einem Fabry-Pérot-Interferometer die Wellenlänge $\lambda = 644\,\text{nm}$, die einem der Elektronen-Übergänge entspricht. Die Lichtstrahlen sind etwas divergent, sodass mehrere Ordnungen der Interferenz als Ringe mit verschiedenen Radien zu sehen sind.

Wir schalten einen Elektromagneten an, in dessen Mitte die Probe liegt. In ►Abbildung 5.7 beobachten wir, dass mit dem Magnetfeld bei jedem Ring jeweils ein zusätzlicher innerer und äußerer Ring entsteht, deren Radien sich mit stärkerem Magnetfeld weiter von dem ursprünglichen Ring entfernen.

Die drei Ringe entsprechen Verschiebungen der Elektron-Energieniveaus im Magnetfeld nach (5.40). Wir sehen sie hier als Wellenlängenverschiebungen im Interferometer. Die Anzahl der verschobenen und unverschobenen Energieniveaus ist ungerade (z. B. $m_\ell = -1, 0, 1$).

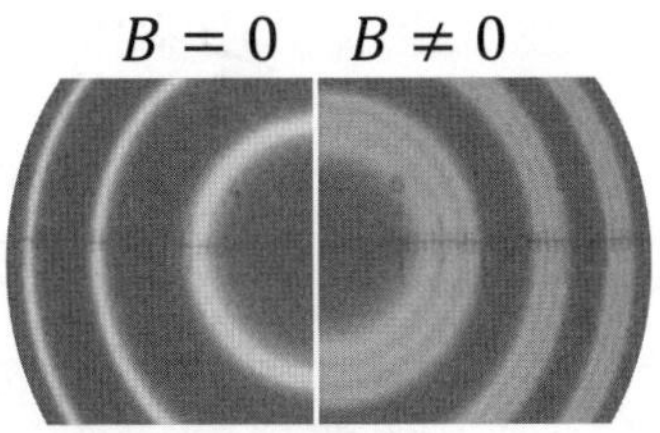

Abbildung 5.7 Die Interferenzringe des Fabry-Pérot-Interferometers werden unter dem Einfluss des Magnetfeldes in drei Ringe aufgespalten.

Mit den drei möglichen Einstellungen des Elektron-Bahndrehimpulses bezüglich der Magnetfeldrichtung (definiert die z-Achse), ergeben sich mit den magnetischen Quantenzahlen m_ℓ für die Projektionen des Drehimpulses *drei* verschiedene Energiezustände (5.40). Die Wechselwirkung eines Bahndrehimpulses mit einem äußeren Magnetfeld wird als *Zeeman-Effekt* bezeichnet (Kapitel 10.1).

5.3 Stern-Gerlach-Experiment

Im Stern-Gerlach-Experiment werden Silber-Atome verwendet, die im Unterschied zum Cadmium-Atom des Zeeman-Effekts (►Experiment 12) keinen Bahndrehimuls aufweisen.

Silber-Atome Ag haben die Kernladungszahl $Z = 47$, wobei sich das äußerste Elektron im Zustand mit Hauptquantenzahl $n = 5$ und Bahndrehimpulsquantenzahl $\ell = 0$ befindet. Die 46 weiteren Elektronen füllen die Zustände bis $n = 4$ auf und zeigen ebenfalls keinen Bahndrehimpuls. (Kapitel 8.4.1).

Experiment 13: Stern-Gerlach-Experiment

Im Versuch von Stern und Gerlach werden Silber-Atome aus einem Ofen durch eine Blende in ein *inhomogenes Magnetfeld* gesendet (►Abbildung 5.8). Das Resultat der Ablenkungen wird auf einem Schirm (Glasplatte, auf der sich die Silber-Atome ablagern) beobachtet. Falls die Atome ein magnetisches Dipolmoment μ aufweisen, wirkt auf sie im inhomogenen Magnetfeld die Kraft $F_z = \mu \cdot \partial B_z / \partial z$ (5.31).

Als Messergebnis ergeben sich die Intensitätsverteilungen in der unteren ►Abbildung 5.8 mit und ohne Magnetfeld.

Wir vergleichen in der ►Tabelle 5.1 das Ergebnis des Experiments mit verschiedenen möglichen Vorhersagen.

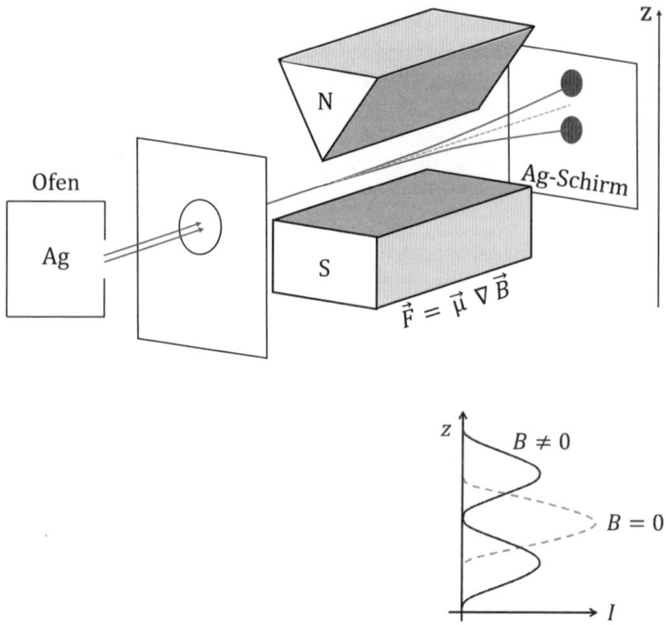

Abbildung 5.8 Oben: Im Stern-Gerlach-Versuch werden Silber-Atome durch ein inhomogenes Magnetfeld geschickt und auf einer Glasplatte registriert. Unten: Die Intensitätsverteilung auf der Glasplatte mit und ohne Magnetfeld

Hypothese	Ag-Strahl	Schirmbild
kein magnetisches Dipolmoment → kreissymmetrische Aufschmierung	○	○
klassisches magnetisches Dipolmoment → elliptische Aufschmierung	○	⬯
beobachtetes Ergebnis im Stern-Gerlach-Versuch: zwei separate Bereiche	○	○ ○

Tabelle 5.1 Stern-Gerlach-Experiment: Verschiedene Hypothesen und Beobachtung

Daraus lassen sich folgende Schlussfolgerungen ziehen:

1. Das Silberatom besitzt ein magnetisches Dipolmoment $\vec{\mu}$.
2. Im Experiment wird die z-Achse durch den Gradienten des Magnetfeldes besonders ausgezeichnet. Die Projektion von $\vec{\mu}$ auf die z-Achse zeigt nur zwei verschiedene Werte.

3 Das Dipolmoment ist daher quantisiert und zeigt im Experiment zwei mögliche Zustände.

4 Der Zustand des äußeren Elektrons trägt keinen Drehimpuls $\ell = m_\ell = 0$, die anderen inneren Elektronen steuern ebenfalls keinen Drehimpuls bei. Bestätigt wird dies durch nur zwei Einstellungen: Wäre der Ursprung des Dipolmoments doch ein Bahndrehimpuls, würden wir eine ungerade Anzahl von Werten erwarten ((5.40), Zeeman-►Experiment 12).

Das Stern-Gerlach-Experiment wurde 1921 von O. Stern und W. Gerlach durchgeführt (Nobelpreis 1943 O. Stern). Ihre Resultate wurden 1925 von S. Goudsmith und G. Uhlenbeck interpretiert:

Das Elektron selbst hat eine Drehimpulseigenschaft, genannt **Spin**. *Der Spin ist wie der Drehimpuls mit einem magnetischen Dipolmoment μ_s verbunden.*

5.4 Formale Beschreibung des Spins

Zur Beschreibung des Spins führen wir den Spinoperator $\hat{\vec{S}}$ ein. Wir orientieren uns an dem Operator des Bahndrehimpulses $\hat{\vec{L}}$. Sein Erwartungswert hängt von der Bahndrehimpulsquantenzahl ℓ ab (3.128) und der Erwartungswert seiner Projektion auf eine Achse von der magnetischen Quantenzahl m_ℓ (3.123).

Analog gehen wir für den Spinoperator $\hat{\vec{S}}$ davon aus, dass es für das Quadrat des Spinoperators $\hat{\vec{S}}^2$ und seine Projektion $\hat{S}_z$ eine Wellenfunktion ψ gibt, die Eigenfunktion zu diesen beiden Operatoren ist. Die entsprechende **Spinquantenzahl** für $\hat{\vec{S}}^2$ bezeichnen wir mit s und die Quantenzahl für die Projektion auf die z-Achse mit m_s:

$$\hat{\vec{S}}^2\,\psi = s\,(s+1)\,\hbar^2\,\psi \tag{5.41}$$

$$\hat{S}_z\,\psi = m_s\,\hbar\,\psi \tag{5.42}$$

Analog zu den Drehimpulsquantenzahlen (3.116) soll die Quantenzahl der Spinprojektion im Bereich

$$-s \le m_s \le s \tag{5.43}$$

liegen. Da Quantenzahlen sich ganzzahlig ändern und das Experiment nur zwei Einstellungen in der Spinprojektion zeigt, ist m_s halbzahlig ($\Delta m_s = \pm 1$):

$$m_s = \pm\frac{1}{2} \tag{5.44}$$

Die **Spinquantenzahl** s kann damit nur den Wert

$$s = \frac{1}{2} \tag{5.45}$$

annehmen, d. h. betragsmäßig sind hier die Quantenzahlen s und m_s gleich groß, $s = |m_s|$ (►Abbildung 5.9).

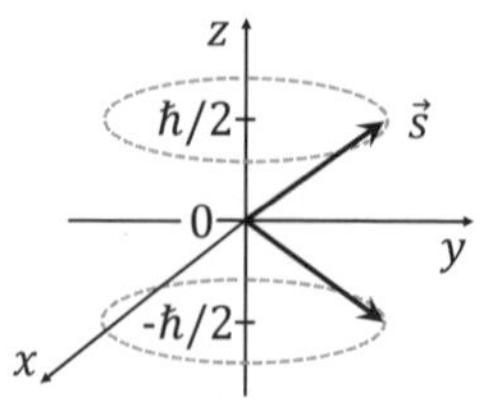

Abbildung 5.9 Der Spin-Vektor $\vec{S}$ hat den Betrag $S = \sqrt{3/4}\,\hbar$ (5.46). Mit der Spinquantenzahl $s = 1/2$ (5.45) hat $\vec{S}$ die möglichen Projektionen $m_s\,\hbar = \pm 1/2\,\hbar$ (5.44) bezüglich einer ausgezeichneten Achse (hier z-Achse).

Der Betrag des Spin-Vektors beträgt nach (5.41):

$$\langle \hat{S} \rangle \equiv \sqrt{\langle \hat{S^2} \rangle} = \sqrt{\frac{1}{2}\left(\frac{1}{2}+1\right)}\,\hbar = \sqrt{\frac{3}{4}}\,\hbar \qquad (5.46)$$

Mit der Eigenschaft Spin müssen wir die bisher besprochene Wellenfunktion $\psi_{n\,\ell\,m_\ell}$ (4.70) des Wasserstoffatoms erweitern. Wir spezifizieren $\psi_{n\,\ell\,m_\ell}$ hier als **Ortswellenfunktion**, weil sie nur den Aufenthaltsort des Elektrons beschreibt. Eine zusätzliche **Spinwellenfunktion** oder Spinfunktion χ_{m_s} zeigt die beiden Projektionseinstellungen des Elektronenspins:

$$\chi_{m_s}(m_s = +\tfrac{1}{2}) \equiv \chi^+ \qquad (5.47)$$

$$\chi_{m_s}(m_s = -\tfrac{1}{2}) \equiv \chi^- \qquad (5.48)$$

Die Gesamtwellenfunktion des Elektrons im Wasserstoffatom schreiben wir damit als Produkt aus der Ortswellenfunktion und der Spinwellenfunktion:

$$\psi_{n\,\ell\,m_\ell\,m_s} = \psi_{n\,\ell\,m_\ell} \cdot \chi_{m_s} \qquad (5.49)$$

5.5 g-Faktor des Elektrons

Wir untersuchen im Folgenden die Größe des magnetischen Dipolmoments $\vec{\mu}_s$, das mit dem Elektronenspin verbunden ist. Dabei verwenden wir Atome eines speziellen Materials (DPPH) mit einem äußeren Elektron. Das Material und sein Elektron weisen näherungsweise keinen Bahndrehimpuls auf.

Die Energie des Elektron-Zustands können wir nach (5.26) durch ein äußeres Magnetfeld beeinflussen:

$$E_{\text{pot}} = -\vec{\mu}_s \cdot \vec{B} \qquad (5.50)$$

In Analogie zur Energieverschiebung beim Bahndrehimpuls $\Delta E = m_\ell\,\mu_B\,B$ (5.40) würden wir bei einem Elektron mit $m_s = \pm 1/2$ naiverweise folgende Energieverschiebungen erwarten (►Abbildung 5.10):

$$\Delta E_{m_s=+\frac{1}{2}} = m_s\,\mu_B\,B = +\tfrac{1}{2}\,\mu_B\,B \qquad (5.51)$$

$$\Delta E_{m_s=-\frac{1}{2}} = m_s\,\mu_B\,B = -\tfrac{1}{2}\,\mu_B\,B \qquad (5.52)$$

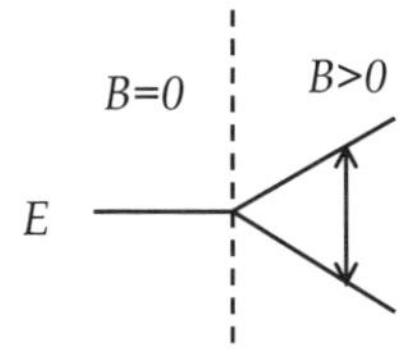

Abbildung 5.10 Aufspaltung eines Energieniveaus im Magnetfeld

Für das folgende Experiment führen wir als „Testgröße" den sogenannten **Landé-Faktor** ein, der auch **gyromagnetischer Faktor** oder kurz **g-Faktor** genannt wird. Um ihn dem Elektronenspin zuzuordnen, nennen wir ihn g_s. Nach unserer eben formulierten Erwartung sollte er einen Wert in der Nähe von 1 annehmen

$$\mu_s = g_s\, m_s\, \mu_B\,, \tag{5.53}$$

sodass die Energieverschiebung insgesamt

$$\Delta E = g_s\, m_s\, \mu_B\, B \tag{5.54}$$

beträgt.

Experiment 14: Elektronenspinresonanz

In unserem Experiment verwenden wir ein System ähnlich dem gekoppelter Schwingungen (►Abbildung 5.11). Mit Hilfe eines Senders erzeugen wir Mikrowellen mit Frequenzen ν im MHz-Bereich. Als gekoppeltes System verwenden wir das oben erwähnte Probenmaterial DPPH.

Wir bringen die Probe in das Magnetfeld B eines Helmholtz-Spulenpaars ein, wobei wir B durch die Stromstärke I einstellen. Wenn die Energie der Mikrowellen $E_\gamma = h\,\nu$ gerade der Energieaufspaltung $2 \cdot \Delta E(B)$ für die beiden Spinstellungen des Elektrons entspricht, ist die Energieübertragung zwischen den gekoppelten Systemen Sender und Probe optimal. Der Spin des Elektrons wird dabei umgeklappt.

Die Resonanz erkennen wir an der Stromänderung im Schwingkreis (Spannungsmessung U über dem Widerstand R).

Im Experiment geben wir eine feste Frequenz vor und suchen dann durch Änderung der Magnetfeldstärke B nach der Resonanz. Als experimentellen Trick modulieren wir das Magnetfeld mit 50 Hz, sodass die Resonanz in den beiden gekoppelten Systemen nur kurzzeitig 100 Mal pro Sekunde entsteht. Am Oszilloskop kann man dann die Spannung U im Schwingkreis in Abhängigkeit des modulierten Magnetfelds darstellen.

Der Wechsel zwischen den beiden Zuständen der Spins erfordert als Photon-Energie $E_\gamma = h\,\nu$ des Senders die doppelte Energiedifferenz ΔE (5.54) zum ursprünglichen Energiezustand (►Abbildung 5.11):

$$E_\gamma = 2 \cdot \Delta E \tag{5.55}$$

$$h\,\nu = 2 \cdot g_s\, m_s\, \mu_B \cdot B \tag{5.56}$$

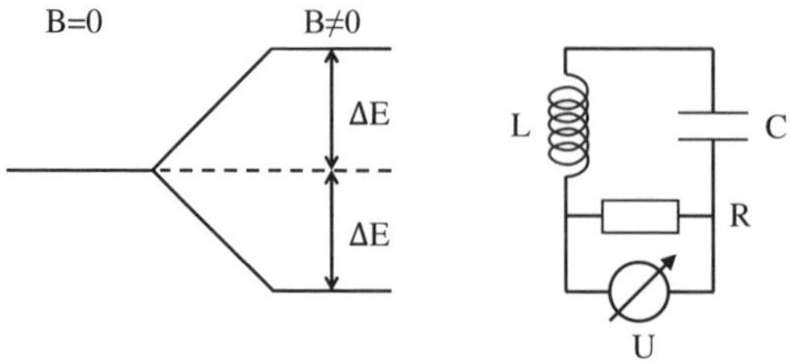

Abbildung 5.11 Im Magnetfeld $B \neq 0$ werden die Elektron-Energieniveaus für die beiden Spin-Stellungen $m_s = \pm 1/2$ auseinandergezogen. Das Resonanzexperiment zielt auf das Umklappen des Elektron-Spins durch Einstrahlung der passenden Energiedifferenz durch einen Mikrowellensender.

Wir kalibrieren zunächst das Magnetfeld B in Abhängigkeit von der Stromstärke I mit einer Hall-Sonde (►Abbildung 5.12 links).

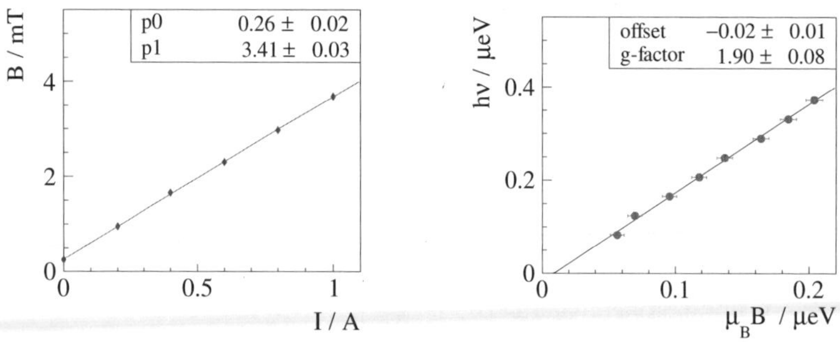

Abbildung 5.12 Links: Kalibration des Magnetfeldes B in Abhängigkeit von der Stromstärke I; rechts: Der lineare Zusammenhang zwischen dem voreingestellten Magnetfeld, multipliziert mit dem Bohrschen Magneton $\mu_B\, B$, und der eingestrahlten Energie $h\,\nu$ der Radiowellen im Resonanzfall ergibt den g-Faktor als Steigung der Anpassungsgeraden.

Anschließend messen wir für vorgegebene Frequenzen ν die Stromstärke I für die Resonanz und bestimmen das zugehörige Magnetfeld $B(I)$ aus der Kalibrationskurve. In der rechten ►Abbildung 5.12 tragen wir die Photon-Energie $E_\gamma = h\,\nu$ in Abhängigkeit vom Magnetfeld B auf, das wir noch mit dem Bohrschen Magneton μ_B multiplizieren. Wie erwartet (5.56), wächst der Abstand der beiden Energieniveaus linear mit der Magnetfeldstärke:

$$h\,\nu = g_s \underbrace{2\,m_s}_{=1} \cdot \mu_B\, B \tag{5.57}$$

Mit dem Experiment können wir aus der Steigung der Geraden den Betrag des g-Faktors bestimmen. Überraschend finden wir einen g-Faktor in der Nähe von 2: $|g_s| = 1{,}90 \pm 0{,}08$. Der **g-Faktor des Elektrons** ist heute sehr genau bekannt:

$$g_s = -2{,}00231930436256(35) \tag{5.58}$$

Im Vergleich zu einem magnetischen Dipolmoment durch Bahndrehimpuls und elektrische Ladung des Elektrons ist das magnetische Dipolmoment des Spins verstärkt:

Mit dem Spin des Elektrons ist ein ca. zweifach verstärktes magnetisches Dipolmoment verbunden. Das negative Vorzeichen zeigt an, dass die Richtung dieses magnetischen Dipolmoments entgegengesetzt zur Elektron-Spinrichtung steht:

$$\vec{\mu}_s = g_s \, \mu_B \, \frac{\vec{S}}{\hbar} \tag{5.59}$$

Damit beträgt die Energieverschiebung ΔE jedes einzelnen Elektron-Zustands im Magnetfeld in z-Richtung $B_z = \vec{B}\,\vec{e}_z$ aufgrund des magnetischen Dipolmoments $\vec{\mu}_s$ des Elektronenspins:

$$\Delta E = -\vec{\mu}_s \cdot \vec{B} = -g_s \, \mu_B \, \frac{\vec{S}}{\hbar} \cdot \vec{B} = -g_s \, \mu_B \, \frac{1}{\hbar} \, S_z \, B_z = -g_s \, \mu_B \, m_s \cdot B_z \tag{5.60}$$

Die Energieverschiebung ist für $m_s = 1/2$ positiv ($g_s < 0$) und im Vergleich zur Energieverschiebung mit dem Bahndrehimpuls (5.40) verstärkt:

$$\Delta E = -g_s \, m_s \, \mu_B \, B \tag{5.61}$$

Mit der relativistischen Bewegungsgleichung für Teilchen mit Spin 1/2, der Dirac-Gleichung, wird ein Wert von genau zwei vorausgesagt. Die Abweichung von $|g_s| = 2$ in (5.58) wird als **anomales magnetisches Moment** bezeichnet und kann erst mit der Quantenfeldtheorie erklärt werden.

Der Elektronenspin ist eine Teilcheneigenschaft wie die Ladung und die Masse. Der Spin besitzt kein klassisches Analogon.

5.6 Gesamtdrehimpuls

In diesem Kapitel stellen wir Kombinationen des Bahndrehimpulses $\vec{L}$ eines Elektrons mit seinem Spin $\vec{S}$ zum Gesamtdrehimpuls $\vec{J}$ vor.

Die Erwartungswerte des Bahndrehimpulsoperators $\hat{\vec{L}}$ und seiner Projektion $\hat{L}_z$ ergeben sich mit den Quantenzahlen ℓ und m_ℓ:

$$\left\langle \hat{\vec{L}}^2 \right\rangle = \ell\,(\ell+1)\,\hbar^2 \qquad \text{mit } \ell = 0, 1, \ldots \tag{3.128}$$

$$\left\langle \hat{L}_z \right\rangle = m_\ell \, \hbar \qquad \text{mit } -\ell \le m_\ell \le \ell \tag{3.123}$$

Die Erwartungswerte und Quantenzahlen des Elektronenspins $\hat{\vec{S}}$ und seiner Projektion sind:

$$\left\langle \hat{\vec{S}}^2 \right\rangle = s\,(s+1)\,\hbar^2 \qquad \text{mit } s = \tfrac{1}{2} \tag{5.41}$$

$$\left\langle \hat{S}_z \right\rangle = m_s \, \hbar \qquad \text{mit } m_s = \pm\tfrac{1}{2} \tag{5.42}$$

Den Operator des Gesamtdrehimpulses $\hat{\vec{J}}$ bilden wir aus dem Bahndrehimpuls $\hat{\vec{L}}$ und dem Gesamtspin $\hat{\vec{S}}$:

$$\hat{\vec{J}} = \hat{\vec{L}} + \hat{\vec{S}} \tag{5.62}$$

Der Erwartungswert des Operator-Quadrats $\hat{\vec{J}}^2$ lautet mit der Gesamtdrehimpulsquantenzahl j:

$$\langle \hat{\vec{J}}^2 \rangle = j\,(j+1)\,\hbar^2 \tag{5.63}$$

Die möglichen Werte von j lauten

$$j = \ell + s, \ell + s - 1, \ldots, |\ell - s| \ . \tag{5.64}$$

Die Projektion $\hat{J}_z$ des Gesamtdrehimpulses auf die z-Achse hat den Wert

$$\langle \hat{J}_z \rangle = m_j\,\hbar\ , \tag{5.65}$$

wobei die Quantenzahl m_j folgende Werte annehmen kann:

$$m_j = -j, -j+1, \ldots, j \tag{5.66}$$

Beispiel 17: Quantenzahlen Gesamtdrehimpuls

Ein Elektron im Zustand $n = 2$ und $\ell = 1$ im Wasserstoffatom hat den Gesamtdrehimpuls j:

$$j = \ell \pm s = 1 \pm \frac{1}{2} \ \Rightarrow\ j = \frac{1}{2}, \frac{3}{2}$$

Für $j = \frac{1}{2}$ gilt dann:

$$m_j = \pm\frac{1}{2}$$

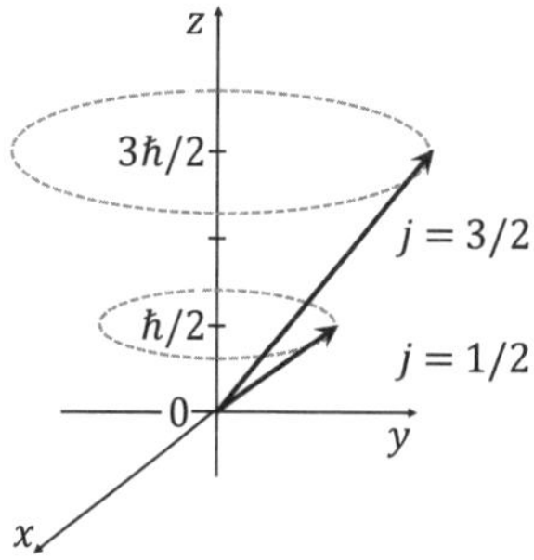

Abbildung 5.13 Der Drehimpuls mit $\ell = 1$ setzt sich mit dem Spin $s = 1/2$ zum Gesamtdrehimpuls $j = \ell \pm 1/2 = 1 \pm 1/2$ zusammen. Die Richtungen von $j = 3/2$ und $j = 1/2$ liegen auf einem Kegel um die z-Achse. Für $j = 3/2$ gibt es 4 Einstellungen mit $m_j = \pm 1/2, \pm 3/2$, für $j = 1/2$ sind es 2 mit $m_j = \pm 1/2$.

Und für $j = \frac{3}{2}$:

$$m_j = \pm\frac{3}{2}, \pm\frac{1}{2}$$

Der Betrag von $\hat{\vec{J}}$ beträgt:

$$j = \frac{1}{2}: \Rightarrow \sqrt{\left\langle \hat{J}^2 \right\rangle} = \sqrt{j\,(j+1)}\,\hbar = \sqrt{\frac{3}{4}}\,\hbar \approx 0{,}85\,\hbar$$

$$j = \frac{3}{2}: \Rightarrow \sqrt{\left\langle \hat{J}^2 \right\rangle} = \sqrt{j\,(j+1)}\,\hbar = \sqrt{\frac{15}{4}}\,\hbar \approx 2\,\hbar$$

Beispiel 18: Vektormodell Gesamtdrehimpuls

In der oberen ►Abbildung 5.14 ist ein vereinfachendes Vektormodell für $j = \frac{3}{2}$, $m_j = \frac{3}{2}$ gezeigt. Genau genommen sind die Richtungen von $\vec{L}$ und $\vec{S}$ nicht bekannt, sondern liegen auf einem Kegel um die z-Achse. Bekannt sind aber die Projektionen des Bahndrehimpulses und des Spins auf die z-Achse. Für $j = \frac{3}{2}$, $m_j = \frac{1}{2}$ sind die Kombinationen zum Gesamtdrehimpuls $\vec{J}$ im vereinfachenden Vektormodell in der unteren ►Abbildung 5.14 wiedergegeben. Der Anteil der Komponenten ist durch die sogenannten Clebsch-Gordan-Koeffizienten gegeben. Sie sind Gegenstand der Theorievorlesungen.

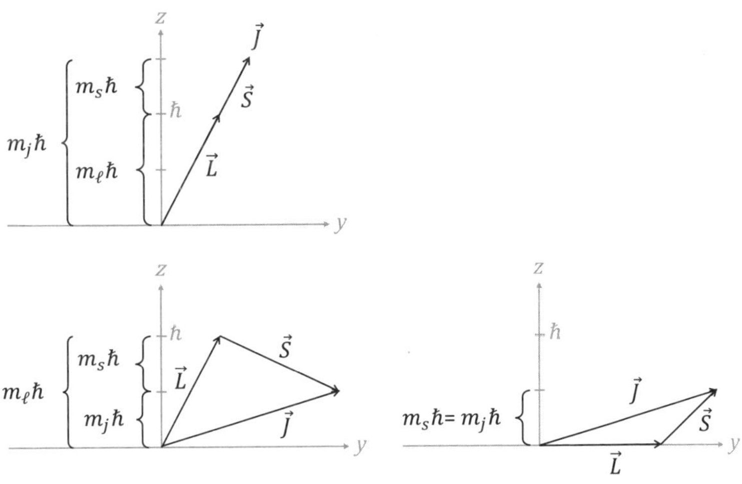

Abbildung 5.14 Gesamtdrehimpuls mit $j = \frac{3}{2}$, $m_j = \frac{3}{2}$. Für den Gesamtdrehimpuls mit $j = \frac{3}{2}$, $m_j = \frac{1}{2}$ gibt es zwei Kombinationen.

Das Wichtigste zum Mitnehmen

Zum Mitnehmen: Spin 1

- **Elektrische Dipole** haben das **Dipolmoment** $\vec{p}$, **magnetische Dipole** das **Dipolmoment** $\vec{p}_m$:

$$\vec{p} = q\,\vec{d} \tag{5.5}$$

$$\vec{p}_m = I \cdot \vec{A} \tag{5.22}$$

- Das von $\vec{p}$ ausgehende **elektrische Feld** und das von $\vec{p}_m$ ausgehende **Magnetfeld** entlang der Dipolachse fallen mit der dritten Potenz des Abstands r:

$$\vec{E} = \frac{1}{2\pi\,\epsilon_\circ}\,\frac{\vec{p}}{r^3} \tag{5.10}$$

$$\vec{B} = \frac{\mu_\circ}{2\pi}\,\frac{\vec{p}_m}{r^3} \tag{5.23}$$

- In **äußeren Feldern** erfahren **Dipole** eine **potentielle Energie** proportional zum Dipolmoment und zur Feldstärke:

$$E_{\text{pot}} = -\vec{p}\cdot\vec{E} \tag{5.13}$$

$$E_{\text{pot}} = -\vec{p}_m\cdot\vec{B} \tag{5.26}$$

- In homogenen Feldern werden die Dipole nur gedreht aber nicht verschoben. In **inhomogenen Feldern** werden die Dipole gedreht und in Richtung wachsender Feldstärke **verschoben**:

$$\vec{F} = \operatorname{grad}\vec{E}\cdot\vec{p} \tag{5.15}$$

$$\vec{F} = \operatorname{grad}\vec{B}\cdot\vec{p}_m \tag{5.30}$$

- Das magnetische Dipolmoment $\vec{p}_m = \vec{\mu}$ durch einen Elektron-Bahndrehimpuls $\vec{L}$ ist ein Vielfaches des kleinstmöglichen Dipolmoments **Bohrsches Magneton** μ_B:

$$\vec{\mu} = -\mu_B\,\frac{\vec{L}}{\hbar} \tag{5.39}$$

$$\mu_B = \frac{e\,\hbar}{2\,m_e} = 57{,}883818060(17)\;\frac{\mu\text{eV}}{\text{T}} \tag{5.37}$$

- Ein Elektron-Zustand mit Bahndrehimpuls $\vec{L}$ erfährt im äußeren Magnetfeld $\vec{B}$ (entlang z-Achse) wegen $L_z = m_\ell\,\hbar$ (3.124) in (5.39) eine ungerade Anzahl von verschobenen oder unverschobenen **Energieniveaus** (5.26) (Zeeman-Effekt):

$$\Delta E = m_\ell \cdot \mu_B \cdot B \tag{5.40}$$

Zum Mitnehmen: Spin 2

- Der **Spin** $\vec{S}$ ist eine Teilcheneigenschaft mit quantenmechanischen Drehimpulseigenschaften. Er ist mit einem **magnetischen Dipolmoment** verbunden, das für Elektronen mit dem g-Faktor verstärkt wird:

$$\vec{\mu}_s = g_s \, \mu_B \, \frac{\vec{S}}{\hbar} \tag{5.59}$$

$$g_s = -2{,}00231930436256(35) \tag{5.58}$$

- Zum **Spinoperator** $\hat{\vec{S}}$ gehört die **Quantenzahl** $s = 1/2$, seine Projektion hat nur zwei Einstellungen der **Quantenzahl** $m_s = \pm 1/2$:

$$\left\langle \hat{\vec{S}}^{\,2} \right\rangle = s\,(s+1)\,\hbar^2 \quad \text{mit } s = \tfrac{1}{2} \tag{5.41}$$

$$\left\langle \hat{S}_z \right\rangle = m_s\,\hbar \qquad \text{mit } m_s = \pm\tfrac{1}{2} \tag{5.42}$$

Der Betrag des Spin-Vektors ist $\langle \hat{S} \rangle = \sqrt{3/4}\,\hbar$ (5.46).

- Im **äußeren Magnetfeld** $\vec{B}$ (entlang z-Achse) gibt es wegen $S_z = m_s\,\hbar$ (5.42) in (5.59) nur **zwei Energieverschiebungen** (5.26):

$$\Delta E = -g_s\, m_s\, \mu_B\, B \tag{5.61}$$

- Als **Gesamtwellenfunktion** des Elektrons im Wasserstoffatom aus **Ortswellenfunktion** $\psi_{n\,\ell\,m_\ell}$ (4.70) und **Spinwellenfunktion** χ_{m_s} für die beiden Einstellungen des Spins schreiben wir:

$$\psi_{n\,\ell\,m_\ell\,m_s} = \psi_{n\,\ell\,m_\ell} \cdot \chi_{m_s} \tag{5.49}$$

$$\chi_{m_s}(m_s = +\tfrac{1}{2}) \equiv \chi^+ \tag{5.47}$$

$$\chi_{m_s}(m_s = -\tfrac{1}{2}) \equiv \chi^- \tag{5.48}$$

Zum Mitnehmen: Spin 3

- Zusammen mit dem Bahndrehimpulsoperator $\hat{\vec{L}}$

$$\left\langle \hat{\vec{L}}^2 \right\rangle = \ell\,(\ell+1)\,\hbar^2 \qquad \text{mit } \ell = 0, 1, \ldots \tag{3.128}$$

$$\left\langle \hat{L}_z \right\rangle = m_\ell\,\hbar \qquad \text{mit } -\ell \leq m_\ell \leq \ell \tag{3.123}$$

wird der Spinoperator zum **Operator des Gesamtdrehimpulses** $\hat{\vec{J}}$ und dessen Projektion $\hat{J}_z$ kombiniert. Quantenzahlen sind j und m_j:

$$\hat{\vec{J}} = \hat{\vec{L}} + \hat{\vec{S}} \tag{5.62}$$

$$\langle \hat{\vec{J}}^{\,2} \rangle = j\,(j+1)\,\hbar^2 \quad \text{mit } j = \ell + s, \ell + s - 1, \ldots, |\ell - s| \tag{5.63}$$

$$\langle \hat{J}_z \rangle = m_j\,\hbar \qquad \text{mit } m_j = -j, -j+1, \ldots, j \tag{5.65}$$

Energiekorrekturen im Wasserstoffatom

6

ÜBERBLICK

» Innerhalb des Wasserstoffatoms werden Verschiebungen der Energieniveaus beobachtet, die Entartungen in der Energie aufheben. Solche Effekte werden durch Wechselwirkungen magnetischer Dipole sowie bislang unberücksichtigte relativistische, quantenmechanische und quantenfeldtheoretische Effekte verursacht. Beachten Sie, dass jetzt *keine* äußeren elektrischen oder magnetischen Felder vorliegen, sondern die Energieniveaus aufgrund *Atom-interner Effekte* verschoben werden.

Die folgenden Benamungen „Feinstruktur" und „Hyperfeinstruktur" stammen von den experimentellen Untersuchungen der Lichtspektren: Je besser das Auflösungsvermögen der experimentellen Apparaturen wurde, desto mehr Strukturen konnte man im Spektrum erkennen.

- **Feinstruktur**: Zusätzlich zu den bisherigen quantenmechanischen Berechnungen mit der Schrödinger-Gleichung müssen weitere Effekte berücksichtigt werden. Die Wechselwirkung zwischen dem magnetischen Dipolmoment durch den Elektronenspin und dem vom Elektron-Bahndrehimpuls erzeugten Magnetfeld verschiebt Energieniveaus. Außerdem gibt es Korrekturen durch die nicht-scharfe Aufenthaltswahrscheinlichkeit des Elektrons und relativistische Effekte. Typische Energieniveauverschiebungen betragen ca. 50 μeV.
- **Hyperfeinstruktur**: Die Wechselwirkung zwischen dem magnetischen Dipolmoment durch den Kernspin (Proton) und dem vom Elektron-Gesamtdrehimpuls erzeugten Magnetfeld verschiebt Energieniveaus. Typische Energieniveauverschiebungen sind ca. 5 μeV.
- **Lamb-Verschiebung**: Temporäre Übergänge eines Elektrons in einen Elektron-Photon-Zustand werden in der Quantenfeldtheorie beschrieben und führen ebenfalls zu Energieniveauverschiebungen um wenige μeV.

In ►Abbildung 6.1 sind die drei Effekte für Energieverschiebungen gezeigt. Zunächst erklären wir die Bezeichnungen der Energieniveaus, führen die sogenannte Feinstrukturkonstante ein und erklären anschließend die verschiedenen Effekte. «

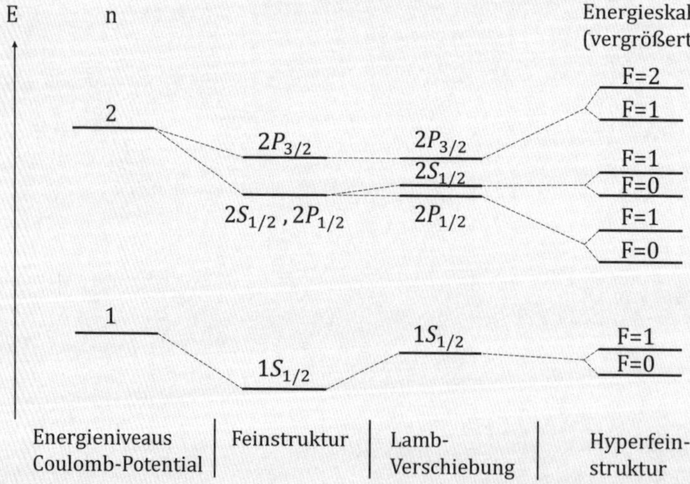

Abbildung 6.1 Wasserstoffatom: Elektron-Energieniveaus im Coulomb-Potential und die Energiekorrekturen Feinstruktur, Lamb-Verschiebung, Hyperfeinstruktur [14]

6.1 Spektroskopische Bezeichnungen

Die heute üblichen Bezeichnungen der Energieniveaus von Elektronen aufgrund spektroskopischer Messungen sind historisch bedingt und haben sich sowohl in der Atom-, Kern- als auch der Teilchenphysik durchgesetzt. Spektroskopische Bezeichnungen funktionieren nach folgendem Schema mit der Erklärung der Variablen in ►Tabelle 6.1:

$$n^{2S+1}L_J \tag{6.1}$$

n	Hauptquantenzahl
S	Gesamtspin
$2S+1$	Multiplizität = Anzahl Einstellmöglichkeiten Gesamtspin
L	Gesamtbahndrehimpuls
J	Gesamtdrehimpuls

Tabelle 6.1 Bedeutung der Variablen bei spektroskopischen Bezeichnungen von Elektron-Energieniveaus (6.1)

Die Multiplizität bezeichnet die Anzahl der Einstellmöglichkeiten des Gesamtspins S, womit die Spinprojektionen auf eine ausgezeichnete Achse (z. B. z-Achse) gemeint sind. Zum Beispiel ergeben sich im Wasserstoff mit dem Elektronenspin $s = 1/2$ zwei Spinprojektionen $m_s = \pm 1/2$ und damit für den Gesamtspin $2S + 1 = 2$ Einstellmöglichkeiten. Dieser Fall wird als Dublett bezeichnet. Weitere übliche Benamungen bei Atomen mit mehreren Elektronen sind in ►Tabelle 6.2 gezeigt.

S	$2S+1$	Bezeichnung
0	1	Singulett
1/2	2	Dublett
1	3	Triplett
3/2	4	Quartett
2	5	Quintett

Tabelle 6.2 Bezeichnungen der Multiplizitäten $2S + 1$ für den Gesamtspin S

Für den Wert des Bahndrehimpulses L wird häufig anstelle der Zahl ein Buchstabe benutzt, der sich aus historischen Bezeichnungen ableitet. Wie in ►Tabelle 6.3 gezeigt ist, werden für Einzelzustände Kleinbuchstaben und für Gesamtzustände Großbuchstaben verwendet. In den spektroskopischen Bezeichnungen (6.1) wird üblicherweise der Großbuchstabe für L verwendet.

Bahndrehimpuls	Einzelzustand ℓ	Gesamtzustand L	Bezeichnung
0	s	S	sharp
1	p	P	principal
2	d	D	diffuse
3	f	F	fundamental
4	g	G	–

Tabelle 6.3 Bezeichnungen und Wortherkunft für Bahndrehimpulse: Kleinbuchstaben für Einzelzustände, Großbuchstaben für Gesamtzustände. Bei spektroskopischen Bezeichnungen (6.1) wird der Großbuchstabe verwendet.

Die Quantenzahl J des Gesamtdrehimpulses aus Gesamtbahndrehimpuls und Gesamtspin kann die Werte $J = |L - S|, |L - S| + 1, \ldots, L + S$ annehmen (5.64). Er wird bei spektroskopischen Bezeichnungen (6.1) numerisch angegeben.

Beispiel 19: Spektroskopische Bezeichnungen beim H-Atom

Die verschiedenen spektroskopischen Zustände beim Wasserstoff werden wie folgt bezeichnet:

Hauptquantenzahl n	Bahndrehimpuls ℓ	Spin s	Gesamtdrehimpuls j	Spektroskopische Bezeichnung
1	0	1/2	1/2	$1^2S_{1/2}$
2	0	1/2	1/2	$2^2S_{1/2}$
2	1	1/2	1/2	$2^2P_{1/2}$
2	1	1/2	3/2	$2^2P_{3/2}$

6.2 Feinstrukturkonstante

Um die Größenordnungen der Energiekorrekturen einordnen zu können, führen wir die **Feinstrukturkonstante** α ein. Sie ist ein dimensionsloses Maß für die **Stärke der elektromagnetischen Wechselwirkung** bei Abständen $\sim 1\text{Å}$:

$$\alpha \equiv \frac{e^2}{4\pi\,\epsilon_0\,\hbar c} \tag{6.2}$$

Üblicherweise wird der Kehrwert der Feinstrukturkonstanten angegeben:

$$\frac{1}{\alpha} = 137{,}035999084(21) \tag{6.3}$$

Nehmen wir z. B. die Energieniveaus (4.52) des Elektrons im Wasserstoffatom mit der Hauptquantenzahl n und Ladung $Z = 1$:

$$E_n = -\frac{m_e\, e^4}{8\, h^2\, \epsilon_0^2} \left(\frac{Z}{n}\right)^2 \qquad (6.4)$$

Mit α (6.2) können wir die Energien in kompakter Form aufschreiben:

$$E_n = -\alpha^2 \frac{m_e\, c^2}{2} \left(\frac{Z}{n}\right)^2 \qquad (6.5)$$

Dabei ist die Bindungsenergie des Elektrons um das $\alpha^2 \approx 10^{-4}$-fache kleiner als die Ruheenergie $m_e\, c^2$ des Elektrons.

6.3 Feinstruktur

Zur Erklärung der beobachteten Verschiebungen der Energieniveaus im Rahmen der Feinstruktur müsste man die relativistisch korrekte quantenmechanische Dirac-Gleichung ansetzen. Stattdessen beschreiben wir drei Korrekturterme zum nicht-relativistischen Hamilton-Operator, die **relativistische Korrektur** der kinetischen Energie, die **Spin-Bahn-Kopplung** und den **Darwin-Term** zur Korrektur der potentiellen Energie.

6.3.1 Relativistische Korrektur

Die Gesamtenergie eines Elektrons mit den Anteilen der kinetischen und potentiellen Energien lautet im nicht-relativistischen Fall ($v \ll c$):

$$E = E_{\text{kin}} + E_{\text{pot}} = \frac{p^2}{2\, m_e} + E_{\text{pot}} \qquad (6.6)$$

Um die relativistischen Effekte auf den Term der kinetischen Energie abzuschätzen, betrachten wir nach Einsteins Energiebeziehung (1.9)

$$E_{\text{rel}} = \sqrt{p^2\, c^2 + m_e^2\, c^4} = m\, c^2 \sqrt{1 + \left(\frac{p}{m_e\, c}\right)^2}\,. \qquad (6.7)$$

Mit der Taylor-Entwicklung von $\sqrt{1+x} = 1 + (1/2)\, x - (1/8)\, x^2 \ldots$ folgt dann

$$\begin{aligned} E_{\text{rel}} &\approx m_e\, c^2 \left[1 + \frac{1}{2}\left(\frac{p}{m\, c}\right)^2 - \frac{1}{8}\left(\frac{p}{m\, c}\right)^4\right] \\ &= \frac{p^2}{2\, m} - \frac{1}{8}\,\frac{p^4}{m^3\, c^2} + m_e\, c^2\,. \end{aligned} \qquad (6.8)$$

Damit ergibt sich als Korrekturterm für die kinetische Energie

$$\Delta E_{\text{rel}} = -\frac{1}{8}\,\frac{p^4}{m_e^3\, c^2}\,. \qquad (6.9)$$

Den Erwartungswert für die relativistische Energiekorrektur erhält man über den entsprechenden Operator $\Delta\hat{E}_{\text{rel}}$:

$$\begin{aligned}\langle\Delta\hat{E}_{\text{rel}}\rangle &= = \int \psi^*\, \Delta\hat{E}_{\text{rel}}\, \psi\, dV \\ &= -\frac{1}{8\, m_e^3\, c^2} \int \psi^*\, (-i\,\hbar\,\nabla)^4\, \psi\, dV\end{aligned}$$

Die Berechnung überlassen wir der Theorievorlesung und notieren hier das Ergebnis für die **relativistische Korrektur** der kinetischen Energie:

$$\Delta E_{\text{rel}} = -E_n\, Z^2\, \alpha^2\, \frac{1}{n} \left(\frac{3}{4n} - \frac{1}{\ell + \frac{1}{2}}\right) \tag{6.10}$$

Mit der Verwendung der Feinstrukturkonstanten α (6.2) wird die Hierarchie der Größenordnungen sehr gut verdeutlicht. Die Bindungsenergie E_n (6.5) ist um den Faktor $\alpha^2 \approx 10^{-4}$ kleiner als die Ruheenergie des Elektrons. Die relativistische Korrektur (6.10) ist nochmal um denselben Faktor $\alpha^2 \approx 10^{-4}$ geringer. Beachten Sie, dass (6.10) vom Bahndrehimpuls ℓ abhängt.

Beispiel 20: Relativistische Korrektur

Beim Wasserstoffatom im Grundzustand ($n = 1$, $\ell = 0$) erhalten wir die relativistische Korrektur mit (6.3) und (6.10):

$$\begin{aligned}\Delta E_{\text{rel}} &= -\frac{E_1\, \alpha^2}{1} \left(\frac{3}{4 \cdot 1} - \frac{1}{0 + \frac{1}{2}}\right) \\ &= -(-13{,}6) \cdot \frac{1}{137^2} \cdot \underbrace{\left(\frac{3}{4} - 2\right)}_{=-1{,}25} \text{eV} \\ &= -9 \cdot 10^{-4}\,\text{eV} = -0{,}9\,\text{meV}\end{aligned}$$

6.3.2 Spin-Bahn-Kopplung

In der klassischen Vorstellung eines Wasserstoffatoms befindet sich das Proton nahe des Atomschwerpunkts und das Elektron kreist um das Proton. Diese Argumentation basiert auf dem großen Massenunterschied zwischen Proton und Elektron von $m_p \approx 2.000\, m_e$.

Ruhesystem Elektron: Im Folgenden vertauschen wir die Rollen und begeben uns zunächst in Gedanken mithilfe einer Lorentztransformation in das Ruhesystem des Elektrons. In der klassischen Vorstellung kreist nun das Proton um das ruhende Elektron und erzeugt dabei das Magnetfeld $\vec{B}$ eines Kreisstroms senkrecht zur Kreisfläche (vergleiche ►Abbildung 5.3 und Gleichung (5.23)):

$$\vec{B} = \frac{\mu_0}{2\pi} \frac{\vec{p}_m}{r^3} \tag{6.11}$$

Wegen der positiven elektrischen Elementarladung e des Protons stehen das Dipolmoment $\vec{p}_m$ und der Proton-Bahndrehimpuls $\hat{\vec{L}}$ hier parallel zueinander (vergleiche mit (5.34), (5.39), siehe ►Abbildung 6.2):

$$\vec{p}_m = \frac{e\,\vec{L}}{2\,m_p} = \underbrace{\frac{e\,\hbar}{2\,m_p}}_{\equiv \mu_K} \frac{\vec{L}}{\hbar} = \mu_K\,\frac{\vec{L}}{\hbar} \tag{6.12}$$

Der Vorfaktor ist das Kernmagneton μ_K (analog zum Bohrschen Magneton, siehe Kapitel 6.5). Das Magnetfeld (6.11) durch die Bahnbewegung des Protons zeigt ebenfalls parallel zum Bahndrehimpuls $\vec{L}$:

$$\vec{B} = \frac{\text{const.}}{r^3} \cdot \vec{L} \tag{6.13}$$

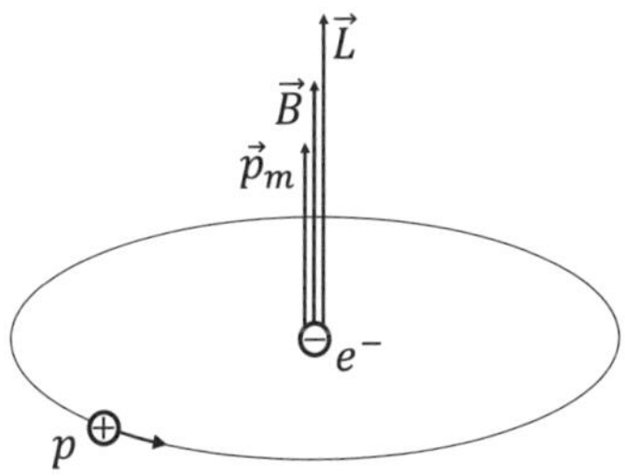

Abbildung 6.2 Im Ruhesystem des Elektrons kreist das Proton um das Elektron und erzeugt dadurch ein Magnetfeld $\vec{B}$ parallel zum Drehimpuls $\vec{L}$ und zum magnetischen Moment p_m des Elektrons.

Das Elektron besitzt den Spin $\vec{S}$, mit dem ein magnetisches Dipolmoment $\vec{\mu}_s$ (5.59) verbunden ist. Wir beachten dabei seinen g-Faktor $g_s \approx -2$ (5.58):

$$\vec{\mu}_s = g_s\,\mu_B\,\frac{\vec{S}}{\hbar} \tag{5.59}$$

Die Wechselwirkung des magnetischen Dipolmoments $\vec{\mu}_s$ vom Elektronenspin mit dem Magnetfeld $\vec{B}$ durch den Proton-Bahndrehimpuls $\vec{L}$ ergibt eine Verschiebung des Elektron-Energieniveaus (5.26):

$$\Delta E = -\vec{\mu}_s \cdot \vec{B} = \frac{\text{const.}}{r^3}\,\vec{L} \cdot \vec{S} \tag{6.14}$$

Dabei haben wir alle Konstanten zusammengefasst.

Ruhesystem Proton: Die Rücktransformation vom Elektron- in das Proton-Ruhesystem können wir durch eine Lorentztransformation erreichen, deren Berechnung wir der Theorievorlesung überlassen. Im Ergebnis ändert sich nur die Konstante in (6.14).

Die neue Konstante und die r^{-3}-Abhängigkeit fassen wir in der Variablen a zusammen, um die Energieverschiebung durch das Skalarprodukt $\vec{L} \cdot \vec{S}$ hervorzuheben:

$$a = \frac{\text{const.}'}{r^3}\,\hbar^2 \tag{6.15}$$

$$\Delta E = \frac{a}{\hbar^2}\,\vec{L} \cdot \vec{S} \tag{6.16}$$

Den Bahndrehimpuls des Elektrons $\vec{L}$ und seinen Spin $\vec{S}$ fassen wir im Folgenden als quantenmechanische Operatoren auf, wobei uns der Erwartungswert ihres Skalarprodukt $\hat{\vec{L}} \cdot \hat{\vec{S}}$ interessiert. Der Operator des Gesamtdrehimpulses $\hat{\vec{J}}$ setzt sich aus $\hat{\vec{L}}$ und $\hat{\vec{S}}$ zusammen. Durch Quadrieren und Umstellen der Terme erhalten wir den Erwartungswert des gesuchten Skalarprodukts mithilfe von (3.128), (5.41) und (5.63):

$$\begin{aligned} \hat{\vec{J}} &= \hat{\vec{L}} + \hat{\vec{S}} \\ \hat{\vec{J}}^2 &= \hat{\vec{L}}^2 + \hat{\vec{S}}^2 + 2\,\hat{\vec{L}} \cdot \hat{\vec{S}} \\ \hat{\vec{L}} \cdot \hat{\vec{S}} &= \frac{1}{2}\left(\hat{\vec{J}}^2 - \hat{\vec{L}}^2 - \hat{\vec{S}}^2\right) \\ \left\langle \hat{\vec{L}} \cdot \hat{\vec{S}} \right\rangle &= \frac{\hbar^2}{2}\left[j\,(j+1) - \ell\,(\ell+1) - s\,(s+1)\right] \end{aligned} \tag{6.17}$$

Damit lautet der Term für die Energieverschiebung der Energieniveaus in den Quantenzahlen j, ℓ und s:

$$\Delta E_{LS} = \frac{a}{2}\left[j\,(j+1) - \ell\,(\ell+1) - s\,(s+1)\right] \tag{6.18}$$

Der Erwartungswert von a wird in der Theorie durch Anwendung der Wellenfunktion des Wasserstoffatoms berechnet, das Ergebnis geben wir hier an:

$$\begin{aligned} \langle a \rangle &= \text{const.}'\,\hbar^2 \int \psi^* \,\frac{1}{r^3}\,\psi\, dV \\ &= -E_n\, Z^2\, \alpha^2\, \frac{1}{n \cdot \ell \cdot \left(\ell + \frac{1}{2}\right) \cdot (\ell + 1)} \end{aligned} \tag{6.19}$$

Spin-Bahndrehimpuls-Wechselwirkung: Die Energieverschiebung $\Delta E = -\vec{\mu}_s \cdot \vec{B}$ (5.26) erfolgt aufgrund der Wechselwirkung zwischen dem magnetischen Dipolmoment durch den Elektron-Spin und dem Magnetfeld aus der Elektron-Bahnbewegung. In Kurzform bezeichnen wir diesen Effekt als **Spin-Bahn-Kopplung des Elektrons**. Die Energieverschiebung beträgt:

$$\Delta E_{LS} = -E_n \frac{(Z\,\alpha)^2}{2n} \cdot \frac{j\,(j+1) - \ell\,(\ell+1) - s\,(s+1)}{\ell \cdot \left(\ell + \frac{1}{2}\right) \cdot (\ell + 1)} \tag{6.20}$$

Interessant ist, dass hier, wie auch bei der relativistischen Korrektur (6.10), die Energieentartung in der Bahndrehimpulsquantenzahl ℓ aufgehoben wird.

Die erste Aufspaltung in der ►Abbildung 6.1 (Feinstruktur) hängt aber gerade *nicht* von ℓ ab. Man kann sie also nicht allein auf die Spin-Bahn-Kopplung zurückführen, sondern benötigt die relativistische Korrektur und den Darwin-Term aus dem nächsten Kapitel zur Erklärung, warum z. B. $2S_{1/2}(\ell = 0)$ und $2P_{1/2}(\ell = 1)$ in der Energie entartet sind.

Aufgabe 9: Spin-Bahn-Kopplung

Berechnen Sie die Energieaufspaltung durch Spin-Bahn-Kopplung im Wasserstoffatom zwischen den Energieniveaus $n = 2$, $\ell = 1$, $j = \frac{1}{2}$ und $n = 2$, $\ell = 1$, $j = \frac{3}{2}$.

6.3.3 Darwin-Term

Die halbklassische Herleitung der Spin-Bahn-Kopplung versagt für die Bahndrehimpulsquantenzahl $\ell = 0$ aufgrund der Divergenz der Energieaufspaltung ΔE_{LS} in (6.20). Die entsprechende Korrektur für $\ell = 0$ liefert der sogenannte Darwin-Term (C.G.Darwin, 1928). Er beschreibt die Änderung der potentiellen Energie ΔV aufgrund der Tatsache, dass das Elektron nicht exakt lokalisiert ist (manchmal als Zitterbewegung bezeichnet), sodass die elektromagnetische Wechselwirkung sich nicht nur auf den festen Abstand r bezieht, sondern auch von einem kleinen Bereich Δr um das Elektron herum abhängt.

Der Energieoperator lautet (von der ersten zur zweiten Zeile ist eine längere Rechnung erforderlich):

$$\hat{H}_{\text{Darwin}} = \frac{\hbar^2}{8\, m_e^2\, c^2} \cdot \Delta V \tag{6.21}$$

$$= \frac{\hbar^2}{8\, m_e^2\, c^2}\, 4\,\pi \left(\frac{Z\, e^2}{4\,\pi\,\epsilon_0}\right) |\psi(0)^2| \tag{6.22}$$

Ein Beitrag ergibt sich nur dann, wenn im rechten Term $\psi(0) \neq 0$ ist. Dafür muss der Bahndrehimpuls verschwinden, so dass die Korrektur nur für Zustände mit $\ell = 0$ relevant ist. Als Korrekturterm ergibt sich (Theorievorlesung):

$$\Delta E_{\text{Darwin}} = -E_n \frac{Z^2\, \alpha^2}{n} \qquad \text{für } \ell = 0 \tag{6.23}$$

6.3.4 Feinstrukturaufspaltung

Für die Feinstrukturaufspaltung haben wir die drei Terme aus der relativistischen Korrektur und der Spin-Bahn-Kopplung sowie den Darwin-Term:

$$\Delta E_{\text{rel}} = -E_n\, Z^2\, \alpha^2\, \frac{1}{n} \left(\frac{3}{4\,n} - \frac{1}{\ell + \frac{1}{2}}\right) \tag{6.10}$$

$$\Delta E_{LS} = -E_n\, Z^2\, \alpha^2\, \frac{1}{n}\, \frac{1}{2}\, \frac{j\,(j+1) - \ell\,(\ell+1) - s\,(s+1)}{\ell \cdot \left(\ell + \frac{1}{2}\right) \cdot (\ell+1)} \tag{6.20}$$

$$\Delta E_{\text{Darwin}} = -E_n\, Z^2\, \alpha^2\, \frac{1}{n} \qquad \text{für } \ell = 0 \tag{6.23}$$

Für den Fall $\ell \geq 1$ müssen die Terme (6.10) und (6.20) addiert werden, indem man z. B. die Fälle $\ell = j - 1/2$ und $\ell = j + 1/2$ getrennt durchrechnet. Auch für $\ell = 0$ ergibt eine einfache Addition von (6.10) und (6.23) dasselbe einheitliche Ergebnis der **Feinstrukturaufspaltung**:

$$\Delta E_{\text{FS}} = \Delta E_{\text{rel}} + \Delta E_{LS}(\ell \geq 1) + \Delta E_{\text{Darwin}}(\ell = 0) \tag{6.24}$$

$$\Delta E_{\text{FS}} = E_n\, Z^2\, \alpha^2\, \frac{1}{n} \cdot \left[\frac{1}{j + \frac{1}{2}} - \frac{3}{4\,n}\right] \tag{6.25}$$

Die Größenordnungen werden mit der Feinstrukturkonstante α (6.2) gut sichtbar. Die Feinstrukturaufspaltung der Energieniveaus ist α^2/n-mal geringer als die Bindungsenergie des zugehörigen Niveaus. Bemerkenswert ist, dass die ℓ-Abhängigkeit der Terme sich aufhebt.

Die Feinstrukturaufspaltung hängt nur noch von der Hauptquantenzahl n und der Gesamtdrehimpulsquantenzahl j ab.

Dieses Ergebnis liefert auch die relativistische Dirac-Gleichung.

Experiment 15: Feinstruktur von Natrium

Mit Hilfe eines hochauflösenden Gitters untersuchen wir die gelbe Natriumlinie. Das gelbe Licht besteht aus zwei dicht nebeneinander liegenden Linien aus den Übergängen mit spektroskopischen Bezeichnungen $n^{2S+1}L_J$, wobei sich die beiden oberen Energieniveaus in $J = 3/2$ und $J = 1/2$ unterscheiden: $3^2P_{3/2} \to 3^2S_{1/2}$ und $3^2P_{1/2} \to 3^2S_{1/2}$. Die Wellenlängen der Natrium-Feinstruktur betragen $\lambda = 589{,}6\,\text{nm}$ und $\lambda = 589{,}0\,\text{nm}$.

6.4 Lamb-Verschiebung

Im Kapitel 6.3 hatten wir gezeigt, dass die Feinstrukturaufspaltung (6.25) beim Wasserstoff nur die Quantenzahl j betrifft, die Energie aber nicht von der Drehimpulsquantenzahl ℓ abhängt. Das ist auch das Ergebnis der exakten Berechnung nach der Dirac-Theorie. Das folgende Experiment zeigt allerdings eine kleine Verschiebung zwischen den Zuständen $2S_{1/2}$ und $2P_{1/2}$ des Wasserstoffs und damit einen neuen Effekt.

Experiment 16: Lamb-Verschiebung

Im Experiment werden Wasserstoffatome untersucht, deren Elektron sich im angeregten Zustand $n = 2$ befindet. Dazu wird Wasserstoffgas in einem Ofen erhitzt und die Wasserstoffatome werden bei ihrem Austritt mit Elektronen beschossen, die das Wasserstoffelektron auf Energieniveaus mit $n = 2$ anregen (►Abbildung 6.3).

Einige der Wasserstoffelektronen gelangen dabei in das *langlebige* Niveau $2S_{1/2}$ (Bahndrehimpuls $\ell = 0$ in ►Abbildung 6.4), können ein Wolframblech erreichen und dort ihre Anregungsenergie durch Auslösen eines Elektrons aus dem Blech abgeben. Durch eine Spannung werden die ausgelösten Elektronen auf eine Anode gelenkt und durch Messung des Stromflusses $I > 0$ nachgewiesen.

Zwischen der Anregung durch die Elektronen und der Nachweisapparatur ist zusätzlich ein Hochfrequenzresonator (HF-Resonator) eingebaut. Speist man darin elektromagnetische Wellen mit der passenden Frequenz $\nu = \Delta E/h$ ein, die dem Energieunterschied ΔE zwischen den beiden Energieniveaus $2S_{1/2}$ und $2P_{1/2}$ entspricht, können die angeregten Wasserstoffatome durch induzierte Emission in das *kurzlebige* Niveau $2P_{1/2}$ übergehen (Bahndrehimpuls $\ell = 1$ in ►Abbildung 6.4) und in den Grundzustand zerfallen. Bei der Ankunft am Wolframblech haben die Wasserstoffatome nicht mehr genügend Energie, um ein Elektron aus dem Blech zu schlagen, der Strom sinkt auf $I = 0$.

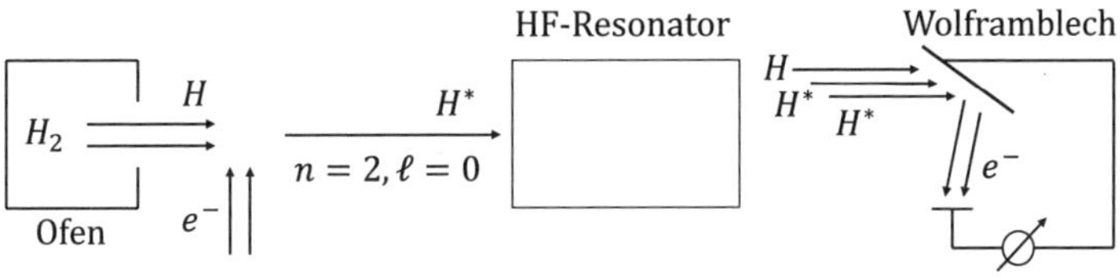

Abbildung 6.3 Wasserstoffatome werden durch Stöße teilweise auf das langlebige $2S_{1/2}$-Niveau angeregt. An einem Wolframblech lösen sie mit ihrer Anregungsenergie Elektronen aus, die als Strom nachgewiesen werden. Wird im Resonator die Energie ΔE der Lamb-Verschiebung eingestrahlt, zerfällt der $2S_{1/2}$-Zustand und der Strom versiegt.

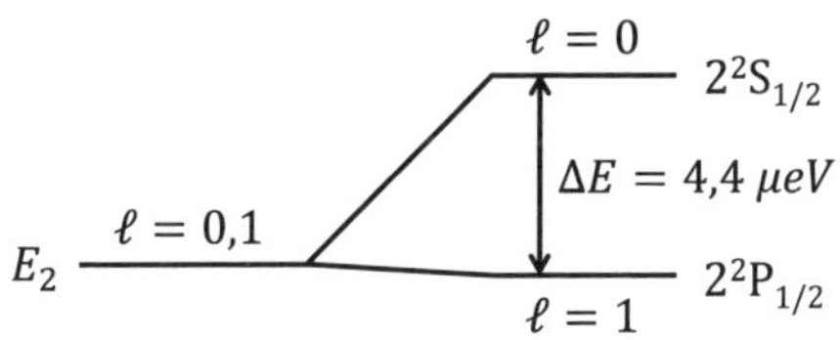

Abbildung 6.4 Die Lamb-Verschiebung trennt Niveaus mit unterschiedlichem Bahndrehimpuls ℓ.

Die entscheidende Beobachtung des Experiments ist die Aufspaltung der Energieniveaus $n = 2, \ell = 0$ und $n = 2, \ell = 1$ in ►Abbildung 6.4. Im Rahmen der Messgenauigkeit der Feinstruktur (6.25) waren sie noch entartet:

> *Die Energieentartung bezüglich der Bahndrehimpulsquantenzahl ℓ der Niveaus $2S_{1/2}$ und $2P_{1/2}$ wird durch die Lamb-Verschiebung aufgehoben.*

W. Lamb und R. Retherford führten diesen Versuch durch, Lamb erhielt 1955 den Nobelpreis.

Theoretische Interpretation: Die ersten Berechnungen zur Lamb-Verschiebung nahm Hans Bethe (Nobelpreis 1967) vor, gefolgt von Richard Feynman und Julian Schwinger. Die daraus entwickelte **Quantenelektrodynamik QED** konnte eine konsistente quantentheoretische Beschreibung der Lamb-Verschiebung liefern. (Nobelpreise an Richard P. Feynman, Julian Schwinger und Sin-Itiro Tomonaga im Jahr 1965).

Die Untersuchungen zur Lamb-Verschiebung gehen über den Darwin-Term hinaus. Der Darwin-Term ist ein relativistischer Korrekturterm, der aufgrund der quantenmechanischen Unschärfe erforderlich ist. Die Lamb-Verschiebung berücksichtigt die Ursache für Zitterbewegungen im Rahmen der Quantenelektrodynamik.

Wir erläutern kurz die wichtigsten Aspekte dieser Theorie. Im Rahmen der Heisenbergschen Unschärferelation sind kurzzeitige Fluktuationen des Elektrons in ein Elektron-Photon-Paar möglich (►Abbildung 6.5 links).

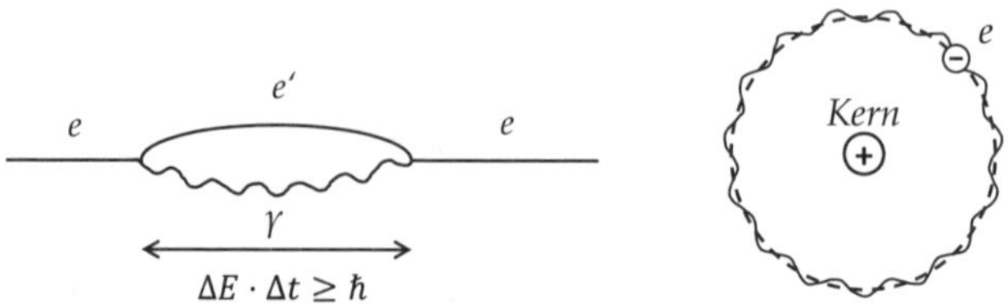

Abbildung 6.5 Links: Das Elektron kann aufgrund der Unschärferelation (3.83) kurzzeitig in ein Elektron-Photon-Paar übergehen (Vakuumfluktuation, links) und damit das effektive Potential ändern („Zitterbewegungen"), rechts

Durch diese **Vakuumfluktuationen** verändert sich das Potential

$$V = -\frac{k}{r} \quad \rightarrow \quad V = -\frac{k}{r + \delta r} \tag{6.26}$$

und damit auch der Erwartungswert der Energie (vergleiche auch „Zitterbewegungen" im Darwin-Term (►Abbildung 6.5 rechts und (6.23)):

$$\left\langle E\left(\frac{1}{r}\right)\right\rangle \neq \left\langle E\left(\frac{1}{r + \delta r}\right)\right\rangle \tag{6.27}$$

Ein weiterer Effekt ist die kurzzeitige Fluktuation in zusätzliche Elektron-Positron-Paare, die als **Vakuumpolarisation** bezeichnet wird. Dadurch wird die Kernladung teilweise abgeschirmt.

Die im Rahmen der Quantenelektrodynamik (QED) resultierenden Verschiebungen der Energieniveaus sind nochmal eine Größenordnung kleiner als die Verschiebungen der Feinstruktur:

$$\Delta E \lesssim 10^{-5}\,\mathrm{eV} \tag{6.28}$$

Betroffen sind vor allem Zustände in Kernnähe, also mit kleinen Bahndrehimpulsquantenzahlen ℓ.

6.5 Hyperfeinstruktur

Um die Hyperfeinstruktur zu verstehen, benötigen wir auch den Spin des Wasserstoffkerns. Das Proton hat den Spin $I = 1/2$. Wir führen den entsprechenden Spinoperator $\hat{\vec{I}}$ ein mit den Erwartungswerten wie bei den bisherigen Drehimpulsoperatoren und ihren Projektionsoperatoren:

$$\left\langle \hat{I}^2 \right\rangle = I\,(I+1)\,\hbar^2 \tag{6.29}$$

$$\left\langle \hat{I}_z \right\rangle = m_I\,\hbar \tag{6.30}$$

Analog zum Bohrschen Magneton definieren wir das **Kernmagneton** (6.12) mit der Protonmasse m_p:

$$\mu_K = \frac{e\,\hbar}{2\,m_p} = 31{,}5245125844(96)\,\frac{\mathrm{neV}}{\mathrm{T}} \tag{6.31}$$

Mit dem g-Faktor des Kerns g_k beträgt das **magnetische Dipolmoment des Kerns:**

$$\vec{\mu}_I = g_k \cdot \mu_K \cdot \frac{\vec{I}}{\hbar} \tag{6.32}$$

Für das Proton geben wir hier den g-Faktor an (wir messen ihn in Kapitel 13.4):

$$g_p = 5{,}5856946893(16) \tag{6.33}$$

Dieser Wert unterscheidet sich von der Erwartung für ein punktförmiges, geladenes Teilchen, wie z. B. das Elektron, dessen g-Faktor $g_s \approx -2$ beträgt.

Der g-Faktor des Protons g_p weist darauf hin, dass das Proton kein Elementarteilchen ist, sondern eine Substruktur besitzt. Wir werden später sehen, dass das Proton aus drei Quarks zusammengesetzt ist.

Das Elektron mit dem Gesamtdrehimpuls $\vec{J} = \vec{L} + \vec{S}$ erzeugt am Ort des Kerns ein Magnetfeld in Richtung von $\vec{J}$:

$$\vec{B} = B_j\,\frac{\vec{J}}{|\vec{J}|} \tag{6.34}$$

Aufgrund der Wechselwirkung zwischen diesem Magnetfeld und dem magnetischen Dipolmoment aufgrund des Protonenspins werden die Energieniveaus des Elektrons verschoben (5.26)

$$\Delta E_{\mathrm{HF}} = -\vec{\mu}_I \cdot \vec{B} = \frac{A}{\hbar^2}\,\vec{I} \cdot \vec{J}\,. \tag{6.35}$$

Der Faktor A wird als **Hyperfeinkonstante** bezeichnet:

$$A = \frac{B_j\,g_K\,\mu_K}{\sqrt{J\,(J+1)}} \tag{6.36}$$

Ähnlich wie bei der Berechnung der Feinstruktur (6.17) fassen wir den Gesamtdrehimpuls des Elektrons $\hat{\vec{J}}$ und den Kernspin $\hat{\vec{I}}$ als Operatoren auf. Der Operator des **Gesamtdrehimpulses des Atoms** $\hat{\vec{F}}$ setzt sich hier aus $\hat{\vec{J}}$ und $\hat{\vec{I}}$ zusammen. Der Erwartungswert des quadrierten Gesamtdrehimpulsoperators $\hat{\vec{F}}^2$ beträgt $F\,(F+1)$. Durch Quadrieren und Umstellen der Terme erhalten wir den Erwartungswert des gesuchten Skalarprodukts:

$$\hat{\vec{F}} = \hat{\vec{J}} + \hat{\vec{I}} \tag{6.37}$$

$$\hat{\vec{F}}^2 = \hat{\vec{J}}^{\,2} + \hat{\vec{I}}^{\,2} + 2\,\hat{\vec{I}} \cdot \hat{\vec{J}} \tag{6.38}$$

$$\hat{\vec{I}} \cdot \hat{\vec{J}} = \frac{\hbar^2}{2}\,[F\,(F+1) - j\,(j+1) - I\,(I+1)] \tag{6.39}$$

die Verschiebung der Energieniveaus für die **Hyperfeinaufspaltung**

$$\Delta E_{\mathrm{HF}} = \frac{A}{2}\,[F\,(F+1) - j\,(j+1) - I\,(I+1)] \tag{6.40}$$

mit der Hyperfeinkonstanten A und in Abhängigkeit der Quantenzahlen F, j und ℓ. Wie im Falle der Lamb-Verschiebung ist auch hier der Effekt in Kernnähe, also für kleine Bahndrehimpulse, am größten. Wie man im folgenden Beispiel sieht, ist die Aufspaltung von der gleichen Größenordnung wie die Lamb-Verschiebung.

Beispiel 21: Hyperfeinstruktur

Betrachte das Wasserstoffatom im Grundzustand (►Abbildung 6.6): $n = 1$, $\ell = 0$, $s = \frac{1}{2}$, $j = \ell + s = \frac{1}{2}$. Der Spin des Protons ist $I = \frac{1}{2}$. Damit ergibt sich für $F = 0{,}1$:

$$\Delta E(F=0) = \frac{A}{2}\left[0 - \frac{1}{2}\left(\frac{1}{2}+1\right) - \frac{1}{2}\left(\frac{1}{2}+1\right)\right] = -\frac{3}{4}A \tag{6.41}$$

$$\Delta E(F=1) = \frac{A}{2}\left[1(1+1) - \frac{1}{2}\left(\frac{1}{2}+1\right) - \frac{1}{2}\left(\frac{1}{2}+1\right)\right] = \frac{1}{4}A \tag{6.42}$$

Der magnetische Dipolübergang ΔE entspricht der $\lambda = 21\,\text{cm}$-Linie von Wasserstoff. Über diese sogenannte HI-Linie (H-Eins-Linie), auch Wasserstofflinie, wird in der Astronomie Wasserstoff im Universum nachgewiesen. Die Lebensdauer beträgt: $\tau(F=1) \approx 10^7$ Jahre. Die Energieverschiebung durch die Hyperfein-Wechselwirkung berechnen wir aus der $\lambda = 21\,\text{cm}$ Linie und der Umrechnung (1.14):

$$\Delta E = \frac{1{,}24}{(\lambda/\mu\text{m})}\,\text{eV} = \frac{1{,}24}{2{,}1\cdot 10^5\,\mu\text{m}}\,\text{eV} \approx 6\cdot 10^{-6}\,\text{eV} = 6\,\mu\text{eV} \tag{6.43}$$

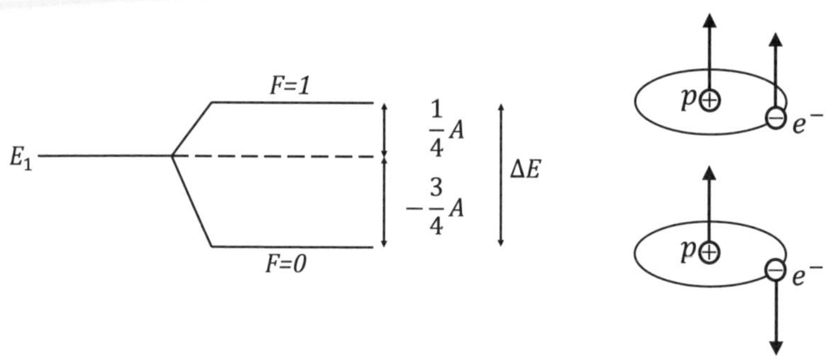

Abbildung 6.6 Die Hyperfeinaufspaltung des Grundzustandes $1S_{1/2}$ des Wasserstoffatoms beruht auf den Spinstellungen von Elektron und Proton relativ zueinander.

Das Wichtigste zum Mitnehmen

Zum Mitnehmen: Energiekorrekturen im Wasserstoffatom 1

- Ein Elektron-Zustand erhält seine **Spektroskopische Bezeichnung** durch Hauptquantenzahl n, Multiplizität $2S+1$ (Anzahl Einstellmöglichkeiten des Gesamtspins S), Gesamtbahndrehimpuls L und Gesamtdrehimpuls J:

$$n^{2S+1}L_J \tag{6.1}$$

- Die **Feinstrukturkonstante** α ist ein dimensionsloses Maß für die Stärke der elektromagnetischen Wechselwirkung. Die Energieniveaus (4.52) im Wasserstoffatom lauten damit:

$$\alpha \equiv \frac{e^2}{4\pi\epsilon_0\hbar c} \approx \frac{1}{137} \tag{6.2}$$

$$E_n = -Z^2\alpha^2\frac{m_e c^2}{2}\frac{1}{n^2} \tag{6.5}$$

- Die **Feinstrukturaufspaltung** der Elektron-Energieniveaus im Wasserstoffatom wird von **relativistischen Korrekturen**, der nicht-scharfen Aufenthaltswahrscheinlichkeit des Elektrons (**Darwin-Term**) und der **Spin-Bahn-Kopplung** verursacht. Die zuletzt genannte Energieverschiebung beruht auf der Wechselwirkung zwischen dem magnetischen Dipolmoment aus dem Elektron-Spin und dem Magnetfeld aus der Elektron-Bewegung ($\Delta E = -\vec{\mu}_s\cdot\vec{B}$ (5.26)).

  Die Energieverschiebung berechnet sich mit den Quantenzahlen Hauptquantenzahl n, Gesamtdrehimpuls $j = \ell + s$, der Kernladung $Z = 1$ (unterdrückt durch α^4 wegen $E_n \propto \alpha^2$ (6.5):

$$\Delta E_{\mathrm{FS}} = E_n Z^2\alpha^2\frac{1}{n}\cdot\left[\frac{1}{j+\frac{1}{2}} - \frac{3}{4n}\right] \approx 50\,\mu\mathrm{eV} \tag{6.25}$$

- Das **Proton** hat wie das Elektron **Spin** $S = 1/2$, aber einen eigenen g-Faktor g_p. Sein **magnetisches Dipolmoment** $\vec{\mu}_I$ ergibt sich zusammen mit dem Kernmagneton μ_K:

$$g_p = 5{,}5856946893(16) \tag{6.33}$$

$$\mu_K = \frac{e\hbar}{2m_p} = 31{,}5245125844(96)\,\frac{\mathrm{neV}}{\mathrm{T}} \tag{6.31}$$

$$\vec{\mu}_I = g_k\cdot\mu_K\cdot\frac{\vec{I}}{\hbar} \tag{6.32}$$

Zum Mitnehmen: Energiekorrekturen im Wasserstoffatom 2

- Die **Hyperfeinaufspaltung** beschreibt die Energieverschiebung im Wasserstoffatom aufgrund der Wechselwirkung zwischen dem magnetischen Dipolmoment aus dem Protonenspin und dem Magnetfeld aus der Elektron-Bewegung ($\Delta E = -\vec{\mu}_I \cdot \vec{B}$ (5.26)).

  Mit dem **Operator des Atom-Gesamtdrehimpulses** $\hat{\vec{F}}$ aus Elektron-Gesamtdrehimpuls $\hat{\vec{J}}$ und Kernspin $\hat{\vec{I}}$ ergibt sich die Energieverschiebung mit den Quantenzahlen Atom-Gesamtdrehimpuls F, Elektron-Gesamtdrehimpuls $j = \ell + s$ und Kernspin I:

  $$\hat{\vec{F}} = \hat{\vec{J}} + \hat{\vec{I}} \tag{6.37}$$

  $$\Delta E_{\text{HF}} = \frac{A}{2} \left[F\,(F+1) - j\,(j+1) - I\,(I+1)\right] \approx 6\,\mu\text{eV} \tag{6.40}$$

  Im Grundzustand des Wasserstoffatoms stehen die Spins von Elektron und Proton antiparallel. Der Energieunterschied zur parallelen Spin-Einstellung entspricht der Wellenlänge der 21 cm-Linie.

- Die **Lamb-Verschiebung** ist ein Effekt der **Quantenelektrodynamik**, bei der kurzzeitige Fluktuationen des Elektrons in einen Elektron-Photon-Zustand die Energieniveaus im Wasserstoffatom verschieben. Die Energieentartung in der Bahndrehimpulsquantenzahl ℓ im Coulomb-Potential und in der Feinstruktur wird im Lamb-Experiment für den $n = 2$-Zustand aufgehoben. Die Energieverschiebung beträgt wenige μeV.

Gemeinsam verstehen

7

Wie gut können Sie bereits über die Themen sprechen? Führen Sie zu zweit ein wissenschaftliches Gespräch miteinander! Verteilen Sie dafür die Rollen: Anhand der Fragestellung erklärt Person 1 der Person 2 die wichtigsten physikalischen Zusammenhänge. Nehmen Sie Stift und Papier zur Hand, damit Sie bei Ihren Erklärungen Skizzen zeichnen und grundlegende physikalische Konzepte in Form von Gleichungen aufschreiben können.

Person 2 darf Verständnisfragen stellen, dabei z. B. Präzisierungen erfragen (was bedeutet der Buchstabe p in Deiner Gleichung genau?) oder auf größere Zusammenhänge hinweisen. Für die nächste Fragestellung tauschen Sie Ihre Rollen.

Zugangscode vorne im Buch

Bitte erwarten Sie, dass Ihr Gespräch individuell ganz verschieden verlaufen darf. Die Skizzen über mögliche Gesprächsverläufe im letzten Teil des E-Books oder Online (MyLab) sind lediglich als Kurzzusammenfassung einiger Aspekte zur anschließenden (!) Ergänzung gedacht.

Bei wissenschaftlichen Gesprächen dieser Art werden Sie sehr schnell Lerneffekte verspüren, und sie können auch als gute Vorbereitung für mündliche Prüfungen dienen. Ergänzen Sie gerne die Themenpalette mit eigenen Fragestellungen.

Aufgabe 10: Partnerarbeit: Absorption

Wir beleuchten eine mit Salz NaCl gefärbte Flamme alternativ mit weißem Licht bzw. mit einer Natrium-Lampe. Bei welcher Beleuchtung sehen wir einen Schatten der Flamme und warum?

Aufgabe 11: Partnerarbeit: Photoelektrischer Effekt

Was impliziert der photoelektrische Effekt?

Aufgabe 12: Partnerarbeit: Compton

Welche Bedeutung hat der Versuch von Compton?

Aufgabe 13: Partnerarbeit: Materiewellen

Was sind Materiewellen? Wie kann man sie nachweisen?

Aufgabe 14: Partnerarbeit: Quantisierung

Diskutieren Sie freie und gebundene Teilchen. Wo und warum gibt es eine Quantisierung von Energie?

Aufgabe 15: Partnerarbeit: Elektron im Wasserstoffatom

Wie groß ist ein Wasserstoffatom und wo befindet sich das Elektron?

Aufgabe 16: Partnerarbeit: Energieniveaus Wasserstoff

Welche physikalischen Effekte heben die Entartung der Energieniveaus im Wasserstoffatom auf und um welche Energie-Größenordnung handelt es sich?

Atome: Mehrelektronensysteme

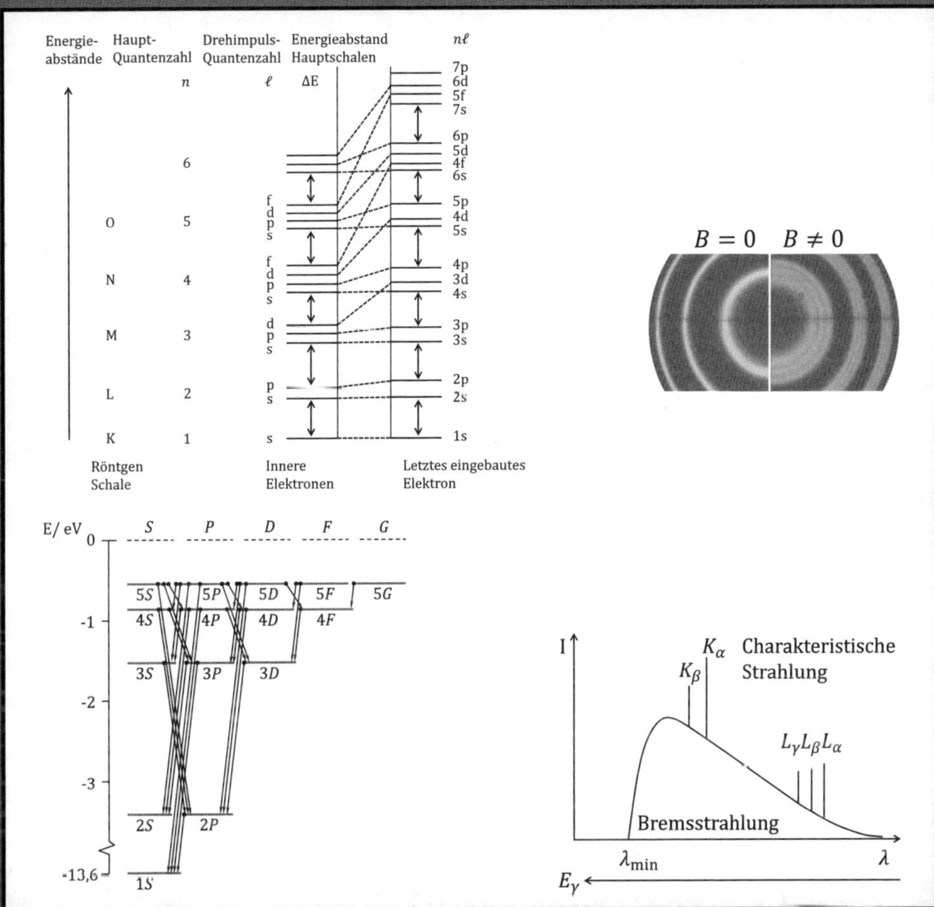

Teil III

Periodensystem der Elemente

8

ÜBERBLICK

» Das Periodensystem der Elemente ist das Anordnungsschema der Atome, das ursprünglich nach chemischen Kriterien erfolgte. Mit der Quantenmechanik können wir den Aufbau der Atomhüllen verstehen und damit eine tiefere Erklärung für die Struktur des Periodensystems formulieren.

Zusätzlich zu den Überlegungen zum Wasserstoffatom benötigen wir dafür das Pauli-Prinzip für Atome mit mehr als einem Elektron. Wir beschreiben dann das Helium-Atom und bauen anschließend das Periodensystem der Elemente anhand von vier Quantenzahlen und wenigen weiteren quantenmechanischen Kriterien auf. «

8.1 Symmetrie der Wellenfunktion, Pauli-Prinzip

In diesem Kapitel starten wir mit Symmetrieüberlegungen, die sich in der Quantenmechanik aus dem Argument der Ununterscheidbarkeit zweier Elektronen ergeben. Anschließend stellen wir das wichtige Pauli-Prinzip und erste Folgerungen daraus vor.

8.1.1 Wellenfunktion, Quantenzahlen Wasserstoffatom

Bevor wir die Bindung zweier Elektronen im Coulomb-Potential besprechen, erinnern wir zunächst an das einzelne Elektron im Wasserstoffatom (Teil II). Mithilfe der zeitunabhängigen Schrödinger-Gleichung (4.8)

$$-\frac{\hbar^2}{2\,m_e}\,\frac{\partial^2\psi}{\partial x^2}+V\,\psi(x)=E\,\psi \tag{8.1}$$

und der Untersuchungen zum Elektronenspin (Kapitel 5.3) hatten wir Lösungen für die Gesamtwellenfunktion des Elektrons (5.49)

$$\psi_{n\,\ell\,m_\ell\,m_s}=\psi_{n\,\ell\,m_\ell}\cdot\chi_{m_s} \tag{8.2}$$

aus der Ortswellenfunktion $\psi_{n\,\ell\,m_\ell}$ (►Tabelle 4.2) und der Spinfunktion χ_{m_s} (5.47), (5.48) gefunden, die von insgesamt vier Quantenzahlen abhängen:

n	Hauptquantenzahl	$n=1,2,\ldots$	(8.3)
ℓ	Drehimpulsquantenzahl	$\ell=0,1,\ldots,n-1$	
m_ℓ	Magnetische Quantenzahl	$-\ell\le m_\ell\le\ell$	
m_s	Projektion Spinquantenzahl $s=1/2$	$m_s=\pm 1/2$	

8.1.2 Symmetrie ununterscheidbarer Elektronen

Wir untersuchen nun zwei Elektronen in einem Potential und bezeichnen zur Verdeutlichung des Mehrteilchensystems die Gesamtwellenfunktion mit Ψ statt ψ. In der Schrödinger-Gleichung führen wir für jedes der Elektronen einen eigenen kinetischen Term ein:

$$\underbrace{-\frac{\hbar^2}{2\,m_e}\frac{\partial^2\Psi(x_1,x_2)}{\partial x_1^2}-\frac{\hbar^2}{2\,m_e}\frac{\partial^2\Psi(x_1,x_2)}{\partial x_2^2}}_{\text{kinetische Energie beider Teilchen}}+V\,\Psi(x_1,x_2)=E\,\Psi(x_1,x_2) \tag{8.4}$$

Um Lösungen für die Gesamtwellenfunktion Ψ zu erarbeiten, ist es zunächst hilfreich, Konsequenzen aus der Nicht-Unterscheidbarkeit der beiden Elektronen zu betrachten. Würden wir aus der klassischen Physik heraus argumentieren, hätten beide Elektronen vorhersagbare Bahnkurven und wären somit jederzeit unterscheidbar (►linke Abbildung 8.1).

Allerdings haben wir mit den Experimenten am Doppelspalt bereits gesehen (Kapitel 2.2), dass die klassische Sicht für Teilchen nicht haltbar ist, sondern nur Vorhersagen für den wahrscheinlichen Weg eines Teilchens möglich sind. Wir können unmöglich vorhersagen, welches Teilchen durch welchen Spalt gelangt oder an welcher Stelle der Interferenzfigur gelandet ist (►rechte Abbildung 8.1).

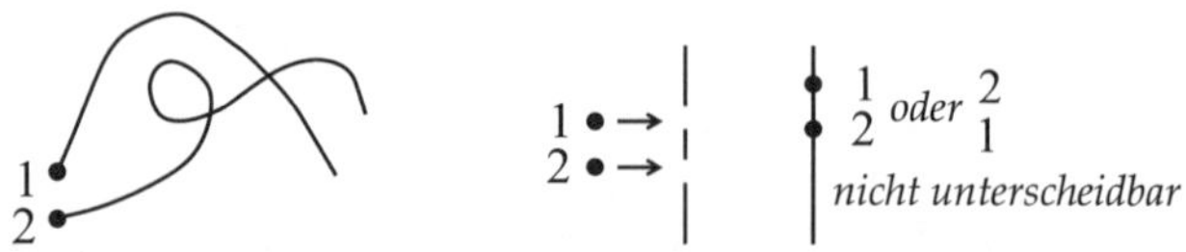

Abbildung 8.1 Links: In klassischer Vorstellung sind die Bahnkurven der Teilchen 1 und 2 jederzeit unterscheidbar. Rechts: Am Doppelspalt wissen wir nicht, welches Teilchen welchen Spalt durchlaufen hat und welches wo auf dem Schirm auftrifft.

Wenn die Zustände zweier Elektronen nicht unterscheidbar sind und wir vertauschen diese beiden Elektronen, dann dürfen sich Vorhersagen für experimentell beobachtbare Größen nicht ändern. Daher müssen die Wahrscheinlichkeitsdichten für das erste Elektron am Ort x_1 und das zweite bei x_2 oder das erste Elektron am Ort x_2 und das zweite bei x_1 gleich groß sein:

$$|\Psi(x_1, x_2)|^2 = |\Psi(x_2, x_1)|^2 \tag{8.5}$$

In dieser Schreibweise bezieht sich das erste Argument von $\Psi(.,.)$ auf den Ort des ersten Elektrons und das zweite Argument auf den Ort des zweiten Elektrons.

Diese Einsicht führt unmittelbar zu einer Symmetrieüberlegung für die Gesamtwellenfunktion Ψ. Wegen des Betragsquadrats (8.5) erhalten wir zwei Lösungsmöglichkeiten.

Bei der **symmetrischen Wellenfunktion** bleibt das Vorzeichen unter Vertauschung der Elektronen unverändert

$$\Psi_s(x_1, x_2) = \Psi_s(x_2, x_1)\,, \tag{8.6}$$

und bei der **antisymmetrischen Wellenfunktion** ändert sich das Vorzeichen:

$$\Psi_a(x_1, x_2) = -\Psi_a(x_2, x_1) \tag{8.7}$$

8.1.3 Quantenzahlen der antisymmetrischen Wellenfunktion

Für Mehrteilchensysteme lassen sich häufig passable Näherungen für die Gesamtwellenfunktion Ψ in (8.4) durch einen Lösungsansatz über das Produkt von Einzelwellenfunktionen $\psi_{n\,\ell\,m_\ell\,m_s}$ (8.2) finden.

Wir bezeichnen mit $\psi_{n_1\ell_1 m_{\ell 1} m_{s1}}$ die Einteilchen-Wellenfunktion des ersten Elektrons und mit $\psi_{n_2\ell_2 m_{\ell 2} m_{s2}}$ die Einteilchen-Wellenfunktion des zweiten Elektrons. Wir interessieren uns hier für die antisymmetrische Gesamtwellenfunktion und schreiben dafür einen Produktansatz mit der Normierungskonstanten c:

$$\Psi_a(x_1, x_2) = c\left[\psi_{n_1\ell_1 m_{\ell 1} m_{s1}}(x_1) \cdot \psi_{n_2\ell_2 m_{\ell 2} m_{s2}}(x_2) - \psi_{n_1\ell_1 m_{\ell 1} m_{s1}}(x_2) \cdot \psi_{n_2\ell_2 m_{\ell 2} m_{s2}}(x_1)\right] \tag{8.8}$$

Wir testen nun den Fall, dass beide Elektronen denselben Satz von Quantenzahlen $n\,\ell\,m_\ell\,m_s$ aufweisen, d. h., sich in demselben Energieniveau mit gleichem Drehimpuls befinden und gleiche Spinausrichtung haben. Für diesen Fall sind beide Summanden gleich groß, sodass die Wahrscheinlichkeit für die antisymmetrische Gesamtwellenfunktion verschwindet:

$$\left|\Psi_a\left([\,n_1\,\ell_1\,m_{\ell 1}\,m_{s1}\,] = [\,n_2\,\ell_2\,m_{\ell 2}\,m_{s2}\,]\right)\right|^2 = 0 \tag{8.9}$$

Als Konsequenz aus der Vertauschbarkeit der Elektronen ergibt sich zwangsläufig, dass bei einer antisymmetrischen Lösung sich die beiden Elektronen in den Quantenzahlen ihrer Zustände unterscheiden müssen. Elektronen-Zustände ohne Unterschied in den Quantenzahlen werden nicht realisiert.

Für unterscheidbare Zustände genügt z. B. eine andere Spinausrichtung $m_{s1} \neq m_{s2}$ oder ein anderes Energieniveau $n_1 \neq n_2$.

Beispiel 22: Kastenpotential mit zwei Elektronen auf Energieniveaus

Wir betrachten zwei Elektronen mit gleicher Spinausrichtung in einem Kastenpotential (►Abbildung 8.2). Damit eine antisymmetrische Gesamtwellenfunktion nicht verschwindet (8.9), gibt es zum Beispiel die Möglichkeit, dass sich Elektron 1 im Grundzustand $n = 1$ und Elektron 2 im ersten angeregten Zustand $n = 2$ befindet. Die beiden Elektronen unterscheiden sich demnach in ihren Energieniveaus, die im Kastenpotential (3.58) durch

$$E_n = \frac{\hbar^2}{2\,m_e}\,\frac{\pi^2}{a^2}\,n^2 \tag{3.58}$$

gegeben sind. Aus der uns bereits bekannten Einteilchen-Wellenfunktion (3.55)

$$\psi(x) = i\,\sqrt{\frac{2}{a}}\,\sin\left(\frac{n\,\pi}{a}\,x\right) \tag{3.55}$$

schreiben wir die antisymmetrische Gesamtwellenfunktion $\Psi_a(x_1, x_2)$ anhand von (8.8) auf:

$$\Psi_a(x_1, x_2) = \frac{-\sqrt{2}}{a}\left[\sin\left(\frac{\pi}{a}x_1\right)\cdot\sin\left(\frac{2\pi}{a}x_2\right) - \sin\left(\frac{\pi}{a}x_2\right)\cdot\sin\left(\frac{2\pi}{a}x_1\right)\right] \tag{8.10}$$

Offenbar verschwindet diese antisymmetrische Gesamtwellenfunktion nicht und zeigt einen möglichen Zustand für das Gesamtsystem aus beiden Elektronen.

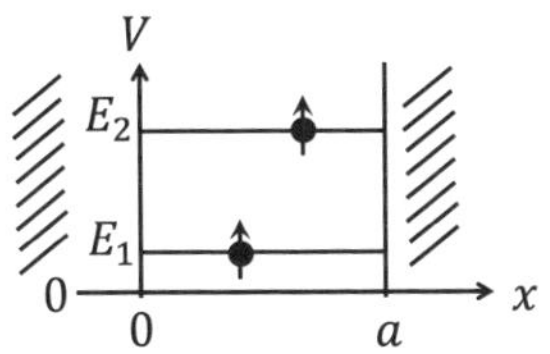

Abbildung 8.2 Beispiel für zwei Elektronen mit gleicher Spinausrichtung, die verschiedene Energieniveaus besetzen.

8.1.4 Pauli-Prinzip

Die Ergebnisse einer Vielzahl von Beobachtungen an Vielteilchensystemen lassen folgenden Schluss zu:

Teilchen mit ganzzahligem Spin werden als **Bosonen** bezeichnet. Für zwei Bosonen ist die *Gesamtwellenfunktion symmetrisch* Ψ_s. Bekannte Beispiele für Bosonen mit Spin = 0 sind die Pionen π^+, π^-, π^0 und das Higgs-Boson. Bosonen mit Spin = 1 sind z. B. das Photon γ (siehe auch Plancksches Strahlungsgesetz, Bose-Einstein-Statistik (1.60)), die Vektorbosonen W^+, W^-, Z sowie die Gluonen g (vergleiche ►Tabelle 16.2).

Teilchen mit halbzahligem Spin heißen **Fermionen**. Für zwei Fermionen ist die *Gesamtwellenfunktion antisymmetrisch* Ψ_a. Bekannte Beispiele für Fermionen mit Spin = 1/2 sind Elektronen, Protonen und Neutronen.

Die Antisymmetrie gilt auch für Mehrelektronen-Zustände eines Atoms. Diese Gesetzmäßigkeit wird als **Pauli-Prinzip** bezeichnet:

Die Gesamtwellenfunktion Ψ_a eines Systems aus mehreren Elektronen ist immer antisymmetrisch gegen die Vertauschung zweier Elektronen. (8.11)

Die vier Quantenzahlen $n\,\ell\,m_\ell\,m_s$ (8.3), die uns vom Wasserstoff für ein einzelnes Elektron bekannt sind, dienen ebenfalls zur Beschreibung der Mehrelektronen-Zustände in Atomen. Mit der Antisymmetriebedingung (8.9)

$$\Psi_a\Big(\,[\,n_1\,\ell_1\,m_{\ell 1}\,m_{s1}\,] = [\,n_2\,\ell_2\,m_{\ell 2}\,m_{s2}\,]\,\Big) = 0 \qquad (8.12)$$

folgt eine alternative Formulierung des **Pauli-Prinzips**:

Ein durch die 4 Quantenzahlen $n\,\ell\,m_\ell\,m_s$ vollständig beschriebener Quantenzustand kann höchstens von einem Elektron besetzt werden. (8.13)

Wolfgang Pauli erhielt 1945 für die Entdeckung dieses Prinzips den Nobelpreis.

8.1.5 Singulett- und Triplett-Zustände zweier Elektronen

Für einen gebundenen Zustand mit zwei Elektronen untersuchen wir nun die wichtige Fragestellung, wie deren Spins mit Quantenzahlen $s_1 = 1/2$ und $s_2 = 1/2$ zu einem Gesamtspin S kombiniert werden.

Aus den beiden einzelnen Spinoperatoren bilden wir den Gesamtspinoperator $\hat{\vec{S}} = \hat{\vec{S}}_1 + \hat{\vec{S}}_2$ und seinen Projektionsoperator $\hat{S}_z$. Alle sind wie bei den Einzelspinoperatoren (5.41) und (5.42) Drehimpulsoperatoren. Mit Eigenfunktionen χ dieser Operatoren bestimmen wir die Erwartungswerte:

$$\left\langle \hat{\vec{S}}^2 \right\rangle = S\,(S+1)\,\hbar^2 \qquad (8.14)$$

$$\left\langle \hat{S}_z \right\rangle = m_S\,\hbar \qquad (8.15)$$

Die möglichen Werte des Gesamtspins sind

$$S = s_1 + s_2,\ s_1 - s_2 \tag{8.16}$$

also $S = 1$ und $S = 0$ (siehe auch Gesamtdrehimpulswerte (5.64)).

Die Projektion des Gesamtspins auf eine ausgezeichnete Achse (z-Achse) hat die Werte

$$m_S = -S, \dots, S\,, \tag{8.17}$$

also für $S = 1$: $m_S = -1, 0, 1$ und für $S = 0$: $m_S = 0$.

Triplett: Wenn der Gesamtspin $S = 1$ ist, gibt es die drei Projektionen $m_S = 0, \pm 1$ und man nennt die zugehörigen Zustände **Triplett-Zustände** (►Abbildung 8.3).

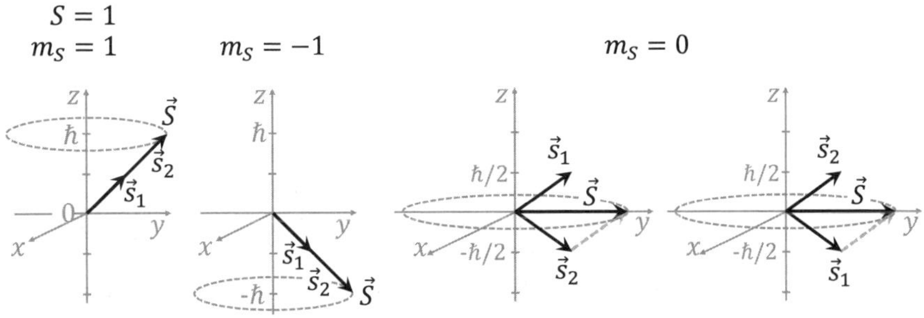

Abbildung 8.3 Triplett-Zustand: Die beiden Elektronenspins $s = 1/2$ kombinieren zum Gesamtspin $S = 1$. Gezeigt sind Einstellmöglichkeiten und Projektionen $m_S = -1, 0, 1$ des Gesamtspins.

Um eine passende Gesamtspinfunktion zu formulieren, nutzen wir die verkürzende Schreibweise für die Spinfunktionen der einzelnen Elektronen:

$$\chi^+ = \chi(m_s = +\tfrac{1}{2}) \tag{5.47}$$

$$\chi^- = \chi(m_s = -\tfrac{1}{2}) \tag{5.48}$$

Aus den ersten beiden Skizzen in ►Abbildung 8.3 können wir unmittelbar ablesen, dass die Spinfunktionen der Triplett-Zustände für $m_S = \pm 1$ symmetrisch unter Vertauschung der Elektronen sind, sodass wir für alle Triplett-Zustände symmetrische Funktionen aus den Einzel-Spinfunktionen notieren. Mit den Normierungskonstanten c_a, c_b, c_c lauten die **symmetrischen** Gesamtspinfunktionen der Triplett-Zustände mit Elektron 1 und Elektron 2:

$$m_S = +1: \qquad \chi_{s,a} = c_a\, \chi^+(1) \cdot \chi^+(2) \tag{8.18}$$

$$m_S = -1: \qquad \chi_{s,b} = c_b\, \chi^-(1) \cdot \chi^-(2) \tag{8.19}$$

$$m_S = \ \ 0: \qquad \chi_{s,c} = c_c \left[\chi^+(1) \cdot \chi^-(2) + \chi^-(1) \cdot \chi^+(2)\right] \tag{8.20}$$

Singulett: Ist der Gesamtspin $S = 0$, so bezeichnet man den Zustand als **Singulett-Zustand** (►Abbildung 8.4). Experimentell werden wir bei der Besprechung des Helium-Atoms feststellen (Kapitel 8.2), dass die Gesamtspinfunktionen der Singulett- und Triplett-Zustände sich in ihrer Symmetrie unterscheiden. Die Singulett-Gesamtspinfunktion mit der Normierungskonstanten c_d notieren wir daher als **antisymmetrisch** gegenüber der Vertauschung beider Elektronen:

$$m_S = \quad 0: \qquad \chi_{a,d} = c_d \left[\chi^+(1) \cdot \chi^-(2) - \chi^-(1) \cdot \chi^+(2)\right] \tag{8.21}$$

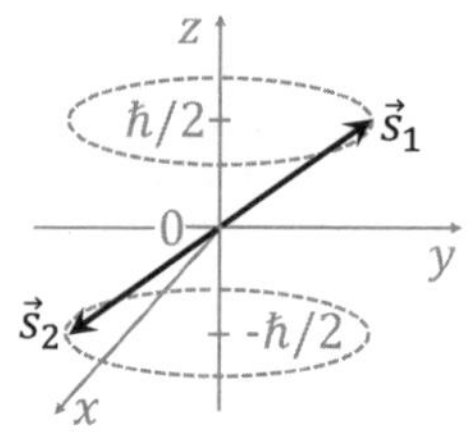

Abbildung 8.4 Singulett-Zustand: Die beiden Elektronenspins $s = 1/2$ kombinieren zum Gesamtspin $S = 0$ mit Projektion $m_S = 0$.

Vergleichen wir ►Abbildung 8.4 mit den beiden rechten Skizzen der ►Abbildung 8.3, so stehen dort die Vektoren der beiden Spins in positive und negative z-Richtungen und beide zeigen die Projektion des Gesamtspins $m_S = 0$. Allerdings verlieren wir bei einer Projektion auf die z-Achse Information: Für das Singulett in ►Abbildung 8.4 gibt es keinen Gesamtspin und daher ist auch in der Projektion kein Gesamtspin messbar. Im Unterschied dazu beträgt beim Triplett in den beiden rechten Skizzen von ►Abbildung 8.3 der Gesamtspin immer $S = 1$, der bei einer Projektion auf die z-Achse aber nicht messbar ist.

8.1.6 Gesamtwellenfunktion zweier Elektronen

Die Gesamtwellenfunktion zweier Eletronen setzt sich aus der Ortswellenfunktion $\widetilde{\Psi}_{n_1\ell_1 m_{\ell 1} n_2 \ell_2 m_{\ell 2}}$ und der Gesamtspinfunktion $\chi_{m_{s1} m_{s2}}$ zusammen (vergleiche mit (8.2)). Nach dem Pauli-Prinzip (Kapitel 8.1.4) muss die Gesamtwellenfunktion Ψ_a antisymmetrisch gegenüber der Vertauschung der Elektronen sein. Die Antisymmetrie kann entweder über die Ortswellenfunktion $\widetilde{\Psi}_a$ oder die Spinfunktion χ_a erreicht werden, während die jeweils andere Funktion $\widetilde{\Psi}_s$ bzw. χ_s jeweils symmetrisch sein muss. Daher gibt es zwei mögliche Gesamtwellenfunktionen:

$$\Psi_a(x_1, x_2) = \begin{cases} \widetilde{\Psi}_a(x_1, x_2) \cdot \chi_s(S = 1) \\ \widetilde{\Psi}_s(x_1, x_2) \cdot \chi_a(S = 0) \end{cases} \tag{8.22}$$

Beispiel 23: Kastenpotential mit zwei Elektronen gleicher Energie

Wir betrachten hier das Kastenpotential mit zwei Elektronen (Spin $s = 1/2$) im Singulett-Zustand, d. h. Gesamtspin $S = 0$. Die Spinfunktion ist antisymmetrisch (8.21):

$$\chi_a = c\left[\chi^+(1)\cdot\chi^-(2) - \chi^+(2)\cdot\chi^-(1)\right]$$

Damit die Gesamtwellenfunktion zur Erfüllung des Pauli-Prinzips antisymmetrisch ist, muss die Ortsfunktion symmetrisch sein. In diesem Fall können sich beide Elektronen im Grundzustand befinden (vergleiche mit ►Beispiel 22):

$$\widetilde{\Psi}_s = \frac{-\sqrt{2}}{a}\left[\sin\left(\frac{\pi}{a}x_1\right)\cdot\sin\left(\frac{\pi}{a}x_2\right) + \sin\left(\frac{\pi}{a}x_1\right)\cdot\sin\left(\frac{\pi}{a}x_2\right)\right]$$

Damit lautet die Gesamtwellenfunktion:

$$\Psi_a(1,2) = \widetilde{\Psi}_s(1,2)\cdot\chi_a(1,2)$$

Bei Vertauschung von Elektron 1 und Elektron 2 sehen wir noch einmal explizit die Antisymmetrie der Gesamtwellenfunktion:

$$\begin{aligned}\Psi_a(2,1) &= \widetilde{\Psi}_s(2,1)\cdot\chi_a(2,1)\\ &= \widetilde{\Psi}_s(1,2)\cdot(-\chi_a(1,2))\\ &= -\Psi_a(1,2)\end{aligned}$$

8.1.7 Kombination der Drehimpulse zweier Elektronen

Den Gesamtdrehimpuls für ein einzelnes Elektron aus Bahndrehimpuls und Spin hatten wir in Kapitel 5.6 kennengelernt. In diesem Kapitel stellen wir weitergehende Kombinationen von Bahndrehimpulsen und Spins zweier Elektronen zu Gesamtbahndrehimpulsen, Gesamtspins und Gesamtdrehimpulsen vor.

Diese Kenntnisse benötigen wir für die spektroskopischen Bezeichnungen der Elektron-Energieniveaus $n^{2S+1}L_J$ (6.1), und sie nützen uns beim Verständnis der Wechselwirkungen zwischen Magnetfeldern und magnetischen Dipolmomenten wie z. B. der Spin-Bahn-Kopplung (vergleiche Kapitel 6.3.2).

Gesamtbahndrehimpuls: Die Bahndrehimpulsoperatoren $\hat{\vec{L}}_1$ und $\hat{\vec{L}}_2$ der beiden Elektronen werden zu einem Gesamtbahndrehimpulsoperator zusammengefasst:

$$\hat{\vec{L}} = \hat{\vec{L}}_1 + \hat{\vec{L}}_2 \tag{8.23}$$

Das Quadrat $\hat{L}^2$ und die Projektion $\hat{L}_z$ haben die Erwartungswerte:

$$\left\langle \hat{L}^2 \right\rangle = L\,(L+1)\,\hbar^2 \tag{8.24}$$

$$\left\langle \hat{L}_z \right\rangle = m_L\,\hbar \tag{8.25}$$

Die Quantenzahl L des Gesamtbahndrehimpulses ergibt sich dabei aus der Kombination der Einzel-Bahndrehimpulse ℓ_1 und ℓ_2 der Elektronen, wobei die folgenden Werte möglich sind (vergleiche (5.64)):

$$L = \ell_1 + \ell_2, \ell_1 + \ell_2 - 1, \ldots, |\ell_1 - \ell_2| \,. \tag{8.26}$$

Die Quantenzahl m_L der Projektion kann folgende Werte annehmen:

$$m_L = -L, -L+1, \ldots, L \tag{8.27}$$

Beispiel 24: Gesamtbahndrehimpuls

Zum Beispiel ergibt sich für $\ell_1 = 0$ und $\ell_2 = 1$ nur eine mögliche Quantenzahl für den Gesamtbahndrehimpuls: $L = 1$. Entsprechend gibt es drei Projektionsquantenzahlen $m_L = -1, 0, 1$.

Gesamtspin: Die Erwartungswerte und Quantenzahlen des Gesamtspins der beiden Elektronen haben wir in Kapitel 8.1.5 bereits vorgestellt und fassen sie hier kurz zusammen. Die kombinierten Einzelspinoperatoren

$$\hat{\vec{S}} = \hat{\vec{S}}_1 + \hat{\vec{S}}_2 \tag{8.28}$$

ergeben den Gesamtspinoperator. Dessen Quadrat und Projektion haben die Erwartungswerte:

$$\left\langle \hat{S}^2 \right\rangle = S\,(S+1)\,\hbar^2 \tag{8.29}$$

$$\left\langle \hat{S}_z \right\rangle = m_S\,\hbar \tag{8.30}$$

Wegen der Elektronenspins $s_1 = 1/2$ und $s_2 = 1/2$ ergeben die möglichen Werte der Quantenzahlen des Gesamtspins und seiner Projektion das Triplett ($S = 1$) und das Singulett ($S = 0$):

$$S = s_1 + s_2 = 1 \quad \text{mit } m_S = -1, 0, 1 \tag{8.31}$$

$$S = s_1 - s_2 = 0 \quad \text{mit } m_S = 0 \tag{8.32}$$

Die Anzahl der Zustände des Gesamtspins

$$2S + 1 \tag{8.33}$$

wird auch als **Multiplizität** bezeichnet (siehe spektroskopische Bezeichnungen in ►Tabelle 6.1).

Gesamtdrehimpuls: Den Operator des Gesamtdrehimpulses $\hat{\vec{J}}$ bilden wir aus dem Gesamtbahndrehimpuls $\hat{\vec{L}}$ (8.23) und dem Gesamtspin $\hat{\vec{S}}$ (8.28):

$$\hat{\vec{J}} = \hat{\vec{L}} + \hat{\vec{S}} \tag{8.34}$$

Die Erwartungswerte des Operator-Quadrats $\hat{\vec{J}}^2$ und seiner Projektion lauten:

$$\left\langle \hat{J}^2 \right\rangle = J\,(J+1)\,\hbar^2 \tag{8.35}$$

$$\left\langle \hat{J}_z \right\rangle = m_J\,\hbar \tag{8.36}$$

Die Quantenzahl J des Gesamtdrehimpulses kann Werte im folgenden Bereich annehmen (vergleiche (5.64)):

$$J = L+S, L+S-1, \ldots, |L-S| \tag{8.37}$$

Die Projektionsquantenzahl des Gesamtdrehimpulses m_J läuft über das Intervall:

$$m_J = -J, -J+1, \ldots, J \tag{8.38}$$

Beispiel 25: Gesamtdrehimpuls

Als Beispiel nehmen wir $\ell_1 = 0, \ell_2 = 1$ mit Gesamtbahndrehimpuls $L = 1$ und wählen hier mit $s_1 = 1/2, s_2 = 1/2$ den Gesamtspin $S = 1$. Als Gesamtdrehimpuls können wir die Werte $J = 2, 1, 0$ erhalten. Für $J = 2$ ergeben sich fünf Projektionen mit den Quantenzahlen $m_J = -2, -1, 0, 1, 2$. Zusätzlich haben wir für $J = 1$ drei Projektionen $m_J = -1, 0, 1$, und für $J = 0$ verbleibt $m_J = 0$. Insgesamt ergeben sich 9 Zustände.

8.2 Helium-Atom

Ein Helium-Atom He besteht aus 2 Protonen und 2 Neutronen, die den Atomkern mit der Ladungszahl $Z = 2$ bilden, und zwei Elektronen. In den vorangegangenen Kapiteln haben wir die wichtigsten Grundlagen zum Verständnis des Helium-Atoms erarbeitet: Nach dem Pauli-Prinzip kann jeder Quantenzustand mit den vier Quantenzahlen $n\,\ell\,m_\ell\,m_s$ von nur einem Elektron besetzt werden. Die Kombination der beiden Elektronenspins ergibt entweder einen antisymmetrischen Singulett-Zustand oder einen symmetrischen Triplett-Zustand.

Im **Grundzustand des Heliums** haben beide Elektronen die Quantenzahlen $n = 1, \ell = 0, m_\ell = 0$. Zu ihrer Unterscheidung nach dem Pauli-Prinzip verbleibt die Spinquantenzahl $m_s = \pm 1/2$. Damit folgt für die Elektronen, dass eines $m_s = +1/2$ (häufig als „Spin up“ $\uparrow$ bezeichnet) und das andere $m_s = -1/2$ hat („Spin down“ $\downarrow$). Der Gesamtspin ist dann $\vec{S} = 0$, es handelt sich um einen Singulett-Zustand.

Bei **Anregungszuständen** des Helium-Atoms bringen wir eines der beiden Elektronen auf ein höheres Energieniveau mit Quantenzahl $n > 1$ und belassen das andere Elektron im Grundzustand mit den Quantenzahlen $(n, \ell, m_\ell, m_s) = (1, 0, 0, +1/2)$. In Übereinstimmung mit dem Pauli-Prinzip kann das angeregte Elektron jede Kombination von Quantenzahlen annehmen. Dabei führt seine Spinquantenzahl $m_s = -1/2$ zusammen mit dem Elektron im Grundzustand zu einem Singulett-Zustand und $m_s = +1/2$ zu einem Triplett-Zustand. Im folgenden Beispiel sind spektroskopische Bezeichnungen $n^{2S+1}L_J$ (6.1) für die ersten Anregungsniveaus gezeigt.

Beispiel 26: Spektroskopische Bezeichnungen beim He-Atom

Spektroskopische Bezeichnungen $n^{2S+1}L_J$ (6.1) hatten wir bereits in Kapitel 6.1 eingeführt. Betrachten wir nun die spektroskopischen Zustände beim Helium. Das erste Elektron befinde sich immer im Zustand $(n, \ell, m_\ell, m_s) = (1, 0, 0, 1/2)$. Die Zustände, bei denen der Gesamtspin $S = 1$ und damit die Multiplizität $2S + 1 = 3$ ist, bezeichnen ein Triplett und diejenigen mit $S = 0$, d. h. $2S + 1 = 1$, ein Singulett.

Elektron 2			*L*	*S*	*J*	Zustand
n	ℓ	m_s				
1	0	$-\frac{1}{2}$	0	0	0	1^1S_0
2	0	$-\frac{1}{2}$	0	0	0	2^1S_0
2	0	$+\frac{1}{2}$	0	1	1	2^3S_1
2	1	$-\frac{1}{2}$	1	0	1	2^1P_1
2	1	$+\frac{1}{2}$	1	1	2	2^3P_2
2	1	$+\frac{1}{2}$	1	1	1	2^3P_1
2	1	$+\frac{1}{2}$	1	1	0	2^3P_0

8.2.1 Energiezustände

Das erste Elektron befinde sich wie zuvor im Grundzustand des Helium-Atoms mit $n = 1$ und $\ell = 0$. Für unsere Diskussion wählen wir seinen Zustand als „Spin up" $\uparrow$ ($m_s = +1/2$) (wir könnten genauso gut „Spin down" $\downarrow$ wählen und müssten dann die folgende Argumentation entsprechend anpassen).

Für das zweite Elektron sind die möglichen Energieniveaus in ►Abbildung 8.5 gezeigt. Die beiden linken Skalen zeigen sowohl seine Bindungsenergie E als auch die Anregungsenergien ΔE relativ zu seinem Grundzustand 1^1S_0.

Der linke Kasten beschreibt Energiezustände, bei denen das zweite Elektron „Spin down" $\downarrow$ ($m_s = -1/2$) hat, sodass sich zusammen mit dem ersten Elektron Singulett-Zustände mit Gesamtspin $S = 0$ ergeben. Dazu gehört auch der Grundzustand mit beiden Elektronen bei 1^1S_0.

Als Anregungszustände kann das zweite Elektron Energieniveaus mit $n = 2, 3, 4\ldots$ und verschiedenen Bahndrehimpulsen $\ell = 0, 1, 2, 3, \ldots$ besetzen, die in ►Abbildung 8.5 als Gesamtbahndrehimpulse mit Großbuchstaben $L = S, P, D, F$ aufgeführt sind. Für die unteren Anregungszustände ist eine Anregungsenergie des zweiten Elektrons von $\Delta E \approx 20\,\mathrm{eV}$ erforderlich und die Ionisierungsenergie beträgt $\Delta E \approx 24{,}6\,\mathrm{eV}$.

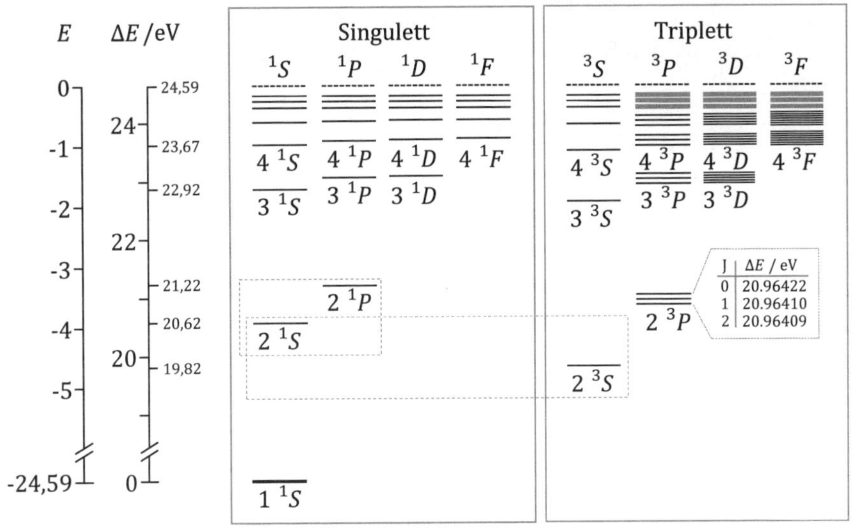

Abbildung 8.5 Singulett- und Triplett-Zustände im Helium mit Bindungsenergie E und Anregungsenergie ΔE für das zweite Elektron (erstes Elektron im Grundzustand). Die gestrichelten Kästen zeigen Energieunterschiede zwischen Zuständen verschiedener Drehimpulse, Singulett-Triplett, Spin-Bahn-Wechselwirkung.

Im rechten Kasten sind die Triplett-Zustände mit Gesamtspin $S = 1$ gezeigt, bei denen beide Elektronen „Spin up" $\uparrow\uparrow$ besitzen. Diese Zustände können nur durch Anregungen besetzt werden.

Schrödinger-Gleichung: Im Folgenden werden wir uns ein Grundverständnis für die Energieniveaus im Helium-Atom erarbeiten. Der Atomkern mit seinen zwei Protonen ($Z = 2$) bewirkt das bindende Coulomb-Potential V' für jedes einzelne der beiden Elektronen:

$$V' = -\frac{Z\,e^2}{4\,\pi\,\epsilon_0}\,\frac{1}{r} \tag{8.39}$$

Zusätzlich stoßen sich aber die beiden Elektronen gegenseitig ab. Dadurch ergeben sich für das Gesamtpotential drei Terme:

$$V = -\frac{e^2}{4\,\pi\,\epsilon_0}\left[\underbrace{\frac{Z}{r_1} + \frac{Z}{r_2}}_{\substack{\text{Anziehend}\\ \text{auf Elektronen}}} - \underbrace{\frac{1}{|\vec{r}_1 - \vec{r}_2|}}_{\substack{\text{Abstoßend}\\ \text{zwischen Elektronen}}}\right] \tag{8.40}$$

In ►Abbildung 8.5 zeigt rechts die Legende des 2^3P_J-Zustands nur sehr kleine Energieverschiebungen von $0{,}1\,\text{meV}$ aufgrund von Spin-Bahn-Wechselwirkungen im Vergleich zu den Energieverschiebungen aufgrund der Coulomb-Terme. Wir können daher in guter Näherung ein Gesamtpotential nur aus Coulomb-Kräften gemäß (8.40) ansetzen.

Die Schrödinger-Gleichung $\hat{H}\,\Psi = E\,\Psi$ enthält dann nach (8.4) die kinetischen Energieoperatoren für die beiden Elektronen und das Gesamtpotential (8.40):

$$-\frac{\hbar^2}{2\,m_e}\frac{\partial^2\Psi(x_1,x_2)}{\partial x_1^2} - \frac{\hbar^2}{2\,m_e}\frac{\partial^2\Psi(x_1,x_2)}{\partial x_2^2} - \frac{e^2}{4\,\pi\,\epsilon_0}\left[\frac{Z}{r_1} + \frac{Z}{r_2} - \frac{1}{|\vec{r_1} - \vec{r_2}|}\right] = E\,\Psi(x_1,x_2) \quad (8.41)$$

Helium-Ion: Zunächst entfernen wir das zweite Elektron, sodass wir ein einfach geladenes Helium-Ion He^+ erhalten und die neue Schrödinger-Gleichung der von Wasserstoff H gleicht:

$$-\frac{\hbar^2}{2\,m_e}\frac{\partial^2\psi(x_1)}{\partial x_1^2} - \frac{e^2}{4\,\pi\,\epsilon_0}\frac{Z}{r_1}\,\psi(x_1) = E\,\psi(x_1) \quad (8.42)$$

Damit lassen sich die Energieniveaus genauso bestimmen wie im Wasserstoffatom, jedoch mit $Z = 2$ (4.52):

$$E_n(\mathrm{He}^+) = -\frac{m_e\,Z^2\,e^4}{8\,\epsilon_0^2\,h^2}\,\frac{1}{n^2} = Z^2\,E_n(\text{H-Atom}) \quad (8.43)$$

$$E_1(\mathrm{He}^+) = -4\cdot 13{,}6\,\mathrm{eV} \quad = -54{,}4\,\mathrm{eV} \quad (8.44)$$

Die Bindungsenergie ist also um den Faktor Z^2 größer als beim Wasserstoffatom.

Beispiel 27: Wasserstoffähnliche Ionen

►Abbildung 8.6 vergleicht die Energieniveaus des Wasserstoffatoms, des einfach ionisierten Helium-Atoms und des zweifach ionisierten Lithium-Atoms. Die Energieniveaus hängen vom Quadrat der Kernladung Z ab:

$$E = -R_\circ\,Z^2\,\frac{1}{n^2} \quad \text{mit } R_\circ = 13{,}6\,\mathrm{eV} \quad (4.52)$$

Energieniveaus zweites Elektron: Im Folgenden betrachten wir wieder ein vollständiges He-Atom mit beiden Elektronen, wobei wir jedoch den Abstoßungsterm zwischen den beiden Elektronen in (8.40) vernachlässigen werden. Wir werden zeigen, dass dieser Term für den Grundzustand wichtig ist, aber für Anregungszustände nur eine kleine Korrektur darstellt.

In dieser Näherung setzt sich die Vorhersage für die Gesamtenergie aus den Einzelenergien $E_1 = -54{,}4\,\mathrm{eV}$ (8.44) der beiden Elektronen zusammen:

$$2\cdot E_1 = -108{,}8\,\mathrm{eV} \quad (8.45)$$

Führt man jedoch im Experiment eine vollständige Ionisierung $\mathrm{He} \to \mathrm{He}^{++}$ durch, dann ergibt sich als Messwert $E_{\mathrm{ion}} = -78{,}93\,\mathrm{eV}$. Der Abstoßungsterm zwischen den beiden Elektronen bewirkt demnach eine Energieverschiebung von $\approx 30\,\mathrm{eV}$ und ist damit eine erhebliche Korrektur.

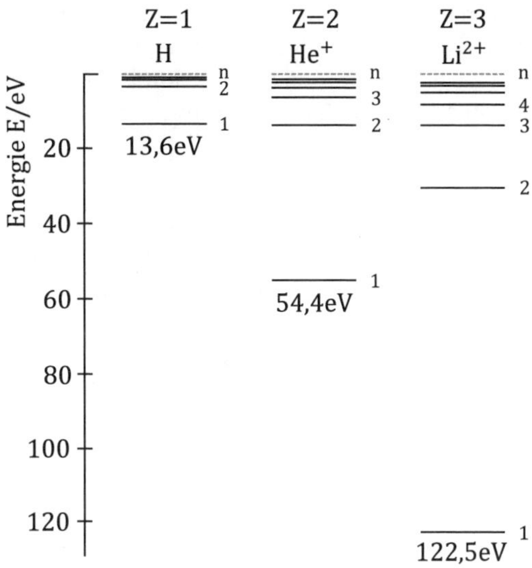

Abbildung 8.6 Vergleich der Spektren von Wasserstoff, einfach ionisiertem Helium und zweifach ionisiertem Lithium. Die Bindung des Elektrons steigt mit dem Quadrat der Kernladungszahl Z: $E \propto Z^2$ (4.52).

Die Bindungsenergie des Grundzustands im He-Atom lässt sich damit als Differenz zwischen der vollständigen Ionisierungsenergie He^{++} $E_{\text{ion}} \approx -79\,\text{eV}$ und dem Grundzustand des Helium-Ions He^+ $E_1 = -54{,}4\,\text{eV}$ abschätzen:

$$E_1(2.\,\text{Elektron}) \approx E_{\text{ion}} - E_1 \approx -79 - (-54{,}4)\,\text{eV} = -24{,}6\,\text{eV} \tag{8.46}$$

Diese Bindungsenergie des zweiten Elektrons ist in ►Abbildung 8.5 eingezeichnet.

Wird das zweite Elektron angeregt, so kann man als Näherung annehmen, dass das erste Elektron eine Kernladung abschirmt. Damit erfährt das zweite Elektron ein Potential mit Kernladung $Z = 1$ wie im Wasserstoffatom:

$$V = -\frac{e^2}{4\,\pi\,\epsilon_0}\,\frac{1}{r} \tag{8.47}$$

In dieser Näherung ergibt sich für die Bindungsenergien angeregter Niveaus im Helium der gleiche Wert wie für die Wasserstoff-Niveaus:

$$E_{n_2}(2.\,\text{Elektron}) = -13{,}6 \cdot \frac{1}{n_2^2}\,\text{eV} \quad \text{für } n_2 \geq 2 \tag{8.48}$$

Um das zweite Elektron vom Grundzustand auf einen Zustand mit der Hauptquantenzahl n_2 anzuregen, ist dann folgende Anregungsenergie erforderlich:

$$\Delta E_{n_2} = \underbrace{24{,}6\,\text{eV}}_{\substack{\text{Ionisierungsenergie}\\ \text{2. Elektron}}} - 13{,}6 \cdot \frac{1}{n_2^2}\,\text{eV} \tag{8.49}$$

Bei diesen Überlegungen nehmen wir an, dass sich im Grundzustand beide Elektronen im 1^1S_0-Zustand befinden (►Abbildung 8.5). Nach dem Pauli-Prinzip müssen sie entgegengesetzten Spin haben, sich also im Singulett-Zustand mit Gesamtspin $S = 0$ befinden. Auch die angeregten Zustände des zweiten Elektrons sollen Singulett-Zustände $n_2\,{}^1S_0$ mit $n_2 = 2, 3, \ldots$ sein.

In ►Tabelle 8.1 sind diese Anregungsenergien ΔE_{n_2} mit experimentellen Werten verglichen. Die Übereinstimmung auf wenige Prozent Genauigkeit zeigt, dass die Abschirmung einer Protonladung durch das erste Elektron funktioniert und die Coulomb-Abstoßung der beiden Elektronen bei angeregtem Helium nur eine untergeordnete Rolle spielt.

n_2	Erwartet ΔE_{n_2}/eV	Gemessen ΔE/eV	%	Erwartet E_{n_2}/eV	Gemessen E_{n_2}/eV	%
2	21,2	20,62	3 %	−3,39	−3,97	15 %
3	23,09	22,92	0,7 %	−1,50	−1,67	10 %
4	23,75	23,67	0,3 %	−0,84	−0,92	9 %

Tabelle 8.1 Ohne Abstoßung zwischen Elektronen erwartete (8.49) und gemessene Anregungsenergien ΔE der Singulett-Zustände, sowie die sich daraus ergebenden Bindungsenergien E_{n_2} für das zweite Elektron im Helium

8.2.2 Interpretation der Helium-Energieniveaus

Wir wollen jetzt auch die Besonderheiten der verschiedenen Helium-Energieniveaus in ►Abbildung 8.5 verstehen, die durch gestrichelte Kästen hervorgehoben sind. Es fällt zunächst der große Energieunterschied zwischen zusammengehörigen Singulett- und Triplett-Niveaus auf. Von vergleichbarer Größenordnung finden wir Aufspaltungen der Niveaus mit gleicher Hauptquantenzahl aber verschiedenem Bahndrehimpuls L. Für Zustände mit nicht-verschwindendem Gesamtspin und Gesamtdrehimpuls bemerken wir eine vergleichsweise geringe Feinstrukturaufspaltung z. B. des 2^3P-Zustands. In Folgenden wollen wir den physikalischen Ursachen im Einzelnen nachgehen.

Aufspaltung der Bahndrehimpulszustände

►Abbildung 8.5 zeigt, dass die Energiezustände eine Ordnung innerhalb der Quantenzahl L aufweisen. Zum Beispiel liegt im Singulett der Zustand $n = 2, \ell = 0$ unterhalb des Zustands $n = 2, \ell = 1$:

$$\Delta E = E(2^1S) - E(2^1P) = 0{,}6\,\mathrm{eV} \tag{8.50}$$

Diese Ordnung finden wir sowohl für die Singulett- als auch für die Triplett-Zustände, zum Beispiel:

$$E(2^1S) < E(2^1P) \quad \text{und} \quad E(2^3S) < E(2^3P) \quad \text{oder}$$
$$E(3^1S) < E(3^1P) < E(3^1D) \quad \text{und} \quad E(3^3S) < E(3^3P) < E(3^3D)\,.$$

Zur Erklärung betrachten wir wieder die Situation mit dem ersten Elektron im Grundzustand und dem zweiten Elektron im angeregten Zustand. Wir müssen unterscheiden, ob sich das zweite Elektron nahe am Kern befindet oder weit weg. Ist es nah am Kern, so erfährt es das volle Coulomb-Potential (►linke Abbildung 8.7):

$$V = -\frac{e^2}{4\pi\epsilon_0}\frac{Z}{r} \tag{8.51}$$

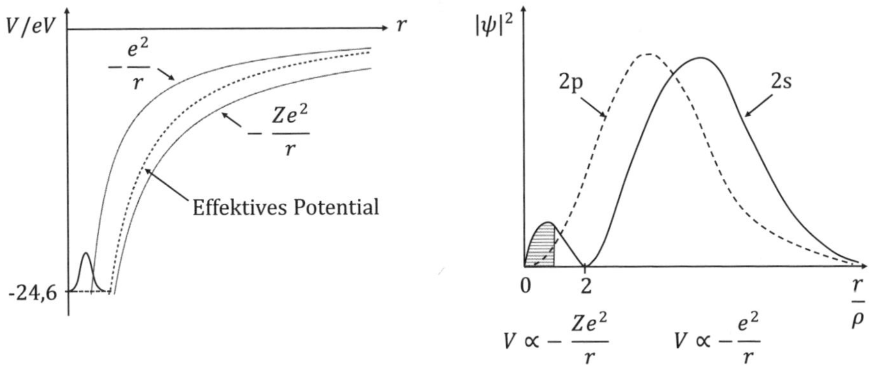

Abbildung 8.7 Links: Das zweite Elektron erfährt für seine Zustände ein effektives Potential des He-Kerns, dessen Verlauf durch Abschirmungseffekte des ersten Elektrons im Grundzustand bestimmt ist. Rechts: Die Aufenthaltswahrscheinlichkeiten nahe am Kern unterscheiden sich für Zustände mit $n = 2, \ell = 0$ (Nullstelle) und $\ell = 1$ (kurz notiert als $2s$ und $2p$).

Ist es weit weg vom Kern, so schirmt das erste Elektron im Grundzustand eine Kernladung ab:

$$V = -\frac{e^2}{4\pi\epsilon_0}\frac{1}{r} \tag{8.52}$$

Damit ergibt sich für das effektive Potential der gestrichelte Verlauf in der linken ►Abbildung 8.7:

$$-\frac{e^2}{4\pi\epsilon_0}\frac{Z}{r} < V < -\frac{e^2}{4\pi\epsilon_0}\frac{1}{r} \tag{8.53}$$

Die Bindungsenergien der angeregten Zustände folgen im Bereich des Potentials $V \propto e^2/r$ denen des Wasserstoffatoms und sind im Potential $V \propto Z\,e^2/r$ um den Faktor $Z^2 = 4$ verstärkt: $E = -R_\circ \cdot Z^2/n^2$ (8.43).

Beispiel 28: Geometrische Schätzung Bahndrehimpulszustände

Um den Energieunterschied zwischen Zuständen mit $n = 2, \ell = 0$ und $\ell = 1$ (notiert als $2s$ und $2p$ in ►Abbildung 8.7) qualitativ abzuschätzen, gewichten wir die Energien zu beiden Potentialen mit den Aufenthaltswahrscheinlichkeitsdichten. Dabei nehmen wir als Referenz die Dichten ober- und unterhalb des Bohrschen Radius ρ. Für den $2s$-Zustand ist das Verhältnis etwa 1 : 31 (markierte und offene Flächen F in ►Abbildung 8.7) rechts, für den $2p$-Zustand ist $|\psi(r < \rho)|^2$ höchstens halb so groß.

$$E_2(2s) = E_1\,\frac{1}{n^2}\,\left[Z^2 \cdot F(\text{mark.}) + F(\text{offen})\right] = E_1\,\frac{1}{n^2}\left[4 \cdot \frac{1}{32} + \frac{31}{32}\right] = E_1\,\frac{1{,}09}{n^2}$$

$$E_2(2p) = E_1\,\frac{1}{n^2}\left[4 \cdot \frac{0{,}5}{32} + \frac{32 - 0{,}5}{32}\right] = E_1\,\frac{1{,}05}{n^2}$$

Alle Energiewerte $E_2(2s)$ und $E_2(2p)$ sind negative Bindungsenergien. Der $2s$-Zustand liegt also energetisch niedriger. Quantitativ ist die Wirkung des effektiven Potentials (8.53) und der Aufenthaltswahrscheinlichkeit nahe am Atomkern sogar noch deutlich größer als in unserer geometrischen Schätzung: $E_2(2s) = -3{,}97\,\text{eV}$ verglichen mit $E_2(2p) = -3{,}37\,\text{eV}$.

Allgemeiner modifiziert man die Beschreibung der Energieniveaus über die Rydberg-Konstante $R_\circ$ und die Hauptquantenzahl n durch eine effektive Hauptquantenzahl n_{eff}, die n durch den sogenannten **Quantendefekt** $\delta_{n\ell}$ leicht verändert:

$$E_{n,\ell} = -R_\circ\,\frac{1}{n_{\text{eff}}^2} = -R_\circ\,\frac{1}{(n - \delta_{n\ell})^2} \tag{8.54}$$

Der Wert von $\delta_{n\ell}$ sinkt mit steigendem Drehimpuls, da die Aufenthaltswahrscheinlichkeit in Kernnähe sinkt.

Aufspaltung der Singulett- und Triplett-Zustände

In der ►Abbildung 8.5 beobachten wir deutliche Energieunterschiede zwischen Singulett- und Triplett-Zuständen. So gilt zum Beispiel:

$$\Delta E = E(2^1S) - E(2^3S) = 0{,}8\,\text{eV} \tag{8.55}$$

Die physikalische Ursache dafür liegt in der *Antisymmetrie der Gesamtwellenfunktion* beider Elektronen nach dem Pauli-Prinzip in Kombination mit der Abstoßung der Elektronen.

Nach dem Pauli-Prinzip gibt es für das Helium-Atom zwei Möglichkeiten einer antisymmetrischen Gesamtwellenfunktion (8.22):

$$\Psi_{a,0}(\vec{r}_1, \vec{r}_2) = \widetilde{\Psi}_s(\vec{r}_1, \vec{r}_2) \cdot \chi_a(\text{Singulett } S = 0) \tag{8.56}$$

$$\Psi_{a,1}(\vec{r}_1, \vec{r}_2) = \widetilde{\Psi}_a(\vec{r}_1, \vec{r}_2) \cdot \chi_s(\text{Triplett } \quad S = 1) \tag{8.57}$$

Für den antisymmetrischen Singulett-Zustand mit Gesamtspin $S = 0$ muss die Ortsfunktion $\widetilde{\Psi}_s$ symmetrisch sein. Für den symmetrischen Triplett-Zustand mit $S = 1$ ist die Ortsfunktion $\widetilde{\Psi}_a$ zwangsläufig antisymmetrisch.

Nun folgt das Argument der Abstoßung der beiden Elektronen durch das Potential

$$V(\vec{r}_1, \vec{r}_2) = \frac{e^2}{4\,\pi\,\epsilon_0}\,\frac{1}{|\vec{r}_1 - \vec{r}_2|}\,, \tag{8.58}$$

das die Bindung der Elektronen im Gesamtpotential *verringert* (8.40). Sein Effekt wird maximal, wenn sich beide Elektronen am selben Ort befinden $\vec{r}_1 \approx \vec{r}_2$.

Eine antisymmetrische Funktion $f_a(x)$ verschwindet an der Stelle $f_a(x=0)=0$, sodass die antisymmetrische Ortsfunktion für $\vec{r}_1 = \vec{r}_2$ keinen Beitrag liefert: $\widetilde{\Psi}_a(\vec{r}_1 = \vec{r}_2) = 0$. Eine symmetrische Funktion $f_s(x)$ dagegen muss an der Stelle $x = 0$ nicht verschwinden, sodass $\widetilde{\Psi}_s(\vec{r}_1 = \vec{r}_2) \neq 0$ möglich wird.

Während für die antisymmetrische Ortsfunktion des Triplett-Zustands ausgeschlossen ist, dass sich beide Elektronen am selben Ort befinden, gilt dieses für die symmetrische Ortswellenfunktion des Singulett-Zustands nicht:

$$\Psi_{a,0} = \underbrace{\widetilde{\Psi}_s(\vec{r}_1 = \vec{r}_2)}_{\neq 0} \cdot \chi_a(\text{Singulett } S = 0) \neq 0 \tag{8.59}$$

$$\Psi_{a,1} = \underbrace{\widetilde{\Psi}_a(\vec{r}_1 = \vec{r}_2)}_{=0} \cdot \chi_s(\text{Triplett} \quad S = 1) = 0 \tag{8.60}$$

Im zeitlichen Mittel der Elektronaufenthalte ergibt sich daraus eine geringere Abstoßung für den Triplett-Zustand und damit eine stärkere Bindungsenergie im Vergleich zum Singulett-Zustand:

$$\begin{aligned} E_{\text{pot}}(\Psi_{a,1}) &= \int \Psi_{a,1}^* \, V \, \Psi_{a,1} \, d^3x \\ &= -\frac{e^2}{4\pi\epsilon_0} \int \Psi_{a,1}^* \left(\frac{Z}{r_1} + \frac{Z}{r_2} - \frac{1}{|\vec{r}_1 - \vec{r}_2|} \right) \Psi_{a,1} \, d^3x \quad < E_{\text{pot}}(\Psi_{a,0}) \end{aligned} \tag{8.61}$$

> *Bei gleicher Hauptquantenzahl n und gleichem Drehimpuls L sind die Triplett-Zustände stärker als die Singulett-Zustände gebunden:*
> *E(Singulett) $>$ E(Triplett)*

Mit der experimentellen Beobachtung der Energieunterschiede zwischen Singulett- und Triplett-Zuständen und ihrer Interpretation im Rahmen der Elektronabstoßung finden wir eine Bestätigung unseres Ansatzes für die Gesamtspinfunktionen (8.18) bis (8.21).

Feinstruktur

In der ►Abbildung 8.5 bemerken wir für Triplett-Zustände mit Gesamtspin $S = 1$ und nicht-verschwindendem Gesamtdrehimpuls L eine sehr kleine Energieaufspaltung (beispielsweise gestrichelter Kasten zum 2^3P-Zustand). Wie bei der Feinstruktur im Wasserstoffatom (Kapitel 6.3) beruht die Aufspaltung wesentlich auf Wechselwirkungen der magnetischen Momente der Elektronenspins mit dem von den Bahndrehimpulsen verursachten Magnetfeld ($\Delta E = -\vec{\mu}_s \cdot \vec{B} \propto \vec{L} \cdot \vec{S}$ (6.14)).

Diese Energieverschiebungen im Helium-Atom unterscheiden sich allerdings in mehrfacher Hinsicht von denen des Wasserstoffatoms. Im Helium-Atom ist die Aufspaltung der Niveaus mit gleicher Hauptquantenzahl aber verschiedenem Bahndrehimpuls L wesentlich größer als die Feinstrukturaufspaltung. Im Wasserstoff dagegen ist die Feinstruktur der dominante Effekt der Energiekorrekturen, während die Entartung der Bahndrehimpulse ℓ erst als kleine Korrektur in der Lamb-Verschiebung aufgehoben wird (Kapitel 6.4).

Weiterhin gibt es im Helium Zusatzeffekte durch die beiden Elektronenspins, die im Wasserstoffatom mit einem Elektron nicht vorkommen. Diese Zusatzeffekte führen dazu, dass die Reihenfolgen der Energieniveaus für die verschiedenen Gesamtdrehimpulse $J = L + S$

$$J = L + 1,\ L,\ L - 1\,; \quad L \geq 1 \tag{8.62}$$

im Vergleich zu den Berechnungen für das Wasserstoffatom geändert werden. Beim 2^3P-Zustand des Helium-Atoms in ►Abbildung 8.5 ist der Zustand mit Gesamtdrehimpuls $J = 2$ am stärksten gebunden, der mit $J = 0$ am geringsten.

8.3 L-S-Kopplung und j-j-Kopplung

Die Drehimpulse der Elektronen sind durch magnetische und elektrische Wechselwirkungen innerhalb eines Atoms miteinander verbunden. Wir sprechen wie bei der Feinstruktur im Wasserstoffatom allgemein von *Kopplungen* der Drehimpulse (vergleiche Kapitel 6.3.2). Bei Atomen mit mehreren Elektronen ist für die Energieniveaus wichtig, welche Kopplung überwiegt. Zum Beispiel kann der Effekt einer Kopplung der Drehimpulse verschiedener Elektronen bzw. ihrer Spins größer sein als die Auswirkung der Spin-Bahn-Kopplung ℓ-s der einzelnen Elektronen.

Russel-Saunders-Kopplung: Die Anordnung der Zustände im Helium-Atom ist ein Spezialfall der sogenannten **L-S-Kopplung**, die auch **Russel-Saunders-Kopplung** genannt wird. Der Name ist etwas irreführend, denn L-S-Kopplung liegt gerade dann vor, wenn die Spin-Bahn-Wechselwirkung in erster Näherung vernachlässigt werden kann. Unter der Coulomb-Wechselwirkung koppeln die Bahndrehimpulse im Helium (und auch bei nicht zu schweren Atomen mit mehr als zwei Elektronen) zu einem Gesamtdrehimpuls

$$\vec{L} = \sum \vec{\ell}_i\,. \tag{8.63}$$

Ebenso koppeln die Spins zu einem Gesamtspin

$$\vec{S} = \sum \vec{s}_i\,, \tag{8.64}$$

wobei aufgrund des Pauli-Prinzips die Gesamtwellenfunktion aus Ortswellenfunktion und Spinfunktion antisymmetrisch sein muss.

Dabei liegt die energetisch günstigere Lösung dann vor, wenn die Gesamtortswellenfunktion antisymmetrisch ist (vergleiche (8.61)). Das führt zur symmetrischen Wellenfunktion des Gesamtspins $\vec{S}$. Im niedrigsten Energiezustand ist demnach der Gesamtspin aufgrund des Symmetriearguments maximal.

Erst in zweiter Näherung kommt dann die viel schwächere Spin-Bahn-Wechselwirkung ins Spiel, die für die geringe energetische Aufspaltung der Niveaus mit verschiedenen Gesamtdrehimpulsen $\vec{J}$ sorgt. Dabei ergibt sich $\vec{J}$ aus dem Gesamtbahndrehimpuls $\vec{L}$ und dem Gesamtspin $\vec{S}$

$$\vec{J} = \vec{L} + \vec{S}\,. \tag{8.65}$$

j-j-Kopplung: Bei schweren Atomen überwiegt bei den äußeren Elektronen wegen des größeren Abstands voneinander und der größeren Kernladung Z die Spin-Bahn-Wechselwirkung der einzelnen Elektronen. Das führt zur sogenannten **j-j-Kopplung**, bei der zunächst die einzelnen Drehimpulse $\vec{\ell}_i$ und Spins $\vec{s}_i$ koppeln:

$$\vec{j}_i = \vec{\ell}_i + \vec{s}_i \tag{8.66}$$

Erst dann koppeln die k Gesamtdrehimpulse j_i der einzelnen Elektronen zum Gesamtdrehimpuls J des Atoms:

$$\vec{J} = \sum_{i=1}^{k} \vec{j}_i \tag{8.67}$$

8.4 Aufbau der Atomhülle mit vielen Elektronen

Mit unserem bislang erworbenen Wissen zu den relevanten Quantenzahlen eines Elektron-Zustands (8.3), den Symmetrieargumenten bei Ortswellenfunktionen und Spinfunktionen aufgrund des Pauli-Prinzips (Kapitel 8.1.4–8.1.6, 8.2.2) und den Kopplungen von Drehimpulsen (Kapitel 8.1.7) wenden wir uns im Folgenden dem sukzessiven Aufbau der Atome zu.

8.4.1 Periodensystem

Das Periodensystem der Elemente wurde von D. I. Mendeljew und unabhängig von J. L. Meyer entwickelt. Sie ordneten die chemischen Elemente nach dem Atomgewicht und sortierten solche mit ähnlichen chemischen Eigenschaften in chemische Gruppen in Spalten ein (►Tabelle 8.2).

Periode	Hauptgruppen							
	1	2	13	14	15	16	17	18
1	$_{1}H$							$_{2}He$
2	$_{3}Li$	$_{4}Be$	$_{5}B$	$_{6}C$	$_{7}N$	$_{8}O$	$_{9}F$	$_{10}Ne$
3	$_{11}Na$	$_{12}Mg$	$_{13}Al$	$_{14}Si$	$_{15}P$	$_{16}S$	$_{17}Cl$	$_{18}Ar$
4	$_{19}K$	$_{20}Ca$	$_{31}Ga$	$_{32}Ge$	$_{33}As$	$_{34}Se$	$_{35}Br$	$_{36}Kr$

⇑

	Nebengruppen									
	3	4	5	6	7	8	9	10	11	12
4	$_{21}Sc$	$_{22}Ti$	$_{23}V$	$_{24}Cr$	$_{25}Mn$	$_{26}Fe$	$_{27}Co$	$_{28}Ni$	$_{29}Cu$	$_{30}Zn$

Tabelle 8.2 Die Hauptgruppen der ersten vier Perioden des chemischen Periodensystems sowie die erste Nebengruppe in der vierten Periode, die zwischen $_{20}Ca$ und $_{31}Ga$ eingefügt wird.

8.4.2 Ordnungsprinzipien

Wir wissen heute, dass die Ordnungszahl im Periodensystem der Kernladungszahl Z entspricht. Für die Nomenklatur benutzen wir daher das chemische Symbol mit vorn tiefgestellter Ladungszahl Z, wie z. B. $_2$He für Helium mit $Z = 2$. Mit der quantenmechanischen Beschreibung der Atome erklären wir im Folgenden das Periodensystem.

Die wichtigsten drei Kriterien

Die drei wichtigsten Kriterien für die Ordnung im Periodensystem sind die Quantenzahlen eines Elektron-Zustands, das Pauli-Prinzip und eine minimale Gesamtenergie im Grundzustand des Atoms.

1. Quantenzahlen: Die Beschreibung der Elektron-Zustände im Wasserstoffatom durch vier Quantenzahlen (8.3) gilt ebenfalls für Atome mit vielen Elektronen:

n	Hauptquantenzahl	$n = 1, 2, \ldots$	
ℓ	Drehimpulsquantenzahl	$\ell = 0, 1, \ldots, n-1$	
m_ℓ	Magnetische Quantenzahl	$-\ell \leq m_\ell \leq \ell$	(8.68)
m_s	Projektion Spinquantenzahl $s = 1/2$	$m_s = \pm 1/2$	
	Kombinationen für gegebenes n	$2\,n^2$	

Zu der Hauptquantenzahl n können die Quantenzahlen ℓ, m_ℓ, m_s insgesamt $2\,n^2$ (4.72) verschiedene Wertekombinationen annehmen.

2. Pauli-Prinzip: Das Pauli-Prinzip besagt, dass jeder Zustand (n, ℓ, m_ℓ, m_s) jeweils maximal von einem Elektron besetzt sein darf (Kapitel 8.1.4).

3. Gesamtenergie: Die Gesamtenergie aller Elektronen ist im Grundzustand eines Atoms minimal.

Schalenstruktur

Die Energieniveaus im Wasserstoffatom werden vorwiegend durch die Coulomb-Wechselwirkung zwischen Elektron und Proton bestimmt. Ihre Abstände werden im Wesentlichen von der Hauptquantenzahl n durch $E = -R_\circ/n^2$ (4.5) beschrieben. Zu jedem Wert n gehören $2\,n^2$ Zustände mit (fast) gleicher Energie (►Abbildungen 6.1, 8.6).

Dieselbe Energieordnung gilt mit kleinen Modifikationen für das Helium-Atom (►Abbildung 8.5), wobei – wie bereits besprochen – kleinere Drehimpulsquantenzahlen (8.50) und symmetrische Gesamtspinzustände (8.61) energetisch günstiger sind.

Für Atome mit vielen Elektronen finden wir diese Helium-Grundordnung der Energien für weit innen liegende Elektronen-Zustände wieder, wie in ►Abbildung 8.8 links durch die „inneren Elektronen" gezeigt ist [27]. Energetisch separierte Gruppen werden als **Schalen** bezeichnet, wobei gelegentlich zwischen „Hauptschale" für die $2\,n^2$ Zustände zur Hauptquantenzahl n und „Unterschale" für Gruppen zur Drehimpulsquantenzahl ℓ mit $2\,\ell\,(\ell+1)$ Zuständen unterschieden wird. Die Hauptschalen zu $n = 1, 2, 3, 4, 5$ heißen K-, L-, M-, N-, O-Schalen. Im Kapitel 11 zur Röntgenstrahlung werden wir näher darauf eingehen.

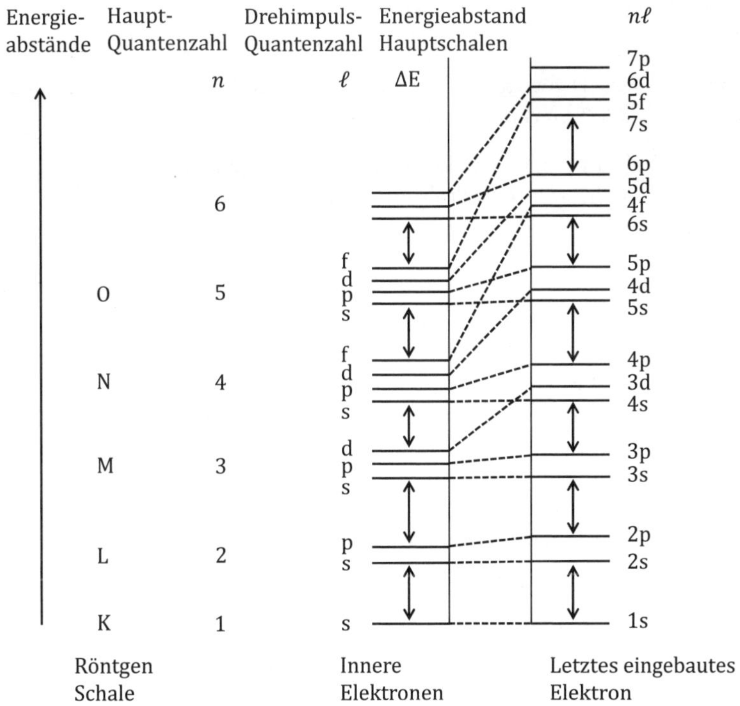

Abbildung 8.8 Reihenfolge der Elektron-Energieniveaus im Atom für innere Elektronen und für das letzte eingebaute Elektron nach [27]

Wenn wir allerdings dem Aufbau des Periodensystems folgen, die Kernladung Z jeweils um eine positive Protonladung erhöhen und ein Elektron hinzufügen, so ergibt sich ein anderes Bild. Jedes neu hinzugefügte Elektron erfährt die Kernladung mit einer Abschirmung durch die bereits vorhandenen Elektronen, also eine effektive Ladung nahe $Z = 1$. Die Werte der neu gefüllten Energieniveaus werden also zunächst denen des Wasserstoffs ähneln. Gleichzeitig werden weiter innen liegende Elektronen wegen der höheren Kernladung stärker gebunden.

Für die jeweils außen liegenden Elektronen gibt es allerdings deutliche Energiekorrekturen, die von der Drehimpulsquantenzahl ℓ abhängen. In ►Abbildung 8.8 sind diese Effekte rechts durch das „letzte eingebaute Elektron" gezeigt. Für die Hauptquantenzahlen $n = 1, 2$ ergibt sich zunächst die vom Helium erwartete Reihenfolge, aber für $n \geq 3$ werden Gruppen von Zuständen mit Drehimpulsquantenzahl $\ell > 0$ verschoben. Zum Beispiel sind die Zustände $n\,\ell = 4\,s$ $(n = 4, \ell = 0)$ energetisch günstiger als die Zustände mit $n\,\ell = 3\,d$.

Auch mit solchen Verschiebungen verbleiben Energieabstände ΔE zur nächst-höheren Hauptquantenzahl n und deren Energiezustände mit $\ell = 0, m_\ell = 0, m_s = \pm 1/2$.

Sind Zustände vollständig mit Elektronen gefüllt, sprechen wir von **abgeschlossenen Schalen**. Da das chemische Verhalten der Atome durch ihre äußeren Elektronen bestimmt wird, tragen solche abgeschlossenen Schalen nicht zum chemischen Charakter des Elements bei. Sie verhalten sich wie Edelgase, die (fast) keine Reaktionen eingehen. Abgeschlossene Schalen haben die folgenden Drehimpulseigenschaften:

1. Gesamtspin $S = 0$. Das wird erreicht, wenn eine gleiche Anzahl von Elektronen die Zustände $m_s = +1/2$ und $m_s = -1/2$ besetzt.
2. Gesamtbahndrehimpuls $L = 0$. Dafür müssen alle Zustände zu einem Bahndrehimpuls ℓ (oder zu mehreren Bahndrehimpulsen) besetzt sein.
3. Gesamtdrehimpuls $J = 0$.

Hundsche Regeln für Spinausrichtungen

Die Drehimpulse und Spins der Grundzustände folgen den sogenannten **Hundschen Regeln**. Beim Helium-Atom und anderen leichten Atomen überwiegt die elektrische Abstoßung zwischen den Elektronen gegenüber der Spin-Bahn-Wechselwirkung. Daher addieren sich die Bahndrehimpulse und Spins unabhängig voneinander (Kapitel 8.3). Also setzt sich die Gesamtwellenfunktion aus einer Ortsfunktion mit Gesamtbahndrehimpuls L und einem Spinterm mit Gesamtspin S zusammen. Da die antisymmetrische Ortswellenfunktion die geringere Energie hat, muss die Gesamtspinfunktion des energetisch günstigeren Zustands symmetrisch sein.

Im Grundzustand eines Atoms hat der Gesamtspin den größtmöglichen Wert, der mit dem Pauli-Prinzip verträglich ist. (8.69)

Im nächsten Schritt wirkt die (geringe) Spin-Bahn-Wechselwirkung und koppelt L und S zu einem Gesamtdrehimpuls J. Hier wird die antiparallele Kopplung von $\vec{L}$ und $\vec{S}$ energetisch bevorzugt. Das führt zu der weiteren Hundschen Regel:

Für weniger als halb gefüllte Schalen ist $J = L - S$, für mehr als halb gefüllte gilt $J = L + S$ und in der Mitte ist $L = 0$, also $J = S$. (8.70)

8.4.3 Schrittweiser Perioden-Aufbau, Elektronenkonfiguration

Die Elektronen der Atomhülle oder einer Schale werden mit der Hauptquantenzahl n und dem Bahndrehimpuls ℓ gekennzeichnet, wobei statt der Zahl ℓ der zugehörige kleine Buchstabe $s, p, d, \ldots$ verwendet wird. Durch hochgestellte Zahlen wird die Anzahl q der besetzten Zustände in der jeweiligen Konfiguration angegeben:

$$n\,\ell^{q} \tag{8.71}$$

Diese Kurzform wird für alle relevanten Zustände hintereinander notiert.

Beispiel 29: Elektronenkonfiguration

Die Elektronenkonfiguration von Stickstoff

$$1s^2 2s^2 2p^3$$

steht für je zwei Elektronen im $1s$- und $2s$-Zustand und drei Elektronen im $2p$-Zustand.

K-Schale

Die erste Schale wird als K-Schale bezeichnet. Sie enthält Elektronen mit den Quantenzahlen

$$n = 1 \quad \ell = 0 \quad m_\ell = 0 \quad m_s = \pm\tfrac{1}{2} \,. \tag{8.72}$$

Es gibt daher nur zwei mögliche Zustände für die Elektronen. Die K-Schale entspricht der ersten Zeile (Periode 1) im Periodensystem (►Tabelle 8.2), ihr Aufbau ist in ►Tabelle 8.3 skizziert.

Element	Formel	Zustand 1s	e^--Konfig.	Spektr.	Gruppe
Wasserstoff	$_1H$	↑	$1s^1$	$^2S_{1/2}$	1. Wasserstoff + Alkali
Helium	$_2He$	↑↓	$1s^2$	$^1S_0$	18. Edelgas

Tabelle 8.3 Die Periode 1, von links nach rechts: Name und chemisches Symbol; die K-Schale mit den Zuständen $1s$ wird schrittweise gefüllt; Elektronenkonfiguration mit Schalenabschlüssen (grau) und spektroskopische Bezeichnung im Grundzustand; chemische Gruppe

L-Schale

Die zweite Schale ist die L-Schale. Sie enthält Elektronen mit den Quantenzahlen

$$n = 2 \quad \ell = 0 \quad m_\ell = 0 \qquad m_s = \pm\tfrac{1}{2} \tag{8.73}$$

$$\ell = 1 \quad m_\ell = -1, 0, 1 \quad m_s = \pm\tfrac{1}{2} \,. \tag{8.74}$$

Element	Formel	Zustand 2s	2p	2p	2p	e^--Konfig.	Spektr.	Gruppe
Lithium	$_3Li$	↑				$1s^2\ 2s^1$	$^2S_{1/2}$	1. Alkali
Beryllium	$_4Be$	↑↓				$1s^2\ 2s^2$	$^1S_0$	2. Erdalkali
Bor	$_5B$	↑↓	↑			$1s^2\ 2s^2\ 2p^1$	$^2P_{1/2}$	13. Bor-Gruppe
Kohlenstoff	$_6C$	↑↓	↑	↑		$1s^2\ 2s^2\ 2p^2$	$^3P_0$	14. Kohlenstoff-G.
Stickstoff	$_7N$	↑↓	↑	↑	↑	$1s^2\ 2s^2\ 2p^3$	$^4S_{3/2}$	15. Stickstoff-G.
Sauerstoff	$_8O$	↑↓	↑↓	↑	↑	$1s^2\ 2s^2\ 2p^4$	$^3P_2$	16. Chalkogen
Fluor	$_9F$	↑↓	↑↓	↑↓	↑	$1s^2\ 2s^2\ 2p^5$	$^2P_{3/2}$	17. Halogen
Neon	$_{10}Ne$	↑↓	↑↓	↑↓	↑↓	$1s^2\ 2s^2\ 2p^6$	$^1S_0$	18. Edelgas

Tabelle 8.4 Die Periode 2, von links nach rechts: Name und chemisches Symbol; die L-Schale mit den Zuständen $2s$, $m_s = \pm 1/2$ und $2p$, $m_\ell = -1, 0, +1$ wird schrittweise gefüllt; Elektronenkonfiguration mit Schalenabschlüssen (grau) und spektroskopische Bezeichnung im Grundzustand; chemische Gruppe

Es gibt daher $2 \cdot \sum_{\ell=0}^{n-1}(2\ell+1) = 2n^2 = 8$ Zustände. Die L-Schale entspricht der zweiten Zeile (Periode 2) im Periodensystem (►Tabelle 8.2), ihr Aufbau ist in ►Tabelle 8.4 skizziert.

Die Anordnung der Drehimpulse und Spins, sowie die Konfiguration des Grundzustands mit L-S-Kopplung folgt den Hundschen Regeln. Beachten Sie dafür insbesondere das Stickstoff-Atom, bei dem die Spins der drei Elektronen mit $n = 2$, $\ell = 1$ $(2p)$ parallel ausgerichtet sind und den Gesamtspin $S = 3/2$ ergeben (8.69). Die Multiplizität $2S + 1$ beträgt daher 4 und der Gesamtdrehimpuls ist $J = S = 3/2$ (8.70).

Bei den Atomen Kohlenstoff und Sauerstoff sind zwei der Elektronen parallel mit dem Gesamtspin $S = 1$ ausgerichtet (8.69). Ihre Multiplizitäten $2S+1$ betragen 3. Allerdings ist der Gesamtdrehimpuls verschieden: Für Kohlenstoff ist $J = L - S = 0$ und für Sauerstoff $J = L + S = 2$ (8.70).

M-Schale

Die dritte Schale, die M-Schale, enthält Elektronen mit den Quantenzahlen

$$n = 3 \quad \ell = 0 \quad m_\ell = 0 \qquad m_s = \pm\tfrac{1}{2} \tag{8.75}$$

$$\ell = 1 \quad m_\ell = -1, 0, 1 \qquad m_s = \pm\tfrac{1}{2} \tag{8.76}$$

$$\ell = 2 \quad m_\ell = -2, -1, 0, 1, 2 \quad m_s = \pm\tfrac{1}{2}\,. \tag{8.77}$$

Insgesamt hat sie $2n^2 = 18$ Zustände. In der Periode 3 (►Tabelle 8.2) werden zusätzlich zur Elektronenkonfiguration $1s^2 2s^2 2p^6$ der abgeschlossenen K- und L-Schalen die Zustände der $3s$- und $3p$-Konfiguration aufgefüllt. Der Aufbau ist in ►Tabelle 8.5 skizziert. Obwohl bei der Hauptquantenzahl $n = 3$ die Drehimpulsquantenzahl $\ell = 2$ $(3d)$ möglich ist, wird diese hier nicht realisiert, sondern tritt aufgrund der Energieverschiebungen in Periode 4 auf (vergleiche ►Tabelle 8.2 und ►Abbildung 8.8).

Element	Formel	e^--Konfig.	Spektr.	Gruppe
Natrium	$_{11}Na$	$3s^1$	$^2S_{1/2}$	1. Alkali
Magnesium	$_{12}Mg$	$3s^2$	$^1S_0$	2. Erdalkali
Aluminium	$_{13}Al$	$3s^2\,3p^1$	$^2P_{1/2}$	13. Bor-Gruppe
Silizium	$_{14}Si$	$3s^2\,3p^2$	$^3P_0$	14. Kohlenstoff-Gruppe
Phosphor	$_{15}P$	$3s^2\,3p^3$	$^4S_{3/2}$	15. Stickstoff-Gruppe
Schwefel	$_{16}S$	$3s^2\,3p^4$	$^3P_2$	16. Chalkogen
Chlor	$_{17}Cl$	$3s^2\,3p^5$	$^2P_{3/2}$	17. Halogen
Argon	$_{18}Ar$	$3s^2\,3p^6$	$^1S_0$	18. Edelgas

Tabelle 8.5 Die Periode 3, von links nach rechts: Name; chemisches Symbol; die Unterschalen $3s$ und $3p$ der M-Schale werden schrittweise gefüllt; Elektronenkonfiguration mit Schalenabschlüssen (grau) und spektroskopische Bezeichnung im Grundzustand; chemische Gruppe

N-Schale

Die N-Schale enthält Elektronen mit $n = 4$, insgesamt $2n^2 = 32$ Zustände. In Periode 4 werden jetzt zusätzlich zu der abgeschlossenen Elektronenkonfiguration $1s^2 2s^2 2p^6 3s^2 3p^6$ die $4s$-, $3d$- und $4p$-Zustände aufgefüllt: Die energetische Reihenfolge der Unterschalen weicht hier vom einfachen Muster der vorigen Schalen ab: Auf $3s$, $3p$ folgt jetzt $4s$, $3d$, $4p$. Dadurch vermischen sich im Periodensystem die Hauptschalen M und N. Die Zustände $3d$ tauchen in Periode 4 als Nebengruppenelemente (Übergangselemente) auf (►Tabelle 8.2).

Element	Formel	e⁻-Konfig.	Spektr.	Gruppe
Kalium	$_{19}K$	$4s^1$	$^2S_{1/2}$	1. Alkali
Calcium	$_{20}Ca$	$4s^2$	$^1S_0$	2. Erdalkali
Scandium	$_{21}Sc$	$4s^2\ 3d^1$	$^2D_{3/2}$	3. Nebengruppe
Titan	$_{22}Ti$	$4s^2\ 3d^2$	$^3F_2$	4. Nebengruppe
Vanadium	$_{23}V$	$4s^2\ 3d^3$	$^4F_{3/2}$	5. Nebengruppe
Chrom	$_{24}Cr$	$4s^1\ 3d^5$	$^7S_3$	6. Nebengruppe
Mangan	$_{25}Mn$	$4s^2\ 3d^5$	$^6S_{5/2}$	7. Nebengruppe
Eisen	$_{26}Fe$	$4s^2\ 3d^6$	$^5D_4$	8. Nebengruppe
Kobalt	$_{27}Co$	$4s^2\ 3d^7$	$^4F_{9/2}$	9. Nebengruppe
Nickel	$_{28}Ni$	$4s^2\ 3d^8$	$^3F_4$	10. Nebengruppe
Kupfer	$_{29}Cu$	$4s^1\ 3d^{10}$	$^2S_{1/2}$	11. Nebengruppe
Zink	$_{30}Zn$	$4s^2\ 3d^{10}$	$^1S_0$	12. Nebengruppe
Gallium	$_{31}Ga$	$4s^2\ 3d^{10}\ 4p^1$	$^2P_{1/2}$	13. Bor-Gruppe
Germanium	$_{32}Ge$	$4s^2\ 3d^{10}\ 4p^2$	$^3P_0$	14. Kohlenstoff-Gruppe
Arsen	$_{33}As$	$4s^2\ 3d^{10}\ 4p^3$	$^4S_{3/2}$	15. Stickstoff-Gruppe
Selen	$_{34}Se$	$4s^2\ 3d^{10}\ 4p^4$	$^3P_2$	16. Chalkogen
Brom	$_{35}Br$	$4s^2\ 3d^{10}\ 4p^5$	$^2P_{3/2}$	17. Halogen
Krypton	$_{36}Kr$	$4s^2\ 3d^{10}\ 4p^6$	$^1S_0$	18. Edelgas

Tabelle 8.6 Die Periode 4, von links nach rechts: Name; chemisches Symbol; die Unterschalen $4s$, $3d$ und $4p$ der M- und N-Schale werden schrittweise gefüllt; Elektronenkonfiguration mit Schalenabschlüssen (grau) und spektroskopische Bezeichnung im Grundzustand; chemische Gruppe

8.4.4 Messungen zur äußeren Schalenstruktur

Die Schalenstruktur und damit auch die Periodizität der Atomhüllen lässt sich besonders gut an Edelgasen und an Alkali-Atomen demonstrieren.

Edelgase

Wir wollen als erstes Edelgas-Spektren von Helium, Neon und Argon untersuchen.

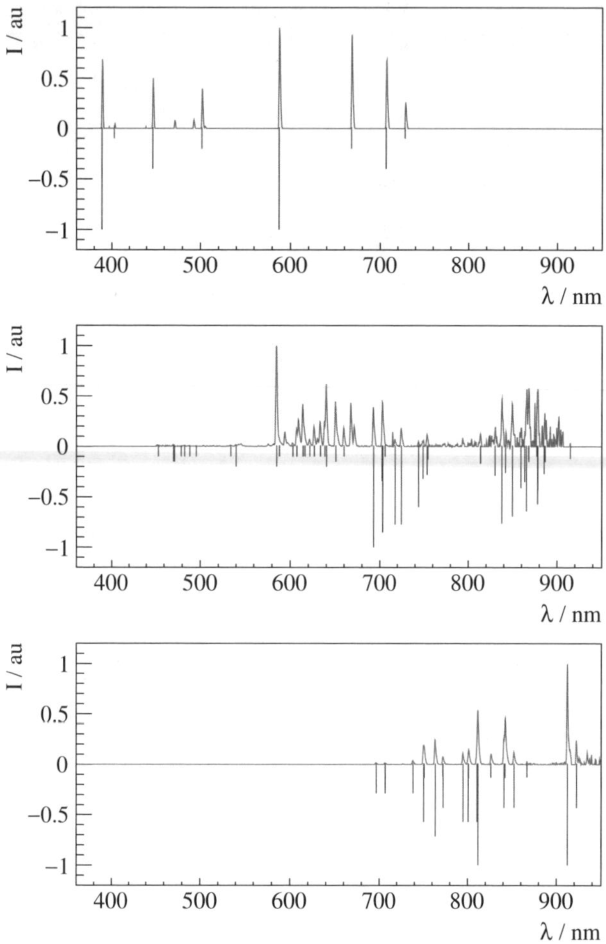

Abbildung 8.9 Gemessene (nach oben) und erwartete (nach unten) Spektren von Helium-, Neon- und Argon-Atomen

Experiment 17: Atomspektren

Wir verwenden mit Helium-Gas, Neon-Gas und Argon-Gas gefüllte Glasröhren, in denen jeweils zwei Elektroden eingelassen sind. Mit einer Hochspannung erzeugen wir eine Gasentladung, die das Gas zum Leuchten bringt. Die Intensität I der Spektren in ►Abbildung 8.9 messen wir mit einem Gitterspektrometer als Funktion der Wellenlänge λ (Kurven nach oben). Die nach unten gezeichneten Linien sind die erwarteten relativen Intensitäten nach [35].

Die Spektren in ►Abbildung 8.9 zeigen eine ähnliche Struktur, wobei sich die Wellenlängen der Spektrallinien von Helium über Neon zu Argon zu höheren Werten und damit die Energien der Spektrallinien zu geringeren Werten verschieben und näher zusammenrücken. Das zeigt, dass mit zunehmendem Abstand der äußeren Schale die Bindung der Elektronen schwächer wird. Das zeigt sich auch in der Ionisierungsenergie der ►Abbildung 8.10. Auf die Details der Spektren insbesondere von Helium werden wir in Kapitel 9.1 zurückkommen.

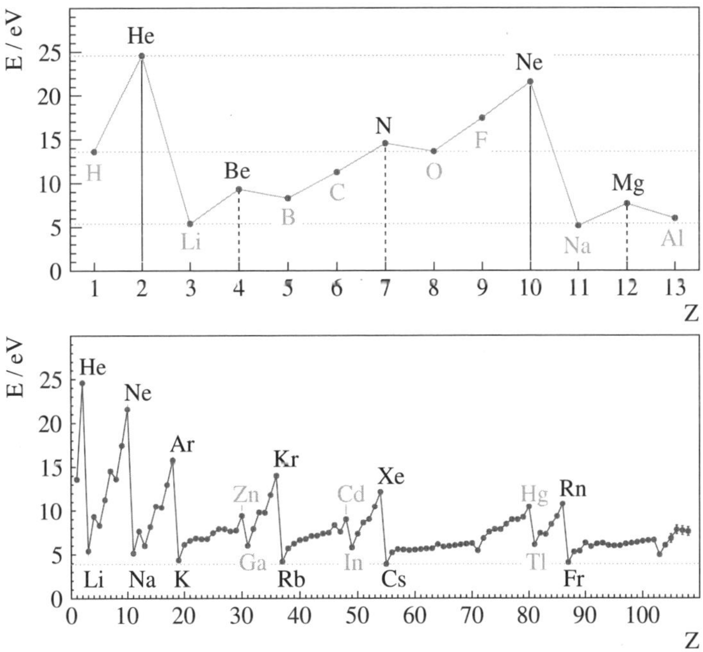

Abbildung 8.10 Der Aufbau der Schalen und Unterschalen ist anhand der Ionisierungsenergien der Atome gut nachvollziehbar. Deutliche Unterschiede ergeben sich zwischen den Edelgasen mit abgeschlossenen Schalen und den Alkali-Atomen mit einem äußeren Elektron (Leuchtelektron) (Daten aus [31]).

Den schrittweisen Aufbau der Schalenstruktur können wir gut an den Ionisierungsenergien der Alkali-Atome, der Edelgase und aller Elemente dazwischen ablesen. Folgen Sie in der oberen ►Abbildung 8.10 der Kernladungszahl $Z = 3 \ldots 10$ aus der zweiten Periode (►Tabelle 8.4) und vergleichen Sie dabei die Änderung in der Ionisierungsenergie beim Aufbau der Schale und Unterschale.

Das äußerste Elektron von Alkali-Atomen wie Lithium Li ist nur schwach gebunden und kann vergleichsweise leicht ionisiert werden ($\Delta E = 5{,}4\,\text{eV}$). Edelgase wie das Neon Ne haben dagegen abgeschlossene Schalen, sodass die Ionisierung eines Elektrons viel Energie benötigt ($\Delta E = 21{,}6\,\text{eV}$). Dazwischen erkennt man den Übergang von $\ell = 0$ nach $\ell = 1$ zwischen Beryllium Be und Bor B, sowie für $\ell = 1$ den Wechsel von drei Elektronen gleicher Spinausrichtung bei Stickstoff N auf Sauerstoff O mit vier Elektronen, bei denen nur noch zwei Elektronen gleiche Spinausrichtung besitzen.

In der unteren ►Abbildung 8.10 ist die Entwicklung der Ionisierungsenergie in Abhängigkeit der Kernladungszahl Z über das ganze Periodensystem gezeigt (►Tabelle 8.3–8.6, Daten aus [31]).

Eine entsprechende Aussage erhält man bei der Bestimmung atomarer Radien. Alkali-Atome haben besonders große Volumen, die mit der Ladungszahl Z stark zunehmen.

Alkali-Atome

Es gibt eine Reihe von quantenmechanischen Systemen, die sich ähnlich wie der Wasserstoff verhalten und beschreiben lassen. Dazu zählen z. B. wasserstoffähnliche Ionen (vergleiche ►Abbildung 8.6) und Alkali-Atome.

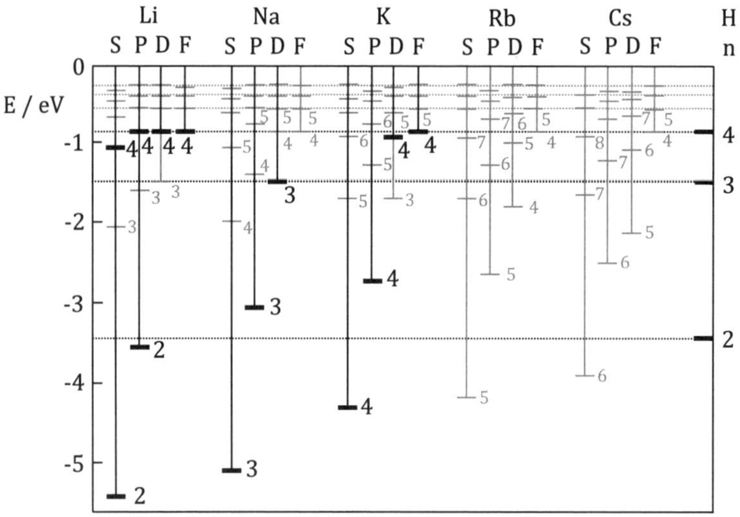

Abbildung 8.11 Vergleich der Energieniveaus der Alkali-Atome Li, Na, K, Rb, Cs mit denen des Wasserstoffatoms H. Bei großen Drehimpulsquantenzahlen ℓ schirmen die inneren Elektronen der Alkali-Atome $Z - 1$ Kernladungen ab, sodass die Energieniveaus denen des H-Atoms entsprechen.

In der ►Abbildung 8.11 vergleichen wir die Energieniveaus der Alkali-Atome untereinander und mit Wasserstoff. Sie haben jeweils ein Elektron außerhalb der geschlossenen Schalen. Das Elektron lässt sich vergleichsweise leicht anregen oder ionisieren und wird deswegen auch **Leuchtelektron** genannt.

Im Grundzustand haben die Leuchtelektronen die Drehimpulsquantenzahl $\ell = 0$ und damit ist auch $L = 0$ (S-Zustand). Wir vergleichen ihre Energien für verschiedene Atome mit dem Energieniveau $n = 2$ im Wasserstoffatom bei $E_2 = -3{,}4\,\mathrm{eV}$ (ganz rechts):

Für das Leuchtelektron des Lithium-Atoms liegt das Energieniveau des Grundzustands $2S\,(n = 2)$ erheblich tiefer als das entsprechende Niveau des Wasserstoffatoms. Das liegt daran, dass die Wellenfunktionen und damit die Aufenthaltswahrscheinlichkeiten in die Nähe des Kerns reichen und damit das effektive $Z > 1$ ist.

Mit größerem n und damit größerem Abstand vom Kern nähert sich die Energie des nS-Niveaus dem nS-Niveau von Wasserstoff. Vergleichen Sie in ►Abbildung 8.11 z. B. die $n = 4$ Niveaus mit $\ell = S, P, D, F$ von Lithium und Wasserstoff. Die abgeschlossenen Schalen der Elektronenhülle schirmen näherungsweise $Z - 1$ Kernladungen ab, sodass die Energieniveaus des Leuchtelektrons ähnlich wie beim Wasserstoffatom von dem Coulomb-Potential einer Protonladung bestimmt werden.

Die inneren Schalen zeigen starke Energieverschiebungen in Abhängigkeit des Bahndrehimpulses L (►Abbildung 8.11), ähnlich wie beim Helium-Atom in Kapitel 8.2.2.

Das Wichtigste zum Mitnehmen

Zum Mitnehmen: Periodensystem der Elemente 1

- Die Vertauschbarkeit ununterscheidbarer Teilchen 1 und 2 ergibt wegen der Aufenthaltswahrscheinlichkeitsdichte $|\psi|^2$ **symmetrische** oder **antisymmetrische (Gesamt-)Wellenfunktionen**:

$$|\Psi(x_1,x_2)|^2 = |\Psi(x_2,x_1)|^2 \tag{8.5}$$

$$\text{Bosonen} \quad \text{Spin} = 1 \qquad \Psi_s(x_1,x_2) = \Psi_s(x_2,x_1) \tag{8.6}$$

$$\text{Fermionen} \quad \text{Spin} = 1/2 \qquad \Psi_a(x_1,x_2) = -\Psi_a(x_2,x_1) \tag{8.7}$$

  (8.7) führt zum **Pauli-Prinzip** (8.13): *Ein durch die 4 Quantenzahlen n, ℓ, m_ℓ, m_s vollständig beschriebener Quantenzustand $\psi_{n\,\ell\,m_\ell\,m_s}$ kann höchstens von einem Elektron besetzt werden.*

- Zwei Elektronen mit Spin 1/2 haben bei **Gesamtspin** $S = 0$ die **antisymmetrische Singulett**-Spinwellenfunktion χ_a, oder bilden bei $S = 1$ das **symmetrische Triplett** χ_s. Die Antisymmetrie der Gesamtwellenfunktion Ψ_a (8.13) erfordert die Symmetrie oder Antisymmetrie der Ortswellenfunktion $\widetilde{\Psi}$:

$$\Psi_a(x_1,x_2) = \begin{cases} \widetilde{\Psi}_a(x_1,x_2)\cdot\chi_s(S=1) \\ \widetilde{\Psi}_s(x_1,x_2)\cdot\chi_a(S=0) \end{cases} \tag{8.22}$$

- Der **Gesamtdrehimpuls** zweier Elektronen wird aus dem Gesamtbahndrehimpuls und dem Gesamtspin gebildet. Die Quantenzahlen werden mit Großbuchstaben notiert J, L, S und m_J, m_L, m_S und werden nach denselben Regeln wie für Einzel-Drehimpulse berechnet:

$$\hat{\vec{J}} = \hat{\vec{L}} + \hat{\vec{S}} \tag{8.34}$$

- Das **Helium-Atom** (Kernladung $Z = 2$) besitzt zwei Elektronen im Grundzustand mit Quantenzahlen $n = 1, \ell = 0, m_\ell = 0, m_s = \pm 1/2$. Im Helium-Ion He^+ ist die Bindungsenergie von Elektron Eins $Z^2 = 4$-fach gegenüber Wasserstoff (4.52) verstärkt. Im Helium-Atom He beträgt die Ionisierungsenergie für Elektron Zwei 24,6 eV, seine Anregungsenergien folgen näherungsweise dem Wasserstoffatom (Abschirmung einer Kernladung durch Elektron Eins):

$$E_1(\mathrm{He}^+) = -4\cdot 13{,}6\,\mathrm{eV} = -54{,}4\,\mathrm{eV} \tag{8.44}$$

$$\Delta E_{n_2} = 24{,}6\,\mathrm{eV} - 13{,}6\cdot\frac{1}{n_2^2}\,\mathrm{eV} \tag{8.49}$$

Zum Mitnehmen: Periodensystem der Elemente 2

- Entartungen angeregter Energieniveaus sind im Helium-Atom aufgehoben, z. B. sind **parallele Elektronenspins energetisch begünstigt** (siehe Hundsche Regel). Der symmetrische Triplett-Zustand hat wegen seiner antisymmetrischen Ortswellenfunktion keine Aufenthaltswahrscheinlichkeit der Elektronen am selben Ort $\widetilde{\Psi}_a(\vec{r}_1 = \vec{r}_2) = 0$ und hat daher geringere Coulomb-Abstoßung der Elektronen als der Singulett-Zustand:

$$\Psi_{a,0} = \underbrace{\widetilde{\Psi}_s(\vec{r}_1 = \vec{r}_2)}_{\neq 0} \cdot \chi_a(\text{Singulett } S = 0) \neq 0 \tag{8.59}$$

$$\Psi_{a,1} = \underbrace{\widetilde{\Psi}_a(\vec{r}_1 = \vec{r}_2)}_{=0} \cdot \chi_s(\text{Triplett } \quad S = 1) = 0 \tag{8.60}$$

- ***L-S*-Kopplung**: Bei leichten Atomen überwiegt elektrische Abstoßung der Elektronen. Bahndrehimpulse und Spins werden unabhängig voneinander addiert und zum Gesamtdrehimpuls $\vec{J}$ zusammengefasst:

$$\vec{J} = \vec{L} + \vec{S}\,. \tag{8.65}$$

  ***j-j*-Kopplung**: Bei schweren Atomen überwiegt Spin-Bahn-Wechselwirkung der einzelnen Elektronen. Der Gesamtdrehimpuls $\vec{J}$ wird aus den Gesamtdrehimpulsen $\vec{j_i} = \vec{\ell_i} + \vec{s_i}$ gebildet:

$$\vec{J} = \sum_{i=1}^{k} \vec{j_i} \tag{8.67}$$

- Das **Periodensystem der Elemente** ordnet die Atome nach aufsteigender Kernladungszahl Z und drei Hauptkriterien: **Quantenzahlen**, **Pauli-Prinzip** (8.13), **minimale Gesamtenergie**:

n	Hauptquantenzahl	$n = 1, 2, \dots$	
ℓ	Drehimpulsquantenzahl	$\ell = 0, 1, \dots, n-1$	
m_ℓ	Magnetische Quantenzahl	$-\ell \leq m_\ell \leq \ell$	(8.68)
m_s	Projektion Spinquantenzahl $s = 1/2$	$m_s = \pm 1/2$	
	Kombinationen für gegebenes n	$2\,n^2$	

Zum Mitnehmen: Periodensystem der Elemente 3

- Energetisch separierte Gruppen von Elektronen-Zuständen bilden **Schalen** und Unterschalen. Die Hauptschalen zu $n = 1, 2, 3, \ldots$ heißen K-, L-, M-Schalen. Mit Elektronen aufgefüllte (abgeschlossene) Schalen haben Gesamtspin $S = 0$, Gesamtbahndrehimpuls $L = 0$ und Gesamtdrehimpuls $J = 0$.
- Die Spinstellungen der Elektronen folgen der **Hundschen Regel**: Im Grundzustand eines Atoms hat der Gesamtspin den größtmöglichen Wert, der mit dem Pauli-Prinzip verträglich ist (8.69).
- Die **Elektronenkonfiguration** beschreibt die Anzahl q der mit Elektronen besetzten Zustände zu den Quantenzahlen $n\,\ell^{\,q}$ (8.71).

Strahlungsübergänge

9

ÜBERBLICK

» Die charakteristischen Spektren der Atome des Periodensystems entstehen durch die Übergänge von Elektronen zwischen den Energieniveaus in der Atomhülle (►Abbildung 8.9). Beobachtet werden viel weniger Übergänge als angesichts der vielen Elektronen-Zustände möglich wären. Außerdem haben die einzelnen Übergänge stark unterschiedliche Intensitäten.

In diesem Kapitel stellen wir sogenannte Auswahlregeln für Dipolstrahlung der Atome vor. Wir bringen die Intensität der emittierten Strahlung in den Zusammenhang mit Übergangswahrscheinlichkeiten und ebenso mit der Lebensdauer angeregter Zustände. Darüber hinaus erörtern wir die Bedeutung der Linienbreiten der Übergänge. Im letzten Abschnitt diskutieren wir induzierte Emission von Photonen durch erzwungene Elektronen-Übergänge in der Atomhülle und stellen den Laser vor. «

Experiment 18: Helium-Spektrum

Wir kommen noch einmal auf die Spektren der Edelgase in ►Abbildung 8.9 zurück und untersuchen das Helium-Spektrum genauer. ►Abbildung 9.1 zeigt die Intensitätsmaxima bei charakteristischen Wellenlängen, die wir durch eine Gasentladung im Helium-Gas mit einem Gitterspektrometer als Funktion der Wellenlänge λ bestimmt haben. Dabei haben wir die Intensitäten auf die relative Empfindlichkeit des Spektrometers in Abhängigkeit der Wellenlänge korrigiert (beispielsweise sind für $\lambda = 400, 550, 700\,\text{nm}$ die Korrekturfaktoren ca. $10, 1, 2$).

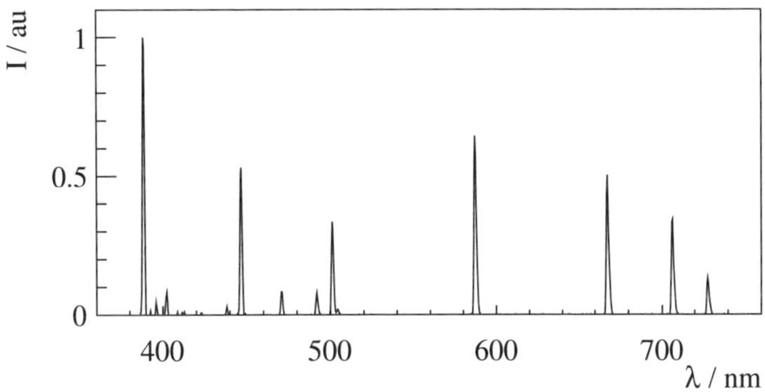

Abbildung 9.1 Intensitätsverteilung I des Spektrums von Helium in Abhängigkeit von der Wellenlänge λ

Im Folgenden wollen wir die Intensitätsmaxima und die Breiten der Linien untersuchen. Dabei geht es um drei Themen:

- Die charakteristischen Wellenlängen zeigen Elektronen-Übergänge zwischen verschiedenen Zuständen im Helium-Atom. Sind alle Übergänge möglich und – falls nicht – welche sind erlaubt? Über diese Frage werden wir zu den Auswahlregeln für Übergänge durch Dipolstrahlung gelangen.
- Das Helium-Spektrum zeigt verschieden große Intensitäten für die verschiedenen Wellenlängen. Diese Beobachtung führt zum Thema der Übergangswahrscheinlichkeit zwischen zwei Elektronen-Zuständen. Je größer die Intensität, desto größer ist diese Wahrscheinlichkeit und desto kürzer ist die Lebensdauer des angeregten Elektron-Zustands.
- Die Intensitätsverteilungen um die charakteristischen Wellenlängen zeigen ähnliche Breiten. Wir untersuchen den Zusammenhang zwischen der sogenannten natürlichen Linienbreite und der Lebensdauer und vergleichen mit den gemessenen Breiten. Wir ergänzen dann eine Diskussion zur Bewegung der Helium-Atome, die die gemessenen Breiten wesentlich bestimmt.

9.1 Interpretation des Helium-Spektrums

In unserem Helium-Experiment in ►Abbildung 9.1 haben wir charakteristische Wellenlängen gemessen, die Übergängen zwischen verschiedenen Energieniveaus entsprechen. Wir versuchen zunächst, die naheliegenden Übergänge im Spektrum einzuzeichnen, bei denen sich nur die Hauptquantenzahl ändert.

Experiment 19: Interpretation 1 Helium-Spektrum

►Abbildung 9.2 zeigt die erwarteten Wellenlängen potentieller Elektronen-Übergänge zwischen verschiedenen Zuständen $n_2 > n_1$ aber gleichen Drehimpulsen $L = \text{const.}$, die im Messbereich unseres Spektrometers liegen. ►Abbildung 9.3 vergleicht die gemessenen Intensitätsmaxima bei charakteristischen Wellenlängen zu den erwarteten Wellenlängen, allerdings können die meisten der beobachteten Übergänge mit dieser Hypothese nicht erklärt werden.

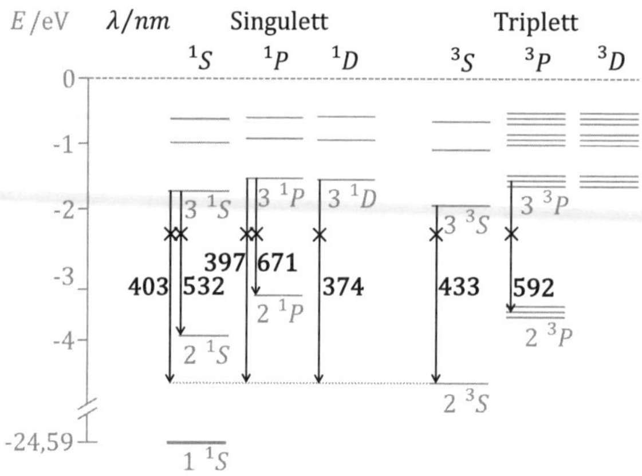

Abbildung 9.2 Potentielle Übergänge $(n = 3) \to (n = 2)$ im Helium-Atom mit der Auswahl $\Delta L = 0$

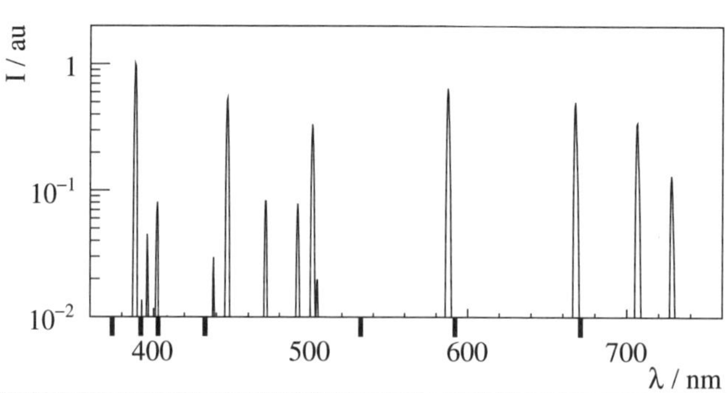

Abbildung 9.3 Die potentiellen Übergänge $(n = 3) \to (n = 2)$ mit $\Delta L = 0$ (vertikale Linien) können das gemessene Spektrum nicht erklären.

Als alternative Hypothese untersuchen wir Übergänge, bei denen sich die Drehimpulsquantenzahl L um den Betrag $|\Delta L| = 1$ ändert.

Experiment 20: Interpretation 2 Helium-Spektrum

Die erste ►Abbildung 9.4 zeigt erwartete Wellenlängen im Messbereich unseres Spektrometers für Elektronen-Übergänge, bei denen sich die Drehimpulsquantenzahl um $|\Delta L| = 1$ ändert. Nach ►Abbildung 9.5 erklären diese erwarteten Wellenlängen die gemessenen Intensitätsmaxima. Dabei genügt es sogar, nur Übergänge innerhalb der Singulett-Zustände ($S = 0$, lange Striche) bzw. innerhalb der Triplettstände ($S = 1$, kurze Striche) zuzulassen, also die Gesamtspinquantenzahl unverändert zu lassen $\Delta S = 0$.

In unserem vergleichsweise einfachen Experiment können die Wellenlängen gut bestimmt werden, während die relativen Intensitäten nur ungefähr den qualitativen Erwartungen der NIST Datenbank folgen [31].

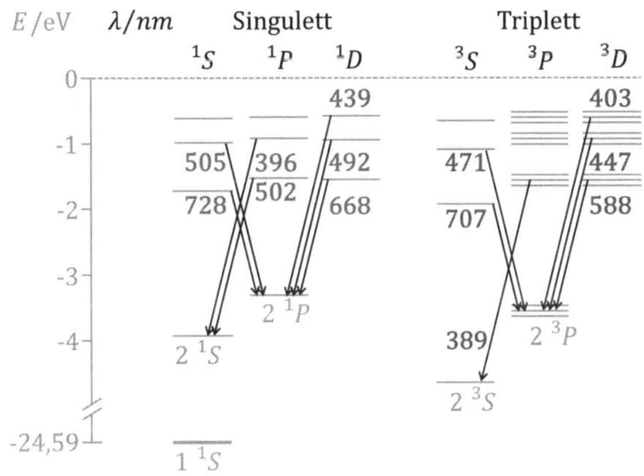

Abbildung 9.4 Potentielle Übergänge im Helium-Atom mit der Auswahl $\Delta S = 0$ und $|\Delta L| = 1$

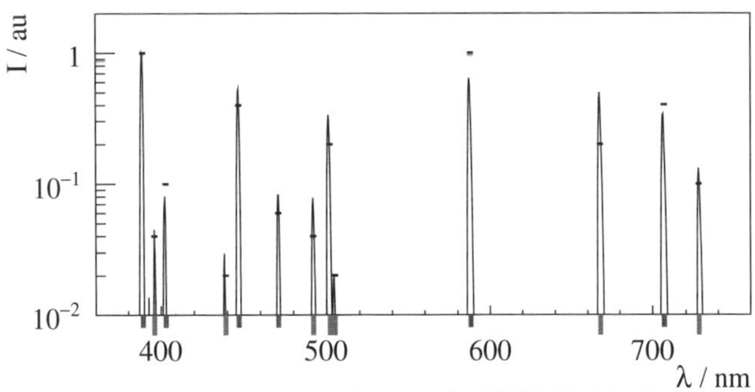

Abbildung 9.5 Übergänge im Helium-Atom mit der Auswahl $\Delta S = 0$ und $|\Delta L| = 1$ geben eine gute Erklärung für das gemessene Spektrum. Die Querstriche zeigen erwartete relative Intensitäten [31].

Offenbar gibt es eine Auswahl von Elektronen-Übergängen, die erlaubt sind. Bevor wir diese weiter untersuchen, gehen wir zunächst auf die gemessenen Intensitäten des Spektrums ein.

9.2 Übergangswahrscheinlichkeit, Lebensdauer

Der spontane Übergang eines Elektrons im angeregten Energiezustand E_i auf ein niedrigeres Energieniveau E_j ist ein zufälliger Prozess. Seine Bezeichnung als „spontane Emission" bezieht sich auf das Photon mit Energie E_γ, das die Energiedifferenz $\Delta E = E_i - E_j = E_\gamma$ fortträgt (►Abbildung 9.6).

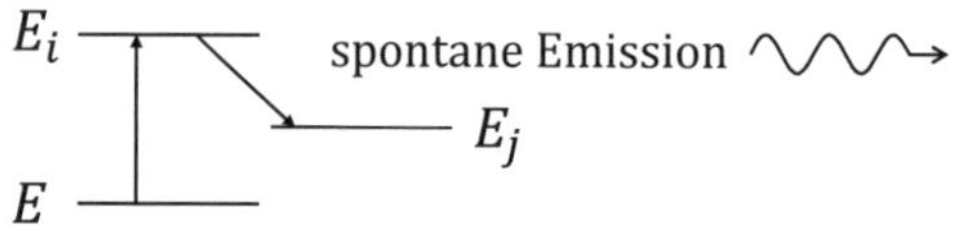

Abbildung 9.6 Anregung in einen Zustand E_i mit spontaner Emission in einen Zustand E_j

Einstein-Koeffizient, mittlere Lebensdauer: Ein Zufallsprozess für Elektron-Übergänge bedeutet, dass jeder Übergang für alle Zeiten gleich wahrscheinlich ist. Damit ist die Anzahl der spontanen Emissionen dN_i/dt proportional zu der noch vorhandenen Anzahl N_i der Atome im Zustand i:

$$\frac{dN_i}{dt} = -A_{j,i}\, N_i \tag{9.1}$$

Dabei entspricht $A_{j,i}$ dem **Einstein-Koeffizienten für spontane Emission**, den wir bereits bei der Herleitung des Planckschen-Strahlungsgesetzes kennengelernt haben (Kapitel 1.3.3). Er bezeichnet die Übergangswahrscheinlichkeit pro Sekunde.

Durch Trennung der Variablen und anschließende Integration erhalten wir die Anzahl N_i der nach der Zeit t noch vorhandenen Atome mit angeregtem Elektron im Zustand E_i:

$$\begin{aligned}
\int_{N_0}^{N_i} \frac{dN_i}{N_i} &= -A_{j,i} \int_0^t dt \\
\ln\left(\frac{N_i}{N_0}\right) &= -A_{j,i} \cdot t \\
N_i &= N_0\, e^{-A_{j,i} \cdot t} = N_0\, e^{-t/\tau}\,. \qquad (9.2)
\end{aligned}$$

Im letzten Schritt wird deutlich, dass der inverse Einstein Koeffizient $1/A_{j,i}$ der **mittleren Lebensdauer** τ des Zustands i entspricht (vergleiche Kapitel 1.3.3, (1.71)):

$$\tau = \frac{1}{A_{j,i}} \tag{9.3}$$

Zugang über abgestrahlte Leistung: Im Folgenden suchen wir eine Möglichkeit, aus Messdaten Informationen über die Lebensdauer τ bzw. $A_{j,i}$ zu erhalten. Wie beispielsweise im Helium-Spektrum von ►Abbildung 9.1 dargestellt ist, sind uns die relativen Intensitäten $I(\lambda)$ der verschiedenen Spektrallinien zugänglich. Intensität entspricht Energie E pro Zeit Δt und Fläche F oder auch Leistung $P = E/\Delta t$ pro Fäche F. Da die Bestimmung der Fläche F nicht einfach ist, begnügen wir uns mit der Leistung P. Die Intensitäten werden während der Messung über einen vorgegebenen Zeitraum gemittelt, sodass wir den Zusammenhang $\bar{P} \propto \bar{I}$ nutzen.

Theoretisch berechnen wir die mittlere Leistung $\bar{P}$ mithilfe der Anzahl N_i der Atome mit Elektron im angeregten Zustand i, die mit der Wahrscheinlichkeit $A_{j,i}$ pro Sekunde ein Photon mit der Energie $E_\gamma = \hbar\,\omega_{j,i}$ abstrahlen:

$$\bar{P} = N_i\, A_{j,i}\, E_\gamma \tag{9.4}$$

$$= N_i\, A_{j,i}\, \hbar\,\omega_{j,i} \tag{9.5}$$

Ohne Kenntnis von N_i können wir aus der gemessenen relativen Intensität $\bar{I} \propto \bar{P}$ nach (9.4) folgende Proportionalität für den Einstein-Koeffizienten $A_{j,i}$ finden:

$$A_{j,i} \propto \frac{\bar{P}}{E_\gamma} \propto \frac{\bar{I}}{E_\gamma} \tag{9.6}$$

Zusammen mit (9.3) können wir zumindest die relativen Lebensdauern der verschiedenen Elektronen-Übergänge bestimmen:

$$\tau \propto \frac{E_\gamma}{\bar{I}} \;. \tag{9.7}$$

Die Ausdrücke (9.3) und (9.7) beschreiben einen einfachen Übergang zwischen zwei Energieniveaus.

Lebensdauer bei mehreren Endzuständen: Wollen wir die mittlere Lebensdauer τ eines Energiezustands i berechnen, bei dem es verschiedene Möglichkeiten für Übergänge vom Energieniveau E_i auf N Energieniveaus E_j gibt, erhöht sich die Übergangswahrscheinlichkeit und gleichzeitig verkürzt sich die mittlere Lebensdauer τ des Zustands i. Zu seiner Berechnung müssen wir zunächst die einzelnen Übergangswahrscheinlichkeiten $A_{j,i}$ addieren

$$A_i = \sum_{j=1}^{N} A_{j,i} \propto \sum_{j=1}^{N} \frac{\bar{I}_{j,i}}{E_{\gamma,j,i}} \tag{9.8}$$

und können anschließend die mittlere Lebensdauer bestimmen:

$$\tau = \frac{1}{A_i} \tag{9.9}$$

Experiment 21: Übergangswahrscheinlichkeiten im Helium-Spektrum

Die obere ►Abbildung 9.7 zeigt unsere gemessenen Singulettübergänge zusammen mit erwarteten Übergangswahrscheinlichkeiten pro Sekunde $A_{j,i}$ [31].

In der unteren Abbildung haben wir die gemessenen relativen Intensitäten I des Singulett-Spektrums durch die jeweiligen Energien ΔE der Elektronen-Übergänge dividiert und erhalten so ein Maß für die gemessenen Übergangswahrscheinlichkeiten $A_{j,i} \propto I/\Delta E$ (9.6). Eingezeichnet sind erneut die erwarteten $A_{j,i}$ sowie entsprechende Zeiten $\tau = 1/A_{j,i}$ (9.3). Gruppen von Übergängen auf die 2^1S und 2^1P Niveaus mit ΔL = const. aber verschieden hohen Energieniveaus sind durch gleiche Markierungen verbunden. Innerhalb der Gruppe sind geringere Übergangsenergien wahrscheinlicher (zwischen den Gruppen gibt es einen Statistikfaktor für die Anzahl der Übergänge).

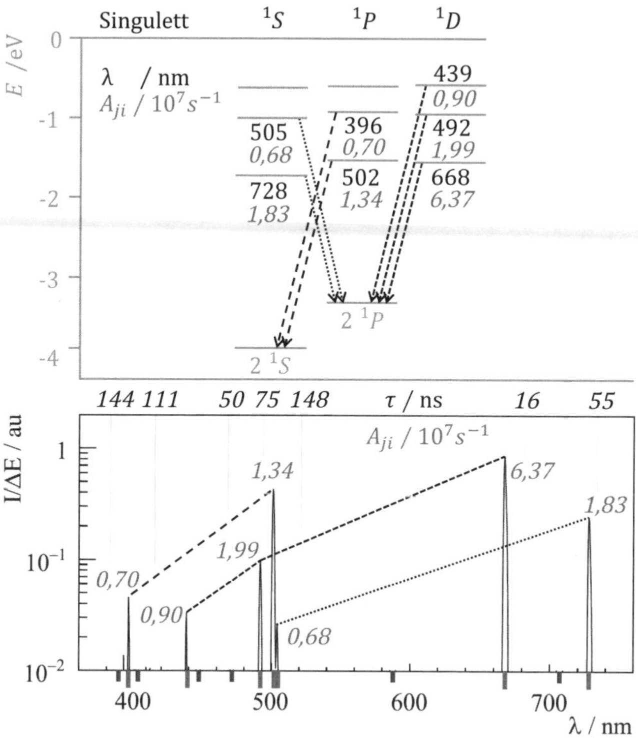

Abbildung 9.7 Intensität pro Übergangsenergie $I/\Delta E$ ergibt ein Maß für die Übergangswahrscheinlichkeiten pro Sekunde $A_{j,i}$ (9.6). Die Singulettübergänge auf die Energieniveaus 2^1S und 2^1P sind mit verschiedenen Stricharten verbunden. Für ΔL = const. sind die Übergangswahrscheinlichkeiten pro Sekunde $A_{j,i}$ am höchsten für direkt darüber liegende Energieniveaus.

9.3 Auswahlregeln für Dipolübergänge

Bei der Interpretation des gemessenen Helium-Spektrums in den ►Abbildungen 9.4 und 9.5 hatten wir gesehen, dass nur bestimmte Elektronen-Übergänge erlaubt sind. Hier stellen wir zunächst die wichtigsten Ergebnisse vieler Experimente zusammen und werden in den folgenden Kapiteln die Gründe für die Auswahlen darlegen.

Wir fokussieren auf Übergänge (Absorption oder Emission) durch Dipolstrahlung, d. h., wir betrachten im Quantenbild nur Übergänge mit einem einzelnen Photon. Die Beobachtungen lassen sich in den folgenden wichtigsten **Auswahlregeln** zusammenfassen:

$$\begin{aligned} \Delta\ell &= \pm 1 \\ \Delta m_\ell &= 0, \pm 1 \\ \Delta S &= 0 \\ \Delta j &= 0, \pm 1 \end{aligned} \tag{9.10}$$

Beachten Sie, dass Anregungen von Atomen auch durch Stöße z. B. mit anderen Atomen möglich sind. Dabei gibt es keine Einschränkungen, welche Energieniveaus erreicht werden. Die hier besprochenen Auswahlregeln gelten für Übergänge, die mit der Emission oder Absorption durch ein einzelnes Photon zustande kommen.

9.3.1 Dipolstrahlung

Die Abstrahlung eines Photons beim Übergang eines Elektrons im Atom fassen wir im Folgenden als Dipolstrahlung auf.

Dipolstrahlung (klassisch): Wir erinnern zunächst an die elektromagnetischen Wellen eines schwingenden Dipols (siehe Band 2 [19]). Ein elektrischer Dipol besitzt eine positive und eine negative Ladung im Abstand d (►Abbildung 5.1).

Bei einem in z-Richtung schwingenden Dipol mit Dipolmoment $\vec{p} = q\,\vec{d}$ verändert sich das Dipolmoment periodisch mit

$$\vec{p} = q\,d_\circ\,Re\left(e^{\imath\omega t}\right)\cdot\vec{e}_z\,. \tag{9.11}$$

Das elektrische Feld beträgt

$$\vec{E} = \frac{1}{4\,\pi\,\epsilon_0\,c^2}\,\frac{\ddot{p}}{r}\,\sin\vartheta\cdot\vec{e}_\vartheta \tag{9.12}$$

mit der zweifachen zeitlichen Ableitung des Dipolmoments

$$\ddot{p} = -q\,d_\circ\,\omega^2\,Re\left(e^{\,i\,(\omega t - kr)}\right)\,. \tag{9.13}$$

Der Term $\ddot{p}/r$ in (9.12) bildet eine Kugelwelle.

Die mittlere abgestrahlte Leistung $\bar{P}$ des Dipols lässt sich mit Hilfe des Poynting-Vektors $\vec{S} = \vec{E} \times \vec{H}$ bestimmen [19]:

$$\bar{P} = \left\langle \int \vec{S}\, d\vec{A} \right\rangle = \frac{q^2\, d_\circ^2}{12\, \pi\, \epsilon_0\, c^3} \cdot \omega^4 \propto p_{\max}^2 \cdot \omega^4 \tag{9.14}$$

Dipolmoment (quantenmechanisch): In der Quantenmechanik berechnen wir das Dipolmoment eines Zustands Ψ_i über den Erwartungswert des Dipoloperators

$$\hat{\vec{p}} = q\,\vec{r} \tag{9.15}$$

nach (3.88):

$$\begin{aligned} \left\langle \hat{\vec{p}} \right\rangle &= \int \Psi_i^*\, \hat{\vec{p}}\, \Psi_i\, dV \\ &= q \int \Psi_i^*\, \vec{r}\, \Psi_i\, dV \end{aligned} \tag{9.16}$$

Dipolstrahlung (quantenmechanisch): Allerdings verändert sich der Zustand des Elektrons bei seinem Übergang vom Zustand Ψ_i in den Zustand Ψ_j, bei dem gleichzeitig Dipolstrahlung emittiert wird. ►Abbildung 9.8 skizziert einen Elektron-Übergang zwischen zwei Zuständen mit verschiedenem Dipolmoment.

Abbildung 9.8 Änderung des Dipolmoments beim Übergang eines Elektrons zwischen zwei Zuständen, dabei wird ein Photon (Dipolstrahlung) emittiert.

Die quantenmechanische Berechnung des Erwartungswerts vom Dipolmoment $\vec{p}_{j,i}$ zweier verschiedener Elektronen-Zustände i und j wird folgendermaßen durchgeführt. Der Anfangszustand Ψ_i des Elektrons steht rechts vom Dipoloperator und der Endzustand Ψ_j^* links davon, letzterer ist wie zuvor komplex konjugiert (3.88):

$$\left\langle \hat{\vec{p}}_{j,i} \right\rangle = \int \Psi_j^*\, \hat{\vec{p}}\, \Psi_i\, dV = q \int \Psi_j^*\, \vec{r}\, \Psi_i\, dV \tag{9.17}$$

Der Erwartungswert des Dipolmoments $\vec{p}_{j,i}$ wird üblicherweise als **Matrixelement** $\vec{M}_{j,i}$ bezeichnet:

$$\vec{M}_{j,i} \equiv \left\langle \hat{\vec{p}}_{j,i} \right\rangle \tag{9.18}$$

Wie zuvor bei der klassischen Behandlung (9.14) berechnen wir die mittlere abgestrahlte Leistung $\bar{P}$ der Dipolstrahlung durch

$$\bar{P} \propto \left| \vec{M}_{j,i} \right|^2 \omega_{j,i}^4\,, \tag{9.19}$$

wobei die Frequenz sich aus der Energiedifferenz $\Delta E = \hbar\,\omega_{j,i}$ der beiden Elektronen-Zustände ergibt. In genauen theoretischen Berechnungen ergibt sich im Vergleich zu (9.14) ein zusätzlicher Faktor 4:

$$\bar{P} = 4 \cdot \frac{|\vec{M}_{j,i}|^2}{12\,\pi\,\epsilon_0\,c^3}\,\omega_{j,i}^4 = \frac{|\vec{M}_{j,i}|^2}{3\,\pi\,\epsilon_0\,c^3}\,\omega_{j,i}^4 \tag{9.20}$$

Matrixelement, Übergangswahrscheinlichkeit, Lebensdauer: Vergleichen wir die mittlere abgestrahlte Leistung eines Dipols nach (9.20) mit $\bar{P} = A_{j,i}\,\hbar\omega_{j,i}$ (9.5) für einen einzigen Dipol $N_i = 1$, erhalten wir einen Zusammenhang zwischen dem Matrixelement und der Übergangswahrscheinlichkeit pro Sekunde (Einstein-Koeffizient $A_{j,i}$):

$$A_{j,i}\,\hbar\,\omega_{j,i} = \frac{|\vec{M}_{j,i}|^2}{3\,\pi\,\epsilon_0\,c^3}\,\omega_{j,i}^4$$

$$A_{j,i} = \frac{2}{3}\,\frac{\omega_{j,i}^3}{h\,c^3\,\epsilon_0}\,|\vec{M}_{j,i}|^2 \tag{9.21}$$

Wir können also mithilfe des Matrixelements $M_{j,i}$ (9.17) die Übergangswahrscheinlichkeit $A_{j,i}$ pro Sekunde berechnen und damit die Lebensdauer τ (9.3) eines Zustands vorhersagen:

$$\tau = \frac{3}{2}\,\frac{h\,c^3\,\epsilon_0}{\omega_{j,i}^3} \cdot \frac{1}{|\vec{M}_{j,i}|^2} \tag{9.22}$$

9.3.2 Drehimpulsquantenzahl

Dipolstrahlung erhalten wir nur dann, wenn in der Leistung $\bar{P} \propto |\vec{M}_{j,i}|^2\,\omega_{j,i}^4$ (9.20) das Matrixelement (9.17)

$$\vec{M}_{j,i} = \left\langle \hat{\vec{p}}_{j,i} \right\rangle = q \int \Psi_j^*\,\vec{r}\,\Psi_i\,dV \neq 0 \tag{9.17}$$

von Null verschieden ist. Umgekehrt können wir sicher sein, dass ein Übergang nicht stattfindet, wenn $\vec{M}_{j,i} = 0$ ist. Unsere Strategie wird sein, Matrixelemente möglichst nicht explizit zu berechnen. Stattdessen werden wir untersuchen, unter welchen Bedingungen Übergänge wegen $\vec{M}_{j,i} \neq 0$ erlaubt oder wegen $\vec{M}_{j,i} = 0$ verboten sind.

Um die Auswahlregel für die Drehimpulsquantenzahl $\Delta\ell = \pm 1$ zu untersuchen, werden wir uns mit dem Argument von Spiegelungen behelfen. Zusätzlich spielt die Integration über den ganzen Raum bei der Berechnung des Matrixelements (9.17) eine wichtige Rolle.

Mathematischer Einschub: Paritätsoperator

Mathematisch wird eine Spiegelung einer Größe am Ursprung durch einen **Paritätsoperator**

$$\hat{P}\,\varphi(\vec{r}) = P\,\varphi(-\vec{r}) \tag{9.23}$$

durchgeführt. Seine Eigenwerte heißen „Parität" und nehmen die Werte $P = \pm 1$ an. Die zweifache Anwendung des Operators führt zurück zum Original. Parität ist eine multiplikative Größe.

Mathematischer Einschub: Integral gerader und ungerader Funkionen

Gerade und ungerade Funktionen unterscheiden sich wie folgt bei Integration über den ganzen Raum. Bei geraden Funktionen gilt $f(x) = f(-x)$ und damit folgt (►Abbildung 9.9A):

$$\int_{-\infty}^{\infty} f(x)\, dx \neq 0 \tag{9.24}$$

Bei ungeraden Funktionen gilt $f(x) = -f(-x)$ und damit folgt (►Abbildung 9.9B):

$$\int_{-\infty}^{\infty} f(x)\, dx = 0 \tag{9.25}$$

Abbildung 9.9 Gerade (A) und ungerade (B) Funktion $f(x)$

Wir werden daher mithilfe der Paritätsoperation $\hat{P}$ prüfen, ob der Integrand

$$f = \Psi_j^* \, \vec{r} \, \Psi_i \tag{9.26}$$

in (9.17) eine gerade oder ungerade Funktion ist. Damit können wir die Parität als Kriterium für das (Nicht-)Verschwinden des Integrals nutzen:

$$\left\langle \hat{P} f \right\rangle = f \Rightarrow \int_{-\infty}^{\infty} f(x)\, dx \neq 0 \tag{9.27}$$

$$\left\langle \hat{P} f \right\rangle = -f \Rightarrow \int_{-\infty}^{\infty} f(x)\, dx = 0 \tag{9.28}$$

Beispiel 30: Paritätsoperationen

Im Folgenden erwähnen wir die wichtigsten Beispiele für Paritätsoperationen.

Der Impuls $\vec{p}$ ist ein sogenannter „Polarvektor“. Bei der Spiegelung mit dem Paritätsoperator wird seine Richtung umgekehrt $\hat{P}\,\vec{p} = -\vec{p}$ (►linke Abbildung 9.10). Der Drehimpuls $\vec{L} = \vec{r} \times \vec{p}$ ist ein sogenannter „Axialvektor“. Der Paritätsoperator lässt seine Richtung unverändert $\hat{P}\,\vec{L} = \vec{L}$ (►rechte Abbildung 9.10).

In der klassischen Mechanik sind physikalische Gesetze invariant unter den Spiegelungen des Paritätsoperators. Bei bestimmten Prozessen wie z. B. dem radioaktiven

Beta-Zerfall (Kapitel 17.3) gibt es den gespiegelten Prozess nicht (die sogenannte Paritätsverletzung in der schwachen Wechselwirkung werden wir in Vorlesungen über Teilchenphysik kennenlernen). Dabei spielt der Spin eine wichtige Rolle. Wie der Drehimpuls bleibt der Spin unter einer Paritätsoperation unverändert. ►Abbildung 9.11 zeigt die Anwendung des Paritätsoperators $\hat{P}$ auf ein Objekt mit Impuls und Spin. Dabei wird die Bewegungsrichtung des Objekts geändert, nicht aber die Ausrichtung des Spins.

Weitere Möglichkeiten für Anwendungen von Paritätsoperationen sind „skalare Größen" wie die Energie, die unverändert bleibt $\hat{P}(E) = E$.

Anders reagiert das Skalarprodukt eines Drehimpulses und eines Impulses $\vec{L} \cdot \vec{p}$ auf die Paritätsoperation. Obwohl sich eine skalare Größe ergibt, ändert sich das Vorzeichen unter der Paritätsoperation $\hat{P}(\vec{L} \cdot \vec{p}) = -\vec{L} \cdot \vec{p}$. Das Produkt $\vec{L} \cdot \vec{p}$ bezeichnen wir als „Pseudoskalar".

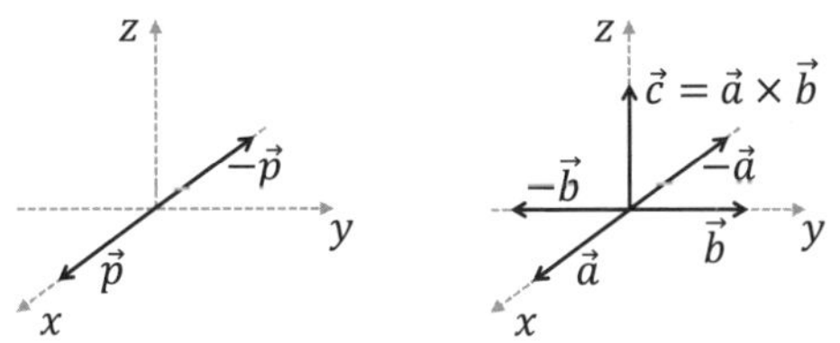

Abbildung 9.10 Links: Die Spiegelung $\hat{P}$ eines Vektors ($\vec{p}$) ergibt den Vektor $-\vec{p}$. Rechts: Die Spiegelung $\hat{P}$ eines Axialvektors $\vec{c} = \vec{a} \times \vec{b}$ liefert denselben Axialvektor $\vec{c} = (-\vec{a}) \times (-\vec{b})$.

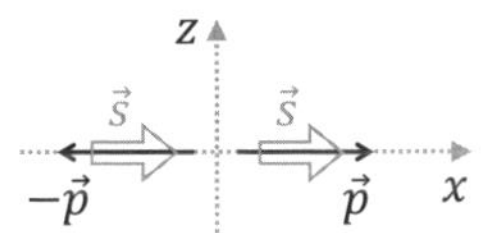

Abbildung 9.11 Während bei einer Paritätsoperation der Impuls $\vec{p}$ umgedreht wird, bleibt die Spinrichtung erhalten.

Wasserstoff-Wellenfunktion: Im Folgenden nehmen wir die Wellenfunktionen $\psi(n\,\ell\, m_\ell\, m_s)$ des Elektrons im Wasserstoffatom und untersuchen Übergänge zwischen verschiedenen Energieniveaus. Die Gesamtwellenfunktion aus Ortswellenfunktion (4.13) und Spinwellenfunktion (8.22) lässt sich folgendermaßen schreiben:

$$\psi(n\,\ell\,m_\ell\,m_s) = \psi_{\text{Ort}} \cdot \chi_{\text{Spin}} \tag{9.29}$$
$$= R_{n\,\ell}(r) \cdot Y_{\ell\,m_\ell}(\vartheta, \varphi) \cdot \chi_{m_s}$$
$$= R_{n\,\ell}(r) \cdot P_{\ell\,m_\ell}(\vartheta) \cdot \frac{1}{\sqrt{2\pi}}\, e^{im\varphi} \cdot \chi_{m_s} \tag{9.30}$$

Parität der Wellenfunktionsanteile: Die Radialwellenfunktion $R_{n\,\ell}(r)$ ist eine skalare Größe und die Spinwellenfunktion χ_{m_s} ein Axialvektor. Beide ändern sich nicht unter

Spiegelung und besitzen positive Paritätseigenwerte:

$$\left\langle \hat{P}\, R_{n\,\ell} \right\rangle = +1 \tag{9.31}$$

$$\left\langle \hat{P}\, \chi_{m_s} \right\rangle = +1 \tag{9.32}$$

Eine Spiegelung betrifft aber die Kugelflächenfunktionen $Y_{\ell\, m_\ell}(\vartheta, \varphi)$, wobei sich die Winkel ändern (►Abbildung 9.12):

$$\varphi \longrightarrow \varphi + \pi \tag{9.33}$$

$$\vartheta \longrightarrow \pi - \vartheta \tag{9.34}$$

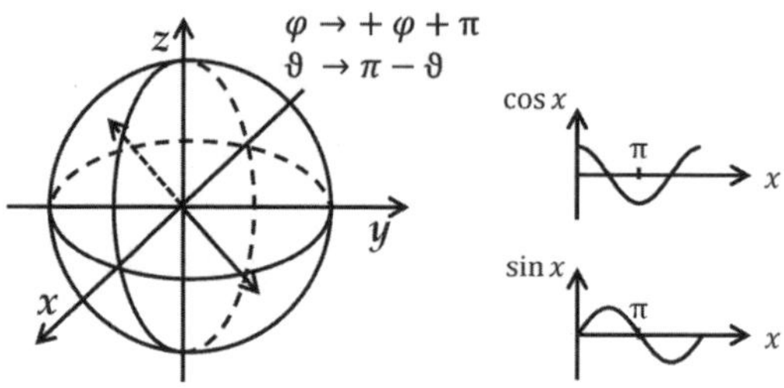

Abbildung 9.12 Bei der Spiegelung eines Vektors ändert sich sein Azimutwinkel von φ nach $\varphi + \pi$ und sein Polarwinkel von ϑ nach $\pi - \vartheta$.

►Tabelle 9.1 zeigt, dass die Anwendung des Paritätsoperators $\hat{P}$ auf die Kugelflächenfunktionen $Y_{\ell\, m_\ell}(\vartheta, \varphi)$ (4.2) für $\ell = 0{,}2$ positiv und für $\ell = 1$ negativ ist.

ℓ	m_ℓ	$Y_{\ell\, m_\ell}$	$\left\langle \hat{P}\, Y_{\ell\, m_\ell} \right\rangle$
0	0	c_1	$+1$
1	± 1	$c_2 \cdot \sin\vartheta \cdot e^{\pm i\varphi}$	$1 \cdot (-1) = -1$
	0	$c_3 \cdot \cos\vartheta$	-1
2	± 2	$c_4 \cdot \sin^2\vartheta \cdot e^{\pm 2i\varphi}$	$1 \cdot (+1) = +1$
	± 1	$c_5 \cdot \cos\vartheta\, \sin\vartheta \cdot e^{\pm i\varphi}$	$(-1) \cdot 1 \cdot (-1) = +1$
	0	$c_6 \cdot (2\cos^2\vartheta - \sin^2\vartheta)$	$+1$

Tabelle 9.1 Die Parität des Winkelanteils der Wellenfunktionen (Bahndrehimpuls-Wellenfunktion $Y_{\ell\, m_\ell}$) ist durch die Drehimpulsquantenzahl ℓ bestimmt.

Allgemein gilt für die Winkelanteile $Y_{\ell\, m_\ell}$ der Wellenfunktion:

$$\left\langle \hat{P}\, Y_{\ell\, m_\ell} \right\rangle = (-1)^{\ell} \tag{9.35}$$

Matrixelement des Dipolübergangs: Wir werden nun mithilfe der Paritätsoperation $\hat{P}$ prüfen, ob im Matrixelement (9.17) der Integrand

$$f = \psi_j^* \vec{r} \psi_i$$

mit dem Anfangszustand ψ_i und dem Endzustand ψ_j eine gerade oder ungerade Funktion ergibt. Da (9.31) und (9.32) immer positiv sind, müssen wir nur (9.35) und die Parität des Ortsvektors $\vec{r}$ untersuchen, der ein Polarvektor ist ($\langle \hat{P} \vec{r} \rangle = -1$):

$$\begin{aligned} \left\langle \hat{P} f \right\rangle &= \langle \hat{P}(\psi_j^* \vec{r} \psi_i) \rangle = \langle \hat{P} \psi_j^* \rangle \cdot \langle \hat{P} \vec{r} \rangle \cdot \langle \hat{P} \psi_i \rangle \\ &= (-1)^{\ell_j} \cdot (-1) \cdot (-1)^{\ell_i} = (-1)^{\ell_j + \ell_i + 1} \end{aligned} \tag{9.36}$$

Das Matrixelement ist dann ungleich Null

$$\langle \vec{M}_{j,i} \rangle = \int \psi_j^* \vec{r} \psi_i \, dV \neq 0 \,, \tag{9.37}$$

wenn $\langle \hat{P} f \rangle = +1$ ist. Dafür benötigen wir eine gerade Potenz:

$$\begin{aligned} \ell_i + \ell_j + 1 &= 2 \cdot k \qquad \text{mit } k \in \mathbb{N} \\ \ell_i + \ell_j &= \underbrace{(2k-1)}_{\text{ungerade Zahl}} \end{aligned} \tag{9.38}$$

Für Dipolstrahlung müssen demnach ℓ_i und ℓ_j verschieden sein. Wären sie dagegen gleich groß $\ell_i = \ell_j$, dann wäre wegen $\langle \hat{P} f \rangle = -1$ das Matrixelement $M_{j,i} = 0$ und somit der Übergang verboten. Wir erhalten also eine der beobachteten **Auswahlregeln** für den Bahndrehimpuls bei einem Dipolübergang:

$$\Delta \ell = \pm 1 \tag{9.39}$$

Die Einschränkung auf ± 1 gilt für die hier ausschließlich betrachtete elektrische Dipolstrahlung und ist am einfachsten damit zu erklären, dass dabei genau ein Photon mit Spin $s = 1$ ausgestrahlt wird. Damit folgt mit Hilfe der Drehimpulserhaltung für den Dipolübergang: Das Photon trägt den Spin $s = 1$ weg, also ändert das Atom seinen Zustand um $\Delta \ell = 1$.

Eine alternative Sichtweise ist die Erhaltung der Parität bei Dipolstrahlung. Dem Photon wird eine negative Parität zugeordnet (zirkular polarisiertes Licht wechselt unter Spiegelung die Orientierung). Die Parität im Anfangszustand des Atoms entspricht dem Produkt der beiden Paritäten des Atom-Endzustands und des Photons.

Die Auswahlregel (9.39) lässt sich direkt auf das einzelne Elektron des Wasserstoffatoms (►Abbildung 9.13) und das einzelne Leuchtelektron der wasserstoffähnlichen Alkali-Atome anwenden. Die Energieunterschiede zwischen Übergängen z. B. von $n = 3$ nach $n = 2$ sind allerdings viel geringer als im Helium-Atom, so dass sie in unserem Demonstrationsexperiment zum Wasserstoffspektrum nicht sichtbar werden (►Abbildung 4.1).

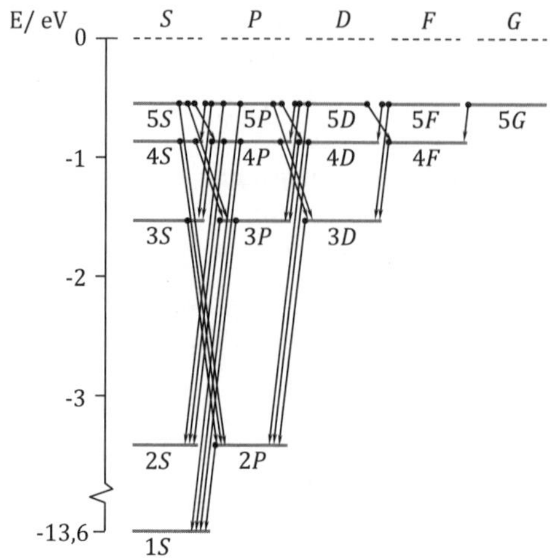

Abbildung 9.13 Energieniveaus im Wasserstoffatom und erlaubte Dipolübergänge mit $\Delta\ell = \pm 1$

9.3.3 Magnetische Quantenzahl

Um die magnetische Quantenzahl m_ℓ zu untersuchen, nutzen wir die Richtungskomponenten des Dipolmoments. Wir betrachten wieder die Gesamtwellenfunktion des Elektrons im Wasserstoffatom (9.30) mit Anfangszustand i:

$$\psi_i(n_i\,\ell_i\,m_{\ell\,i}\,m_{s\,i}) = \psi_{\,\mathrm{Ort}} \cdot \chi_{\,\mathrm{Spin}} = R_{n\,\ell}(r)\,P_{\ell\,m_\ell}(\vartheta)\,\frac{1}{\sqrt{2\pi}}\,e^{\,i\,m_\ell\,\varphi} \cdot \chi_{m_s} \tag{9.40}$$

Entsprechend dazu wird der Endzustand $\psi_j(n_j\,\ell_j\,m_{\ell\,j}\,m_{s\,j})$ mit $i \neq j$ gebildet. Das Matrixelement des Dipolübergangs lautet wie zuvor

$$\vec{M}_{j,i} = q \int \psi_j^*\,\vec{r}\,\psi_i\,dV\,. \tag{9.41}$$

Matrixelement z-Komponente: Wir untersuchen zunächst die z-Komponente des ortsabhängigen Matrixelements und schreiben die Integration in Kugelkoordinaten ($z = r\,\cos\vartheta$) sowie die Anteile der Ortswellenfunktion (9.40) aus:

$$\begin{aligned}
\left(M_{j,i}\right)_z &= q \int \psi^*_{\,\mathrm{Ort},j}\,z\,\psi_{\,\mathrm{Ort},i}\,dV \\
&= q \iiint \psi^*_{\,\mathrm{Ort},j}\,r\,\cos\vartheta\,\psi_{\,\mathrm{Ort},i}\,r^2\,dr\,d\varphi\,\sin\vartheta\,d\vartheta \\
&= q \int_0^\infty R_j^*\,R_i\,r^3\,dr \cdot \int_0^\pi P_j^*\,P_i\,\cos\vartheta\,\sin\vartheta\,d\vartheta \cdot \frac{1}{2\pi} \int_0^{2\pi} e^{-i\,m_{\ell\,j}\,\varphi}\,e^{\,i\,m_{\ell\,i}\,\varphi}\,d\varphi
\end{aligned} \tag{9.42}$$

Wir wollen jetzt untersuchen, ob einer der Terme Null wird, denn dann ist der Übergang verboten. Dazu betrachten wir den von φ abhängigen Term zunächst für $m_{\ell\,i} \neq m_{\ell\,j}$

$$\begin{aligned}\int_0^{2\pi} e^{\,i\,(m_{\ell\,i}-m_{\ell\,j})\,\varphi}\,d\varphi &= \int_0^{2\pi} \cos\big[\underbrace{(m_{\ell\,i}-m_{\ell\,j})}_{=\Delta m_\ell}\,\varphi\big]\,d\varphi + i\int_0^{2\pi} \sin\big[\underbrace{(m_{\ell\,i}-m_{\ell\,j})}_{=\Delta m_\ell}\,\varphi\big]\,d\varphi \\ &= \frac{1}{\Delta m_\ell}\sin\left[\Delta m_\ell\,\varphi\right]\Big|_0^{2\pi} - i\,\frac{1}{\Delta m_\ell}\cos\left[\Delta m_\ell\,\varphi\right]\Big|_0^{2\pi} \\ &= \frac{1}{\Delta m_\ell}\Big(\underbrace{\sin\left[\Delta m_\ell\,2\pi\right]}_{=0} - \underbrace{\sin\left[0\right]}_{=0} - i\big(\underbrace{\cos\left[\Delta m_\ell\,2\pi\right]}_{=1} - \underbrace{\cos\left[0\right]}_{=1}\big)\Big) \\ &= 0\end{aligned}$$

und dann für $m_{\ell\,i} = m_{\ell\,j}$:

$$\int_0^{2\pi} e^0\,d\varphi = 2\pi \tag{9.43}$$

Das Matrixelement ist also nur dann von Null verschieden, wenn $m_{\ell\,i} = m_{\ell\,j}$ ist, also für

$$\Delta m_\ell = 0\,. \tag{9.44}$$

Damit haben wir eine Auswahlregel für den Fall, dass der elektrische Feldvektor in z-Richtung schwingt, die Welle also linear polarisiert ist.

Bei einem Übergang mit $\Delta m_\ell = 0$ wird linear polarisiertes Licht emittiert oder absorbiert, das auch als π-Licht bezeichnet wird.

Matrixelement für die kombinierten x, y-Komponenten: In Kugelkoordinaten lauten die x- und y-Komponenten

$$\begin{aligned}x &= r\,\sin\vartheta\,\cos\varphi \\ y &= r\,\sin\vartheta\,\sin\varphi\,.\end{aligned}$$

Für die Projektion der ortsabhängigen Matrixelemente nutzen wir entsprechend die Komponenten des Dipoloperators zusammen mit den Anteilen der Ortswellenfunktion $\psi_{\,\text{Ort}} = R_{n\,\ell}(r)\,P_{\ell\,m_\ell}(\vartheta)\,e^{\,i\,m_\ell\,\varphi}/\sqrt{2\pi}$ (9.40):

$$\begin{aligned}(M_{j,i})_x &= q\int \psi^*_{\text{Ort},j}\,x\,\psi_{\,\text{Ort},i}\,dV \\ &= q\int_0^\infty R_j^*\,R_i\,r^3\,dr\cdot\int_0^\pi P_j^*\,P_i\,\sin^2\vartheta\,d\vartheta\cdot\underbrace{\frac{1}{2\pi}\int_0^{2\pi} e^{-i\,m_{\ell\,j}\,\varphi}\,e^{\,i\,m_{\ell\,i}\,\varphi}\,\cos\varphi\,d\varphi}_{\equiv\Phi_x}\end{aligned} \tag{9.45}$$

$$\begin{aligned}(M_{j,i})_y &= q\int \psi^*_{\text{Ort},j}\,y\,\psi_{\,\text{Ort},i}\,dV \\ &= q\int_0^\infty R_j^*\,R_i\,r^3\,dr\cdot\int_0^\pi P_j^*\,P_i\,\sin^2\vartheta\,d\vartheta\cdot\underbrace{\frac{1}{2\pi}\int_0^{2\pi} e^{-i\,m_{\ell\,j}\,\varphi}\,e^{\,i\,m_{\ell\,i}\,\varphi}\,\sin\varphi\,d\varphi}_{\equiv\Phi_y}\end{aligned} \tag{9.46}$$

Wir addieren die Terme Φ_x und Φ_y als komplexe Größe und erhalten so einen in φ rotierten Vektor:

$$\Phi_x + i\,\Phi_y = \int_0^{2\pi} e^{\,i\,(m_{\ell\,i} - m_{\ell\,j})\,\varphi} \cdot (\cos\varphi + i\sin\varphi)\,d\varphi$$
$$= \int_0^{2\pi} e^{\,i\,(m_{\ell\,i} - m_{\ell\,j} + 1)\,\varphi}\,d\varphi \qquad (9.47)$$

Wie im Fall der z-Komponente ist das Matrixelement dann ungleich Null, wenn das Argument der Exponentialfunktion Null ist (9.43). Für $m_{\ell\,i} - m_{\ell\,j} + 1 = 0$ ergibt sich damit die Auswahlregel

$$\Delta m_\ell = m_{\ell\,i} - m_{\ell\,j} = -1\,. \qquad (9.48)$$

Eine Subtraktion der Φ_x und Φ_y Terme ergibt:

$$\Phi_x - i\,\Phi_y = \int_0^{2\pi} e^{\,i\,(m_{\ell\,i} - m_{\ell\,j} - 1)\,\varphi}\,d\varphi \qquad (9.49)$$

Mit $m_{\ell\,i} - m_{\ell\,j} - 1 = 0$ folgt die Auswahlregel

$$\Delta m_\ell = m_{\ell\,i} - m_{\ell\,j} = +1\,. \qquad (9.50)$$

Bei beiden Auswahlregeln ändert das Atom die Projektion seines Drehimpulses. Diese Änderung wird durch den entsprechenden Drehimpuls des emittierten oder absorbierten Lichts (Photons) kompensiert. Es ergeben sich rotierende Vektoren des elektrischen Felds $\vec{E}$ und damit zirkular polarisiertes Licht (►Abbildung 9.14).

Bei einem Übergang mit $\Delta m_\ell = \pm 1$ wird zirkular polarisiertes Licht emittiert oder absorbiert, das auch als σ-Licht bezeichnet wird.

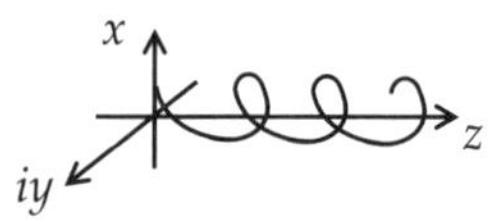

Abbildung 9.14 Bei einem Dipolübergang mit $\Delta m_\ell = -1$ wird zirkular polarisiertes Licht emittiert. Zu den Vorzeichen siehe ►Abbildung 10.5.

Damit gilt zusammenfassend für die **Auswahlregel der magnetischen Quantenzahl**

$$\Delta m_\ell = 0, \pm 1\,. \qquad (9.51)$$

Wir werden diese Regel und die zugehörigen Polarisationen des ausgesandten Lichts in Kapitel 10.1.1 im Rahmen eines Versuchs zum Zeeman-Effekt näher untersuchen.

9.3.4 Spinquantenzahl

Für Einzelelektronen wie im Wasserstoffatom oder wenn nur ein Elektron am Übergang beteiligt ist, ist die Spinquantenzahl $s = 1/2$ konstant. Damit sind die Spinquantenzahlen s vom Anfangszustand i und Endzustand j gleich und es ist automatisch

$$\Delta s = s_i - s_j = 0 \tag{9.52}$$

erfüllt.

Bei Atomen mit zwei Elektronen wie dem Helium-Atom baut unsere Argumentation auf der Vertauschbarkeit der beiden ununterscheidbaren Elektronen auf (8.5). Für die antisymmetrische Gesamtwellenfunktion erlaubter Zustände gibt es mit (8.22) die Möglichkeiten (achten Sie im Folgenden auf die Indizes s für symmetrische und a für antisymmetrische Zustände):

$$\Psi_a(\vec{r}_1, \vec{r}_2) = \tilde{\Psi}_s(\vec{r}_1, \vec{r}_2) \cdot \chi_a \quad \text{Singulett-Zustand} \tag{9.53}$$

$$\Psi_a(\vec{r}_1, \vec{r}_2) = \tilde{\Psi}_a(\vec{r}_1, \vec{r}_2) \cdot \chi_s \quad \text{Triplett-Zustand} \tag{9.54}$$

Für die Berechnung eines Dipolübergangs benötigen wir das Matrixelement $\vec{M}_{j,i}$ der Ortswellenfunktionen:

$$\vec{M}_{j,i} = q \int \tilde{\Psi}_j^*(\vec{r}_1, \vec{r}_2) \cdot (\vec{r}_1 + \vec{r}_2) \cdot \tilde{\Psi}_i(\vec{r}_1, \vec{r}_2) \cdot d\vec{r}_1 \, d\vec{r}_2 \tag{9.55}$$

Beim Vertauschen der Elektronen darf sich das Matrixelement $\vec{M}_{j,i}$ nicht ändern. Das ist erfüllt, wenn beide Zustände im Singulett- oder Triplett-Zustand sind und damit die gleiche Vorzeichenänderung erfahren. Zum Beispiel ergibt sich für das Triplett wegen seiner antisymmetrischen Ortsfunktion:

$$\begin{aligned} \vec{M}_{j,i} &= q \int \tilde{\Psi}_{a,j}^*(\vec{r}_1, \vec{r}_2) \cdot (\vec{r}_1 + \vec{r}_2) \cdot \tilde{\Psi}_{a,i}(\vec{r}_1, \vec{r}_2) \cdot d\vec{r}_1 \, d\vec{r}_2 \\ &= q \int \Big(- \tilde{\Psi}_{a,j}^*(\vec{r}_2, \vec{r}_1) \Big) \cdot (\vec{r}_2 + \vec{r}_1) \cdot \Big(- \tilde{\Psi}_{a,i}(\vec{r}_2, \vec{r}_1) \Big) \cdot d\vec{r}_1 \, d\vec{r}_2 = \vec{M}_{j,i} \end{aligned} \tag{9.56}$$

Für die Übergänge zwischen Singulett und Triplett gilt jedoch:

$$\begin{aligned} \vec{M}_{j,i} &= q \int \Psi_{a,j}^*(\vec{r}_1, \vec{r}_2) \cdot (\vec{r}_1 + \vec{r}_2) \cdot \Psi_{s,i}(\vec{r}_1, \vec{r}_2) \cdot d\vec{r}_1 \, d\vec{r}_2 \\ &= q \int \Big(- \Psi_{a,j}^*(\vec{r}_2, \vec{r}_1) \Big) \cdot (\vec{r}_2 + \vec{r}_1) \cdot \Psi_{s,i}(\vec{r}_2, \vec{r}_1) \cdot d\vec{r}_1 \, d\vec{r}_2 = 0 \end{aligned} \tag{9.57}$$

Demnach sind nur Übergänge innerhalb von Singulett oder innerhalb von Triplett-Zuständen erlaubt. Die Spin-Auswahlregel gilt allgemein, so dass nur Übergänge innerhalb eines Multipletts (Singulett, Doublett, Triplett,...) erlaubt sind:

$$\Delta S = 0 \tag{9.58}$$

Das Helium-Atom ist ein besonders gutes Beispiel für diese Auswahlregel. Die Termschemen des Singulett- und Triplett-Systems sind so deutlich getrennt (►Abbildungen 9.4, 9.5), dass historisch Zustände mit $S = 0$ als Parahelium bezeichnet und Zustände mit $S = 1$ für ein anderes Gas namens Orthohelium gehalten wurde.

9.3.5 Gesamtdrehimpuls

Der Bahndrehimpuls $\vec{L}$ und der Spin $\vec{S}$ addieren sich zu einem Gesamtdrehimpuls $\vec{J}$ (vergleiche Kapitel 8.1.7, (8.34)):

$$\vec{J} = \vec{L} + \vec{S} \,. \tag{9.59}$$

Auswahlregel Leuchtelelektron: Wir untersuchen zunächst den Fall eines Atoms mit einem Leuchtelelektron. Bei einem Übergang zwischen zwei Niveaus gelten die Auswahlregeln $\Delta\ell = \pm 1$ (9.39) und $\Delta s = 0$ (9.58) und damit auch direkt $\Delta j = \pm 1$.

Für den Fall $\ell \neq 0$ und $s = 1/2$ kann der Gesamtdrehimpuls jedoch auch bei einer Änderung des Drehimpulses erhalten bleiben, indem die Bahndrehimpulsänderung in der Vektorsumme (9.59) durch Richtungsänderungen von $\vec{\ell}$ und $\vec{s}$ kompensiert werden (siehe folgendes Beispiel, ►Abbildung 9.15 und ►Tabelle 9.2). Wir erhalten also für den Gesamtdrehimpuls j die Auswahlregel

$$\Delta j = 0, \pm 1 \,. \tag{9.60}$$

Beispiel 31: Orientierungsänderung Spin

Ein erlaubter Übergang ohne Änderung der Quantenzahl j des Gesamtdrehimpulses ist in ►Abbildung 9.15 zusammen mit den Auswahlregeln in ►Tabelle 9.2 gezeigt.

$\Delta\ell$	$= \ell_i - \ell_j = 1$
Δm_ℓ	$= m_{\ell i} - m_{\ell j} = 1$
Δm_s	$= 0$
Δs	$= 0$
Δj	$= j_i - j_j = 0$

Tabelle 9.2 Auswahlregeln für erlaubten Übergang mit $\Delta j = 0$

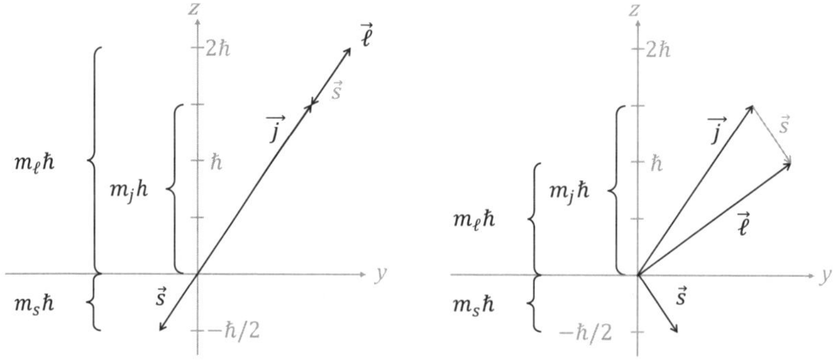

Abbildung 9.15 Vektormodell für erlaubten Übergang mit $\Delta j = 0$: Links Anfangszustand i, rechts Endzustand j

9.3.6 Mehrelektronensysteme

Die Auswahlregeln für die Gesamtdrehimpulsquantenzahl (9.60) lassen sich auch auf Mehrelektronensysteme übertragen. Dabei beschränken wir uns auf leichte Atome, bei denen die Spin-Bahn-Wechselwirkung der einzelnen Elektronen gering ist, sodass die Bahndrehimpulse ℓ_i und die Spins s_i separat addiert werden können (sogenannte L-S-Kopplung). Mit

$$\vec{J} = \vec{L} + \vec{S} \tag{9.61}$$

gilt die Auswahlregel des Gesamtdrehimpulses $\vec{J}$

$$\Delta J = 0, \pm 1\,. \tag{9.62}$$

Jedoch sind Übergänge $J = 0 \longrightarrow J = 0$ nicht erlaubt.

Wir können die Auswahlregel für die magnetische Quantenzahl (9.51) auf den Gesamtdrehimpuls übertragen. Auch der Gesamtdrehimpuls $\vec{J}$ hat $2\,J + 1$ Orientierungen bezüglich einer Achse. Sie werden mit m_J bezeichnet. Für sie gilt wie für m_ℓ

$$\Delta m_J = 0, \pm 1\,. \tag{9.63}$$

Auch gilt – wie beim Helium – die Auswahlregel

$$\Delta S = 0\,. \tag{9.64}$$

Für die Gesamtbahndrehimpulsquantenzahl L gilt dann mit dem gleichen Argument wie für J

$$\Delta L = 0, \pm 1\,, \tag{9.65}$$

wobei wieder $L = 0 \longrightarrow L = 0$ verboten ist. Zusätzlich müssen die Bahndrehimpulse ℓ_i so zusammengesetzt sein, dass sich beim Übergang die Parität ändert (Kapitel 9.3.2). Für Zustände mit $S = 0$ wird mit $J = L$ und (9.63) die Regel für die Projektion des Gesamtbahndrehimpulses

$$\Delta m_L = 0, \pm 1\,. \tag{9.66}$$

Wir haben damit die wichtigsten Auswahlregeln für Dipolstrahlung zusammengestellt. Es gibt noch weitere Übergangsarten und Auswahlregeln, die in fortgeschrittenen Vorlesungen besprochen werden.

9.4 Linienbreite, Lebensdauer

In diesem Kapitel untersuchen wir die Spektrallinien aus den Übergängen der Elektronen im Atom im Hinblick auf die Breite der Linien. Dabei unterscheiden wir zwischen der sogenannten „natürlichen Linienbreite“ und weiteren Effekten, die durch die Bewegung der Atome zustande kommen, wie die „Dopplerverbreiterung“ und die „Stoßverbreiterung“.

9.4.1 Natürliche Linienbreite

Zunächst untersuchen wir den wichtigen Zusammenhang zwischen der natürlichen Linienbreite und der Lebensdauer eines angeregten Zustands. Dazu betrachten wir den Emissionsvorgang des Photons beim Elektron-Übergang als eine gedämpfte Dipolstrahlung, wobei hier ein klassischer Ansatz für das grundsätzliche Verständnis der Argumentation ausreicht.

Der gedämpfte harmonische Oszillator habe die Amplitude C, den Schwingungsterm $e^{i\omega_\circ t}$ und den Dämpfungsterm $e^{-\gamma t}$:

$$f(t) = C \cdot e^{i\,\omega_\circ\,t}\,e^{-\gamma\,t} \tag{9.67}$$

Dabei entspricht die Photon-Energie $E_\gamma = h\,\nu_\circ = \hbar\,\omega_\circ$ gerade dem Energieunterschied zwischen den beiden Elektron-Energieniveaus $\Delta E = E_i - E_j$.

Lebensdauer: Die Intensität $I(t)$ der Dipolstrahlung ist proportional zum Betragsquadrat von $f(t)$ (9.67). Um die Amplitude C festzulegen, normieren wir die gesamte abgestrahlte Intensität über die Zeit auf den Wert 1:

$$\int_0^\infty I(t)dt = \int_0^\infty |f|^2\,dt \stackrel{!}{=} 1 = C^2 \int_0^\infty e^{-2\,\gamma\,t}\,dt = -C^2\frac{1}{2\,\gamma}\left(e^{-\infty} - e^0\right) = \frac{C^2}{2\,\gamma}$$

$$C = \sqrt{2\,\gamma} \tag{9.68}$$

Die so definierte Intensität beträgt demnach

$$I(t) = I_\circ\,e^{-2\,\gamma\,t} = 2\,\gamma\,e^{-2\,\gamma\,t}\,. \tag{9.69}$$

Die **Lebensdauer** τ ergibt sich aus der Zeit, nach der die Intensität $I(\tau)$ auf $I_\circ/e$ abgefallen ist:

$$\frac{I}{I_\circ} = \frac{1}{e} = e^{-2\,\gamma\,\tau}$$

$$\tau = \frac{1}{2\,\gamma} \tag{9.70}$$

Frequenzbreite: Als nächstes untersuchen wir die Breite der Intensitätsverteilung um die nominale Frequenz $\omega_\circ = \Delta E/\hbar$ des Elektron-Übergangs. Dazu führen wir für $f(t)$ (9.67) eine Fouriertransformation vom Zeitraum t in den Frequenzraum ω durch. Für die gedämpfte Schwingung ergibt sich:

$$F(\omega) = \frac{1}{\sqrt{2\,\pi}}\,\sqrt{2\,\gamma}\int_0^\infty e^{i\,\omega_\circ\,t}e^{-\gamma\,t}e^{-i\,\omega\,t}\,dt = \sqrt{\frac{\gamma}{\pi}}\,\frac{1}{i\,(\omega_\circ - \omega) - \gamma}\,\left(e^{-\infty} - e^0\right)$$

$$= \sqrt{\frac{\gamma}{\pi}}\,\frac{1}{\gamma - i\,(\omega_\circ - \omega)} \tag{9.71}$$

Die entsprechende Intensität $I(\omega)$ erhalten wir durch das Betragsquadrat:

$$I(\omega) = |F(\omega)|^2 = \frac{\gamma}{\pi}\,\frac{1}{\gamma - i\,(\omega_\circ - \omega)}\,\frac{1}{\gamma + i\,(\omega_\circ - \omega)}$$

$$= \frac{1}{\pi}\,\frac{\gamma}{(\omega_\circ - \omega)^2 + \gamma^2} \tag{9.72}$$

Im Ergebnis erhalten wir eine Lorentzkurve. Ihre Halbwertsbreite bestimmen wir an den Stellen, an denen die Intensität auf die Hälfte gesunken ist:

$$\frac{I(\omega)}{I(\omega_\circ)} = \frac{1}{2} = \frac{(\omega_\circ - \omega_\circ)^2 + \gamma^2}{(\omega_\circ - \omega)^2 + \gamma^2}$$

$$\Rightarrow (\omega_\circ - \omega)^2 + \gamma^2 = 2\gamma^2 \quad \Rightarrow \omega_\circ - \omega = \pm\gamma$$

$$\Rightarrow \omega_a = \omega_\circ - \gamma$$

$$\omega_b = \omega_\circ + \gamma$$

Damit beträgt die Halbwertsbreite der Frequenzverteilung:

$$\Delta\omega = \omega_b - \omega_a = 2\,\gamma \tag{9.73}$$

Energiespektrum: Das Energiespektrum erhalten wir direkt aus der Intensitätsverteilung im Frequenzraum (9.72) durch Erweiterung mit $\hbar^2$:

$$I(E) = \frac{\hbar}{\pi}\,\frac{\hbar\,\gamma}{\hbar^2\,(\omega_\circ - \omega)^2 + \hbar^2\,\gamma^2} = \frac{\hbar}{\pi}\,\frac{\hbar\,\gamma}{(E_\circ - E)^2 + \hbar^2\,\gamma^2} \tag{9.74}$$

Auch das Energiespektrum hat die Form einer Lorentzkurve (►Abbildung 9.16).

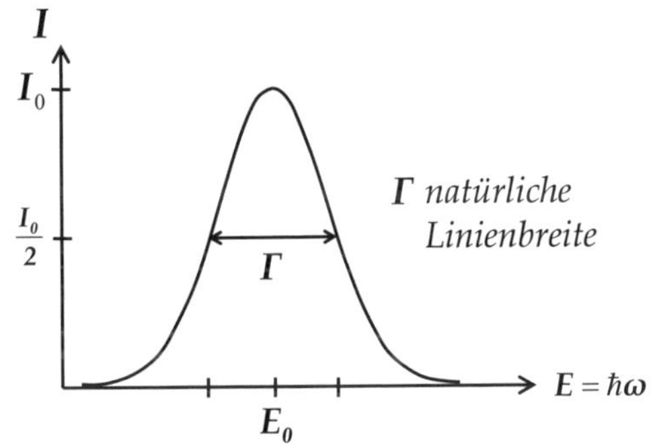

Abbildung 9.16 Die Intensitätsverteilung als Funktion der Energie $E = \hbar\omega$ einer Emission folgt einer Lorentzverteilung mit der natürlichen Linienbreite $\Gamma = \hbar/\tau$.

Die Halbwertsbreite ergibt sich aus (9.73) durch Multiplikation mit $\hbar$ und heißt die **natürliche Linienbreite** Γ:

$$\Gamma = \hbar\,\Delta\omega = 2\,\gamma\,\hbar \tag{9.75}$$

Die Intensitätsverteilung (9.74) schreiben wir mit der natürlichen Linienbreite Γ:

$$I(E) = \frac{\hbar}{\pi}\,\frac{\Gamma/2}{(E_\circ - E)^2 + (\Gamma/2)^2} \tag{9.76}$$

Natürliche Linienbreite, Lebensdauer: Mit den Beziehungen für die Lebensdauer $\tau^{-1} = 2\,\gamma$ (9.70) und $\Gamma = 2\,\gamma\,\hbar$ (9.75) erhalten wir eine wichtige Beziehung zwischen der natürlichen Linienbreite Γ, der Lebensdauer τ und dem Planck'schen Wirkungsquantum $\hbar = h/(2\,\pi)$:

$$\Gamma \cdot \tau = \hbar \tag{9.77}$$

Beachten Sie darin das Gleichheitszeichen. Die Unschärferelation für Energie und Zeit kommt zu einem ähnlichen Schluss: $\Delta E \cdot \Delta t \geq \hbar/2$ (3.83).

Beispiel 32: Lebensdauer und Halbwertsbreite

Wir wollen jetzt die Breite der Spektrallinien in ►Abbildung 9.1 genauer untersuchen. Eine typische Lebensdauer eines Zustands beträgt $\tau = 10^{-8}\text{s} = 10\,\text{ns}$ (►Abbildung 9.7). Die natürliche Linienbreite in der Energieverteilung können wir mit (9.77) berechnen.

Wir untersuchen nun, ob wir für sichtbares Licht wie z. B. im Helium-Spektrum der ►Abbildung 9.1 diese Linienbreite mit einem Gitterspektrometer messen können. Die Beträge der relativen Auflösungen für Energie- und Wellenlängenmessungen sind gleich groß:

$$\frac{\Gamma}{E_\gamma} = \frac{\Delta\lambda}{\lambda} \tag{9.78}$$

Damit ist die erforderliche Auflösung für eine typische Wellenlänge von $\lambda = 500\,\text{nm}$ mit $E_\gamma = h\,c/\lambda = 2\pi\,\hbar\,c/\lambda$:

$$\Delta\lambda = \Gamma\,\frac{\lambda}{E_\gamma} = \frac{\hbar}{\tau}\,\frac{\lambda^2}{2\pi\,\hbar\,c} = \frac{\lambda^2}{2\pi\,c\,\tau} = \frac{5^2\cdot 10^{-14}\,\text{m}^2}{2\pi\,3\cdot 10^8\text{m/s}\cdot 10^{-8}\,\text{s}} \approx 10^{-5}\,\text{nm} \tag{9.79}$$

Die gemessenen Linien des Helium-Spektrums in ►Abbildung 9.1 sind offensichtlich um viele Größenordnungen breiter.

Zunächst ist das erforderliche Auflösungsvermögen für die Bestimmung der natürlichen Linienbreite viel kleiner als die Auflösung eines typischen Gitterspektrometers von $\lambda/\Delta\lambda \approx 3\cdot 10^5$ (siehe Band 2 [19]). Für eine Wellenlänge von $\lambda = 500\,\text{nm}$ erhalten wir ein Auflösungsvermögen des Spektrometers von

$$\Delta\lambda_{\text{Sp}} \approx 2\cdot 10^{-3}\,\text{nm}\,. \tag{9.80}$$

In unserem Experiment ist die Linienbreite zusätzlich zum Auflösungsvermögen des Spektrometers durch die Bewegung der Gasatome (Gasentladung) und die daraus folgenden Doppler- und Stoßverbreiterungen der Linien gegeben. Beide Effekte verursachen eine ähnliche Breite wie die Spektrometerauflösung.

9.4.2 Doppler- und Stoßverbreiterung

Die Dopplerverbreiterung der Spektrallinien entsteht durch die starke Bewegung der Atome und Moleküle bei der Emission der Strahlung. Für die Berechnung können wir auf zwei Ergebnisse aus Band 1 [18] zurückgreifen, den relativistischen Dopplereffekt und die Maxwell-Boltzmann-Geschwindigkeitsverteilung von Atomen und Molekülen.

Dopplereffekt: Bewegen sich Atome bei der Abstrahlung ihrer Photonen mit der Geschwindigkeit $\beta = v/c$ auf den Beobachter zu, so ist dessen Frequenzmessung ν' gegenüber der Originalfrequenz ν erhöht:

$$\nu' = \nu \sqrt{\frac{1+\beta}{1-\beta}} \tag{9.81}$$

Bei sich wegbewegenden Atomen sind die Vorzeichen auf der rechten Seite von (9.81) vertauscht und die gemessenen Frequenzen ν' sind zu kleineren Frequenzen hin verschoben.

Wir formen zunächst die Gleichung (9.81) auf die relative Änderung der Kreisfrequenz $\omega = 2\,\pi\nu$ um und berücksichtigen dabei, dass die Atome im Vergleich zur Lichtgeschwindigkeit c niedrige Geschwindigkeiten $v \ll c$, also $\beta \ll 1$ besitzen:

$$\omega' = \omega \sqrt{\frac{(1+\beta)(1+\beta)}{(1-\beta)(1+\beta)}} = \omega \sqrt{\frac{(1+\beta)^2}{1-\beta^2}} \approx \omega\,(1+\beta) \tag{9.82}$$

$$\frac{\omega' - \omega}{\omega} = +\frac{v}{c} \tag{9.83}$$

Hier ist $\omega' - \omega > 0$. Für sich wegbewegenden Atome gilt entsprechend $\omega' - \omega < 0$:

$$\frac{\omega' - \omega}{\omega} = -\frac{v}{c} \tag{9.84}$$

Maxwell-Boltzmann-Geschwindigkeitsverteilung: Die Geschwindigkeitsverteilung von Atomen nach Maxwell und Boltzmann lautet (siehe z. B. [20]):

$$f(v) = 4\,\pi\,v^2 \left(\frac{m}{2\,\pi\,k_\mathrm{B}\,T}\right)^{\frac{3}{2}} e^{-\frac{m\,v^2}{2\,k_\mathrm{B}\,T}} \tag{9.85}$$

Die v^2-Abhängigkeit ergibt sich aus der Integration über den Raum der Geschwindigkeitsbeträge und kommt hier nicht zum Tragen, weil wir nur die Projektionen der Geschwindigkeiten auf die Blickrichtung betrachten. Entscheidend ist hier der Boltzmann-Faktor aus der kinetischen Energie $E = m\,v^2/2$ und der Temperatur T:

$$f(v) \propto e^{-\frac{m\,v^2}{2\,k_\mathrm{B}\,T}}\,. \tag{9.86}$$

Wir setzen die Frequenzverschiebungen (9.83) und (9.84) in (9.86) ein

$$f'(\omega') \propto e^{-\frac{1}{2}\,\frac{m\,c^2}{k_\mathrm{B}\,T\,\omega^2}\,(\omega'-\omega)^2} \tag{9.87}$$

und erhalten damit für die Verteilung der Kreisfrequenzen ω eine Gaußkurve mit der Standardabweichung

$$\sigma_D = \omega \sqrt{\frac{k_\mathrm{B}\,T}{m\,c^2}}\,. \tag{9.88}$$

Meist wird die Halbwertsbreite der Gaußverteilung als **Dopplerbreite** Γ_D

$$\Gamma_D = 2\,\sqrt{2\,\ln 2}\,\sigma_D \approx 2{,}35\,\sigma_D \tag{9.89}$$

als Maß für die Dopplerverbreiterung angegeben. Häufig wird auch die relative Breite verwendet:

$$\frac{\sigma_D}{\omega} = \sqrt{\frac{k_\mathrm{B}\,T}{m\,c^2}} \tag{9.90}$$

Beispiel 33: Dopplerverbreiterung

Für Helium-Atome ergibt sich bei Zimmertemperatur $T \approx 300\,\text{K}$ mit $k_\text{B} \approx 8{,}6 \cdot 10^{-5} \cdot$ eV/K und $mc^2 \approx 4 \cdot 940 \cdot 10^6\,\text{eV}$ ein Wert von

$$\frac{\Gamma_D}{\omega} = \frac{\Delta\lambda_D}{\lambda} \approx 6{,}2 \cdot 10^{-6}\,, \qquad (9.91)$$

der mit $\sqrt{T}$ ansteigt und mit $1/\sqrt{m}$ abnimmt. Unsere typische Helium-Linie aus dem Beispiel mit $\lambda = 500\,\text{nm}$ hat also eine

natürliche Linienbreite (9.79) von	$\Delta\lambda$	$\approx 2 \cdot 10^{-5}\,\text{nm}$
und eine Dopplerbreite (9.91) von	$\Delta\lambda_D$	$\approx 3 \cdot 10^{-3}\,\text{nm}$
bei einer Auflösung des Spektrometers (9.80) von	$\Delta\lambda_\text{Sp}$	$\approx 2 \cdot 10^{-3}\,\text{nm}$.

Stoßverbreiterung: Zusätzlich kann die Lebensdauer des Zerfalls durch Störeffekte verkürzt und damit die Zerfallsbreite erhöht werden. Dazu zählt vor allem die sogenannte **Stoßverbreiterung**. Der Übergangsprozess wird dabei durch Stöße mit anderen Atomen gestört oder abgebrochen. Der Prozess ist druckabhängig und kann die gleiche Größenordnung wie der Dopplereffekt erreichen.

Zusammenfassend sind Störprozesse wie Dopplereffekt und Stoßverbreiterung von den Versuchsbedingungen abhängig und von ähnlicher Größe wie die experimentelle Auflösung unserer Apparatur.

9.5 Laser

Eine Lichtverstärkung durch induzierte Emission wird auf Englisch als

Light Amplification by Stimulated Emission of Radiation

bezeichnet und ergibt die Kurzbezeichnung LASER. Lichtverstärkung ist möglich, falls mehr Photonen produziert als absorbiert werden. Die erste solche Verstärkung von elektromagnetischen Wellen gelang Charles Townes mit Mikrowellen (MASER), wofür er 1964 den Nobelpreis erhielt.

9.5.1 Induzierte Emission

Induzierte Emission beschreibt den erzwungenen Übergang eines Elektrons im Atom von einem höheren Energiezustand E_2 auf ein tieferes Energieniveau E_1. Ausgelöst wird der Prozess durch ein von außen hereinkommendes Photon mit passender Energie $\Delta E_\gamma = E_2 - E_1$ (►Abbildung 9.17). Das beim Elektron-Übergang emittierte Photon gleicht dem

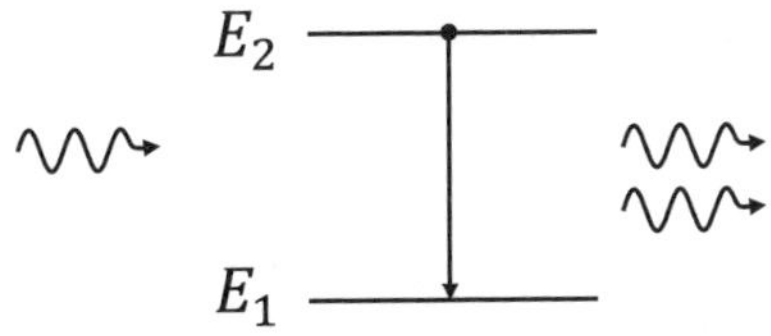

Abbildung 9.17 Licht wird durch induzierte Emission verstärkt.

von außen hereinkommenden Photon in der Energie, der Polarisation und der Schwingungsphase. Mit induzierter Emission kann demnach im Prinzip monochromatisches, polarisiertes und kohärentes Licht erzeugt werden.

Photonen im Strahlungsfeld: Die hereinkommenden Photonen, die induzierte Emissionsprozesse in einem Medium von Atomen auslösen, bilden gemeinsam ein Strahlungsfeld. Zu dessen Beschreibung erinnern wir an die Herleitung des Planckschen Strahlungsgesetzes (Kapitel 1.3) und verwenden die Strahlungsdichte $u(\nu)$ nach (1.72):

$$u(\nu)\,\Delta\nu = N_\gamma\,\frac{h\,\nu}{V} \tag{9.92}$$

Dabei enthält $u(\nu)$ die Energie $E = h\,\nu$ aller Photonen N_γ, die sich im Volumen V des Mediums innerhalb der Linienbreite $\Delta\nu$ des Elektronen-Übergangs zwischen den Energieniveaus E_2 und E_1 befinden.

Absorption, induzierte Emission: Wieviele Photonen sich im Strahlungsfeld befinden, hängt von der Rate der Emissions- und Absorptionsprozesse der Atome des Mediums ab. Für eine quantitative Beschreibung dieser Raten nutzen wir die Lebensdauer τ des oberen Energieniveaus E_2, die sich invers zum Einstein-Koeffizienten der spontanen Emissionswahrscheinlichkeit pro Sekunde verhält: $A_{21} = 1/\tau$ (9.3). Dabei stehen A_{21} und der Einstein-Koeffizient der Absorption B_{12} im Zusammenhang:

$$A_{21} = \frac{8\,\pi\,h\,\nu^3}{c^3}\cdot B_{12} = \frac{dn}{d\nu}\cdot h\,\nu\cdot B_{12} \tag{1.86}$$

Die spektrale Modendichte $dn/d\nu$ bezeichnet die Anzahl der möglichen Eigenschwingungen des elektromagnetischen Felds pro Hohlraumresonatorvolumen für 2 Polarisationsrichtungen innerhalb des Frequenzintervalls $[\nu, \nu + d\nu]$:

$$\frac{dn}{d\nu} = \frac{8\,\pi\,\nu^2}{c^3} \tag{1.59}$$

Wir berechnen zunächst die **Absorptionsrate** dN_{12}/dt der Photonen und gehen dafür von Einsteins Absorptionsgleichung (1.72) aus. Einsetzen von (9.92), (1.86) und $\tau = 1/A_{21}$ (9.3) ergibt:

$$\begin{aligned}\frac{dN_{12}}{dt} &= B_{12}\cdot N_\gamma\,\frac{h\,\nu}{V\,\Delta\nu}\cdot N_1 = \frac{A_{21}}{\frac{dn}{d\nu}\,h\,\nu}\cdot N_\gamma\,\frac{h\,\nu}{V\,\Delta\nu}\cdot N_1\\ &= \underbrace{\frac{1}{\tau\,\frac{dn}{d\nu}\,V\,\Delta\nu}}_{\equiv W}\cdot N_\gamma\cdot N_1 = W\cdot N_\gamma\cdot N_1\end{aligned} \tag{9.93}$$

Dabei haben wir W als Übergangswahrscheinlichkeit pro Zeit für den Absorptionsprozess eines Photons definiert, die mit der Lebensdauer τ des Energieniveaus E_2 zusammenhängt:

$$W \equiv \frac{1}{\tau \frac{dn}{d\nu} V \Delta\nu} \tag{9.94}$$

Auf die **Rate induzierter Emissionen** können wir mithilfe von dN'_{21}/dt nach (1.74), $B_{12} = B_{21}$ (1.76) und $u(\nu)$ nach (9.92) damit ebenfalls sofort schließen:

$$\begin{aligned} \frac{dN'_{21}}{dt} &= B_{21} \cdot u(\nu) \cdot N_2 && (1.74) \\ &= B_{12} \cdot N_\gamma \frac{h\,\nu}{V\,\Delta\nu} \cdot N_2 \\ &= W \cdot N_\gamma \cdot N_2 && (9.95) \end{aligned}$$

9.5.2 Besetzungsinversion

Lichtverstärkung gelingt nur dann, wenn die Anzahl der Photonen N_γ im Strahlungsfeld pro Zeiteinheit Δt ansteigt. Die Bilanz dieser Photonenrate dN_γ/dt angesichts der Erzeugungs- und Verlustraten lautet:

$$\frac{dN_\gamma}{dt} = \underbrace{-\frac{dN_{12}}{dt}}_{\text{Absorption}} + \underbrace{\underbrace{\frac{dN_{21}}{dt}}_{\text{spontane}} + \underbrace{\frac{dN'_{21}}{dt}}_{\text{induzierte}}}_{\text{Emission}} \tag{9.96}$$

Einen positiven Beitrag zur Photonenrate liefert die induzierte Emission, Ratenverluste entstehen natürlich durch die Absorption von Photonen.

In der weiter unten diskutierten Bauweise enthalten Laser einen Resonator mit einer vollverspiegelten Seite und einer Seite mit teilweiser Verspiegelung. Dadurch bildet sich der Laserstrahl auf einer Achse entlang des Resonators aus. Der Term der spontanen Emission – obwohl er positiv ist – führt für die Bilanzgleichung des Laserstrahls aufgrund der Geometrie solcher Laser vorwiegend zu Verlusten, da die Strahlung zufällig in alle Raumrichtungen erfolgt.

Wir fassen daher im Folgenden alle aus dem Resonator verlorenen Photonen in einer konstanten Verlustrate $-N_\gamma/t_\circ$ zusammen. Dabei können wir $t_\circ$ als eine typische Lebensdauer eines Photons im Resonator auffassen. Für die Bilanzgleichung der Photonrate erhalten wir anstelle von (9.96) unter Einsetzen von (9.93) und (9.95):

$$\begin{aligned} \frac{dN_\gamma}{dt} &= \left(\frac{dN'_{21}}{dt} - \frac{dN_{12}}{dt}\right) - \frac{N_\gamma}{t_\circ} \\ &= W \cdot N_\gamma \cdot \underbrace{(N_2 - N_1)}_{>0} - \frac{N_\gamma}{t_\circ} > 0\,. && (9.97) \end{aligned}$$

Für Lichtverstärkung muss die Photonrate $dN_\gamma/dt > 0$ positiv sein, woraus sich folgende Bedingung der sogenannten **Besetzungsinversion** an die beiden beteiligten Energieniveaus ergibt:

> *Für Lichtverstärkung muss die Besetzung N_2 des Zustands mit Energie E_2 größer sein als die Besetzung N_1 des Zustands mit Energie $E_1 < E_2$.*

Als **Bedingung für Lichtverstärkung** erhalten wir aus (9.97) zusammen mit (9.94) und (1.59) die Bedingung:

$$N_2 - N_1 > \frac{1}{W\,t_\circ}$$

$$\frac{N_2 - N_1}{V} > \frac{\tau\,\frac{dn}{d\nu}\,\Delta\nu}{t_\circ} = \frac{\tau\,8\pi\,\nu^2\,\Delta\nu}{c^3\,t_\circ}\,. \tag{9.98}$$

Eine Besetzungsinversion zu erreichen, erweist sich als nicht-trivial. Im thermischen Gleichgewicht folgt die Besetzung der Energieniveaus im Atom der Boltzmann-Verteilung (1.80). Daher hilft z. B. das Aufheizen des Mediums nicht, denn bei jeder Temperatur ist der Grundzustand E_1 stärker besetzt als der angeregte Energiezustand E_2:

$$\frac{N_2}{N_1} = \frac{e^{-\frac{E_2}{kT}}}{e^{-\frac{E_1}{kT}}} = e^{-\frac{E_2-E_1}{kT}} < 1 \tag{9.99}$$

Die einzige Möglichkeit, der Verstärkungsbedingung (9.98) mit der **Besetzungsinversion** $N_2 > N_1$ zu genügen, ist eine künstliche Umbesetzung, deren Vorgang wir auch als **Pumpen** bezeichnen.

9.5.3 Lichtverstärkung

Die Lichtverstärkung eines Lasers beruht also auf der Kombination induzierter Emissionsprozesse und einer künstlich erzeugten Besetzungsinversion. Bevor wir in den folgenden Kapiteln zwei Mechanismen dafür vorstellen, veranschaulichen wir das Verstärkungsprinzip des Lasers.

In der ▸Abbildung 9.18 ist skizziert, wie nach erfolgter Umbesetzung der Energieniveaus die Lichtverstärkung im Laser abläuft. Das erste Photon kann zufällig durch spontane Emission entstehen, woraufhin entlang der Laufstrecke L durch induzierte Emission eine Photonenlawine mit steilem Anstieg erfolgt. Die Lawine kommt in die Sättigung, wenn im Vergleich zur Photonenzahl nicht mehr genügend Atome auf dem oberen Energieniveau E_2 erreicht werden können.

Mit einem einzelnen Photon als Auslöser der Lawine kann so monochromatisches, polarisiertes und kohärentes Laserlicht erzeugt werden. Allerdings werden in typischen Laseraufbauten Zusatzmaßnahmen ergriffen (vergleiche Kapitel 9.5.6 zu Resonator, Brewsterfenster), damit Laserlicht all diese Eigenschaften erhält.

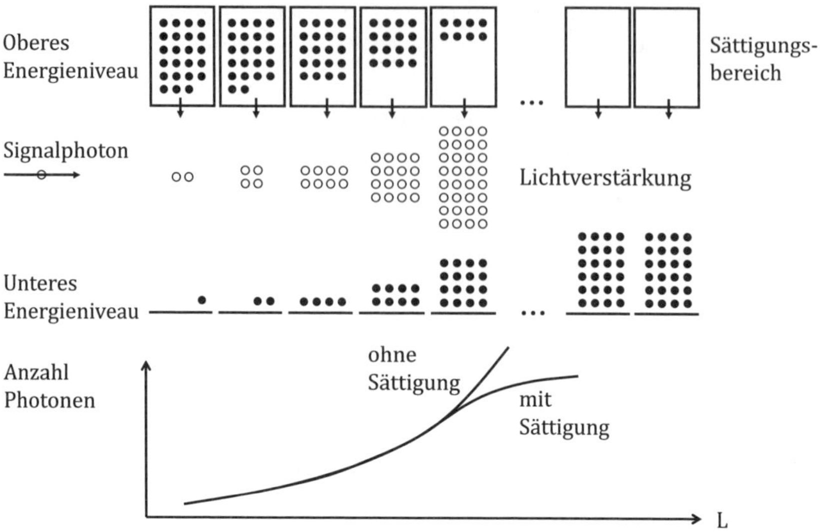

Abbildung 9.18 Nach erfolgter Besetzungsinversion nimmt mit dem ersten Signalphoton die Zahl der Photonen bei zunehmender Laufstrecke L im Laser lawinenartig zu und wird dann durch die endliche Anzahl angeregter Atome im Lasermedium gesättigt.

9.5.4 Drei-Niveau-Laser: Rubin-Laser

Die erste Lichtverstärkung gelang Theodore H. Maiman 1960 mit einem Rubin-Laser. Rubin ist ein Kristall aus Aluminiumoxid Al_2O_3, das seine Farbe durch eine Chrom-Dotierung Cr^{3+} erhält. Beim Laser ist die Dotierung schwach, nur $0{,}05\,\%\,Al^{3+}$ sind durch Chrom Cr^{3+} ersetzt. Chrom bildet hier das **aktive Medium** für die Lichtverstärkung. Die Wellenlänge des Laserübergangs entspricht rotem Licht mit $\lambda = 694\,\text{nm}$.

Es handelt sich um einen Drei-Niveau-Laser, bei dem aus dem Grundzustand E_1 durch Pumpen ein langlebiger Zustand E_2 über einen Zwischenzustand E_3 gefüllt wird (►linke Abbildung 9.19). Ziel ist es, eine **Besetzungsinversion** zwischen den Laserniveaus E_2 und E_1 herbeizuführen. Energiezustände mit vergleichsweise langer Lebensdauer, hier $\tau(E_2) = 3 \cdot 10^{-3}$s, werden als **metastabil** bezeichnet. Es gibt also nur eine geringe Wahrscheinlichkeit für eine spontane Emission von E_2 nach E_1, was die Zielsetzung einer induzierten Emission begünstigt.

Die **Besetzungsinversion** kann mit einer Xenon-Blitzlampe erreicht werden, die ein sehr breites Frequenzspektrum und genügend Intensität im Frequenzbereich für den Übergang vom Grundzustand E_1 in den Zustand E_3 besitzt (►rechte Abbildung 9.19). Die meisten Elektronen gelangen durch strahlungslose (z. B. Stoß-) Übergänge vom Energieniveau E_3 mit dessen kurzer Lebensdauer ($\tau \sim 10^{-8}$s) in das metastabile Niveau E_2 für den Laserübergang. Die Übergänge $E_1 \to E_3 \to E_2$ geschehen also mit hoher Wahrscheinlichkeit, womit die Besetzungsinversion erreicht wird.

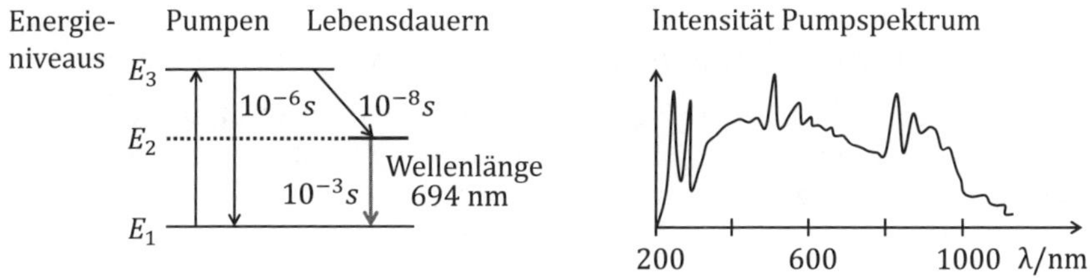

Abbildung 9.19 Links: Drei-Niveau-Laser, durch optisches Pumpen gelangen Elektronen aus dem Grundzustand E_1 über den Zustand E_3 in den langlebigen (metastabilen) Zustand E_2. Dadurch wird eine Besetzungsinversion zwischen den Laserzuständen E_2 und E_1 erreicht. Rechts: Das breite Spektrum einer Xenon-Lampe ist geeignet, um eine Besetzungsinversion beim Rubin-Laser zu erzielen.

9.5.5 Vier-Niveau-Laser: Helium-Neon-Laser

Der Helium-Neon-Laser war der erste kontinuierlich arbeitende Laser (1960). Dabei dient das Helium-Gas zum Pumpen und das Neon-Gas ist das aktive Medium mit dem Laserübergang.

Für die Lichtverstärkung wird folgender zweistufiger Pumpmechanismus verwendet (►Abbildung 9.20). Das He-Ne-Gasgemisch beträgt ca. 10 : 1. Durch eine Gasentladung werden in Zusammenstößen zwischen Elektronen und Helium-Atomen die Helium-Atome angeregt (ebenso natürlich Neon-Atome):

$$\text{Stoß 1:} \qquad e^- + \text{He} \rightarrow e^- + \text{He}^*$$

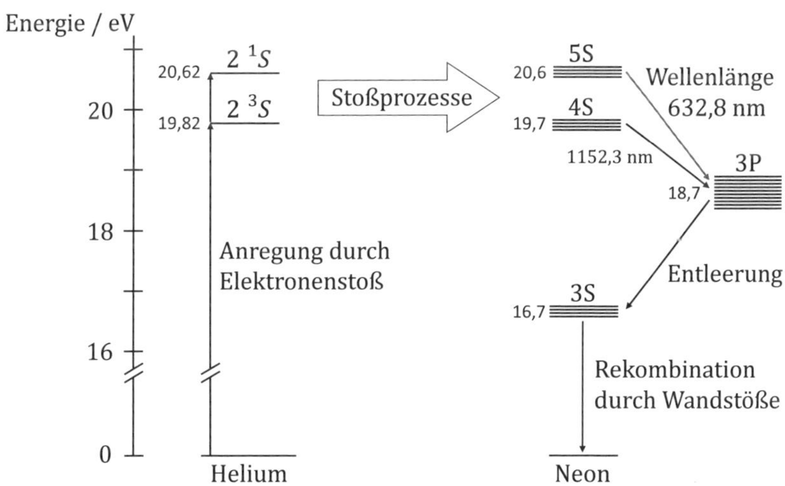

Abbildung 9.20 Beim Vier-Niveau-Laser, hier der Helium-Neon-Laser, wird die Besetzungsinversion durch Füllen des oberen und schnelles Entleeren des unteren Laserniveaus erreicht. Das rote Laserlicht mit der Wellenlänge 633 nm entsteht beim Übergang vom $5S$- zum $3P$-Niveau im Neon-Atom.

Verbleibt das Elektron im Singulett-Zustand 2^1S oder Triplett-Zustand 2^3S, so sind diese Zustände wegen der Auswahlregel für Dipolübergänge $\Delta\ell = \pm 1$ (9.39) langlebig.

Die Energie dieser niedrigsten Anregungszustände von He liegt in der Nähe der Anregungsenergie der $4s$- und $5s$-Zustände des Neon-Atoms (►Abbildung 9.20). Durch Zusammenstöße der angeregten Helium-Atome mit Neon-Atomen im Grundzustand wird die Anregungsenergie auf die Neon-Atome übertragen:

$$\text{Stoß 2:} \qquad \mathrm{He}^* + \mathrm{Ne} \to \mathrm{He} + \mathrm{Ne}^*$$

Das rote Laserlicht entsteht bei dem eingezeichneten Laserübergang $5S \to 3P$ mit einer Wellenlänge von $\lambda = 633\,\mathrm{nm}$. Der infrarote $4S \to 3P$-Übergang wird nicht genutzt.

Die Besetzungsinversion gelingt, weil erstens die Lebensdauer des unteren Laserniveaus $3P$ um eine Größenordnung kleiner als die des oberen $5S$-Niveaus ist, zweitens das auf $3P$ folgende $3S$-Niveau sehr schnell durch Wandstöße geleert wird und drittens die Neon-Niveaus $4S$ und $5S$ wegen der ähnlichen Anregungsenergien im Vergleich zu den Helium-Zuständen 2^1S und 2^3S stark bevorzugt durch Helium-Stöße angeregt werden. Insgesamt handelt es sich um einen Vier-Niveau-Laser, da vier Energieniveaus am Gesamtvorgang beteiligt sind.

Experiment 22: Helium-Neon-Laser

Der Helium-Neon-Laser besteht aus einem Glaskolben, der mit einem He-Ne-Gasgemisch gefüllt ist (►Abbildung 9.21). Zwischen zwei Elektroden wird eine Spannung U von einigen kV angelegt, mit der eine Gasentladung erzeugt wird. Die Elektronen und Ionen werden im elektrischen Feld beschleunigt und verursachen die oben beschriebenen Stoßprozesse. Außerhalb des Glaskolbens bilden zwei Spiegel einen Resonator, wobei einer der Spiegel teildurchlässig ist. Häufig sind die Enden des Glaskolbens mit dem Brewsterwinkel abgeschrägt, um polarisiertes Licht zu erhalten (Kapitel 9.5.6).

In der linken ►Abbildung 9.22 ist das Spektrum des Laserübergangs im Neon-Atom zu sehen, mit dem das rote Laserlicht bei der Wellenlänge $\lambda = 633\,\mathrm{nm}$ entlang der optischen Achse des Lasers erzeugt wird. Die rechte ►Abbildung 9.22 zeigt das Pumpspektrum senkrecht zur optischen Laserachse zusammen mit der Laserlinie in logarithmischer Skala. In dem überlagerten He-Ne Spektrum sehen wir, dass der Übergang $5S \to 3P$ einer von vielen möglichen Übergängen im Neon ist und erst durch die induzierte Emission überragend wird (siehe auch Einzelspektren He und Ne in ►Abbildung 8.9).

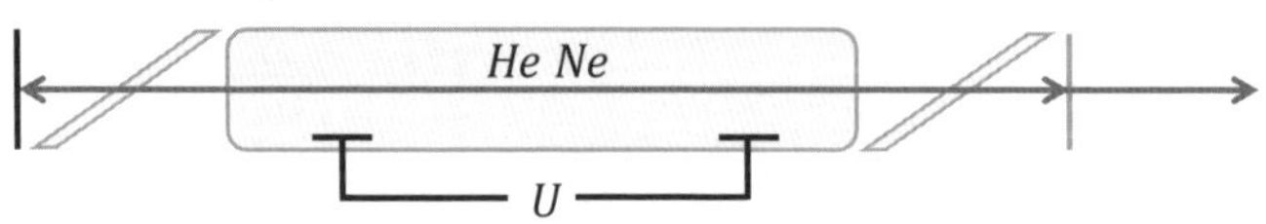

Abbildung 9.21 Ein He-Ne-Laser besteht aus einem an den Enden (teil-)verspiegelten Glasrohr, das mit einer (ca. 10 : 1)-Mischung von He und Ne bei einem Druck von 1 mbar gefüllt ist. Polarisation des Laserlichts wird durch den Brewsterwinkel erreicht.

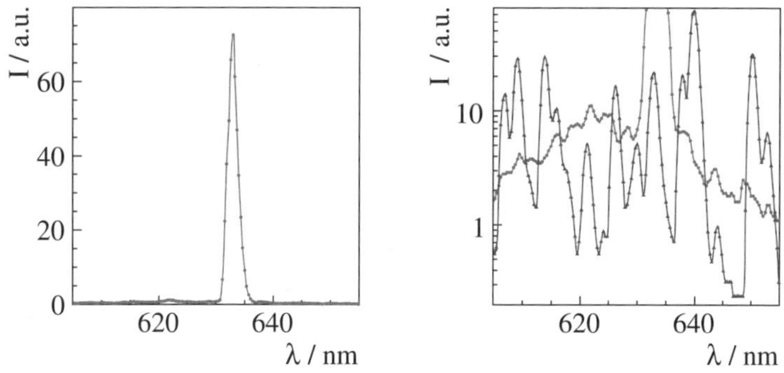

Abbildung 9.22 Die Laserlinie des He-Ne-Lasers bei $\lambda = 633\,\text{nm}$ (links) zusammen mit dem breiten Pumpspektrum in logarithmischer Auftragung (rechts)

9.5.6 Resonator, Brewsterfenster

Bauen wir ein Lasersystem in einen Resonator ein, der aus zwei parallelen Spiegeln besteht, können sich stehende Wellen ausbilden, die als **Moden** bezeichnet werden. Eine zweite übliche Maßnahme sind Brewsterfenster, mit denen die Laserstrahlen polarisiert werden. Beide Effekte besprechen wir in diesem Abschnitt.

Resonatormoden: Die Bedingung für Resonatormoden ist, dass der Abstand L zwischen den beiden Spiegeln einem ganzzahligen Vielfachen $m \in \mathbb{N}$ der halben Wellenlänge $\lambda/2$ entspricht (►Abbildung 9.23 links):

$$m\,\frac{\lambda}{2} = L \tag{9.100}$$

Die Frequenzen dieser Moden lauten:

$$\nu(m) = m \cdot \frac{c}{2\,L} \tag{9.101}$$

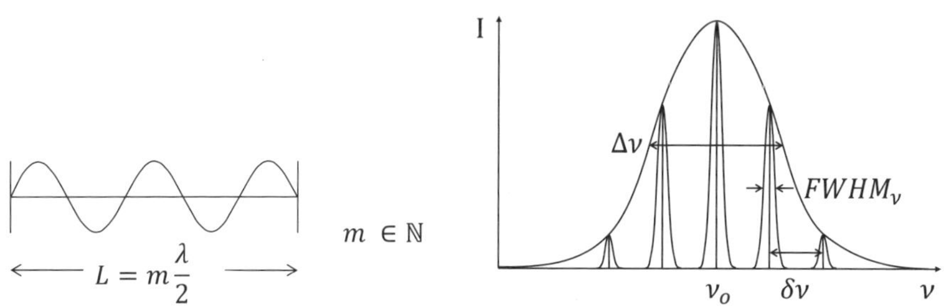

Abbildung 9.23 Links: Lasermoden $m \in \mathbb{N}$ für eine Wellenlänge λ bei einer Resonatorlänge L. Rechts: Die Lasermoden $\nu(m)$ mit der Halbwertsbreite $FWHM_\nu$ werden innerhalb der Linienbreite $\Delta\nu$ der Laserlinie ν_o verstärkt. Die einzelnen Moden sind durch den freien Spektralbereich $\delta\nu$ voneinander getrennt.

Die Situation ist mit der beim Fabry-Pérot-Spektrometer vergleichbar (siehe Band 2 [19]). Benachbarte Frequenzen der stehenden Wellen haben den Frequenzabstand $\delta\nu$, der als **freier Spektralbereich** bezeichnet wird:

$$\delta\nu = \frac{c}{2\,L} \,. \tag{9.102}$$

Nur solche Moden werden verstärkt, die in den Bereich der Linienbreite $\Delta\nu_\circ$ der Laserfrequenz $\nu_\circ = c/\lambda_\circ$ fallen. Die Bewegung der Gasatome im Laser führt zu Doppler- und Stoßverbreiterung, sodass das Frequenzspektrum des Lasers eine relativ große Linienbreite um die Nominalfrequenz $\nu_\circ$ besitzen kann. Dadurch kann die Anzahl der stehenden Wellen im Resonator mit verschiedenen Frequenzen groß werden. In der rechten ►Abbildung 9.23 ist die Linienbreite gemeinsam mit den Moden des Resonators eingezeichnet.

Die Frequenzbreite der Mode auf halber Intensitätshöhe (das Full-Width-Half-Maximum $FWHM$) wird durch die nur teilweise Verspiegelung des einen Spiegels bestimmt, an dem der Laserstrahl extrahiert wird. Bei einem hohen Reflexionsvermögen $R = 1 - \varepsilon$ mit $\varepsilon \ll 1$ interferieren viele Teilstrahlen im Resonator, so dass die Frequenzbreite $FWHM_\nu$ sehr schmal wird. Gleichzeitig entstehen durch die häufigen Durchläufe durch den Resonator sehr lange Wellenzüge.

Ein Maß für die Anzahl der interferierenden Teilstrahlen ist die **Finesse** F^*, die sich aus dem Reflexionsvermögen ergibt und dem Verhältnis zwischen freiem Spektralbereich $\delta\nu$ und der Breite $FWHM_\nu$ entspricht (siehe Band 2 [19]):

$$F^* = \frac{\pi\sqrt{R}}{1-R} = \frac{\delta\nu}{FWHM_\nu} \tag{9.103}$$

Dabei kann F^* Werte bis 10^5 annehmen. Für einen Resonator der Länge $L = 50\,\text{cm}$ entspricht das einer Länge des Wellenzugs von 100 km. Mit dem freien Spektralbereich $\delta\nu = c/(2\,L) = 3 \cdot 10^8\,\text{Hz}$ ergibt sich dann eine Halbwertsbreite von $FWHM_\nu = 3\,\text{kHz}$. Das entspricht wegen $\lambda = c/\nu$ und $E/\text{eV} = 1{,}24/(\lambda/\text{fm})$ (1.14) einer Linienbreite von $FWHM_E \approx 10^{-11}\,\text{eV}$.

Unter optimalen Bedingungen lassen sich Linienbreiten von 1 Hz entsprechend $4 \cdot 10^{-15} \cdot$ eV erreichen. Kommerzielle He-Ne-Laser haben $FWHM_\nu \approx 10\,\text{kHz}$, das entspricht einer Länge des Wellenzugs von 30 km und einer Linienbreite von $FWHM_E \approx 4 \cdot 10^{-11}\,\text{eV}$.

Aufgabe 17: Moden im He-Ne-Laser

Ein Helium-Neon-Laser habe eine Resonatorlänge von $L = 50\,\text{cm}$. Die laserfähige Linienbreite ist durch die thermische Bewegung der Neon-Atome bedingt $\Delta\nu = 1{,}5 \cdot 10^9\,\text{GHz}$. Berechnen Sie die Anzahl der stehenden Wellen innerhalb dieser Linienbreite.

Polarisation: Um das Laserlicht zu polarisieren, werden die Enden des Glaskolbens vom He-Ne-Laser unter dem Brewsterwinkel abgeschrägt. Alternativ werden zusätzliche Glasplatten eingebaut (►Abbildung 9.21).

Beim Brewsterwinkel $\alpha = \tan^{-1} n$ mit dem Brechungsindex n des Glases bilden die Richtungen der transmittierten und reflektierten Welle einen 90°-Winkel. Zu seinem Verständnis hatten wir in Band 2 [19] unpolarisiertes Licht beim schrägen Auftreffen auf eine Glasplatte in elektrische Feldkomponenten parallel $A_{\|}$ und senkrecht $A_{\perp}$ zur Einfallsebene aufgeteilt.

Zunächst betrachten wir die parallele Feldkomponente $A_{\|}$. Fassen wir das Glasmedium als eine Menge abstrahlender Dipole auf, so transmittieren sie $A_{\|}$ durch das Glas. Allerdings steht beim Brewsterwinkel ihre Dipolachse entlang der Reflexionsrichtung, in diese Richtung können Dipole nicht abstrahlen. Reflektiert werden demnach nur Anteile der senkrechte Komponente $A_{\perp}$, die aber dadurch die optische Achse des Lasers verlassen. Die Komponente $A_{\perp}$ wird unter den vielen Durchläufen des Laserstrahls im Resonator durch die Reflexionsverluste aussortiert. Die Polarisation des Laserstrahls entsteht demnach durch Erhalt der zur Einfallsebene des Brewsterfensters parallelen Komponente $A_{\|}$.

9.5.7 Sättigungsspektroskopie

Mit dem Laserlicht ergeben sich sehr viele Anwendungsmöglichkeiten. Wir wollen hier eine interessante Methode besprechen, die die hohe Monochromasie des Laserlichts nutzt, um die natürliche Linienbreite von Strahlungsübergängen zu bestimmen.

Experiment 23: Sättigungsspektroskopie

Die prinzipielle Anordnung für die Sättigungsspektroskopie ist in der linken ►Abbildung 9.24 wiedergegeben. Der hier verwendete Farbstofflaser hat die Eigenschaft, dass er sich in einem Frequenzbereich durchstimmen lässt, hier im Bereich der Dopplerverbreiterung eines Grundzustandsübergangs der untersuchten Wasserstoffatome. Der Laserstrahl wird in einen intensiven Sättigungsstrahl und einen Teststrahl aufgeteilt, die in entgegengesetzter Richtung auf die Probe gespiegelt werden. Der Teststrahl wird mit einer Photozelle beobachtet.

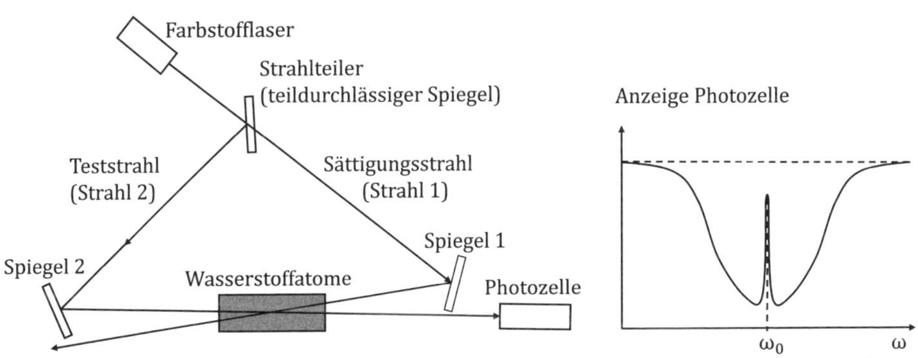

Abbildung 9.24 Links: Prinzipielle Anordnung der Sättigungsspektroskopie; rechts: Die Absorptionskurve des Teststrahls zeigt die natürliche Linienbreite im Zentrum bei ω_0.

Die Laserstrahlen werden nur solche Atome anregen, deren Dopplerfrequenz aufgrund ihrer Bewegung mit der Laserfrequenz übereinstimmt. Solange die eingestellte Laserfrequenz $\omega \neq \omega_0$ von der Übergangsfrequenz ω_0 verschieden ist, werden die beiden Strahlen wegen der entgegengesetzten Relativbewegung der Atome unterschiedliche Atome anregen.

Der Sättigungsstrahl ist so intensiv, dass er die meisten Atome anregt, die aufgrund ihrer Bewegung die passende Frequenz haben. Der Teststrahl regt in entgegengesetzter Richtung wegen der unterschiedlichen Relativgeschwindigkeit andere Atome an und wird gemäß der Dopplerverteilung unterschiedlich stark absorbiert (►Abbildung 9.24).

Trifft die Laserfrequenz $\omega \approx \omega_0$ den Bereich der natürlichen Linienbreite, werden Atome mit verschwindender Geschwindigkeitskomponente in der Verbindungsrichtung der beiden Strahlen angeregt. Durch seine hohe Intensität regt der Sättigungstrahl bereits die meisten dieser Atome an, sodass der Teststrahl nur wenige Atome im Grundzustand vorfindet, die ihn noch absorbieren können. Daher kommt der Teststrahl zur Photozelle durch und löst dort ein Signal aus. In der rechten ►Abbildung 9.24 ist die Signalstärke der Photozelle skizziert, die beim Durchstimmen der Laserfrequenz ω entsteht. Im Zentrum sichtbar wird die natürliche Linienbreite um die Resonanzfrequenz ω_0 des Grundzustandsübergangs.

Das Wichtigste zum Mitnehmen

Zum Mitnehmen: Strahlungsübergänge 1

- Die **mittlere Lebensdauer** τ eines Zustands i für den Übergang nach Zustand j entspricht dem inversen **Einstein-Koeffizienten** $A_{i,j}$ für spontane Emission. Bei mehreren Endzustands-Möglichkeiten j werden $A_{j,i}$ zunächst summiert:

$$\tau(i \to j) = 1/A_{j,i} \tag{9.3}$$

$$A_i = \sum_{j=1}^{N} A_{j,i} \tag{9.8}$$

$$\tau(i) = 1/A_i \tag{9.9}$$

- Als **Dipolübergang** bezeichnen wir einen Elektron-Übergang im Atom, der mit Emission oder Absorption eines Photons verbunden ist.

- Der Erwartungswert des **Dipoloperators** $\hat{\vec{p}} = q\,\vec{r}$ (9.15) für einen Elektron-Übergang von i nach j heißt **Matrixelement** $\vec{M}_{j,i}$. Mit $|\vec{M}_{j,i}|^2$ werden der Einstein-Koeffizient $A_{i,j}$ bzw. die mittlere Lebensdauer $\tau(i \to j)$ berechnet ($E_i - E_j = \hbar\,\omega_{j,i}$):

$$\vec{M}_{j,i} \equiv \left\langle \hat{\vec{p}}_{j,i} \right\rangle = \int \Psi_j^* \, \hat{\vec{p}} \, \Psi_i \, dV = q \int \Psi_j^* \, \vec{r} \, \Psi_i \, dV \tag{9.17}$$

$$\tau(i \to j) = \frac{3}{2} \, \frac{h\,c^3\,\epsilon_0}{\omega_{j,i}^3} \cdot \left|\vec{M}_{j,i}\right|^{-2} \tag{9.22}$$

- Die Matrixelemente $\vec{M}_{j,i}$ von **Dipolübergängen** können bei bestimmten Kombinationen von Quantenzahlen der Elektron-Zustände i und j verschwinden, was zu **Auswahlregeln** führt. Die wichtigsten Regeln betreffen die Drehimpuls-, magnetischen, Spin- und Gesamtdrehimpulsquantenzahlen:

$$\begin{aligned} \Delta\ell &= \pm 1 \\ \Delta m_\ell &= 0, \pm 1 \\ \Delta S &= 0 \\ \Delta j &= 0, \pm 1 \end{aligned} \tag{9.10}$$

Elektron-Übergänge durch Stöße sind von diesen Regeln nicht eingeschränkt.

Zum Mitnehmen: Strahlungsübergänge 2

- Als **natürliche Linienbreite** bezeichnen wir die Halbwertsbreite Γ der Intensitätsverteilung eines Elektron-Übergangs um die mittlere Energie E. Natürliche Linienbreiten sind sehr schmal ($\Delta\lambda \approx 10^{-5}$ nm bei $\lambda = 500$ nm). Die Breite Γ und die **mittlere Lebensdauer** τ sind invers zueinander:

$$I(E) = \frac{\hbar}{\pi} \frac{\Gamma/2}{(E_\circ - E)^2 + (\Gamma/2)^2} \tag{9.76}$$

$$\Gamma \cdot \tau = \hbar \tag{9.77}$$

- Lichtverstärkung im **Laser** beruht auf

  1. **induzierter Emission** von Photonen bei Elektron-Übergängen im Atom, die durch andere Photonen mit entsprechender Energie ausgelöst werden,
  2. **Besetzungsinversion**, d. h. Überbelegung eines höheren Elektron-Energieniveaus E_i im Vergleich zum unteren Niveau E_j.

  Eingebaut in einen einseitig nur teilverspiegelten **Resonator** (Fabry-Pérot-Interferometer) erhalten wir **kohärentes** (kilometerlange Wellenzüge) und durch Brewsterfenster linear **polarisiertes Laserlicht**. Die natürliche Linienbreite des Laserlichts ist durch die Bewegung der Atome (Dopplereffekt) und Stöße stark verbreitert, so dass viele dichtliegende **Resonatormoden** mit jeweils nahezu monochromatischem Licht entstehen.

- Der **Helium-Neon-Laser** ist ein Vier-Niveau-Laser mit dem Laserübergang von $\lambda = 633$ nm im Neon-Atom. Durch eine Gasentladung beschleunigte Elektronen bewirken Stoßanregungen der Helium-Atome auf langlebige Energieniveaus (Auswahlregeln). In Stößen dieser Helium-Atome mit Neon-Atomen übernehmen diese die Anregungsenergie auf ähnlichen Energieniveaus, was zur Besetzungsinversion für den Laserübergang führt (►Abbildung 9.20).

Atome im Magnetfeld und im elektrischen Feld

10

ÜBERBLICK

» Durch den Einfluss eines äußeren Magnetfelds oder eines elektrischen Felds werden die Energieniveaus der Elektronen im Atom verschoben. Wir stellen in diesem Kapitel zunächst den Zeeman-Effekt vor, bei dem Atome in ein Magnetfeld eingebracht werden. Bei Atomen mit verschwindendem Gesamtspin finden wir gleichgroße Verschiebungen der Energieniveaus entsprechend der magnetischen Quantenzahl des Gesamtdrehimpulses (normaler Zeeman-Effekt). Anschließend berechnen wir die ungleich großen Energieverschiebungen bei Atomen mit nicht-verschwindendem Gesamtspin (anomaler Zeeman-Effekt). Schließlich zeigen wir auch den Stark-Effekt, der Energieverschiebungen in einem elektrischen Feld beschreibt. «

10.1 Zeeman-Effekt

Beim Zeeman-Effekt werden die Energieniveaus der Elektronen im Atom durch ein äußeres Magnetfeld verschoben.

Bei der Besprechung von Dipolen in Feldern (Kapitel 5) hatten wir gezeigt, dass der Bahndrehimpuls $\vec{L}$ eines Elektrons mit einem magnetischen Dipolmoment $\vec{\mu}$ verbunden ist (5.39). Ebenso ist der Elektronenspin $\vec{S}$ mit dem magnetischen Dipolmoment $\vec{\mu}_s$ verknüpft (5.59):

$$\vec{\mu} = -\mu_B \frac{\vec{L}}{\hbar} \tag{5.39}$$

$$\vec{\mu}_s = g_s \, \mu_B \frac{\vec{S}}{\hbar} \tag{5.59}$$

Hier bezeichnet $\mu_B \approx 58\,\mu\text{eV/T}$ das Bohrsche Magneton (5.38), das kleinste von Null verschiedene Dipolmoment eines Elektron-Bahndrehimpulses, und $g_s \approx -2$ (5.58) ist der g-Faktor des Elektrons.

In einem äußeren Magnetfeld $\vec{B}$ erfahren solche Dipolmomente die potentielle Energie

$$E_{\text{pot}} = -\vec{\mu}\,\vec{B}\,. \tag{5.26}$$

Dadurch entsteht eine Verschiebung der Elektron-Energieniveaus um $\Delta E = E_\circ \pm E_{\text{pot}}$, wobei das Vorzeichen von den Richtungen der Vektoren $\vec{\mu}$ und $\vec{B}$ zueinander abhängt.

Wir betrachten zunächst den einfacheren Fall des sogenannten **normalen Zeeman-Effekts**, bei dem nur das magnetische Dipolmoment $\vec{\mu} \propto \vec{L}$ (5.39) des Bahndrehimpulses auftritt. Dafür wählen wir Atome mit verschwindendem Gesamtspin $\vec{S} = 0$ aus. Später nehmen wir auch die viel häufiger auftretenden Atome mit Gesamtspin $\vec{S} \neq 0$ dazu, die den sogenannten **anomalen Zeeman-Effekt** aufweisen, bei dem wir beide Dipolmomente $\vec{\mu}$ (5.39) und $\vec{\mu}_s$ (5.59) berücksichtigen müssen.

Peter Zeeman entdeckte den nach ihm benannten Effekt 1896 und bekam dafür 1902 den Nobelpreis.

10.1.1 Normaler Zeeman-Effekt

Der normale Zeeman-Effekt tritt bei Atomen mit verschwindendem Gesamtspin $\vec{S} = 0$ auf. Wegen des Elektronenspins $s = 1/2$ gibt es $\vec{S} = 0$ nur bei Mehrelektronensystemen mit mindestens zwei Elektronen, sodass wir die Quantenzahlen bzw. deren Indizes hier wieder mit Großbuchstaben bezeichnen, d. h. Gesamtdrehimpuls L und magnetische Quantenzahl m_L.

Beispiel 34: Zeeman-Effekt am Cadmium

Als ein typisches Beispiel für den normalen Zeeman-Effekt untersuchen wir das Cadmium-Atom $_{48}$Cd im Magnetfeld $\vec{B}$. Bei Cadmium sind alle Schalen und Unterschalen bis einschließlich der Unterschale $5s$ gefüllt. Daher ist der Gesamtspin $\vec{S} = 0$. Die beiden äußeren Elektronen in der $5s$-Schale bilden also ein System, das dem des Helium-Atoms ähnelt.

Energieverschiebung: Unser Koordinatensystem legen wir so, dass die z-Achse entlang der Richtung des Magnetfelds $\vec{B} = B\,\vec{e}_z$ zeigt. Dann ist die Projektion $L_z = \vec{L}\,\vec{e}_z$ des Drehimpulses $\vec{L}$ entlang dieser ausgezeichneten Achse ein Vielfaches der magnetischen Quantenzahl m_L in Einheiten von $\hbar$ (3.123):

$$L_z = m_L\,\hbar \tag{10.1}$$

Die Energieverschiebung ΔE (5.26) des atomaren Energieniveaus aufgrund des Magnetfelds beträgt mit (5.39):

$$\Delta E = -\vec{\mu}\cdot\vec{B} = \mu_B\,\frac{\vec{L}}{\hbar}\cdot\vec{e}_z\,B = \mu_B\,\frac{m_L\,\hbar}{\hbar}\cdot B$$

$$\Delta E = m_L\,\mu_B\,B \tag{10.2}$$

Energieniveaus: Wir interessieren uns hier für Übergänge zwischen Energieniveaus mit der Hauptquantenzahl $n = 5$ und zwei verschiedenen Gesamtdrehimpulsquantenzahlen $L = 2$ (D-Niveau) und $L = 1$ (P-Niveau). Ohne Magnetfeld ist das D-Niveau mit $L = 2$ fünffach entartet ($-2 \leq m_L \leq 2$). Das P-Niveau mit $L = 1$ ist dreifach entartet ($-1 \leq m_L \leq 1$).

In ►Abbildung 10.1 sind die Energieniveaus ohne ($B = 0$) und mit äußerem Magnetfeld ($B \neq 0$) gezeigt. Das Magnetfeld hebt die Energieentartungen in der magnetischen Quantenzahl m_L auf. Die Energieverschiebungen $\Delta E = m_L\,\mu_B\,B$ (10.2) bilden gleichmäßige Abstände zwischen den Energieniveaus.

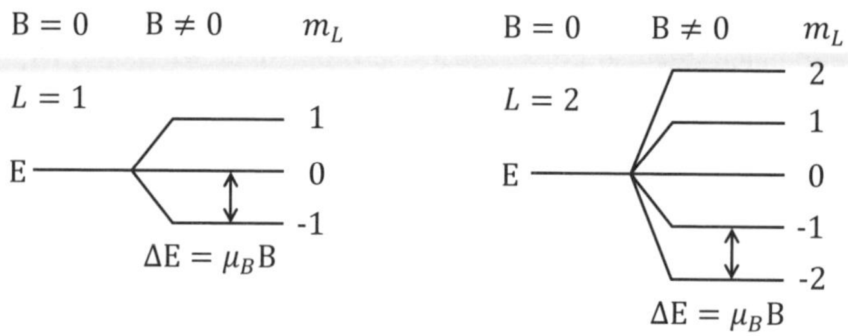

Abbildung 10.1 Links: Das P-Niveau ($L = 1$) ist 3-fach entartet mit $-1 \leq m_L \leq 1$. Rechts: Das D-Niveau ($L = 2$) ist 5-fach entartet mit $-2 \leq m_L \leq 2$. Ein äußeres Magnetfeld $B \neq 0$ hebt Energieentartungen in der magnetischen Quantenzahl m_L auf.

Dipolübergang: In ►Abbildung 10.2 sind die Übergänge von 5^1D_2 mit dem Gesamtdrehimpuls $J = 2$, Gesamtbahndrehimpuls $L = 2$ und Gesamtspin $S = 0$ nach 5^1P_1 mit $J = L = 1$ und $S = 0$ gezeigt. Diese Dipolübergänge sind nach den Auswahlregeln $\Delta L = \pm 1$ (9.65) und $\Delta S = 0$ (9.64) erlaubt. Ohne äußeres Magnetfeld ergibt sich für den Übergang die Photon-Energie

$$E_\gamma = \Delta E_\circ = E(5^1D_2) - E(5^1P_1) = 1{,}92\,\text{eV} \tag{10.3}$$

entsprechend einer rote Linie mit $\lambda = 644\,\text{nm}$ (1.14) [31].

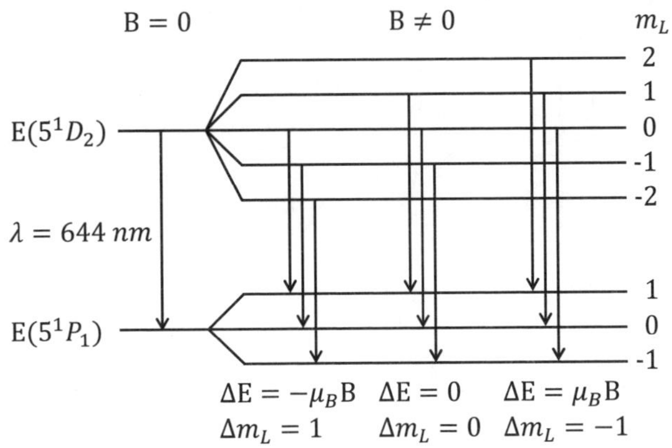

Abbildung 10.2 Erlaubte Dipolübergänge mit $\Delta m_L = 0, \pm 1$ zwischen dem 5^1D_2-Niveau mit $L = 2$ und $-2 \leq m_L \leq 2$ und dem 5^1P_1-Niveau mit $L = 1$ und $-1 \leq m_L \leq 1$. Das Magnetfeld bewirkt eine gleichmäßige Aufspaltung der Niveaus und daher insgesamt nur drei verschiedenen Übergangsenergien.

Wegen der Auswahlregel $\Delta m_L = -1, 0, 1$ (9.66) ergeben sich insgesamt neun mögliche Übergänge. Mit Magnetfeld sind wegen der gleichmäßigen Energieverschiebungen ΔE (10.2) aber nur drei verschiedene Photon-Energien für die Elektron-Übergänge messbar:

$$E_\gamma = \Delta E_\circ - \Delta m_L \, \mu_B \, B \qquad (10.4)$$

Das negative Vorzeichen begründet sich in $\Delta E(\Delta m_L = -1) = +\mu_B \, B$ (►Abbildung 10.2).

Experiment 24: Zeeman-Effekt

Wir untersuchen die rote Linie einer Cadmium-Lampe bei der Wellenlänge $\lambda = 644\,\text{nm}$ mit einem Fabry-Pérot-Interferometer (►Abbildung 10.3). Wegen der leicht divergenten Lichtstrahlen werden die Interferenzordnungen als konzentrische Ringe sichtbar.

Bringen wir die Cadmium-Lampe in das Magnetfeld eines Elektromagneten (►untere Abbildung 10.3), erhalten wir aufgrund der verschobenen Energieniveaus (►Abbildung 10.2) insgesamt drei verschiedene Photon-Energien $E_\gamma = \Delta E_\circ - \Delta m_L \, \mu_B \, B$ (10.4) mit $\Delta m_L = 0, \pm 1$ und damit zwei zusätzliche Ringe um die Originalringe. Mit größerem Strom I im Elektromagneten vergrößert sich das Magnetfeld B, wobei die Abstände zwischen den zusätzlichen Ringen ansteigen.

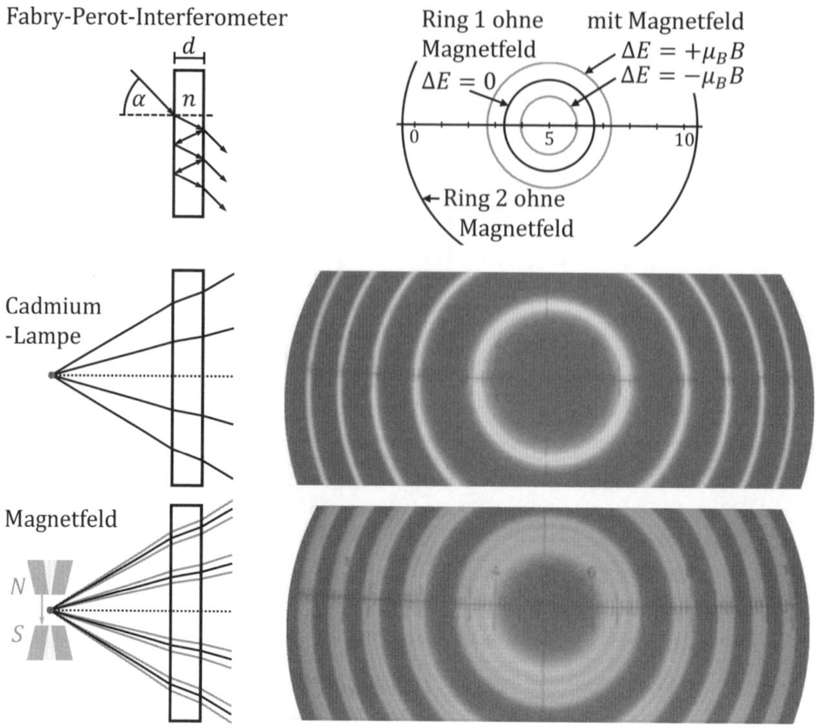

Abbildung 10.3 Interferenzringe der 644 nm-Linie einer Cadmium-Lampe am Fabry-Pérot-Interferometer: Im Magnetfeld bilden sich um jeden Ring zwei zusätzliche Ringe, deren Abstände vom Zentralring sich mit zunehmendem Magnetfeld vergrößern. Der Magnet ist um 90° drehbar und so konstruiert, dass Beobachtungen senkrecht oder parallel zu den Feldlinien möglich sind.

10.1.2 Polarisation der Dipolstrahlung

Bei der Besprechung der Auswahlregeln für die magnetische Quantenzahl in Kapitel 9.3.3 hatten wir mithilfe der Matrixelemente gesehen, dass Übergänge mit $\Delta m_L = 0$ linear polarisiert und solche mit $\Delta m_L = \pm 1$ zirkular polarisiert sein müssen. Diese zunächst theoretischen Überlegungen können wir anhand des Experiments zum Zeeman-Effekt direkt überprüfen.

Beispiel 35: Bestimmung von linear, zirkular polarisiertem Licht

Die Bestimmung der Lichtpolarisation haben wir ausführlich in Band 2 [19] vorgestellt, hier folgt eine kurze Erinnerung.

Um linear polarisiertes Licht zu untersuchen, verwenden wir einen Polarisationsfilter als Analysator (►linke Abbildung 10.4). Die Transmission durch den Filter ist maximal, wenn die Polarisationsrichtung des elektrischen Felds mit der Richtung des Analysators übereinstimmt und verschwindet, wenn der Analysator senkrecht zur Feldrichtung ausgerichtet wird.

Für den Nachweis zirkular polarisierten Lichts nutzen wir zunächst ein $\lambda/4$-Plättchen (►rechte Abbildung 10.4), mit dem wir zirkular polarisiertes Licht in linear polarisiertes überführen können, und verwenden anschließend den Polarisationsfilter.

$\lambda/4$-Plättchen bestehen aus einem doppelbrechenden Kristall mit zwei verschiedenen Brechungsindizes n_1 und n_2 und so ausgewählter Dicke b, dass sich für zwei senkrecht aufeinanderstehende elektrische Feldkomponenten die optischen Weglängen $n_1\,b$ und $n_2\,b$ im Kristall um eine Viertelwellenlänge unterscheiden $\Delta z = (n_2 - n_1)\,b = \lambda/4$. Wegen $\Delta\varphi/(2\pi) = \Delta z/\lambda$ ändert sich die relative Phasenverschiebung zwischen den beiden Feldkomponenten um $\Delta\varphi = \pi/2$, sodass linear zu zirkular polarisiertem Licht wird und umgekehrt.

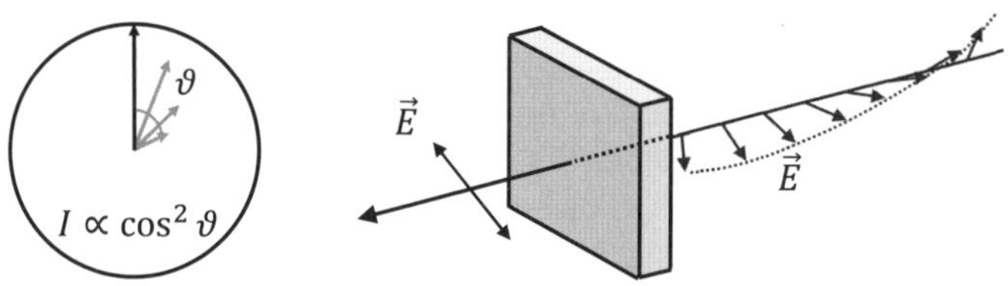

Abbildung 10.4 Ein Polarisationsfilter wirkt als Analysator für linear polarisierstes Licht. Mit einem $\lambda/4$-Plättchen können wir zirkular polarisiertes Licht in linear polarisiertes überführen und umgekehrt.

Linear polarisiertes Licht: Wir beginnen mit den unverschobenen Interferenzringen zum Dipolübergang $\Delta m_L = 0$ und untersuchen sie zunächst aus der Richtung senkrecht zu den Magnetfeldlinien (►Abbildung 10.5 unten). Die Intensität hinter dem Polarisationsfilter ist maximal, wenn der Analysator entlang des Magnetfelds $\vec{B}$ ausgerichtet ist und verschwindet senkrecht zu $\vec{B}$.

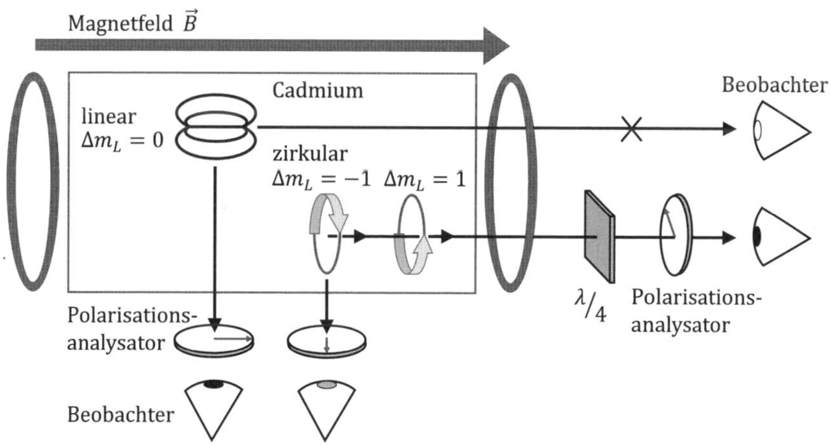

Abbildung 10.5 Polarisation beim normalen Zeeman-Effekt für die erlaubten Übergänge mit $\Delta m_L = 0, \pm 1$. Dipolübergänge mit $\Delta m_L = 0$ sind linear polarisiert, solche mit $\Delta m_L = \pm 1$ zirkular polarisiert.

Anschließend drehen wir den Magneten um 90° (►linke untere Abbildung 10.3), um die unverschobenen Ringe zu $\Delta m_L = 0$ entlang der Magnetfeldlinien zu beobachten. In dieser Richtung ist aber kein unverschobener Ring nachweisbar (►Abbildung 10.5 rechts oben).

Offenbar ist Dipolstrahlung von Übergängen mit $\Delta m_L = 0$ linear polarisiert, wie die Auswahlregel (9.44) aussagt. Der elektrische Feldvektor $\vec{E}$ schwingt entlang der Magnetfeldachse $\vec{B}$, sodass Dipolstrahlung senkrecht zu $\vec{E}$, aber nicht parallel zu $\vec{E}$ entsteht.

Zirkular polarisiertes Licht: Die verschobenen Interferenzringe zu den Übergängen $\Delta m_L = \pm 1$ geben ein anderes Bild. Beobachten wir sie entlang der Magnetfeldachse $\vec{B}$, sind sie klar zu sehen (►Abbildung 10.5 rechts).

Um die zirkulare Polarisation zu testen, stellen wir ein $\lambda/4$-Plättchen und anschließend einen Polarisationsfilter in den Strahlengang (siehe ►Beispiel 35). Stellen wir den Analysator des Filters auf 45°, verschwinden die einen Interferenzringe, bei 135° die anderen Ringe. Damit haben wir die zirkulare Polarisation für Dipolstrahlung mit $\Delta m_L = \pm 1$ nachgewiesen und außerdem gezeigt, dass die elektrischen Feldvektoren der Dipolstrahlung sich senkrecht zur Magnetfeldachse und gegenläufig drehen (►Abbildung 10.5).

Beobachten wir diese Interferenzringe senkrecht zum $\vec{B}$-Feld (►Abbildung 10.5 unten), so sehen wir die Projektion der rotierenden elektrischen Feldvektoren. Mit dem Polarisationsfilter erscheint diese Projektion wie eine lineare Polarisation. Allerdings bewirkt die Projektion, dass die Intensitäten der Ringe für $\Delta m_L = \pm 1$ geringer sind als die Intensitäten der unverschobenen Ringe für $\Delta m_L = 0$.

10.1.3 Bestimmung des Bohrschen Magnetons

Die lineare Verschiebung $\Delta E = \Delta m_L \, \mu_B \, B$ (10.4) der Elektron-Energieniveaus als Funktion der Magnetfeldstärke B nutzen wir, um das Bohrsche Magneton μ_B zu bestimmen.

Die linke ►Abbildung 10.6 zeigt eine Messung des Ringradius des ersten äußeren Zusatzrings als Funktion des Stroms des Elektromagneten (vergleiche ►Abbildung 10.3). Um aus dieser Messung die Energieverschiebung als Funktion des Magnetfelds zu erhalten, benötigen wir zwei Kalibrationsschritte.

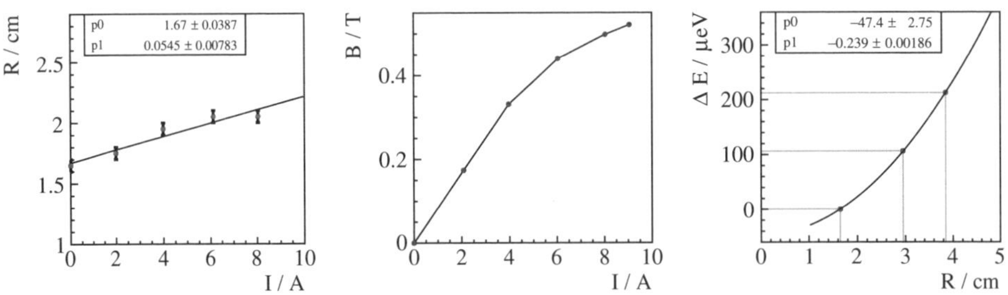

Abbildung 10.6 Links: Der Radius R des ersten äußeren Zusatzrings wächst mit zunehmendem Strom I. Mitte: Kalibration des Magnetfeldes $\vec{B}$ als Funktion des Stroms I. Rechts: Energiekalibration des Fabry-Pérot-Interferometers anhand des freien Spektralbereichs $\delta E = 106{,}2\,\mu\text{eV}$ (10.5) zwischen den Ringen. Die Energieverschiebung ΔE nimmt quadratisch mit dem Ringradius R zu.

Kalibrationen: Zunächst kalibrieren wir mithilfe einer Hall-Sonde das Magnetfeld B des Elektromagneten als Funktion seines Stroms I (►mittlere Abbildung 10.6).

Die Energiekalibration des Fabry-Pérot-Interferometers ist anspruchsvoller. Wir führen sie über die Radien der Interferenzringe ohne Magnetfeld durch (►mittlere Abbildung 10.3). In der ►Abbildung 10.7 sind mit der schwarzen Kurve zwei dieser Ringe als Interferenzordnungen m und $m+1$ der roten $\lambda = 644\,\text{nm}$-Linie gezeigt.

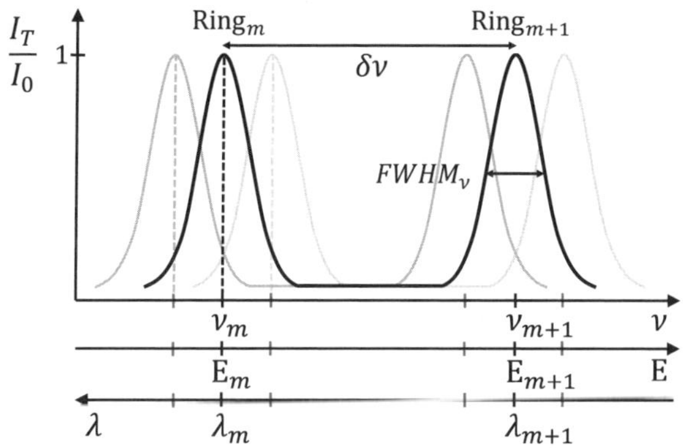

Abbildung 10.7 Die Interferenzringe in ►Abbildung 10.3 entsprechen Interferenzordnungen des Fabry-Pérot-Interferometers. Skizziert sind die unverschobene Frequenz (schwarze Kurve) und zwei verschobene Frequenzen (graue Kurven).

Der Abstand der Interferenzordnungen ist der freie Spektralbereich $\delta\nu$, der sich im Frequenzraum aus den Eigenschaften des Fabry-Pérot-Interferometers direkt berechnen lässt: $\delta\nu = c/(2\,n\,d)$ (siehe Band 2 [19]). Wir verwenden hier ein Fabry-Pérot-Interferometer mit einem Transmissionsvermögen von $T = 0{,}15$ bei $\lambda = 644\,\text{nm}$. Seine Dicke ist $d = 4\,\text{mm}$ und der Brechungsindex beträgt $n = 1{,}457$. Durch Einsetzen und Multiplikation mit dem Planckschen Wirkungsquantum h ergibt sich der freie Spektralbereich in Energieeinheiten zu

$$\delta E = h\,\delta\nu = h\,\frac{c}{2\,n\,d} = 106{,}2\,\mu\text{eV}\,. \tag{10.5}$$

In der rechten ►Abbildung 10.6 sind diese gleichmäßigen Energieabstände δE des Interferometers als Funktion der gemessenen Ringradien R ohne Magnetfeld eingetragen. Aufgrund der Versuchsanordnung mit einer Projektion auf einen Bildschirm verlaufen sie nicht-linear. Die Energiekalibration ΔE als Funktion des Ringradius R lässt sich empirisch mit einer quadratischen Abhängigkeit anpassen (wir begründen diese Abhängigkeit in Band 2 [19]):

$$\Delta E(R) = p_0 + p_1\,R^2 \tag{10.6}$$

Auflösungsvermögen: Quantitativ erwarten wir nur geringe Verschiebungen der Elektron-Energieniveaus und damit der Photon-Energie durch das Magnetfeld. Bei einem Magnetfeld von $B = 1\,\text{T}$ erhalten wir zusammen mit dem Bohrschen Magneton $\mu_B \approx 58\,\mu\text{eV}/\text{T}$ (5.38) Energieverschiebungen (10.4) von

$$\Delta E = \pm\mu_B\,B \approx \pm 58\,\mu\text{eV}\,, \tag{10.7}$$

die im Vergleich zur Photon-Energie des Cadmium-Übergangs $E_\gamma = 1{,}92\,\text{eV}$ (10.3) auf dem 10^{-5}-Niveau liegen. Das Auflösungsvermögen des Fabry-Pérot-Interferometers wird durch die Halbwertsbreite $FWHM_\nu$ bestimmt (►Abbildung 10.7), die sich über seine Finesse (9.103) aus dem Reflexionsvermögen R bzw. dem Transmissionsvermögen $T = 1 - R$ ergibt:

$$F^* = \frac{\delta\nu}{FWHM_\nu} = \frac{\delta E}{FWHM_E} = \frac{\pi\sqrt{R}}{1-R} = \frac{\pi\sqrt{1-T}}{T} = 19{,}3 \qquad (10.8)$$

Auflösen nach $FWHM_E$ ergibt zusammen mit (10.5) die Standardabweichung der Energieauflösung:

$$\sigma_{\Delta E} = \frac{FWHM_E}{2{,}35} = 2{,}3\,\mu\text{eV} \qquad (10.9)$$

Im Vergleich zu den erwarteten Energieverschiebungen (10.7) ist dieses Auflösungsvermögen um eine Größenordnung kleiner und reicht für eine Messung sehr gut aus (siehe auch die grauen Kurven in ►Abbildung 10.7).

Messung: Die in der linken ►Abbildung 10.6 gemessenen Ringradien R bei den verschiedenen Stromstärken I können wir demnach mithilfe der Energiekalibration in die Energieverschiebung ΔE umrechnen. Ebenso bestimmen wir aus den zugehörigen Stromstärken I mit der Kalibration des Magnetfelds die Stärke des Magnetfelds B.

Experiment 25: Bohrsches Magneton

Für den ersten Interferenzring mit $\Delta m_L = -1$ tragen wir in der linken ►Abbildung 10.8 die gemessene Energieverschiebung ΔE als Funktion der Magnetfeldstärke B auf. Der Ring bewegt sich nach außen zu größeren Radien, zeigt also eine Verschiebung zu größeren Energien. Die Steigung der Geraden liefert eine Messung des Bohrschen Magnetons (10.4):

$$\mu_B = \frac{\Delta E}{B} \qquad (10.10)$$

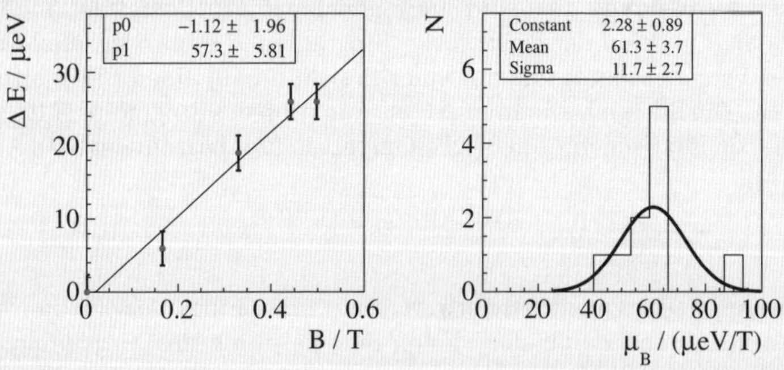

Abbildung 10.8 Links: Die Energieverschiebung $\Delta E = \mu_B B$ des ersten Rings wächst linear mit dem Magnetfeld B. Rechts: Zusammenfassung der Ring-1-Messungen zum Bohrschen Magneton aus mehreren Jahren.

In der rechten ►Abbildung 10.8 fassen wir Messungen am ersten Ring aus mehreren Vorlesungsjahren anhand einer Gaußverteilung zu einem Wert zusammen, der nahe am aktuellen Wert des Bohrschen Magnetons liegt (5.38):

$$\mu_B = (61{,}3 \pm 3{,}7)\ \frac{\mu\text{eV}}{\text{T}} \tag{10.11}$$

10.1.4 Anomaler Zeeman-Effekt

Die Energieverschiebung $\Delta E = -\vec{\mu}\,\vec{B}$ (5.26) der Elektron-Energieniveaus durch ein äußeres Magnetfeld $\vec{B}$ wird komplizierter, wenn das magnetische Dipolmoment $\vec{\mu}$ sowohl durch einen Gesamtbahndrehimpuls $\vec{L}$ als auch durch einen Gesamtspin $\vec{S} \neq 0$ zustande kommt. Wir sprechen hier vom **anomalen Zeeman-Effekt**.

Der Gesamtdrehimpuls

$$\vec{J} = \vec{L} + \vec{S} \tag{10.12}$$

ist ohne Magnetfeld in Betrag und Richtung konstant. Durch die Atom-internen Magnetfelder (Feinstruktur, Hyperfeinstruktur) gilt dies für die Vektoren $\vec{L}$ und $\vec{S}$ nicht, sie präzedieren um $\vec{J}$.

Magnetisches Dipolmoment ohne Magnetfeld: Die beiden magnetischen Dipolmomente $\vec{\mu}$ des Gesamtbahndrehimpulses und $\vec{\mu}_s$ des Gesamtspins stehen antiparallel zu $\vec{L}$ und $\vec{S}$ (linke ►Abbildung 10.9):

$$\vec{\mu} = -\mu_B\,\frac{\vec{L}}{\hbar} \tag{5.39}$$

$$\vec{\mu}_s = g_s\,\mu_B\,\frac{\vec{S}}{\hbar} \tag{5.59}$$

Sie ergeben das gesamte magnetische Dipolmoment ($g_s < 0$):

$$\vec{\mu}(\vec{J}) = \vec{\mu} + \vec{\mu}_s \tag{10.13}$$

$$= -\frac{\mu_B}{\hbar}\cdot\left(\vec{L} - g_s\cdot\vec{S}\right) \tag{10.14}$$

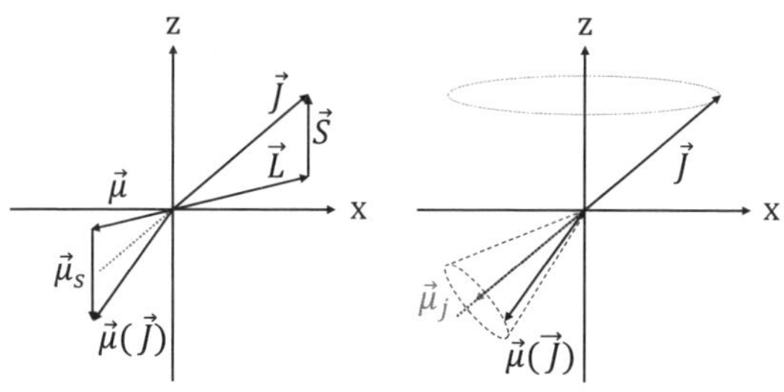

Abbildung 10.9 Links: Wegen des g-Faktors des Elektronenspins ist $\mu(J)$ nicht mehr parallel zu $\vec{J} = \vec{L} + \vec{S}$. Rechts: Nur die Komponente entlang der J-Richtung trägt zur Wechselwirkung mit dem $\vec{B}$-Feld bei.

Beachten Sie, dass die Richtungen des Gesamtdrehimpulses $\vec{J}$ (10.12) und des Gesamtdipolmoments $\vec{\mu}(\vec{J})$ (10.14) nicht mehr antiparallel sind. Die Ursache dafür ist der g-Faktor des Elektrons mit $g_s \approx -2$ (5.58). Mit den Präzessionsbewegungen von $\vec{L}$ und $\vec{S}$ präzediert auch $\vec{\mu}(\vec{J})$ um die Achse von $\vec{J}$ (rechte ►Abbildung 10.9).

Magnetisches Dipolmoment mit Magnetfeld: Schalten wir ein externes Magnetfeld $\vec{B}$ ein, lässt es den Gesamtdrehimpuls $\vec{J}$ um die Magnetfeldachse präzedieren. Gleichzeitig präzediert das gesamte magnetische Dipolmoment $\vec{\mu}(\vec{J})$ mit, wobei Effekte durch die ursprüngliche Präzessionsbewegung von $\vec{\mu}(\vec{J})$ um $\vec{J}$ im zeitlichen Mittel unserer Beobachtung verschwinden. Das relevante magnetische Dipolmoment $\vec{\mu}_j$ für Energieverschiebungen $\Delta E = -\vec{\mu}_j\,\vec{B}$ (5.26) aufgrund des Magnetfelds ist daher durch die *Projektion* von $\vec{\mu}(\vec{J})$ auf $\vec{J}$ gegeben. Der Betrag der Komponente ergibt sich aus:

$$\mu_j = \vec{\mu}(\vec{J}) \cdot \frac{\vec{J}}{|\vec{J}|} \tag{10.15}$$

Wir setzen $\vec{\mu}(\vec{J})$ (10.14) ein und erhalten

$$\mu_j = -\frac{\mu_B}{\hbar} \cdot \left(\vec{L} - g_s \cdot \vec{S}\right) \cdot \frac{\vec{J}}{|\vec{J}|} = -\frac{\mu_B}{\hbar}\, \frac{\vec{L}\cdot\vec{J} - g_s\,\vec{S}\cdot\vec{J}}{|\vec{J}|}\,. \tag{10.16}$$

Landé-Faktor: Für die Berechnungen der Skalarprodukte $\vec{L}\cdot\vec{J}$ und $\vec{S}\cdot\vec{J}$ greifen wir auf die bereits bekannte Methode des Quadrierens zurück (Kapitel 6.3.2, (6.17)).

Zur Vereinfachung diskutieren wir hier den anomalen Zeeman-Effekt für den Fall eines Elektrons im Wasserstoff oder Leuchtelektrons im Alkali-Atom. Dabei stimmen die Quantenzahlen des Gesamtzustands mit denen des einzelnen Elektrons überein, sodass wir kleine Buchstaben für die Quantenzahlen j, ℓ, s verwenden können. In Operatorschreibweise erhalten wir durch Quadieren von $\hat{\vec{S}} = \hat{\vec{J}} - \hat{\vec{L}}$ und $\hat{\vec{L}} = \hat{\vec{J}} - \hat{\vec{S}}$ nach (10.12) die Erwartungswerte $\langle \hat{\vec{L}} \cdot \hat{\vec{J}} \rangle$ und $\langle \hat{\vec{S}} \cdot \hat{\vec{J}} \rangle$:

$$\hat{\vec{L}} \cdot \hat{\vec{J}} = \frac{1}{2}\left(\hat{\vec{J}}^{\,2} + \hat{\vec{L}}^{2} - \hat{\vec{S}}^{\,2}\right)$$

$$\langle \hat{\vec{L}} \cdot \hat{\vec{J}} \rangle = \frac{\hbar^2}{2}\,[j\,(j+1) + \ell\,(\ell+1) - s\,(s+1)] \tag{10.17}$$

$$\hat{\vec{S}} \cdot \hat{\vec{J}} = \frac{1}{2}\left(\hat{\vec{J}}^{\,2} + \hat{\vec{S}}^{2} - \hat{\vec{L}}^{\,2}\right)$$

$$\langle \hat{\vec{L}} \cdot \hat{\vec{J}} \rangle = \frac{\hbar^2}{2}\,[j\,(j+1) - \ell\,(\ell+1) + s\,(s+1)] \tag{10.18}$$

Einsetzen in (10.16) ergibt die Komponente des magnetischen Dipolmoments entlang der Achse des Gesamtdrehimpulses, wobei wir den Elektron g-Faktor mit $g_s \approx -2$ nähern:

$$\begin{aligned} \mu_j &= -\frac{\mu_B}{2} \cdot \frac{[j(j+1) + \ell(\ell+1) - s(s+1)] + 2\,[j(j+1) - \ell(\ell+1) + s(s+1)]}{\sqrt{j\,(j+1)}} \\ &= -\mu_B \cdot \frac{3\,j\,(j+1) - \ell\,(\ell+1) + s(s+1)}{2\,j(j+1)} \cdot \sqrt{j\,(j+1)} \end{aligned} \tag{10.19}$$

Der zweite Term entspricht dem sogenanten **Landé-Faktor**:

$$g_j = 1 + \frac{j\,(j+1) - \ell\,(\ell+1) + s\,(s+1)}{2\,j\,(j+1)} \tag{10.20}$$

Dabei ergibt sich aus dem $3\,j\,(j+1)/(2\,j\,(j+1))$-Term der Summand $1+\ldots$. Der dritte Term in (10.19) folgt dem Betrag des Gesamtdrehimpulses $|\vec{J}| = \hbar\,\sqrt{j\,(j+1)}$. Damit können wir den Vektor des magnetischen Dipolmoments $\vec{\mu}_j$ entlang der Achse des Gesamtdrehimpulses $\vec{J}$ in gewohnt kompakter Form aufschreiben (vergleiche (5.39) und (5.59)):

$$\vec{\mu}_j = -g_j \cdot \mu_B \cdot \frac{\vec{J}}{\hbar} \tag{10.21}$$

Energieverschiebung durch Magnetfeld: Durch ein äußeres Magnetfeld wird das Energieniveau eines Elektrons um $\Delta E = -\vec{\mu}_j\,\vec{B}$ verschoben. Für ein Magnetfeld entlang der z-Achse ergibt sich wegen der Projektion des Gesamtdrehimpulses $\langle \hat{J}_z \rangle = m_j\,\hbar$ (5.65) die Energieverschiebung zu:

$$\Delta E = -\vec{\mu}_j\,\vec{B} = g_j \cdot \mu_B \cdot \frac{\vec{J}}{\hbar} \cdot \vec{e}_z\,B_z$$

$$\Delta E = g_j \cdot \mu_B \cdot m_j \cdot B \tag{10.22}$$

Beispiel 36: Normaler Zeeman-Effekt

Für den Fall des normalen Zeeman-Effekts mit $\vec{J} = \vec{L}$ und somit $\vec{S} = 0$ verschwindet im Landé-Faktor (10.20) der zweite Summand, sodass gilt:

$$g_j = 1$$

Für ein Magnetfeld entlang der z-Achse $\vec{B} = B_z\,\vec{e_z}$ und einen Zustand $j = \ell = 1, s = 0$ folgt als Elektron-Energieverschiebung (10.21) wegen $m_\ell = \pm 1$ (vergleiche mit (10.2)):

$$\Delta E = g_j\,m_j\,\mu_B\,B_z = m_\ell\,\mu_B\,B_z = \pm\mu_B\,B_z$$

Beispiel 37: Anomaler Zeeman-Effekt

Für den Spezialfall des anomalen Zeeman-Effekts $\vec{J} = \vec{S}$ und somit $\vec{L} = 0$ ergibt sich für ein einzelnes Elektron mit $s = 1/2$ der Landé-Faktor (10.20):

$$g_j = 1 + \frac{\frac{1}{2}\left(\frac{1}{2}+1\right) - 0 + \frac{1}{2}\left(\frac{1}{2}+1\right)}{2 \cdot \frac{1}{2}\left(\frac{1}{2}+1\right)} = 2 \tag{10.23}$$

Für ein Magnetfeld entlang der z-Achse $\vec{B} = B_z\,\vec{e_z}$ und mit $m_j = m_s = \pm 1/2$ beträgt die Energiedifferenz:

$$\Delta E = g_j\,m_j\,\mu_B\,B_z = g_j\,m_s\,\mu_B\,B_z = 2\,\frac{1}{2}\,\mu_B\,B_z = \pm\mu_B\,B_z$$

Dies liefert das gleiche Ergebnis wie die Elektronenspinresonanz bei der Messung des Elektron g-Faktors (5.61).

Beispiel 38: Anomaler Zeeman-Effekt im Natrium-Atom

Das Leuchtelektron des Natrium-Atoms erfährt im Einfluss eines äußeren Magnetfelds den anomalen Zeeman-Effekt. Wir greifen beispielhaft in ►Abbildung 10.10b das obere Energieniveau der Natrium D_2-Linie $3^2P_{3/2}$ mit 4 Aufspaltungen heraus und berechnen zunächst den Landé-Faktor (10.20). Mit $\ell = 1$, $s = 1/2$ und $j = 3/2$ erhalten wir:

$$g_j(3^2P_{3/2}) = 1 + \frac{\frac{3}{2}\left(\frac{3}{2}+1\right) - 1\,(1+1) + \frac{1}{2}\left(\frac{1}{2}+1\right)}{2\,\frac{3}{2}\left(\frac{3}{2}+1\right)} = \frac{4}{3}$$

Für ein Magnetfeld entlang der z-Achse $\vec{B} = B_z\,\vec{e_z}$ beträgt die Energieverschiebung des Zustands $m_j = -1/2$:

$$\Delta E(3^2P_{3/2}, m_j = -1/2) = g_j\,m_j\,\mu_B\,B_z = \frac{4}{3}\left(-\frac{1}{2}\right)\mu_B\,B_z = -\frac{2}{3}\,\mu_B\,B_z$$

Im Natrium-Grundzustand erhalten wir 2 Aufspaltungen, den Landé-Faktor $g_j(3^2S_{1/2}) = 2$ (10.23) und für den Zustand $m_j = +1/2$:

$$\Delta E(3^2S_{1/2}, m_j = 1/2) = g_j\,m_j\,\mu_B\,B_z = 2\,\frac{1}{2}\,\mu_B\,B_z = \mu_B\,B_z$$

Aufgrund der Auswahlregel $\Delta m_j = 0, \pm 1$ (9.63) gibt es insgesamt 6 erlaubte Übergänge für die Natrium D_2-Linie, die gleiche Energieabstände voneinander besitzen. Der Beispielübergang $3^2P_{3/2}(m_j = -1/2) \to 3^2S_{1/2}(m_j = 1/2)$ (►Abbildung 10.10b, Linie 1) hat dabei eine um $-5/3\,\mu_B\,B_z$ geringere Energie im Vergleich zur D_2-Linie ohne Magnetfeld. Eine entsprechende Diskussion lässt sich für die D_1-Linie in ►Abbildung 10.10a führen.

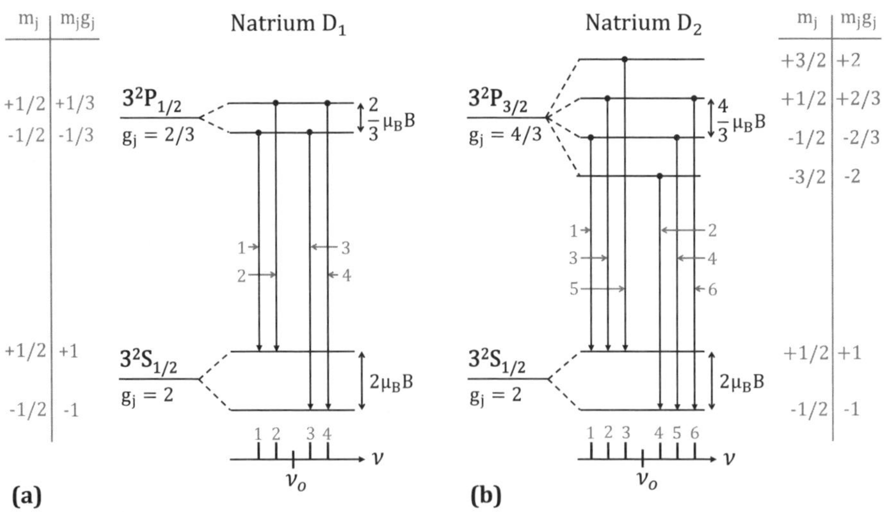

Abbildung 10.10 Anomaler Zeeman-Effekt im Natrium-Atom: erlaubte Übergänge und zugehörige Linien für (a) $3^2P_{1/2} \to 3^2S_{1/2}$, (b) $3^2P_{3/2} \to 3^2S_{1/2}$

10.2 Stark-Effekt

Der Stark-Effekt beschreibt die Verschiebungen der Elektron-Energieniveaus in einem äußeren elektrischen Feld.

Der Effekt beruht auf der Wechselwirkung eines elektrischen Dipolmoments $\vec{p}$ mit dem elektrischen Feld $\vec{E}$ nach:

$$E_{\text{pot}} = -\vec{p} \cdot \vec{E} \tag{5.13}$$

Wir beschränken uns hier auf wesentliche Grundzüge des Stark-Effekts und verweisen für ein detailliertes Verständnis auf Lehrbücher der theoretischen Atomphysik. Für Atome oder Moleküle ohne permanentes elektrisches Dipolmoment wird das elektrische Feld $\vec{E}$ dieses Material polarisieren. Aufgrund des so erzeugten Dipolmoments $\vec{p}$ ergeben sich insgesamt Verschiebungen der Energieniveaus quadratisch zur Feldstärke. Bei Atomen oder Molekülen mit permanentem elektrischen Dipolmoment sind die Energieverschiebungen proportional zur elektrischen Feldstärke.

Johannes Stark entdeckte den nach ihm benannten Effekt 1913 an der RWTH Aachen und bekam dafür 1919 den Nobelpreis.

Linearer Stark-Effekt: Ein Beispiel für ein Molekül mit einem permanenten elektrischen Dipolmoment $\vec{p}$ ist das Wassermolekül H_2O aufgrund seiner geometrischen Anordnung (linke ►Abbildung 10.11).

Ohne elektrisches Feld $\vec{E} = 0$ bleibt der Gesamtdrehimpuls $\vec{J}$ eines Atoms oder Moleküls erhalten, d. h. sein Betrag und seine Richtung sind zeitlich konstant (rechte ►Abbildung 10.11). Besitzt es ein permanentes Dipolmoment $\vec{p}$, ist dessen Richtung nicht konstant, der Vektor $\vec{p}$ präzediert um die Richtung von $\vec{J}$.

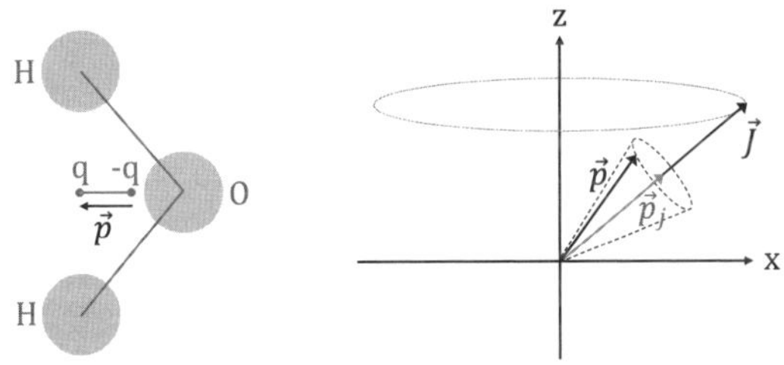

Abbildung 10.11 Links: Wasserstoff Molekül mit dem elektrischen Dipolmoment $\vec{p}$. Rechts: Ohne äußere Felder präzediert ein permanentes Dipolmoment $\vec{p}$ um den Gesamtdrehimpuls $\vec{J}$. Mit elektrischem Feld $\vec{E}$ entlang der z-Achse präzediert $\vec{J}$ um z, dabei ist im zeitlichen Mittel die zu $\vec{J}$ parallele Komponente des Dipolmoments $\vec{p}_j$ für Energieverschiebungen relevant.

Beim Anlegen eines elektrischen Felds $\vec{E}$ in Richtung der z-Achse präzediert der Gesamtdrehimpuls $\vec{J}$ um die z-Achse und mit ihm das elektrische Dipolmoment $\vec{p}$ (rechte ►Abbildung 10.11).

Bei der Wechselwirkung zwischen Dipolmoment $\vec{p}$ und elektrischem Feld $\vec{E}$ ist nur die Komponente $\vec{p}_j$ entlang der Achse des Gesamtdrehimpulses $\vec{J}$ relevant. Die dazu senkrechte Komponente gibt im zeitlichen Mittel keinen Beitrag. Die Projektion des Dipolmoments auf die Richtung von $\vec{J}$ hat den Betrag

$$p_j = \vec{p}\,\frac{\vec{J}}{|\vec{J}|}\,. \tag{10.24}$$

Die Energieverschiebung $\Delta E = -\vec{p}\cdot\vec{E}$ (5.13) der Elektronniveaus für ein elektrisches Feld $\vec{E} = E_z\,\vec{e}_z$ entlang der z-Achse ergibt sich zusammen mit der Projektion des Gesamtdrehimpulses $J_z = \hbar m_j$ (5.65) und dem Betrag des Gesamtdrehimpulses $|\vec{J}| = \hbar\sqrt{j\,(j+1)}$ (5.63):

$$\Delta E = -\vec{p}\cdot\vec{E} = -p_j\,\frac{\vec{J}}{|\vec{J}|}\cdot E_z\,\vec{e}_z \tag{5.13}$$

$$\Delta E = -p_j\,\frac{m_j}{\sqrt{j\,(j+1)}}\cdot|\vec{E}| \tag{10.25}$$

Die Energieverschiebung verhält sich linear mit dem elektrischen Feld, daher spricht man vom **linearen Stark-Effekt**.

Wasserstoffatome und wasserstoffähnliche Atome besitzen im Grundzustand kein permanentes Dipolmoment. Der lineare Stark-Effekt tritt aber in angeregten Zuständen des Elektrons ($n \geq 2$) auf. Unter dem Einfluss des elektrischen Felds wird die Entartung in der Drehimpulsquantenzahl ℓ aufgehoben. Mischungen dieser Zustände führen zu Ladungsverschiebungen und somit zu elektrischen Dipolmomenten.

Quadratischer Stark-Effekt: Atome ohne ein elektrisches Dipolmoment erfahren in einem elektrischen Feld Ladungsverschiebungen, die zur Polarisation des Materials führen (siehe Band 2 [19]). Mit der charakteristischen Polarisierbarkeit α des Materials ergibt sich für das induzierte Dipolmoment

$$\vec{p} = \alpha\,\cos\vartheta_{\vec{p},\vec{E}}\,\vec{E}\,, \tag{10.26}$$

wobei dessen Richtung um den Winkel $\vartheta_{\vec{p},\vec{E}}$ gegenüber der Feldrichtung gedreht sein kann. Die Verschiebung der Elektron-Energieniveaus ergibt sich mit $\Delta E = -\vec{p}\cdot\vec{E}$ (5.13) zu:

$$\Delta E = -\alpha\,\cos\vartheta_{\vec{p},\vec{E}}\cdot\vec{E}^2 \tag{10.27}$$

Wegen der quadratischen Abhängigkeit der Energieverschiebung vom elektrischen Feld handelt es sich um den sogenannten **quadratischen Stark-Effekt**.

Das Wichtigste zum Mitnehmen

Zum Mitnehmen: Atome im Magnetfeld und im elektrischen Feld 1

- Zum **Bahndrehimpuls** $\vec{L}$ eines Elektrons gehört das **magnetische Dipolmoment** $\vec{\mu}$, zum **Elektronenspin** $\vec{S}$ das **magnetische Dipolmoment** $\vec{\mu}_s$. Faktoren sind dabei das Bohrsche Magneton μ_B (5.37) und der g-Faktor g_s (5.58) des Elektrons. Wegen $g_s \approx -2$ stehen $\vec{L}$ und $\vec{S}$ nicht antiparallel, das **kombinierte Dipolmoment** $\vec{\mu}(\vec{J})$ hat eine eigene Richtung:

$$\vec{\mu} = -\mu_B \frac{\vec{L}}{\hbar} \tag{5.39}$$

$$\vec{\mu}_s = g_s \, \mu_B \frac{\vec{S}}{\hbar} \tag{5.59}$$

$$\vec{\mu}(\vec{J}) = -\mu_B \frac{1}{\hbar} \left(\vec{L} - g_s \cdot \vec{S}\right) \tag{10.14}$$

- In einem **äußeren Magnetfeld** $\vec{B}$ präzedieren **magnetische Dipolmomente** um die $\vec{B}$-Achse. Dabei lässt sich $\langle\vec{\mu}(\vec{J})\rangle$ (10.14) im zeitlichen Mittel der Beobachtung analog wie $\vec{\mu}$ (5.39) und $\vec{\mu}_s$ (5.59) schreiben. Faktoren sind der **Landé-Faktor** g_j mit den Quantenzahlen Gesamtdrehimpuls j, Drehimpuls ℓ und Spin s:

$$\vec{\mu}_j = -g_j \cdot \mu_B \cdot \frac{\vec{J}}{\hbar} \tag{10.21}$$

$$g_j = 1 + \frac{j\,(j+1) - \ell\,(\ell+1) + s\,(s+1)}{2\,j\,(j+1)} \tag{10.20}$$

- **Zeeman-Effekt: Verschiebungen** ΔE der **Elektron-Energiezustände** im Atom durch ein **äußeres Magnetfeld** $\vec{B}$ beruhen auf der Wechselwirkung magnetischer Dipolmomente des Elektrons nach $E_{\text{pot}} = -\vec{\mu}\,\vec{B}$ (5.26).

- **Normaler Zeeman-Effekt**: Mit Bahndrehimpuls $L \neq 0$ aber ohne Gesamtspin $S = 0$ gibt es nur $\vec{\mu}$ (5.39). Die Einstellung des Bahndrehimpulses $\vec{L}$ relativ zur $\vec{B}$-Achse (= z-Achse) ergibt sich mit der magnetischen Quantenzahl m_ℓ. ΔE hängt von m_ℓ, dem Bohrschen Magneton μ_B (5.37) und der Magnetfeldstärke B ab:

$$L_z = m_\ell \, \hbar \tag{3.123}$$

$$\Delta E = -\vec{\mu} \cdot \vec{B} = m_L \, \mu_B \, B \tag{10.2}$$

Bei Übergängen mit $m_\ell = 0$ sind die Photonen linear, bei $m_\ell = \pm 1$ zirkular polarisiert.

Zum Mitnehmen: Atome im Magnetfeld und im elektrischen Feld 2

- **Anomaler Zeeman-Effekt**: Mit Bahndrehimpuls $L \neq 0$ und Gesamtspin $S \neq 0$ ist das magnetische Dipolmoment $\vec{\mu}_j$ (10.21) mit dem **Landé-Faktor** g_j (10.20) zu berechnen. Mit der Projektion des Gesamtdrehimpulses $\vec{J}$ auf die $\vec{B}$-Achse (= z-Achse) ergibt sich mit der magnetischen Quantenzahl m_j, dem Bohrschen Magneton μ_B (5.37) und der Magnetfeldstärke B die Energieverschiebung ΔE:

$$\langle \hat{J}_z \rangle = m_j \, \hbar \tag{5.65}$$

$$\Delta E = -\vec{\mu}_j \, \vec{B} = g_j \, \mu_B \, m_j \, B \tag{10.22}$$

- Für **Spin** $s = 1/2$, aber Bahndrehimpuls $L = 0$ ergibt sich mit $\vec{\mu}_s$ (5.59) entsprechend die Energieverschiebung ΔE mit der Spinquantenzahl m_s, dem g-Faktor g_s des Elektrons, dem Bohrschen Magneton μ_B (5.37) und der Magnetfeldstärke B (Kapitel 5):

$$\Delta E = -\vec{\mu}_s \, \vec{B} = g_s \, m_s \, \mu_B \, B \tag{5.54}$$

- **Stark-Effekt: Verschiebungen** ΔE der **Elektron-Energiezustände** im Atom durch ein **äußeres elektrisches Feld** $\vec{E}$ beruhen auf der Wechselwirkung elektrischer Dipolmomente nach $E_{\text{pot}} = -\vec{p} \cdot \vec{E}$ (5.13).

  Linearer Stark-Effekt: Energieverschiebungen bei Atomen mit permanentem Dipolmoment sind proportional zur elektrischen Feldstärke $\Delta E \propto |\vec{E}|$ (10.25).

  Quadratischer Stark-Effekt: Im Allgemeinen kann durch ein äußeres elektrisches Feld ein elektrisches Dipolmoment im Material induziert werden, das ebenfalls unter dem Einfluss des Felds zu Energieverschiebungen führt $\Delta E \propto \vec{E}^2$ (10.27).

Röntgenstrahlung

11

ÜBERBLICK

» Treffen Elektronen mit der Energie von mehreren tausend Elektronenvolt auf ein Material, so entsteht Röntgenstrahlung. Wir stellen in diesem Kapitel die beiden Komponenten des elektromagnetischen Strahlungsspektrums vor. Erstens entsteht durch Elektron-Bremsstrahlung ein kontinuierliches Spektrum, und zweitens ergibt sich durch Elektronen-Übergänge in den Atomen des Materials ein Linienspektrum, das man als charakteristische Röntgenstrahlung bezeichnet. Zusätzlich zur Emission der Röntgenstrahlung untersuchen wir ihre Absorption in verschiedenen Materialien. Mit Absorptionsprozessen lässt sich die innerste Schalenstruktur von Atomen mit vielen Elektronen aufdecken. Dazu stellen wir das sogenannte Moseleysche Gesetz vor. «

11.1 Emissionsspektren

In der ►Abbildung 11.1 ist das Funktionsprinzip einer Röntgenröhre gezeigt. In dem evakuierten Glasrohr werden Elektronen durch eine Heizspannung U_H aus einem Draht ausgelöst. Die Elektronen werden mit der Beschleunigungsspannung U von mehreren kV beschleunigt und prallen mit der kinetischen Energie $E_{\text{kin}} = e \cdot U$ auf eine Anode. Als Anodenmaterial eignen sich z. B. Eisen, Kupfer, Molybdän, Wolfram. Wir werden im Folgenden Experimente mit einer Molybdän-Röhre zeigen.

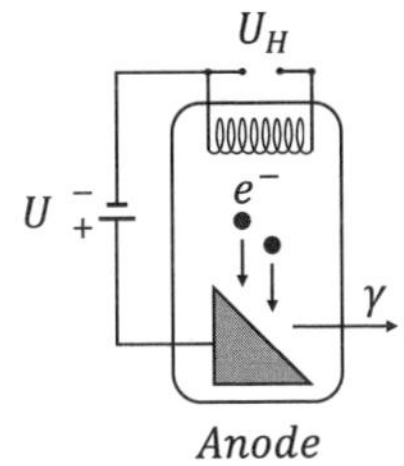

Abbildung 11.1 Skizze einer Röntgenröhre mit Heizspannung U_H, Beschleunigungsspannung U, Anode und Röntgenstrahlung γ

Die Röntgenstrahlung wurde von Wilhelm Conrad Röntgen entdeckt. Er wurde dafür 1901 mit dem ersten Nobelpreis für Physik geehrt.

11.1.1 Bremsstrahlung

Die in der Röntgenröhre beschleunigten Elektronen treffen auf die Anode und werden im Feld der Kernladungen abgelenkt (►linke Abbildung 11.2). Die dabei beschleunigte („abgebremste") elektrische Ladung strahlt Photonen ab, die sogenannte **Bremsstrahlung**. Es entsteht ein kontinuierliches Spektrum, das in der rechten ►Abbildung 11.2 als durchgezogenen Kurve skizziert ist.

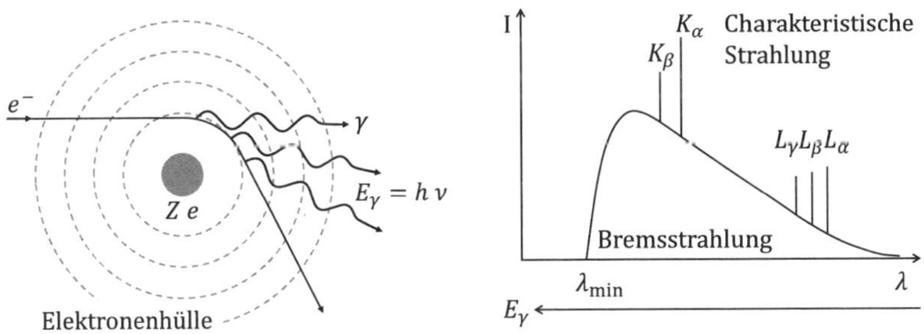

Abbildung 11.2 Links: Bremsstrahlung entsteht durch beschleunigte („abgebremste") elektrische Ladung im elektrischen Feld der Atomkerne des Anodenmaterials. Rechts: Das Spektrum der Bremsstrahlung ist mit der durchgezogenen Kurve als Funktion der Wellenlänge λ gezeigt. Es ist durch eine minimale Wellenlänge λ_{min} bzw. maximale Energie E_γ^{max} begrenzt. Zusätzlich weist das Spektrum charakteristische Röntgenstrahlung durch Elektronen-Übergänge auf, die durch vertikale Striche angedeutet und mit K_α, K_β etc. bezeichnet sind.

Das Bremsstrahlungsspektrum fällt zu niedrigen Wellenlängen λ steil ab und erreicht eine minimale Wellenlänge λ_{min}. Die Photon-Energie $E_\gamma = h\,c/\lambda$ (1.6) ist entsprechend groß und erreicht die Grenzenergie E_γ^{max}. Diese Begrenzung entsteht durch die kinetische Energie $E_{\mathrm{kin}} = e\,U$ der Elektronen, die aufgrund der Spannung U im elektrischen Feld beschleunigt werden (►Abbildung 11.1):

$$E_\gamma^{\mathrm{max}} = \frac{h\,c}{\lambda_{\mathrm{min}}} = E_{\mathrm{kin}} = e \cdot U \tag{11.1}$$

Beispiel 39: Minimale Röntgenwellenlänge

Aus einer Beschleunigungsspannung von $U = 36\,\mathrm{kV}$ folgt für die Energie der Elektronen $E_{\mathrm{kin}} = e\,U = 36\,\mathrm{keV}$. Die maximal mögliche Photon-Energie ist dann $E_\gamma^{\mathrm{max}} = 36\,\mathrm{keV}$, entsprechend ist die minimale Wellenlänge (1.14)

$$\lambda_{\mathrm{min}} = \frac{1{,}24}{E_\gamma^{\mathrm{max}}}\,\mathrm{nm} = \frac{1{,}24}{36\,\mathrm{keV}}\,\mathrm{nm} = 34\,\mathrm{pm}\,. \tag{11.2}$$

Das Intensitätsspektrum J der Bremsstrahlung wird häufig durch folgende Parametrisierung als Funktion der Wellenlänge λ erfasst:

$$J = K\,I\,Z\left(\frac{\lambda}{\lambda_{\mathrm{min}}} - 1\right)\frac{1}{\lambda^2} \tag{11.3}$$

Dabei bezeichnet K die sogenannte Kramersche Konstante, Z die Kernladungszahl und I den Elektronenstrom der Röntgenröhre. Die Verteilung steigt bei kurzen Wellenlängen über λ_{min} steil an und fällt quadratisch mit zunehmender Wellenlänge ab.

11.1.2 Charakteristische Röntgenstrahlung

Zusätzlich können die beschleunigten Elektronen die gebundenen Elektronen der Anodenatome anregen oder die Atome ionisieren. Dabei werden auch Elektronen aus den tieferen (abgeschlossenen) Schalen der schweren Atome auf höhere Niveaus angehoben oder entfernt. Die fehlenden Elektronen in den unteren Schalen werden sofort durch Elektronen der höheren Schalen aufgefüllt. Dabei entsteht die sogenannte **charakteristische Röntgenstrahlung**, die im Spektrum diskrete Linien erzeugt (►rechte Abbildung 11.2).

Wir besprechen hier die Vorgänge exemplarisch anhand des Elements Molybdän, das sich als Röntgenanode sehr gut eignet (►Abbildungen 11.1 und 11.3). Die Diskussion verläuft analog für alternative Anodenmaterialien.

Die Elektronenkonfiguration in Molybdän mit 42 Elektronen entspricht in den ersten drei Schalen K, L, M der Krypton-Konfiguration $1s^2\,2s^2\,2p^6\,3s^2\,3p^6\,3d^{10}\,4s^2\,4p^6$ mit insgesamt 36 Elektronen. Die verbleibenden 6 Elektronen besetzen Niveaus in der N-Schale ($4d^5$) und O-Schale ($5s^1$).

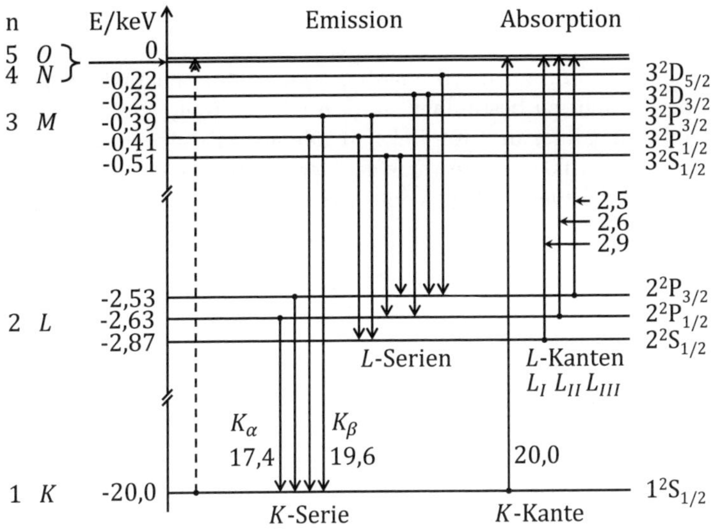

Abbildung 11.3 Links gestrichelt: Anregung (Ionisierung) von Elektronen beispielhaft aus der K-Schale. Mitte Emission: Wiederauffüllen leerer Elektronen-Zustände erzeugt charakteristische Röntgenstrahlung. Rechts Absorption: Röntgenphotonen werden durch Elektronen-Anregung oder -Ionisation absorbiert.

Die Anregung eines gebundenen Elektrons der K-Schale benötigt als Energie der Röntgenelektronen mindestens die Energiedifferenz von der K- bis zu den unaufgefüllten N- oder O-Schalen:

$$E_{\text{kin}} = eU \geq \Delta E = |E_{N,O} - E_K| \tag{11.4}$$

Im linken Teil der ►Abbildung 11.3 ist gezeigt, dass dafür Röntgenphotonen der Mindestenergie $E_\gamma = 20\,\text{keV}$ erforderlich sind.

Die entstandene Lücke in der K-Schale kann durch ein Elektron aus der L-Schale aufgefüllt werden. Dieser Übergang wird mit K_α bezeichnet und wird durch das dabei ausgestrahlte Photon im Spektrum der rechten ►Abbildung 11.2 sichtbar. Der Übergang von der M- in die K-Schale produziert wegen des größeren Energieunterschieds ein Photon mit höherer Energie bzw. kleinerer Wellenlänge und ist als K_β-Strahlung im Spektrum sichtbar. Elektronen-Übergänge auf die K-Schale werden als K-Serie bezeichnet.

Werden Elektronen aus der L-Schale entfernt und wieder aufgefüllt, ergibt sich die L-Serie. Wir bezeichnen die Übergänge entsprechend mit $L_\alpha, L_\beta, \ldots$.

Beachten Sie auch die spektroskopischen Bezeichnungen für die Elektronen-Zustände im Molybdän in ►Abbildung 11.3. Die Strahlungsübergänge unterliegen den Auswahlregeln für Dipolübergänge (Kapitel 9.3). Aufgrund der Auswahlregeln und der Energieaufspaltung der Niveaus außerhalb der K-Schale treten die charakteristischen K-Linien als Dubletts auf, spalten also in je zwei Komponenten auf. Von den fünf Unterniveaus der M-Schale bilden je zwei enge Dubletts in der L-Serie. Wegen der teilweise geringen Aufspaltung der Niveaus können nicht alle Übergänge im Experiment aufgelöst werden.

11.1.3 Messung des Röntgenspektrums

Um ein Röntgenspektrum mit der Bremsstrahlung und der charakteristischen Röntgenstrahlung experimentell zu bestimmen, nutzen wir die Bragg-Reflexion an einem Kristallgitter (►Abbildung 11.4 und Kapitel 2.3). Die am Kristall reflektierten Strahlen interferieren dann konstruktiv, wenn ihr Wegunterschied an verschiedenen Gitterebenen einem Vielfachen n der Wellenlänge λ entspricht:

$$2\,g\,\sin\vartheta = n\,\lambda \tag{2.24}$$

Dabei ist g der Abstand der Gitterebenen. Der Einfallswinkel zur Kristallebene ϑ wird als Glanzwinkel bezeichnet.

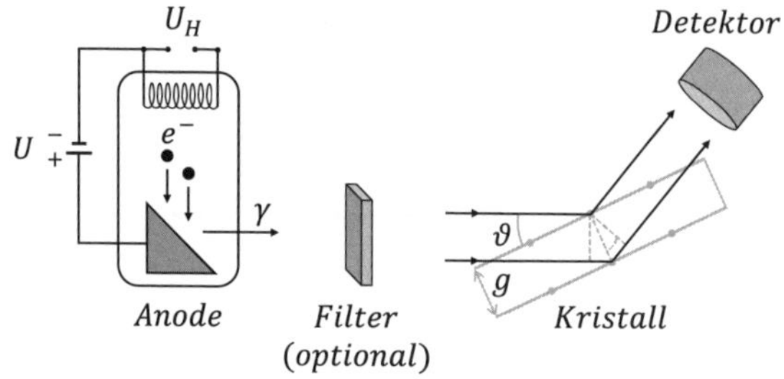

Abbildung 11.4 Experimenteller Aufbau zur Messung des Wellenlängenspektrums der Röntstrahlung durch Bragg-Reflexion an einem Kristall. Der Filter zwischen Röhre und Kristall wird nur optional verwendet.

Experiment 26: K-Linien Molybdän

Wir verwenden eine Röntgenröhre mit einer Molybdän-Anode. Die Beschleunigungsspannung stellen wir auf $U = 36\,\text{keV}$. Die Röntgenphotonen streuen an einem NaCl-Kristall, den wir um den Winkel ϑ in Winkelschritten von $\Delta\vartheta = 0{,}1°$ drehen (►Abbildung 11.4).

Der Gitterabstand im Kristall beträgt $g = 282\,\text{pm}$. Die Intensität des gestreuten Röntgenlichts messen wir als Zählrate $\dot{N} = N/t$ eines Geiger-Müller-Zählers (sein Messprinzip ist Gasverstärkung, erklärt in Band 2 [19]).

In ►Abbildung 11.5 ist die Zählrate $\dot{N}$ als Funktion von $\sin\vartheta$ gezeigt. Darin werden zwei charakteristische Linien sichtbar, die sich aufgrund der Bragg-Bedingung $2\,g\,\sin\vartheta = n\,\lambda$ (2.24) bei größeren Winkeln für die verschiedenen Interferenzordnungen n wiederholen. Zusätzlich zu den Linien ist das Bremsstrahlungsspektrum zu erkennen, das auf der linken Seite die minimal erreichbare Wellenlänge aufgrund der Beschleunigungsspannung anzeigt (11.2).

Bei den beiden charakteristischen Linien in ►Abbildung 11.5 handelt es sich um die K_β- und K_α-Strahlung von Molybdän. Wir untersuchen hier zunächst die Intensitätsverteilung als Funktion der Wellenlänge λ für die erste Interferenzordnung $n = 1$ und multiplizieren dafür $\sin\vartheta$ nach der Bragg-Bedingung $\lambda = 2\,g\,\sin\vartheta$ (2.24) mit dem Zweifachen des Gitterabstands $g(\text{NaCl}) = 282\,\text{pm}$.

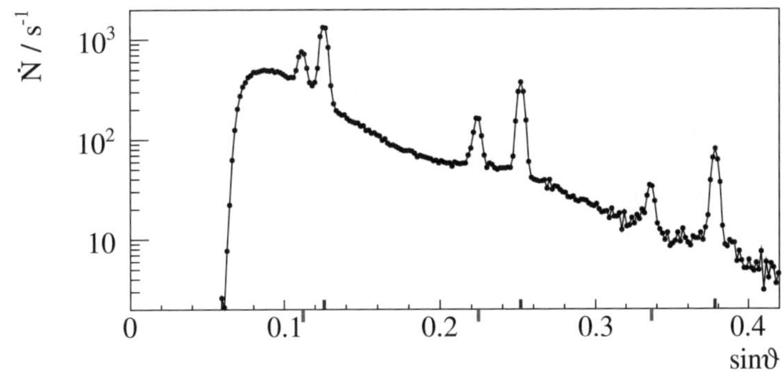

Abbildung 11.5 Bragg-Reflexion von Röntgenstrahlen aus einer Molybdän-Anode in Abhängigkeit des Sinus vom Glanzwinkel ϑ: Zu erkennen sind das Bremsstrahlungsspektrum und darauf zwei Linien, sowie Wiederholungen für die Interferenzordnungen $n = 1, 2, 3$ (siehe Markierungen auf der $\sin\vartheta$-Achse).

In der oberen ►Abbildung 11.6 ist die Zählratenverteilung $d\dot{N}/d\lambda$ als Funktion der Wellenlänge λ gezeigt. Dafür haben wir die Zählrate in Winkelschritten $\Delta\vartheta = 0{,}1^\circ = 0{,}1\,(2\pi/360)\,\text{rad}$ mithilfe von $d\lambda/d\vartheta = 2\,g\,\cos\vartheta$ (2.24) auf die Wellenlänge in pm korri-

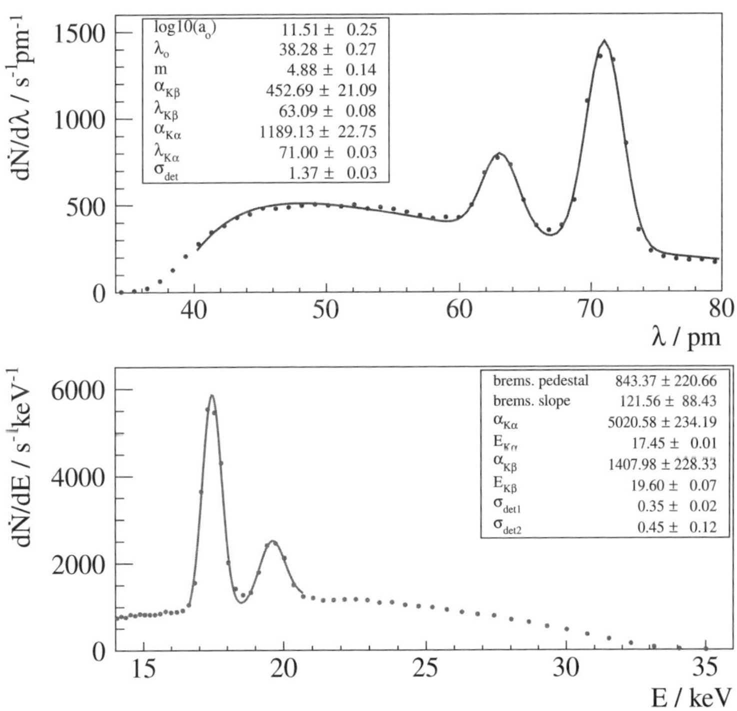

Abbildung 11.6 Oben: Zählrate der Röntgenphotonen als Funktion der Wellenlänge mit Anpassung (11.6) an das Bremsstrahlungsspektrum sowie die charakteristischen K_β- und K_α-Linien von Molybdän. Unten: Zugehöriges Energiespektrum.

giert:

$$\frac{d\dot{N}}{d\lambda} = \frac{d\dot{N}}{d\vartheta}\left|\frac{d\vartheta}{d\lambda}\right| = \frac{d\dot{N}}{d\vartheta}\left|\frac{1}{2\,g\,\cos\vartheta}\right| \tag{11.5}$$

Wir passen eine Funktion an die Messdaten an, die sich an der Bremsstrahlungsverteilung (11.3) orientiert und die Intensitätsmaxima der K_β- und K_α-Strahlungsübergänge mit Gauß-Funktionen beschreibt:

$$J = a_\circ \left(\frac{\lambda}{\lambda_{\min}} - 1\right)\frac{1}{\lambda^m} + a_{K\beta}\, e^{-\frac{(\lambda-\lambda_{K\beta})^2}{2\,\sigma^2_{\text{det}}}} + a_{K\alpha}\, e^{-\frac{(\lambda-\lambda_{K\alpha})^2}{2\,\sigma^2_{\text{det}}}} \tag{11.6}$$

Dabei ergeben sich als mittlere Wellenlängen für K_α-Strahlungsübergänge $\lambda_\alpha = (71{,}00 \pm 0{,}03)$ pm und für K_β-Übergänge $\lambda_\alpha = (63{,}09 \pm 0{,}08)$ pm. Diese Messungen sind mit genauen Messungen der K_α- und K_β-Übergänge sehr gut kompatibel ([17], ►Tabelle 11.1).

Die minimale Wellenlänge erwarten wir bei $\lambda_{\min} = 34$ pm (11.2). In diesem Bereich ist die Verteilung allerdings wegen unserer begrenzten Messgenauigkeit ausgeschmiert (siehe Standardabweichung $\sigma_\lambda = 1{,}37$ pm der Gaußverteilungen für die beiden K-Linien).

Im Folgenden werden wir das Energiespektrum der Röntgenphotonen untersuchen und transformieren dafür die Wellenlängenverteilung. Wir benötigen die Umrechnung mit $E = h\,c/\lambda$ (1.6) und $dE/d\lambda = d(h\,c/\lambda)/d\lambda = -h\,c/\lambda^2$:

$$\frac{d\dot{N}}{dE} = \frac{d\dot{N}}{d\lambda}\left|\frac{d\lambda}{dE}\right| = \frac{d\dot{N}}{d\lambda}\frac{\lambda^2}{h\,c} \tag{11.7}$$

In der unteren ►Abbildung 11.6 ist das Energiespektrum gezeigt. Die Energien der K_α- und K_β-Übergänge liegen bei

$$E_{K_\alpha} = (17{,}45 \pm 0{,}01)\,\text{keV}\,, \tag{11.8}$$

$$E_{K_\beta} = (19{,}60 \pm 0{,}07)\,\text{keV}\,. \tag{11.9}$$

11.1.4 Moseleysches Gesetz

Bei der Berechnung des Wasserstoffatoms mit Hilfe der Schrödinger-Gleichung hatten wir gesehen, dass die Energieniveaus von der Hauptquantenzahl n und der Stärke des Coulomb-Potentials in Form des Quadrats der Kernladung Z abhängen:

$$E_n = R_\circ\, Z^2\, \frac{1}{n^2} \tag{4.52}$$

Dabei ist die Rydberg-Konstante $R_\circ = 13{,}6$ eV (4.4). Dieser Ausdruck gilt für Atome mit einem Elektron.

Bei mehreren Elektronen im Atom kommt es zu gegenseitigen Abschirmungseffekten der Kernladung durch die Elektronen (z. B. Helium-Atom in Kapitel 8.2). Das sogenannte **Moseleysche Gesetz** beschreibt diese Abschirmung durch einen effektiven Parameter S, der experimentell zu bestimmen ist:

$$E_n = R_\circ\,(Z - S)^2\,\frac{1}{n^2} \tag{11.10}$$

Die Energiedifferenz ΔE zwischen zwei Energieniveaus $n_j > n_i$ können wir durch Photonen mit der entsprechenden Energie E_γ nachweisen:

$$\Delta E = -R_\circ\,(Z - S)^2\left(\frac{1}{n_j^2} - \frac{1}{n_i^2}\right) = E_\gamma \tag{11.11}$$

Den Abschirmparameter S_{K_α} für die K_α-Linie von Molybdän mit $Z = 42$ schätzen wir mit $E_{K_\alpha} = 17{,}45\,\text{keV}$ (11.8) zu

$$S_{K_\alpha} = Z - \sqrt{\frac{E_{K_\alpha}}{R_\circ}\left(\frac{1}{1^2} - \frac{1}{2^2}\right)^{-1}} = 42 - \sqrt{\frac{17{,}45}{13{,}6\,10^{-3}}\,\frac{1}{1-1/4}} = 0{,}6 \qquad (11.12)$$

Hier fehlt ein 1s-Elektron in der K-Schale und das verbleibende 1s-Elektron schirmt für das Elektron in der L-Schale eine Ladung ab. Die vereinfachte Erwartung von $S \approx 1$ wird durch die Messung bestätigt. Für die K_β-Linie trägt auch die L-Schale zur Abschirmung bei. Der empirische Wert für S_{K_β} mit $E_{K_\beta} = 19{,}6\,\text{keV}$ (11.9) ergibt sich zu:

$$S_{K_\beta} = Z - \sqrt{\frac{E_{K_\beta}}{R_\circ}\left(\frac{1}{1^2} - \frac{1}{3^2}\right)^{-1}} = 1{,}7 \qquad (11.13)$$

Für höhere Übergänge steigt der empirische Parameter auf $S \approx 3$ an, wie wir im Rahmen der folgenden Absorptionsmessungen feststellen werden.

11.2 Absorption

Treffen die Photonen aus einer Röntgenröhre auf ein Filtermaterial (►Abbildung 11.4), so sind drei verschiedene Wechselwirkungsprozesse möglich, die zur Abschwächung beziehungsweise Absorption von Strahlung führen (Kapitel 1.2):

- Beim (inneren) **Photoelektrischen Effekt** (Kapitel 1.2.1) löst ein Photon ein Elektron aus einer inneren Schale der Atomhülle. Dabei wird die gesamte Photon-Energie E_γ abzüglich der Bindungsenergie E_B auf das Elektron übertragen:

$$E_{\text{kin}} = E_\gamma - E_B \qquad (11.14)$$

- Bei der **Compton-Streuung** (Kapitel 1.2.2) verliert das Photon in einer elastischen Streuung einen Teil seiner Energie als Bewegungsenergie E_{kin} an ein Elektron:

$$E_\gamma = E_{\text{kin}} + E_{\gamma'} \qquad (11.15)$$

- Die **Paarbildung** (Kapitel 1.2.3) kann nur stattfinden, wenn die Photon-Energie E_γ mindestens die zweifache Ruheenergie $m_\circ c^2$ des Elektrons beträgt. Dabei wird im Feld eines Kerns ein Elektron-Positron-Paar erzeugt. Die Energie des Photons wird vollständig auf das Elektron, das Positron und zu einem kleinen Anteil auf den Kern verteilt:

$$E_\gamma = 2\,m_e\,c^2 + E_{\text{kin,e}^-} + E_{\text{kin,e}^+} + E_{\text{Kern}} \qquad (11.16)$$

  Die dafür erforderlichen Photon-Energien erreichen wir bei den Röntgenexperimenten unserer Vorlesungen nicht.

Die frei werdenden Elektronen oder Positronen in den drei Prozessen und das gestreute Photon in der Compton-Streuung können das Material verlassen oder (je nach Materialdicke) im Material weitere Prozesse auslösen.

Im Folgenden besprechen wir Experimente zum Photoeffekt, mit dem wir die inneren Elektronenschalen verschiedener Elemente untersuchen. Anschließend untersuchen wir allgemein die Auswirkungen unterschiedlicher Filtermaterialien auf Röntgenstrahlung.

11.2.1 Struktur innerer Elektronenschalen

In der rechten ►Abbildung 11.3 sind mögliche Absorptionsprozesse von Röntgenphotonen durch die Elektronen-Anregung für das Element Molybdän gezeigt.

K-Schale: Wir stellen hier ein Experiment vor, mit dem wir die K-Schale der Elektronen im Molybdän-Atom durch Absorption von Röntgenphotonen untersuchen.

Experiment 27: Röntgen K-Kante

Wir verwenden erneut die Röntgenröhre mit der Molybdän-Anode, positionieren aber zwischen die Röhre und den NaCL-Kristall eine Molybdänfolie der Dicke $d = 0{,}5\,\mathrm{mm}$ (►Abbildung 11.4).

Wie zuvor bestimmen wir mit der Bragg-Bedingung (2.24) die Wellenlängenabhängigkeit der Zählrate und transformieren anhand (11.7) in eine Energieverteilung.

In der linken ►Abbildung 11.7 ist die Röntgenzählrate als Funktion der Photon-Energie ohne und mit dem Molybdän-Filter (obere/untere Messungen) gezeigt. Die K_α- und K_β-Linien sind gestrichelt angezeigt und in den Spektren klar zu erkennen.

Die mittlere ►Abbildung 11.7 zeigt das Verhältnis der Zählratenmessungen mit Filter ($\dot{N}_{\mathrm{Filter}}$) im Vergleich zur Messung ohne Filter ($\dot{N}_{\mathrm{Anode}}$). Diese Messung zeigt die **Transparenz** des Filters. Bei der Photon-Energie $E_\gamma = 20\,\mathrm{keV}$ bricht die Transparenz des Filters stark ein. Hier können die Elektronen der K-Schale angeregt oder ionisiert werden, sodass die Photonen in der Molybdänfolie **absorbiert** werden (►Abbildung 11.3). Diese Schwellenenergie wird als **K-Kante** bezeichnet.

In den Energiebereichen $E < 17\,\mathrm{keV}$ und $E > 22\,\mathrm{keV}$ außerhalb der K-Linien und -Kante steigt die Transparenz mit der Photon-Energie E stark an und lässt sich mit der fünften Potenz E^5 modellieren (Kurven). In der rechten ►Abbildung 11.7 haben wir $\dot{N}_{\mathrm{Filter}}/\dot{N}_{\mathrm{Anode}}$ für diese Energieabhängigkeit mit E^{-5} korrigiert. Das führt außerhalb der K-Kante zu einer flachen Verteilung und verbessert die Sichtbarkeit der K-Kante: Die durchgezogene Linie markiert die Mitte des steilen Abfalls.

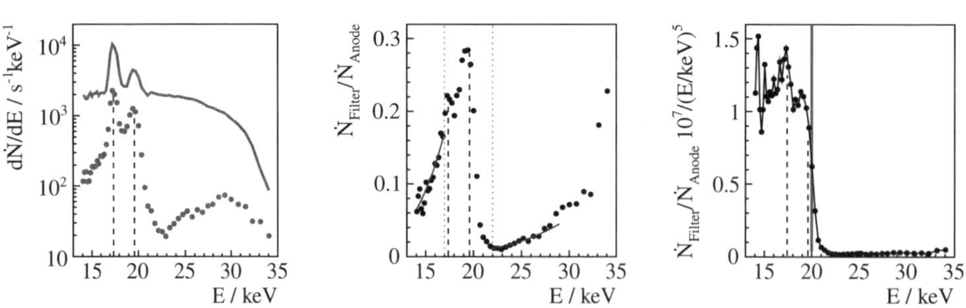

Abbildung 11.7 Links: Röntgenzählraten $\dot{N}$ als Funktion der Photon-Energie E ohne und mit Molybdän-Filter (obere/untere Kurve); Mitte: Das Verhältnis der Messungen zeigt die ansteigende Transparenz des Filters außerhalb der K-Kante, modelliert mit E^5 (Kurven); rechts: Die Transparenz (hier korrigiert durch E^{-5}) bricht bei der Energie der K-Kante $E_\gamma = 20\,\mathrm{keV}$ ein.

Wie wir hier am Beispiel der Molybdänfolie gezeigt haben, bestimmen wir mithilfe der Absorption von Röntgenphotonen die Mindestenergie für die Anregung von Elektronen aus der K-Schale in die nicht vollbesetzten Schalen N und O des Molybdän-Atoms (►Abbildung 11.3). Umgekehrt entspricht die K-Kante auch den maximal möglichen Emissionsenergien der K-Serie (K_γ und K_δ) durch Elektronen der N- und O-Schalen, die auf die K-Schale zurückfallen. Die K-Kante liegt daher etwas oberhalb der Emissionsenergien der K_α- und K_β-Linien (►Abbildung 11.7).

Die Ionisierungsenergie von Molybdän beträgt $I_{\text{ion}} = 7\,\text{eV}$, was im Vergleich zur Energie der K-Kante klein ist. Die Energie der K-Kante $E_K = 20\,\text{keV}$ entspricht demnach ungefähr der Elektron-Bindungsenergie in der K-Schale.

In der ►Tabelle 11.1 zeigen wir präzise Messwerte der K-Doublett-Linien und K-Kante (►Abbildung 11.3, [17], vergleiche mit (11.8), (11.9), ►Abbildung 11.6, 11.7).

K_α-Linien	$E = 17{,}37429(29);\ 17{,}479372(10)\,\text{keV}$	$\lambda = 71{,}2;\ 70{,}8\,\text{pm}$
K_β-Linien	$E = 19{,}59025(41);\ 19{,}60834(42)\,\text{keV}$	$\lambda = 63{,}18;\ 63{,}13\,\text{pm}$
K-Kante	$E = 20{,}000351(20)\,\text{keV}$	$\lambda = 61{,}89\,\text{pm}$

Tabelle 11.1 Energien E und Wellenlängen λ der charakteristischen K-Linien sowie der K-Kante des Molybdän-Atoms [17]: Die Werte von E und λ nähern sich denen der K-Kante.

Im folgenden Experiment wiederholen wir die Messungen für verschiedene Filtermaterialien und sehen so Unterschiede zwischen den Energien der K-Schale mehrerer Elemente.

Experiment 28: Moseleysches Gesetz

Wir verwenden wie im vorherigen Experiment die Röntgenröhre aus Molybdän und positionieren verschiedene Filter zwischen Röntgenröhre und Kristall für die Bragg-Reflexion (►Abbildung 11.4). Für jeden Filter tragen wir das Verhältnis aus der gemessenen Intensität und der Intensität ohne Filter als Funktion der Photon-Energie auf. Dabei nutzen wir zur besseren Sichtbarkeit der K-Kanten einen empirischen Energiefaktor für das Intensitätsverhältnis.

Die K-Kanten der Absorption sind als vertikale Linien eingezeichnet und liegen bei den verschiedenen Filtermaterialien bei unterschiedlichen Energien, die offenbar mit der Kernladung Z steigen.

In der ►Abbildung 11.9 zeigen die Energien der K-Kanten von Zirkonium, Molybdän, Silber und Indium einen starken Anstieg als Funktion ihrer Kernladung Z. Wir nutzen wieder das Moseleysche Gesetz (11.11) mit dem empirischen Abschirmparameter S, das sich im Fall der K-Kante mit den Hauptquantenzahlen $n_1 = 1$ und $n_2 = \infty$ zu einer quadratischen Abhängigkeit von $Z - S$ vereinfacht:

$$\Delta E = -R_\circ\,(Z - S)^2 \tag{11.17}$$

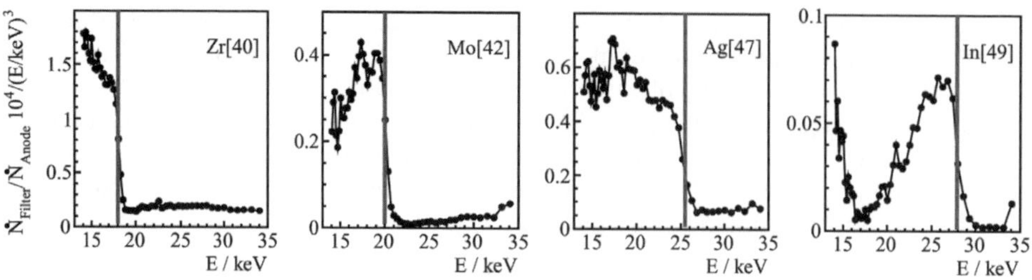

Abbildung 11.8 Bestimmung der Energie der K-Kanten von Zirkonium, Molybdän, Silber und Indium

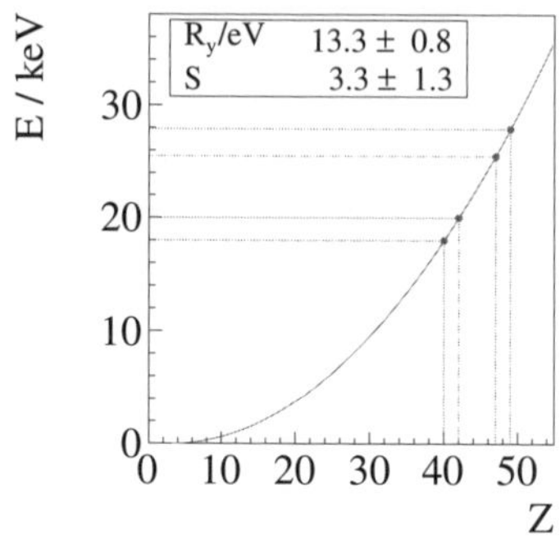

Abbildung 11.9 Energien E der K-Kanten von Zirkonium, Molybdän, Silber und Indium als Funktion ihrer Kernladung Z

Eine Anpassung an die vier Messpunkte ergibt als Abschirmparameter $S = 3{,}3 \pm 1{,}3$ und eine Rydberg-Konstante $R_\circ = (13{,}3 \pm 0{,}8)\,\text{eV}$ (verträglich mit unserem Messwert $R_\circ = 13{,}6\,\text{eV}$ (4.4)). Die Messungen bestätigen das Moseleysche Gesetz (11.11), das die quadratisch zunehmende Bindungsenergie der Elektronen in der K Schale mit steigender Kernladung Z beschreibt.

L-Schale: Mit genaueren Experimenten können auch die Energiezustände der L-Schale untersucht werden (►Abbildung 11.3), die wegen der leicht unterschiedlichen Energien zu einer Feinstruktur in den Absorptionskanten führen.

Alle Schalen außer der K-Schale sind in Unterschalen mit unterschiedlichen Energien aufgespalten, die oft mit römischen Ziffern durchnummeriert werden, L_{I}, L_{II}, L_{III}. Dabei bezeichnet L_{I} das Niveau mit der niedrigsten Energie. Die zugehörige L_{I}-Kante hat damit die höchste Energie.

►Abbildung 11.10 zeigt das Zählratenverhältnis mit und ohne eine Molybdänfolie der Dicke $d = 1\,\mu\text{m}$ aus Daten von [17]. Bei den drei L-Kanten sinkt die Transparenz des Filters jeweils ab. Die K-Kante ist rechts zu erkennen.

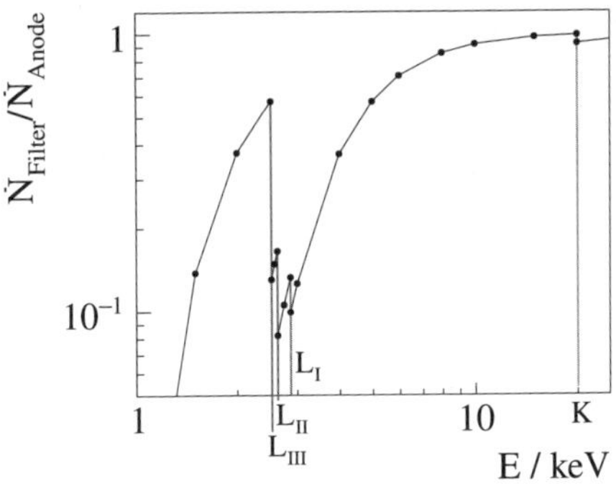

Abbildung 11.10 Die Transparenz einer Molybdänfolie der Dicke $d = 1\ \mu m$ bricht an den L-Kanten und an der K-Kante ein (Daten aus [17]).

Beispiel 40: Innere Elektronenschalen von Kupfer

Als weiteres Beispiel zeigen wir Kupfer $_{29}Cu$ mit der Elektronenkonfiguration $1s^2\ 2s^2\ 2p^6\ 3s^2\ 3p^6\ 3d^{10}\ 4s^1$. In der ►Tabelle 11.2 werden sehr genaue Messungen der K_α und K_β-Linien und einer L_α-Linie mit denen der K- und L-Kanten aufgeführt [17]. Die insgesamt 7 Übergänge der L_α-Serie bilden mit der begrenzten Auflösung 4 Linien, von denen wir nur die mit der höchsten Energie in ►Tabelle 11.2 wiedergeben.

K_α-Linien	K_{α_1}	$E = 8{,}0478227(26)$ keV
	K_{α_2}	$E = 8{,}0278416(26)$ keV
K_β-Linien	K_{β_1}	$E = 8{,}97714(29)$ keV
	K_{β_2}	$E = 8{,}905413(38)$ keV
K-Kante	K	$E = 8{,}980476(20)$ keV
L_α-Linie	L_α	$E = 1{,}02279(100)$ keV
L-Kanten	L_I	$E = 1{,}0980(15)$ keV
	L_{II}	$E = 0{,}95268(11)$ keV
	L_{III}	$E = 0{,}93304(10)$ keV

Tabelle 11.2 Tabelle der Energien einiger charakteristischer Röntgen-Linien und -Kanten des Kupferatoms. Die K-Dubletts sind mit arabischen Ziffern 1, 2 gekennzeichnet, 1 für die höhere Energie. Das Dublett der L_α-Linie wird nicht aufgelöst.

11.2.2 Abschwächung von Röntgenstrahlung

In diesem Kapitel untersuchen wir allgemein die abschwächende Wirkung unterschiedlicher Filter auf Röntgenstrahlung. Wir untersuchen die Abhängigkeiten von der Materialdicke, der Energie der Röntgenphotonen und der Kernladungszahl.

Absorptionskoeffizient, Absorptionslänge: Wie wir im folgenden Experiment zeigen, lässt sich die Abschwächung der Röntgenstrahlung in Abhängigkeit von der Filterdicke mit einer Exponentialfunktion beschreiben. Diese Beobachtung stimmt mit dem Absorptionsverhalten elektromagnetischer Wellen in Materie überein (siehe Band 2 [19]). Die Zählrate hinter dem Filter beträgt:

$$\dot{N} = \dot{N}_\circ \, e^{-\alpha \, x} \tag{11.18}$$

Alternativ zur Beschreibung über den **Absorptionskoeffizienten** α in (11.18) wird zur besseren Vergleichbarkeit von Filtermaterialien häufig die Dicke x mit der Materialdichte ρ multipliziert:

$$\dot{N} = \dot{N}_\circ \, e^{-\frac{\alpha}{\rho} \, \rho \, x} \tag{11.19}$$

$$= \dot{N}_\circ \, e^{-\rho \, x/(\rho \, x_\circ)} = \dot{N}_\circ \, e^{-\rho \, x/\mu} \tag{11.20}$$

Entsprechend ergibt sich entweder der *Massenabsorptionskoeffizient* α/ρ mit der *Massenbelegung* $\rho \, x$, oder gleichwertig eine **mittlere Absorptionslänge** μ, die in den Einheiten $\mathrm{g/cm^2}$ gemessen wird:

$$\mu \equiv \rho \, x_\circ \tag{11.21}$$

Experiment 29: Materialdicke bei Röntgen-Abschwächung

Erneut verwenden wir eine Röntgenröhre mit einer Molybdän-Anode und nutzen als Beschleunigungsspannung $U = 36\,\mathrm{keV}$. Wir verwenden den Molybdän-Filter und erhalten damit vorwiegend Photon-Energien der K_α- und K_β-Linien ($E = 17; 19\,\mathrm{keV}$).

Mit einem Geiger-Müller-Zähler messen wir die Röntgenzählrate hinter mehreren Aluminium-Folien mit verschiedener Dicke x (►Abbildung 11.11). Wir bestimmen den Absorptionskoeffizienten durch eine Anpassung an die Exponentialfunktion (11.18) zu $\alpha = (15{,}6 \pm 0{,}3)\,\mathrm{cm^{-1}}$.

Zur Bestimmung der mittleren Absorptionslänge μ (11.21) multiplizieren wir x mit der Dichte $\rho_{\mathrm{Al}} = 2{,}7\,\mathrm{g/cm^3}$ von Aluminium (obere Skala in ►Abbildung 11.11). Die Anpassung an die Exponentialfunktion (11.20) ergibt $\mu = (0{,}173 \pm 0{,}004)\,\mathrm{g/cm^2}$.

Energieabhängigkeit des Absorptionskoeffizienten: Wir unterscheiden mehrere energieabhänigige Effekte bei der Abschwächung von Röntgenstrahlen: Photoeffekt, Compton-Streuung, Paarbildung (siehe Anfang dieses Kapitels). In der ►Abbildung 11.12 ist der Absorptionskoeffizient α von Molybdän als Funktion der Röntgenphoton-Energie E gezeigt [9].

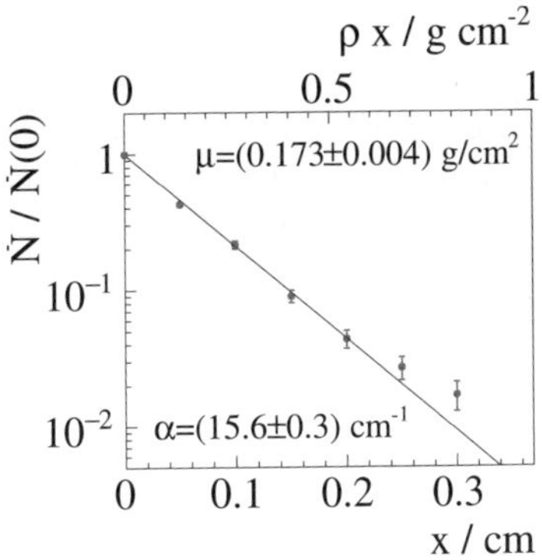

Abbildung 11.11 Die Zählrate der durchgelassenen Röntgenstrahlen hinter Aluminium-Folien verschiedener Dicke x nimmt exponentiell mit der Foliendicke ab (untere Skala). Die obere Skala interpretiert dieselbe Messung mit der Dichte-gewichteten Dicke ρx ($\rho_{\mathrm{Al}} = 2{,}7\,\mathrm{g/cm^3}$).

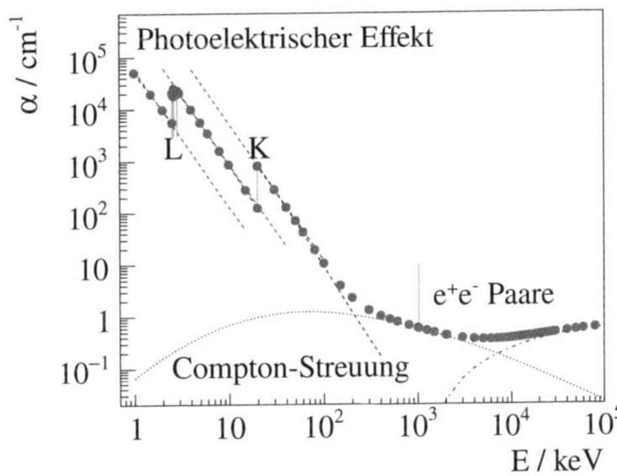

Abbildung 11.12 Absorptionskoeffizient α von Molybdän als Funktion der Röntgenphoton-Energie E. Photoelektrischer Effekt: starker Anstieg der Absorption an den L- und K-Kanten und abfallender Absorption mit $\alpha \sim E^{-2{,}65}$ außerhalb (gestrichelte Kurven). Compton-Effekt: Photon-Elektron-Streuung trägt in einem breiten Energiebereich um $E \sim 100\,\mathrm{keV}$ zur Absorption bei (gepunktete Kurve). Elektron-Positron-Paarbildung aus Photonen führt oberhalb der Energieschwelle $E > 2\,m_e\,c^2$ zur verstärkten Absorption (gepunktet-gestrichelte Kurve) [9].

Im unteren Energiebereich dominiert der Photoeffekt, bei dem zwei Effekte wichtig sind. Der erste Effekt betrifft die Energieschwelle, oberhalb derer der Photoeffekt mit den Elektronen der K- und L-Schalen möglich ist. Hier steigt die Absorption eines Filtermaterials jeweils schlagartig an. Gleichzeitig sinkt die Transparenz des Filters, wie wir in ►Abbildung 11.8 und ►Abbildung 11.10 gezeigt hatten.

Der zweite energieabhängige Effekt ist außerhalb des Bereichs der K-Linien und K-Kante zu sehen. Hier sinkt der Absorptionskoeffizient α mit ungefähr $E^{-2{,}65}$, was durch die gestrichelten Linien in der doppeltlogarithmischen Auftragung angezeigt wird. Umgekehrt bedeutet es, dass die Transparenz des Filtermaterials mit wachsender Energie stark ansteigt.

Die weiteren Absorptionseffekte in ►Abbildung 11.12 entstehen durch den Compton-Effekt und die Paarproduktion. Der Compton-Effekt beschreibt die elastische Streuung eines Photons an einem Elektron (siehe Kapitel 1.2.2). Er trägt in einem breiten Energiebereich um $E \sim 100\,\text{keV}$ zur Absorption bei. Für die Elektron-Positron-Paarproduktion liegt die Energieschwelle bei der zweifachen Elektronmasse $E > 2\,m_e\,c^2$ (siehe Kapitel 1.2.3). Für große Photon-Energien $E \gtrsim 10\,\text{MeV}$ wird die Absorption eines Photons durch Paarproduktion dominiert.

Absorption in Abhängigkeit der Kernladung: Bei der Absorption von Röntgenphotonen geht auch die Kernladungszahl des Absorbermaterials Z mit ein. Die Z-Abhängigkeit der Wahrscheinlichkeiten für einen Photoeffekt, Compton-Effekt oder Paarbildung sind verschieden. Beim Photoeffekt ist die Wahrscheinlichkeit mit Z^4 bis Z^5 stark abhängig. Beim Compton-Effekt ist die Abhängigkeit linear in Z und bei der Paarbildung quadratisch.

Im folgenden Experiment zeigen wir die Abschwächung der Röntgenstrahlung als Funktion der Kernladungszahl Z. Wegen der verschiedenen Absorbermaterialien nutzen wir hier die Absorptionslänge μ (11.21) und beobachten verstärkte Absorption mit steigendem Z durch kürzere Absorptionslängen.

Experiment 30: Kernladung bei Röntgen-Abschwächung

Hinter der Röntgenröhre mit der Molybdän-Anode nutzen wir bei der Beschleunigungsspannung $U = 36\,\text{keV}$ wieder den Molybdän-Filter, um vorwiegend Photon-Energien der K_α- und K_β-Linien zu erhalten ($E = 17; 19\,\text{keV}$).

►Abbildung 11.13 zeigt die mittleren Absorptionslängen μ (11.21) für verschiedene Folien gleicher Dicke $x = 0{,}5\,\text{mm}$, aber aus Materialien mit verschiedener Kernladungszahl Z und Dichte ρ. Gemessen wurde μ über die Zählraten ohne ($\dot{N}_\circ$) und mit Folie ($\dot{N}$) und Einsetzen der jeweiligen Dichte ρ nach (11.20):

$$\mu = \frac{\rho\, x}{-\ln \frac{\dot{N}}{\dot{N}_\circ}} \tag{11.22}$$

Die mittlere Absorptionslänge μ sinkt mit steigender Protonenzahl Z des Materials und ergibt eine Abhängigkeit $\mu \propto Z^{-1{,}4}$.

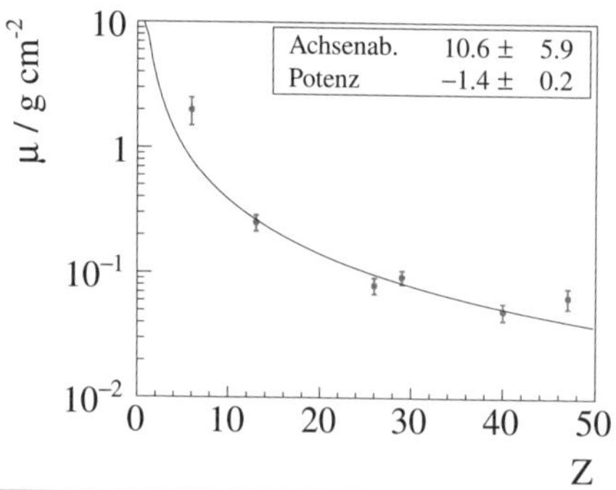

Abbildung 11.13 Die mittlere Absorptionslänge μ (11.22) sinkt mit steigender Kernladungszahl Z, d. h. die Absorption steigt mit Z.

Das Wichtigste zum Mitnehmen

Zum Mitnehmen: Röntgenstrahlung 1

- Zur **Erzeugung von Röntgenstrahlung** werden Elektronen in einem elektrischen Feld auf Energien $E_e \approx 10 \ldots 100\,\text{keV}$ beschleunigt. Beim Auftreffen auf ein Anodenmaterial entsteht:

  1. **Bremsstrahlung:** Das Abbremsen der elektrischen Elektronladung q_e führt zur Emission von Photonen. Die Energieverteilung E_γ der Photonen ergibt ein breites, kontinuierliches Spektrum mit $E_\gamma \leq E_e$.

  2. **Charakteristische Strahlung:** Durch Stoßprozesse der beschleunigten Elektronen (Energie E_e) werden Material-Elektronen angeregt oder ionisiert. Nachfolgende Übergänge von Material-Elektronen aus höheren E_i in niedrigere Energiezustände E_j führen zu Photon-Emissionen der Energie $E_\gamma = E_i - E_j$, die ein Linienspektrum erzeugen. Übergänge auf die K-Schale werden nach aufsteigender Energie als $K_\alpha, K_\beta, \ldots$ bezeichnet.

- Die **Absorption von Röntgenstrahlung** in einem Filtermaterial zeigt eine exponentielle Abnahme der Zählrate $\dot{N}$ mit steigender Filterdicke x. Der **Absorptionskoeffizient** α hängt von der Photon-Energie E_γ, Kernladungszahl Z und Dichte ρ des Filtermaterials ab:

$$\dot{N} = \dot{N}_\circ \, e^{-\alpha\, x} \tag{11.18}$$

- Haben Röntgenphotonen ausreichend Energie E_γ für den **Photoelektrischen Effekt**, sinkt die **Transparenz** eines Filtermaterials schlagartig (Absorption α (11.18) steigt). Stimmt E_γ mit Elektron-Energiezuständen der K-Schale überein, heißt die Transparenzänderung **K-Kante**.

  Der wasserstoffähnliche Aufbau der inneren Schalen in der Atomhülle ist im **Moseleyschen Gesetz** (Abschirmparameter $S \approx 1, \ldots, 3$) formuliert:

$$E_n = R_\circ \,(Z - S)^2 \, \frac{1}{n^2} \tag{11.10}$$

Gemeinsam verstehen

12

Wie gut können Sie bereits über die Themen sprechen? Führen Sie zu zweit ein wissenschaftliches Gespräch miteinander und beachten Sie dabei die Hinweise in Kapitel 7.

Aufgabe 18: Partnerarbeit: Pauli-Prinzip

Welche Bedeutung hat das Pauli-Prinzip für die Zustände von Helium-Atomen?

Aufgabe 19: Partnerarbeit: Energieniveaus Helium

Erklären Sie die relativen Verschiebungen der Energieniveaus angeregter Helium-Atome.

Aufgabe 20: Partnerarbeit: Periodensystem

Erklären Sie aus physikalischer Sicht die Struktur des Periodensystems der Elemente unterhalb der Kernladungszahl $Z = 22$.

Aufgabe 21: Partnerarbeit: Ionisierungsenergie

Erklären Sie die Variationen atomarer Ionisierungsenergien.

Aufgabe 22: Partnerarbeit: Strahlungsübergänge

Warum sind nur wenige Übergänge zwischen Energieniveaus im Atom durch Emission eines Photons sichtbar?

Aufgabe 23: Partnerarbeit: Laser

Wie kann man Licht verstärken?

Aufgabe 24: Partnerarbeit: Vielstrahlinterferenz

Was ist Vielstrahlinterferenz? Geben Sie Anwendungsbeispiele

Aufgabe 25: Partnerarbeit: Atom im Magnetfeld

Welche Auswirkungen hat ein Magnetfeld auf die Elektronen eines Atoms?

Aufgabe 26: Partnerarbeit: Röntgenstrahlen

Woraus bestehen Röntgenstrahlen? Wie kann man sie erzeugen? Welche Erkenntnisse ermöglichen sie über Atome?

Atomkerne: Protonen, Neutronen

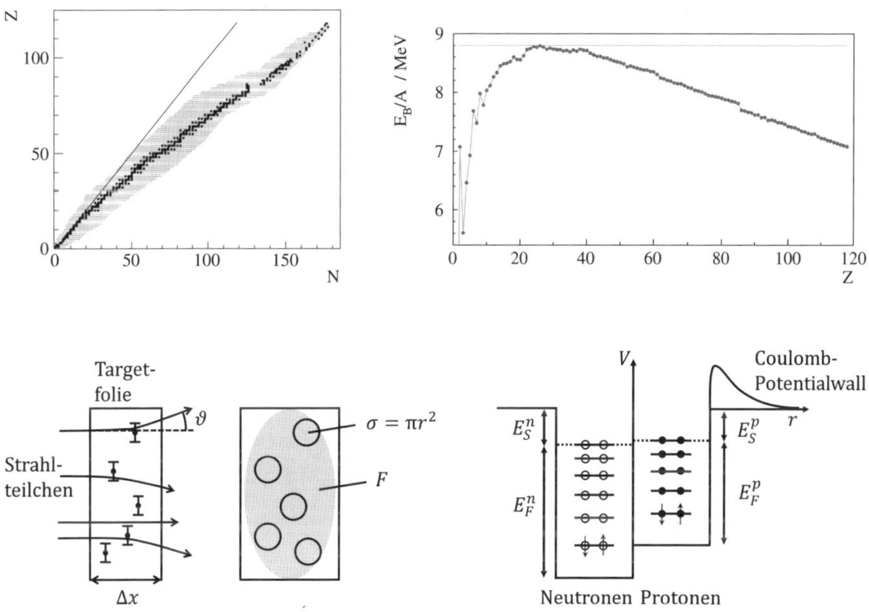

Teil IV

Kerneigenschaften

13

ÜBERBLICK

» In diesem Kapitel beschreiben wir verschiedene Eigenschaften der Atomkerne. Dazu gehören die Kernladung, die Kernmasse, die Bindungsenergie und der Kernspin. In einem späteren Kapitel kommt die Kerngröße dazu.

Wir erklären zunächst grundlegende Begriffe zur Ordnung der Atomkerne und zeigen dann Messmethoden und Messergebnisse zu den verschiedenen Kerneigenschaften. «

13.1 Nuklidkarte

Atome bestehen aus einem Atomkern und einer Elektronenhülle. Im Periodensystem der Elemente werden die Atome nach aufsteigender Kernladungszahl Z und nach der Konfiguration ihrer äußeren Elektronen geordnet. Die Elektronen-Zustände werden durch die Quantenzahlen (n, ℓ, m_ℓ, m_s) charakterisiert (Kapitel 8.4.1).

Die **Atomkerne** wiederum bestehen aus **Protonen** und sogenannten **Neutronen**. Bei Messungen der Kernladungszahl Z und zugehöriger Kernmassen m_K stellt sich nämlich heraus, dass die Kernmasse deutlich schneller ansteigt als die Kernladung.

Beispiel 41: Masse des Helium-Kerns

Beim Wasserstoffatom mit der Kernladung $Z = 1$ entspricht die Kernmasse m_K der Masse des Protons $m_K = m_p$.

Die Masse m_K des Helium-Kerns mit doppelter Ladung $Z = 2$ ist bereits um den Faktor vier größer als beim Wasserstoff. Helium-Kerne besitzen daher zwei Protonen mit positiver Elementarladung und zwei Neutronen, die keine elektrische Ladung tragen.

Nukleon, Nuklid: Gemeinsam werden Protonen und Neutronen unter dem Oberbegriff **Nukleonen** zusammengefasst. Die

$$\textbf{Gesamtzahl } A \textbf{ der Nukleonen} \tag{13.1}$$

wird bis auf eine Bindungsenergiekorrektur durch die Masse m_K des Atomkerns angezeigt. Über die Gesamtzahl A der Nukleonen und die Kernladungszahl Z erhalten wir die Anzahl N der Neutronen durch Differenzbildung

$$N = A - Z\,. \tag{13.2}$$

Allgemein bezeichnen wir ein Atom mit der **Protonenanzahl** Z und **Neutronenanzahl** N im Kern als **Nuklid**.

Isotop: Messungen der Kernmassen m_K zeigen, dass Atome mit fester Kernladungszahl Z verschiedene Neutronenanzahlen N besitzen können. Atomkerne mit gleichem Z, aber unterschiedlichem N bezeichnet man als **Isotope**. Unsere Grundordnung des Periodensystems der Elemente nach der Kernladungszahl Z muss demnach erweitert werden. Isotope geben eine zusätzliche Ordnungsstruktur zum Periodensystem der Elemente (►Abbildung 13.1).

Nuklidkarte: Bei der Beschreibung der Nuklide beschränkt man sich häufig auf eine zweidimensionale Karte, die zu jeder Kernladungszahl Z horizontal die Isotope mit aufsteigender Neutronenanzahl N anordnet (►Abbildung 13.2). Eingezeichnet sind das jeweilige Nuklid mit seiner üblichen Elementbezeichnung wie im Periodensystem und seiner Gesamtzahl der Nukleonen $A = Z + N$. Nuklide einer Spalte der Nuklidkarte mit

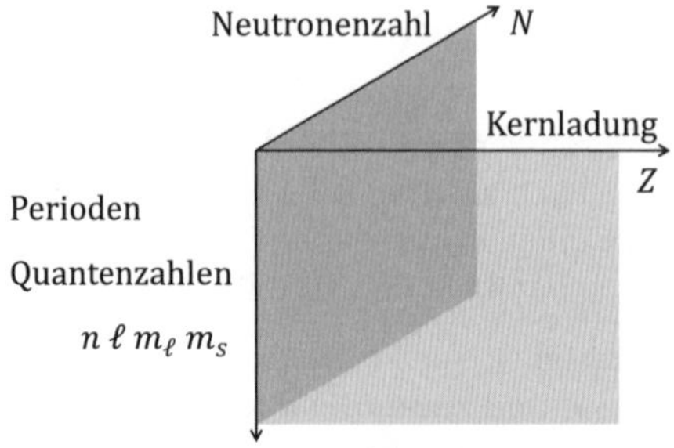

Abbildung 13.1 Periodensystem der Elemente: Atome werden nach ihrer Kernladungszahl Z und nach den Eigenschaften (Quantenzahlen) der Elektronen ihrer äußeren Atomhülle geordnet. Eine zusätzliche Ordnungsstruktur ergibt sich mit Isotopen, die eine variierende Neutronenanzahl N im Atomkern bei fester Kernladung beschreiben.

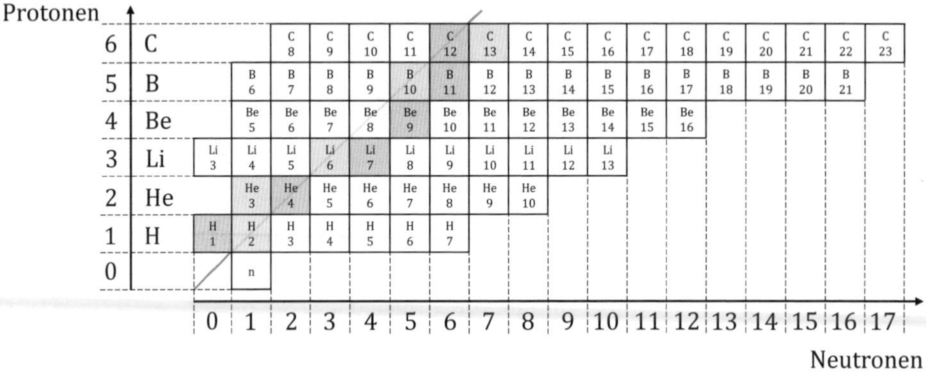

Abbildung 13.2 Ausschnitt aus der Nuklidkarte. Die Nuklide sind vertikal nach der Protonenzahl Z angeordnet und zeigen horizontal die Isotope mit steigender Neutronenzahl N. Eingetragen sind die üblichen Elementbezeichnungen zusammen mit der Nukleonenanzahl $A = Z + N$. Stabile Nuklide sind dunkel unterlegt, mit ansteigendem Vorkommen dunkler [16].

$N =$ const. werden auch als **Isotone** bezeichnet. Die wenigen stabilen Nuklide sind dunkel unterlegt und liegen nahe gleicher Anzahlen von Protonen und Neutronen. Wie die vielen instabilen Nuklide zerfallen, besprechen wir im Kapitel 17 zur Radioaktivität.

Tal der Stabilität: In der ►Abbildung 13.3 ist die Nuklidkarte für alle gemessenen Isotope mit grauen Symbolen gezeigt (Daten aus [16]). Die üblicherweise vorkommenden stabilen und instabilen Isotope sind mit schwarzen Symbolen eingezeichnet. Alle stabilen Isotope befinden sich bei den schwarzen Symbolen in einem schmalen Bereich um das sogenannte **„Tal der Stabilität"** herum. Für leichte Kerne finden wir ungefähr gleiche Proton- und Neutronenanzahlen. Für schwere Kerne überwiegt dagegen die Anzahl der Neutronen.

Die Gründe für diese Beobachtungen werden wir in den folgenden Kapiteln kennenlernen: Bei der Beschreibung des Fermi-Gas-Modells für Atomkerne (Kapitel 16.2) werden

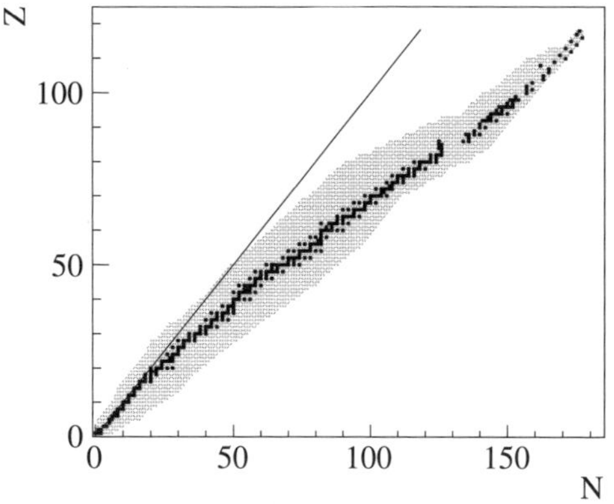

Abbildung 13.3 Nuklidkarte mit den gemessenen (grau) und üblicherweise vorkommenden stabilen und instabilen Isotope (schwarz). Für schwere Kerne ist die Neutronenanzahl größer als die Protonenanzahl $N \geq Z$ (Daten aus [16]).

wir sehen, dass die Energieniveaus der Neutronen tiefer als die der Protonen liegen und daher bei großen Kernen mehr Neutronen als Protonen in den Kern passen. Bestimmte radioaktive Prozesse (β-Zerfall, Kapitel 17.3) bewirken, dass die energetisch günstigsten Zustände im Tal der stabilen Isotope liegen.

Nomenklatur: Nuklidkarten enthalten häufig weitere Informationen zu den Isotopen wie z. B. die Häufigkeit ihres natürlichen Vorkommens, die atomare Masse, für instabile Isotope die Lebensdauer und die Art des Zerfalls. Wir stellen hier auch eine vollständige Nomenklatur für Isotope eines Elements X vor, das eventuell ionisiert wurde und die Ionenladung q trägt:

$$^{A}_{Z}X^{q}_{N} \tag{13.3}$$

Häufig werden Z und/oder N und natürlich auch $q = 0$ weggelassen, weil es redundante Informationen sind.

Beispiel 42: Wasserstoff-Isotope

In ►Tabelle 13.1 sind ausgewählte Informationen zu Isotopen des Wasserstoffatoms gezeigt.

Name	Wasserstoff	Deuterium	Tritium
Symbol $^A_Z H$	$^1_1H = {}^1H$	$^2_1H = {}^2H$	$^3_1H = {}^3H$
p = Proton, n = Neutron	p	pn	pnn
Häufigkeit	99,985 %	0,0115 %	10^{-15}%
Halbwertszeit	stabil	stabil	12,32 Jahre

Tabelle 13.1 Die wichtigsten Isotope des Wasserstoffatoms

13.2 Ladungs- und Massenmessung

Für die Messung der Kernladungszahl Z und der Kernmasse m_K greifen wir auf bereits bekannte Messverfahren zurück.

13.2.1 Kernladung

Die Ladung eines Atomkerns können wir über das Moseleysche Gesetz der Röntgenstrahlung bestimmen (►Abbildung 13.4 und Kapitel 11.1.4).

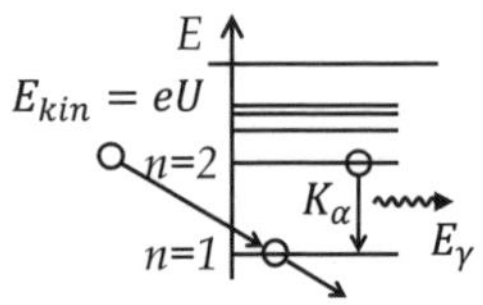

Abbildung 13.4 Röntgenstrahlen können Elektronen aus den inneren Schalen von Atomen herausschlagen. Wenn ein Elektron aus der K-Schale entfernt wird, entstehen die charakteristischen K-Linien.

Die charakteristische Strahlung der K_α-Linie beschreiben wir mit $n_1 = 1$, $n_2 = 2$ und der Rydberg-Konstanten $R_\circ$ (11.11):

$$E_\gamma = R_\circ (Z - S)^2 \left(\frac{1}{n_1^2} - \frac{1}{n_2^2} \right) = \frac{3}{4} R_\circ (Z - S)^2 \tag{13.4}$$

Dabei beschreibt der Parameter S die Abschirmung der Kernladung durch die anderen inneren Elektronen. Für die K_α-Linien ist $S \approx 1$. Die Ladungsbestimmung Z wird somit auf eine Frequenzmessung ν zurückgeführt:

$$Z = \sqrt{\frac{4}{3} \frac{h\nu}{R_\circ}} + S \tag{13.5}$$

13.2.2 Kernmasse

Zur Bestimmung der Kernmasse können wir ein **Massenspektrometer** (Massenspektrograph) verwenden. Dabei werden ionisierte Atome (Ionenladung q) durch ein elektrisches Feld $\vec{E}$ und ein magnetisches Feld $\vec{B}$ geschickt und ihre Ablenkung gemessen. Auf die mit der Geschwindigkeit v bewegten Ionen wirken die Kräfte (siehe Band 2 [19]):

$$\vec{F}_E = q\,\vec{E} \tag{13.6}$$

$$\vec{F}_L = q\,\vec{v} \times \vec{B} \tag{13.7}$$

Ebenso benötigen wir die Zentripetalkraft aus Band 1 [18] mit der Ionenmasse m^q und dem Krümmungsradius R der Bahnkurve:

$$\vec{F}_{\text{ZP}} = \frac{m^q\,v^2}{R} \tag{13.8}$$

Als Beispiel stellen wir das Astonsche Spektrometer vor (F. W. Aston, Nobelpreis Chemie 1922). Die Atome werden zunächst in einer Gasentladung ionisiert und dann durch Blenden als Ionenstrahl durch ein elektrisches Feld und ein Magnetfeld geschickt (►Abbildung 13.5). Die Felder sind speziell geformt, um eine Fokussierung der divergierenden Strahlen zu erreichen.

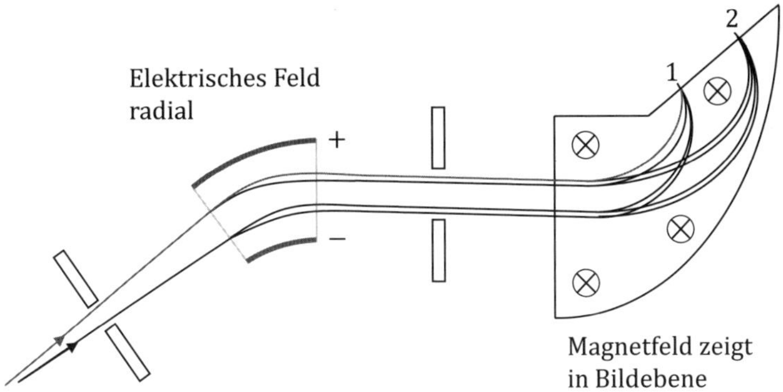

Abbildung 13.5 Astonsches Massenspektrometer: Ionen werden nacheinander durch ein elektrisches Feld $\vec{E}$ als Energiefilter und ein Magnetfeld $\vec{B}$ als Impulsfilter geschickt.

Durch das radial gerichtete elektrische Feld $\vec{E}$ selektiert man Ionen nach ihrer kinetischen Energie (**Energiefilter**). Die elektrische Kraft F_E (13.6) bringt die Ionen auf eine Kreisbahn mit dem Radius R_E. Mit der Kreisbewegung ist die Zentripetalkraft F_{ZP} (13.8) verbunden, sodass wir die kinetische Energie E_{kin} berechnen können:

$$\begin{aligned} F_E &= F_{\text{ZP}} \\ q\,|\vec{E}| &= m^q\, v^2\, \frac{1}{R_E} \\ E_{\text{kin}} &= \frac{1}{2}\, m^q\, v^2 = \frac{1}{2}\, R_E\, q\, |\vec{E}| \end{aligned} \tag{13.9}$$

Dann misst man den Impuls p in einem Magnetfeld B als **Impulsfilter**. Durch die Lorentzkraft F_L (13.7) wird das Ion wieder auf eine Kreisbahn hier mit dem Radius R_B gebracht, die mit der Zentripetalkraft F_{ZP} (13.8) verbunden ist:

$$\begin{aligned} F_L &= F_{\text{ZP}} \\ q\, v\, B &= m^q\, v^2\, \frac{1}{R_B} \\ p &= m^q\, v = q\, B\, R_B \end{aligned} \tag{13.10}$$

Die Energiemessung (13.9) und Impulsmessung (13.10) können wir zusammenfassen. Sie ergeben die Massenmessung pro Ionisationsladung:

$$\begin{aligned} E_{\text{kin}} &= \frac{p^2}{2\, m^q} \\ \frac{1}{2}\, R_E\, q\, |\vec{E}| &= \frac{(q\, B\, R_B)^2}{2\, m^q} \\ \frac{m^q}{q} &= \frac{B^2\, R_B^2}{|\vec{E}|\, R_E} \end{aligned}$$

Bei einfacher Ionisierung $q = +1$ kann die Masse aus den Feldstärken und den Ablenkungen berechnet werden:

$$m^+ = \frac{B^2\,R_B^2}{|\vec{E}|\,R_E} \tag{13.11}$$

13.3 Kernmasse, Bindungsenergie

Der Energievorteil einer Bindung von A Nukleonen im Atomkern ${}^A_Z\mathrm{X}$ zeigt sich in der Summe der freien Nukleonmassen im Vergleich zur Kernmasse m_X. Wir stellen die einzelnen Massen zunächst vor und ziehen dann aus der Bindungsenergie Rückschlüsse auf die Struktur der Atomkerne.

13.3.1 Protonmasse, Neutronmasse

Die **Protonmasse** ist als einfach ionisiertes Wasserstoffatom mit modernen Methoden der Massenspektroskopie sehr genau gemessen und beträgt [45]

$$m_p = 938{,}27208816(29)\,\frac{\mathrm{MeV}}{c^2}\,. \tag{13.12}$$

Die **Neutronmasse** wird indirekt über das Wasserstoff-Isotop ${}^2_1\mathrm{H}$ gemessen, das auch als Deuterium ${}^2_1\mathrm{D}$ bezeichnet wird. Die Kerne dieses Isotops werden Deuteronen ${}^2_1\mathrm{H}^+ \equiv {}^2_1\mathrm{D}^+ \equiv d$ genannt. Ihre Masse kann durch die Protonladung im Massenspektrometer bestimmt werden [35]:

$$m_d = 1.875{,}61294257(57)\,\frac{\mathrm{MeV}}{c^2} \tag{13.13}$$

Um die Masse des Neutrons zu bestimmen, werden die Deuteronen mithilfe hochenergetischer Photonen aufgespalten:

$$\gamma + d \longrightarrow n + p \tag{13.14}$$

Dafür muss die Photon-Energie E_γ der Bindungsenergie E_B zwischen dem Proton und dem Neutron des Deuterons entsprechen. Die minimale Photon-Energie für die Aufspaltung zeigt die Deuteron-Bindungsenergie von

$$E_B - 2{,}2245666\,\mathrm{MeV}\,. \tag{13.15}$$

Zusammen mit der Deuteronmasse m_d (13.13) ergibt sich damit für die Masse des Neutrons [45]:

$$m_n = m_d - m_p + \frac{E_B}{c^2} = 939{,}56542052(54)\,\frac{\mathrm{MeV}}{c^2} \tag{13.16}$$

13.3.2 Kernmasse

Wir wollen nun auch die Kernmassen m_K von schwereren Atomkernen in einem Massenspektrometer bestimmen. Dafür führen wir eine einfache Ionisierung $q = +1$ durch. Die Ionenmasse m^+ müssen wir auf die verbliebenen Elektronenmassen korrigieren [45]:

$$m_e = 0{,}51099895000(15)\,\frac{\mathrm{MeV}}{c^2} \tag{13.17}$$

Genau genommen müsste auch die Bindungsenergie E_B^e der Elektronen berücksichtigt werden, die aber gering ist und vernachlässigt werden kann:

$$m_K = m^+ - \left[(Z-1)\, m_e - \frac{E_B^e}{c^2}\right] \qquad (13.18)$$

Relative Masse: Bei der Angabe der Atommasse macht man häufig eine relative Angabe zu der **atomaren Masseneinheit** u, definiert durch das Kohlenstoffatom [35]:

$$1\,\mathrm{u} = \frac{1}{12} M\left({}^{12}_{6}\mathrm{C}\right) = 931{,}49410242(28)\,\frac{\mathrm{MeV}}{c^2} \qquad (13.19)$$

Im Periodensystem der Elemente wird diese relative Angabe für die Masse der Atome angegeben. Da es immer mehrere Isotope gibt, wird ein gewichteter Mittelwert mit dem Vorkommen der Isotope notiert.

13.3.3 Bindungsenergie

Aus der relativen Masse u (13.19) sehen wir, dass die Masse eines gebundenen Nukleons im Vergleich zu freien Nukleonenmassen (13.12) und (13.16) um circa 7 MeV kleiner ist. Der Unterschied zeigt die Bindungsenergie der Nukleonen. Die Bindungsenergie E_B aller Nukleonen im Kern berechnen wir über die Massen der Nukleonen m_p und m_n und die Kernmasse m_K:

$$E_B = \left[\sum m_p + \sum m_n - m_K\right] c^2 \qquad (13.20)$$

Diese Bindungsenergie ist eine Schlüsselgröße für das Verständnis vieler Aspekte der Kernphysik, die wir in den folgenden Kapiteln erläutern werden.

Aus der Perspektive der Kernmasse m_K spricht man über die Bindungsenergie gelegentlich als **„Massendefekt"** $\Delta m = E_B/c^2$ und notiert damit:

$$m_K = \sum m_p + \sum m_n - \frac{E_B}{c^2} = \sum m_p + \sum m_n - \Delta m \qquad (13.21)$$

In der oberen ►Abbildung 13.6 zeigen wir, dass die Bindungsenergie der Atomkerne mit der Anzahl A der Nukleonen monoton zunimmt. Dafür zeigen wir hier die häufigsten Isotope der verschiedenen Elemente (Daten aus [16]). Die eingezeichnete Kurve dient zur Orientierung und zeigt eine Gerade mit der Steigung von 8,8 MeV Bindungsenergie pro Nukleon.

Bindungsenergie pro Nukleon: In der unteren ►Abbildung 13.6 ist die mittlere Bindungsenergie pro Nukleon E_B/A als Funktion der Kernladungszahl Z aufgetragen. Es gibt einen Anstieg bei kleinen Kernladungen Z bis in den Bereich um die Eisen-Isotope mit $E_B/A \approx 8{,}8\,\mathrm{MeV}$. Bei großen Kernladungen fällt die Bindungsenergie pro Nukleon wieder ab. Die wesentlichen Aspekte der Verteilung von E_B/A können mit dem sogenannten Tröpfchenmodell nachvollzogen werden, ein phänomenologisches Modell, das wir in Kapitel 16.3 vorstellen werden.

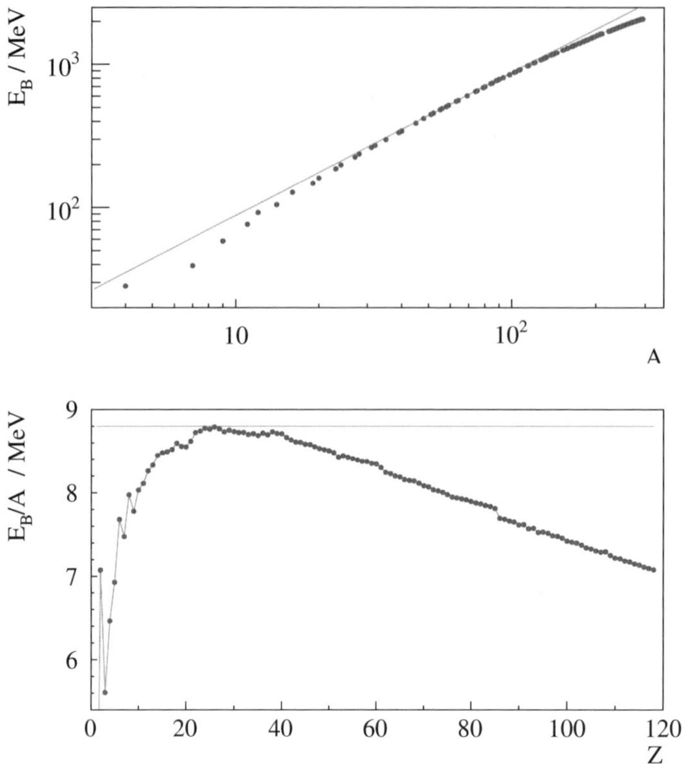

Abbildung 13.6 Oben: Die Kern-Bindungsenergie E_B der häufigsten Isotope nimmt monoton mit der Nukleonenanzahl A zu. Unten: Pro Nukleon steigt die Bindungsenergie als Funktion der Kernladungszahl Z zunächst an und sinkt anschließend (Daten aus [16]).

Man erkennt bereits hier, dass im Bereich kleiner Nukleonenanzahlen $A < A(\mathrm{Fe})$ die Fusion von Kernen einen Energievorteil bringt. Bei großen Kernen $A > A(\mathrm{Fe})$ ergibt sich ein Energievorteil bei der Spaltung von Kernen. In beiden Kernprozessen wird Energie frei. Wir werden auf diese Vorgänge in Kapitel 18.2 und 18.3 genauer eingehen.

In der linken ►Abbildung 13.7 zeigen wir Strukturen in den Bindungsenergien pro Nukleon für leichte Kerne. Eingezeichnet sind die jeweils häufigsten Isotope der Elemente. Der Helium-Kern mit nur vier Nukleonen ist sehr gut gebunden. Weiterhin sind Schwankungen zu sehen, bei denen Kerne mit geraden Anzahlen von Protonen stärker gebunden sind als Kerne mit ungerader Protonenanzahl. Die rechte ►Abbildung 13.7 fokussiert auf den Bereich um die maximale Bindungsenergie pro Nukleon, die für bestimmte Eisen- und Nickel-Isotope erreicht werden (^{58}Fe, ^{62}Ni).

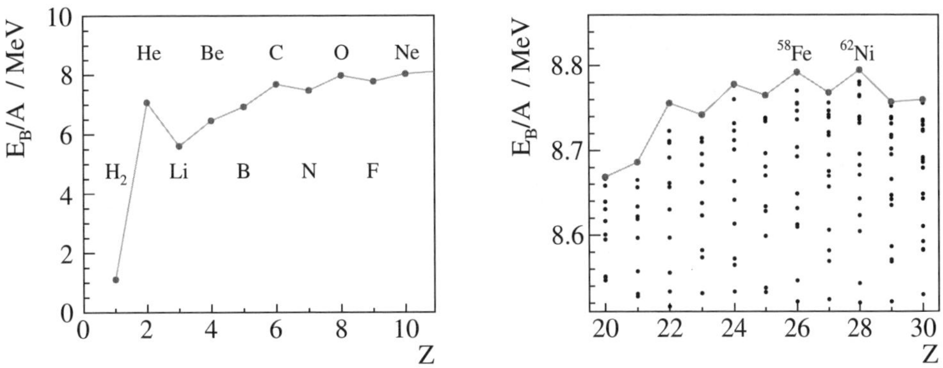

Abbildung 13.7 Links: Die Bindungsenergie pro Nukleon E_B/A leichter Kerne zeigt Strukturen gerader und ungerader Protonenanzahlen. Rechts: Die maximalen Bindungsenergien pro Nukleon E_B/A sind bei bestimmten Eisen- und Nickel-Isotopen zu finden (oberste große Symbole). Die kleinen Symbole zeigen die Variationen von E_B/A für die verschiedenen Isotope im Bereich $E_B/A > 8{,}5\,\mathrm{MeV}$ (Daten aus [16]).

13.3.4 Separationsenergie, Paarenergie

Es gibt weitere markante Effekte in der Bindungsenergie, wenn man einzelne Nukleonen hinzufügt oder entfernt. Wir stellen in diesem Abschnitt entsprechende Beobachtungen vor, die wichtige Hinweise für die Entwicklung von Kernmodellen ergeben (Kapitel 16). An dieser Stelle ist es für eine Einordnung der folgenden vielen Informationen nützlich, sich einen ersten vorläufigen Eindruck vom Potentialtopf des Fermi-Gas-Modells durch die ►Abbildung 16.7 zu verschaffen und sogleich hier weiterzulesen.

Separationsenergie: Wir betrachten die erforderliche Energie, um ein Proton oder ein Neutron aus dem Kern (N, Z) zu entfernen. Die Bindungsenergie dieses einzelnen Nukleons nennt man auch **Separationsenergie** E_S (sie entspricht der Ionisationsenergie von Elektronen in Atomen, ►Abbildung 8.10). Wir definieren

$$E_S(\text{Proton}) \quad = E_S^p(Z,N) = E_B(Z,N) - E_B(Z-1,N) \qquad (13.22)$$

$$E_S(\text{Neutron}) = E_S^n(Z,N) = E_B(Z,N) - E_B(Z,N-1)\,. \qquad (13.23)$$

E_B bezeichnet wie zuvor die gesamte Bindungsenergie.

In der ►Abbildung 13.8 sind links Energieverteilungen in Abhängigkeit der Protonenzahl Z bei fester Neutronenzahl $N = 20$ gezeigt (Isotone, Elemente $^{28}_{8}$O bis $^{43}_{23}$V). Rechts sind die Energieverteilungen für Calcium-Isotope $^{A}_{20}$Ca mit $Z = 20$ und variierender Neutronenzahl N aufgeführt.

Die Bindungsenergie E_B steigt nicht kontinuierlich, sondern stufenförmig an (►obere Abbildung 13.8). Besonders deutlich sieht man das beim Übergang von 19 auf 20 Protonen bzw. Neutronen, bei denen die Kerne besonders stabil werden. Die nächsthöhere Bindungsenerie steigt dann weniger stark an. Genauer können wir das in den Separationsenergien E_S für Protonen (13.22) und Neutronen (13.23) sehen, die in den mittleren Abbildungen gezeigt sind. Das symmetrische Calcium-Isotop $^{40}_{20}$Ca ist offenbar besonders stabil.

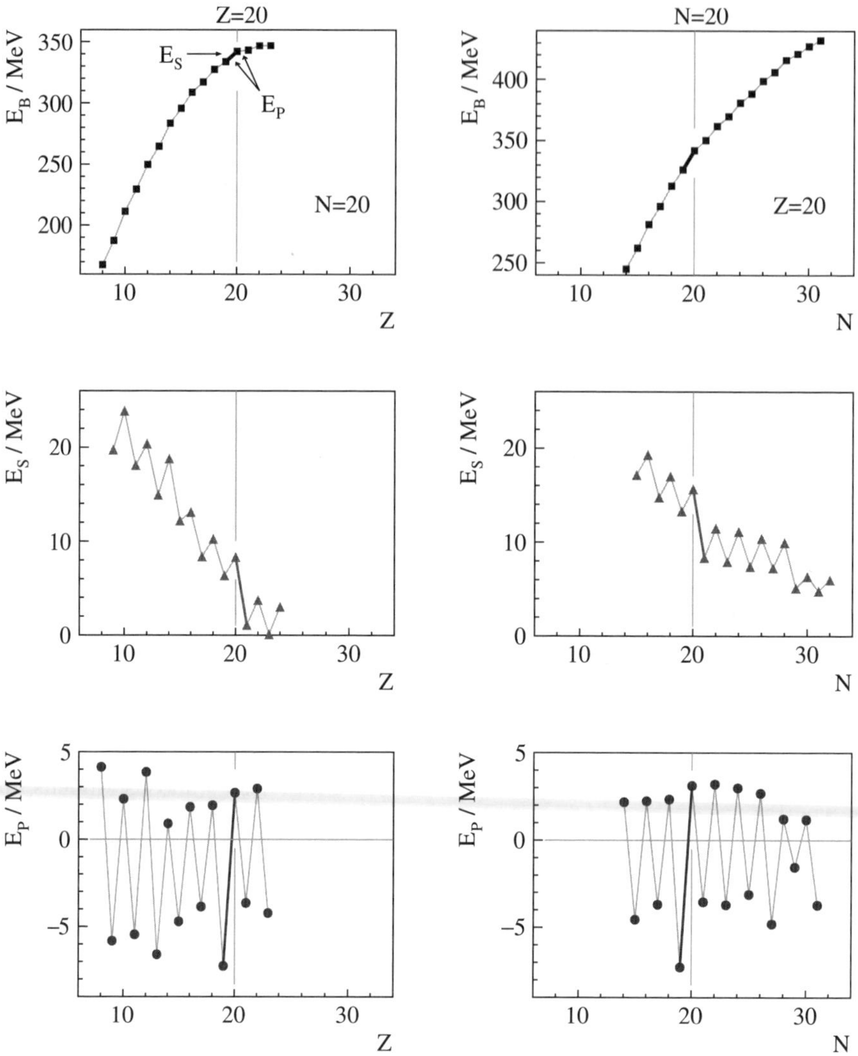

Abbildung 13.8 Bindungsenergien E_B (oben), Separationsenergien E_S (Mitte) und Paarenergien E_P (unten): links variierende Protonenanzahl Z bei Neutronenanzahl $N = 20$, rechts variierende Neutronenanzahl N bei Protonenanzahl $Z = 20$ (Calcium-Isotope ${}^{A}_{20}\mathrm{Ca}$). Die Paarenergien zeigen Sprünge von mehreren MeV beim Wechsel zwischen geraden und ungeraden Nukleonenanzahlen (Daten aus [16]).

Paarenergie: Auffällig ist, dass Kerne mit gerader Protonenanzahl Z oder Neutronenanzahl N offenbar stärker gebunden sind als ungerade Anzahlen. Dieser Effekt wird als **Paarenergie** bezeichnet. Bilden zwei Protonen oder zwei Neutronen im Kern ein Paar, dann vergrößert sich die Bindungsenergie durch die Paarenergie E_P. Diese Beobachtung weist auf Energiezustände für Protonen bzw. Neutronen hin, die aufgrund des Pauli-Prinzips zweifach mit antiparallelem Spin gefüllt werden (analog zu Elektronen-Zuständen in der Atomhülle).

Wenn wir also z. B. ein Proton zum Kern hinzufügen, lässt sich dieser Effekt aus der Differenz der Separationsenergie des hinzugefügten Protons $E_S^p(Z+1, N)$ und des Protons in der davor höchsten Schale $E_S^p(Z, N)$ ableiten (genauso für die Neutronen):

$$E_P(\text{Proton}) \;\; = E_P^p = E_S^p(Z+1, N) - E_S^p(Z, N) \tag{13.24}$$

$$E_P(\text{Neutron}) = E_P^n = E_S^n(Z, N+1) - E_S^n(Z, N) \tag{13.25}$$

In den unteren ►Abbildungen 13.8 sind die Paarenergien E_P für hinzugefügte Protonen und Neutronen dargestellt. Die Paarenergien machen dabei mehrere MeV Differenz aus.

In den Verteilungen sehen wir mit $Z = 20$ und $N = 20$ einen ausgezeichneten Wert, der zu den sogenannten Magischen Zahlen gehört (Kapitel 13.6). Die Zahl 20 weist auf eine Schalenstruktur für Nukleonenzustände im Atomkern hin, ähnlich wie bei Elektronen der Atomhülle.

13.3.5 Gerade, ungerade Nukleonenanzahl

Am Beispiel von Calcium und seinen benachbarten Elementen haben wir gesehen (►Abbildung 13.8), dass gerade Anzahlen von Nukleonen stärkere Bindungen aufweisen. Dies gilt allgemein für Protonen und Neutronen. Wir nutzen die abkürzenden Bezeichnungen gg etc. in ►Tabelle 13.2.

Protonenanzahl *Z*	Neutronenanzahl *N*	Bezeichnung
gerade	gerade	*gg*
ungerade	ungerade	*uu*
ungerade	gerade	*ug*
gerade	ungerade	*gu*

Tabelle 13.2 Bezeichnung von Kernen in Abhängigkeit ihrer geraden oder ungeraden Anzahlen der Protonen und Neutronen

Im Folgenden beschränken wir uns auf Isotope mit gleichen Anzahlen $Z = N$ von Protonen Z und Neutronen N (Diagonale in der Nuklidkarte ►Abbildung 13.2) bzw. benachbarten Anzahlen $|Z - N| = 1$.

Wege vom uu zum gg-Kern: In der ►Abbildung 13.9 zeigen wir exemplarisch Anstiege der Bindungsenergien E_B im Bereich um $Z = N$.

Deuterium mit einem Proton und einem Neutron gehört zu den uu-Kernen. Helium hat zwei Protonen und zwei Neutronen und ist demnach ein gg-Kern. Wenn wir dem Deuteron ${}^2_1\mathrm{H}$ (uu) zunächst ein Neutron dazugeben, erhalten wir Tritium ${}^3_1\mathrm{H}$ (ug) (obere ►Abbildung 13.9). Mit einem weiteren Proton ergibt sich der besonders stabile Helium-Kern ${}^4_2\mathrm{He}$ (gg). Der alternative Weg – erst ein Proton, dann ein Neutron hinzufügen – führt über das Helium-Isotop ${}^3_2\mathrm{He}$ (gu).

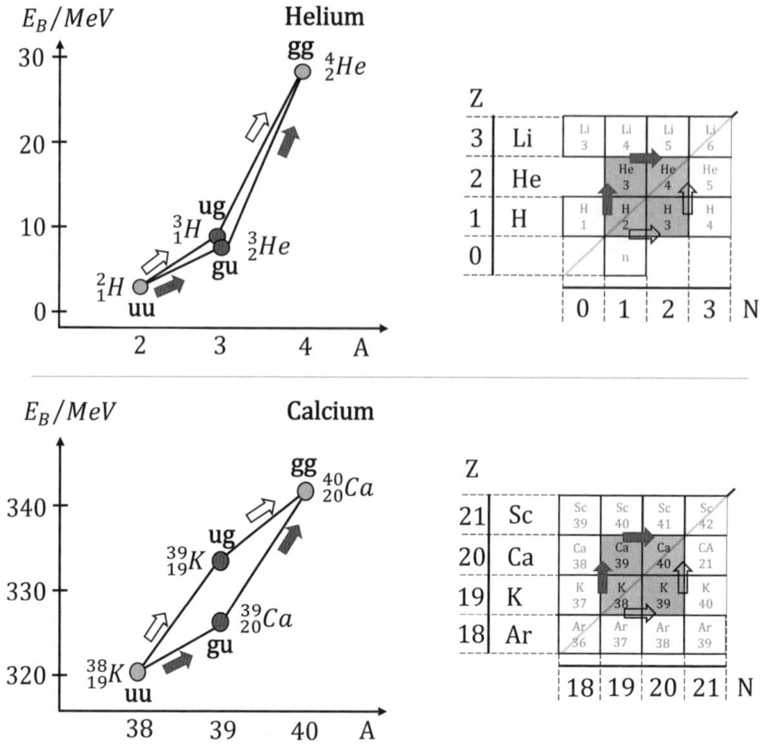

Abbildung 13.9 Anstieg der Bindungsenergien E_B von uu-Kernen zu gg-Kernen durch Hinzufügen eines Protons und eines Neutrons. Der Helium gg-Kern ist besonders stabil im Vergleich zum Deuterium uu-Kern (oben). Typisch ist der Weg vom Kalium uu-Kern zum Calcium gg-Kern (unten): Wird zunächst ein Neutron hinzugefügt, steigt die Bindungsenergie deutlich stärker als bei Hinzufügen eines Protons (Coulomb-Abstoßung) (Daten aus [16]).

In der unteren ►Abbildung 13.9 zeigen wir typisch unterschiedliche Zuwächse in den Bindungsenergien E_B am Beispiel des Kalium-Kerns $^{38}_{19}$K (uu) und des Calcium-Kerns $^{40}_{20}$Ca (gg). Fügen wir $^{38}_{19}$K ein Neutron hinzu, so ergibt sich bei großem Zuwachs der Bindungsenergie E_B eine gerade Neutronenanzahl $^{39}_{19}$K (ug). Alternativ fügen wir $^{38}_{19}$K ein Proton hinzu und erhalten Calcium $^{39}_{20}$Ca (gu). Hierbei ergibt sich ein deutlich geringerer Zuwachs von E_B aufgrund der Coulomb-Abstoßung der Protonen.

gg und uu-Kerne: In der oberen ►Abbildung 13.10 zeigen wir die Bindungsenergien pro Nukleon E_B/A als Funktion der Nukleonenanzahl A für gg-Kerne (Symbol $\triangle$) und für uu-Kerne (Symbol ∇). Generell sind alle gg-Kerne mit gepaarten Nukleonen stärker gebunden als uu-Kerne mit zwei ungepaarten Nukleonen.

Die stabilen Kerne sind als ausgefülltes Symbol gezeigt, die instabilen als offene Symbole. Das symmetrische Beryllium $^{8}_{4}$Be ist instabil und zerfällt in zwei Helium-Kerne. Oberhalb von Calcium sind auch gg-Kerne mit $Z = N$ instabil, stabile Isotope haben dann $Z = N - 2$ etc. Die uu-Kerne sind nur bis Stickstoff $^{14}_{7}$N stabil.

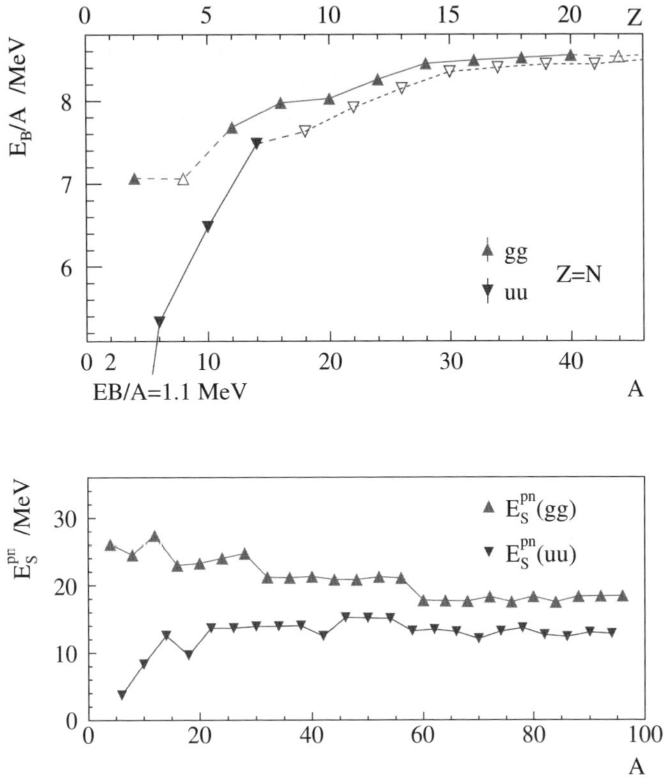

Abbildung 13.10 Oben: Die Bindungsenergien pro Nukleon E_B/A für gg- und uu-Kerne, stabile (geschlossene Symbole) und instabile Isotope (offene Symbole). Unten: Separationsenergien für Proton-Neutron-Paare pn für gg- und uu-Kerne (Daten aus [16]).

Die untere ►Abbildung 13.10 zeigt die Separationsenergien für Proton-Neutron-Paare pn für gg- und uu-Kerne:

$$E_S^{pn}(gg) = E_B(Z,N) - E_B(Z-1,N-1) \tag{13.26}$$

$$E_S^{pn}(uu) = E_B(Z,N) - E_B(Z-1,N-1) \tag{13.27}$$

Fügen wir einem uu-Kern ein pn-Paar hinzu, so erhalten wir einen gg-Kern ($E_S^{pn}(gg)$). Der Zuwachs an Bindungsenergie $E_B \approx 20\,\text{MeV}$ ist deutlich größer, als wenn wir einem gg-Kern ein pn-Paar hinzufügen ($E_S^{pn}(uu)$).

Diese Beobachtung zeigt eindrücklich die Stabilität der gg-Kerne und den Energievorteil durch gleichzeitige Protonpaare und Neutronpaare mit hohen Paarenergien E_P(Proton) (13.24) und E_P(Neutron) (13.25).

gu und gu-Spiegelkerne: Kerne, bei denen die Protonen- Z und Neutronenanzahl N vertauscht ist, nennt man Spiegelkerne. Beispiele für Spiegelkerne sind in der oberen ►Abbildung 13.9 die Kerne Tritium ${}^3_1$H (ug) und Helium ${}^3_2$He (gu) und in der unteren ${}^{39}_{19}$K (ug) und Calcium ${}^{39}_{20}$Ca (gu).

In der oberen ►Abbildung 13.11 sind die Bindungsenergien pro Nukleon E_B/A der gu- und ug-Spiegelkerne gezeigt. Offenbar sind alle Kerne mit Protonen-Überschuss $Z = N + 1$ (offene Kreissymbole ug, Raute-Symbole gu) schwächer gebunden als Kerne mit einem Neutronen-Überschuss $N = Z + 1$ (geschlossene Kasten-, Raute-Symbole). Die gg- und uu-Kerne sind noch einmal als Kurven eingezeichnet. Dabei liegt die uu-Kurve noch oberhalb der gu-Kurve.

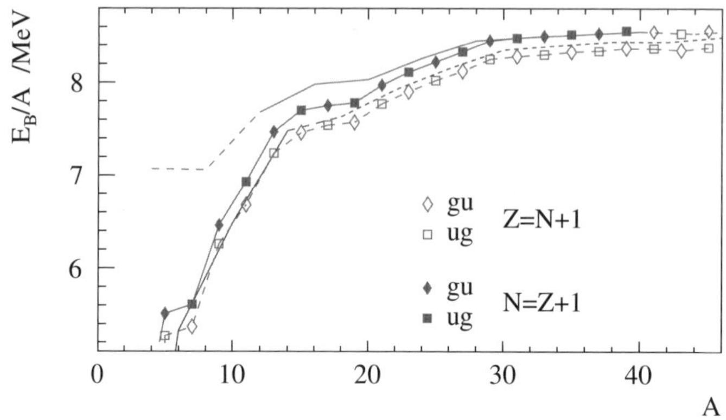

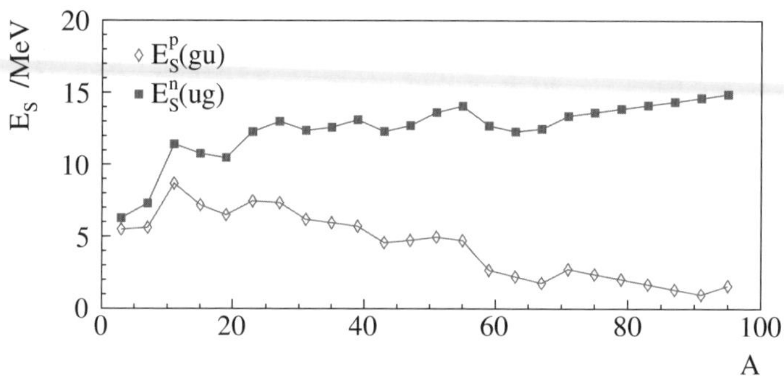

Abbildung 13.11 Oben: Die Bindungsenergien pro Nukleon E_B/A für Spiegelkerne $|Z - N| = 1$ für stabile (geschlossene Symbole) und instabile Isotope (offene Symbole). Unten: Separationsenergien der Protonen $E_S^p(gu)$ und Neutronen $E_S^n(ug)$ relativ zu ihren benachbarten uu-Kernen (Daten aus [16]).

In der unteren ►Abbildung 13.11 zeigen wir die Separationsenergien der Protonen $E_S^p(gu)$ und Neutronen $E_S^n(ug)$:

$$E_S^p(gu) = E_B(Z, N; gu) - E_B(Z-1, N; uu) \tag{13.28}$$

$$E_S^n(ug) = E_B(Z, N; ug) - E_B(Z, N-1; uu)\,. \tag{13.29}$$

Für genügend große Kerne ist die Separationsenergie $E_S^n(ug)$ eines Neutrons aus einem Neutronpaar mit $E_B \gtrsim 10\,\text{MeV}$ deutlich größer als die Separationsenergie $E_S^p(gu)$ eines Protons aus einem Protonpaar. Für Protonen sinkt die Separationsenergie mit steigender Nukleonenanzahl A aufgrund der verstärkten Coulomb-Abstoßung.

13.4 Kernspin, magnetisches Moment

Wie die Elektronen tragen auch Nukleonen den Spin $I = 1/2$. Der Spin des Protons war uns bei der Hyperfeinstruktur im Wasserstoffatom bereits begegnet (Kapitel 6.5). Der Protonenspin I_p ist mit einem magnetischen Moment verbunden

$$\vec{\mu}_p = g_p \cdot \mu_K \cdot \frac{\vec{I}_p}{\hbar}\,, \tag{13.30}$$

wobei g_p den g-Faktor des Protons bezeichnet. Mit μ_K bezeichnen wir das Kernmagneton [35]:

$$\mu_K = \frac{e\,\hbar}{2\,m_p} = 31{,}5245125844(96)\;\frac{\text{neV}}{\text{T}}\,, \tag{6.31}$$

das bedingt durch die Protonmasse viel kleiner als das Bohrsche Magneton $\mu_B \approx 60\,\mu\text{eV/T}$ (5.38) ist.

13.4.1 g-Faktoren der Nukleonen

Im Folgenden untersuchen wir die Größe des magnetischen Dipolmoments $\vec{\mu}_p$ und damit den g-Faktor des Protons mit einem Experiment, das genau wie das ►Experiment 14 zur Elektronenspinresonanz funktioniert. Dazu bringen wir eine Wasserprobe in ein Magnetfeld ein, so dass sich mit $\Delta E = -\vec{\mu}\,\vec{B}$ (5.26) die Energieniveaus der Proton-Spinstellungen unterscheiden.

Das Magnetfeld legen wir in z-Richtung. Die Projektion des Kernspins $\vec{I}_p$ auf die Magnetfeldrichtung ist dann wegen der Spinquantenzahl $m_I = \pm 1/2$ ein halbzahliges Vielfaches von $\hbar$, $(I_p)_z = m_I\,\hbar$:

$$\Delta E = -\vec{\mu}_p \cdot \vec{B} = -g_p \cdot \mu_K \cdot \frac{\vec{I}_p}{\hbar} \cdot \vec{B} = -g_p \cdot \mu_K \cdot m_I \cdot B \tag{13.31}$$

Die Energieverschiebung zwischen den beiden Spinzuständen ist insgesamt der zweifache Betrag von ΔE (13.31), wobei dieser Faktor 2 mit $m_I = 1/2$ Eins ergibt. Wir drehen den Spin des Protons mithilfe eines Mikrowellensenders, indem wir für eine vorgegebene Magnetfeldstärke die passende Resonanzfrequenz ν im MHz-Bereich finden:

$$\begin{aligned} h\,\nu &= 2\,\Delta E = 2\,g_p\,\mu_K\,m_I\,B \\ &= g_p\,\mu_K\,B \end{aligned} \tag{13.32}$$

Experiment 31: Proton g_p-Faktor

Zur Bestimmung des Proton g-Faktors g_p verwenden wir ein Experiment analog zur Spinresonanz für den g-Faktor des Elektrons. Wir tragen die Resonanzfrequenz als Energie $h\,\nu$ in Abhängigkeit von der Magnetfeldstärke B auf (13.32) und bestimmen den g_p-Faktor des Protons zu $g_p = 5{,}4 \pm 0{,}1$.

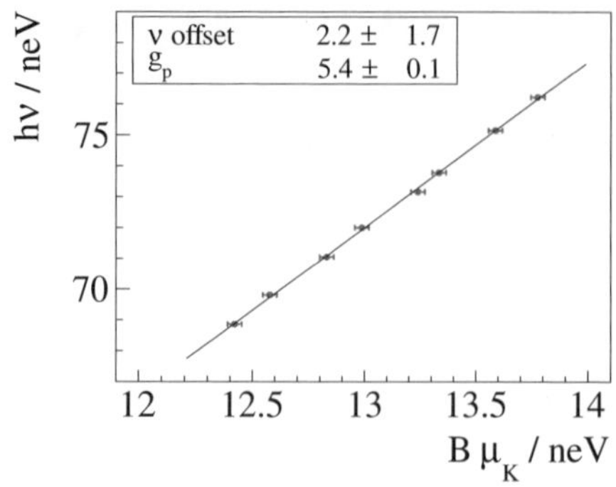

Abbildung 13.12 Die Messung der Resonanzfrequenz ν multipliziert mit h als Funktion der Magnetfeldstärke B multipliziert mit μ_K zeigt in der Geradensteigung den g-Faktor g_p des Protons (13.32).

Genaue Messungen ergeben für den g-Faktor des Protons [35]

$$g_p = 5{,}5856946893(16) \tag{6.33}$$

und für den g-Faktor des Neutrons [35]

$$g_n = -3{,}82608545(90)\,. \tag{13.33}$$

Diese Ergebnisse unterscheiden sich deutlich von der Erwartung strukturloser („punktförmiger") Nukleonen, für die wir wie beim g-Faktor des Elektrons $|g| \approx 2$ erwarten. Damit wird offensichtlich, dass Protonen und Neutronen eine innere Struktur besitzen, d. h. keine Elementarteilchen sind. Heute wissen wir, dass sie aus Quarks bestehen.

13.4.2 Magnetische Momente von Kernen

Das gesamte magnetische Moment eines Kerns setzt sich aus den Momenten der Protonen, der Neutronen und aus Anteilen von Bahndrehimpulsen $\vec{L}_i$ zusammen:

$$\vec{\mu}_I = \sum_i \left(g_p \cdot \mu_K \cdot \frac{\vec{I}_{p,i}}{\hbar} + g_n \cdot \mu_K \cdot \frac{\vec{I}_{n,i}}{\hbar} + a \cdot \vec{L}_i \right) \tag{13.34}$$

Mit der Paarenergie der Nukleonen in Kapitel 13.3.4 haben wir die Vorstellung gewonnen, dass sich Protonen (ebenso Neutronen) paarweise mit entgegengesetztem Spin zusammenschließen, wobei ihr Gesamtspin Null wird. Nach (13.34) erwarten wir dann auch kein magnetisches Moment, zum Beispiel für ein Protonpaar:

$$\frac{\vec{\mu}_{pp}}{\mu_K} = g_p \cdot \frac{1}{\hbar} \left(\vec{I}_{p,1} - \vec{I}_{p,2} \right) = 0 \tag{13.35}$$

In der ►Tabelle 13.3 sind die Vorhersagen und Messungen für die Spins und die magnetischen Momente einiger leichter Kerne zusammengetragen [34, 35]. Für die Vorhersagen haben wir genutzt, dass das gemeinsame magnetische Moment eines Protonpaars oder Neutronpaars verschwindet.

Fallnummer	Kern	Kernspinquantenzahl $\sum_i \left(\vec{I}_{p,i} + \vec{I}_{n,i}\right)$	Messung	Magnetisches Moment $\sum_i \left(\vec{\mu}_{p,i} + \vec{\mu}_{n,i}\right)/\mu_K$	Messung $/\mu_K$
1)	$^4_2$He	0	0	0	0
	$^{12}_{6}$C	0	0	0	0
2)	$^1_1$H	$\frac{1}{2}$	$\frac{1}{2}$	2,793	2,793
	$^3_1$H	$\frac{1}{2}$	$\frac{1}{2}$	2,793	2,979
	$^3_2$He	$\frac{1}{2}$	$\frac{1}{2}$	−1,913	−2,128
3)	$^2_1$H	$\frac{1}{2} + \frac{1}{2}$	1	0,880	0,857
	$^6_3$Li	$\frac{1}{2} + \frac{1}{2}$	1	0,880	0,822
4)	$^9_4$Be	$\frac{1}{2}$	$\frac{3}{2}$ (Bahndrehimpuls)	−1,913	−1,177

Tabelle 13.3 Kernspin und magnetisches Moment einiger leichter Kerne: Vergleich von Vorhersagen und Messungen [34, 35]; der große Unterschied beim $^9_4$Be ist auf den Bahndrehimpuls zurückzuführen.

Fall 1) der ►Tabelle 13.3: Im symmetrischen Fall sind das Helium-Isotop $^4_2$He und das Kohlenstoff-Isotop $^{12}_{6}$C offenbar genau so aufgebaut, dass insgesamt kein magnetisches Moment gemessen wird.

Die magnetischen Momente leichter Kerne zeigen, dass Protonpaare und Neutronpaare antiparallele Spinstellungen aufweisen.

Fall 2): Bei den Isotopen Wasserstoff $^1_1$H, Tritium $^3_1$H und Helium $^3_2$He erwarten wir ein magnetisches Moment entsprechend des zusätzlichen Nukleons. Nach Gleichung (13.34) verbleibt das Moment vom Proton oder Neutron:

$$\frac{\vec{\mu}_I}{\mu_K}(p) = g_p\,\frac{\vec{I}_p}{\hbar} - 5{,}586 \cdot \frac{1}{2} = 2{,}793 \qquad (13.36)$$

$$\frac{\vec{\mu}_I}{\mu_K}(n) = g_n\,\frac{\vec{I}_n}{\hbar} = -3{,}826 \cdot \frac{1}{2} = -1{,}913 \qquad (13.37)$$

Die gemessenen Werte liegen nahe dieser Erwartungen (►Tabelle 13.3).

Fall 3): Die magnetischen Momente des Deuterons $^2_1$H und des Lithiums $^6_3$Li geben Aufschluss über die Spinstellungen eines ungepaarten Protons mit einem ungepaarten Neutron und sind daher besonders interessant.

Bei antiparallelen Spins des Proton-Neutron-Paares würden wir wie in (13.35) subtrahieren, bei parallelen Spins dagegen addieren. Beachten Sie, dass das magnetische Moment des Protons wegen des positiven g-Faktors $g_p > 0$ parallel zum Spin und das des Neutrons wegen $g_n < 0$ entgegengesetzt ausgerichtet ist. Die Addition nach Gleichung (13.34) für *parallele* Spinstellungen ergibt das magnetische Moment

$$\frac{\vec{\mu}_I}{\mu_K}(^2_1\text{H}) = g_p \frac{\vec{I}_{p,i}}{\hbar} + g_n \frac{\vec{I}_{n,i}}{\hbar} = 0{,}880 \tag{13.38}$$

in guter Übereinstimmung mit dem gemessen Wert (►Tabelle 13.3). Ähnliches gilt für den Lithium-Kern.

Die Spins eines Proton-Neutron-Paares in leichten Kernen sind parallel ausgerichtet.

Fall 4): Einzig für Beryllium $^9_4$Be lässt sich der gemessene Wert in ►Tabelle 13.3 nicht alleine mit den magnetischen Momenten der einzelnen Nukleonen erklären. Hier ist ein zusätzlicher Bahndrehimpuls in (13.34) zu berücksichtigen.

Allgemein bezeichnen wir für große Kerne als den **Kernspin** I den Gesamtdrehimpuls $\sum \vec{j}$ aller Bahndrehimpulse ℓ und Spins s.

13.5 Isospin

Spiegelkerne, bei denen die Proton- und Neutronenanzahlen gegenseitig vertauscht sind, haben wir in den ►Abbildungen 13.9 und 13.11 kennengelernt. Spiegelkerne haben überraschend ähnliche Eigenschaften (►Abbildung 13.13). Man kann sich das damit erklären, dass sich die Kerne nur durch die relativ kleine Coulomb-Kraft unterscheiden. Lässt man den Coulomb-Effekt in Gedanken weg, dann haben die Kerne gleiche Eigenschaften. **Protonen** und **Neutronen** sind also in diesem Sinne für die starke Wechselwirkung nur **verschiedene Eigenschaften eines Nukleons**.

Um diese Beobachtung formal zu beschreiben, gehen wir analog zur Behandlung des Spins mit dem Spinoperator $\hat{\vec{S}}$, dessen Quantenzahl s und Projektionsquantenzahl m_s vor. Das Konzept des **Isospins** $\hat{\vec{T}}$ beschreibt hier Zustände eines Nukleons mithilfe der Isospinquantenzahl τ und der Projektionsquantenzahl τ_z („Isospin" ist kein physikalischer Spin, sondern zunächst Namens-Erinnerung an den Spin-Formalismus; er erhält in der Teilchenphysik große erweiterte Bedeutung).

Das Nukleon hat die Isospinquantenzahl $\tau = 1/2$ und kann sich im Zustand „Proton" oder Zustand „Neutron" befinden (ähnlich wie die beiden Spinstellungen des Elektrons ↑ und ↓). Der jeweilige Zustand wird durch die Projektionsquantenzahl $\tau_z = \pm 1/2$ festgelegt. Für Protonen und Neutronen lauten die Quantenzahlen:

Proton	$\tau = \frac{1}{2}$	$\tau_z = +\frac{1}{2}$
Neutron	$\tau = \frac{1}{2}$	$\tau_z = -\frac{1}{2}$

Isospin von Kernen: Kerne sind dann durch einen Gesamtisospin $\vec{T} = \sum \vec{\tau}_i$ und die z-Komponente

$$T_z = \sum \tau_z^i = \frac{1}{2}(Z - N) \tag{13.39}$$

gekennzeichnet. Spiegelkerne haben dann gleiches T und unterscheiden sich durch das Vorzeichen von T_z.

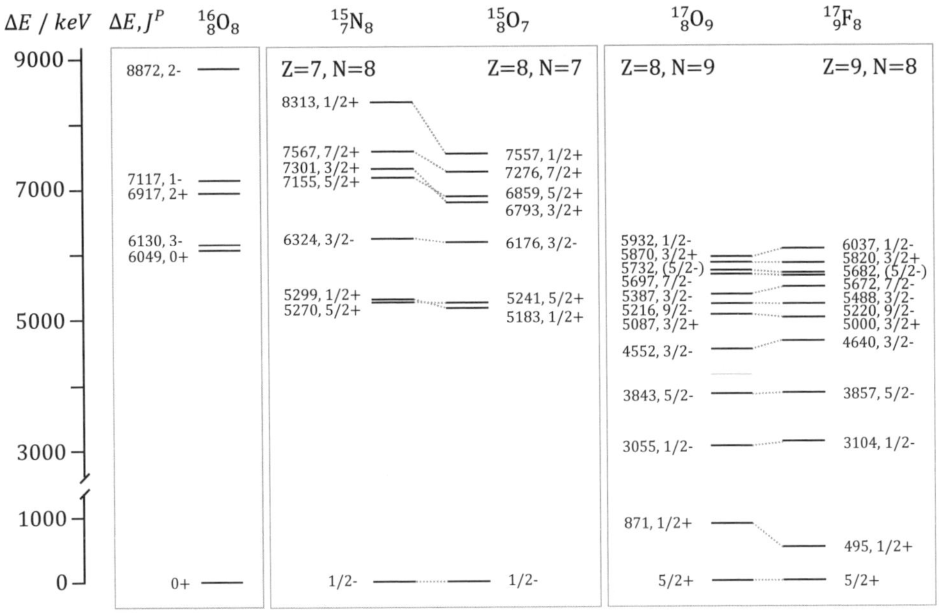

Abbildung 13.13 Die ersten Anregungsenergien der Spiegelkerne $^{15}_{7}N_8$ und $^{15}_{8}O_7$ bzw. $^{17}_{8}O_9$ und $^{17}_{9}F_8$ mit Vergleich zum $^{16}_{8}O_8$. In der Angabe J^P bezeichnet J den Kern-Gesamtspin, den wir in Kapitel 16.4 im Zusammenhang mit dem Schalenmodell erläutern. Die Pariät P ist der Eigenwert des Pariätsoperators (9.23) und klassifiziert die Spiegelsymmetrie des Zustands (Daten aus [2]).

Teilchen-Kombination	$T = \sum \tau$	$T_z = \sum \tau_z$	Isospin-Kombination	Symmetrie Wellenfunktion
pp	1	+1		
$(pn + pn)/\sqrt{2}$	1	0	Isospin-Triplett	Symmetrisch
nn	1	−1		
$(pn - pn)/\sqrt{2}$	0	0	Isospin-Singulett	Antisymmetrisch

Tabelle 13.4 Theoretisches Zwei-Nukleonen-System mit Gesamtisospin T und Projektionen T_z

Ein eindrückliches Gedankenexperiment zur Funktionsweise des Isospins ist das Zwei-Nukleonen-System aus Protonen und Neutronen. In der ►Tabelle 13.4 sind die drei möglichen Kombinationen des Isospin-Tripletts mit Gesamtisospin $T = 1$ aufgeführt. Ebenso gibt es eine Kombination zum Isospin-Singulett (vergleichen Sie mit der Diskussion des Helium-Atoms, Kapitel 8.1.5).

Als freien Zwei-Nukleon-Bindungszustand kennen wir nur das Deuteron. Freie Bindungszustände aus einem Protonpaar oder Neutronpaar sind nicht bekannt. Daher ordnen wir dem Deuteron das Isospin-Singulett zu und unterstreichen diese Argumentation im folgenden Abschnitt.

Pauli-Prinzip: Mit dem Isospin können wir ein **verallgemeinertes Pauli-Prinzip** formulieren. Nehmen wir wie oben als Beispiel das Zwei-Nukleonen-System mit Proton und Neutron (beides Fermionen), dann muss die Gesamtwellenfunktion Ψ antisymmetrisch sein:

$$\Psi = \psi(\vec{r}_1, \vec{r}_2) \cdot \chi(\vec{s}_1, \vec{s}_2) \cdot \xi(\vec{\tau}_1, \vec{\tau}_2) \tag{13.40}$$

Hier bezeichnet ψ den Ortsanteil, χ den Spinanteil und ξ den Isospinanteil.

Aus Kernreaktionsexperimenten wissen wir, dass das Deuteron positive Parität hat. Damit hat es eine symmetrische Ortsfunktion $\psi = \psi_s$. Ebenso hat das Deuteron Spin 1 (►Tabelle 13.3) und hat damit eine symmetrische Spinwellenfunktion $\chi = \chi_s$ des Spin-Tripletts. Die Isospin-Wellenfunktion beschreibt ein Singulett (►Tabelle 13.4) und ist damit antisymmetrisch $\xi = \xi_a$. Insgesamt ist demnach die Antisymmetrie der Gesamtwellenfunktion Ψ erfüllt:

$$\Psi = \psi_s(\vec{r}_1, \vec{r}_2) \cdot \chi_s(\vec{s}_1, \vec{s}_2) \cdot \xi_a(\vec{\tau}_1, \vec{\tau}_2) \tag{13.41}$$

Weitergehend können wir die gebundenen *pp*- und *nn*-Kernzustände mit starker Paarbindung (Paarenergie, ►Abbildung 13.8) ebenfalls im Rahmen des erweiterten Pauli-Prinzips interpretieren. Wegen der stark anziehenden Wechselwirkung zwischen den Nukleonen gehen wir auch hier von einer symmetrischen Ortswellenfunktion aus $\psi = \psi_s$. Den Isospin-Kombinationen weisen wir nach ►Tabelle 13.4 die symmetrische Wellenfunktionen des Isospin-Tripletts $\xi = \xi_s$ zu. Um erneut die Antisymmetrie der Gesamtwellenfunktion Ψ zu erfüllen, muss die Spinwellenfunktion $\chi = \chi_a$ dieses Mal antisymmetrisch sein:

$$\Psi = \psi_s(\vec{r}_1, \vec{r}_2) \cdot \chi_a(\vec{s}_1, \vec{s}_2) \cdot \xi_s(\vec{\tau}_1, \vec{\tau}_2) \tag{13.42}$$

Ein Vergleich der beiden Fälle (13.41) und (13.42) zusammen mit ►Tabelle 13.4 liefert also eine Erklärung für den etwas überraschenden Befund, dass gepaarte Nukleonen gleicher Art mit Gesamtspin $S = 0$ im Kern zusätzliche Paarbindung besitzen, während für ungepaarte verschiedenartige Nukleonen eine parallele Ausrichtung der Spins mit $S = 1$ energetisch begünstigt ist.

Vergleich zum Helium-Atom: Beim Helium-Atom hatten wir ähnliche Symmetrieüberlegungen untersucht (Kapitel 8.2). Um für die sich gegenseitig *abstoßenden* Elektronen eine antisymmetrische Gesamtwellenfunktion mit geringster Abstoßung zu erreichen, waren eine *antisymmetrische Ortswellenfunktion* zusammen mit einer *symmetrischen Spinfunktion* (Triplett) energetisch bevorzugt (8.61). Dadurch lagen die Energieniveaus der Triplett-Zustände mit $S = 1$ unterhalb der Singulett-Zustände mit $S = 0$.

Im Kern liegt aber stark *anziehende* Wechselwirkung zwischen den Nukleonen vor. Für eine antisymmetrische Gesamtwellenfunktion sind daher *symmetrische Ortswellenfunktionen* und somit *antisymmetrische Spinfunktionen* mit entgegengesetztem Spin (Singulett mit $S = 0$) energetisch begünstigt.

13.6 Magische Zahlen

Über die Diskussion der Paarenergien von Protonen und Neutronen hinaus gibt es im Kern weitere besonders stabile Konfigurationen. Folgende Protonen- Z und Neutronenanzahlen N werden als **Magische Zahlen** bezeichnet:

$$2 \quad 8 \quad 20 \quad 28 \quad 50 \quad 82 \quad 126 \tag{13.43}$$

Dafür analysieren wir im Folgenden die Paarenergien für alle Nuklide und die Anregungsenergien von gg-Kernen.

Paarenergien: In der Analyse der Bindungsenergien für Calcium $^{40}_{20}$Ca hatten wir die Paarenergien von Protonen und Neutronen bestimmt (►Abbildung 13.8). Dabei war der Anstieg der Proton-Paarenergie von $E_P(Z=19)$ auf $E_P(Z=20)$ als besonders groß aufgefallen (ebenso für Neutronen).

In der oberen ►Abbildung 13.14 untersuchen wir den Anstieg der Paarenergien ΔE_P für Protonen und Neutronen auf der Nuklidkarte (Daten aus [16]). Als Beispiel nehmen wir oben das horizontale Suchfenster bei $Z = 70 = \text{const.}$ und suchen darin nach dem

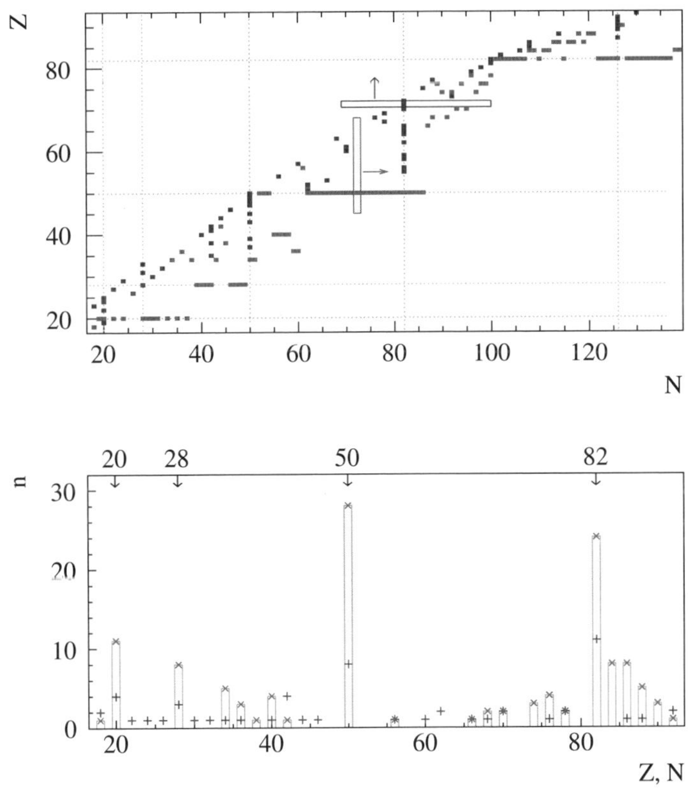

Abbildung 13.14 Oben: Der stärkste Anstieg der Paarenergie $\Delta E_P^{\max}$ ergibt sich häufig für Magische Zahlen. Das horizontale Suchfenster zeigt exemplarisch, wie die Neutronenzahl $N(\Delta E_P^{\max})$ bei $Z = \text{const.}$ ermittelt wird. Vertikale Suchfenster dienen zum Auffinden der Protonenzahlen $Z(\Delta E_P^{\max})$ bei $N = \text{const.}$. Unten: Häufigkeiten der gefundenen $Z(\Delta E_P^{\max})$ (schräge Kreuzsymbole) und $N(\Delta E_P^{\max})$ (gerade Kreuzsymbole) (Daten aus [16]).

Isotop mit der Neutronenanzahl $N(\Delta E_P^{\max})$, bei der ΔE_P maximal ist. Wir wiederholen die Suche für jedes Z und tragen jeweils $N(\Delta E_P^{\max})$ in die Nuklidkarte ein.

Den maximalen Anstieg der Paarenergien finden wir besonders häufig bei den Neutronenanzahlen $N(\Delta E_P^{\max}) = 20, 28, 50, 82, 126$, also Magischen Zahlen. Die Häufigkeiten sind für alle $N(\Delta E_P^{\max})$ in der unteren Abbildung mit den geraden Kreuz-Symbolen eingetragen.

Wir wiederholen die Suche nach dem maximalen Anstieg der Paarenergien für feste Neutronenanzahl (z. B. exemplarisches vertikales Suchfenster bei $N = 72 = \text{const.}$) Hier finden wir maximale Paarenergien für Protonen ebenfalls häufig bei den Magischen Zahlen, wie die untere Abbildung zeigt (schräge Kreuzsymbole).

Kernanregung: Bisher haben wir Magische Zahlen mit etwas Aufwand über die Paarenergien im Grundzustand der Kerne gefunden. Im Folgenden zeigen wir die Anregung

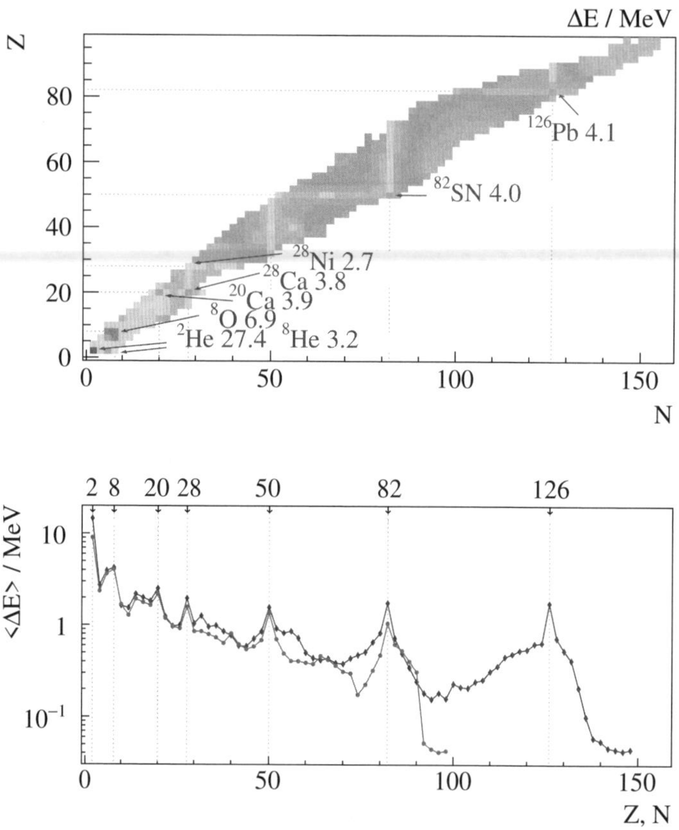

Abbildung 13.15 Oben: Nuklidkarte mit farbkodierter erster Anregungsenergie ΔE der Kerne (Daten aus [39]). Doppelt magische Kerne sind mit ihrem ΔE in MeV angegeben. Unten: Mittlere Anregungsenergien $\langle E \rangle$ in der Projektion für Protonen (bis $Z = 100$) und Neutronen (bis $N = 150$).

von Kernen auf das erste Anregungsniveau, bei der die Magischen Zahlen sofort offensichtlich werden.

In der oberen ►Abbildung 13.15 zeigen wir auf der Nuklidkarte die Anregungsenergien ΔE für gg-Kerne, also gerade Anzahlen für Protonen und Neutronen (Daten aus [39], die Skala der Anregungsenergie folgt hier $\log_{10} \Delta E$ zur besseren Sichtbarkeit).

Deutlich zu sehen sind Muster von sehr hohen Anregungsenergien, die auf besonders stabile Kerne hinweisen. Fast alle Muster in den Anzahlen der Protonen Z oder Neutronen N entsprechen den Magischen Zahlen.

Entsprechen beide, Protonenanzahl Z und Neutronenanzahl N, einer der magischen Zahlen, so sind die Anregungsenergien besonders hoch. Diese Kerne heißen „doppelt magisch" und sind in der ►Abbildung 13.15 zusammen mit ihrer Anregungsenergie ΔE von mehreren MeV herausgehoben.

Die untere ►Abbildung 13.15 zeigt eine Projektion der Nuklidkarte auf die Achse der Protonen ($Z = 100$) und eine Projektion auf die Neutronenachse (bis $N = 150$). Auf der vertikalen Achse ist jeweils die mittlere Anregungsenergie $\langle E \rangle$ der Projektion eingezeichnet. Zum Beispiel beträgt für alle Nuklide mit 28 Neutronen die Anregung im Mittel $\langle E \rangle = 2\,\text{MeV}$. Diese Isotope liegen vergleichsweise isoliert, da oberhalb und unterhalb die mittleren Anregungsenergien $\langle E \rangle$ viel niedriger ausfallen. Auch hier sind die magischen Zahlen deutlich zu erkennen.

Die typischen Anregungsenergien liegen für $Z, N > 2$ zwischen $0{,}035\,\text{MeV}$ und ca. $2\,\text{MeV}$. Der Vergleich unterstreicht noch einmal die hohen individuellen Anregungsenergien von doppelt magischen Kernen mit $2{,}7 \ldots 27\,\text{MeV}$.

Ähnlich zur Atomhülle ist der Kern offenbar aus Schalen aufgebaut. Als Analogon dazu kann man die Edelgase betrachten, bei denen die Elektronschalen abgeschlossen sind (►Abbildung 8.10). Das darauf folgende Element hat eine geringe Ionisationsenergie für die Elektronen. Hier wird die nächste Schale angefangen (vergleiche Kapitel 16.4 Schalenmodell).

Das Wichtigste zum Mitnehmen

Zum Mitnehmen: Kerneigenschaften 1

- **Atomkerne** bestehen aus den **Nukleonen Proton und Neutron**. Die **Gesamtzahl** A der **Nukleonen** (Massenspektrometer m^+) abzüglich der **Kernladungszahl** Z (Röntgen) ergibt die **Neutronenanzahl** N. Ein **Nuklid** ist ein Atom mit bestimmtem (Z, N), Nuklide mit $Z = \text{const.}$ sind **Isotope**. Stabile Isotope liegen im **Tal der Stabilität** mit $N \gtrsim Z$. Die **Nomenklatur** eines Nuklids enthält mindestens die Bezeichnung des Elements im Periodensystem X, A (Ionisierung q):

$$A = Z + N \tag{13.2}$$

$$m^+ = \frac{B^2\, R_B^2}{|\vec{E}|\, R_E} \tag{13.11}$$

$$Z = \sqrt{\frac{4}{3}\,\frac{h\nu}{R_\circ}} + S \tag{13.5}$$

$${}^{A}_{Z}X^{q}_{N} \tag{13.3}$$

- **Neutronen** haben **Masse** m_n, **Protonen** m_p, **Elektronen** m_e mit $m_n > m_p \gg m_e$. Die **atomare Masseneinheit** u berücksichtigt mittlere Bindungsenergien pro Nukleon von ca. 7 MeV am Beispiel des Kohlenstoff-Kerns, d. h. $\mathrm{u} < m_n, m_p$:

$$m_p = 938{,}272\,\mathrm{MeV}/c^2 \tag{13.12}$$

$$m_n = 939{,}565\,\mathrm{MeV}/c^2 \tag{13.16}$$

$$m_e = 0{,}511\,\mathrm{MeV}/c^2 \tag{13.17}$$

$$1\,\mathrm{u} = M({}^{12}_{6}\mathrm{C}) \cdot (1/12) = 931{,}494\,\mathrm{MeV}/c^2 \tag{13.19}$$

- Die **Kernmasse** m_K ist geringer als die Massensumme der freien Nukleonen. Die Massendifferenz, ausgedrückt als Ruheenergie, ist die **gesamte Bindungsenergie** E_B aller Nukleonen. Die erforderliche Energie, um ein Nukleon aus dem Kern zu entfernen, heißt **Separationsenergie** E_S. Die Differenz zwischen benachbarten Separationsenergien ist die **Paarenergie** E_P:

$$E_B = \left[\sum m_p + \sum m_n - m_K\right] c^2 \tag{13.20}$$

$$E_S(\text{Proton}) = E_S^p = E_B(Z, N) - E_B(Z-1, N) \tag{13.22}$$

$$E_S(\text{Neutron}) = E_S^n = E_B(Z, N) - E_B(Z, N-1) \tag{13.23}$$

$$E_P(\text{Proton}) = E_P^p = E_S^p(Z+1, N) - E_S^p(Z, N) \tag{13.24}$$

$$E_P(\text{Neutron}) = E_P^n = E_S^n(Z, N+1) - E_S^n(Z, N) \tag{13.25}$$

Zum Mitnehmen: Kerneigenschaften 2

- Die **Bindungsenergie pro Nukleon** E_B/A steigt mit der Nukleonenanzahl A bis zum Eisen und sinkt danach wieder. Kernfusion leichter Kerne bedeutet Zuwachs an Bindungsenergie, Kernspaltung schwerer Kerne ebenfalls.
- Kerne mit **gerader** Protonenanzahl g, gerader Neutronenanzahl g heißen **gg-Kerne**, analog für **ungerade** Anzahlen u (uu-, gu-, ug-Kerne). gg-Kerne sind besonders stark gebunden.
- **Spiegelkerne**, d. h. Proton statt Neutron und umgekehrt, zeigen sehr ähnliche Eigenschaften. Mit dem Konzept des **Isospins** werden Proton und Neutron als zwei Aspekte eines Nukleons interpretiert. Die formale Beschreibung ist analog zum Elektronenspin.
- **Protonenspin** $I_p = 1/2$ und **Neutronenspin** $I_n = 1/2$ sind mit einem **magnetischen Dipolmoment** $\vec{\mu}_p$ und $\vec{\mu}_n$ verbunden. Faktoren sind das **Kernmagneton** μ_K und die **g-Faktoren** von Proton und Neutron. Im äußeren Magnetfeld $\vec{B}$ erfährt das Dipolmoment die potentielle Energie $E_{\text{pot}} = -\vec{\mu}\,\vec{B}$ (5.26), die wegen $(I_p)_z = m_I\,\hbar$ mit Spinquantenzahl m_I zur **Energieverschiebung** ΔE führt:

$$\vec{\mu}_p = g_p \cdot \mu_K \cdot \frac{\vec{I}_p}{\hbar} \tag{13.30}$$

$$\mu_K = \frac{e\,\hbar}{2\,m_p} = 31{,}52\,\frac{\text{neV}}{\text{T}} \tag{6.31}$$

$$g_p = 5{,}586 \tag{6.33}$$

$$g_n = -3{,}826 \tag{13.33}$$

$$\Delta E = -\vec{\mu}_p \cdot \vec{B} = -g_p\,\mu_K\,m_I\,B \tag{13.31}$$

- Das **gesamte magnetische Moment** von Kernen wird von den Protonen, Neutronen und Anteilen von Bahndrehimpulsen gebildet. Die magnetischen Momente leichter Kerne zeigen, dass **Protonpaare** und **Neutronpaare antiparallele Spinstellungen** aufweisen. Die **Spins** eines **Proton-Neutron-Paares** in leichten Kernen sind **parallel** ausgerichtet:

$$\vec{\mu}_I = \sum_i \left(g_p \cdot \mu_K \cdot \frac{\vec{I}_{p,i}}{\hbar} + g_n \cdot \mu_K \cdot \frac{\vec{I}_{n,i}}{\hbar} + a \cdot \vec{L}_i \right) \tag{13.34}$$

- Folgende Protonen- Z und Neutronenanzahlen N weisen besonders stabile Konfigurationen auf und werden als **Magische Zahlen** bezeichnet:

$$2 \quad 8 \quad 20 \quad 28 \quad 50 \quad 82 \quad 126 \tag{13.43}$$

Streuprozess

14

ÜBERBLICK

» In diesem Kapitel werden wir Prozesse mit mikroskopischen Streupartnern untersuchen. Wir werden den totalen und den differentiellen Streuquerschnitt kennenlernen, über die wir Zugang zu mikroskopischen Strukturen und Eigenschaften fundamentaler Wechselwirkungen erhalten.

Wir werden das Rutherford-Experiment vorstellen, in dem Gold-Atome mithilfe von Helium-Kernen untersucht werden. Dazu bestimmen wir einerseits den Streuquerschnitt der Helium-Gold-Streuprozesse durch Messwerte. Andererseits berechnen wir eine theoretische Vorhersage für den Rutherford-Streuquerschnitt mit einem klassischen Ansatz. Der Vergleich zwischen dem experimentellen und dem theoretisch erwarteten Streuquerschnitt zeigt, dass die Protonen des Gold-Kerns nur einen sehr kleinen Raumbereich im Goldatom einnehmen.

Unser heutiges Verständnis der Atomstruktur mit einem sehr kleinen Atomkern und einer Hülle aus Elektronen ist von Rutherfords Experiment geprägt. «

14.1 Totaler Streuquerschnitt

In der linken ►Abbildung 14.1 sind Streuprozesse von Teilchenstrahlen an einer sehr dünnen Folie gezeigt. Kommt es zu einer Wechselwirkung zwischen einem Strahlteilchen mit einem Atom der Folie, wird das Strahlteilchen um den Winkel ϑ abgelenkt, sonst fliegt es ungestört durch die Folie durch.

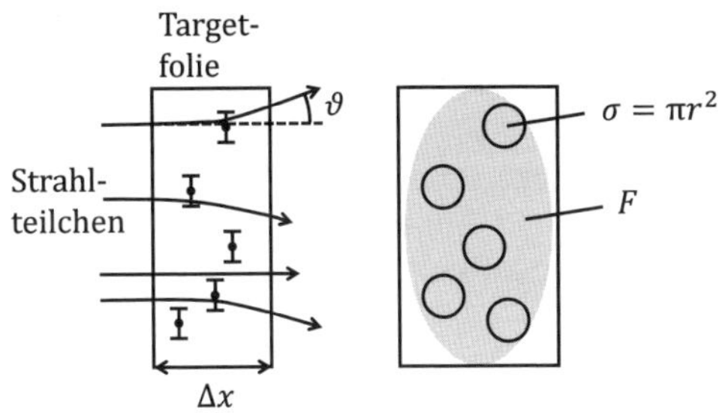

Abbildung 14.1 Veranschaulichung des Streuquerschnitts: Um jedes Streuzentrum stellen wir uns eine effektive Fläche σ mit dem Radius r vor, die ein Teilchen für einen Streuprozess treffen muss. F ist die von den Teilchenstrahlen beleuchtete Fläche, Δx bezeichnet die Dicke der Folie (Target).

Die rechte ►Abbildung 14.1 zeigt eine Aufsicht auf die Folie für die einfallenden Teilchenstrahlen. In der Physik hat sich für die ruhenden Teilchen eines Streuprozesses der Begriff „Target" durchgesetzt (Englisch target: das Ziel), wir bezeichnen die Folie daher auch als Target. Jedes Atom der Targetfolie bildet ein Streuzentrum mit einer effektiven Reichweite für eine Wechselwirkung mit den Strahlteilchen (Radius r).

14.1.1 Definition

Wir definieren die effektive Reichweite $r(\vartheta_\circ)$ eines einzelnen Targetteilchens über den minimalen noch nachweisbaren Streuwinkel $\vartheta_\circ$ der Strahlteilchen (►Abbildung 14.1). Damit ist die Fläche um ein einzelnes Targetteilchen, auf die ein Strahlteilchen für einen Streuprozess mit Streuwinkel $\vartheta > \vartheta_\circ$ zielen muss,

$$\sigma = \pi \cdot r^2 . \tag{14.1}$$

Wir bezeichnen σ als den **totalen Streuquerschnitt**. Anstelle des Begriffs Streuquerschnitt wird auch häufig der Begriff **Wirkungsquerschnitt** verwendet.

Als Einheit für den Streuquerschnitt ist m^2 korrekt, aber wegen der kleinen Dimensionen unhandlich. Eingebürgert hat sich als Einheit das **barn** b, zu Deutsch das Scheunentor, mit der Größe

$$1\,\mathrm{b} = 10^{-28}\,\mathrm{m}^2 . \tag{14.2}$$

Aus der Aufsicht auf die Targetfolie in ►Abbildung 14.1 können wir sehen, dass die Wahrscheinlichkeit für einen Streuprozess zwischen Strahlteilchen und Targetteilchen nicht nur von σ abhängt, sondern auch davon, wie viele Strahlteilchen auf die Targetfläche geschossen werden und wie viele Targetteilchen sich dort befinden.

Die Bedingungen sind von Experiment zu Experiment verschieden und müssen dementsprechend bei einer Messung des totalen Streuquerschnitts σ berücksichtigt werden. Dieses erklären wir im folgenden Kapitel.

14.1.2 Messverfahren

Das Prinzip einer Streuquerschnittsmessung besteht aus dem Vergleich zweier relativer Größen, die die **Wahrscheinlichkeit P einer Wechselwirkung** zwischen dem Strahl- und dem Targetteilchen beschreiben:

1. **Flächenverhältnis:** Die Streuwahrscheinlichkeit P entspricht der von allen m Targetteilchen mit Streuquerschnitt σ eingenommene Fläche der Targetfolie im Vergleich zu der von den Strahlteilchen ausgeleuchteten Fläche F (►rechte Abbildung 14.1):

$$P = \frac{m\,\sigma}{F} \tag{14.3}$$

   Die Anzahl m der Targetteilchen, die von den Strahlteilchen erfasst werden können, bestimmen wir weiter unten mithilfe der Avogadro-Konstanten.

2. **Streuratenverhältnis:** Die Streuwahrscheinlichkeit P ist die Anzahl N der gestreuten Strahlteilchen im Vergleich zu den einfallenden Strahlteilchen N_S. Häufig wird auch die Rate (Anzahl pro Zeit) verwendet, hier durch ein Punktsymbol notiert:

$$P = \frac{\dot{N}}{\dot{N}_S} \tag{14.4}$$

Eine Streuquerschnittsmessung σ beruht daher auf dem Verhältnisvergleich von Flächen (14.3) und Teilchenraten (14.4):

$$\frac{m\,\sigma}{F} = \frac{\dot{N}}{\dot{N}_S} \tag{14.5}$$

Streuprozesse bieten damit ein einzigartiges mikroskopisches Verfahren zur Messung kleinster Strukturgrößen, die mit gewöhnlichen Mikroskopen nicht auflösbar sind.

Anzahl der Targetteilchen: Wir bestimmen im Folgenden die Anzahl m der Targetteilchen, die von den Strahlteilchen erfasst werden können. Durch die Avogadro-Konstante N_A ist die Anzahl der Atome pro Mol des Folienmaterials bekannt. Ein möglicher Rechenweg ist das Molvolumen V_{mol} des Targetmaterials, mit dem sich die Anzahldichte n der Targetteilchen ergibt:

$$n = \frac{N_A}{V_{\text{mol}}} \tag{14.6}$$

►Abbildung 14.2 zeigt die Targetfolie als Quader mit der Anzahldichte n und dem zylinderförmigen Bereich, der von den Strahlteilchen erfasst wird. Wir zählen nur die m Targetteilchen hinter der beleuchteten Fläche F und berücksichtigen die Dicke Δx der Folie für das Zylindervolumen $\Delta x \cdot F$:

$$m = n \cdot \Delta x \cdot F \tag{14.7}$$

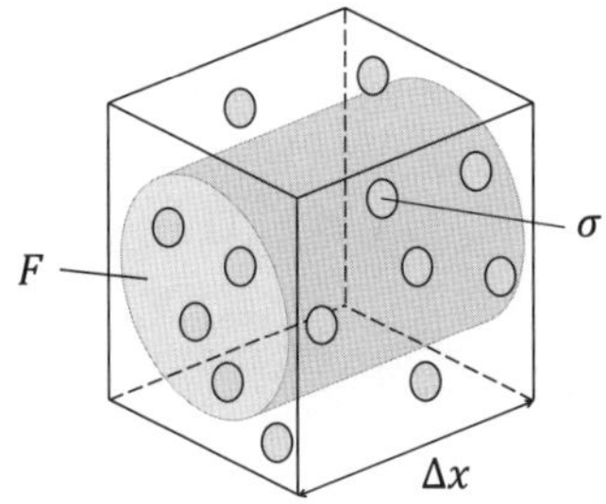

Abbildung 14.2 Quadervolumen der Targetfolie mit Streuzentrendichte n, Dicke Δx, Fläche F von Strahlteilchen beleuchtet, Streuquerschnitt σ der Targetteilchen

Beispiel 43: Anzahldichte der Targetteilchen einer Goldfolie

Um die Anzahldichte n der Targetteilchen für ein konkretes Targetmaterial zu berechnen, können wir das Molvolumen des Materials verwenden. Das Molvolumen von Gold beträgt

$$V_{\mathrm{mol}} = 10{,}21 \cdot 10^{-6}\,\frac{\mathrm{m}^3}{\mathrm{mol}}\,.$$

Zusammen mit der Avogadro-Konstanten $N_A = 6 \cdot 10^{23}/\mathrm{mol}$ ergibt sich die Anzahldichte der Targetteilchen:

$$n = \frac{N_A}{V_{\mathrm{mol}}} = \frac{6 \cdot 10^{23}/\mathrm{mol}}{10{,}21 \cdot 10^{-6}\,\mathrm{m}^3/\mathrm{mol}} \approx 6 \cdot 10^{28}\,\mathrm{m}^{-3} \tag{14.8}$$

Häufig wird alternativ über die Anzahl der Mole und die Molmasse $M_{\mathrm{mol}} = 197\,\mathrm{g}/\mathrm{mol}$ von Gold gerechnet. Die Massendichte $\rho = M/V = 19{,}3\,\mathrm{g/cm^3}$ kürzt Masse M und Volumen V der Targetfolie heraus:

$$n = \frac{N_T}{V} = N_A\,\frac{M}{M_{\mathrm{mol}}}\,\frac{1}{V} = \rho\,\frac{N_A}{M_{\mathrm{mol}}} \approx 6 \cdot 10^{28}\,\mathrm{m}^{-3} \tag{14.9}$$

Streuquerschnittsmessung: Mit der Anzahl m der Targetteilchen (14.7) ergibt sich eine Messung des Streuquerschnitt σ (14.5) zu:

$$\sigma = \frac{F}{n\,\Delta x\,F}\,\frac{\dot N}{\dot N_S} = \frac{1}{n\,\Delta x}\,\frac{\dot N}{\dot N_S} \tag{14.10}$$

Um die Abhängigkeit der Messung von den experimentellen Bedingungen zu sehen, lösen wir (14.10) nach der Rate $\dot N$ der gestreuten Strahlteilchen auf:

$$\dot N = \underbrace{\dot N_S\,n\,\Delta x}_{\equiv L}\,\sigma \tag{14.11}$$

Die Größen $\dot N_S, n, \Delta x$ variieren je nach dem experimentellen Aufbau. Man bezeichnet ihr Produkt als **Luminosität**:

$$L \equiv \dot N_S\,n\,\Delta x \tag{14.12}$$

Sie wird in den Einheiten $\mathrm{b}^{-1}\mathrm{s}^{-1} = 10^{24}\,\mathrm{cm}^{-2}\,\mathrm{s}^{-1}$ gemessen. Die Rate $\dot{N}$ der gestreuten Teilchen ergibt sich somit aus dem naturgegebenen Streuquerschnitt σ und der Luminosität L des Experiments:

$$\dot{N} = \sigma \cdot L \tag{14.13}$$

Beispiel 44: Rate der Higgs-Bosonen

Im Jahr 2012 wurde ein neues Teilchen, das Higgs-Boson, am Large Hadron Collider (LHC) des CERN-Forschungszentrums in Genf entdeckt. Im LHC-Beschleuniger werden Protonen auf hohe Energien beschleunigt und im Bereich großer Detektoren zur Kollision gebracht. Im Jahr 2023 betrugen die Energien der kollidierenden Strahlprotonen jeweils $E_p = 6{,}8\,\mathrm{TeV}$. Die maximale Luminosität des LHC-Beschleunigers in den Experimenten war $L = 2 \cdot 10^{34}\,\mathrm{s}^{-1}\,\mathrm{cm}^{-2}$.

Der Streuquerschnitt für die Produktion von Higgs-Bosonen wurde zu $\sigma_H \approx 50\,\mathrm{pb}$ bestimmt. Die Anzahl der am LHC pro Sekunde produzierten Higgs-Bosonen beträgt mit Gleichung (14.13) und $1\,\mathrm{b} = 10^{-24}\,\mathrm{cm}^2$ (14.2):

$$\dot{N}_H = \sigma \cdot L = 50\,\mathrm{pb} \cdot 2 \cdot 10^{34}\,\frac{1}{\mathrm{s\,cm}^2} = 100 \cdot 10^{-36+34}\,\mathrm{cm}^2\,\frac{1}{\mathrm{s\,cm}^2} = 1\,\mathrm{s}^{-1}$$

Demnach wird in den Proton-Proton-Kollisionen am LHC jede Sekunde ein Higgs-Boson erzeugt.

Ungestreute Strahlteilchen: Wir interessieren uns an dieser Stelle umgekehrt für die Teilchen N', die beim Durchgang durch die Targetfolie *nicht* gestreut werden, sondern geradeaus unter $\vartheta = 0$ in unseren Detektor laufen (►linke Abbildung 14.1). Ihre Zählrate beträgt nach (14.11)

$$\dot{N}' = \dot{N}_S - \dot{N} = \dot{N}_S\,(1 - n\,\Delta x\,\sigma)\,. \tag{14.14}$$

Mittlere freie Weglänge: Der totale Streuquerschnitt gibt uns auch Informationen über die mittlere freie Weglänge Λ der Strahlteilchen in einer Targetfolie.

Gleichung (14.14) zeigt, dass die Rate der ungestreuten Teilchen mit der Dicke der Targetfolie Δx abnimmt. Wir betrachten daher *Änderungen* in der ungestreuten Teilchenrate $d\dot{N}'/dx$ in Abhängigkeit von der Foliendicke:

$$\frac{d\dot{N}'}{dx} = -\dot{N}_S\,n\,\sigma \tag{14.15}$$

Die Änderung der ungestreuten Teilchenrate $d\dot{N}'$ fassen wir als Änderung der Strahlteilchenrate $d\dot{N}_S$ auf, die nach der Dicke dx noch zur Verfügung stehen: $d\dot{N}_S = d\dot{N}'$. Damit erhalten wir die Differentialgleichung

$$d\dot{N}_S = -\dot{N}_S\,n\,dx\,\sigma\,. \tag{14.16}$$

Wir lösen sie durch Trennung der Variablen und Integration in folgenden Integrationsgrenzen: Für die Targetdicke $\Delta x = 0$ haben wir die Rate der einfallenden Strahlteilchen

$\dot{N}_S$. Nach der Targetdicke $\Delta x > 0$ verbleibt die Rate der ungestreuten Teilchen $\dot{N}'$. Die Integration ergibt die Logarithmusfunktion, die wir als Exponentialfunktion umschreiben:

$$\int_{\dot{N}_S}^{\dot{N}'} \frac{d\dot{N}_S}{\dot{N}_S} = -\sigma\, n \int_0^{\Delta x} dx$$
$$\dot{N}' = \dot{N}_S \cdot e^{-\sigma n\, \Delta x} = \dot{N}_S \cdot e^{-\Delta x/\Lambda} \tag{14.17}$$

Das Inverse des Produkts aus dem totalen Streuquerschnitt σ und der Volumendichte n zeigt, bei welcher Distanz Λ die Rate $\dot{N}'$ der ungestreuten Teilchen auf $1/e$ abgefallen ist. Diese Distanz bezeichnen wir als die mittlere freie Weglänge:

$$\Lambda = \frac{1}{\sigma\, n} \tag{14.18}$$

14.2 Differentieller Streuquerschnitt

Der sogenannte **differentielle Streuquerschnitt** oder **differentielle Wirkungsquerschnitt**

$$\frac{d\sigma}{d\Omega}(\vartheta) \tag{14.19}$$

ist ein Maß für die Wahrscheinlichkeit, Strahlteilchen unter dem Streuwinkel ϑ im Raumwinkelbereich $d\Omega$ zu messen (►Abbildung 14.3).

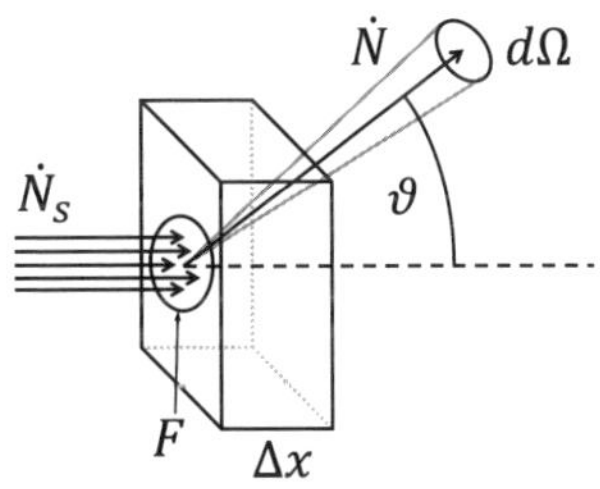

Abbildung 14.3 Links: Strahlteilchen, die die Fläche F treffen, werden in den Raumwinkel $d\Omega$ gestreut, dessen Symmetrieachse unter dem Winkel ϑ zur Strahlachse verläuft.

Wir werden sehen, dass Vergleiche von experimentell gemessenen Streuquerschnitten $d\sigma/d\Omega$ mit theoretisch berechneten Streuquerschnitten fundamentale Erkenntnisse über die Strukturen und Wechselwirkungen der Streupartner ermöglichen.

Wir erweitern die Gleichung (14.11) für den totalen Streuquerschnitt auf den Fall des differentiellen Streuquerschnitts:

$$\frac{d\dot{N}}{d\Omega}(\vartheta, d\Omega) = \underbrace{\dot{N}_S}_{\text{Strahlteilchenrate}} \quad \underbrace{n\,\Delta x}_{\text{Flächendichte Target}} \quad \underbrace{\frac{d\sigma}{d\Omega}}_{\text{Diff. Streuquerschnitt}} \tag{14.20}$$

Dabei beschreibt hier $d\dot{N}/d\Omega$ die Anzahl der Teilchen, die pro Sekunde in den Raumwinkel $d\Omega$ unter dem Streuwinkel ϑ gestreut werden.

14.2.1 Messung differentieller Streuquerschnitt

Zur Messung des differentiellen Streuquerschnitts nach (14.20) müssen wir einen Raumwinkel $\Delta\Omega$ festlegen, in dem wir die gestreuten Teilchen pro Zeit $\dot{N}$ zählen. Typischerweise wird $\Delta\Omega$ durch einen Detektor mit der sensitiven Fläche A definiert, der unter dem Winkel ϑ im Abstand R positioniert ist (►Abbildung 14.5). In diesem Fall ist der Raumwinkel:

$$\Delta\Omega = \frac{A}{R^2} \tag{14.21}$$

Weiterhin fassen wir die ersten Terme auf der rechten Seite von (14.20) zur Luminosität des Experiments $L = \dot{N}_S \, n \, \Delta x$ (14.12) zusammen.

Der experimentelle differentielle Streuquerschnitt ergibt sich dann aus den Zählraten $\dot{N}(\vartheta, \Delta\Omega)$ nach:

$$\left.\frac{d\sigma}{d\Omega}(\vartheta)\right|_{\text{Experiment}} = \frac{\dot{N}(\vartheta, \Delta\Omega)}{\Delta\Omega} \frac{1}{L} \tag{14.22}$$

14.2.2 Vorhersage differentieller Streuquerschnitt

Mithilfe klassischer Überlegungen zeigen wir, wie eine theoretische Vorhersage für einen differentiellen Streuquerschnitt berechnet werden kann. In der linken ►Abbildung 14.4 verfolgen wir ein Strahlteilchen, das einen Streuprozess mit einem ruhenden Targetteilchen erfährt.

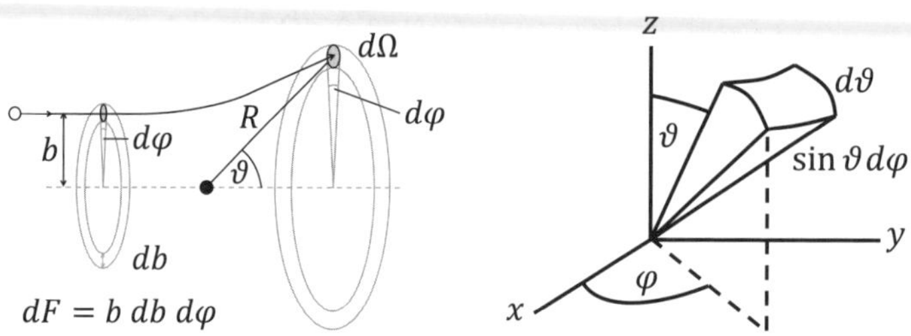

Abbildung 14.4 Links: Teilchen, die eine Fläche mit dem Stoßparameter b und der Dicke db treffen, werden unter dem Winkel ϑ in den Raumwinkel $d\Omega$ gestreut. Rechts: Raumwinkel in Kugelkoordinaten.

Zwischen dem Strahlteilchen und dem Targetteilchen wirkt eine Kraft, die das Strahlteilchen aus seiner ursprünglichen Richtung ablenkt. Wir nehmen hier an, dass die Kraft eine abstoßende Zentralkraft ist und mit kleinerem Abstand der beiden Teilchen ansteigt. Die Position des Strahlteilchens und damit die aktuell wirkende Kraft können wir in klassischer Vorstellung genau verfolgen (in der Quantenmechanik geht das nicht).

Stoßparameter: Entscheidend für die Stärke der Ablenkung ist, wie nahe das Strahlteilchen auf das Targetteilchen zielt. ►Abbildung 14.4 zeigt, dass in großer Entfernung vom Targetteilchen vor dem Streuprozess die tatsächliche Strahlteilchenbahn und die gestrichelte Linie für eine mögliche direkte Kollision parallel zueinander verlaufen. Den Abstand dieser beiden Geraden bezeichnen wir als **Stoßparameter** b.

Der Stoßparameter b entscheidet über den Streuwinkel ϑ des Strahlteilchens. Trifft das Strahlteilchen bei vorgegebenem Stoßparameter b unter dem Azimutwinkel φ auf das Kreissegment dF des ersten Rings (links in ►Abbildung 14.4) und erfährt dann die abstoßende Kraft des Targetteilchens, muss es den eingezeichneten Raumwinkel $d\Omega$ des zweiten Rings passieren.

Der Azimutwinkel φ definiert dabei die Streuebene. Der Streuprozess verläuft für jeden Winkel φ gleich ab, d. h., der Streuprozess ist φ-symmetrisch und hängt nur vom Stoßparameter b ab.

Einzelnes Targetteilchen: Zur Berechnung des differentiellen Streuquerschnitts selektieren wir zunächst für *ein einzelnes Targetteilchen* die kleine Fläche dF des Kreissegments mit dem Radius des Stoßparameters b und der Dicke db (►linke Abbildung 14.4). Die Fläche des Kreissegments beträgt

$$dF = b\,db\,d\varphi\,. \tag{14.23}$$

Die Strahlteilchenrate auf der viel kleineren Fäche dF als die insgesamt beleuchtete Fläche F beträgt nur $\dot{N}_S\,dF/F$.

Wegen des eindeutigen Wegs von dF in den Raumwinkelbereich $d\Omega$ ist die Rate $d\dot{N}_e$ der am einzelnen Streuzentrum nach $d\Omega$ gestreuten Teilchen dieselbe wie die Strahlteilchenrate $\dot{N}_S\,dF/F$:

$$d\dot{N}_e(\vartheta, d\Omega) = \dot{N}_S\,\frac{dF}{F} \tag{14.24}$$

Den Raumwinkel $d\Omega$ können wir in Kugelkoordinaten ausdrücken (rechte ►Abbildung 14.4):

$$d\Omega = \sin\vartheta\,d\vartheta\,d\varphi \tag{14.25}$$

Wir setzen die Fläche des Kreissegments (14.23) in (14.24) ein und erhalten mit (14.25) die Rate der am einzelnen Streuzentrum in den Raumwinkel $d\Omega$ gestreuten Teilchen:

$$d\dot{N}_e(\vartheta, d\Omega) = \frac{\dot{N}_S}{F}\,b\,db\,d\varphi = \frac{\dot{N}_S}{F}\,b\left|\frac{db}{d\vartheta}\right|\,d\vartheta\,d\varphi = \frac{\dot{N}_S}{F}\,b\left|\frac{db}{d\vartheta}\right|\frac{d\Omega}{\sin\vartheta} \tag{14.26}$$

Alle Targetteilchen: Wir erweitern diese Gleichung *von einem auf alle Targetteilchen* durch Multiplikation mit der Anzahl der Targetteilchen $m = n\,\Delta x\,F$ (14.7), wobei wie zuvor die Volumendichte des Targets n, die Dicke der Targetfolie Δx und die von den Strahlteilchen beleuchteten Fläche F sind:

$$d\dot{N} = (n\,\Delta x\,F)\cdot d\dot{N}_e = (n\,\Delta x\,F)\cdot\frac{\dot{N}_S}{F}\cdot b\left|\frac{db}{d\vartheta}\right|\frac{d\Omega}{\sin\vartheta} \tag{14.27}$$

Wir schreiben nun die Terme dieser Gleichung in derselben Reihenfolge wie Gleichung (14.20)

$$\frac{d\dot{N}}{d\Omega} = \dot{N}_S\cdot n\cdot\Delta x\cdot\underbrace{b\left|\frac{db}{d\vartheta}\right|\frac{1}{\sin\vartheta}}_{d\sigma/d\Omega} \tag{14.28}$$

und identifizieren durch Vergleichen den differentiellen Streuquerschnitt:

$$\left.\frac{d\sigma}{d\Omega}\right|_{\text{Theorie}} = b\left|\frac{db}{d\vartheta}\right|\frac{1}{\sin\vartheta} \tag{14.29}$$

Im folgenden Kapitel werden wir für die Coulomb-Wechselwirkung einen analytischen Zusammenhang zwischen dem Stoßparameter b und dem Streuwinkel ϑ berechnen und darüber eine Vorhersage für den Streuquerschnitt dieser Wechselwirkung erhalten.

Aufgabe 27: Totaler Streuquerschnitt

Berechnen Sie als Konsistenzcheck den totalen Streuquerschnitt σ aus Gleichung (14.29).

14.3 Streuprozess im Coulomb-Potential

Eine direkte Kollision zweier Teilchen findet z. B. bei mechanischen Stoßprozessen auf dem Billardtisch statt. Zwei gleichgerichtete Magnete hingegen, die sich aufeinander zubewegen, üben vor einer möglichen Berührung abstoßende Kräfte aufeinander aus und verändern bereits damit ihre ursprünglichen Bewegungsrichtungen.

Einen Streuprozess in einem solchen Kraftfeld bezeichnen wir als **Potentialstreuung**. Bereits im Rahmen der klassischen Mechanik hatten wir solche Streuprozesse bei der Untersuchung der Bahnkurven ungebundener Himmelskörper im Gravitationsfeld der Sonne kennengelernt ($V(r) \propto r^{-1}$). Über die Energie- und Drehimpulserhaltung hatten wir gesehen, dass solche Himmelskörper sich auf Hyperbelbahnen bewegen.

Ein Beispiel für eine **Potentialstreuung am Coulomb-Potential** ist das Experiment von Rutherford. Bei diesem Versuch werden Helium-Kerne eines radioaktiven Alpha-Strahlers an den Gold-Atomen einer Goldfolie gestreut. Die Ursache für den Streuprozess ist die elektromagnetische Abstoßung durch das Coulomb-Potential zwischen den positiven Ladungen des Helium-Kerns und denen des Gold-Kerns (►Tabelle 14.1). Auch hier ergeben sich aufgrund der gleichen Potentialform $V(r) \propto r^{-1}$ Hyperbelbahnen. Diese können z. B. mit demselben Formalismus wie bei den Himmelskörpern berechnet werden (siehe Band 1 [18]).

Atomkern		Protonen	Neutronen
Helium	He	2	2
Gold	Au	79	118

Tabelle 14.1 Atomkerne beim Rutherford-Experiment

Da in diesem Versuch nur die Helium-Kerne kinetische Energie haben, bezeichnen wir sie als **Strahlteilchen** und die ruhenden Gold-Kerne als **Targetteilchen**.

Experiment 32: Rutherford-Experiment

Das Rutherford-Streuexperiment besteht aus einer radioaktiven Quelle, deren Helium-Kerne (α-Teilchen) auf eine dünne Targetfolie aus Gold geschossen werden (►Abbildung 14.5). Mit einem schwenkbaren Detektor wird die Zählrate der gestreuten Helium-Kerne als Funktion des Streuwinkels ϑ gemessen.

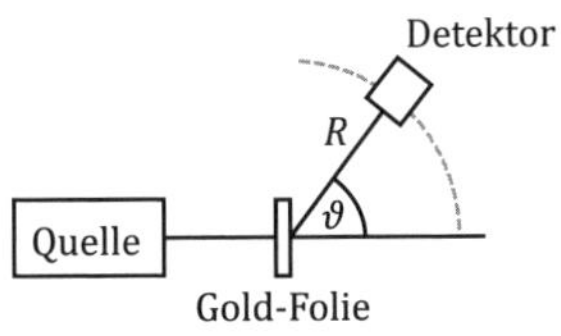

Abbildung 14.5 Im Rutherford-Experiment werden Helium-Kerne auf eine Goldfolie geschossen und die Winkelverteilung der um den Winkel ϑ gestreuten Teilchen mit einem Detektor gemessen.

Wir werden zunächst eine theoretische Vorhersage für den differentiellen Streuquerschnitt des Rutherford-Experiments berechnen. Anschließend werden wir die Messdaten auswerten und den gemessenen differentiellen Streuquerschnitt mit der theoretischen Vorhersage vergleichen.

14.3.1 Zusammenhang Stoßparameter und Streuwinkel

In Abhängigkeit davon, wie dicht die Helium-Kerne auf die Gold-Kerne des Rutherford-Experiments geschossen werden, werden sich verschiedene Streuwinkel ϑ ergeben (►Abbildung 14.6).

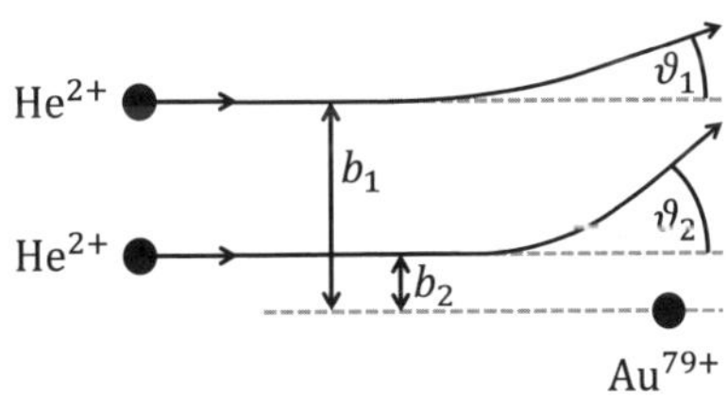

Abbildung 14.6 Ein Gold-Targetteilchen wird unter verschiedenen Stoßparametern b_i mit einem Strahl aus Helium-Kernen beschossen, die daraufhin unter den Winkeln $\vartheta_i(b_i)$ gestreut werden.

Für den theoretisch erwarteten differentiellen Streuquerschnitt berechnen wir den Zusammenhang zwischen dem **Stoßparameter** b und dem **Streuwinkel** ϑ (14.29). Dabei folgen wir hier der klassischen Vorstellung, dass wir die Position des Helium-Kerns zu jedem Zeitpunkt nachverfolgen können. Wir kennen dadurch die abstoßende Coulomb-

Kraft $\vec{F}$ zwischen den Streupartnern mit Ladungszahlen $z = 2$ (Helium) und $Z = 79$ (Gold) in Abhängigkeit vom Abstand $\vec{r}$:

$$\vec{F}(\vec{r}) = \frac{z\,e \cdot Z\,e}{4\,\pi\,\epsilon_\circ}\,\frac{1}{r^2}\,\vec{e}_r \tag{14.30}$$

$$= \frac{z\,Z\,\alpha\,\hbar\,c}{r^2}\,\vec{e}_r = \frac{2\,a_c}{r^2}\,\vec{e}_r \tag{14.31}$$

Dabei bezeichnet e die positive Elementarladung und α die in der Atomphysik gebräuchliche Feinstrukturkonstante (6.2):

$$\alpha = \frac{e^2}{4\,\pi\,\epsilon_\circ\,\hbar\,c} = \frac{1}{137} \tag{14.32}$$

Alle Konstanten fassen wir in einem Parameter zusammen:

$$a_c \equiv \frac{1}{2}\,z\,Z\,\alpha\,\hbar\,c \tag{14.33}$$

Der Streuprozess ist in ►Abbildung 14.7 mit den erforderlichen Berechnungsgrößen gezeigt. Unsere Zeichnung enthält die Näherung, dass sich nur der Helium-Kern bewegt, nicht aber der Gold-Kern. Eigentlich müssen sich wegen der Impulserhaltung beide Kerne bewegen. Da die Gold-Kerne aber im Festkörpergitter gebunden sind und die Massen der Kerne $m_{\mathrm{Au}} \gg m_{\mathrm{He}}$ sehr unterschiedlich groß sind, ist diese Näherung recht gut.

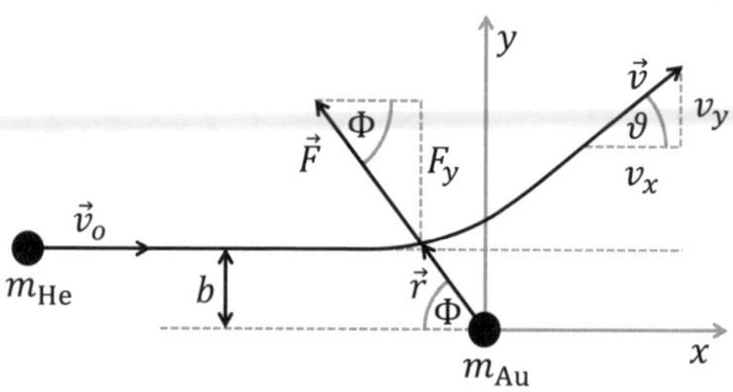

Abbildung 14.7 Bezeichnungen der Kräfte und Winkel bei der Streuung eines Teilchens der Masse m_{He} und Geschwindigkeit $\vec{v}_\circ$ an einer ruhenden Masse m_{Au}

Entscheidend für den Zusammenhang zwischen dem Stoßparameter b und dem Streuwinkel ϑ ist die Ablenkungskraft $\vec{F}$, die quer zur Flugrichtung des Helium-Kerns in y-Richtung wirkt:

$$F_y = |\vec{F}|\,\sin\Phi \tag{14.34}$$

Als Zusatzbedingungen haben wir erstens, dass die Streuung elastisch stattfindet, d. h. nur die Flugrichtung des Helium-Kerns wird verändert, nicht aber die Gesamtenergie des Helium-Kerns. Damit ist sein Geschwindigkeitsbetrag vor und nach dem Streuprozess gleich groß:

$$|\vec{v}_0| = |\vec{v}| \tag{14.35}$$

Als zweite Bedingung gilt die Erhaltung des Drehimpulses:

$$\vec{L} = \text{const.} \tag{14.36}$$

Drehimpulserhaltung: Der Streuvorgang läuft in der Ebene senkrecht zum Drehimpulsvektor $\vec{L} = \vec{r} \times \vec{p}$ ab. Der Betrag des Drehimpulses variiert mit dem Stoßparameter b und beträgt vor dem Streuprozess bei unendlicher Entfernung

$$L\,(\vec{r} = \infty) = m_{\text{He}}\, v_\circ\, b\,. \tag{14.37}$$

Im Nahbereich ist der Drehimpuls L beim Abstand r

$$L(\vec{r}) = m_{\text{He}}\,|\,\vec{r} \times \vec{v}\,|\,. \tag{14.38}$$

Mit $\vec{v} = \vec{\omega} \times \vec{r}$, wobei der Vektor $\vec{\omega}$ parallel zum Drehimpulsvektor $\vec{L}$ steht und den Betrag $|\vec{\omega}| = d\Phi/dt$ hat, ist der Drehimpulsbetrag

$$L(r) = m_{\text{He}}\,|\,\vec{r} \times (\vec{\omega} \times \vec{r})\,| = m_{\text{He}}\,|\,\vec{\omega}\,(\vec{r}\,\vec{r}) - \underbrace{\vec{r}\,(\vec{r}\,\vec{\omega})}_{=0}\,| = m_{\text{He}}\, r^2\, \frac{d\Phi}{dt}\,. \tag{14.39}$$

Die Drehimpulserhaltung hier im Nah- und zuvor im Fernbereich (14.37) liefert demnach den Zusammenhang:

$$v_\circ\, b = r^2\, \frac{d\Phi}{dt} \tag{14.40}$$

Coulomb-Kraft: Der Helium-Kern erfährt quer zu seiner ursprünglichen Flugrichtung die Beschleunigung dv_y/dt (►Abbildung 14.7), die von der y Komponente $F_y = \vec{F}(\vec{r})\,\sin\Phi$ (14.34) der Coulomb-Kraft (14.31) verursacht wird. Wir setzen daher mit Newtons zweitem Gesetz an:

$$m_{\text{He}}\, \frac{dv_y}{dt} = F_y\,(\vec{r}) = |\vec{F}(\vec{r})|\, \sin\Phi = \frac{2\,a_c}{r^2}\, \sin\Phi \tag{14.41}$$

Mit Gleichung (14.40) können wir den r^{-2}-Term ersetzen und erhalten als Beschleunigung:

$$\frac{dv_y}{dt} = \frac{2\,a_c}{m_{\text{He}}\, v_\circ}\, \frac{1}{b}\, \sin\Phi\, \frac{d\Phi}{dt} \tag{14.42}$$

Integration: Wir beschreiben den Vorbeiflug des Helium-Kerns anhand des Winkels Φ (►Abbildung 14.7). Die Integration über den Winkel Φ ergibt die y-Komponente der Geschwindigkeit $v_y = v_\circ\,\sin\vartheta$ des Helium-Kerns nach dem Stoß und damit den Streuwinkel ϑ. Bei der Berechnung berücksichtigen wir, dass $\sin\Phi\, d\Phi = -d\cos\Phi$ ist und dass die Integrationsgrenzen im Unendlichen bei $\Phi_{\text{min}} = 0$ starten und bis zum Winkel $\Phi_{\text{max}} = \pi - \vartheta$ laufen:

$$\int_0^{v_\circ\,\sin\vartheta} dv_y = -\frac{2\,a_c}{m_{\text{He}}\, v_\circ\, b} \int_{\cos(0)}^{\cos(\pi-\vartheta)} d\cos\Phi \tag{14.43}$$

$$v_\circ\,\sin\vartheta = -\frac{2\,a_c}{m_{\text{He}}\, v_\circ\, b}\,[\cos(\pi - \vartheta) - \cos(0)] \tag{14.44}$$

$$= \frac{2\,a_c}{m_{\text{He}}\, v_\circ\, b}\,(1 + \cos\vartheta) \tag{14.45}$$

Mit der trigonometrischen Beziehung vom halben Argument $\cot(\vartheta/2) = (1+\cos\vartheta)/\sin\vartheta$ vereinfachen wir die Gleichung und erhalten folgenden Zusammenhang zwischen dem Stoßparameter b und dem Streuwinkel ϑ:

$$\cot\frac{\vartheta}{2} = \frac{m_{\text{He}}\, v_\circ^2}{2\,a_c}\, b = \frac{E_{\text{kin}}}{a_c}\, b \tag{14.46}$$

Typischerweise ist in den Experimenten die kinetische Energie $E_{\text{kin}} = m_{\text{He}} v_\circ^2/2 = \text{const.}$ für alle Strahlteilchen gleich groß. In Gleichung (14.46) sehen wir, dass dann der Streuwinkel $\vartheta = \vartheta(b)$ nur vom Stoßparameter b abhängt.

Mit den Werten in der ►Tabelle 14.2 ergibt sich die Kurve der ►Abbildung 14.8 für den Zusammenhang zwischen dem Streuwinkel ϑ und dem Stoßparameter b. Verschiedene Streuprozesse, die in der ►Tabelle 14.2 mit (1) bis (3) markiert sind, sind in der ►Abbildung 14.8 rechts skizziert.

	ϑ	$\vartheta/2$	$\cot(\vartheta/2)$	b
(1)	180°	90°	0	0
(2)	90°	45°	1	a_c/E_{kin}
(3)	0°	0°	∞	∞

Tabelle 14.2 Einige Werte für den Zusammenhang zwischen dem Stoßparameter b und dem Streuwinkel ϑ

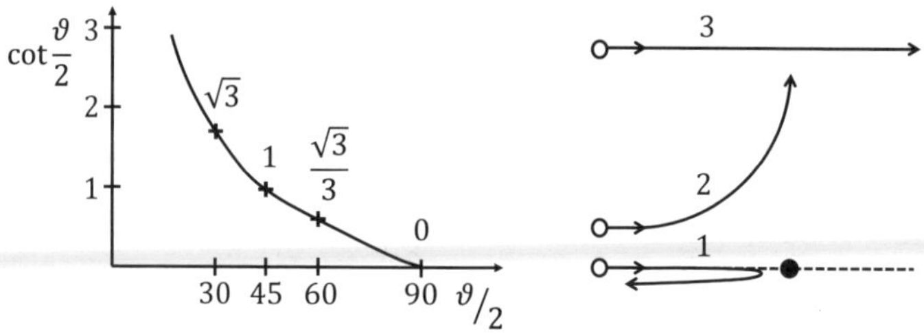

Abbildung 14.8 Links: Konstruktion des Zusammenhangs zwischen dem Stoßparameter b und dem Streuwinkel ϑ mit den Werten der ►Tabelle 14.2; rechts: Die drei Situationen der ►Tabelle 14.2: (1) Rückwärtsstreuung beim zentralen Stoß, (2) Großwinkelstreuung, (3) keine Streuung

14.3.2 Theoretischer differentieller Streuquerschnitt

Zur Berechnung des differentiellen Streuquerschnitts für das Rutherford-Experiment haben wir alle notwendigen Komponenten vorbereitet. Durch den Zusammenhang zwischen dem Stoßparameter b und dem Streuwinkel ϑ in Gleichung (14.46) können wir die Ableitung $db/d\vartheta$ in Gleichung (14.29) berechnen:

$$\frac{db}{d\vartheta} = \frac{a_c}{E_{\text{kin}}} \frac{d}{d\vartheta}\left(\cot\frac{\vartheta}{2}\right) = -\frac{a_c}{E_{\text{kin}}} \frac{1}{2} \frac{1}{\sin^2(\vartheta/2)} \tag{14.47}$$

Wir setzen in die Gleichung für den differentiellen Streuquerschnitt (14.29) die Gleichungen (14.46) und (14.47) ein und erhalten mit $\cot(\vartheta/2) = \cos(\vartheta/2)/\sin(\vartheta/2)$ und

$\sin\vartheta = 2\sin(\vartheta/2)\cos(\vartheta/2)$

$$\frac{d\sigma}{d\Omega} = \left(\frac{a_c}{E_{\text{kin}}}\right)^2 \left(\cot\frac{\vartheta}{2}\right) \frac{1}{2} \frac{1}{\sin^2\frac{\vartheta}{2}} \frac{1}{\sin\vartheta}$$

$$= \frac{1}{2}\left(\frac{a_c}{E_{\text{kin}}}\right)^2 \frac{\cos\frac{\vartheta}{2}}{\sin\frac{\vartheta}{2}} \frac{1}{\sin^2\frac{\vartheta}{2}} \frac{1}{2\sin\frac{\vartheta}{2}\cos\frac{\vartheta}{2}} \tag{14.48}$$

$$= \frac{1}{4}\left(\frac{a_c}{E_{\text{kin}}}\right)^2 \frac{1}{\sin^4\frac{\vartheta}{2}}\,. \tag{14.49}$$

Wir setzen für a_c nach Gleichung (14.33) ein und erhalten die theoretische Vorhersage für den **Rutherford-Streuquerschnitt**:

$$\left.\frac{d\sigma}{d\Omega}\right|_{\text{Theorie}} = \left(\frac{z\,Z\,\alpha\,\hbar\,c}{4\,E_{\text{kin}}}\right)^2 \frac{1}{\sin^4\frac{\vartheta}{2}} \tag{14.50}$$

Der Rutherford-Streuquerschnitt (14.50) *gilt für die rückstoßfreie Streuung nicht-relativistischer Teilchen ohne Spin an einem punktförmigen Streuzentrum.*

Die charakteristische Streuwinkelverteilung des Rutherford-Streuquerschnitts fällt für steigende Streuwinkel sehr stark ab, wie in der ►Abbildung 14.9 gezeigt ist.

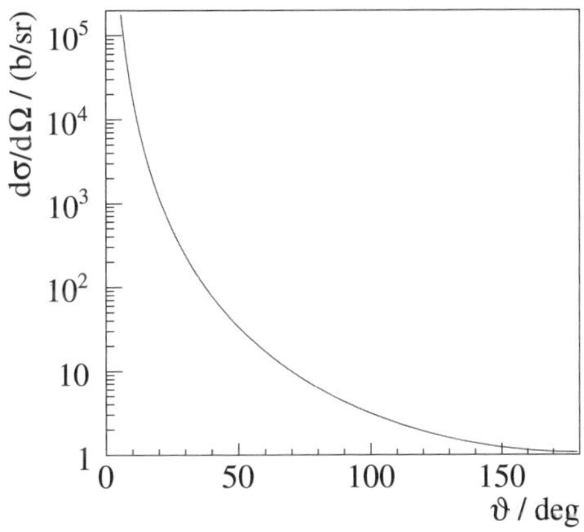

Abbildung 14.9 Der Rutherford-Streuquerschnitt hat die charakteristische steile Winkelverteilung $1/\sin^4\vartheta/2$, die für große Streuwinkel $\vartheta \to 180$ abflacht (Vorfaktor wie in (14.59)).

Die Divergenz des Streuquerschnitts bei kleinen Streuwinkeln wird nicht beobachtet. Bei der Berechnung sind wir davon ausgegangen, dass das Coulomb-Potential der beiden punktförmigen elektrischen Kernladungen unendliche Reichweite hat. Allerdings ist die tatsächliche Reichweite begrenzt, da die Elektronen des Goldatoms seine Kernladung abschirmen.

Quantenmechanische Interpretation eines Streuquerschnitts: Der Streuquerschnitt σ als Flächengröße ist eine hilfreiche Anschauung, wie Streuprozesse zur Vermessung mikroskopischer Strukturen verwendet werden (14.5).

In der Quantenmechanik können wir nur die Wahrscheinlichkeit für einen Streuprozess angeben. Dabei bleibt es ungeklärt, ob das Strahlteilchen die Fläche um das Targetteilchen tatsächlich getroffen hat, oder ob es die Fläche eventuell sogar ungestreut durchquert hat. Als quantitative Angabe für die Streuwahrscheinlichkeit wird aber auch in der Quantenmechanik der Streuquerschnitt in der Flächeneinheit b angegeben. Im Fall des Rutherford-Streuquerschnitts ergeben diese Berechnungen wieder (14.50).

14.4 Rutherford-Streuexperiment

Der prinzipielle Aufbau des Rutherford-Streuexperiments ist in ►Abbildung 14.5 gezeigt. Alle Komponenten von der Erzeugung der Helium-Kerne bis zur Messung im Detektor hinter der Goldfolie befinden sich in einer evakuierten Kammer ($p = 10\,\text{Pa}$), damit die Helium-Kerne nicht von Luftmolekülen abgestoppt werden.

Den differentiellen Streuquerschnitt messen wir in unserem Experiment anhand von Gleichung (14.22):

$$\frac{d\sigma}{d\Omega}(\vartheta) = \frac{\dot{N}(\vartheta, \Delta\Omega)}{\Delta\Omega}\frac{1}{L} \tag{14.51}$$

Wir benötigen die Zählraten $\dot{N}$ unter verschiedenen Streuwinkeln ϑ, die Raumwinkelgröße $\Delta\Omega$ aus der Detektorposition und -größe sowie die Luminosität L des Experiments.

Quelle: Als Quelle für die Helium-Kerne verwenden wir den Alpha-Strahler Americium 241 mit einer Helium-Energie von

$$E_\alpha = 5{,}486\,\text{MeV}\,. \tag{14.52}$$

Hinter einem offenen Spalt mit der Öffnungsbreite 1 mm messen wir das Strahlprofil der einfallenden Kerne und decken dazu den Spalt in verschiedenen Höhen x ab (linke ►Abbildung 14.10). Der Strahl hat einen Durchmesser von ca. 3 mm.

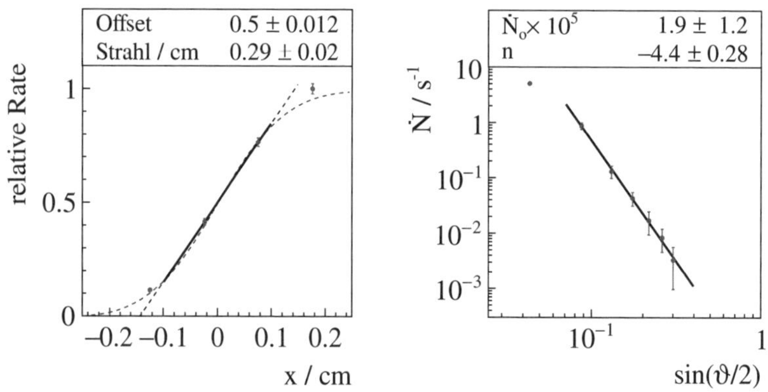

Abbildung 14.10 Links: Das Strahlprofil zeigt einen Durchmesser von ca. 3 mm. Rechts: Die starke Winkelabhängigkeit der Rutherford-Streuprozesse als doppeltlogarithmische Auftragung gegen $\sin\vartheta/2$ zeigt die Potenz n von $\sin^n\vartheta/2$ in der Steigung.

Goldfolie: Als Target verwenden wir eine Goldfolie der Dicke:

$$\Delta x = 2\,\mu\mathrm{m} \tag{14.53}$$

Die Folie ist auf einen Spalt mit der Öffnungsbreite 1 mm geklebt. Senkrecht zu dieser schmalen Spaltöffnung liegt die Ebene der Streuwinkelmessungen. Mit dem oben gemessenen Strahldurchmesser der Helium-Kerne von 3 mm beleuchten wir die Goldfolie auf einer Fläche von $1 \times 3\,\mathrm{mm}^2$.

Die Anzahldichte n der Targetteilchen in der Goldfolie hatten wir bereits in (14.8) berechnet:

$$n = 6 \cdot 10^{28}\,\mathrm{m}^{-3} \tag{14.54}$$

Detektor: Wir verwenden einen Halbleiterdetektor mit der Breite $w = 2\,\mathrm{mm}$ und der Höhe $u = 4\,\mathrm{mm}$. Seine sensitive Fläche $A = w\,u$ positionieren wir im Abstand $R = 30\,\mathrm{mm}$ und erhalten so den Raumwinkel unserer Messungen:

$$\Delta\Omega = \frac{A}{R^2} = \frac{8\,\mathrm{mm}^2}{900\,\mathrm{mm}^2} = 0{,}0089\,\mathrm{sr} \tag{14.55}$$

Luminosität: Zunächst bestimmen wir die Rate $\dot{N}_S$ der Helium-Kerne hinter einem 1 mm breiten, offenen Spalt (ohne Goldfolie) unter dem Winkel $\vartheta = 0°$:

$$\dot{N}_S = 25{,}5\,\mathrm{s}^{-1} \tag{14.56}$$

Die Luminosität (14.12) unseres Experiments beträgt zusammen mit der Targetdichte n (14.8) und der Dicke der Goldfolie Δx (14.53):

$$L = \dot{N}_S\, n\, \Delta x = 25{,}5\,\mathrm{s}^{-1} \cdot 6 \cdot 10^{28}\,\mathrm{m}^{-3} \cdot 2\,\mu\mathrm{m} = 3{,}06 \cdot 10^{-4}\,\mathrm{b}^{-1}\,\mathrm{s}^{-1}\,. \tag{14.57}$$

Zählraten: Mit der Goldfolie messen wir die Zählrate der Helium-Kerne im Detektor unter Streuwinkeln ϑ in 5° Schritten. Die Zählrate bei $\vartheta = 0°$ ist deutlich kleiner als die Rate ohne Goldfolie $\dot{N}_S = 25{,}5\,\mathrm{s}^{-1}$ (14.56):

$$\dot{N}(\vartheta = 0) = 16\,\mathrm{s}^{-1} \tag{14.58}$$

Offenbar finden Streuprozesse statt.

In der rechten ►Abbildung 14.10 sind die Zählraten bei verschiedenen Winkeln $\vartheta > 0$ gezeigt. Aufgrund der erwarteten starken Winkelabhängigkeit $\sin^{-4}(\vartheta/2)$ der Rutherford-Streuung (14.50) haben wir die Zählraten als Funktion des Sinus vom halben Streuwinkel aufgetragen.

In der doppeltlogarithmischen Auftragung verlaufen die Messungen bei Streuwinkeln $\vartheta > 10°$ linear und sind damit mit einem Potenzgesetz $\sin^n(\vartheta/2)$ verträglich. Mit $n = -4{,}4 \pm 0{,}3$ finden wir eine Potenz nahe am erwarteten Wert $n = -4$.

14.4.1 Differentieller Streuquerschnitt

Zur Bestimmung des differentiellen Streuquerschnitts $d\sigma/d\Omega$ setzen wir alle erforderlichen Größen in (14.51) ein: Die Zählraten $\dot{N}$ bei verschiedenen Streuwinkeln ϑ, die Raumwinkelgröße $\Delta\Omega$ (14.55) und die Luminosität L (14.57) unseres Experiments.

In der ►Abbildung 14.11 ist der gemessene differentielle Streuquerschnitt $d\sigma/d\Omega$ in Einheiten barn b (14.2) pro Steradiant sr als Funktion des Streuwinkels ϑ gezeigt.

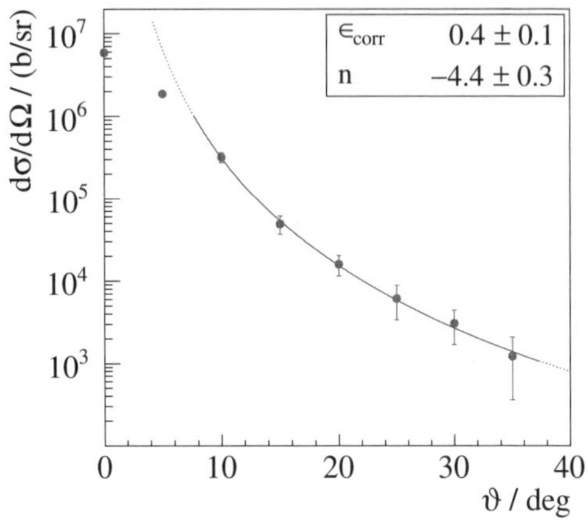

Abbildung 14.11 Differentieller Streuquerschnitt $d\sigma/d\Omega$ für die Rutherford-Streuung von Helium-Kernen an Gold-Kernen aus den Zählratenmessungen bei verschiedenen Streuwinkeln ϑ. Die theoretische Vorhersage (14.60) ist mit der Potenz n für $\sin^n(\vartheta/2)$ und einer Energiekorrektur ϵ_{corr} an die Messdaten angepasst (Kurve).

Vergleich von Messung, Vorhersage: Die Messungen sind mit einer theoretischen Vorhersage für den Streuquerschnitt verglichen (Kurve in ►Abbildung 14.11). Dafür berechnen wir zunächst den Vorfaktor in (14.50) mit den Ladungszahlen des Helium-Kerns und des Gold-Kerns (►Tabelle 14.1), der Feinstrukturkonstanten α (6.2) und der kinetischen Energie des Helium-Kerns (14.52):

$$\left(\frac{z\,Z\,\alpha\,\hbar c}{4\,E_{\text{kin}}}\right)^2 = \left(\frac{2\cdot 79\cdot 197\,\text{MeV fm}}{4\cdot 5{,}486\,\text{MeV}\cdot 137}\right)^2 = 1{,}07\,\text{b} \tag{14.59}$$

Die Helium-Kerne verlieren Energie durch Vielfachstreuungen in der Schutzfolienabdeckung der radioaktiven Quelle, in der Goldfolie und durch Streuungen an verbliebenen Luftmolekülen in der evakuierten Messkammer. Wir berücksichtigen in (14.50) einen Korrekturfaktor ϵ_{corr} für die Energie des Helium-Kerns und lassen die Potenz n von $\sin(\vartheta/2)$ variabel:

$$\frac{d\sigma}{d\Omega} = \frac{1{,}07}{\epsilon_{\text{corr}}^2}\,\frac{1}{\sin^n\frac{\vartheta}{2}}\,\frac{\text{b}}{\text{sr}} \tag{14.60}$$

Die Kurve in ►Abbildung 14.11 zeigt die theoretische Vorhersage unter Anpassung der Parameter n und ϵ_{corr} von Gleichung (14.60) an die Messdaten. Bei genügend großen Streuwinkeln wird das Potenzgesetz mit $n = -4{,}4 \pm 0{,}3$ gut bestätigt.

Der absolute Wert des Streuquerschnitts liegt um den Faktor 6 oberhalb des berechneten Streuquerschnitts. Wir gehen davon aus, dass die verschiedenen Energieverluste der Helium-Kerne insgesamt groß sind, sodass effektiv laut der Anpassung nur $\epsilon_{\mathrm{corr}} = (40 \pm 10)\%$ der ursprünglichen Helium-Energie E_{kin} in den eigentlichen Streuprozess eingeht (E_{kin} steht im Nenner von (14.50)).

Die Divergenz der Kurve bei kleinen Streuwinkeln ist sicher nicht korrekt und beruht auf vereinfachenden Annahmen in unserer Berechnung der Vorhersage. Wir gingen davon aus, dass jedes Strahlteilchen an nur einem Targetteilchen gestreut wird und dabei ausschließlich die punktförmigen positiven Ladungen mit $z = 2$ und $Z = 79$ der beiden Atomkerne mit im Prinzip unendlicher Reichweite der Coulomb-Kraft wirken. Allerdings ist auch im Experiment der Bereich kleiner Streuwinkel wegen der Größe des Detektors nicht einfach zugänglich, sodass wir hier auf den Streuwinkelbereich $\vartheta > 10°$ fokussieren.

Interpretation des Rutherford-Experiments: Entscheidend für Rutherfords Interpretation seines 1911 durchgeführten Experiments sind die hohen gemessenen Zählraten bei großen Streuwinkeln ϑ:

> *Die beobachteten Zählraten bei großen Streuwinkeln können nur erreicht werden, wenn die positiven elektrischen Ladungen im Goldatom auf einen Punkt konzentriert sind.*

Wären die positiven Ladungen über das gesamte Atom verteilt, könnte sich der Helium-Kern unter Vielfachstreuung durch den Gold-Kern bewegen. Dabei wären die Zählraten unter großen Winkeln viel geringer als beobachtet.

Damit hat Rutherford eine grundlegend neue Erkenntnis über die Struktur der Materie erzielt:

> *Atome bestehen aus einem positiv geladenen Atomkern, der nur einen sehr kleinen Raumbereich einnimmt, und eine um viele Größenordnungen größere Atomhülle aus den Elektronen.*

Wir kennen bereits die Größe von Atomen, die im Bereich $\text{Å} = 10^{-10}$ m liegen (Bohrscher Radius (4.6)). Im folgenden Kapitel 15 werden wir Kerngrößen von wenigen Femtometern ($1\,\mathrm{fm} = 10^{-15}$ m) bestimmen.

Ernest Rutherford erhielt bereits kurz vor diesen Versuchen 1908 den Nobelpreis für Chemie für seine Arbeiten zum Zerfall der Elemente und der Chemie radioaktiver Stoffe und hätte den Physik-Nobelpreis für dieses wegweisende Experiment ebenfalls verdient. Sein Experiment ist Vorbild für viele Streuexperimente des 20. und 21. Jahrhunderts, in denen mit immer größeren Energien immer kleinere Strukturen der Materie erforscht werden.

14.4.2 Totaler Streuquerschnitt

Wir schätzen nun die Reichweite der Wechselwirkung über den totalen Streuquerschnitt der Rutherford-Streuung (►Abbildung 14.1). Wir können ihn auf zwei Arten ermitteln, über die mittlere freie Weglänge der ungestreuten Strahlteilchen oder alternativ durch Integration des differentiellen Streuquerschnitts.

Mittlere freie Weglänge: Einerseits können wir die mittlere freie Weglänge $\Lambda = 1/(\sigma\, n)$ (14.18) ausnutzen, die in dem Exponentialgesetz (14.17) enthalten ist:

$$\dot{N} = \dot{N}_S \cdot e^{-\sigma n \, \Delta x} \tag{14.61}$$

Dafür messen wir die Rate der Strahlteilchen unter dem Streuwinkel $\vartheta = 0$ einmal ohne und einmal mit der Goldfolie. Die beleuchtete Fläche muss dabei identisch sein, was durch die 1 mm breite Blende realisiert wurde. Im Experiment ergaben sich als Zählraten ohne die Folie $\dot{N}_S = 25{,}5/\text{s}$ (14.56) und mit der Folie $\dot{N} = 16{,}0/\text{s}$ (14.58).

Zusammen mit der Anzahldichte der Gold-Kerne $n = 6 \cdot 10^{28}/\text{m}^3$ (14.54) und der Foliendicke $\Delta x = 2\,\mu\text{m}$ (14.53) erhalten wir:

$$\sigma = \frac{1}{n\,\Delta x} \ln \frac{\dot{N}_S}{\dot{N}} = 39\,\text{kb} \tag{14.62}$$

Integration differentieller Streuquerschnitt: Als zweite Möglichkeit können wir den differentiellen Streuquerschnitt $d\sigma/d\Omega$ über alle Streuwinkel ϑ integrieren:

$$\sigma = \int \frac{d\sigma}{d\Omega}\, d\Omega = \iint \frac{d\sigma}{d\Omega} \sin\vartheta \, d\vartheta \, d\varphi = 2\,\pi \int \frac{d\sigma}{d\Omega} \sin\vartheta \, d\vartheta \tag{14.63}$$

Der Raumwinkel $d\Omega = \sin\vartheta \, d\vartheta \, d\varphi$ hängt selbst von ϑ und dem Azimutwinkel φ ab. Wegen der azimutalen Symmetrie des Streuprozesses um die Achse des einlaufenden Helium-Kerns erhalten wir für die eine Winkelintegration $\int d\varphi = 2\,\pi$.

Wir nähern das Integral (14.63) durch die Summe über den gemessenen differentiellen Streuquerschnitt in den Winkelintervallen $\Delta\vartheta = 5°$, wie sie in ►Abbildung 14.11 gezeigt sind und starten beim Streuwinkel $\vartheta = 10°$:

$$\sigma = 2\,\pi \sum_{\vartheta=10°}^{\vartheta=35°} \frac{d\sigma}{d\Omega}(\vartheta) \sin\vartheta \, \Delta\vartheta = 43\,\text{kb} \tag{14.64}$$

Das Ergebnis hängt stark von der Entscheidung ab, bei welchem Streuwinkel wir die Summation starten. Bei zu kleinen Streuwinkeln könnten wir allerdings fälschlicherweise ungestreute Strahlteilchen bei der Bestimmung des totalen Streuquerschnitts mitzählen.

Insgesamt ergibt sich mit beiden Verfahren eine ähnliche Größenordnung für den totalen Streuquerschnitt von ca. $\sigma \approx 40\,\text{kb}$ ((14.62), (14.64)).

Reichweite: Zum Verständnis berechnen wir den Radius R der effektiven Wirkfläche aufgrund der Coulomb-Wechselwirkung des Helium-Kerns mit dem Gold-Kern, der zum totalen Streuquerschnitt $\sigma = \pi\, R^2$ gehört:

$$R = \sqrt{\frac{\sigma}{\pi}} = \sqrt{\frac{40\,\text{kb}}{\pi}} = 1{,}1\,\text{pm} \tag{14.65}$$

Dieser Radius liegt nahe der mittleren radialen Aufenthaltswahrscheinlichkeit $\langle r_e \rangle$ der Elektronen in der K-Schale des Goldatoms:

$$\langle r_e \rangle = \frac{\rho}{Z} = \frac{0{,}53 \cdot 10^{-10}\,\text{m}}{79} = 0{,}7\,\text{pm} \tag{14.66}$$

Die Messungen des differentiellen und totalen Streuquerschnitts werden demnach auch durch elektronische Abschirmeffekte beeinflusst.

14.5 Abstand der Streupartner

Im Folgenden untersuchen wir, wie dicht der Helium-Kern an den Gold-Kern herankommt. Dazu bestimmen wir den **Abstand der nächsten Annäherung** δ (►Abbildung 14.12). Der **kleinstmögliche** Wert $\delta_\circ$ ergibt sich beim zentralen Stoß mit rückwärts gestreutem Strahlteilchen.

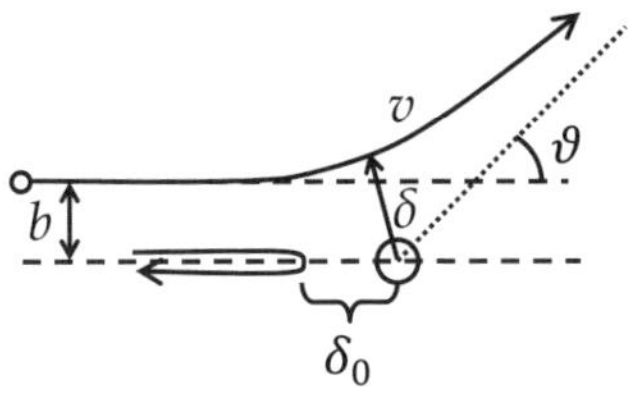

Abbildung 14.12 Definition des Abstands der nächsten Annäherung δ. Der kleinstmögliche Wert $\delta_\circ$ wird beim zentralen Stoß erreicht.

Wir berechnen hier den kleinstmöglichen Abstand $\delta_\circ$ mithilfe der Energieerhaltung. Die Gesamtenergie E des Helium-Kerns ist durch seine anfängliche kinetische Energie $E_{\text{kin}}(r=\infty)$ mit dem Abstand $r=\infty$ der Streupartner gegeben.

Beim Abstand $r=\delta_\circ$ stoppt der Helium-Kern ab, besitzt also nur potentielle Energie. Mit dem Coulomb-Potential $V(r)$ schreiben wir die potentielle Energie wie bei der Coulomb-Kraft (14.31) mit der Konstanten $a_c = z\,Z\,\alpha\,\hbar\,c/2$ (14.33) auf:

$$E_{\text{pot}} = z\,e\cdot V(r) = \frac{2\,a_c}{r} \tag{14.67}$$

Aus der Energieerhaltung bei den Abständen $r=\infty$ und $r=\delta_\circ$

$$E_{\text{kin}}(r=\infty) = E_{\text{pot}}(r=\delta_\circ) = \frac{2\,a_c}{\delta_\circ} \tag{14.68}$$

ergibt sich die kleinstmögliche Annäherung zu:

$$\delta_\circ = \frac{2\,a_c}{E_{\text{kin}}} = \frac{z\,Z\,\alpha\,\hbar\,c}{E_{\text{kin}}} \tag{14.69}$$

Mit steigender Energie der Strahlteilchen kommen sich die Streupartner näher.

Verwenden wir Energie- und Drehimpulserhaltung für jeden möglichen Stoßparameter b der Streupartner, finden wir folgenden allgemeinen Zusammenhang zwischen dem Abstand der kleinsten Annäherung der Streupartner und dem Streuwinkel ϑ (Herleitung in ►Aufgabe 28):

$$\delta = \frac{\delta_0}{2}\left(1+\frac{1}{\sin(\vartheta/2)}\right) = \frac{z\,Z\,\alpha\,\hbar\,c}{2\,E_{\text{kin}}}\left(1+\frac{1}{\sin(\vartheta/2)}\right) \tag{14.70}$$

Aufgabe 28: Abstand Streupartner

Beweisen Sie anhand der Energie- und Drehimpulserhaltung, dass der Abstand δ der kleinsten Annäherung zweier Streupartner durch Gleichung (14.70) gegeben ist.

Beispiel 45: Abstand Streupartner

In unserem Experiment erhalten wir als minimal möglichen Abstand zwischen dem Helium- und dem Gold-Kern (Zahlen wie in (14.59)):

$$\delta_\circ = \frac{z\,Z\,\alpha\,\hbar c}{E_{\text{kin}}} = \frac{2 \cdot 79 \cdot 197\,\text{MeV fm}}{5{,}486\,\text{MeV} \cdot 137} = 40\,\text{fm}\,. \tag{14.71}$$

In ►Abbildung 14.13 ist der berechnete Abstand δ (14.70) der Streupartner als Funktion des Streuwinkels ϑ gezeigt. Die Wirkfläche des totalen Streuquerschnitts (gepunktete Linie bei 1 pm (14.65)) liegt oberhalb des Abstands beim größten Messwinkel $\vartheta = 35°$ unseres Experiments ($\delta = 90\,\text{fm}$, ►Abbildung 14.11). Ebenso liegt er oberhalb des mittleren Radius der Elektronen in der K-Schale (gestrichelte Linie bei 0,7 pm (14.66)).

Der Radius des Gold-Kerns ist mit $R_K = 6{,}5\,\text{fm}$ (gestrichtelte Linie) allerdings eine Größenordnung kleiner als in unserem Experiment erreichbar.

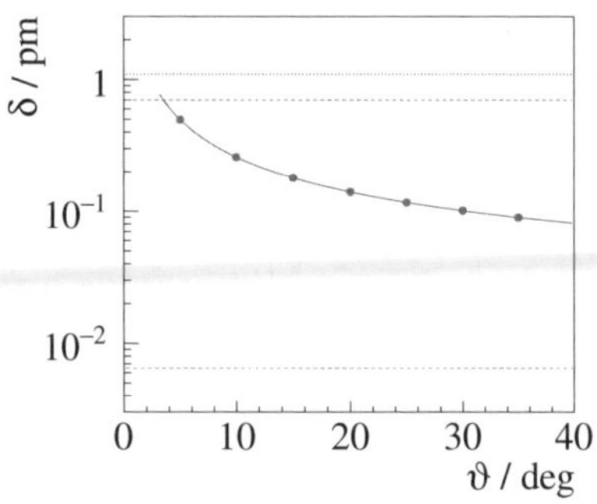

Abbildung 14.13 Radius der effektiven Wirkfläche berechnet aus dem totalen Streuquerschnitt (gestrichelt, oben) und berechnete Abstände δ der nächsten Annäherung. Sie liegen zwischen dem Kernradius $R_K = 6{,}5\,\text{fm}$ (gestrichelt, unten) und dem mittleren Radius der K-Schale (gepunktet, oben) und nähern sich dem kleinstmöglichen Wert $\delta_\circ = 40\,\text{fm}$ der Rückwärtsstreuung.

Streuung innerhalb des Kernfelds: Falls die Energie E_{kin} der Strahlteilchen in (14.70) groß genug ist, kann der Abstand kleinster Annäherung innerhalb des Kernradius liegen $\delta < R_K$ (►obere Abbildung 14.14). Dann weicht der gemessene Streuquerschnitt vom berechneten Streuquerschnitt ab (►untere Abbildung 14.14), weil die Helium-Kerne in die Reichweite der starken anziehenden Wechselwirkung der Gold-Kerne geraten. Die Gleichung (14.70) ist dann nicht mehr anwendbar, da sie aufgrund der ungestörten Coulomb-Wechselwirkung zwischen den Kernen hergeleitet wurde.

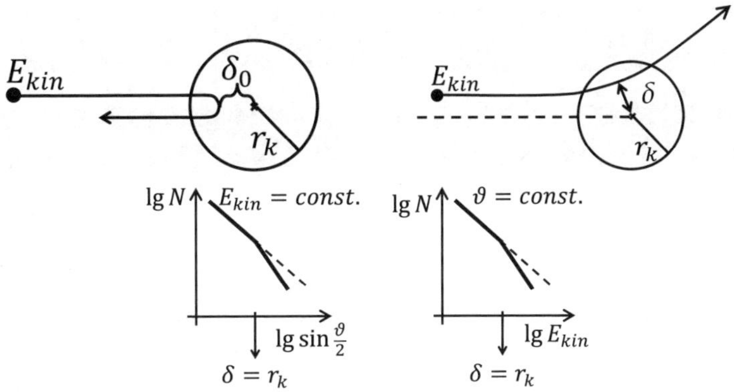

Abbildung 14.14 Oben: Streuprozesse bei Abständen δ kleiner als der Kernradius R_K. Unten: Bei Annäherungen $\delta < R_K$ (14.70) kleiner als der Kernradius R_K weicht der Streuquerschnitt der Rutherford-Streuung von dessen theoretischer Vorhersage ab.

Kernradius: In der ►Abbildung 14.15 sind Messungen mit Helium-Kernen an Beschleunigern gezeigt, die die Abstandsabhängigkeit $\delta(E, \vartheta)$ (14.70) analysieren. Bei der linken Messung an einer Goldfolie wurde der Streuwinkel bei $\vartheta = 60°$ konstant gehalten und die Strahlenergie variiert [21]. Die Abweichung von der Coulomb-Potentialstreuung (gestrichelte Kurve) beginnt bei ca. $E = 27\,\mathrm{MeV}$.

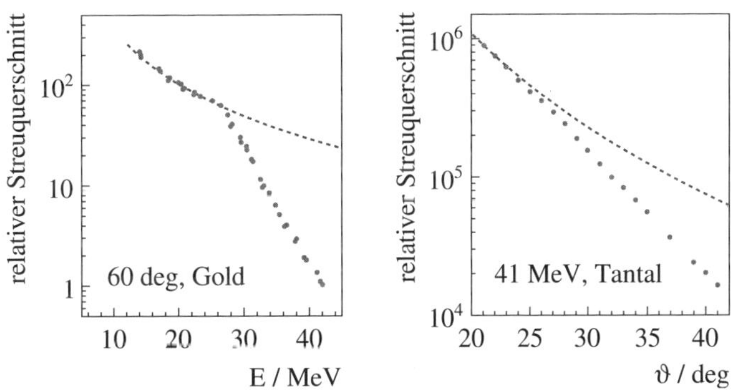

Abbildung 14.15 Dringen die Helium-Kerne in das Kernfeld der Targetkerne ein, bricht die Zählrate der Rutherford-Streuung abrupt ein (Daten aus [21, 42]).

In der rechten Messung an einer Tantalfolie wurde die Strahlenergie bei $E = 41\,\mathrm{MeV}$ gehalten und der Streuwinkel ϑ variiert [42]. Hier ist die Abweichung von der Coulomb-Streuung bei ca. $\vartheta = 24°$ sichtbar. Aus solchen Messungen ergeben sich Schätzungen für die Größe der Kernradien R_K im Femtometer-Bereich.

Das Wichtigste zum Mitnehmen

Zum Mitnehmen: Streuprozess 1

- Teilchen-Streuexperimente sind die Mikroskope zur Untersuchung kleinster Strukturen.

  Der **Streuquerschnitt** σ ist anschaulich die Kreisfläche um ein Targetteilchen, in die ein Strahlteilchen für einen Streuprozess treffen muss. Messprinzip ist der Vergleich Streuratenverhältnis (gestreut/ungestreut) zu Flächenverhältnis (Kreisflächen σ/beleuchtete Fläche). Die **Rate** $\dot{N}$ **gestreuter Strahlteilchen** bei einer **Luminosität** L (Rate Strahlteichen $\dot{N}_S$, Targetdichte n, Target-Foliendicke Δx) ergibt σ in der Einheit barn b:

$$\sigma = \frac{\dot{N}}{L} \tag{14.13}$$

$$L \equiv \dot{N}_S \, n \, \Delta x \tag{14.12}$$

$$1\,\mathrm{b} = 10^{-28}\,\mathrm{m}^2 \,. \tag{14.2}$$

- In der **Quantenmechanik** kennen wir nur die **Wahrscheinlichkeit** für einen **Streuprozess**. Als quantitative Angabe für die Streuwahrscheinlichkeit wird weiterhin der Streuquerschnitt in der Einheit b wie eine effektive Kreisfläche verwendet.
- Die Rate $\dot{N}'$ der ungestreuten Strahlteilchen nimmt mit der Foliendicke Δx exponentiell ab. Bei der **mittleren freien Weglänge** Λ sind noch $1/e$ der anfänglichen Strahlteilchenrate $\dot{N}_S$ ungestreut (Streuquerschnitt σ, Targetdichte n):

$$\dot{N}' = \dot{N}_S \cdot e^{-\Delta x/\Lambda} \tag{14.17}$$

$$\Lambda = \frac{1}{\sigma n} \tag{14.18}$$

- Beim experimentellen **differentiellen Streuquerschnitt** $d\sigma/d\Omega$ wird die Rate der gestreuten Strahlteilchen $\dot{N}$ im **Raumwinkelbereich** $\Delta\Omega$ unter dem **Streuwinkel** ϑ gemessen (Luminosität L (14.12)):

$$\left.\frac{d\sigma}{d\Omega}(\vartheta)\right|_{\text{Experiment}} = \frac{\dot{N}(\vartheta, \Delta\Omega)}{\Delta\Omega}\,\frac{1}{L} \tag{14.22}$$

Zum Mitnehmen: Streuprozess 2

- Der **differentielle Streuquerschnitt** aufgrund der **Coulomb-Wechselwirkung** zweier punktförmiger, nicht-relativistischer Teilchen ohne Spin heißt **Rutherford-Streuquerschnitt**. Für Strahlteilchen mit Energie E_{kin}, Ladungszahl z und Targetteilchen mit Ladungszahl Z lautet die theoretische Vorhersage:

$$\left.\frac{d\sigma}{d\Omega}\right|_{\text{Theorie}} = \left(\frac{z\,Z\,\alpha\,\hbar c}{4\,E_{\text{kin}}}\right)^2 \frac{1}{\sin^4\frac{\vartheta}{2}} \tag{14.50}$$

- Im **Rutherford-Experiment** werden Helium-Kerne ${}^{4}_{2}\text{He}^{2+}$ an einer Goldfolie ${}^{197}_{79}\text{Au}$ gestreut. Die Zählraten bei großen Streuwinkeln ϑ zeigen die Konzentration der positiven Ladungen im Goldatom auf einen winzigen Raumbereich:

  Atome bestehen aus einem sehr kleinen positiv geladenen Atomkern und eine um viele Größenordnungen größere Atomhülle aus den Elektronen.

- Die **kleinstmögliche Annäherung** $\delta_\circ$ zwischen den Streupartnern ergibt sich beim zentralen Stoß mit rückwärts gestreutem Strahlteilchen. Bei genügend hoher Energie E_{kin} des Strahlteilchens dringt es in den Targetkern ein, wodurch sich der Streuquerschnitt abrupt ändert:

$$\delta_\circ = \frac{z\,Z\,\alpha\,\hbar c}{E_{\text{kin}}} \tag{14.69}$$

Elektron-Kern-Streuung

15

ÜBERBLICK

» In diesem Kapitel untersuchen wir elastische und inelastische Streuprozesse zwischen Elektronen und Kernen.

Dafür lernen wir zunächst „Fermis Goldene Regel" kennen, mit der Streuquerschnitte im Rahmen der Quantenmechanik berechnet werden. Der Streuquerschnitt für *elastische* Elektron-Kernstreuung ergibt wie zuvor den Rutherford-Streuquerschnitt, allerdings mit einem zusätzlichen Term des sogenannten „Formfaktors". Der Formfaktor zeigt die räumliche Ladungsverteilung im Atomkern an und ermöglicht präzise Bestimmungen der Atomkerngrößen.

Die *inelastischen* Elektron-Kern-Streuprozesse geben Informationen über die Anregungszustände von Kernen. Bei genügend hohen Elektron-Energien können im Kern einzelne Protonen und Neutronen sowie deren Anregungszustände untersucht werden. Bei noch höheren Elektron-Energien werden die Quarks nachgewiesen, aus denen die Protonen und Neutronen aufgebaut sind. «

15.1 Streuquerschnitt quantenmechanisch

Im Folgenden führen wir Fermis Goldene Regel ein, die Wahrscheinlichkeiten für Streuprozesse beschreibt. Zentraler Term dieser Regel sind Matrixelemente, die die physikalische Ursache für eine Streuung enthalten. Als Anwendung berechnen wir die Elektron-Kern-Streuung. Zuvor erinnern wir kurz an die Matrixelemente der Dipolstrahlung, die Wahrscheinlichkeiten für Elektronen-Übergänge in der Atomhülle erfassen.

Matrixelement für Dipolübergänge: Elektron-Übergänge zwischen Energieniveaus i und j der Atomhülle, bei denen ein einzelnes Photon abgestrahlt wird, bezeichnen wir als Dipolübergänge (Kapitel 9.2). Dafür berechnen wir aus Anfangszustand ψ_i und Endzustand ψ_j des Elektrons das Matrixelement mit dem Dipoloperator $\hat{\vec{p}} = q\,\vec{r}$ (9.17):

$$\vec{M}_{ji} = q \int \psi_j^* \, \vec{r} \, \psi_i \, dV \tag{9.17}$$

Mithilfe solcher Matrixelemente konnten wir die **Wahrscheinlichkeiten pro Sekunde** für verschiedene Elektronen-Übergänge vergleichen:

$$A_{ji} \propto |M_{ji}|^2 \tag{9.21}$$

15.1.1 Fermis Goldene Regel

Um einen Streuquerschnitt quantenmechanisch berechnen zu können, benötigen wir **„Fermis Goldene Regel"**, die in der Theorievorlesung hergeleitet wird. Mit dieser Regel berechnen wir die Wahrscheinlichkeit pro Sekunde W für einen Streuprozess zwischen den Streupartnern:

$$W = \frac{2\pi}{\hbar} \cdot \zeta(E_f) \cdot |M_{fi}|^2 \tag{15.1}$$

Der zentrale Term ist das Matrixelement M_{fi}, mit dem wir die physikalische Ursache für den Streuprozess erfassen. Der Term ζ ist der sogenannte Phasenraumterm, der die möglichen diskreten Endzustände der Streupartner erfasst. Den differentiellen Streuquerschnitt $d\sigma/d\Omega = V/v \cdot W$ erhalten wir durch einen zusätzlichen Multiplikator V/v, den wir weiter unten erläutern werden.

15.1.2 Matrixelement für den Streuprozess

Im Folgenden untersuchen wir den Streuprozess zwischen Elektronen und Atomkernen aufgrund ihrer elektromagnetischen Wechselwirkung. Die Elektronen betrachten wir als die sich bewegenden Strahlteilchen, die Atomkerne als in einem Gitter fest eingebundene Targetteilchen.

Das Matrixelement (15.1) beschreibt den Übergang zwischen dem Anfangszustand ψ_i des Elektrons vor dem Streuprozess und seinem Endzustand ψ_f nach der Streuung, der unter dem Einfluss des Hamilton-Operators $\hat{H}$ für die Gesamtenergie stattgefunden hat:

$$M_{fi} = \int \psi_f^* \, \hat{H} \, \psi_i \, dV \tag{15.2}$$

Coulomb-Potential des Kerns: Die physikalische Ursache einer Elektron-Streuung ist das Coulomb-Potential $\Phi(\vec{r})$ des Kerns, das hier zeitlich und räumlich konstant ist. Damit vereinfacht sich der Hamilton-Operator zum potentiellen Energieoperator mit der Elektronladung e:

$$\hat{H} = \hat{E}_{\text{pot}} = e \cdot \Phi(\vec{r}) \tag{15.3}$$

Beachten Sie in (15.2) zusammen mit (15.3), dass in der quantenmechanischen Berechnung nur der Anfangs- und der Endzustand der Streupartner berücksichtigt wird (►Abbildung 15.1).

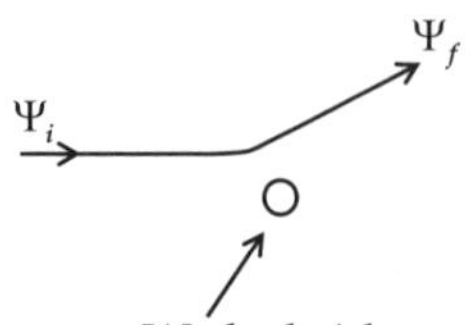

Abbildung 15.1 Der Anfangszustand „initial state" ψ_i geht unter dem Einfluß des Potentials in den Endzustand „final state" ψ_f über.

Genauso wie zuvor beim Matrixelement der Dipolstrahlung (9.17) können wir keine Information über Details möglicher Zwischenzustände erhalten. Das ist anders als in der klassischen Vorstellung, bei der wir über alle Abstände der Streupartner integriert hatten (Kapitel 14.3.1).

Wellenfunktion des Elektrons: Das Elektron beschreiben wir als Materiewelle (Kapitel 2). Representativ dafür ist die Wellenfunktion $\psi(\vec{r}, t)$

$$\psi(\vec{r}, t) = \psi_\circ \, e^{i\,(\vec{k}\cdot\vec{r} - \omega\, t)}\,. \tag{3.31}$$

Den Wellenvektor ersetzen wir durch den Impuls $\vec{p} = \hbar\,\vec{k}$ (2.5) des Elektrons. Bei elastischen Streuprozessen an einem konstanten Potential bleibt die Energie $E = \hbar\omega$ des Strahlteilchens konstant, nur seine Richtung $\vec{p}/|\vec{p}|$ ändert sich. Daher benötigen wir den Term $\omega\, t$ in (3.31) nicht. Im Anfangszustand i vor dem Streuprozess beschreiben wir das Elektron mit seinem Impuls $\vec{p}_i$ daher durch

$$\psi_i = \frac{1}{\sqrt{V}}\, e^{i\,\vec{p}_i\cdot\vec{r}/\hbar}\,. \tag{15.4}$$

Dabei bezeichnet V das durch die Materiewelle eingenommene Volumen. Nach der Wechselwirkung notieren wir das gestreute Elektron mit seinem Impuls $\vec{p}_f$ entsprechend durch:

$$\psi_f = \frac{1}{\sqrt{V}}\, e^{i\,\vec{p}_f\cdot\vec{r}/\hbar} \tag{15.5}$$

Die Differenz der Impulsvektoren des einlaufenden und auslaufenden Elektrons zeigt den Impulsübertrag des Elektrons auf den Kern:

$$\vec{q} = \vec{p}_i - \vec{p}_f \tag{15.6}$$

Beispiel 46: Impulsübertrag, Streuwinkel

Bei elastischen Streuprozessen von Strahlteilchen an einem festen Target lässt sich der Betrag des Impulsübertrags $|\vec{q}|$ (15.6) auf den Streuwinkel ϑ zurückführen (►Abbildung 15.2).

Die elastische Streuung verändert nur die Richtung des Strahlteilchens, nicht aber seine Energie. Die einfallende Strahlenergie $E_i = m\,v_i^2/2 = p_i^2/(2\,m)$ entspricht also der gestreuten Teilchenenergie $E_f = p_f^2/(2\,m)$. Ebenso entsprechen sich die Impulsbeträge vor und nach der Streuung $|\vec{p}_i| = |\vec{p}_f|$.

Um auf den Streuwinkel ϑ zu schließen, quadrieren wir den Impulsübertrag $\vec{q}$ (15.6) und beachten das Skalarprodukt $\vec{p}_i \cdot \vec{p}_f = |\vec{p}_i|\;|\vec{p}_f|\,\cos\vartheta$ sowie eine trigonometrische Funktion:

$$
\begin{aligned}
|\vec{q}\,|^2 &= (\vec{p}_i - \vec{p}_f)^2 = |\vec{p}_i|^2 + |\vec{p}_f|^2 - 2\,\vec{p}_i \cdot \vec{p}_f \\
&= 2\;|\vec{p}_i|^2\;\underbrace{(1-\cos\vartheta)}_{=2\,\sin^2\vartheta/2} = 4\;|\vec{p}_i|^2\;\sin^2\frac{\vartheta}{2}
\end{aligned}
$$

Damit erhalten wir den folgenden Zusammenhang zwischen Impulsübertrag und Streuwinkel:

$$
|\vec{q}\,| = 2\;|\vec{p}_i|\;\sin\frac{\vartheta}{2} \tag{15.7}
$$

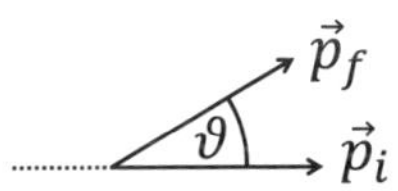

Abbildung 15.2 Der Impuls $\vec{p}_i$ des einlaufenden Teilchens verändert durch den Streuprozess seine Richtung um den Winkel ϑ und geht in den Impuls $\vec{p}_f$ über.

Matrixelement: Das Matrixelement (15.2) für den Elektron-Streuprozess am Coulomb-Potential $\Phi\,(\vec{r})$ des Kerns erhalten wir durch Einsetzen der Wellenfunktionen ψ_i (15.4) und ψ_f (15.5) sowie des potentiellen Energieoperators $\hat{E}_{\text{pot}}$ (15.3):

$$
M_{fi} = \int \psi_f^*\;\hat{E}_{\text{pot}}\,\psi_i\;dV \tag{15.8}
$$

$$
= \frac{e}{V}\int e^{i\,-\vec{p}_f\,\cdot\,\vec{r}/\hbar}\;\Phi\,(\vec{r})\;e^{i\,\vec{p}_i\,\cdot\,\vec{r}/\hbar}\;d\vec{r} \tag{15.9}
$$

$$
= \frac{e}{V}\int \Phi\,(\vec{r})\;e^{i\,\vec{q}\,\cdot\,\vec{r}/\hbar}\;d\vec{r} \tag{15.10}
$$

Im letzten Schritt haben wir den Integranden durch den Impulsübertrag $\vec{q}$ (15.6) vereinfacht.

15.1.3 Formfaktor

Das Coulomb-Potential $\Phi(\vec{r})$ entsteht durch die Ladungsverteilung $\rho(\vec{r})$ der Protonen im Atomkern. In der Elektrodynamik (Band 2 [19]) haben wir für diesen Zusammenhang die Poisson-Gleichung

$$\Delta\Phi = -\frac{\rho(\vec{r})}{\epsilon_\circ} \tag{15.11}$$

kennengelernt, die wegen der zweifachen räumlichen Ableitung $\Delta\Phi$ eine zweifache Integration zur Bestimmung des Potentials Φ erfordern würde.

Bei dem Matrixelement M_{fi} (15.10) können wir aber durch das folgende Theorem der theoretischen Physik sofort ohne Integration ein physikalisches Verständnis von M_{fi} erhalten.

Mathematischer Einschub: Greensches Theorem

Für zwei Skalarfelder u und w, die in großer Entfernung genügend schnell abfallen, gilt bei hinreichend großem Integrationsvolumen:

$$\int (u\,\Delta w - w\,\Delta u)\, d^3x = 0 \tag{15.12}$$

Dafür konstruieren wir vor die Exponentialfunktion $w \equiv e^{i\,\vec{q}\cdot\vec{r}/\hbar}$ in M_{fi} (15.10) zunächst eine zweifache Ableitung Δw:

$$\begin{aligned} \Delta\, e^{i\,\vec{q}\cdot\vec{r}/\hbar} &= -\frac{|\vec{q}|^2}{\hbar^2}\, e^{i\,\vec{q}\cdot\vec{r}/\hbar} \\ -\frac{\hbar^2}{|\vec{q}|^2}\,\Delta\, e^{i\,\vec{q}\cdot\vec{r}/\hbar} &= e^{i\,\vec{q}\cdot\vec{r}/\hbar} \end{aligned}$$

Anschließend verschieben wir in M_{fi} (15.10) die so konstruierte Ableitung Δw mithilfe des Greenschen Theorems (15.12) vor das Potential $u \equiv \Phi$, um die Poisson-Gleichung $\Delta u = \Delta\Phi = \rho/\epsilon_\circ$ (15.11) anwenden zu können:

$$M_{fi} = \frac{e}{V}\,\frac{-\hbar^2}{|\vec{q}|^2} \int \underbrace{\Phi(\vec{r})}_{=u}\, \underbrace{\Delta\, e^{i\,\vec{q}\cdot\vec{r}/\hbar}}_{=\Delta w}\, d\vec{r} \tag{15.13}$$

$$= \frac{e}{V}\,\frac{-\hbar^2}{|\vec{q}|^2} \int \underbrace{\Delta\,\Phi(\vec{r})}_{=\Delta u}\, \underbrace{e^{i\,\vec{q}\cdot\vec{r}/\hbar}}_{=w}\, d\vec{r} \tag{15.14}$$

$$= \frac{e}{V}\,\frac{\hbar^2}{|\vec{q}|^2}\,\frac{1}{\epsilon_\circ} \int \rho(\vec{r})\, e^{i\,\vec{q}\cdot\vec{r}/\hbar}\, d\vec{r} \tag{15.15}$$

Der Integrand zeigt damit die räumliche Ladungsverteilung $\rho(\vec{r})$ (15.11) der Protonen im Atomkern. Mit dem Integral haben wir eine *Fouriertransformation* von den räumlichen Koordinaten $\vec{r}$ auf eine Abhängigkeit vom Impulsübertrag $\vec{q}$ (15.6) auf den Kern.

Integrieren wir die Ladungsverteilung $\rho(\vec{r})$ in räumlichen Koordinaten $\vec{r}$ (ohne Fouriertransformation), erhalten wir die gesamte Kernladung: $\int \rho(\vec{r})\, d\vec{r} = Z\,e$. Damit lautet die normierte Ladungsverteilung der Protonen in räumlichen Koordinaten:

$$f(\vec{r}) = \frac{1}{Z\,e}\,\rho(\vec{r}) \tag{15.16}$$

Die Fouriertransformation der Ladungsverteilung in (15.15), ebenfalls normiert auf die Gesamtladung, bezeichnen wir als Formfaktor:

$$F\,(\vec{q}) = \frac{1}{Z\,e}\int \rho(\vec{r})\,e^{i\,\vec{q}\cdot\vec{r}/\hbar}\,d\vec{r} \tag{15.17}$$

Der Formfaktor $F\,(\vec{q})$ ist die Fouriertransformierte der normierten Ladungsverteilung $f(\vec{r}) = \rho(\vec{r})/Z\,e$ der Protonen im Atomkern.

Damit erhalten wir eine physikalische Interpretation des Matrixelements M_{fi} (15.10). Zusammen mit den Vorfaktoren enthält es Informationen über die Ladungsverteilung und damit die Größe des Atomkerns:

$$M_{fi} = \frac{e}{V}\frac{\hbar^2}{|\vec{q}|^2}\frac{Z\,e}{\epsilon_0}\underbrace{\frac{1}{Z\,e}\int \rho(\vec{r})\,e^{i\,\vec{q}\cdot\vec{r}/\hbar}\,d\vec{r}}_{\text{Formfaktor } F(\vec{q})} = \frac{e}{V}\frac{\hbar^2}{|\vec{q}|^2}\frac{Z\,e}{\epsilon_0}\,F(\vec{q}) \tag{15.18}$$

Beispiel 47: Formfaktor

Für eine Punktladung ist $F\,(\vec{q}) = 1 = \text{const.}$

In ►Abbildung 15.3 sind verschiedene radialsymmetrische Ladungsverteilungen $\rho(r)$ mit ihren zugehörigen Formfaktoren $F(q)$ gezeigt. Für ein Elementarteilchen wie das Elektron, das im Rahmen heutiger Messgenauigkeit keine Substruktur aufweist, ist die Ladung punktförmig. Der Formfaktor ist dann eine Konstante: $F(q) = 1$ (linke ►Abbildung 15.3).

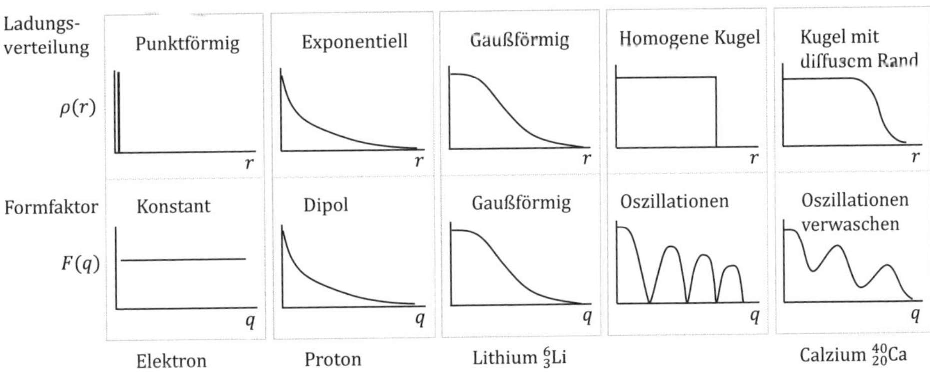

Abbildung 15.3 Beispiele für Formfaktoren $F(q)$ verschiedener radialsymmetrischer Ladungsverteilungen $\rho(r)$

Das Proton ist kein Elementarteilchen, sondern ist aus Quarks zusammengesetzt. Experimentell ergibt sich aus der Dipolform für den Formfaktor eine exponentialförmige Ladungsverteilung (►Abbildung 15.3, 2. von links). Die Fouriertransformierte einer gaußförmigen Ladungsverteilung ergibt einen gaußförmigen Formfaktor (►mittlere Abbildung 15.3).

Eine kugelförmige Ladungsverteilung mit scharfem Rand führt zu Oszillationen beim Formfaktor (►Abbildung 15.3, 2. von rechts). Hat die Kugelform der Ladungsverteilung einen Randbereich mit abklingender Ladungsdichte, ergeben sich verwaschene Oszillationen im Formfaktor (►rechte Abbildung 15.3).

Bei einer Elektron-Kern-Streuung hängt die Wahrscheinlichkeit für einen Streuprozess (15.1) wegen des Matrixelements (15.18) vom Impulsübertrag $\vec{q}$ ab. Wie wir im Folgenden sehen werden, führt der Formfaktor $F(\vec{q})$ kugelförmiger Kerne (►Abbildung 15.3) zu messbaren Oszillationen im differentiellen Streuquerschnitt und damit zur Kerngröße.

15.1.4 Phasenraum

Der Phasenraumterm ζ in Fermis Goldener Regel (15.1) beschreibt, dass die Streupartner nicht beliebige Energiezustände nach dem Streuprozess einnehmen, sondern Werte diskreter Phasenraumpunkte annehmen. Wir berechnen im Folgenden die Anzahl möglicher Endzustände in Abhängigkeit von der Teilchenenergie nach dem Streuprozess.

Teilchen im Kastenpotential: Wir hatten bereits gesehen, dass bei einem eindimensionalen, unendlich hohen Kastenpotential mit der Breite a ein Teilchen mit Masse m nur diskrete Energien mit Quantenzahl n_x annehmen kann (►Abbildung 3.5):

$$E_{n_x} = \frac{1}{2\,m}\,\frac{\hbar^2\,\pi^2}{a^2}\,n_x^2 \tag{3.58}$$

Der Teilchenimpuls p_x lautet wegen $E = p^2/(2\,m)$:

$$p_x = \sqrt{2\,m\,E_{n_x}} = \frac{\hbar\,\pi}{a}\,n_x \tag{15.19}$$

Teilchen im Würfelvolumen: In einem dreidimensionalen Würfelvolumen mit den Kantenlängen a ergeben sich entsprechende Teilchenimpulse p anhand der Quantenzahlen n_x, n_y und n_z:

$$p = \frac{\hbar\,\pi}{a}\,n \quad \text{mit } n^2 = n_x^2 + n_y^2 + n_z^2 \tag{15.20}$$

Die kombinierte Quantenzahl n beschreibt ihrerseits ein Gitter mit diskreten Teilchenzuständen (►Abbildung 15.4), das sich auf das sechsdimensionale Phasenraumvolumen aus Ortsvolumen $V = a^3$ und Impulsraum $\vec{p}$ bezieht:

$$n_x = \frac{a\,p_x}{\hbar\,\pi}\,, \quad n_y = \frac{a\,p_y}{\hbar\,\pi}\,, \quad n_z = \frac{a\,p_z}{\hbar\,\pi} \tag{15.21}$$

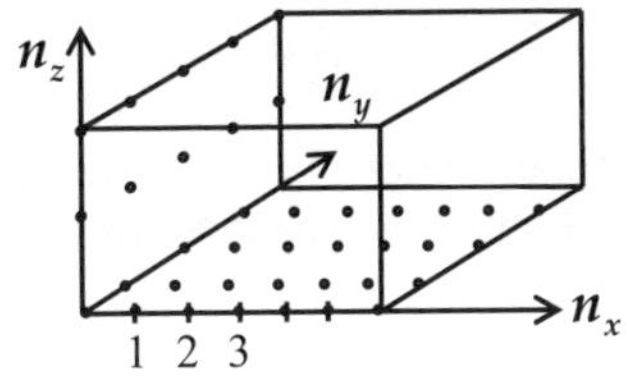

Abbildung 15.4 Punktgitter zur Berechnung des Phasenraums

Differentielle Anzahl der Zustände: Für große Werte von n ist das Punktgitter so dicht, dass wir es als annähernd kontinuierlich betrachten können. Die differentielle Punktdichte dn lautet dafür:

$$dn = dn_x\, dn_y\, dn_z = \left(\frac{a}{\hbar\pi}\right)^3 dp_x\, dp_y\, dp_z = \left(\frac{a}{\hbar\pi}\right)^3 d^3p\,. \tag{15.22}$$

Wir geben hier die Größe des Ortsvolumens $V = a^3$ vor und interessieren uns für die Anzahl dn der Gitterpunkte mit Impulsen im Intervall $[p, p + dp]$. Diese Gitterpunkte liegen innerhalb einer Kugelschale mit dem Radius p und der Dicke dp, sodass wir für d^3p (15.22) Kugelkoordinaten verwenden: $d^3p = 4\,\pi\, p^2\, dp$. Da die Quantenzahlen positiv sind $(n_x, n_y, n_z > 0)$, betrachten wir nur einen Oktanten der Impulskugel und dividieren daher durch 8:

$$d^3p = \frac{1}{8}\, 4\,\pi\, p^2\, dp \tag{15.23}$$

Damit ist die Anzahl der Zustände im Ortsvolumen $V = a^3$:

$$dn = \left(\frac{a}{\pi\hbar}\right)^3 \frac{1}{2}\,\pi\, p^2\, dp = \frac{4\,\pi\, V}{h^3}\, p^2\, dp\,. \tag{15.24}$$

Anzahl Energiezustände nach Streuprozess: Wir suchen die Dichte der möglichen Zustände im Phasenraum als Funktion der Energie $E = p^2/(2\,m)$ der Teilchen nach der Streuung. Dafür transformieren wir dn/dp (15.24) mithilfe von $dE/dp = p/m$:

$$\frac{dn}{dE} = \frac{dn}{dp}\,\frac{dp}{dE} \tag{15.25}$$

$$= \frac{4\,\pi\, V}{h^3}\, p^2\, \frac{m}{p} = \frac{4\,\pi\, V}{h^3}\, \sqrt{2\, m\, E}\, m \tag{15.26}$$

In Fermis Goldener Regel (15.1) ist $\zeta(E)$ die Dichte der Endzustände der Teilchen mit Energie E:

$$\zeta(E) \equiv \frac{dn}{dE} = \frac{4\,\pi\, V}{h^3}\, \sqrt{2\, m^3}\, \sqrt{E} \tag{15.27}$$

Die Anzahl n der Zustände mit Energien zwischen E_1 und E_2 erhalten wir durch Integration

$$n = \frac{4\,\pi\, V}{h^3} \sqrt{2\, m^3} \int_{E_1}^{E_2} \sqrt{E}\, dE\,. \tag{15.28}$$

Falls der Ortsraum auf den Raumwinkel $\Delta\Omega$ eingeschränkt wird, multiplizieren wir (15.27) mit $\Delta\Omega/(4\,\pi)$:

$$\zeta(E, \Delta\Omega) = \Delta\Omega\, \frac{V}{h^3}\, \sqrt{2\, m^3}\, \sqrt{E} \tag{15.29}$$

Für Fermionen müssen wir berücksichtigen, dass jeder Energiezustand mit zwei Teilchen verschiedener Spinstellungen (↑ und ↓) besetzbar ist.

15.1.5 Differentieller Streuquerschnitt

Unser Ziel ist es, ausgedehnte Ladungsverteilungen durch Vergleich des differentiellen Streuquerschnitts mit theoretischen Vorhersagen zu bestimmen.

Übergangswahrscheinlichkeit, Streuquerschnitt: Für die theoretische Vorhersage haben wir **Fermis Goldene Regel** (15.1) vorgestellt, die die Übergangswahrscheinlichkeit für ein Strahlteilchen pro Sekunde angibt:

$$W = \frac{2\pi}{\hbar} \cdot \zeta(E_f) \cdot |M_{fi}|^2 \qquad (15.1)$$

Um aus der Anzahl pro Sekunde einen differentiellen Streuquerschnitts mit Einheit barn zu erhalten, erinnern wir an die Beschreibung des Experiments in Kapitel 14.

Wir bezeichnen wieder mit $\dot{N}_S = N_S/\Delta t$ die Zahl der Strahlteilchen pro Zeit, mit $n = N_T/V$ die Anzahl der Targetteilchen pro Volumen und mit Δx die Foliendicke. Die Anzahl der Teilchen $\dot{N}$, die pro Zeit gestreut werden, ergibt sich zusammen mit dem totalen Streuquerschnitt σ aus:

$$\dot{N} = \dot{N}_S \, n \, \Delta x \, \sigma = \frac{N_S}{\Delta t} \frac{N_T}{V} \Delta x \, \sigma \qquad (14.11)$$

Die theoretische Berechnung betrachtet die Übergangswahrscheinlichkeit pro Sekunde W für ein Strahlteilchen und ein Targetteilchen. W entspricht damit $\dot{N}$ mit $N_S = 1$ und $N_T = 1$ in (14.11). Wir beschreiben die Foliendicke $\Delta x = v \, \Delta t$ mithilfe der Geschwindigkeit v und der Zeit Δt für das Durchqueren der Folie (►Abbildung 15.5) und erhalten den gesuchten Multiplikationsfaktor v/V:

$$W = \dot{N} = \frac{1}{\Delta t} \cdot \frac{1}{V} \cdot v \, \Delta t \cdot \sigma = \frac{v}{V} \cdot \sigma \qquad (15.30)$$

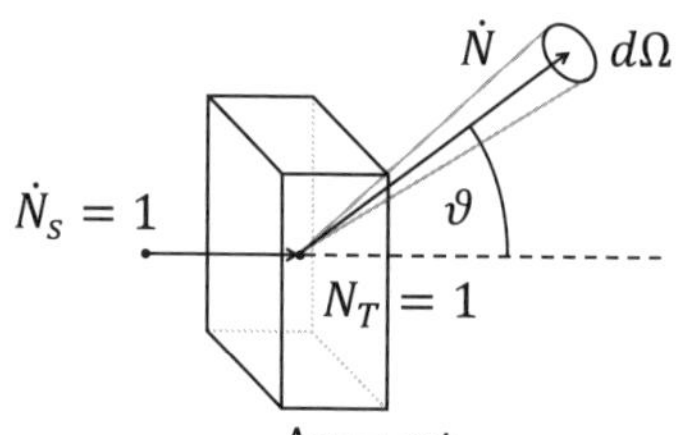

Abbildung 15.5 Übergangswahrscheinlichkeit für ein Strahlteilchen bei einem Streuprozess an einem Targetteilchen

Der **theoretische totale Streuquerschnitt** beträgt mit Fermis Goldener Regel (15.1) und dem Multiplikationsfaktor V/v (15.30).

$$\sigma = \frac{V}{v} \cdot \frac{2\pi}{\hbar} \cdot \zeta(E_f) \cdot |M_{fi}|^2 \qquad (15.31)$$

Differentieller Streuquerschnitt: Den **theoretischen differentiellen Streuquerschnitt** erhalten wir aus Gleichung (15.31), indem wir den Phasenraumterm $\zeta(E, d\Omega)$ (15.29) auf den Raumwinkel $d\Omega$ beschränken. Wir setzen das Matrixelement M_{fi} (15.18) ein. Wegen der elastischen Streuung ist die Energie E der Strahlteilchen nach dem Streuprozess unverändert ($E_f = E$ im Phasenraumterm). Außerdem können wir den Impulsübertrag $\vec{q}$ durch den Streuwinkel ϑ und die Strahlteilchenenergie $E = p_i^2/(2m)$ ausdrücken: $|\vec{q}| = 2\,|\vec{p}_i|\,\sin(\vartheta/2) = 2\sqrt{2\,m\,E}\,\sin(\vartheta/2)$ (15.7). Nach Umsortieren der Terme erhalten wir:

$$d\sigma = \frac{V}{v}\cdot\frac{2\pi}{\hbar}\cdot\zeta(E, d\Omega)\cdot|M_{fi}|^2 \tag{15.32}$$

$$= \frac{V}{v}\cdot\frac{2\pi}{\hbar}\cdot d\Omega\,\frac{V}{h^3}\sqrt{2\,m^3}\sqrt{E}\cdot\left|\frac{e}{V}\,\frac{\hbar^2}{|8\,m\,E\,\sin^2\vartheta/2|^2}\,\frac{Z\,e}{\epsilon_\circ}\,F(\vec{q})\right|^2 \tag{15.33}$$

$$\frac{d\sigma}{d\Omega} = \left(\frac{Z\,e^2}{16\,\pi\,\epsilon_\circ\,E}\right)^2\frac{1}{\sin^4\vartheta/2}\,|F(\vec{q})|^2 \tag{15.34}$$

Mit der Feinstrukturkonstanten $\alpha = e^2/(4\,\pi\,\epsilon_\circ\,\hbar\,c)$ lässt sich (15.34) etwas kompakter schreiben:

$$\frac{d\sigma}{d\Omega} = \left(\frac{Z\,\alpha\,\hbar\,c}{4\,E}\right)^2\frac{1}{\sin^4\frac{\vartheta}{2}}\,|F(\vec{q})|^2 \tag{15.35}$$

Dies entspricht dem Rutherford Streuquerschnitt (14.50) für die Ladung $z = 1$ des Elektrons, erweitert um einen Term $|F|^2$ für die ausgedehnte Ladungsverteilung des Atomkerns. Die Gleichung (15.35) gilt für spinlose Teilchen.

Für die Beschreibung der Elektron-Streuung muss der Elektronenspin und seine Spin-Bahn-Wechselwirkung im Kernfeld berücksichtigt werden. Der resultierende Streuquerschnitt für die sogenannte **Mott-Streuung** wird in den Vorlesungen zur Teilchenphysik diskutiert. Er beruht auf der Dirac-Gleichung und enthält statt der kinetischen Energie E_{kin} die relativistische Gesamtenergie E und einen Korrekturterm $\cos^2(\vartheta/2)$, der den Spin des Elektrons berücksichtigt:

$$\frac{d\sigma}{d\Omega} = \left(\frac{Z\,\alpha\,\hbar\,c}{4\,E}\right)^2\frac{\cos^2\frac{\vartheta}{2}}{\sin^4\frac{\vartheta}{2}}\,|F(\vec{q})|^2 \tag{15.36}$$

15.2 Elastische Streuung

Wichtige Experimente zum Aufschluss über die Kernstrukturen wurden von Robert Hofstadter in Kalifornien mit Elektron-Energien $E_e = 100\ldots1.000\,\text{MeV}$ durchgeführt. Er erhielt dafür 1961 den Nobelpreis.

15.2.1 Streuquerschnitt, Formfaktor

Streuquerschnitt: In der linken ►Abbildung 15.6 sind Streuquerschnittsmessungen für elastische Elektron-Kern-Streuung an Calcium, Indium und Gold als Funktion des Elektron-Streuwinkels ϑ gezeigt (Elektron-Energie $E_e = 183\,\text{MeV}$, Daten aus [28]). Im Vergleich zur Mott-Streuung (15.36) zweier punktförmiger, geladener Objekte (gestrichelte Kurve) zeigen alle gemessenen Streuquerschnitte Oszillationen.

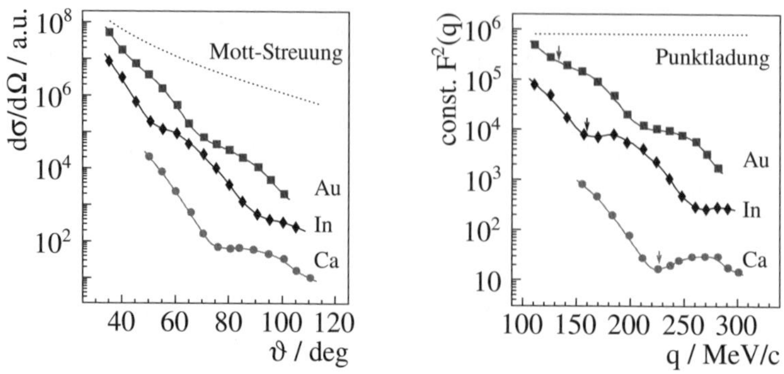

Abbildung 15.6 Links: Gemessene Streuquerschnitte $d\sigma/d\Omega(\vartheta)$ für Elektron-Kernstreuung bei $E_e = 183\,\mathrm{MeV}$; rechts: Quadrat der zugehörigen Formfaktoren $|F(q)|^2$ aus (15.36). Für die Zuordnung der Minima zeigen die Pfeile Skalierungen des Impulsübertrags q mit $A^{-1/3}$ (Daten aus [28]).

Da das Elektron im Rahmen der heutigen Messgenauigkeit punktförmig ist ($r_e < 10^{-18}$ m), können die Strukturen im Streuquerschnitt nur von der Ladungsverteilung in den Atomkernen herrühren, die Formfaktoren $|F|^2 \neq 1$ verursachen.

Formfaktor: Um die Formfaktorquadrate $|F|^2$ der Atomkerne zu bestimmen, werden die gemessenen Streuquerschnitte der linken ►Abbildung 15.6 durch den theoretischen Mott-Streuquerschnitt (15.36) für punktförmige Teilchen mit $|F|^2 = 1$ dividiert (gestrichelte Kurve).

In der rechten ►Abbildung 15.6 sind die Quadrate der Formfaktoren $|F|^2$ als Funktion des Impulsübertrags q (15.7) gezeigt:

$$q = 2\,E_e\,\sin\frac{\vartheta}{2} \tag{15.37}$$

Wegen der hohen Elektron-Energien $E_e = 183\,\mathrm{MeV} \gg m_e = 0{,}511\,\mathrm{MeV}$ im Vergleich zur Elektronmasse haben wir $|\vec{p}_i| = E_e$ (15.37) verwendet und außerdem einen kleinen Zusatzterm aufgrund der Kernmasse m_K vernachlässigt [28].

Die oszillierenden Formfaktoren in der ►Abbildung 15.6 lassen sich durch Fouriertransformation in eine kugelförmige räumliche Ladungsverteilung mit unscharfem Rand übersetzen (►Abbildung 15.3).

15.2.2 Ladungsverteilung

In der ►Abbildung 15.7 sind die räumlichen Ladungsverteilungen $\rho(r)$ von Calcium, Indium und Gold als Funktion des Abstands r gezeigt, die aus den Messungen in ►Abbildung 15.6 extrahiert wurden. Ebenso sind die Ladungsverteilungen vieler weiterer Atomkerne aus zahlreichen Messungen an verschiedenen Materialien abgebildet [29].

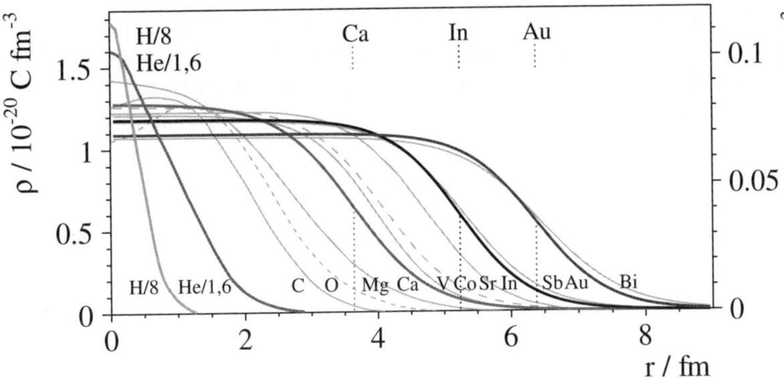

Abbildung 15.7 Die elektrische Ladungsverteilung $\rho(r)$ für verschiedene Kerne [29]

Fermi-Verteilung: Für ausreichend schwere Atomkerne gelingt eine passende Parametrisierung dieser Ladungsverteilungen mit der sogenannten **Fermi-Verteilung**:

$$\rho(r) = \frac{\rho_\circ}{1 + e^{4,4\,(r-R_c)/t}} \tag{15.38}$$

In der oberen ►Abbildung 15.8 ist die Fermi-Verteilung (15.38) für die Gold-Kerne gezeigt, wobei die Ladungsdichte auf $\rho_\circ$ normiert ist. Die Fermi-Verteilung beschreibt eine

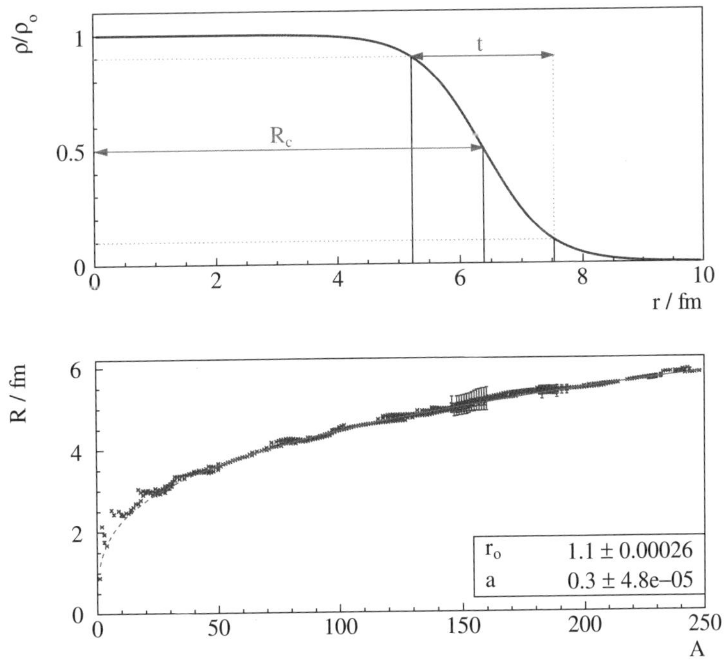

Abbildung 15.8 Oben: Parametrisierung der normierten Ladungsverteilung beispielhaft für Gold-Kerne mit der Fermi-Verteilung (15.38); unten, Kernradien (Root-Mean-Square Radius R) von Isotopen in Abhängigkeit der Nukleonenanzahl A mit Funktionsanpassung $R = r_\circ\, A^a$ (Daten aus [4]).

kugelförmige Ladungsverteilung $\rho(r)$ mit flacher Ladungsdichte $\rho_\circ$ und äußerem Randbereich. Der Radius R_c wird durch den Abfall auf die Hälfte der Ladungsdichte bestimmt, $\rho(R_c) = 50\,\%\,\rho_\circ$. Die Breite t des Rands wird durch den Abfall von $90\,\%$ auf $10\,\%$ der Ladungsdichte bestimmt, was den Faktor $b = 4\ \ln 3 = 4{,}4$ (15.38) auslöst.

Vergleich leichte, schwere Kerne: In ►Abbildung 15.7 beschreibt die Fermi-Verteilung (15.38) die Ladungsverteilungen für Kerne oberhalb von Calcium. Die Ladungsdichte $\rho_\circ$ im Innenbereich der Kerne ist ungefähr gleich groß und ihr Randbereich weist ähnliche Breiten von $t \approx 2{,}4\,\text{fm}$ auf.

Leichtere Kerne haben etwas abweichende Ladungsverteilungen (Kohlenstoff, Sauerstoff, Magnesium). Der Helium-Kern hat eine hohe Ladungsdichte im Innenbereich und ist in ►Abbildung 15.7 mit einem Faktor 1,6 verkleinert.

Der scheinbar einfachste Fall des Wasserstoffkerns mit einem Proton ist in ►Abbildung 15.7 mit einem Unterdrückungsfaktor 8 angedeutet. Der Formfaktor eines einzelnen Nukleons ist wegen der Spins und magnetischen Momente der beteiligten Stoßpartner recht kompliziert und wird durch die sogenannte **Rosenbluth-Formel** mit elektrischen und magnetischen Formfaktoren beschrieben (siehe z. B. [37]). Für das Proton ergibt sich dabei für den magnetischen Formfaktor eine Dipolform, also eine exponentiell abfallende Verteilung (vergleiche ►Abbildung 15.3). Die elektrischen und magnetischen Formfaktoren werden von den Quarks im Proton beeinflusst.

Mittlerer Kernradius: Häufig werden die Details der Ladungsverteilung vernachlässigt und ein **mittlerer Kernradius** R über das **Root-Mean-Square** (RMS) der Ladungsverteilung angegeben $R = \sqrt{5\,\langle r\rangle^2/3}$. Für Gold liegt er nahe bei R_c (15.38) [28] (oberen ►Abbildung 15.8).

15.2.3 Kernradius, Nukleonenanzahl

Aus den gemessenen Ladungsverteilungen der Atomkerne (►Abbildung 15.8) leiten wir einen wichtigen Zusammenhang zwischen dem mittlerem Kernradius R und der Nukleonenanzahl A her.

Nukleonendichte: In der ►Abbildung 15.7 können wir links die Ladungsdichte ρ im Kerninneren für Nukleonenanzahlen $A \gtrsim 40$ mit $\rho \approx 1{,}2\cdot 10^{-20}\,\text{C/fm}^3$ ablesen. Die Anzahl $\nu_p = N_p/V$ der Protonen pro fm^3 können wir damit über die Protonladung $Q_p = 1{,}6\cdot 10^{-19}\,\text{C}$ bestimmen (rechte Achse in ►Abbildung 15.7):

$$\nu_p = \frac{N_p}{V_p} = \frac{\rho}{Q_p} = \frac{1{,}2\cdot 10^{-20}\,\text{C}}{\text{fm}^3}\,\frac{1}{1{,}6\cdot 10^{-19}\,\text{C}} \approx 0{,}075\,\frac{1}{\text{fm}^3} \tag{15.39}$$

Das Volumen V_p, in dem wir ein Proton vorfinden, beträgt damit

$$V_p = \frac{N_p}{\nu_p} = \frac{1}{0{,}075} \approx 13\,\text{fm}^3\,. \tag{15.40}$$

In diesem Volumen befinden sich ebenfalls Neutronen. Die Anzahl N_p der Protonen für schwere Kerne entspricht ungefähr $3/4$ der Anzahl N_n der Neutronen (siehe Nuklidkarte

►Abbildung 13.3). Das Volumen V_N eines Nukleons ist demnach etwas weniger als die Hälfte von V_p:

$$\frac{N_p}{N_p + N_n} = \frac{3}{7} \tag{15.41}$$

$$V_N = \frac{3}{7} V_p \approx 5{,}7\,\text{fm}^3 \tag{15.42}$$

Umgekehrt entspricht das einer Nukleonendichte im Kern von

$$\nu_N = \frac{1}{V_N} = 0{,}18\,\frac{1}{\text{fm}^3}\,. \tag{15.43}$$

Mittlerer Kernradius: Mit dem Volumen V_N (15.42) für ein einzelnes Nukleon können wir auf die Größe eines Atomkerns mit A Nukleonen schließen. Das Gesamtvolumen $V_A = A\,V_N$ soll das Kugelvolumen $V_A = 4/3\,\pi\,R^3$ mit dem Kernradius R einnehmen:

$$V_A = A\,V_N = \frac{4}{3}\,\pi\,R^3 \tag{15.44}$$

Der mittlere Kernradius R entspricht daher der dritten Wurzel aus der Nukleonenanzahl A

$$R = r_\circ\,A^{1/3} \tag{15.45}$$

mit dem Parameter

$$r_\circ = \left(\frac{3\,V_N}{4\,\pi}\right)^{1/3} \approx 1{,}1\,\text{fm}\,. \tag{15.46}$$

In der unteren ►Abbildung 15.8 sind Messungen mittlerer Kernradien R (Root-Mean-Square) für viele Isotope als Funktion der Nukleonenanzahl A gezeigt. Oberhalb von $A \gtrsim 40$ ergibt eine Anpassung der Funktion

$$R = r_\circ\,A^a \qquad a \approx 0{,}3 \quad \text{und} \quad r_\circ \approx 1{,}1\,\text{fm} \tag{15.47}$$

in guter Übereinstimmung mit der erwarteten Potenz $a \approx 1/3$ (15.45) und dem Parameter $r_\circ$ in (15.46). Die gestrichelte Linie in ►Abbildung 15.8 zeigt die Extrapolation der angepassten Kurve zu kleinen Nukleonenanzahlen und zeigt dort kleine Abweichungen von den Messungen.

Für die Rutherford-Streuung von Helium-Kernen an Gold-Kernen (Kapitel 14.5) erwarten wir etwas größere Radien, da sich die starke Wechselwirkung der beiden Kerne schon bei deren Randzonen auswirkt und damit den effektiven Radius vergrößert. Diesen Effekt gibt es in der Elektron-Kernstreuung nicht, da das Elektron nur an elektromagnetischer, nicht aber an starker Wechselwirkung teilnimmt.

Beispiel 48: Massendichte im Atomkern

Die Massendichte im Atomkern ist mit der Abschätzung $V_N = 5{,}7\,\text{fm}^3$ pro Nukleon sehr groß. Mit der Protonmasse von $m_p = 1{,}67 \cdot 10^{-27}$ kg ergibt sich die Massendichte:

$$\rho_N = \frac{m_p}{V_N} = \frac{1{,}67 \cdot 10^{-27}\,\text{kg}}{5{,}7\,\text{fm}^3} \approx 3 \cdot 10^{17}\,\frac{\text{kg}}{\text{m}^3}$$

Zum Vergleich, Wasser hat eine Massendichte von $\rho_{H_2O} = 10^3\,\text{kg/m}^3$.

15.3 Inelastische Streuung

Durch Streuprozesse kann es innerhalb der Atomkerne zu Anregungszuständen der Nukleonen kommen. Ähnlich wie bei den Elektronen in der Atomhülle wechseln dabei Nukleonen ihren Zustand im Kern auf höhere Energieniveaus.

Während wir in den vorangegangenen Kapiteln elastische Elektron-Kern-Streuungen untersucht haben, fokussieren wir hier auf Streuprozesse mit inneren Kernanregungen, die wir entsprechend als *inelastische Streuprozesse* bezeichnen.

Dafür benötigen wir einige Gleichungen der relativistischen Kinematik und erinnern zunächst an Viererimpulse und die Einsteinsche Energie-Massenbeziehung (siehe Band 1 [18]).

15.3.1 Viererimpulsübertrag

Einsteinbeziehung: Nach Einstein stehen die Gesamtenergie E eines Teilchens, seine Ruhemasse m und sein Impuls $\vec{p}$ mit den drei Komponenten p_x, p_y, p_z in folgender Beziehung:

$$E^2 = \vec{p}^{\,2}\,c^2 + m^2\,c^4 \tag{1.28}$$

Für den Fall sehr hoher Gesamtenergien im Vergleich zur Ruhemasse des Teilchens $E \gg m\,c^2$ vereinfacht sich die Einsteinbeziehung zu

$$E \approx |\vec{p}|\,c \quad \text{für } E \gg m\,c^2 \tag{15.48}$$

Viererimpuls: Aus der Gesamtenergie E und dem Impuls $\vec{p}$ bilden wir den Viererimpuls, wobei konventionell die erste Komponente E/c die Gesamtenergie dividiert durch die Vakuumlichtgeschwindigkeit c ist und dann die drei Impulskomponenten p_x, p_y, p_z folgen:

$$\mathbf{p} = \begin{pmatrix} E/c \\ p_x \\ p_y \\ p_z \end{pmatrix} = \begin{pmatrix} E/c \\ \vec{p} \end{pmatrix} \tag{1.12}$$

Das Skalarprodukt eines Viererimpulses mit sich selbst berechnen wir mithilfe der Minkowski-Metrik:

$$\mathbf{p}^2 = (E/c\; p_x\; p_y\; p_z) \begin{pmatrix} 1 & 0 & 0 & 0 \\ 0 & -1 & 0 & 0 \\ 0 & 0 & -1 & 0 \\ 0 & 0 & 0 & -1 \end{pmatrix} \begin{pmatrix} E/c \\ p_x \\ p_y \\ p_z \end{pmatrix} \tag{15.49}$$

$$= \frac{E^2}{c^2} - \vec{p}^{\,2} \tag{15.50}$$

Wegen Einsteins Energie-Masse-Relation (1.28) führen wir das Quadrat eines Viererimpulses auf die Ruhemasse m des Teilchens zurück:

$$\mathbf{p}^2 = \frac{E^2}{c^2} - \vec{p}^{\,2} = m^2\,c^2 \tag{15.51}$$

Streuprozess: Die Elektron-Kern-Streuung beruht auf der elektromagnetischen Wechselwirkung, die durch den Austausch eines Photons zustande kommt (►Abbildung 15.9).

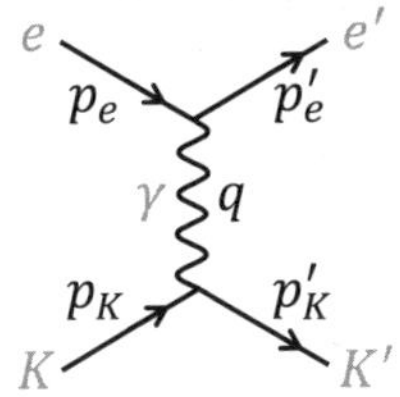

Abbildung 15.9 Streuprozess eines Elektrons $e \to e'$ an einem Kern durch Austausch eines Photons γ. Die Änderung des Viererimpulses $\mathbf{p}_e \to \mathbf{p}_e'$ des Elektrons wird als Impulsübertrag $\mathbf{q}$ auf den Kern übertragen $\mathbf{p}_K \to \mathbf{p}_K'$.

Wir definieren Viererimpulse für das Elektron und den Kern vor und nach der Streuung sowie für das ausgetauschte Photon in ►Tabelle 15.1.

Teilchen	Streuprozess	Viererimpuls
Elektron	vorher	$\mathbf{p}_e$
Elektron	danach	$\mathbf{p}_e'$
Photon	Austauschteilchen	$\mathbf{q}$
Kern	vorher	$\mathbf{p}_K$
Kern	danach	$\mathbf{p}_K'$

Tabelle 15.1 Bezeichnungen der Viererimpulse

Viererimpulsübertrag vom Elektron: Mit den Viererimpulsen können wir direkt die Energie- und die Impulserhaltung ausdrücken. Die Differenz der Elektron-Viererimpulse $\mathbf{p}_e$ vor dem Streuprozess und danach $\mathbf{p}_e'$ entspricht dem Photon-Viererimpuls $\mathbf{q}$:

$$\mathbf{q} = \mathbf{p}_e - \mathbf{p}_e' \tag{15.52}$$

Wir untersuchen hier nur Streuprozesse bei großen Strahlenergien der Elektronen $E_e \gg 1\,\text{MeV}$. Wir quadrieren die Energie-Impulserhaltung (15.52), um aufgrund von $\mathbf{p}_e^2 = m_e^2 c^2$ (15.51) Terme mit der Elektronmasse m_e im Vergleich zu Termen nahe E_e vernachlässigen zu können:

$$\mathbf{q}^2 = (\mathbf{p}_e - \mathbf{p}_e')^2 \tag{15.53}$$

$$= \underbrace{\mathbf{p}_e^2}_{=m_e^2 c^2} + \underbrace{\mathbf{p}_e'^2}_{=m_e^2 c^2} - 2\,\mathbf{p}_e\,\mathbf{p}_e' \tag{15.54}$$

$$\approx -2\,\mathbf{p}_e\,\mathbf{p}_e' \tag{15.55}$$

$$= -2\,(E_e/c\;\vec{p}_e)\begin{pmatrix}1 & 0\\ 0 & -1\end{pmatrix}\begin{pmatrix}E_e'/c\\ \vec{p}_e'\end{pmatrix} \tag{15.56}$$

$$= -2\left(\frac{E_e\,E_e'}{c^2} - |\vec{p}_e|\,|\vec{p}_e'|\cos\vartheta\right) \tag{15.57}$$

Im letzten Schritt haben wir das Skalarprodukt $\vec{p}_e \cdot \vec{p}_e' = |\vec{p}_e|\,|\vec{p}_e'|\,\cos\vartheta$ ausgeführt. Wegen der hohen Energien $E_e, E_e' \gg m_e\,c^2$ können wir $|\vec{p}_e| \approx E_e/c$ und $|\vec{p}_e'| \approx E_e'/c$ nach (15.48) nutzen und unter Verwendung der trigonometrischen Beziehung $\sin^2(\vartheta/2) = (1-\cos\vartheta)/2$ weiter vereinfachen:

$$\mathbf{q}^2 = -2\,\frac{E_e\,E_e'}{c^2}\,(1-\cos\vartheta) \tag{15.58}$$

$$= -4\,\frac{E_e\,E_e'}{c^2}\,\sin^2\frac{\vartheta}{2} \tag{15.59}$$

Wellenlänge des ausgetauschten Photons: In der Experimentalphysik wird per Konvention $Q^2 \equiv -\mathbf{q}^2$ als positive Größe verwendet:

$$Q^2 = 4\,\frac{E_e\,E_e'}{c^2}\,\sin^2\frac{\vartheta}{2} \tag{15.60}$$

Wir interpretieren $\sqrt{Q^2}$ mithilfe der de Broglie-Beziehung $p = h/\lambda$ (2.3) als die Wellenlänge λ des Photons, das bei der Wechselwirkung ausgetauscht wurde (►Abbildung 15.9):

$$\lambda = \frac{h}{\sqrt{Q^2}} \tag{15.61}$$

Damit erhalten wir ein Maß für das **mikroskopische Auflösungsvermögen** des Elektron-Kern-Streuprozesses.

Aufgabe 29: Auflösungsvermögen

Ab welchem Auflösungsvermögen Q^2_{min} in GeV^2/c^2 kann man die Struktur von Nukleonen untersuchen?

Tipp: Benutzen Sie $\hbar \cdot c = 0{,}2\,\text{GeV}\cdot\text{fm}$, $R_{\text{Proton}} \approx 1\text{fm}$ und Gleichung (15.61).

Energieübertrag auf den Kern: Im Folgenden untersuchen wir den Energieübertrag beim Streuprozess auf den Kern (►Abbildung 15.9). Dazu quadrieren wir erneut die Energie-Impulserhaltung in Form der Vierervektoren, dieses Mal auf der Seite des Kerns:

$$\mathbf{p}_K + \mathbf{q} = \mathbf{p}_K' \tag{15.62}$$

$$(\mathbf{p}_K + \mathbf{q})^2 = \mathbf{p}_K'^2 \tag{15.63}$$

$$\underbrace{\mathbf{p}_K^2}_{m_K^2\,c^2} + \underbrace{\mathbf{q}^2}_{=-Q^2} + 2\,\mathbf{p}_K\,\mathbf{q} = \underbrace{\mathbf{p}_K'^2}_{m_K'^2\,c^2} \tag{15.64}$$

Den gemischten Term berechnen wir hier mit dem ruhenden Targetkern $\mathbf{p}_K$ ($E/c = m_K\,c$ und $\vec{p}_K = 0$) und mit dem Viererimpulsübertrag $\mathbf{q} = \mathbf{p}_e - \mathbf{p}_e'$ (15.52):

$$\mathbf{p}_K\,\mathbf{q} = \mathbf{p}_K\,(\mathbf{p}_e - \mathbf{p}_e') \tag{15.65}$$

$$= (m_K c\;\; 0)\begin{pmatrix}1 & 0\\ 0 & -1\end{pmatrix}\begin{pmatrix}(E_e - E_e')/c\\ \vec{p}_e - \vec{p}_e'\end{pmatrix} \tag{15.66}$$

$$= m_K\,(E_e - E_e') \tag{15.67}$$

Wir setzen den Mischterm in (15.64) ein und erhalten insgesamt:

$$m_K^2\, c^2 - Q^2 + 2\, m_K \underbrace{\left(E_e - E_e'\right)}_{\equiv \nu} = m_K'^2\, c^2\,. \tag{15.68}$$

Darin definieren wir als den Energieübertrag:

$$\nu \equiv E_e - E_e' \tag{15.69}$$

In der Gleichung (15.68) erkennen wir bereits zwei Fälle, nämlich gleiche und ungleiche Kernmassen m_K und m_K', die wir im Folgenden ausführlich besprechen.

Elastische Streuung: Bei der *elastischen Streuung* bleibt die Kernmasse unverändert $m_K = m_K'$. Mit Gleichung (15.68) folgt für den quadrierten Viererimpulsübertrag:

$$Q^2 = 2\, m_K\, \nu \tag{15.70}$$

Q^2 ist also proportional zum **Energieübertrag** $\nu = E_e - E_e'$ (15.69). Die Masse des Targets geht als Proportionalitätsfaktor ein.

Inelastische Streuung: Falls Kernresonanzen angeregt werden, handelt es sich um eine *inelastische Streuung*: $m_K' > m_K$. Mit Gleichung (15.68) erhalten wir dann:

$$Q^2 = 2\, m_K\, \nu + \underbrace{\left(m_K^2 - m_K'^2\right) c^2}_{<0} \tag{15.71}$$

Der zweite Term der rechten Seite ist negativ, da $m_K' > m_K$ ist. Um bei einem Elektron-Kern-Streuprozess den Atomkern in einen angeregten Zustand zu versetzen, muss der Energieübertrag vom Elektron größer sein als bei einer elastischen Steuung. Umgekehrt ist dann die Elektron-Energie E_e' nach dem Streuprozess entsprechend kleiner:

$$m_K'^2\, c^2 - m_K^2\, c^2 = 2\, m_K\, \nu - Q^2 \tag{15.72}$$

$$= 2\, m_K\, (E_e - E_e') - 4\, \frac{E_e\, E_e'}{c^2}\, \sin^2 \frac{\vartheta}{2} \tag{15.73}$$

15.3.2 Elastische, inelastische Streuung an Kernen und Nukleonen

In diesem Kapitel stellen wir Messungen elastischer und inelastischer Elektron-Kern-Streuungen vor. Als Orientierung zeigen wir in der ►Abbildung 15.10 schematisch Streuquerschnitte als Funktion der Energie E_e' des gestreuten Elektrons. Die Strahlenergie E_e des Elektrons ist durch die gestrichelte senkrechte Linie am rechten Bildrand gezeigt.

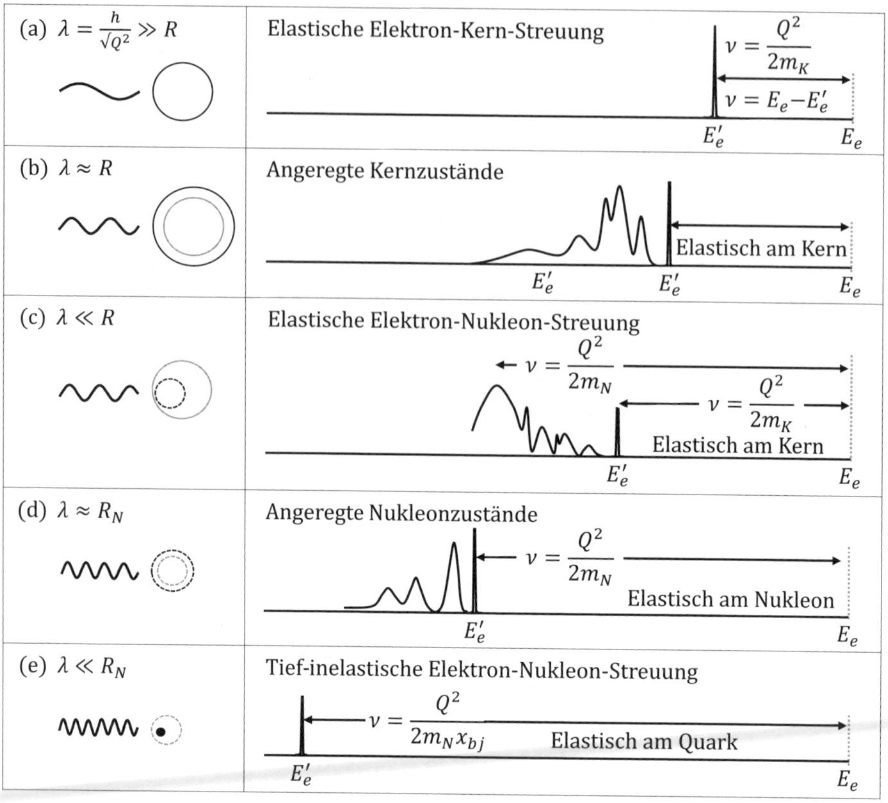

Abbildung 15.10 Der Streuquerschnitt in Abhängigkeit von der gestreuten Energie $E_{e'}$ mit Energieübertrag $\nu = E_e - E_{e'}$: a) Für große Wellenlängen des Photons $\lambda \gg R$ im Vergleich zur Kerngröße R wird das Elektron elastisch gestreut. b) Bei $\lambda \approx R$ werden zusätzlich Resonanzen im Kern angeregt. c) Für $\lambda \ll R$ geschieht zusätzlich elastische Streuung an den Nukleonen, die durch die Fermi-Bewegung verbreitert ist. d) Bei Streuprozessen mit Wellenlängen $\lambda < R_N$ unterhalb der Größe eines Nukleons ergeben sich angeregte Nukleonzustände. e) Für $\lambda \gg R_N$ werden die Konstituenten (Quarks) der Nukleonen sichtbar. x_{bj} bezeichnet den Impulsanteil des Quarks am Nukleon.

Elastische Streuprozesse am Kern: In der oberen ►Abbildung 15.10a hat das ausgetauschte Photon eine große Wellenlänge im Vergleich zum Kernradius R:

$$\lambda = \frac{h}{\sqrt{Q^2}} \gg R \qquad (15.74)$$

Das Auflösungsvermögen des Photons reicht nur zu einer elastischen Streuung am gesamten Atomkern aus. Mit $\lambda = h/\sqrt{Q^2}$ (15.61) ist der quadrierte Viererimpulsübertrag Q^2 vom Elektron auf den Kern klein. Ebenso ist angesichts der großen Kernmasse m_K der Energieübertrag $\nu = Q^2/(2\,m_K)$ (15.70) gering.

Elastische und inelastische Streuprozesse am Kern: In der ►Abbildung 15.10b hat das ausgetauschte Photon eine Wellenlänge λ, die dem Kernradius R entspricht:

$$\lambda = \frac{h}{\sqrt{Q^2}} \approx R \tag{15.75}$$

Hier tritt elastische und inelastische Elektron-Kern-Streuung auf, wie man durch die zusätzlichen Maxima bei größeren Energieüberträgen ν sieht. Der Kern wird durch den inelastischen Streuprozess angeregt (15.71). Da λ kürzer als im ersten Bild (a) ist und damit $Q^2 = 2\,m_K\,\nu$ (15.70) größer, rückt das Maximum der elastischen Streuung zu größeren Werten von ν, also kleineren Werten der gestreuten Elektron-Energie E'_e.

In der ►Abbildung 15.11 sind entsprechende Messungen von Elektron-Streuprozessen an Kohlenstoff-Kernen gezeigt [24]. Die Elektron-Strahlenergie betrug $E_e = 187\,\text{MeV}$. Die Zählrate wurde bei dem Streuwinkel $\vartheta = 80°$ aufgenommen.

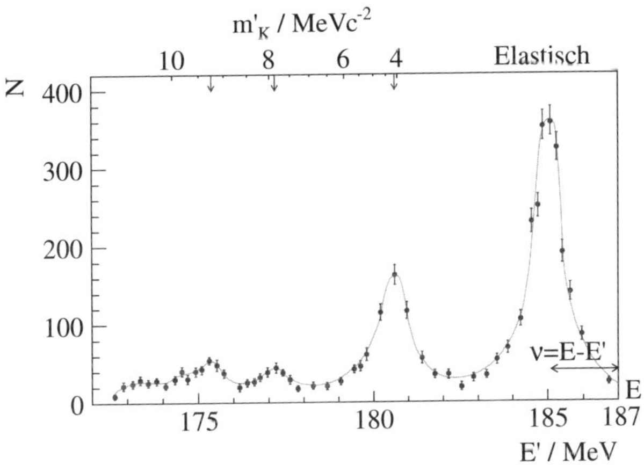

Abbildung 15.11 Streuprozesse von Elektronen mit $E_e = 187\,\text{MeV}$ am Kohlenstoff-Kern ^{12}C beim Streuwinkel $\vartheta = 80°$. Elastische Elektron-Streuprozesse am Kern haben geringen Energieübertrag (rechts). Nach links hin zeigen die Resonanzen verschiedene Anregungszustände von mehreren MeV im Kohlstoff-Kern (obere Skala, Daten aus [24].

Das Zählraten-Maximum rechts in der Abbildung entsteht durch elastische Streuprozesse mit geringen Energieüberträgen $\nu = E_e - E'_e$ (15.69). Bei größeren Werten von ν ergeben sich links mehrere Resonanzen bei den Streuungen, die auf Anregungszustände $m'^2_K\,c^2 - m^2_K\,c^2 = 2\,m_K\,\nu - Q^2$ (15.72) von mehreren MeV im Kohlenstoff-Kern hinweisen (obere Skala in ►Abbildung 15.11).

Elastische Streuprozesse am Nukleon: Bei noch größeren Werten von Q^2 ist das Auflösungsvermögen des Photons so groß, dass es zu elastischen Streuprozessen zwischen dem Elektron und den Konstituenten des Kerns, den Nukleonen kommt (►Abbildung 15.10c):

$$\lambda = \frac{h}{\sqrt{Q^2}} \ll R \tag{15.76}$$

Ganz links ist eine breite Verteilung im Streuquerschnitt zu sehen, deren Maximum gerade dem Energieverlust entspricht, der von der Nukleonmasse m_N herrührt: $\nu = Q^2/(2\,m_N)$ analog zu (15.70).

In der ►Abbildung 15.12 zeigen wir den Vergleich zwischen Elektron-Streuprozessen an „freien" Protonen des Wasserstoffkerns ^{1}H und denen an Deuterium-Kernen ^{2}H [44]. Beide Messungen wurden bei der Elektron-Strahlenergie $E_e = 500\,\text{MeV}$ unter dem Streuwinkel $\vartheta = 135°$ aufgenommen. Bei der Streuung am Deuteron sieht man eine starke Verbreiterung der Zählratenverteilung für elastische Streuungen an einem gebundenen Proton im Vergleich zur Streuung am freien Proton.

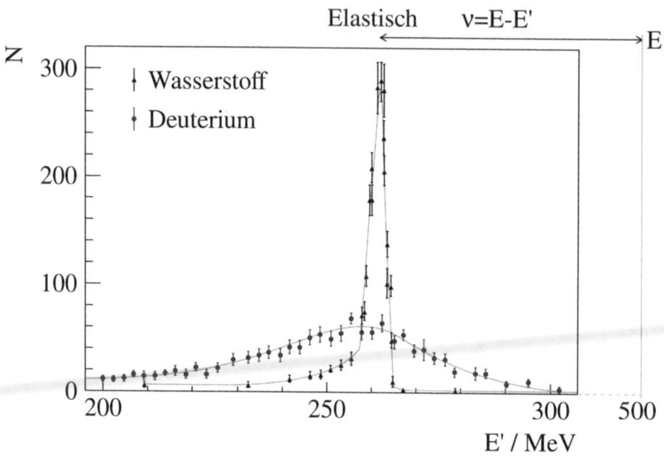

Abbildung 15.12 Bei der elastischen Elektron-Streuung an Deuteronen (Strahlenergie $E_e = 500\,\text{MeV}$, Streuwinkel $\vartheta = 135°$) ist der Streuquerschnitt wegen der Fermi-Bewegung der Nukleonen gegenüber der elastischen Streuung am freien Proton verbreitert (Daten aus [44]).

Durch die Bindung der Nukleonen in dem Atomkern von wenigen Femtometern fm Größe ergibt sich ein hoher Impuls p_N der Nukleonen. Diese Bewegung der Nukleonen im Atomkern wird **Fermi-Bewegung** genannt. Genauere Vorstellungen von den gebundenen Nukleonen im Kern werden wir im Kapitel 16 erarbeiten.

Nukleon-Resonanzen: Bei noch größeren Werten der Impulsüberträge $\sqrt{Q^2}$ werden auch die Nukleonen intern angeregt, es kommt zu Nukleon-Resonanzen (►Abbildung 15.10d). Dafür muss die Wellenlänge des Photons in der Größenordnung des Nukleon-Radius R_N liegen:

$$\lambda = \frac{h}{\sqrt{Q^2}} \approx R_N \qquad (15.77)$$

In der ►Abbildung 15.13 sind Messungen der Elektron-Proton-Streuung bei Elektron-Strahlenergien von $E_e = 4{,}879\,\text{GeV}$ unter dem Streuwinkel $\vartheta = 10°$ gezeigt [7]. Die elastischen Streuprozesse sind bei der gestreuten Elektron-Energie $E_e' = 4{,}5\,\text{GeV}$ sichtbar und wurden hier um den Faktor 15 abgesenkt.

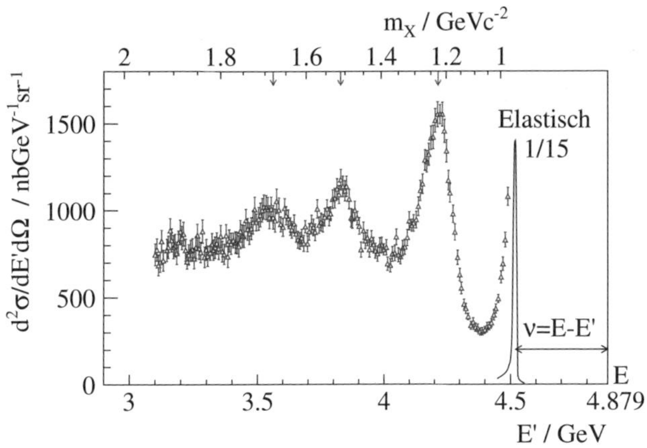

Abbildung 15.13 Nukleon-Resonanzen: Bei höheren Energien werden zusätzlich zur elastischen Streuung die einzelnen Nukleonen in inelastischen Stößen in innere Anregungszustände versetzt (Daten aus [7]).

Das Streuquerschnittsmaximum um $E'_e = 4{,}2\,\text{GeV}$ zeigt die sogenannte Δ-Resonanz an, ein Teilchen mit der Masse $m = 1.232\,\text{MeV}$ [45] (obere Skala in ►Abbildung 15.13). Links davon sind zwei weitere Resonanzen sichtbar.

Tief-inelastische Elektron-Nukleon-Streuung: Ist das Quadrat des Viererimpulsübertrags Q^2 noch viel höher

$$\lambda = \frac{h}{\sqrt{Q^2}} \ll R_N \,, \tag{15.78}$$

kommt es in der sogenannten „tief-inelastischen" Elektron-Proton-Streuung zu direkten Wechselwirkungen mit den Konstituenten des Protons, den Quarks (►Abbildung 15.10e). Die Streuung an den strukturlosen Quarks macht sich in einem neuen Formfaktor bemerkbar, der als *Strukturfunktion* bezeichnet wird. Für bestimmte Werte des Impulsanteils x_{bj} der Quarks am Proton ist die Strukturfunktion konstant und unabhängig von Q^2 (vergleiche ►Abbildung 15.3) und zeigt eindrücklich die elastische Streuung an den punktförmigen Ladungen der Quarks.

Die ersten frühen Experimente, die zur Entdeckung der Quarks führten, wurden mit der Elektron-Proton-Streuung in Stanford (USA) durchgeführt. Jerome I. Friedman, Henry W. Kendall und Richard E. Taylor wurden dafür 1990 mit dem Nobelpreis ausgezeichnet.

In der ►Abbildung 15.14 sind moderne Messungen von den Experimenten des HERA-Beschleunigers gezeigt, bei denen sowohl die Elektronen (oder Positronen, d. h. Antiteilchen der Elektronen) auf $E_e = 27{,}5\,\text{GeV}$ als auch die Protonen auf $E_e = 920\,\text{GeV}$ beschleunigt und zur Kollision gebracht wurden [1]. Gezeigt ist der sogenannte reduzierte Streuquerschnitt σ_{red} der Positron-Proton-Streuung, bei dem der Streuquerschnitt bereits durch die Faktoren einer Streuung von punktförmigen Ladungen dividiert wurde, um die Strukturfunktion zu zeigen. Die Strukturfunktion des Protons wird in den Vorlesungen zur Teilchenphysik diskutiert.

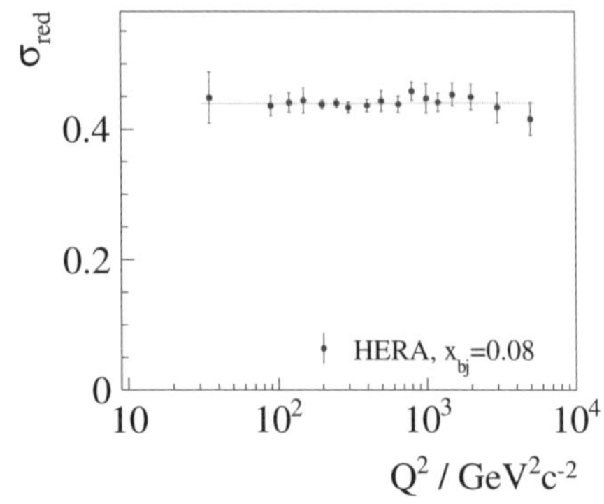

Abbildung 15.14 Tief-inelastische Elektron-Proton-Streuung an den strukturlosen Bausteinen der Nukleonen, den Quarks, macht sich durch einen konstanten neuen Formfaktor (Strukturfunktion) bemerkbar. Die Variable $x_{bj} = Q^2/(2\nu m_N)$ gibt im Quarkmodell den Impulsanteil eines Quarks im Nukleon an (Daten aus [1]).

Zusammenfassung der Elektron-Streuprozesse: In der ►Tabelle 15.2 fassen wir die verschiedenen Streuungen des Elektrons an Kernen und Nukleonen zusammen.

E_e/GeV	Q^2	Photon $\lambda = h/\sqrt{Q^2}$ Kern: R Nukleon: R_N	Elektron-Streuprozess
$E_e \lesssim 0{,}1$		$\lambda \gg R$	Elastische Elektron-Kern-Streuung
$E_e > 0{,}1$	$\uparrow$	$\lambda \approx R$	Anregung Kernresonanzen
$E_e \approx 1$	$\uparrow\uparrow$	$\lambda \ll R$	Elastische Elektron-Nukleon-Streuung
$E_e > 1$	$\uparrow\uparrow\uparrow$	$\lambda \approx R_N$	Anregung Nukleon-Resonanzen
$E_e \gtrsim 10$	$\uparrow\uparrow\uparrow\uparrow$	$\lambda \ll R_N$	Tief-inelastische Elektron-Nukleon-Streuung

Tabelle 15.2 Bei Elektron-Streuungen an Kernen und Nukleonen zeigt das Quadrat des Viererimpulsübertrags Q^2 die Wellenlänge λ des ausgetauschten Photons und damit das mikroskopische Auflösungsvermögen der elektromagnetischen Streuprozesse an. Große $Q^2 = 2\,m\,(E_e - E'_e)$ (15.70) erfordern hohe Elektron-Strahlenergie E_e.

Das Quadrat des Viererimpulsübertrags Q^2 zeigt die Wellenlänge λ des ausgetauschten Photons und somit das mikroskopische Auflösungsvermögen der elektromagnetischen Streuprozesse. Je größer Q^2 ist, desto kleiner ist $\lambda = h/\sqrt{Q^2}$ (15.61). Um große Q^2-Werte zu erreichen, braucht es wegen $Q^2 = 2\,m\,\nu$ (15.70) hohe Energieüberträge $\nu = E_e - E'_e$ (15.69) und damit hohe Elektron-Strahlenergien E_e.

Bei Elektron-Energien im Bereich $E_e \approx 100\,\text{MeV}$ werden die Ladungsverteilungen der Atomkerne sichtbar. Darüber werden Kernresonanzen gemessen. Bei $E_e \approx 1\,\text{GeV}$ werden die Nukleonen im Kern messbar. Mit $E_e > 1\,\text{GeV}$ können Nukleon-Resonanzen und ab $E_e \gtrsim 10\,\text{GeV}$ die Quarks in den Nukleonen untersucht werden.

Das Wichtigste zum Mitnehmen

Zum Mitnehmen: Elektron-Kern-Streuung 1

- Beim elektromagnetischen Streuprozess wird zwischen Elektron (Energie $E_e \gg m_e$) und Atomkern oder Nukleon (Masse m) ein Photon mit Viererimpuls $\mathbf{q} = \mathbf{p}_e - \mathbf{p}'_e$ (15.52) ausgetauscht. $Q^2 \equiv -\mathbf{q}^2$ zusammen mit dem Energieübertrag ν (15.69) zeigen **elastische** und **inelastische Streuprozesse** an. Die Wellenlänge λ (15.61) des **Photons** gibt ein Maß für das **Auflösungsvermögen** des Streuprozesses:

Quad. Photon-Viererimpuls	$Q^2 = 4\,\frac{E_e\,E'_e}{c^2}\,\sin^2\frac{\vartheta}{2}$	(15.60)
Energieübertrag	$\nu = E_e - E'_e$	(15.69)
Elastisch	$Q^2 = 2\,m\,\nu$	(15.70)
Inelastisch	$Q^2 = 2\,m\,\nu + \left(m^2 - m'^2\right)c^2$	(15.71)
Auflösung	$\lambda = \frac{h}{\sqrt{Q^2}}$	(15.61)

  Abhängig von der Elektron-Energie ergeben sich:

Elastische Elektron-**Kern**-Streuung	$E_e \lesssim 0{,}1$	GeV
Inelastische Anregung **Kernresonanzen**	$E_e > 0{,}1$	GeV
Elastische Elektron-**Nukleon**-Streuung	$E_e \approx 1$	GeV
Inelastische Anregung **Nukleon-Resonanzen**	$E_e > 1$	GeV
Tief-inelastische Elektron-Nukleon-Streuung	$E_e \gtrsim 10$	GeV

- Mit **Fermis Goldener Regel** berechnen wir den **Streuquerschnitt quantenmechanisch** über die Wahrscheinlichkeit eines Streuprozesses pro Sekunde W. Das **Matrixelement** M_{fi} beschreibt den Übergang vom Elektron-Anfangszustand ψ_i zum Endzustand ψ_f mit dem **Coulomb-Potential** im Hamilton-Operator $\hat{H} = e \cdot \Phi$. Der **Phasenraumterm** $\zeta(E)$ enthält die energieabhängige Dichte der möglichen Endzustände:

$$W = \frac{2\pi}{\hbar} \cdot \zeta(E_f) \cdot |M_{fi}|^2 \qquad (15.1)$$

$$M_{fi} = \int \psi_f^*\,\hat{H}\,\psi_i\,dV \qquad (15.2)$$

$$\zeta(E) \equiv \frac{dn}{dE} = \frac{4\,\pi\,V}{h^3}\,\sqrt{2\,m^3}\,\sqrt{E} \qquad (15.27)$$

Zum Mitnehmen: Elektron-Kern-Streuung 2

- Der **elastische Elektron-Kern-Streuquerschnitt** enthält über die Poisson-Gleichung $\Delta\Phi = \rho(\vec{r})/\epsilon_\circ$ Zugriff auf die **Fouriertransformierte** der normierten **Ladungsverteilung** $\rho(r)/(Z\,e)$ des **Atomkerns**, die als **Formfaktor** $F(\vec{q})$ bezeichnet wird (Photon-Impulsübertrag $\vec{q}$ (15.7)):

$$\frac{d\sigma}{d\Omega} = \left(\frac{Z\,\alpha\,\hbar\,c}{4\,E}\right)^2 \frac{1}{\sin^4\frac{\vartheta}{2}}\,|F(\vec{q})|^2 \qquad (15.35)$$

$$F(\vec{q}) = \frac{1}{Z\,e}\int \rho(\vec{r})\,e^{i\,\vec{q}\cdot\vec{r}/\hbar}\,d\vec{r} \qquad (15.17)$$

$$|\vec{q}| = 2\,|\vec{p}_i|\,\sin\frac{\vartheta}{2} \qquad (15.7)$$

Der Formfaktor $F(\vec{q})$ (15.17) führt bei annährend kugelförmigen Ladungsverteilungen der Atomkerne zu **Oszillationen** im Streuquerschnitt. Bei quantitativen Auswertungen benötigt man einen Korrekturterm $\cos^2(\vartheta/2)$ für den Spin des Elektrons (*Mott-Streuung*):

$$\frac{d\sigma}{d\Omega} = \left(\frac{Z\,\alpha\,\hbar\,c}{4\,E}\right)^2 \frac{\cos^2\frac{\vartheta}{2}}{\sin^4\frac{\vartheta}{2}}\,|F(\vec{q})|^2 \qquad (15.36)$$

- Die **radialen Ladungsverteilungen** $\rho(r)$ der Atomkerne mit Nukleonenanzahl $A > 40$ folgen näherungsweise einer **Fermi-Verteilung** (mit Konstanten a, R_c, t). Die **mittleren Kernradien** $R(A)$ steigen mit $A^{1/3}$, das kugelförmige **Kernvolumen** entsprechend mit $V \propto A$, womit sich das mittlere **Volumen V_N eines Nukleons** ergibt:

$$\rho(r) = \frac{\rho_\circ}{1 + e^{a\,(r-R_c)/t}} \qquad (15.38)$$

$$R = r_\circ\,A^{1/3} \quad \text{mit } r_\circ \approx 1{,}1\,\text{fm} \qquad (15.45)$$

$$V_N \approx 5{,}7\,\text{fm}^3 \qquad (15.42)$$

Nukleonen im Atomkern

16

ÜBERBLICK

» Nukleonen sind keine Elementarteilchen. Sie bestehen aus Quarks und Gluonen, deren Bindungszustände auf der starken Wechselwirkung beruhen. Wir werden zunächst diese Teilchen im Zusammenhang mit den heute bekannten Elementarteilchen und ihren Wechselwirkungen vorstellen.

Nukleonen, die sich in Femtometer-Entfernung voneinander befinden, können durch starke Wechselwirkung ihrer Quarks und Gluonen Bindungszustände eingehen.

Es gibt verschiedene Modellbeschreibungen dieser effektiven starken Wechselwirkung zwischen den Nukleonen eines Atomkerns. Wir beschreiben in diesem Kapitel das Fermi-Gasmodell, das Tröpfchenmodell und das Schalenmodell. Jedes dieser Modelle ist für die Beschreibung ganz bestimmter Beobachtungen über Atomkerne besonders gut geeignet. «

16.1 Starke Wechselwirkung

In diesem Abschnitt stellen wir die elementaren Materieteilchen und ihre fundamentalen Wechselwirkungen vor. Wir beschreiben das Potential der starken Wechselwirkung zwischen einem Quark und einem Antiquark. Anschließend diskutieren wir eine Vorstellung von der Nukleonenbindung im Atomkern.

16.1.1 Materieteilchen

In der ►Tabelle 16.1 sind die Elementarteilchen zusammengestellt, aus denen Materie aufgebaut ist. Wir zeigen hier einen Auszug ihrer Teilcheneigenschaften. Eine gemeinsame Eigenschaft dieser Materieteilchen ist der Spin: Alle genannten Teilchen tragen Spin 1/2 und sind damit Fermionen.

Elektronen gehören zu den elektrisch geladenen Leptonen und tragen eine negative **elektrische Elementarladung**. Damit können sie an Prozessen der **elektromagnetischen Wechselwirkung** teilnehmen. Ebenfalls können dies **Quarks**, da sie drittelzahlige Elementarladungen haben.

Quarks tragen darüber hinaus eine sogenannte **Farbladung**, die eine Voraussetzung für Prozesse der **starken Wechselwirkung** ist.

Neutrinos sind Leptonen, tragen aber weder elektrische noch Farbladung. Allerdings haben sie wie alle anderen Materieteilchen auch eine Eigenschaft, um an der sogenannten **schwachen Wechselwirkung** teilzunehmen.

Zu den 12 Teilchen $(e^-, \ldots \nu_e, \ldots u, \ldots d, \ldots)$ der ►Tabelle 16.1 kommen noch ihre 12 **Antiteilchen** $(e^+, \ldots \bar{\nu}_e, \ldots \bar{u}, \ldots \bar{d}, \ldots)$ mit entgegengesetzter Ladung.

Freie Quarks, die sich wie Elektronen durch den Raum bewegen, wurden bislang nicht beobachtet. Quarks befinden sich immer innerhalb von sogenannten Hadronen, wobei wir zwischen zwei Zusammensetzungsarten unterscheiden: **Mesonen** werden aus Quark und Antiquark $(q\bar{q})$ zusammengesetzt, z. B. das „Charmonium“ $(c\bar{c})$ oder das „Bottomonium“

				Elektrische Ladung	Farbladung	Eigenschaft für schwache Wechselwirkung
Leptonen	$\begin{pmatrix}\nu_e\\ e\end{pmatrix}$	$\begin{pmatrix}\nu_\mu\\ \mu\end{pmatrix}$	$\begin{pmatrix}\nu_\tau\\ \tau\end{pmatrix}$	0	keine	ja
				-1	keine	ja
Quarks	$\begin{pmatrix}u\\ d\end{pmatrix}$	$\begin{pmatrix}c\\ s\end{pmatrix}$	$\begin{pmatrix}t\\ b\end{pmatrix}$	$\frac{2}{3}$	ja	ja
				$-\frac{1}{3}$	ja	ja

Tabelle 16.1 Tabelle der elementaren Materieteilchen mit ihren elektrischen Ladungen für elektromagnetische Wechselwirkungen, Farbladungen für starke Wechselwirkungen und einer Eigenschaft für schwache Wechselwirkungen.

($b\bar{b}$). Alle Mesonen haben nur eine kurze Lebensdauer. **Baryonen** werden aus 3 Quarks (qqq) zusammengesetzt. Beispiele hier sind das Proton (uud) und das Neutron (udd).

Die wichtigsten Elementarteilchen für den Aufbau unserer Materie sind die Quarks u und d für die Protonen und Neutronen der Atomkerne und die Elektronen für die Atome. Elektron-Neutrinos werden für bestimmte Kernprozesse benötigt (β-Zerfall, Kapitel 17).

16.1.2 Austauschteilchen der fundamentalen Wechselwirkungen

Für drei der vier bekannten fundamentalen Wechselwirkungen sind Austauschteilchen bekannt (►Tabelle 16.2). Zum Beispiel wird bei einer elektromagnetischen Wechselwirkung zwischen zwei Teilchen, die elektrische Ladungen tragen, ein Photon ausgetauscht.

Ähnlich ist bei der starken Wechselwirkung eine sogenannte Farbladung die Voraussetzung für eine Teilnahme an starken Wechselwirkungsprozessen, die durch acht sogenannte Gluonen vermittelt wird.

Bei schwachen Wechselwirkungsprozessen wird ein Z-, W^+- oder W^--Boson ausgetauscht. Alle Materieteilchen können an Prozessen der schwachen Wechselwirkung teilnehmen.

Alle bisher bekannten Austauschteilchen tragen den Spin 1 und sind damit Bosonen. Für die Gravitationswechselwirkung wurde bislang kein Austauschteilchen nachgewiesen.

Wechselwirkung	Austauschteilchen	Teilnehmende Teilchen
Elektromagnetische	Photon γ	mit elektrischer Ladung
Starke	8 Gluonen g	mit Farbladung
Schwache	W^+-Boson, W^--Boson Z-Boson	Alle
Gravitation	Graviton (?)	mit Masse

Tabelle 16.2 Die Austauschteilchen von drei der bekannten vier fundamentalen Wechselwirkungen; das Graviton wurde bisher nicht nachgewiesen.

Das sogenannte *Standardmodell der Teilchenphysik* beschreibt theoretische Vorhersagen für Materieteilchen und Wechselwirkungsteilchen (Photon, Gluonen, W^+, W^-, Z). Zu dem Modell gehört auch das Higgs-Boson, das 2012 am CERN entdeckt wurde. Seine Entdeckung bestätigt den sogenannten Higgs-Mechanismus zur Massenerzeugung der Teilchen. Es ist das erste Elementarteilchen, das keinen Spin trägt.

16.1.3 Potential der starken Wechselwirkung

Wir interessieren uns hier für die starke Wechselwirkung und betrachten dafür zunächst Quarks. Das Potential der starken Wechselwirkung zwischen einem Quark und einem Antiquark hat folgende Form (►Abbildung 16.1):

$$V = -\frac{4}{3}\,\alpha_s\,\frac{\hbar c}{r} + \kappa \cdot r \tag{16.1}$$

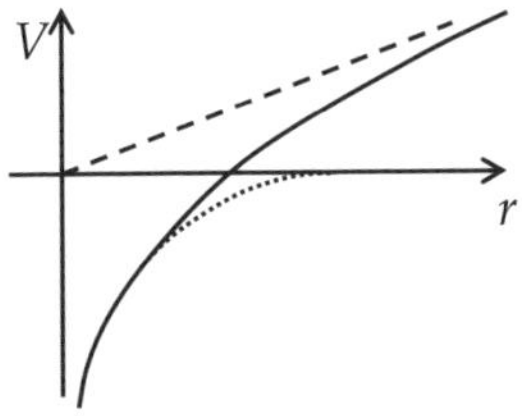

Abbildung 16.1 Das Potential der starken Wechselwirkung setzt sich aus einem $1/r$ Term und einem linearen Term $\propto r$ zusammen.

Die Kopplungsstärke in (16.1) ist mit $\alpha_s \lesssim 1$ viel größer als die elektromagnetische Feinstrukturkonstante $\alpha = 1/137$ (6.2). Der Koeffizient $\kappa \approx 1\,\mathrm{GeV/fm}$ ist ebenfalls sehr groß. Nehmen wir als Gedankenexperiment einen Abstand von 2 fm an, so befindet sich so viel Energie zwischen dem Quark und dem Antiquark, dass ein neues Teilchen und sein Antiteilchen mit jeweils der Masse $m = 1\,\mathrm{GeV}/c^2$ entstehen könnte (vergleichbar mit der Protonmasse $m_p = 0{,}938\,\mathrm{GeV}$).

Als Beispiel für einen Bindungszustand der starken Wechselwirkung stellen wir hier das sogenannte Charmonium vor. Es sind 30 kurzlebige Zustände von Mesonen verschiedener Massen, die aus einem Charm-Quark (c) und einem Charm-Antiquark ($\bar{c}$) bestehen. Die Bindungszustände haben verschiedene Energien und unterscheiden sich in den Spinstellungen von Quark und Antiquark ähnlich wie beim Helium-Atom (Singulett-, Triplett-Zustände). Die verschiedenen Charmonium-Mesonen werden über ihre Zerfallsteilchen nachgewiesen.

Ein Teil der Charmonium-Zerfälle passiert durch den Übergang zu Zuständen kleinerer Energie, wobei wie bei Elektronen-Übergängen im Atom ein Photon ausgesendet wird (►Abbildung 16.2). Die Photonen haben hier allerdings Energien E_γ von mehreren 100 MeV. Mit den Photonenmessungen werden die Energieniveaus rekonstruiert und spektroskopische Bezeichnungen validiert (re-kalibrierte Daten aus [26], Energieniveaus und Zuordnungen nach [45, 6]).

Die großen energetischen Abstände der Energieniveaus zeigen die geringe räumliche Ausdehnung des Charmoniums $\langle r_{c\bar{c}} \rangle \approx 0{,}4\,\mathrm{fm}$ im Potential der starken Wechselwirkung (16.1).

Wäre der Bindungszustand des Charm-Quarks mit seiner elektrischen 2/3-Elementarladung und des Charm-Antiquarks mit seiner $-2/3$-Elementarladung ein elektromagnetischer Bindungszustand, wäre die Größe des Charmoniums ähnlich der des Wasserstoffatoms ($\langle r_\mathrm{H} \rangle \approx 1\,\text{Å} = 10^{-10}\,\mathrm{m}$) und würde Abstände der Energieniveaus nur im eV-Bereich aufweisen.

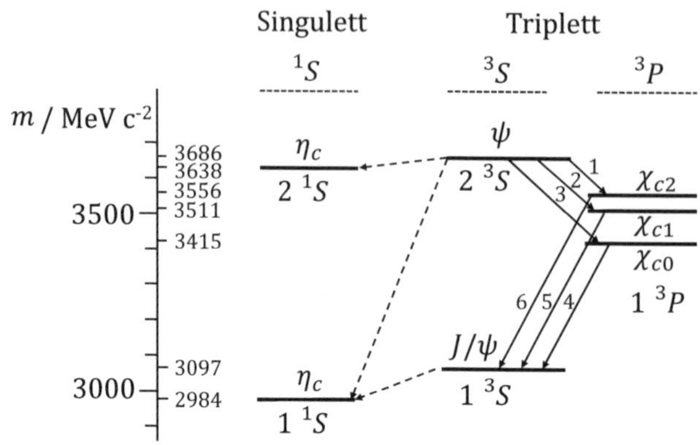

Über-gang	E_γ/MeV	Anteil %
1	130	9,5
2	175	9,8
3	271	9,8
4	318	1,4
5	414	34,3
6	459	19,0

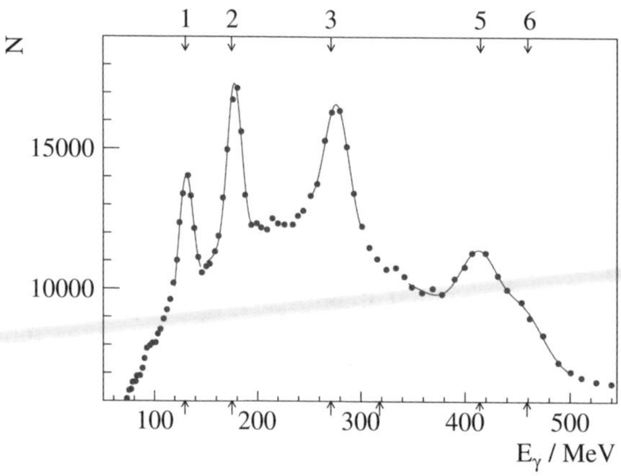

Abbildung 16.2 Oben: Auswahl von Bindungszuständen des Charmoniums mit Übergängen durch Photon-Abstrahlung (durchgezogene Pfeile; rechts Photon-Energie, relative Anteile dieser Übergänge am Meson-Zerfall) [45, 6]. Unten: Spektrum der Photonen aus Charmonium-Übergängen (re-kalibrierte Daten aus [26]).

16.1.4 Nukleonenbindung

Nukleonen sind aus Quarks und Gluonen zusammengesetzte Teilchen und zeigen nach außen keine Farbladung. Deswegen kann die starke Wechselwirkung von Nukleonen nur eine effektive Wechselwirkung sein, die aus der fundamentalen Wechselwirkung der Quarks und Gluonen resultiert. Diese effektive starke Wechselwirkung macht sich nur bemerkbar, wenn sich die Nukleonen sehr nah kommen, sie hat eine **kurze Reichweite** (►linke Abbildung 16.3).

Selbst diese **effektive starke Wechselwirkung** ist sehr viel stärker als die elektromagnetische Wechselwirkung, wodurch die elektromagnetische Abstoßung der Protonen im Atomkern die Anziehung nicht überwiegen kann.

Eine Analogie finden wir bei Bindungen von Molekülen in der elektromagnetischen Wechselwirkung (►rechte Abbildung 16.3). Bei der kovalenten Bindung eines Wasserstoffmoleküls kommt es zum Austausch gemeinsamer Elektronen. Ähnlich kann man sich die Bindung zweier Nukleonen durch Austausch zweier gemeinsamer Quarks vorstellen.

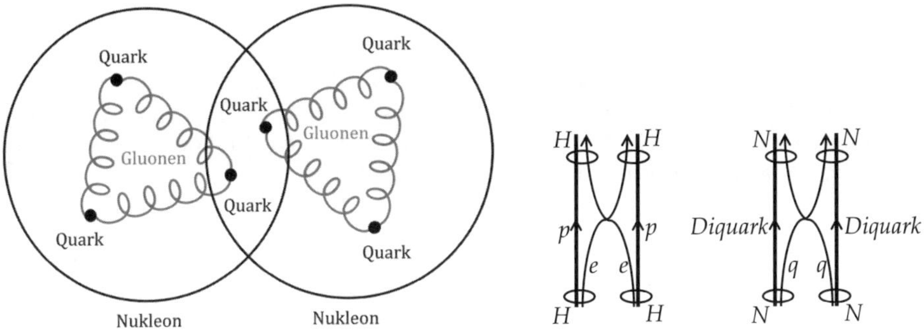

Abbildung 16.3 Links: Nukleonen als Bindungszustände von Quarks und Gluonen entfalten ihrerseits eine effektive starke Wechselwirkung über kleine Abstände. Die beiden entfernten Quarks werden häufig als Diquark bezeichnet. Rechts: Analogie zwischen der Bindung der Moleküle durch Elektronenaustausch und der Nukleonen durch Quarkaustausch.

16.2 Fermi-Gas-Modell

Da sich im Kern Protonen und Neutronen auf engstem Raum mit Kernradius R von wenigen Femtometern fm befinden, erwarten wir aus der Quantenphysik diskrete Energiezustände (vergleiche ►Abbildung 3.6).

Näherungsweise kann man annehmen, dass sich die Nukleonen in einem Potentialtopf befinden, d. h. in einem dreidimensionalen Potential mit scharfem Rand $R = R_{\text{Kern}}$ (linke ►Abbildung 16.4). Man nennt diese Näherung auch das Fermi-Gas-Modell.

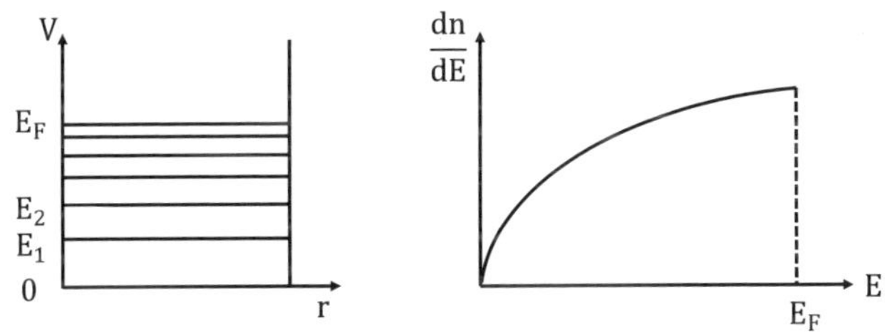

Abbildung 16.4 Ein dreidimensionaler Potentialtopf mit scharfem Rand, Radius R und Füllhöhe E_F (links) hat eine Anzahl-Energiedichte $\zeta = dn/dE$, die mit $\sqrt{E}$ zunimmt (rechts). Für eine gegebene Nukleonenanzahl A ist die Fermi-Energie E_F die maximale Energie der Nukleonen im Grundzustand.

Die Anzahl der Zustände von Fermionen (Teilchen mit Spin 1/2) in einem diskreten Phasenraum haben wir bereits im Zusammenhang mit dem Phasenraumterm (15.27) bei Fermis Goldener Regel kennengelernt. Im Energie-Intervall $[E, E + dE]$ beträgt die differentielle Anzahl-Energiedichte:

$$\zeta(E) \equiv \frac{dn}{dE} = \frac{4\pi V}{h^3}\sqrt{2m^3}\sqrt{E} \qquad (15.27)$$

Die Dichte der Zustände für Nukleonen nimmt mit wachsender Energie zu, d. h. die Abstände der Energieniveaus werden geringer (beide Skizzen in ►Abbildung 16.4).

16.2.1 Tiefe des Potentialtopfs

Wir füllen den Potentialtopf in ►Abbildung 16.4 mit den Nukleonen eines Atomkerns auf, z. B. 6 Protonen und 6 Neutronen für einen Kohlenstoff-Kern ^{12}C. Alle Nukleonen haben Energien $E \leq E_F$, d. h. höchstens die Fermi-Energie E_F. Im Folgenden berechnen wir mit der Fermi-Energie die Füllhöhe des Potentialtopfes.

Fermi-Energie: Die Anzahl n der benötigten Energiezustände für die A Nukleonen im Kern berechnen wir nach (15.28) und berücksichtigen pro Zustand 2 Neutronen und 2 Protonen jeweils mit den Spinstellungen $\uparrow$ und $\downarrow$:

$$n = 4 \cdot \frac{4\pi V}{h^3} \sqrt{2m^3} \int_{E_1}^{E_F} \sqrt{E}\, dE \tag{16.2}$$

Wir nähern das Integral in Gleichung (16.2) mit der Annahme, dass die niedrigste Energie klein im Vergleich zur Fermi-Energie ist $E_1 \ll E_F$:

$$\int_{E_1}^{E_F} \sqrt{E}\, dE = \frac{2}{3} E^{\frac{3}{2}} \Big|_{E_1}^{E_F} = \frac{2}{3} \left(E_F^{\frac{3}{2}} - E_1^{\frac{3}{2}} \right) \approx \frac{2}{3} E_F^{\frac{3}{2}} \tag{16.3}$$

Beachten Sie, dass links in Gleichung (16.2) die Anzahl der Zustände der Anzahl der Nukleonen $n = A$ entsprechen muss. Rechts steht das Kernvolumen V, das Kugelform mit Radius $R = r_\circ A^{1/3}$ (15.46) besitzt. Daher ist die Anzahldichte n/V der Energieniveaus pro Volumen unabhängig von der Nukleonenanzahl A:

$$\frac{n}{V} = \frac{A}{\frac{4}{3}\pi r_\circ^3 A} = \frac{3}{4\pi r_\circ^3} \tag{16.4}$$

Wir berechnen die Fermi-Energie aus (16.2) durch Einsetzen von (16.4) und (16.3). Dafür sortieren wir die Terme um und setzen für $\hbar c = 197\,\text{MeV fm}$, $r_\circ = 1{,}1\,\text{fm}$ (15.47) und $m \approx m_p = 938\,\text{MeV}$ ein:

$$n = 4 \cdot \frac{4\pi V}{h^3} \sqrt{2m^3} \cdot \frac{2}{3} E_F^{\frac{3}{2}} \tag{16.5}$$

$$E_F = \left(\frac{n}{V}\right)^{\frac{2}{3}} \cdot \left(\frac{1}{4} \cdot \frac{3}{2} \cdot \frac{1}{4\pi} \frac{1}{\sqrt{2}} \right)^{\frac{2}{3}} \cdot \frac{h^2}{m} \tag{16.6}$$

$$= \left(\frac{3}{4\pi r_\circ^3} \right)^{\frac{2}{3}} \cdot \frac{1}{8} \left(\frac{3}{2\pi} \right)^{\frac{2}{3}} \cdot \frac{(2\pi \hbar c)^2}{m c^2} = \frac{(9\pi)^{\frac{2}{3}}}{8} \frac{(197\,\text{MeV fm})^2}{(1{,}1\,\text{fm})^2\; 938\,\text{MeV}} \tag{16.7}$$

$$\approx 40\,\text{MeV} \tag{16.8}$$

Die über alle Nukleonen A gemittelte Fermi-Energie ist wegen $n/V = \text{const.}$ (16.4) für alle Kerne gleich groß.

Separationsenergie, Fermi-Energie, Potentialtopftiefe: Wir senken nun das in der linken ►Abbildung 16.4 gezeigte Potential um die Fermi-Energie E_F ab, sodass die größtmögliche Energie eines gebundenen Nukleons unterhalb von $E = 0$ liegt (►Abbildung 16.5). Damit erkennen wir unsere übliche Umgangsweise mit Potentialen und Objekten wieder. Alle gebundenen Objekte haben Energien $E < 0$, Objekte mit Energie $E > 0$ sind frei.

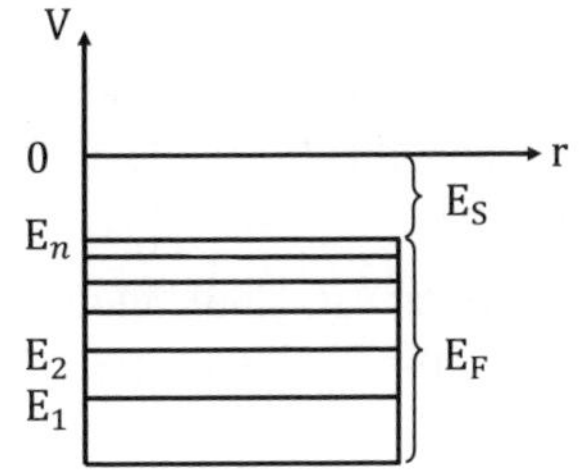

Abbildung 16.5 Potentialtopf mit der Fermi-Energie E_F und der Separationsenergie E_S als Topftiefe. Alle gebundenen Nukleonen haben Energien $E \leq -E_S$, Nukleonen mit Energie $E > 0$ sind frei.

Genauer müssen wir dabei noch die **Separationsenergie** E_S berücksichtigen (vergleiche (13.22) und (13.23)). Für mittlere und schwere Kerne beträgt sie ungefähr der Bindungsenergie pro Nukleon $E_B/A \approx 8\,\text{MeV}$, für leichte Kerne ist sie geringer (vergleiche ►Abbildung 13.7). Zusammen mit der Fermi-Energie (16.8) beträgt die Tiefe des Potentialtopfes für alle Kerne ca. 40–50 MeV.

Anzahl Energieniveaus, Kernradius: Bereits beim quantenmechanischen Kastenpotential hatten wir gesehen, dass diskrete Energieniveaus zusammenrücken, wenn die Breite des Kastens steigt (►Abbildung 3.6). Da der Radius eines Atomkerns mit der Anzahl der Nukleonen zunimmt, verdichten sich die Energieniveaus im Kern und es passen bei gleicher Topftiefe mehr Nukleonen in den Kern.

Beispiel 49: Kernradius und Dichte der Energiezustände

In der ►Abbildung 16.6 werden die Kernradien und die Energieniveaus der Nukleonen von Kohlenstoff und Gold verglichen. Bei etwa konstanter Potentialtiefe vergrößert sich der Kernradius von $R_K \approx 2\,\text{fm}$ auf $R_K \approx 6{,}5\,\text{fm}$. Dadurch rücken die Energieniveaus stark zusammen und es passen viel mehr Nukleonen in den Potentialtopf vom Gold-Kern.

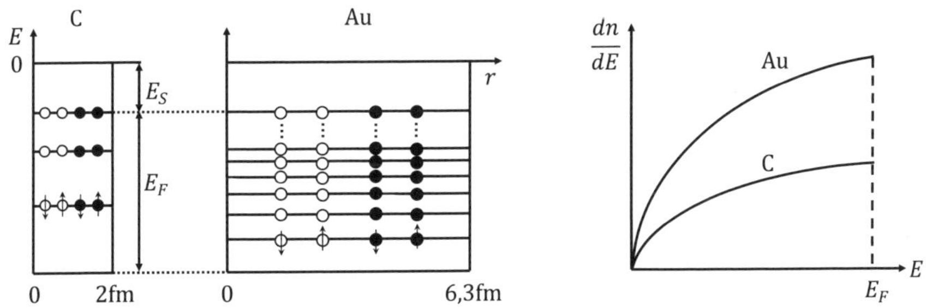

Abbildung 16.6 Links: Vergleich der Potentialtöpfe von Kohlenstoff und Gold: Bei etwa gleicher Potentialtiefe vergößert sich der Radius und die Niveaus rücken zusammen. Rechts: Die Zustandsdichte $\zeta = dn/dE$ von Gold ist viel größer als die von Kohlenstoff, sodass bei gleicher Fermi-Energie E_F mehr Nukleonen in den Gold-Kern passen.

Potentialtöpfe Proton, Neutron: Auf der Nuklidkarte sieht man, dass vor allem für schwere Kerne aufgrund der Coulomb-Abstoßung der Protonen mehr Neutronen N als Protonen Z im Kern Platz haben (►Abbildung 13.3). Für eine genauere Beschreibung müssen wir das noch berücksichtigen.

Setzen wir in die Fermi-Energie (16.6) die Neutronenanzahl $n = N$ ein, erhalten wir eine Fermi-Energie $E_F^n \propto (N/V)^{2/3}$ nur für Neutronen. Wenn wir die geringere Anzahl der Protonen $n = Z$ einsetzen, so ist ihre Fermi-Energie $E_F^p \propto (Z/V)^{2/3}$ kleiner als die der Neutronen $E_F^p < E_F^p$. In Gleichung (16.6) bezeichnet m die Masse des Nukleons, womit die ungefähr gleich große Protonmasse (13.12) und Neutronmasse (13.16) gemeint ist $m \approx m_p \approx m_n$.

Da im Grundzustand die beiden Fermi-Energien ungefähr auf gleichem Niveau bei der Separationsenergie E_S liegen, ist die Potentialtiefe für die Protonen damit um $E_F^n - E_F^p$ kleiner.

Daher zeichnet man meistens zwei separate Potentialtöpfe, einen für die Neutronen und einen für die Protonen (►Abbildung 16.7).

Bei den Protonen berücksichtigt man noch die Coulomb-Wechselwirkung außerhalb des Kernpotentials durch den Coulomb-Wall. Diese Barriere ist leichter zu verstehen, wenn wir von außen ein zusätzliches Proton in den Kern einbringen: Das Proton muss die Barriere der Protonabstoßung überwinden, bevor es bei wenigen Femtometern Distanz in den Anziehungsbereich der starken Wechselwirkung gerät. Genauso muss ein Proton, das den Kern verlässt, die Coulomb-Barriere überwinden. Bei Kernumwandlungen wie dem α-Zerfall (Kapitel 17.2) spielt diese Barriere eine wichtige Rolle.

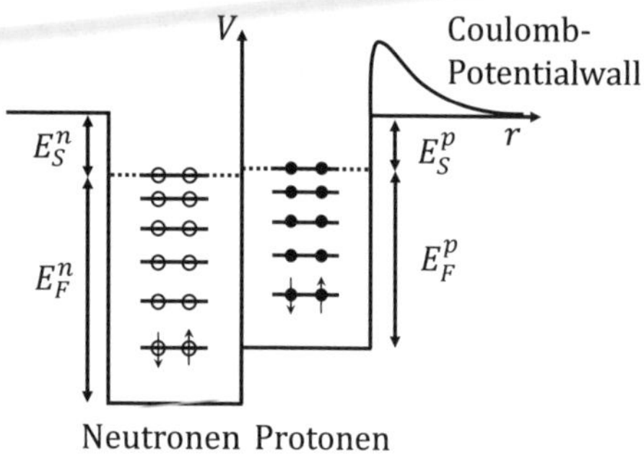

Abbildung 16.7 Der Potentialtopf des Fermi-Gas-Modells besteht aus zwei Töpfen, links für Neutronen und rechts für Protonen, in denen die Energieniveaus mit jeweils maximal zwei Protonen bzw. Neutronen besetzt werden (Spinstellungen $\uparrow\downarrow$, Pauli-Prinzip). Der Energietopf der Protonen liegt wegen der Coulomb-Abstoßung höher und hat einen Coulomb-Wall. Die Tiefe der Potentialtöpfe wird durch die Separationsenergie E_S und die Fermi-Energie E_F bestimmt, die auch die Differenz $E_F^n - E_F^p$ der beiden Topftiefen erklärt.

Impuls der Nukleonen: Für Nukleonen mit der Fermi-Energie E_F können wir den Nukleonimpuls p_F mit $E_F = p_F^2/(2\,m_N)$ abschätzen:

$$p_F = \sqrt{2\,m_N\,E_F} = \sqrt{2 \cdot 938 \cdot 40}\,\text{MeV}/c \approx 270\,\text{MeV}/c\,. \tag{16.9}$$

Der Fermi-Impuls der Nukleonen ist offenbar erheblich. In Messungen der Elektron-Kern-Streuung betragen die Werte für Aluminium $232 \pm 27\,\text{MeV}$ und für Eisen $244 \pm 28\,\text{MeV}$. Nur für den Deuterium-Kern ergibt sich ein deutlich kleinerer Wert von $p_F = 116 \pm 7\,\text{MeV}$ [32]. Insgesamt wird damit die beobachtete Fermi-Bewegung bei Elektron-Kern-Streuprozessen erklärt (siehe Kapitel 15.3, ►Abbildung 15.12).

Beispiel 50: Leichte Kerne

Deuterium-Kerne haben 1 Proton und 1 Neutron, wodurch sie ohne die Coulomb-Abstoßung im Kern eine Sonderrolle einnehmen. Wir zeichnen sie in einem gemeinsamen Potentialtopf (►Abbildung 16.8 links). Deuterium-Kerne ^2_1H lassen sich mit Photonen γ der Energie E_γ passend zur Bindungsenergie $E_\gamma = E_B = 2{,}2\,\text{MeV}$ (13.15) aufspalten:

$$^2_1\text{H} + \gamma \longrightarrow n + p \tag{16.10}$$

Die überraschend geringe Bindungsenergie geht auf die zusätzliche Kernkraft zwischen den parallelen Spins von Proton p und Neutron n zurück, die wir in Kapitel 13.5 vorgestellt haben.

Da der Fermi-Impuls der Nukleonen für Deuterium nur $p_F = 116 \pm 7\,\text{MeV}$ beträgt (Aluminium $p_F = 232 \pm 27\,\text{MeV}$, (16.9)) [32], zeichnen wir eine geringere Tiefe für den Potentialtopf.

In der ►Abbildung 16.8 sind weitere Beispiele für den Aufbau einiger leichter Kerne nach dem Fermi-Gas-Model skizziert. Die Tiefe der Potentialtöpfe ist ungefähr gleich (Separationsenergie $E_S \approx E_B/A \approx 8\,\text{MeV}$ und Fermi-Energie $E_F \approx 40\,\text{MeV}$ (16.6)). Die Kernradien steigen mit $R = r_0\,A^{1/3}$ (15.45) und bieten durch die dichter liegenden Energieniveaus mehr Nukleonen Platz.

Die Potentialtöpfe für Protonen liegen wegen der Coulomabstoßung etwas höher. Bei weniger Protonen als Neutronen im Kern hat der Proton-Potentialtopf geringere Fermi-Energie und liegt zusätzlich höher, da dann $E_F^p \propto (Z/V)^{2/3}$ kleiner als $E_F^n \propto (N/V)^{2/3}$ ist.

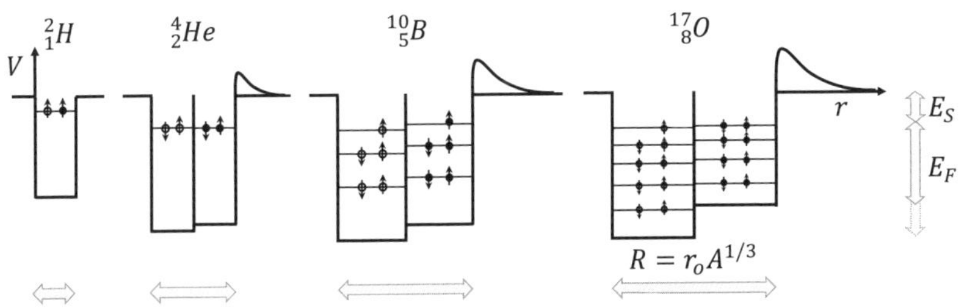

Abbildung 16.8 Aufbau einiger leichter Kerne nach dem Fermi-Gas-Modell.

16.3 Tröpfchenmodell

Das Tröpfchenmodell der Kerne (Friedrich von Weizsäcker) kann insbesondere den Verlauf der Bindungsenergie pro Nukleon als Funktion der Nukleonenanzahl verständlich machen (►Abbildung 13.6).

Die homogene Dichte im Kern zeigt, dass die Nukleonen im Wesentlichen nur mit ihren nächsten Nachbarn in Wechselwirkung treten (kurze Reichweite der Kernkräfte Kapitel 16.1.4). Diese Situation ist ähnlich wie bei einem Wassertropfen. Im Tröpfchenmodell werden verschiedene Wechselwirkungskomponenten überlagert.

Volumenanteil: Bei Wechselwirkungen nur mit den nächsten Nachbarn ist die Bindungsenergie pro Nukleon für jede Nukleonenanzahl A konstant:

$$\frac{E_B}{A} = \text{const.} \equiv a_v \qquad (16.11)$$

Da das Kernvolumen proportional zur Anzahl der Nukleonen ist $V_K \propto A$ (15.45), wird dieser Anteil der Volumenanteil genannt. Der Volumenanteil ist unabhängig von A und der höchste Beitrag in ►Abbildung 16.9.

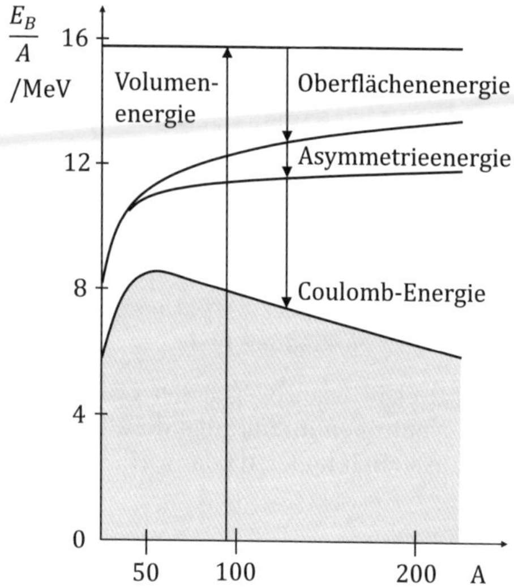

Abbildung 16.9 Skizze der Beiträge zur Bindungsenergie E_B/A im Tröpfchenmodell: Oberflächen-, Asymmetrie- und Coulomb-Energie reduzieren die Volumenenergie zur effektiven Bindungsenergie pro Nukleon.

Oberflächenenergie: Für ein Nukleon an der Oberfläche des Kerns ergibt sich durch fehlende nächste Nachbarn eine reduzierte Bindungsenergie. Die Oberfläche (Surface) des Kerns beträgt

$$S = 4\pi\, R_K^2 = 4\,\pi\,(r_\circ \cdot A^{1/3})^2\,. \qquad (16.12)$$

Daher reduziert dieser Effekt die Bindungsenergie proportional zu $A^{2/3}$

$$\frac{E_B}{A^{2/3}} = -\text{const.} \equiv -a_s \tag{16.13}$$

und verkleinert die Bindungsenergie pro Nukleon mit steigendem A (►Abbildung 16.9):

$$\frac{E_B}{A} = -\frac{a_s}{A^{1/3}} \tag{16.14}$$

Coulomb-Energie: Die Coulomb-Abstoßung

$$E_{\text{pot}} = \frac{1}{4\pi\epsilon_\text{o}} \frac{Q_p^2}{r} \tag{16.15}$$

jedes Protons mit allen anderen Protonen reduziert die Bindungsenergie um

$$E_B \equiv -a_c \frac{Z(Z-1)}{A^{1/3}} \,. \tag{16.16}$$

In der Näherung $Z - 1 \approx Z$ bekommen wir den Coulomb-Term (►Abbildung 16.9):

$$\frac{E_B}{A} = -a_c \frac{Z^2}{A^{4/3}} \tag{16.17}$$

Asymmetrie-Energie: Die mittlere kinetische Energie E_{kin} der Nukleonen hängt direkt mit der Fermi-Energie E_F zusammen, die sich aus dem Verhältnis der Anzahl pro Volumen mit $(n/V)^{2/3}$ ergibt (16.6).

Sind die Anzahlen der Protonen Z und der Neutronen N gleich, so sind ihre Fermi-Energien gleich groß und damit ihre Potentialtöpfe gleich tief. Damit ergibt sich eine mittlere kinetische Energie der Nukleonen

$$E_{\text{kin}} \propto N\, E_F^n + Z\, E_F^p = A\, E_F \tag{16.18}$$

Für den Fall, dass die Anzahl Z der Protonen wegen ihrer Coulomb-Abstoßung geringer als die der Neutronen N ist, machen wir folgende einfache Abschätzung der mittleren kinetischen Energie durch eine gewichtete Summe. Dabei beachten wir, dass das Kernvolumen V proportional zur Nukleonenanzahl A ist ($V \propto A$ (15.46)) und die Fermi-Energie $E_F \propto (n/V)^{2/3}$ (16.6) ist. Für Neutronen ist daher $E_F^n \propto (N/A)^{2/3}$ und für Protonen $E_F^p \propto (Z/A)^{2/3}$:

$$E_{\text{kin}} \propto N\, E_F^n + Z\, E_F^p \propto N \left(\frac{N}{A}\right)^{\frac{2}{3}} + Z \left(\frac{Z}{A}\right)^{\frac{2}{3}} = \frac{N^{\frac{5}{3}} + Z^{\frac{5}{3}}}{A^{\frac{2}{3}}} \tag{16.19}$$

Definieren wir die Asymmetrie der Neutron- und Protonenanzahlen durch die Größe

$$\epsilon = N - Z = 2\,N - A = A - 2\,Z \,, \tag{16.20}$$

so lassen sich Neutron- und Protonenanzahlen wie folgt schreiben:

$$N = \frac{1}{2}(A + \epsilon) = \frac{A}{2}\left(1 + \frac{\epsilon}{A}\right) \tag{16.21}$$

$$Z = \frac{1}{2}(A - \epsilon) = \frac{A}{2}\left(1 - \frac{\epsilon}{A}\right) \tag{16.22}$$

Damit erhalten wir für die kinetische Energie (16.19) nach Taylor-Entwicklung für kleine Werte von ϵ/A einen quadratischen Term in $N - Z$:

$$E_{\text{kin}} \propto \frac{A}{2}\left(\left(1+\frac{\epsilon}{A}\right)^{\frac{5}{3}}+\left(1-\frac{\epsilon}{A}\right)^{\frac{5}{3}}\right) \approx \frac{A}{2}\left(1+\frac{5}{9}\left(\frac{\epsilon}{A}\right)^2+1+\frac{5}{9}\left(\frac{\epsilon}{A}\right)^2\right)$$
$$= A + \frac{5}{9}\frac{(N-Z)^2}{A} \qquad (16.23)$$

Der erste Term wird in der Konstanten a_v des Volumenanteils mit erfasst. Der zweite Term beschreibt eine zusätzliche kinetische Energie E'_{kin} für die Asymmetrie $N - Z$ im Vergleich zum symmetrischen Fall $N = Z$ (16.18) und verringert damit die Bindungsenergie (►Abbildung 16.9):

$$\frac{E_B}{A} = -a_a \frac{(N-Z)^2}{A^2} \qquad (16.24)$$

Paarungsanteil: Kerne mit gerader Anzahl von Protonen und gerader Anzahl von Neutronen, die sogenannten „gg“-Kerne, in denen jeweils Paare von Protonen oder Neutronen mit den Spinstellungen ↑ und ↓ vorliegen, sind besonders stabil (►Abbildung 13.7). Kerne mit ungeraden Protonen- und Neutronenzahlen, die sogenannten „uu“-Kerne sind weniger stark gebunden

Diese Beobachtung hängt direkt mit der Paarenergie zusammen (►Abbildung 13.8, Definitionen (13.24) und (13.25)). Da die Abstände der Energieniveaus mit steigendem A abnehmen, ergibt sich die empirische Formel:

$$\frac{E_B}{A} \equiv a_p\, A^{-3/2}\, \delta \qquad (16.25)$$

$$\delta = \begin{cases} +1 & = gg\text{-Kerne} \\ 0 & = ug\text{-Kerne} \\ -1 & = uu\text{-Kerne} \end{cases} \qquad (16.26)$$

Bethe-Weizsäcker-Formel: Insgesamt ergibt sich damit die Formulierung für die Bindungsenergie im Rahmen des Tröpfchenmodells:

$$\frac{E_B}{A} = a_v - \frac{a_s}{A^{1/3}} - a_c \cdot \frac{Z(Z-1)}{A^{4/3}} - a_a \cdot \frac{(N-Z)^2}{A^2} + a_p \cdot \frac{\delta}{A^{3/2}} \qquad (16.27)$$

Eine Anpassung von (16.27) an die Messdaten $E_B = (N_p \cdot m_p + N_n \cdot m_n) - m_K) \cdot c^2$ (13.21) liefert folgende Werte für die Parameter der einzelnen Beiträge in der Einheit MeV (δ siehe (16.26)):

$$a_v = 15{,}8 \qquad a_s = 18{,}3 \qquad a_c = 0{,}71 \qquad a_a = 23{,}2 \qquad a_p = 11 \qquad (16.28)$$

Beispiel 51: Tröpfchenmodell

In der ►Tabelle 16.3 sind exemplarisch Vorhersagen für das Tröpfchenmodell aufgeführt. Beachten Sie in Abhängigkeit von der ansteigenden Nukleonenanzahl A die Entwicklungen der Oberflächenenergie mit Koeffizient a_s, der Coulomb-Abstoßung a_C, der Asymmetrie-Energie a_a und der Paarenergie a_p. Im Vergleich zu den gemessenen Werten [30] gibt es gute Übereinstimmung zumindest für genügend schwere Kerne.

Modell	$+a_v$	$-a_s$	$-a_c$	$-a_a$	$+a_p$	E_B/A MeV
/ MeV	+15,8	−18,3	−0,71	−23,2	+11	
A, Z-Abh.		$A^{-1/3}$	$Z^2 A^{-4/3}$	$(N-Z)^2 \cdot A^{-2}$	$\delta A^{-3/2}$	
$^{7}_{7}N$	15,8	−7,59	−1,03	0	−0,21	6,97
Messung						7,48
$^{40}_{20}Ca$	15,8	−5,35	−2,08	0	+0,043	8,42
Messung						8,55
$^{113}_{49}In$	15,8	−3,79	−3,12	−0,41	0	8,49
Messung						8,52
$^{208}_{82}Pb$	15,8	−3,09	−3,87	−1,04	+0,0036	7,80
Messung						7,87
$^{233}_{92}U$	15,8	−2,97	−4,14	−1,09	0	7,60
Messung						7,61
$^{284}_{114}Fl$	15,8	−2,78	−4,94	−0,90	+0,0023	7,18
Messung						7,16

Tabelle 16.3 Beispielwerte für das Tröpfenmodell für Stickstoff-, Calcium-, Indium-, Blei-, Uran-, Flerovium-Isotope im Vergleich zu Messungen [30]

16.4 Schalenmodell

Die besonders stabilen Konfigurationen im Kern mit den **Magischen Zahlen**

$$2 \quad 8 \quad 20 \quad 28 \quad 50 \quad 82 \quad 126 \tag{13.43}$$

werden weder durch das Fermi-Gas-Modell noch durch das Tröpfchenmodell erklärt. Wir stellen verschiedene Stufen von verbesserten Kernmodellen vor, die schließlich zum Schalenmodell des Atomkerns mit der Erklärung der Magischen Zahlen führen.

3D Oszillator: Wir wollen den Ansatz des Fermi-Modells mit seinem Potentialtopf verbessern und verwenden das **Oszillator-Potential für Kerne** (►Abbildung 16.10). Für die ungefähr gaußförmigen Ladungsverteilungen leichter Kerne (siehe ►Abbildung 15.7) ist

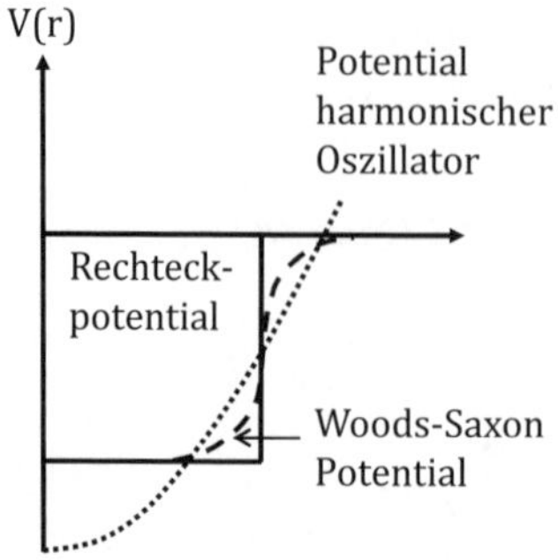

Abbildung 16.10 Das Oszillator-Potential ist eine bessere Annäherung an die gaußförmige Ladungsverteilung leichter Kerne. Für schwere Kerne ist das Woods-Saxon-Potential realistischer.

diese Potentialform besser geeignet als der Potentialtopf. Für schwere Kerne ist das sogenannte Woods-Saxon-Potential realistischer.

Die Energieniveaus im dreidimensionalen Oszillator-Potential folgen der zusammengesetzten Quantenzahl $n' = n_x + n_y + n_z$ [37]:

$$E_{n'} = \hbar\omega\left(n' + \frac{3}{2}\right) \tag{16.29}$$

$$n' = n_x + n_y + n_z \tag{16.30}$$

Viele der Kombinationen von n_x, n_y, n_z ergeben denselben Wert n' (►Tabelle 16.4). Die Anzahl dieser Kombinationen bezeichnen wir mit q, das die Entartung eines Energieniveaus anzeigt:

$$q = (n' + 1) \cdot \left(\frac{n'}{2} + 1\right) \tag{16.31}$$

	Kombinationen										
n'	0	1			2						...
n_x	0	1	0	0	2	0	0	1	1	0	...
n_y	0	0	1	0	0	2	0	1	0	1	...
n_z	0	0	0	1	0	0	2	0	1	1	...
q	1	3			6						...

Tabelle 16.4 Anzahl der Kombinationen q mit gleichem n'

Test Oszillatormodell: Wir fassen jedes Energieniveau des Oszillator-Potentials als eine Schale im Kern auf. Wir zählen die Entartung der Niveaus und prüfen mit der Protonenanzahl Z, ob sich die Magischen Zahlen ergeben.

Bei der Zählung beachten wir, dass die Nukleonen Fermionen sind. Nach dem Pauli-Prinzip passen in jedes Energieniveau zwei Protonen mit den Spinstellungen ↑↓. Wir erhalten demnach einen Faktor 2 zusätzlich zur Entartung q.

Die Test-►Tabelle 16.5 zeigt Übereinstimmung mit den Magischen Zahlen, aber nur für die ersten drei Werte der Quantenzahl n' bis zur Magischen Zahl 20. Darüber werden sie nicht getroffen.

Quantenzahl	n'	0	1	2	3	...
Entartungsgrad	q	1	3	6	10	...
Beitrag Protonenanzahl ↑↓	$2\,q$	2	6	12	20	...
Summe Z Protonen	$\sum N_p$	2	8	20	40	...
Vergleich Magische Zahl		2	8	20	28	...
Bewertung		*ok*	*ok*	*ok*	*NO*	

Tabelle 16.5 Der Test der Entartung beim Oszillator-Potential erfüllt die Magischen Zahlen bis 20, darüber gibt es Abweichungen.

Schrödinger-Gleichung: Im Folgenden versuchen wir, die Schrödinger-Gleichung mit dem harmonischen Oszillator-Potential auf den Kern anzuwenden. Wie beim Coulomb-Potential handelt es sich um ein Zentralpotential $V(r)$, sodass ein Separationsansatz für die Lösung der Schrödinger-Gleichung erfolgversprechend ist (vergleiche Kapitel 4.3):

$$\Psi_{n\,\ell}(r,\vartheta,\varphi) = \frac{R_{n\,\ell}(r)}{r} \cdot Y_\ell^m(\vartheta,\varphi) \tag{16.32}$$

Wir überlassen die Berechnung der theoretischen Physik und erhalten eine Quantenzahl n' für die Energieniveaus im Kern, die die Drehimpulsquantenzahl ℓ berücksichtigt:

$$n' = 2\,(n-1) + \ell \tag{16.33}$$

Die Quantenzahlen n, ℓ laufen dabei unabhängig voneinander mit $n = 1, 2, 3, \ldots$ und $\ell = 0, 1, 2, \ldots$. Anstelle der Zahlenwerte für ℓ nutzt man auch hier die Bezeichnungen $\ell = s, p, d, \ldots$ wie in der Atomphysik.

Die Energieniveaus ergeben sich wie beim dreidimensionalen Oszillator-Potential (16.29) durch

$$E_{n'} = \hbar\omega\left(n' + \frac{3}{2}\right) . \tag{16.34}$$

Test Schrödinger-Ansatz: Mit n' (16.33) ergibt sich mit den möglichen Werten von n und ℓ die Entartung der Energieniveaus. Dafür berücksichtigen wir auch die Projektionsquantenzahl des Drehimpulses m_ℓ mit $-\ell \leq m_\ell \leq \ell$. Die Schalenstruktur der ►Tabelle 16.6 zeigt auch auch hier Übereinstimmung mit den Magischen Zahlen nur für leichte Kerne bis zur Magischen Zahl 20 und darüber Abweichungen.

Quantenzahl	n	0	1	1	2	1	2	1	2	3	...
Quantenzahl	ℓ	s	p	d	s	f	p	g	d	s	...
Entartung Quantenzahl	m_ℓ	1	3	5	1	7	3	9	5	1	...
Quantenzahl	n'	0	1	2		3		4			...
Entartung	q	1	3	6		10		15			...
Beitrag Protonenanzahl ↑↓	$2q$	2	6	12		20		30			...
Summe Z Protonen	$\sum N_p$	2	8	20		40		70			...
Vergleich Magische Zahl		2	8	20		28		50			...
Bewertung		*ok*	*ok*	*ok*		*NO*		*NO*			...

Tabelle 16.6 Der Test der Entartung beim Oszillator-Potential über den Schrödinger-Ansatz erfüllt Magische Zahlen bis 20, darüber gibt es Abweichungen.

Woods-Saxon-Potential: Man könnte die schlechte Beschreibung schwerer Kerne durch das Oszillator-Potential als Ursache vermuten und das besser geeignete **Woods-Saxon-Potential** für schwere Kerne versuchen:

$$V_{\mathrm{WS}}(r) = -V_\circ \frac{1}{1 + e^{(r-R)/a}} \tag{16.35}$$

Diese Potentialform V_{WS} ist der Fermi-Verteilung (15.38) nachgebildet, die die Ladungsverteilung schwerer Kerne gut beschreibt. Mit diesem Potential wird zwar die ℓ-Entartung aufgehoben, die Magischen Zahlen für schwere Kerne werden aber wieder nicht reproduziert (vergleiche ►Abbildung 16.11).

Spin-Bahn-Kopplung: Erst die Einführung einer **starken Spin-Bahn-Kopplung** im Potential der starken Wechselwirkung brachte die Lösung:

$$\hat{V} = \hat{V}_{\text{Nukleon}} + \underbrace{\hat{V}_{\text{Spin-Bahn-Kopplung}}}_{V_{\ell s}(r)\cdot(\vec{L}\vec{S})} \tag{16.36}$$

Die Spin-Bahn-Kopplung im Kern (16.36) ist zunächst empirisch eingeführt und von der gleichen Größenordnung wie die Energieabstände des Kernpotentials. Der Term gleicht formal der Spin-Bahn-Kopplung in der Atomphysik (6.20). Als elektromagnetische Wechselwirkung mit m_N statt m_e wäre der Term aber nochmal drei Größenordnungen kleiner als in der Atomhülle, also viel zu klein, um die notwendige Größenordnung von (16.36) zu erklären.

Die starke Spin-Bahn-Kopplung ist vielmehr eine Eigenschaft der Wechselwirkung zwischen Nukleonen. Für diese Entdeckung erhielten Maria Göppert-Mayer und Hans Jensen 1963 den Nobelpreis.

Der Gesamtdrehimpuls eines Nukleons beträgt $\vec{J} = \vec{L} + \vec{S}$ und hat die Quantenzahlen:

$$j = \ell + s = \ell \pm \frac{1}{2} \tag{16.37}$$

Das Skalarprodukt in (16.36) kennen wir schon aus der Atomphysik (6.17):

$$\left\langle \hat{\vec{L}} \cdot \hat{\vec{S}} \right\rangle = \frac{\hbar^2}{2}\left[j\,(j+1) - \ell\,(\ell+1) - s\,(s+1) \right] \tag{16.38}$$

Die Energieaufspaltung *wächst* mit wachsendem Drehimpuls:

$$\Delta E_{\ell\, s} = \underbrace{V_{\ell\, s}(r)}_{<0} \cdot \begin{cases} +\dfrac{\ell}{2} & \text{für } j = \ell + 1/2 \\ -\dfrac{\ell+1}{2} & \text{für } j = \ell - 1/2 \end{cases} \tag{16.39}$$

Nicht nur in der Größenordnung sondern auch im Vorzeichen unterscheidet sich die starke Spin-Bahn-Kopplung im Vergleich zu der Atomhülle.

In der ►Abbildung 16.11 vergleichen wir Vorhersagen der Energieniveaus für Protonen. In der linken Spalte ist das Oszillator-Potential gezeigt, das bis zur Magischen Zahl 20 die Schalenstruktur beschreibt, darüber allerdings nicht. Direkt daneben ist die Vorhersage mit dem Woods-Saxon-Potential in der Schrödinger-Gleichung ohne die Spin-Bahn-Kopplung gezeigt, die auch nur Teilerfolge aufweisen kann.

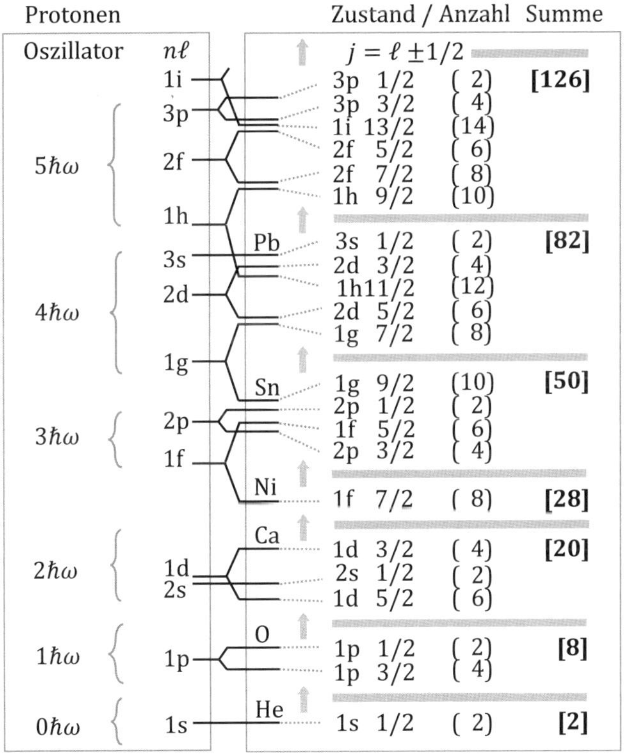

Abbildung 16.11 Vorhersage der Energieniveaus für Protonen: Die ℓ-Entartung der Energieniveaus des Oszillator-Potentials (ganz links) wird im Woods-Saxon-Potential (daneben) aufgehoben. Erst die Spin-Bahn-Kopplung (rechts) führt zu den richtigen Schalenabschlüssen (Magische Zahlen in eckigen Klammern) für Protonen.

Erst die neu-eingeführte starke Spin-Bahn-Kopplung hebt die Drehimpuls-Entartungen der Energienivaus auf (rechts in ►Abbildung 16.11). Für große Drehimpulse ergeben sich deutliche Verschiebungen der Niveaus, sodass sich Schalenabschlüsse entsprechend der Magischen Zahlen ergeben.

Beachten Sie, dass die in der Atomphysik übliche Reihenfolge der Energieniveaus bezüglich der Drehimpulse wegen des negativen Vorzeichens $V_{\ell s}(r)$ (16.39) vertauscht ist. Zum Beispiel wird das Energieniveau $1p$ mit $j = 1/2$ zu einer höheren Energie verschoben $\Delta E_{\ell s} = V_{\ell s}(r) \cdot [-(\ell + 1)/2] > 0$, während das $j = 3/2$-Niveau abgesenkt wird $\Delta E_{\ell s} = V_{\ell s}(r) \cdot \ell/2 < 0$.

Das Wichtigste zum Mitnehmen

Zum Mitnehmen: Nukleonen im Atomkern 1

- Das **Standardmodell der Teilchenphysik** beschreibt Aufbau und Wechselwirkung der elementaren Materie. Es besteht aus den Gruppen von Materieteilchen (Leptonen und Quarks), den Austauschteilchen der fundamentalen Wechselwirkungen (elektromagnetisch, stark, schwach) und dem Higgs-Mechanismus zur Massenerzeugung.

  Als fundamentale Wechselwirkung wirkt die **starke Wechselwirkung** zwischen **Quark** und **Antiquark** (Charmonium) mit dem Potential:

$$V(r) = -\frac{a}{r} + \kappa r\,. \qquad (16.1)$$

- Die **Bindung** zwischen **Nukleonen im Atomkern** folgt statt (16.1) einem effektiven Potential der **starken Wechselwirkung** bei großer gegenseitiger **Annäherung**.

  Es gibt verschiedene Modellbeschreibungen für Nukleonen im Atomkern, die jeweils für bestimmte Beobachtungen besonders geeignet sind.

- Das **Fermi-Gas-Modell** begründet die **diskreten Energieniveaus** im Atomkern.

  Das Modell basiert auf der Dichte dn/dE (15.27) **diskreter Energieniveaus** E im dreidimensionalen **Kastenpotential**, die bis zur Nukleonenanzahl A aufgefüllt sind (Fermi-Energie $E_{\max} = E_F \approx 40\,\text{MeV}$):

$$\frac{dn}{dE} \propto A \cdot \sqrt{E} \qquad (15.27)$$

  Größere Kerne haben dichter liegende Energieniveaus (15.27), sodass sich mit der Separationsenergie der Nukleonen $\approx 8\,\text{MeV}$ eine **Potentialtopftiefe** von $40 - 50\,\text{MeV}$ für alle (genügend schweren) Kerne ergibt.

  Schwere Kerne mit mehr Neutronen als Protonen $N > Z$ haben ungleiche Fermi-Energien $E_F(N) > E_F(Z)$, sodass üblicherweise **zwei Potentialtöpfe** gezeichnet werden (►Abbildung 16.7). Der Proton-Topf liegt höher (Coulomb-Abstoßung) und zeigt zusätzlich einen Potentialwall, da hereinkommende neue Protonen die Coulomb-Abstoßung überwinden müssen. Auf den Energieniveaus befinden sich je zwei Protonen unterschiedlicher **Spinausrichtung** (genauso für Neutronen).

Zum Mitnehmen: Nukleonen im Atomkern 2

- Das **Tröpfchenmodell** beschreibt die **Bindungsenergie pro Nukleon** E_B/A als Funktion der Nukleonenanzahl A (►Abbildung 16.9).

  Ausgehend von im Atomkern innenliegenden Nukleonen mit gleichmäßiger Bindungsenergie in alle Richtungen werden Terme hinzugefügt, die bei steigendem A vorwiegend zur Reduktion der Bindungsenergie führen (Nukleonen an der Kernoberfläche, Coulomb-Abstoßung, Asymmetrie zwischen Proton- und Neutronenanzahl, Paarenergien). Die Koeffizienten werden mithilfe einer Datenanpassung ermittelt:

$$\frac{E_B}{A} = a_v - \frac{a_s}{A^{1/3}} - a_c \cdot \frac{Z(Z-1)}{A^{4/3}} - a_a \cdot \frac{(N-Z)^2}{A^2} + a_p \cdot \frac{\delta}{A^{3/2}} \qquad (16.27)$$

- Das **Schalenmodell** erklärt die **Magischen Zahlen**.

  Als Potentialterme in der **Schrödinger-Gleichung** werden das Kastenpotential mit Randunschärfe **Woods-Saxon-Potential** zusammen mit einem Term für die starke **Wechselwirkung von Spin und Bahndrehimpuls** der Nukleonen verwendet.

  Die Energieniveaus für die Quantenzahlen n und ℓ sind von gleicher Größenordnung wie die Energieverschiebungen durch die Spin-Bahn-Kopplung:

$$\Delta E_{\ell s} = \underbrace{V_{\ell s}(r)}_{<0} \cdot \begin{cases} +\frac{\ell}{2} & \text{für } j = \ell + 1/2 \\ -\frac{\ell+1}{2} & \text{für } j = \ell - 1/2 \end{cases} \qquad (16.39)$$

  Dadurch werden **Schalenabschlüsse** erzeugt, die passend zu den magischen Zahlen Gruppen von Energieniveaus voneinander separieren (►Abbildung 16.11).

Radioaktivität

17

ÜBERBLICK

» Radioaktive Zerfälle sind spontane Übergänge im Atomkern. Dabei werden instabile Zustände des Kerns verlassen.

In diesem Kapitel zeigen wir zunächst das radioaktive Zerfallsgesetz. Dann untersuchen wir die drei Arten der radioaktiven Strahlung, die auf ganz verschiedenen physikalischen Konzepten beruhen:

Alpha-Strahler emittieren Helium-Kerne aufgrund des quantenmechanischen Tunneleffekts. Bei einem Beta-Zerfall wird ein Elektron oder Positron emittiert, was den Übergang zwischen Protonen und Neutronen durch die schwache Wechselwirkung anzeigt. Gamma-Strahlung sind Photonen, die beim Nukleon-Übergang zwischen zwei Energieniveaus des Atomkerns ausgesendet werden. «

17.1 Radioaktives Zerfallsgesetz

Die Zerfälle radioaktiver Atomkerne finden spontan statt. Für den einzelnen Kern können wir den genauen Zeitpunkt nicht vorhersagen. Aber immerhin können wir statistische Aussagen über die wahrscheinliche Zerfallszeit mit den folgenden Überlegungen formulieren.

Zufallsprozess: Das radioaktive Präparat eines bestimmten Isotops hat zum Anfang unserer Messungen $N_\circ$ noch unzerfallene Kerne. Wir messen die Rate dN/dt der Zerfälle. Mit jedem Zerfall sinkt die Anzahl N der noch unzerfallenen Kerne im Präparat, sodass auch die Rate dN/dt entsprechend abnimmt:

$$\frac{dN}{dt} = -\lambda N \tag{17.1}$$

Die Proportionalitätskonstante λ hat inverse Zeiteinheit, wir bezeichnen sie als Zerfallskonstante. Je größer λ ist desto eher zerfallen die radioaktiven Kerne. Während wir für den einzelnen Kern damit keine Aussage treffen, charaktarisiert λ für die Gesamtheit aller radioaktiven Kerne des Präparats eine konstante Wahrscheinlichkeit für Zerfälle pro Zeiteinheit.

Exponentialgesetz: Gleichung (17.1) ist eine Differentialgleichung, die wir durch Trennung der Variablen sofort lösen können. Die Integrationsgrenzen ergeben sich aus $N_\circ$ radioaktiven Kernen zum Startzeitpunkt $t = 0$ unserer Messung und N noch radioaktiven Kernen nach der Messzeit t. Wir erhalten damit das bekannte **Exponentialgesetz** des radioaktiven Zerfalls:

$$\int_{N_\circ}^{N} \frac{dN}{N} = -\lambda \int_0^t dt \tag{17.2}$$

$$\ln \frac{N}{N_\circ} = -\lambda \cdot t \tag{17.3}$$

$$N = N_\circ \, e^{-\lambda t} = N_\circ \, e^{-t/\tau} \tag{17.4}$$

Dabei ist τ die mittlere Lebensdauer der radioaktiven Kerne, invers zur Zerfallskonstanten

$$\tau \equiv \frac{1}{\lambda} \ . \tag{17.5}$$

Die mittlere Lebensdauer τ bezeichnet die Zeit, nach der die Anzahl der noch radioaktiven Kerne auf $N = N_\circ/e$ abgefallen ist (►Abbildung 17.1).

Halbwertszeit: Häufig wird die Zerfallszeit des radioaktiven Materials durch die **Halbwertszeit** $t_{1/2}$ beschrieben. Sie entspricht dem Zeitpunkt, an dem die Hälfte der anfänglich radioaktiven Kerne zerfallen ist (►Abbildung 17.1). Die Umrechnung zwischen den charakteristischen Zeitgrößen $t_{1/2}$ und τ gelingt über (17.4):

$$N(t_{1/2}) = \frac{N_\circ}{2} = N_\circ \, e^{-t_{1/2}/\tau} \tag{17.6}$$

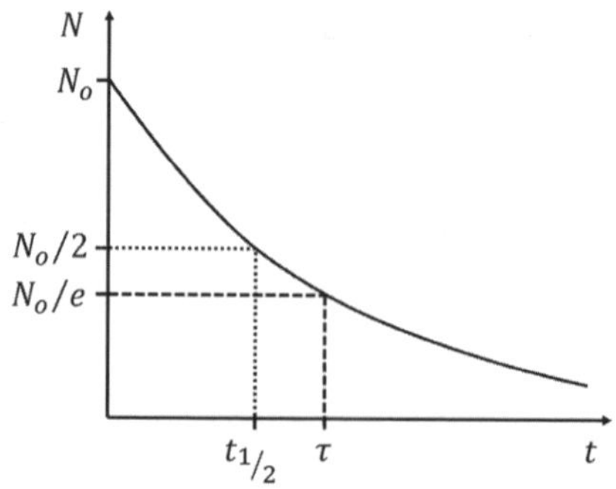

Abbildung 17.1 Das radioaktive Zerfallsgesetz zeigt die Anzahl $N(t)$ noch radioaktiver Kerne eines Präparats (anfängliche Anzahl $N_\circ$) als Funktion der Zeit t durch den exponentieller Abfall mit den charakteristischen Zeiten: Halbwertszeit $N(t_{1/2}) = N_\circ/2$ und mittlere Lebensdauer $N(\tau) = N_\circ/e$.

$$\ln\frac{1}{2} = -\frac{t_{1/2}}{\tau} \tag{17.7}$$

$$t_{1/2} = \tau \cdot \ln 2 \tag{17.8}$$

Aktivität: Die Rate der Zerfälle wird auch als **Aktivität** bezeichnet:

$$A(t) \equiv -\frac{dN}{dt} \tag{17.9}$$

Sie gibt die Anzahl der Teilchenzerfälle pro Sekunde an und wird in **Becquerel** $\mathrm{Bq} = 1/\mathrm{s}$ gemessen.

Experiment 33: Barium-Zerfälle

Wir verwenden einen sogenannten Isotopengenerator, in dem das langlebige Caesium-Isotop ^{137}Cs durch einen schwerlöslichen Komplex gebunden ist. Durch Beta-Zerfälle des Caesiums entsteht das angeregte Barium-Isotop $^{137}\mathrm{Ba}^\star$, das innerhalb weniger Minuten über einen Gamma-Zerfall (hochenergetisches Photon) mit der Energie $E_\gamma = 662\,\mathrm{keV}$ in seinen Grundzustand übergeht. Wir interessieren uns hier für diese Barium-Zerfälle.

Die Bariumatome spülen wir mit Hilfe einer Lösungsflüssigkeit in ein Reagenzglas und messen mit einem Geiger-Müller-Zählrohr alle 10 s die Rate der Photonen aus den Gamma-Zerfällen.

In der ►Abbildung 17.2 sind die Messungen als Funktion der Zeit aufgetragen. Die Messdaten folgen wie erwartet einer Exponentialfunktion (17.4). Aus der Anpassung an die Messdaten können wir die Halbwertszeit des angeregten Barium-Zustands $^{137}\mathrm{Ba}^\star$ ablesen:

$$t_{1/2} = (2{,}60 \pm 0{,}03)\,\mathrm{min} \tag{17.10}$$

Der Wert ist mit präziseren Messungen gut verträglich: $t_{1/2} = 2{,}552\,\mathrm{min}$ [12].

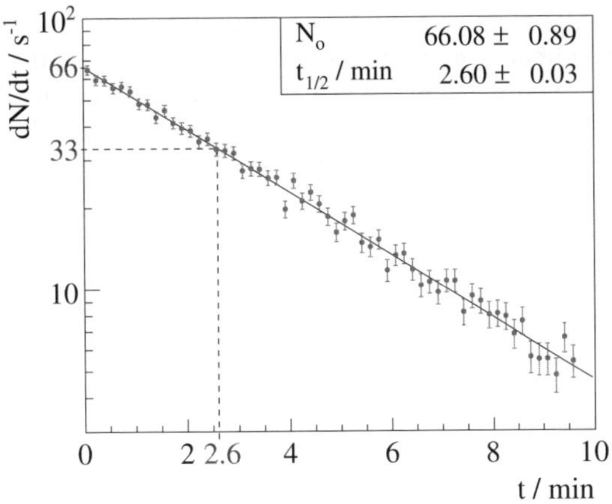

Abbildung 17.2 Logarithmische Auftragung der Gamma-Zerfallsrate von angeregten Barium-Kernen als Funktion der Zeit. Mit der Anpassung einer Exponentialfunktion lässt sich die Halbwertszeit $t_{1/2}$ bei der Hälfte der zerfallenen Kerne ablesen (vergleiche ►Abbildung 17.1).

17.2 Alpha-Zerfall: Tunneleffekt

Als radioaktiven Alpha-Zerfall bezeichnen wir die spontane Emission eines Helium-Kerns (historisch α-Teilchen), aus einem schwereren Kern. Die Reaktionsgleichung dafür lautet:

$$^{A}_{Z}\mathrm{X} \longrightarrow {}^{A-4}_{Z-2}\mathrm{Y} + {}^{4}_{2}\mathrm{He} \tag{17.11}$$

In der ►Abbildung 17.3 skizzieren wir eine prinzipielle Vorstellung dieses Vorgangs mithilfe des Fermi-Gas-Modells. Zwei Protonen und zwei Neutronen innerhalb eines größeren Kerns verbinden sich kurzzeitig zu einem Helium-Kern. Durch die hohe Bindungsenergie des Helium-Kerns von $E_B(^4_2\mathrm{He}) = 28{,}3\,\mathrm{MeV}$ erhalten sie als Verbund einen Energievorteil, der den Helium-Kern aus dem tiefliegenden Potentialtopf anhebt. Der Helium-Kern erreicht allerdings nicht die Höhe der Coulomb-Barriere für seine beiden Protonen und kann – nach klassischer Vorstellung – nicht entkommen.

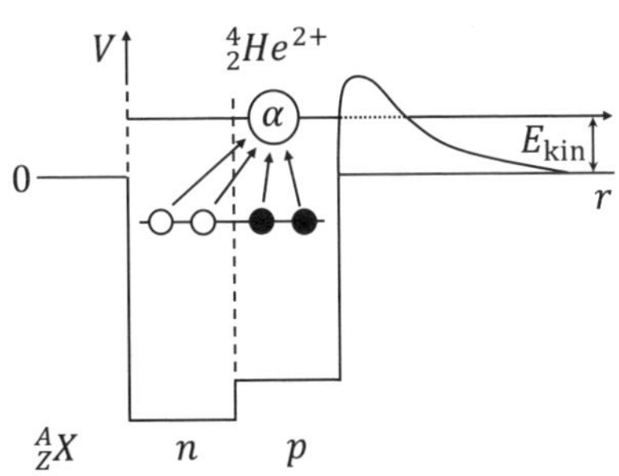

Abbildung 17.3 Beim α-Zerfall verbinden sich zwei Protonen und zwei Neutronen im Kern zu einem Helium-Kern (α-Teilchen), der den großen Kern über den Tunneleffekt verlassen kann.

Im Rahmen der Quantenmechanik kann die Coulomb-Barriere aber mithilfe des sogenannten Tunneleffekts überwunden werden. Die Wahrscheinlichkeit für das Durchdringen der Barriere hängt von der Energie des Helium-Kerns und der Dicke und Höhe der Barriere ab. Als kinetische Energie des Helium-Kerns verbleibt die Differenz seiner anfänglichen Energie im Potential zur Null-Linie des Potentialtopfs.

In diesem Kapitel besprechen wir zunächst, bei welchen Kernen ein Energievorteil bei der Zerlegung in einen Helium-Kern und einen Zerfallskern entsteht (Reaktionsgleichung (17.11)). Außerdem berechnen wir, wie groß die freiwerdende Bindungsenergie ist und bestimmen damit die kinetische Energie des emittierten Helium-Kerns. Im Weiteren beobachten wir die stark schwindenden Lebensdauern radioaktiver Alpha-Strahler mit steigender kinetische Energie und führen sie in den Zusammenhang mit dem quantenmechanischen Tunneleffekt.

17.2.1 Bindungsenergien

In der oberen ►Abbildung 17.4 erinnern wir an die monoton steigende Kern-Bindungsenergie E_B der häufigsten Isotope ${}^{A}_{Z}X$ (►Abbildung 13.6). Zusätzlich als Kurve einge-

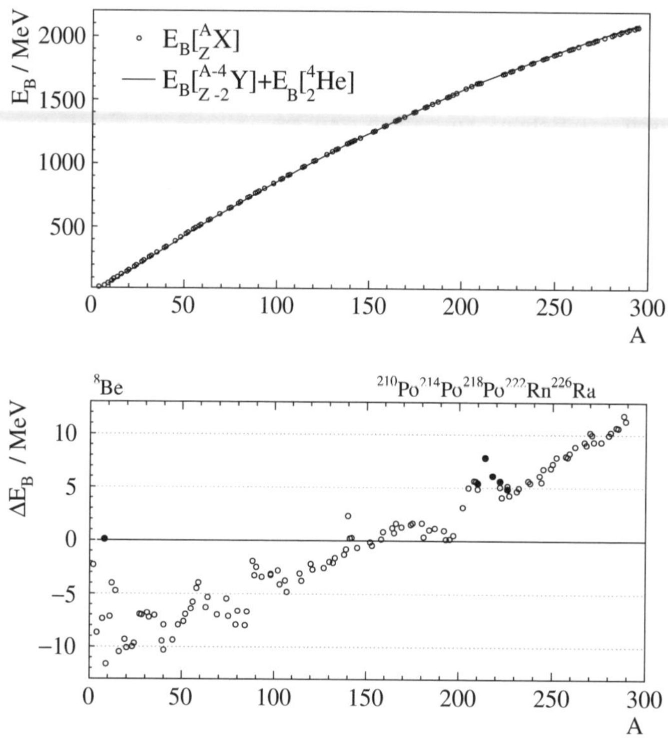

Abbildung 17.4 Oben: Bindungsenergien der häufigsten Isotope ${}^{A}_{Z}X$ (Symbole) im Vergleich zur Summe der Bindungsenergien von ${}^{A-4}_{Z-2}Y$ und ${}^{4}_{2}He$ (Kurve). Unten: Differenzbildung dieser Bindungsenergien ΔE_B. Exemplarisch sind einige Nuklide hervorgehoben (Daten aus [16]).

zeichnet ist die Summe der Bindungsenergien eines Helium-Kerns ${}^4_2\mathrm{He}$ und des um zwei Protonen und zwei Neutronen reduzierten Kerns ${}^{\mathrm{A}-4}_{\mathrm{Z}-2}\mathrm{Y}$:

$$E_B({}^{\mathrm{A}}_{\mathrm{Z}}\mathrm{X}) \quad \Leftrightarrow \quad E_B({}^{\mathrm{A}-4}_{\mathrm{Z}-2}\mathrm{Y}) + E_B({}^4_2\mathrm{He}) \tag{17.12}$$

Bei genauem Hinsehen verläuft die Kurve zunächst unterhalb der häufigsten Isotope (Symbole), bei großen Nukleonenanzahlen aber knapp darüber.

In der unteren ►Abbildung 17.4 zeigen wir die Differenz der Bindungsenergien:

$$\Delta E_B = E_B({}^{\mathrm{A}-4}_{\mathrm{Z}-2}\mathrm{Y}) + E_B({}^4_2\mathrm{He}) - E_B({}^{\mathrm{A}}_{\mathrm{Z}}\mathrm{X}) \tag{17.13}$$

Hier sieht man deutlich, dass für schwere Kerne oberhalb von $A = 150 \ldots 200$ die Aufspaltung der Kerne energetisch vorteilhaft wäre. Dass die Aufspaltung nicht sofort passiert, liegt an der Coulomb-Barriere in ►Abbildung 17.3.

Einige Kerne haben wir exemplarisch hervorgehoben. Darunter ist das Beryllium-Isotop ${}^8_4\mathrm{Be}$, dessen Bindungsenergie von 56,5 MeV etwas kleiner als die zweifache Bindungsenergie des Helium-Kerns ist ($2\,E_B = 56{,}6\,\mathrm{MeV}$), und das in zwei ${}^4_2\mathrm{He}$-Kerne zerfällt. Weiterhin haben wir die Kerne der Zerfallsreihe von Radium ${}^{226}_{88}\mathrm{Ra}$ markiert, die wir weiter unten untersuchen werden.

17.2.2 Energie des Helium-Kerns

Der Alpha-Zerfall eines Kerns ist dann energetisch möglich, wenn die Differenz der Bindungsenergien $\Delta E_B > 0$ (17.13) zwischen dem ursprünglichen Kern und der Summe aus Helium- und Zerfallskern positiv ist. Die folgenden Berechnungen werden vereinfacht, wenn wir die Bindungsenergien in Kernmassen ausdrücken $E_B = (\sum m_p + \sum m_n - m_K)\,c^2$ (13.21). Bei der Differenzbildung fallen die Summen der Protonmassen und Neutronmassen heraus, sodass nur die Kernmassen übrig bleiben:

$$\Delta E_B = E_B({}^{\mathrm{A}-4}_{\mathrm{Z}-2}\mathrm{Y}) + E_B({}^4_2\mathrm{He}) - E_B({}^{\mathrm{A}}_{\mathrm{Z}}\mathrm{X}) \tag{17.14}$$

$$= (m_{\mathrm{X}} - m_{\mathrm{Y}} - m_{\mathrm{He}})\,c^2 \tag{17.15}$$

Beim Alpha-Zerfall handelt sich um den Zwei-Körper-Zerfall (17.11) eines zumeist ruhenden Ursprungskerns X, sodass wegen der Impulserhaltung die Impulse der Zerfallskerne entgegengesetzt gleich groß sind:

$$\vec{p}_{\mathrm{Y}} = -\vec{p}_{\mathrm{He}} \tag{17.16}$$

Die Bindungsenergiedifferenz wird aufgrund der Energieerhaltung auf die kinetischen Energien $E_{\mathrm{kin}} = p^2/(2\,m)$ der beiden Zerfallskerne aufgeteilt:

$$\Delta E_B = E_{\mathrm{kin,Y}} + E_{\mathrm{kin,He}} = \frac{\vec{p}_{\mathrm{He}}^{\,2}}{2}\left(\frac{1}{m_{\mathrm{Y}}} + \frac{1}{m_{\mathrm{He}}}\right) = \underbrace{\frac{\vec{p}_{\mathrm{He}}^{\,2}}{2\,m_{\mathrm{He}}}}_{=E_{\mathrm{kin,He}}} \frac{m_{\mathrm{Y}} + m_{\mathrm{He}}}{m_{\mathrm{Y}}} \tag{17.17}$$

Damit erhalten wir als kinetische Energie des Helium-Kerns:

$$E_{\mathrm{kin,He}} = \Delta E_B \cdot \frac{m_{\mathrm{Y}}}{m_{\mathrm{Y}} + m_{\mathrm{He}}} \tag{17.18}$$

17.2.3 Radium-Zerfallsreihe

In der ►Abbildung 17.5 ist ein Ausschnitt aus der Nuklidkarte gezeigt, in der die Zerfallsreihe ab dem Radium-Isotop ^{226}Ra nachvollzogen werden soll. Mit dem Alpha-Zerfall sinkt die Anzahl der Nukleonen A um vier und die Protonenanzahl um zwei. An einigen Stellen gibt es Beta-Zerfälle, bei denen die Nukleonenanzahl A konstant bleibt, sich aber die Proton- und Neutronenanzahlen ändern (Kapitel 17.3).

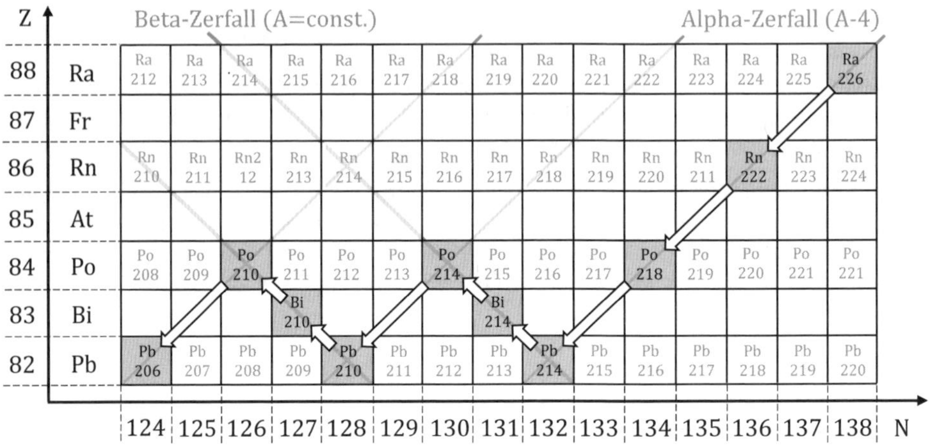

Abbildung 17.5 Die Zerfallsreihe ab dem Radium-Isotop ^{226}Ra weist 5 Alpha-Zerfälle auf, bei denen jeweils die Nukleonenanzahl auf $A-4$ und die Protonenanzahl auf $Z-2$ absinkt. Zusätzlich gibt es Beta-Zerfälle, bei denen die Nukleonenanzahl A unverändert bleibt.

Die kinetischen Energien $E_{\mathrm{kin,He}}$ der Helium-Kerne berechnen wir nach Gleichung (17.18) aus den Kernmassen der am Prozess beteiligten Kerne und verwenden dabei die atomare Masseneinheit $\mathrm{u} = 931{,}49410242(28)\ \mathrm{MeV}/c^2$ (13.19). Die ►Tabelle 17.1 zeigt gute Übereinstimmung zwischen den so berechneten und gemessenen Werten aus dem Online-Periodensystem [41].

Zerfall	m_X /u	m_Y /u	m_{He} /u	$E_{\mathrm{kin,He}}$ /MeV (17.18)	$E_{\mathrm{kin,He}}$ /MeV [41]	$t_{1/2}$ [41]	
$^{226}\mathrm{Ra} \to {}^{222}\mathrm{Rn}$	225,9771	221,9704	4,0015	4,758	4,871	1600	a
$^{222}\mathrm{Rn} \to {}^{218}\mathrm{Po}$	221,9704	217,9629	4,0015	5,488	5,591	3,823	d
$^{218}\mathrm{Po} \to {}^{214}\mathrm{Pb}$	217,9629	213,9548	4,0015	6,035	6,114	3,098	min
$^{214}\mathrm{Po} \to {}^{210}\mathrm{Pb}$	213,9491	209,9392	4,0015	7,678	7,834	164,3	µs
$^{210}\mathrm{Po} \to {}^{206}\mathrm{Pb}$	209,9368	205,9295	4,0015	5,300	5,407	138,38	d

Tabelle 17.1 Kinetische Energien $E_{\mathrm{kin,He}}$ der Helium-Kerne aus Zerfällen der Uran-Radium-Reihe, nach (17.18) berechnete und gemessene [41], sowie die gemessenen Halbwertszeiten.

Experiment 34: Radium-Zerfallsreihe

Wir messen die Energien der Helium-Kerne einer Radium-Quelle mithilfe eines Halbleiterzählers. Seine Energiemessung haben wir zunächst kalibriert. Wir erkennen die fünf Zerfälle aus der Radium-Reihe wieder (►Abbildung 17.5, ►Tabelle 17.1). Die Energieauflösung des Halbleiterzählers bestimmen wir durch Anpassung einer Gauß-Funktion an die Maxima der Verteilung, sie beträgt 160 keV. Dadurch sehen wir drei der Alpha-Zerfälle separat ^{226}Ra, ^{218}Po, ^{214}Po und zwei der energetisch nahe liegenden Zerfälle in dem verbreiterten Maximum (^{210}Po, ^{222}Rn).

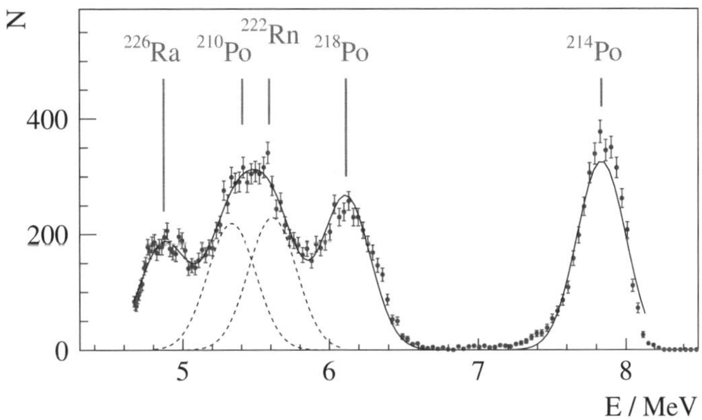

Abbildung 17.6 Messung der kinetischen Energien der Helium-Kerne bei den Alpha-Zerfällen der Radium-Reihe

17.2.4 Natürliche Zerfallsreihen

Durch den Alpha-Zerfall entfernen sich vier Nukleonen aus dem Atomkern. Setzt man die Zerfallsreihe mit Alpha-Zerfällen fort, so entsteht in der Nuklidkarte ein Muster, bei dem immer drei Werte in der Nukleonenanzahl A übersprungen werden.

Dadurch gibt es genau vier natürliche Zerfallsreihen, die in ►Abbildung 17.7 gezeigt sind. Beachten Sie, dass das eingezeichnete Gitter jeweils um eine Einheit in der Nukleonenanzahl A weitergerückt ist.

17.2.5 Quantenmechanischer Tunneleffekt

Der quantenmechanische Tunneleffekt zeigt, dass Materieteilchen in Potentialwände eindringen und begrenzte Barrieren überwinden können. Diesen überraschenden Effekt besprechen wir im Folgenden anhand des Alpha-Zerfalls.

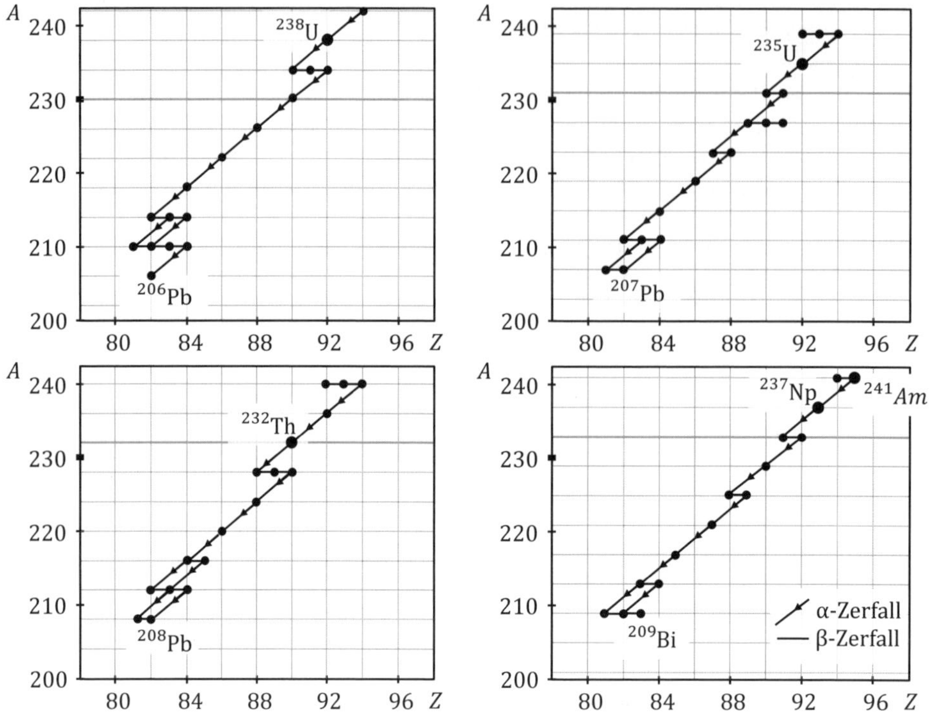

Abbildung 17.7 Die vier natürlichen Zerfallsreihen des Alpha-Zerfalls: Oben: Uran-Radium-Reihe, Uran-Actinium-Reihe, unten: Thorium-Reihe, Neptunium-Reihe. Das jeweils unterste Element ist stabil.

Lebensdauer Alpha-Strahler

In der rechten Spalte der ►Tabelle 17.1 sind zusätzlich die Halbwertszeiten der Alpha-Strahler aus der Radium-Reihe aufgeführt. Die Zeiten variieren von Mikrosekunden bis zu 1.600 Jahre. In der ►Abbildung 17.8 sind die Halbwertszeiten als Funktion der kinetische Energie $E_{\text{kin,He}}$ gezeigt.

Auffallend ist, wie stark der Zusammenhang zwischen Lebensdauer und kinetischer Energie $E_{\text{kin,He}}$ der Helium-Kerne ist. Der Helium-Kern aus dem ^{226}Ra-Zerfall hat 40 % weniger Energie im Vergleich zum ^{214}Po-Zerfall. Mit diesem geringen Energieunterschied ergibt sich eine um 14 Größenordungen längere Lebensdauer für Radium!

> *Hohe kinetische Energie der Helium-Kerne bedeutet kurze Lebensdauer des Alpha-Strahlers. Niedrige Energie heißt lange Lebensdauer.*

Dieser Zusammenhang wurde bereits 1911 von H. Geiger und J. M. Nuttall beobachtet. Als Maß für die Energie der Helium-Kerne verwendeten sie deren Reichweite.

Zur Erklärung visualisiert die ►Abbildung 17.9 die Situation an der Coulomb-Barriere des Kernpotentials. Ein Helium-Kern mit hoher Energie hat nur eine kurze Tunnelstrecke relativ knapp unterhalb der Schwelle zu überwinden. Die Wahrscheinlichkeit dafür ist

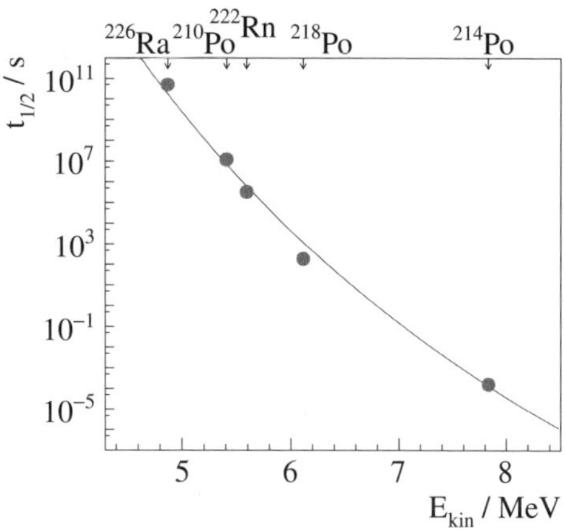

Abbildung 17.8 Relativ kleine Unterschiede der kinetischen Energie $E_{\mathrm{kin,He}}$ der Helium-Kerne führen zu starken (exponentiellen) Änderungen der Halbwertszeit $t_{1/2}$. Die Kurve zeigt die skalierte inverse Transmissionswahrscheinlichkeit $t_{1/2} = T^{-1} \propto e^G$ (17.41), die wir weiter unten im Text erklären.

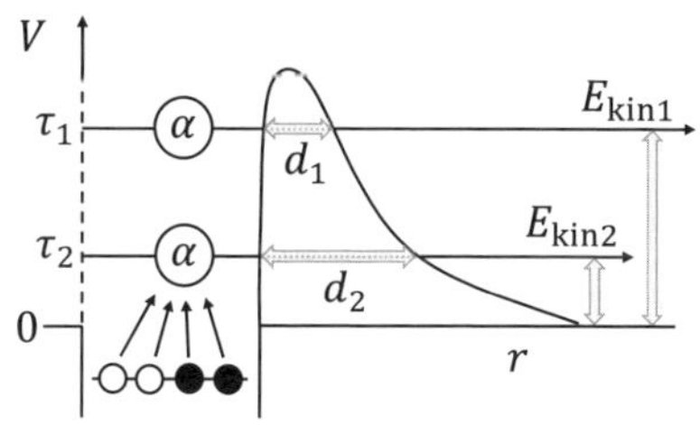

Abbildung 17.9 Skizze des quantenmechanischen Tunneleffekts für hohe kinetische Energie $E_{\mathrm{kin,He}}$, kurze Barriere und daher kurzlebigem Alpha-Strahler im Kontrast zu niedrigem $E_{\mathrm{kin,He}}$ mit langer Barriere und langer Lebensdauer.

viel größer als bei einem Helium-Kern mit niedriger Energie. Dieser muss weit unterhalb der Schwelle einen langen Tunnelweg durchqueren, was viel seltener gelingt.

Tunneleffekt an Potentialbarriere

Als zunächst vereinfachte Situation stellen wir uns ein Teilchen vor, dass mit der Energie E auf eine rechteckige Potentialbarriere der Dicke d zufliegt (►Abbildung 17.10). Die Höhe V der Barriere übersteigt die Teilchenenergie E um den Faktor

$$\epsilon = \frac{V}{E} . \tag{17.19}$$

Wir beschreiben das Teilchen mithilfe einer Materiewelle ψ, die die Schrödinger-Gleichung am konstanten Potential löst (3.48):

$$\psi = \psi_1 \, e^{+i\,k\,x} + \psi_2 \, e^{-i\,k\,x} \tag{17.20}$$

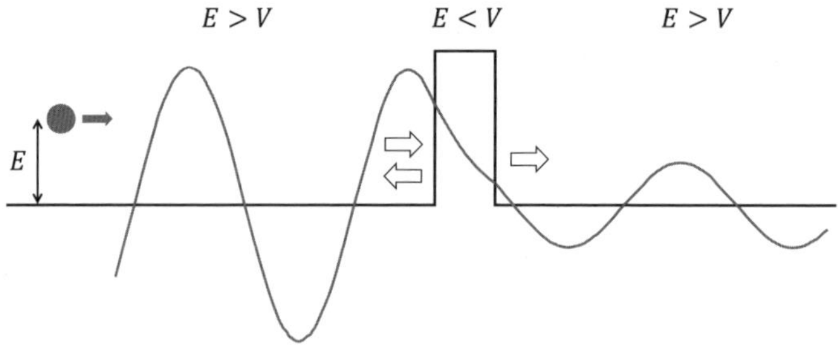

Abbildung 17.10 Ein Teilchen bzw. die Materiewelle der Energie E trifft auf einen rechteckigen Potentialwall der Höhe $V > E$ und Breite d, wird an einer Potentialbarriere teilweise reflektiert und transmittiert.

Der Wellenvektor k (3.46) ergab sich dabei aus der Gesamtenergie des Teilchens:

$$E = E_{\text{kin}} + V = \frac{\hbar^2 k^2}{2m} + V \tag{17.21}$$

$$k^2 = \frac{2m}{\hbar^2}(E - V) \tag{17.22}$$

Im Bereich links der Barriere in ►Abbildung 17.10 ist $V = 0$ und daher ergibt sich eine vorwärts- und durch Reflexion auch eine rückwärtslaufende Materiewelle (►Abbildung 17.10):

$$k = \frac{\sqrt{2mE}}{\hbar} \tag{17.23}$$

$$\psi = \psi_a \, e^{+ikx} + \psi_b \, e^{-ikx} \tag{17.24}$$

Sobald die vorwärtslaufende Materiewelle in die Potentialbarriere mit $V > E$ eindringt, wird der Wellenvektor k imaginär (17.22). Daher definieren wir eine reelle Zahl $a \equiv i\,k$ und erhalten als Lösungen für diesen Bereich:

$$k^2 = \frac{2m}{\hbar^2}(E - V) < 0 \tag{17.25}$$

$$a \equiv i\,k = \frac{i}{\hbar}\sqrt{2m\,(V - E)} \tag{17.26}$$

$$\psi = \psi_c \, e^{-ax} + \psi_d \, e^{ax} = \psi_c \, e^{-ax} \tag{17.27}$$

Eine exponentiell ansteigende Lösung widerspricht der Beobachtung, dass hinter der Barriere weniger Intensität herauskommt als hineingeht. Daher setzen wir $\psi_d = 0$.

Schließlich verfolgen wir die transmittierte Materiewelle im Bereich hinter der Barriere. Hier entspricht der Wellenvektor k wieder (17.23). Die vorwärtslaufende Amplitude hat sich auf ψ_e verringert:

$$\psi = \psi_e \, e^{+ikx} \tag{17.28}$$

Eine rückwärtslaufende Welle gibt es hier nicht. Der Gesamtvorgang ist in der ►Abbildung 17.10 skizziert.

Die **quantenmechanische Tunnelwahrscheinlichkeit** drücken wir als **Transmissionsvermögen** aus, indem wir das Amplitudenquadrat der transmittierten Materiewelle $|\psi_e|^2$ mit dem der einlaufenden Materiewelle $|\psi_a|^2$ vergleichen:

$$T = \left|\frac{\psi_e}{\psi_a}\right|^2 \tag{17.29}$$

Eine relativ einfache, aber durchaus aufwändige Rechnung liefert für das Transmissionsvermögen T an einem rechteckigen Potentialwall:

$$T = \left[1 + \frac{1}{4}\,\frac{\epsilon}{1-\epsilon^{-1}}\,\sinh^2\left(k\,d\,\sqrt{\epsilon - 1}\right)\right]^{-1} \tag{17.30}$$

Der Vorfaktor der sinh-Funktion ist oberhalb von $\epsilon = V/E \gtrsim 1{,}5$ (17.19) ungefähr konstant gleich ≈ 1. In der ►Abbildung 17.11 ist das Transmissionsvermögen T für verschiedene Werte des Produkts aus Wellenvektor und Dicke der Barriere $k \cdot d$ als Funktion von $\epsilon = V/E$ gezeigt.

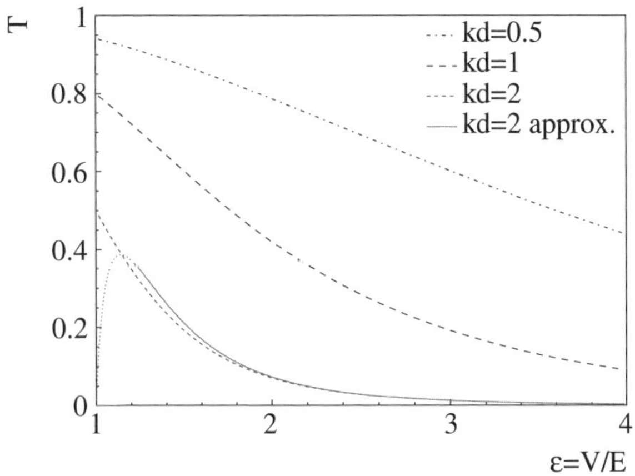

Abbildung 17.11 Transmissionsvermögen T (17.30) an einer Potentialbarriere für verschiedene Werte des Produkts aus Wellenvektor k und Barrierendicke d. Für $k \cdot d > 1$ (kleine Wellenlänge) ergibt sich oberhalb von $\epsilon = V/E = 1{,}2$ (17.19) näherungsweise ein exponentieller Abfall im Transmissionsvermögen T (17.32).

Aufgabe 30: Transmissionsvermögen an Potentialbarriere

Berechnen Sie das Transmissionsvermögen T (17.30) an einer Potentialbarriere.

Näherung für kleine Wellenlängen

Ein Helium-Kern mit kinetischer Energie von $E_{\text{kin,He}} = 5\,\text{MeV}$ hat eine ähnliche Wellenlänge im Vergleich zum Kernradius ($k = 2\,\pi/\lambda$, $k = \sqrt{2\,m\,E}/\hbar$ (17.23), $\hbar\,c = 197\,\text{MeV fm}$ (1.13)):

$$\lambda = \frac{2\,\pi}{k} = \frac{2\,\pi\,\hbar\,c}{\sqrt{2\,m\,c^2\,E}} \approx \frac{6 \cdot 197\,\text{MeV fm}}{\sqrt{2 \cdot 4 \cdot 931 \cdot 5\,\text{MeV}^2}} = 6\,\text{fm} \tag{17.31}$$

Die Dicke d der Potentialbarriere ist deutlich größer, sodass wir die inverse Transmissionswahrscheinlichkeit (17.30) mit der Bedingung $d \gg \lambda/(2\,\pi)$ nähern, was gleichbedeutend mit $k \cdot d \gg 1$ ist:

$$T^{-1} = 1 + \frac{1}{4}\,\frac{\epsilon}{1-\epsilon^{-1}}\,\frac{1}{4}\left(e^{\,k\,d\,\sqrt{\epsilon-1}} - \underbrace{e^{-k\,d\,\sqrt{\epsilon-1}}}_{\approx 0}\right)^2 \approx \frac{1}{16}\,\frac{\epsilon}{1-\epsilon^{-1}}\,e^{\,2\cdot k\,d\,\sqrt{\epsilon-1}} \tag{17.32}$$

Es ergibt sich demnach eine exponentiell abfallende Transmissionswahrscheinlichkeit T,

$$T \propto e^{-G} \,, \tag{17.33}$$

wobei der Exponent als Gamow-Faktor G bezeichnet wird (G. Gamow). In der ►Abbildung 17.11 zeigen wir exemplarisch die gute Qualität der Näherung bei genügend hoher Potentialschwelle, ausgedrückt durch $\epsilon = V/E$ (17.19).

Mit $k = \sqrt{2\,m\,E}/\hbar$ (17.23) und $\epsilon = V/E$ (17.19) notieren wir gut verständliche Größen für den Gamow-Faktor in (17.32):

$$G = 2\,k\,d\,\sqrt{\epsilon - 1} = 2\,\frac{\sqrt{2\,m\,E}}{\hbar}\,d\,\sqrt{\left(\frac{V}{E} - 1\right)} \tag{17.34}$$

$$= \frac{2}{\hbar}\,d\,\sqrt{2\,m\,(V - E)} \tag{17.35}$$

Bei jedem einzelnen Versuch die Potentialstufe zu durchqueren, ist die Transmissionswahrscheinlichkeit exponentiell unterdrückt. Der Exponent hängt von der Teilchenenergie E im Vergleich zur Höhe der Potentialstufe V und von der Dicke d der Potentialbarriere ab.

Aufgabe 31: Transmissionsvermögen

Die Potentialstufe sei um den Faktor 5 größer im Vergleich zur Teilchenenergie: $V = 5\,E$. Barrierendicke d und Wellenlänge λ des Teilchens stehen im Zusammenhang $d = 3\,\lambda/(4\pi)$. Wie groß ist das Transmissionsvermögen (►Abbildung 17.12)?

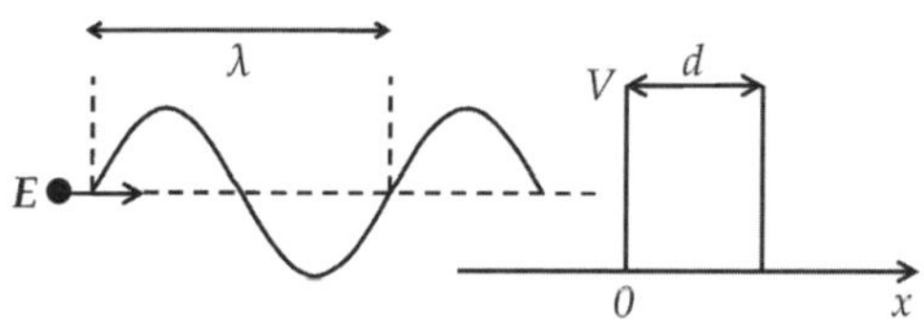

Abbildung 17.12 Materiewelle an einer Potentialbarriere

Tunneleffekt an der Coulomb-Barriere

Anstelle der konstanten Potentialstufe der Dicke d hat die Coulomb-Barriere des Atomkerns die Form des Coulomb-Potentials V_C, das mit radialem Abstand r nach außen hin abfällt (►Abbildung 17.13):

$$V_C(r) = \frac{z\,e\,Z\,e}{4\,\pi\,\epsilon_\circ\,r} = \frac{z\,Z\,\alpha\,\hbar c}{r} \tag{17.36}$$

Dabei bezeichnet e die positive Elementarladung, $z = 2$ die Ladungszahl des Helium-Kerns, Z die Ladungszahl des Zerfalls-Kerns und $\alpha = e^2/(4\,\pi\,\epsilon_\circ\,\hbar c) = 1/137$ die Feinstrukturkonstante (6.2).

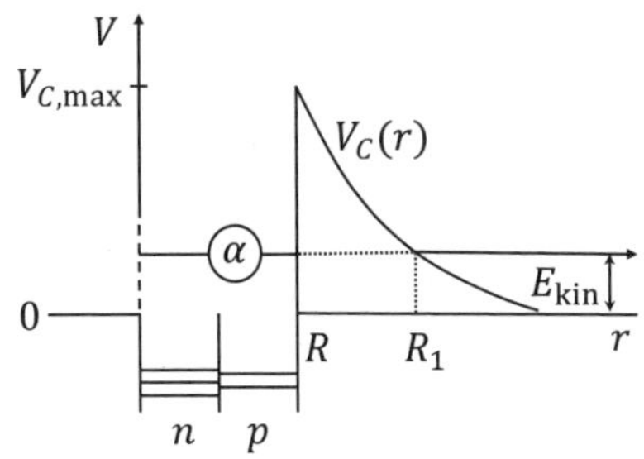

Abbildung 17.13 Der Helium-Kern muss die Coulomb-Barriere V_C mit dem Maximum $V_{C,\text{max}}$ vom Kernradius R bis R_1 durchqueren.

Im Gamow-Faktor (17.35) ersetzen wir daher d durch ein Integral über den Weg durch die Coulomb-Barriere:

$$G = \frac{2}{\hbar} \int_R^{R_1} \sqrt{2\, m_{\text{He}} \left(V_C - E_{\text{kin,He}}\right)}\, dr \tag{17.37}$$

Wir geben hier das Ergebnis der Integration an [37]:

$$G = 2\pi\,\alpha\, Z \sqrt{\frac{2\, m_{\text{He}}\, c^2}{E_{\text{kin,He}}}} - 4\,\alpha\, Z \sqrt{\frac{2\, m_{\text{He}}\, c^2}{V_{C,\text{max}}}} \tag{17.38}$$

Wir schätzen zunächst die maximale Coulomb-Energie $V_{C,\text{max}}$ im zweiten Term in (17.38). Durch Einsetzen des Kernradius $R = r_\circ\, A^{1/3}$ (15.45) und $Z \approx (3/7)\, A$ (15.42) mit $A \approx 200$ in (17.36) erhalten wir:

$$V_{C,\text{max}} = \frac{z\, Z\, \alpha\, \hbar\, c}{R} = \frac{2\,(3/7)\, A\, \alpha\, \hbar\, c}{r_\circ\, A^{1/3}} \approx \frac{2\,(3/7)\, 200^{2/3} \cdot 197\,\text{MeV fm}}{137 \cdot 1{,}1\text{fm}} \approx 40\,\text{MeV} \tag{17.39}$$

Die Energien der Helium-Kerne im ersten Term von (17.38) liegen bei $E_{\text{kin,He}} \approx 5\,\text{MeV}$, sodass der erste Term mit $1/\sqrt{E_{\text{kin,He}}}$ dominiert und der zweite Term eine Korrektur darstellt. Einen konkreten Verlauf des Gamow-Faktors

$$G \approx \underbrace{2\pi\,\alpha\,\sqrt{2\, m_{\text{He}}\, c^2}\, \frac{3}{7}}_{=1{,}7} \underbrace{A}_{\approx 200} \left(\frac{1}{\sqrt{E_{\text{kin,He}}}} - \underbrace{\frac{2}{\pi\,\sqrt{V_{C,\text{max}}}}}_{-0{,}1} \right) \approx 1{,}7\, A \left(E_{\text{kin,He}}^{-1/2} - 0{,}1 \right) \tag{17.40}$$

als Funktion der Helium-Energien zeigen wir in ►Abbildung 17.14. Während diese Werte selbst nicht sehr variieren, werden die Unterschiede durch die Exponentialfunktion der Transmissionswahrscheinlichkeit $T \propto e^{-G}$ (17.33) hochgradig verstärkt.

Vergleich mit Halbwertszeit: Wir möchten nun die Berechnungen des quantenmechanischen Tunneleffekts mit den gemessenen Halbwertszeiten $t_{1/2}$ als Funktion der Helium-Energie $E_{\text{kin,He}}$ in der ►Abbildung 17.8 vergleichen.

Halbwertszeit und Transmissionswahrscheinlichkeit verhalten sich invers zueinander, denn je größer die Transmissionswahrscheinlichkeit ist, desto kürzer ist die Halbwertszeit. Daher zeigen wir in ►Abbildung 17.8 die inverse Transmissionswahrscheinlichkeit T^{-1} mit dem Gamow-Fakor G (17.40) als Kurve

$$t_{1/2} = a \cdot T^{-1} = 2 \cdot 10^{-42} \cdot e^G\,, \tag{17.41}$$

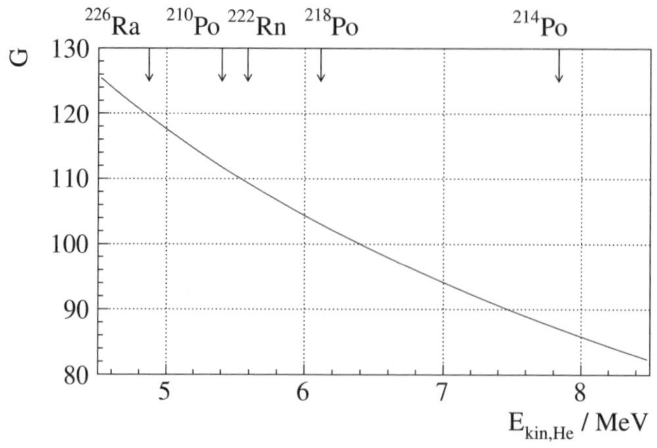

Abbildung 17.14 Gamow-Faktor für Helium-Kerne der Radium-Reihe

wobei wir den gemeinsamen Skalierungsfaktor $a = 2 \cdot 10^{-42}$ an die gemessenen Daten angepasst haben.

Aus dem Vergleich lernen wir, dass der quantenmechanische Tunneleffekt die um 14 Größenordnungen fallende Halbwertszeit mit steigender Energie der Helium-Kerne aufgrund der exponentiell steigenden Transmissionswahrscheinlichkeit erklärt.

Weitere Faktoren: Bislang haben wir die quantenmechanische Tunnelwahrscheinlichkeit für einen einmaligen Versuch eines Helium-Kerns berechnet, die Coulomb-Barriere zu durchqueren. Um die insgesamte Wahrscheinlichkeit für den Alpha-Zerfall zu erhalten, müssen wir noch die Wahrscheinlichkeit $p(W)$ für die Bildung eines Helium-Kerns in einem großen Kern berücksichtigen. Weiterhin befindet sich der Helium-Kern nach seiner temporären Bildung auf einem hohen Energieniveau des Kernpotentialtopfs. Die zugehörige Wellenfunktion können wir als stehende Welle auffassen, die wiederholt am Randbereich reflektiert. Dadurch entstehen viele Versuche pro Sekunde, die Barriere zu überwinden, manchmal als „Klopffrequenz" ν bezeichnet. Insgesamt ergibt sich nach Gamow die Halbwertszeit eines Alpha-Strahlers aus drei Beiträgen:

$$t_{1/2} = (p(W) \cdot \nu_\alpha \cdot T)^{-1} \tag{17.42}$$

Damit lassen sich die Halbwertszeiten auch quantitativ richtig abschätzen [37].

17.3 Beta-Zerfall: Schwache Wechselwirkung

Als Beta-Zerfall bezeichnen wir den Übergang eines Nukleons vom Zustand Neutron in ein Proton oder umgekehrt vom Proton in ein Neutron (►Abbildung 17.15). Hintergrund der Übergangsprozesse ist die in ►Tabelle 16.2 bereits erwähnte fundamentale schwache Wechselwirkung mit den Austauschteilchen W^+- und W^--Boson, die wir im Verlauf dieses Kapitels näher erläutern werden.

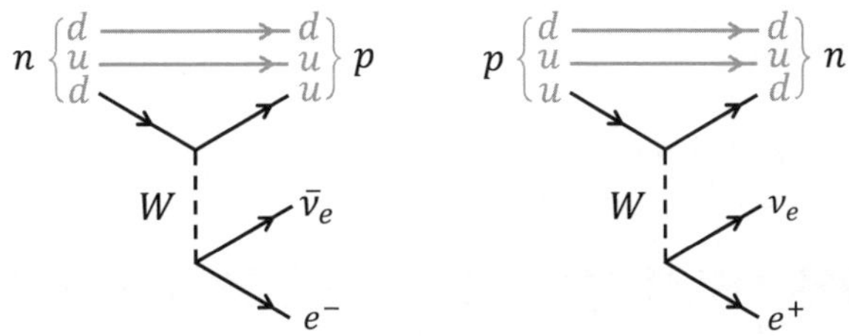

Abbildung 17.15 Links: Beta-Zerfall des Neutrons mit Quarks *udd* in ein Proton mit Quarks *uud*, Elektron und Elektron-Antineutrino. Rechts: Beta-Zerfall des Protons in ein Neutron, Positron und Elektron-Neutrino (wegen der Nukleonmassen $m_p < m_n$ nur im Kern möglich).

Reaktionsgleichungen: In beiden Beta-Zerfällen ändert sich die elektrische Ladung des Nukleons, so dass aufgrund der Ladungserhaltung mindestens ein weiteres Teilchen am Prozess beteiligt sein muss.

Beim Beta-Zerfall des Neutrons mit dem Proton im Endzustand gleicht ein Elektron e^- die Ladung aus. Zusätzlich entsteht aufgrund der Eigenschaften der schwachen Wechselwirkung ein Elektron-Antineutrino $\bar{\nu}_e$ (Antiteilchen des Elektron-Neutrinos, ►Tabelle 16.1). Beim Proton-Beta-Zerfall entstehen ein Positron e^+ und ein Elektron-Neutrino ν_e (►Abbildung 17.15).

Insgesamt lauten die Reaktionsgleichungen für die beiden Beta-Zerfälle:

$$\begin{aligned} \beta^-: &\quad {}^{A}_{Z}\mathrm{X} \longrightarrow {}^{A}_{Z+1}\mathrm{Y} + \mathrm{e}^- + \bar{\nu}_e \\ \beta^+: &\quad {}^{A}_{Z}\mathrm{X} \longrightarrow {}^{A}_{Z-1}\mathrm{Y} + \mathrm{e}^+ + \nu_e \end{aligned} \tag{17.43}$$

Historisch wurde das Elektron als „β^--Teilchen“, das Positron als „β^+-Teilchen“ bezeichnet. Daher unterscheiden wir die beiden Fälle in (17.43) als β^-- und β^+-Zerfälle.

Bindungsenergien: Mithilfe des Fermi-Gas-Modells können wir einsehen, dass Beta-Zerfälle für Atomkerne vorteilhaft sein können. In der ►Abbildung 17.16 zeigen wir zwei Beispiele für Beta-Zerfälle im Kern. Anfangs sind die Energieniveaus der separaten Potentialtöpfe für Protonen und Neutronen so belegt, dass ein Beta-Zerfall den Kern insgesamt in einen niedrigeren Energiezustand bringt und sich damit seine Bindungsenergie verbessert.

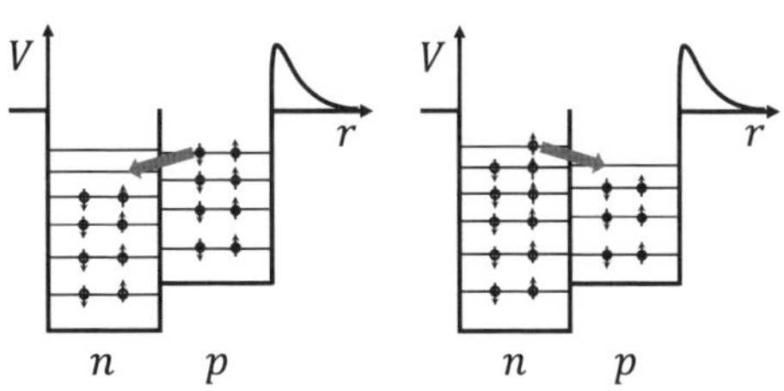

Abbildung 17.16 Beispiele für den β^--Zerfall eines *gg*-Kerns (links) und den β^+-Zerfall eines *gu*-Kerns

Beispiel 52: β-Zerfall

Beta-Zerfälle gibt es ungefähr doppelt so viele wie Alpha-Strahler. Einige Beispiele sind in der ►Tabelle 17.2 aufgeführt.

Zerfallsprozess			Max. Energie $E_{e,\mathrm{kin}}/\mathrm{MeV}$	Halbwertszeit $t_{1/2}$
$^{214}_{82}\mathrm{Pb}$	$\longrightarrow$	$^{214}_{83}\mathrm{Bi} + \mathrm{e}^- + \bar{\nu}_e$		27,06 min
$^{214}_{83}\mathrm{Bi}$	$\longrightarrow$	$^{214}_{84}\mathrm{Po} + \mathrm{e}^- + \bar{\nu}_e$		19,71 min
$^{137}_{55}\mathrm{Cs}$	$\longrightarrow$	$^{137}_{56}\mathrm{Ba} + \mathrm{e}^- + \bar{\nu}_e$	0,514	30,08 yr
$^{60}_{27}\mathrm{Co}$	$\longrightarrow$	$^{60}_{28}\mathrm{Ni} + \mathrm{e}^- + \bar{\nu}_e$	0,318	5,27 yr
$^{90}_{38}\mathrm{Sr}$	$\longrightarrow$	$^{90}_{39}\mathrm{Y} + \mathrm{e}^- + \bar{\nu}_e$	0,546	28,91 yr
$^{22}_{11}\mathrm{Na}$	$\longrightarrow$	$^{22}_{10}\mathrm{Ne} + \mathrm{e}^+ + \nu_e$	0,547	2,602 yr
$^{14}_{6}\mathrm{C}$	$\longrightarrow$	$^{14}_{7}\mathrm{N} + \mathrm{e}^- + \bar{\nu}_e$	0,156	5.700 yr

Tabelle 17.2 Einige β-Strahler mit ihren Zerfallsprozessen, maximalen Elektron- oder Positron-Energien und Halbwertszeiten [30]. Bei schweren Kernen überlappen mehrere Beta-Zerfälle mit stark variierenden Energien.

Wir werden zunächst die Vorteile in der Bindungsenergie durch Beta-Zerfälle besprechen. Anschließend untersuchen wir das Elektron-Energiespektrum und zeigen dann, wie Neutrinos erstmalig nachgewiesen wurden. Wir werden auch allgemein die Prozesse der schwachen Wechselwirkung einordenen und dabei den sogenannten K-Einfang kennenlernen.

17.3.1 Energieerhaltung

Freie Nukleonen: Der Beta-Zerfall eines freien Neutrons ist aufgrund der etwas verschiedenen Massen von Proton und Neutron möglich:

$$n \longrightarrow p + \mathrm{e}^- + \bar{\nu}_e \tag{17.44}$$

Die Massen der am Prozess beteiligten Teilchen sind m_n (13.16), m_p (13.12) und m_e (13.17). Neutrinos und Antineutrinos haben eine Masse von weniger als $m_\nu < 1\,\mathrm{eV}$ [3], daher können wir ihre Massen m_ν im Vergleich zu den anderen drei Massen vernachlässigen. Insgesamt erhalten wir eine überschüssige Energie Q von:

$$Q = m_n\,c^2 - (m_p + m_e)\,c^2 = (939{,}565 - 938{,}272 - 0{,}511)\,c^2 = 0{,}782\,\mathrm{MeV} \tag{17.45}$$

Diese Energie wird als Bewegungsenergie des Protons, Elektrons und Antielektron-Neutrinos frei. Die mittlere Lebensdauer des freien Neutrons beträgt $\tau = (878{,}4 \pm 0{,}5)\,\mathrm{s}$ [45], also circa eine Viertelstunde.

Umgekehrt kann ein freies Proton offenbar nicht zerfallen. Die Lebensdauer des Protons beträgt mindestens $3{,}6 \cdot 10^{33}$ Jahre [33] und übersteigt damit das Alter unseres Universums von $\sim 1{,}4 \cdot 10^{10}$ Jahren.

Nukleonen im Kern: Bei dem Beta-Zerfall eines gebundenen Neutrons im Atomkern (17.43) müssen wir bei der Energiebilanz die Bindungsenergien der Kerne berücksichtigen. Die Masse m_X des Ausgangskerns X muss im Vergleich zu m_Y des Endkerns Y um so viel größer sein, dass die Masse m_e des Elektrons und die kinetischen Energien des Elektrons $E_{\text{kin,e}^-}$ und des Antineutrinos $E_{\text{kin},\bar{\nu}}$ in der Energiebilanz entstehen können.

$$m_X\, c^2 = m_Y\, c^2 + m_e\, c^2 + E_{\text{kin,e}^-} + E_{\text{kin},\bar{\nu}} \tag{17.46}$$

$$m_X - m_Y > m_e \tag{17.47}$$

Damit erhalten wir eine Bedingung, die das Neutron vor einem spontanen Beta-Zerfall bewahrt. Der Übergang ist nur dann möglich, wenn der Massenunterschied zwischen dem Ausgangskern X und dem Endkern Y mindestens einer Elektronmasse m_e entspricht. Ist das nicht der Fall, wird auch das **Neutron** nicht zerfallen können, es bleibt **im Kern stabil**.

Umgekehrt wird der Beta-Zerfall eines Protons innerhalb eines Kerns dann möglich, wenn der Übergang zur größeren Masse des Neutrons durch den Unterschied in den Bindungsenergien des Ausgangs- und Endkerns geliefert wird:

$$m_X\, c^2 = m_Y\, c^2 + m_e\, c^2 + (m_n\, c^2 - m_p\, c^2) + E_{\text{kin,e}^+} + E_{\text{kin},\nu} \tag{17.48}$$

$$m_X - m_Y > m_e + m_n - m_p \tag{17.49}$$

Die Proton-Reaktion lautet:

$$p \longrightarrow n + \text{e}^+ + \nu_e \tag{17.50}$$

17.3.2 Bindungsenergie: Tal der Stabilität

Auf der Nuklidkarte in der ►Abbildung 13.3 hatten wir gesehen, dass die stabilen Isotope entlang einer Kurve liegen, die wir als Tal der Stabilität bezeichnen.

In der ►Abbildung 17.17 zeigen wir exemplarisch die Bindungsenergien für gg-Kerne mit Nukleonenanzahl zwischen $40 \leq A < 80$ als Funktion der Protonenanzahl Z. Wir sehen darin, das es für jedes A ein Nuklid mit Protonenanzahl Z gibt, bei dem die Bindungsenergie maximal wird.

Beta-Zerfälle verändern die Gesamtzahl A der Nukleonen im Atomkern nicht, sondern ändern nur die Aufteilung zwischen Protonen und Neutronen. Entlang $A = \text{const.}$ können Isotope durch Beta-Zerfälle bis zur maximalen Bindungsenergie „wandern", sofern die Bedingungen (17.47) bzw. (17.49) erfüllt sind.

In der ►Abbildung 17.18 fokussieren wir auf den Bereich um die Nickel-Isotope $^{62}_{28}\text{Ni}$ und $^{61}_{28}\text{Ni}$ (vergleiche ►Abbildung 13.7).

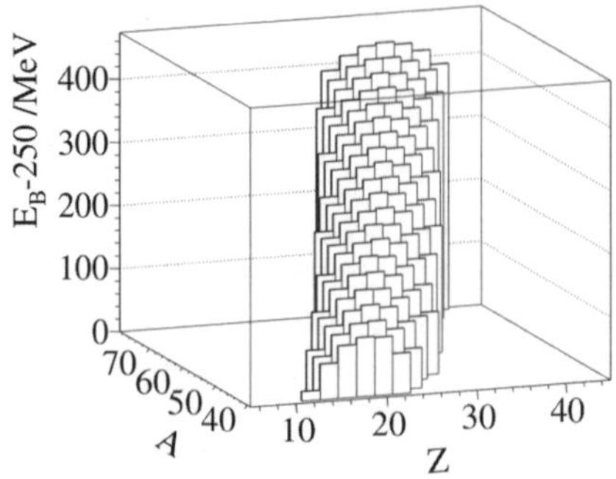

Abbildung 17.17 Bei konstanter Nukleonenanzahl $A = Z + N = \text{const.}$ gibt es jeweils eine Kombination aus Protonenanzahl Z und Neutronenanzahl N mit maximaler Bindungsenergie E_B (beispielhaft gg-Kerne). Häufig führen Beta-Zerfälle zu diesen stabilen Nukliden. (Daten aus [16]).

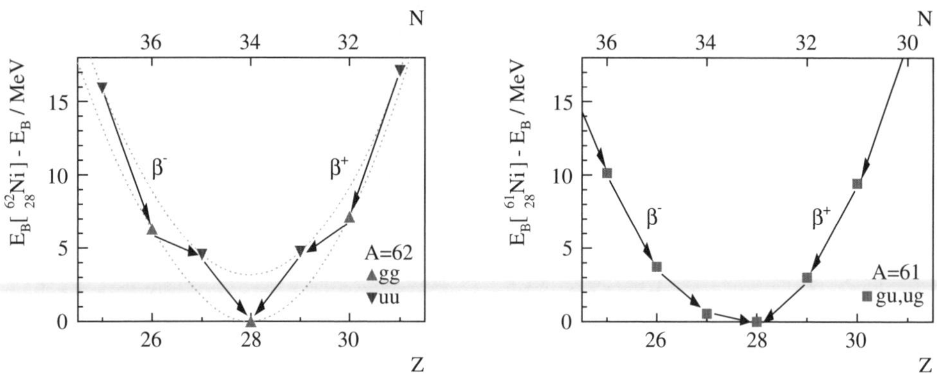

Abbildung 17.18 Für konstante Nukleonenanzahl A ist der Energievorteil durch den Beta-Zerfall in der Differenz der Bindungsenergien zu sehen. Links sind uu- und gg-Kerne für $A = 62$ relativ zu ${}^{62}_{28}$Ni gezeigt, rechts ug, gu-Kerne mit $A = 61$ im Vergleich zu ${}^{61}_{28}$Ni. (Daten aus [16]).

Links zeigen wir den Energievorteil ΔE_B relativ zu ${}^{62}_{28}$Ni

$$\Delta E_B = E_B({}^{62}_{28}\text{Ni}) - E_B({}^{62}_{\text{Z}}\text{X}) , \tag{17.51}$$

der für Beta-Zerfälle zur Verfügung steht und häufig mehrere MeV beträgt. Beta-Zerfälle β^- des Neutrons „wandern" von links nach rechts zum Minimum, Beta-Zerfälle β^+ des Protons von rechts nach links. Wegen der Paarenergie (►Abbildung 13.8) sind gg- und uu-Kerne unterschiedlich stark gebunden, sodass sich Beta-Zerfälle mit unterschiedlichen Energien ergeben.

Rechts ist der entsprechende Energievorteil ΔE_B für ug- und gu-Kerne im Vergleich zur Bindungsenergie von ${}^{61}_{28}$Ni gezeigt. Die Darstellungen visualisieren eindrücklich, warum wir vom **Tal der Stabilität** sprechen.

17.3.3 Energiespektrum der Elektronen

Beim Beta-Zerfall (17.43) handelt es sich um einen Drei-Körper-Zerfall. Daher ist die Energieaufteilung der kinetischen Energien zwischen den Zerfallsteilchen für jeden Zerfall verschieden.

In der ►Abbildung 17.19 ist links die Häufigkeitsverteilung der Elektron-Energien von vielen Neutron-Beta-Zerfällen am Beispiel von Yttrium gezeigt. Rechts ist eine Positron-Verteilung aus dem Natrium-Beta-Zerfall gezeigt, wobei die Coulomb-Abstoßung durch die Protonen im Kern die Region bei kleinen Energien unterdrückt (Daten aus [30]).

Die Form kann mit Fermis Goldener Regel (15.1) berechnet werden, d. h. Matrixelement und Phasenraumterm, und wird in den Vorlesungen der Teilchenphysik diskutiert. In den Tabellenangaben zu verschiedenen Beta-Zerfällen wird typisch die **maximal mögliche kinetische Energie** $E_{e,\max}$ angegeben, die das Elektron erhalten kann (siehe z. B. ►Tabelle 17.2).

Die Neutrinos der Zerfälle können wir in unseren vergleichsweise einfachen Experimenten nicht beobachten, da sie einen sehr geringen Streuquerschnitt mit dem Detektormaterial besitzen. Die Protonen verbleiben im Kern.

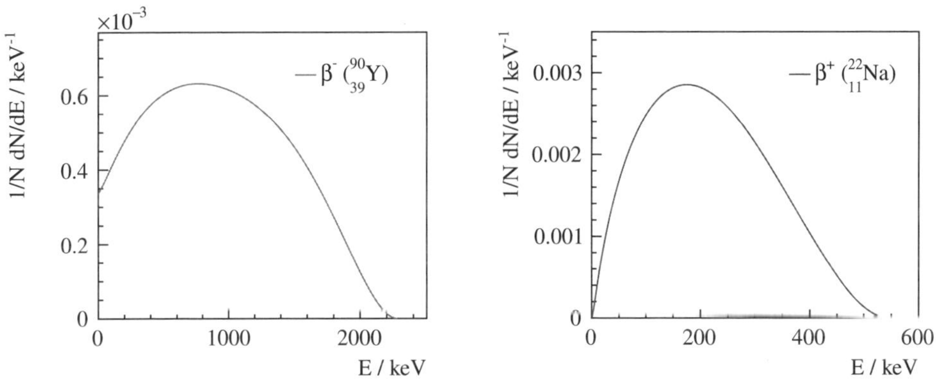

Abbildung 17.19 Energiespektrum beim Beta-Zerfall: Links Elektron des Yttrium-Beta-Zerfalls β^-, rechts Positron des Natrium-Beta-Zerfalls β^+ (Daten aus [30])

Als Beispiel für einen Beta-Strahler verwenden wir Strontium $^{90}_{38}$Sr. ►Abbildung 17.20 zeigt links seinen Beta-Zerfall β^- zu Yttrium $^{90}_{39}$Y mit einer Halbwertszeit von $t_{1/2} = 28{,}91$ Jahren. Die maximale kinetische Energie des Elektrons beträgt $E_{e,\max} = 0{,}546\,\text{MeV}$.

Yttrium $^{90}_{39}$Y zerfällt weiter mit $t_{1/2} = 64{,}05$ Stunden in Zirkonium $^{90}_{38}$Zr bei einer Maximalenergie des Elektrons von $E_{e,\max} = 2{,}279\,\text{MeV}$. Rechts in ►Abbildung 17.20 ist der Weg im Ausschnitt der Nuklidkarte gezeigt.

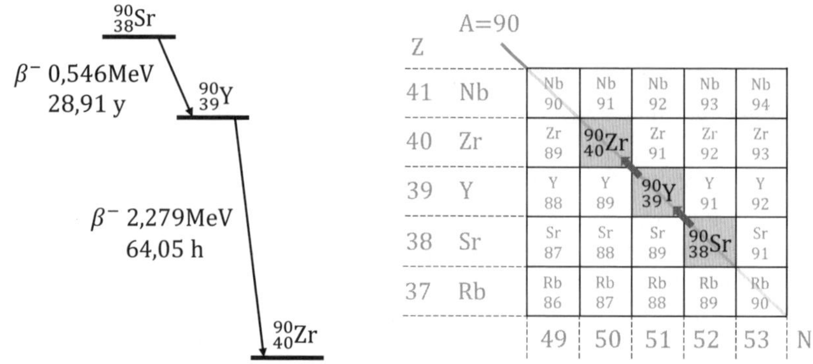

Abbildung 17.20 Zerfallsschemen von ^{90}Sr

Experiment 35: Beta-Strahler

Wir messen die Elektronen eines Strontium $^{90}_{38}$Sr-Präparats mithilfe eines Szintillationsdetektors. Die Elektronen aus dem Beta-Zerfall bringen dieses Material zu Licht-Output (Szintillation) durch Anregung der Elektronen im Material und nachfolgende Photon-Emissionsprozesse. Der genaue Vorgang ist kompliziert und wird in den Vorlesungen der Teilchenphysik erläutert. Das Licht des Szintillationsdetektors messen wir mit einem Photomultiplier (►Abbildung 1.7). Je größer die Elektron-Energie ist, desto größer ist auch das Lichtsignal am Photomultiplier.

In der ►Abbildung 17.21 zeigen die beiden Kurven die erwarteten Verteilungen durch die beiden Beta-Zerfälle von Strontium $^{90}_{38}$Sr und Yttrium $^{90}_{39}$Y. Die maximale kinetische Energie $E_{e,\max}$ ist jeweils durch einen Pfeil markiert.

Die verwendete Strontiumquelle der Messdaten (Symbole) wird durch eine 50 µm dünne Silberfolie geschützt, worin die vorwiegend niederenergetischen Elektronen des Strontium-Zerfalls $^{90}_{38}$Sr absorbiert werden. Die höheren Energien sind mit einem Energiekalibrationsfaktor von 1,55 auf den Energieverlust in der Folie korrigiert. Diese Elektronen zeigen ein breites Energiespektrum, der Endbereich rechts ist durch die begrenzte Energieauflösung des Szintillationsdetektors verbreitert (vergleiche mit ►Abbildung 17.19).

Nachweis Energieerhaltung: Einen Nachweis für die Erhaltung der Energie beim β-Zerfall kann man über verschiedene Zerfallswege führen. In der ►Abbildung 17.22 sind zwei Wege der Thorium-Reihe gezeigt.

Für beide Zerfallswege entspricht die Differenz der Bindungsenergien von Ausgangs- und Endkern den Energien des Helium-Kerns und des Elektrons. Wir müssen hier die maximale Elektron-Energie einsetzen, da sonst das Neutrino in der Energiebilanz fehlt:

$$E_B(^{212}_{83}\mathrm{Bi}) - E_B(^{208}_{82}\mathrm{Pb}) = \left[E_{\mathrm{kin,He}} + m_{\mathrm{He}}\,c^2\right]_\alpha + \left[E_{e,\max} + m_e\,c^2\right]_\beta \qquad (17.52)$$

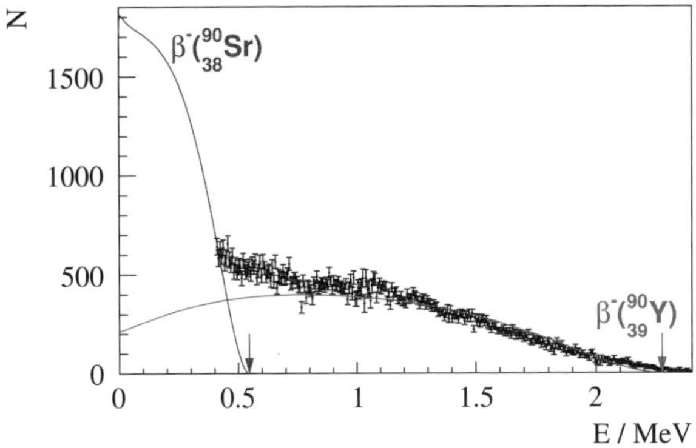

Abbildung 17.21 Die Elektron-Energien einer Strontiumquelle wurden für ihren Energieverlust in der Silber-Schutzfolie mit dem Faktor 1,55 korrigiert. Sichtbar sind höherenergetische Elektronen des Yttrium-Beta-Zerfalls $^{90}_{39}$Y. Die maximal möglichen kinetischen Energien der Elektronen sind für beide Zerfälle markiert.

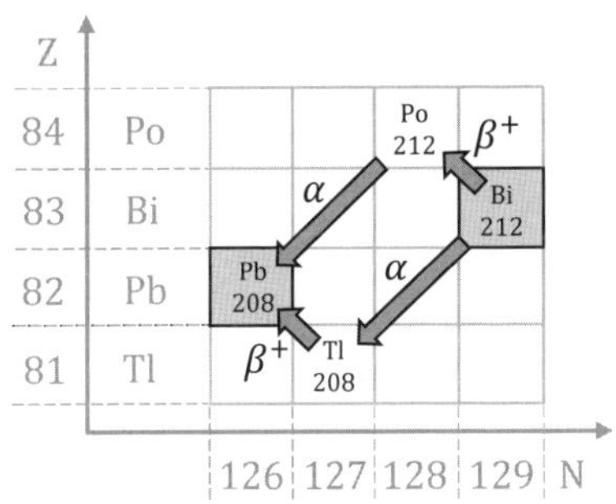

Abbildung 17.22 Zwei Wege des Zerfalls von $^{212}_{83}$Bi in $^{208}_{82}$Pb

17.3.4 Schwache Wechselwirkung

Beta-Zerfälle sind Prozesse der schwachen Wechselwirkung. In der ►Tabelle 16.2 hatten wir ihre Austauschteilchen W^+, W^- und Z-Bosonen erwähnt. Anders als das masselose Photon als Austauschteilchen der elektromagnetischen Wechselwirkung haben die W- und Z-Bosonen sehr große Massen:

$$\begin{aligned} m_W &= 80\,\frac{\text{GeV}}{c^2} \\ m_Z &= 91\,\frac{\text{GeV}}{c^2} \end{aligned} \qquad (17.53)$$

Vergleichen Sie diese Massen mit der Protonmasse $m_p = 0{,}94\,\text{GeV}/c^2$! Aufgrund der großen Massen ist die Reichweite der W- und Z-Bosonen sehr gering: $R \sim 10^{-18}$m.

Streuprozesse: Analog zu den elektromagnetischen Streuprozessen der Elektron-Kern-Streuung (►Abbildung 15.9), bei denen zwischen dem Elektron und dem Kern ein Photon ausgetauscht wird, wird bei schwachen Wechselwirkungen ein W- oder Z-Boson aus-

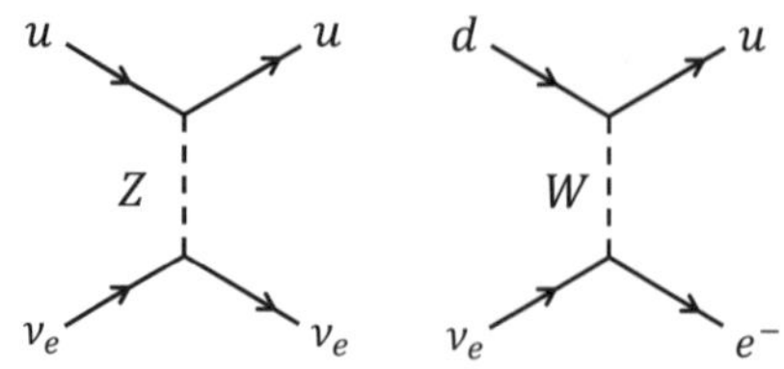

Abbildung 17.23 Beispiele für Streuprozesse der schwachen Wechselwirkung: Elektronen und Neutrinos tauschen Z- bzw. W-Bosonen mit den Quarks aus. Eine Besonderheit beim W-Austausch der rechten Abbildung ist, dass die Art (Englisch „Flavor") der Quarks (u, d) und der Leptonen (e, ν_e) geändert wird.

getauscht. Zwei Beispiele für elementare Streuprozesse zwischen Leptonen und Quarks sind in der ►Abbildung 17.23 gezeigt.

In der rechten ►Abbildung 17.23 ist eine dramatische Änderung zu sehen: Durch den Austausch eines W-Bosons ändern sich die Teilchen! In dem gezeigten Beispiel nähert sich das Neutrino dem d-Quark und wird durch den Streuprozess in ein Elektron umgewandelt. Gleichzeitig wird aus dem ursprünglichen d-Quark ein u-Quark.

> *Durch Prozesse der schwachen Wechselwirkung mit W-Bosonen werden die Teilchenarten (Flavor) verändert. Neutrinos werden zu geladenen Leptonen: $\nu_e \to e^-$, $\nu_\mu \to \mu^-$, $\nu_\tau \to \tau^-$. Quarks d, s, b mit elektrischer $-1/3$-Ladung werden zu Quarks u, c, t mit $2/3$-Ladung. Auch die umgekehrten Prozesse sind möglich, ebenso die entsprechenden Prozesse mit den Antiteilchen.*

Übergang Streuprozess, Zerfall: In der linken ►Abbildung 17.24 zeigen wir einen Neutrino-Neutron-Streuprozess entsprechend der rechten ►Abbildung 17.23. Im Endzustand erhalten wir ein Proton und ein Elektron.

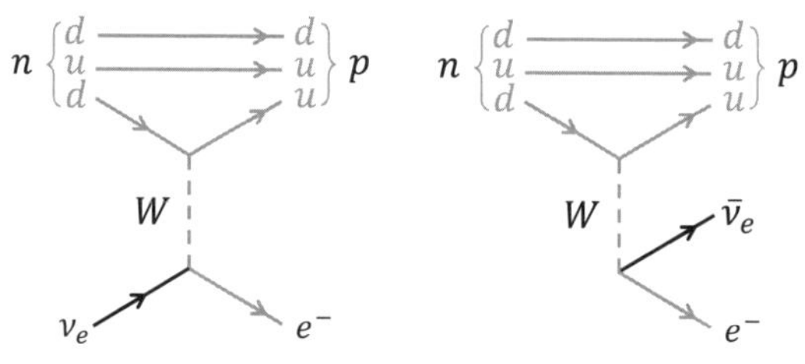

Abbildung 17.24 Links: Neutrino-Neutron-Streuung mit Proton und Elektron im Endzustand; rechts: Neutron-Beta-Zerfall mit Proton, Elektron und Antielektron-Neutrino im Endzustand

Den Übergang zum Prozess des Neutron-Beta-Zerfalls in der rechten ►Abbildung 17.24 können wir am Neutrino erkennen: Wenn wir ein Teilchen, das ursprünglich in den Wechselwirkungsprozess einläuft, stattdessen im Endzustand benötigen, müssen wir dafür ein Antiteilchen einsetzen. Daher haben wir beim Neutron-Zerfall ein auslaufendes Proton, Elektron und Antielektron-Neutrino.

Für den Proton-Beta-Zerfall ist die analoge Überlegung mithilfe der ►Abbildung 17.27 zur Elektron-Proton-Wechselwirkung möglich. In diesem Fall wird aus dem einlaufenden Elektron das auslaufende Positron des Proton-Beta-Zerfalls von ►Abbildung 17.15.

17.3.5 Neutrino-Nachweis

Der Nachweis von Neutrinos ist wegen ihres sehr geringen Streuquerschnitts

$$\sigma \sim 10^{-43}\,\mathrm{cm}^2 = 10^{-4}\,\mathrm{fb} \tag{17.54}$$

äußerst anspruchsvoll ($1\,\mathrm{fb} = 10^{-15}\,\mathrm{b}$). Zum Vergleich betrug der totale Streuquerschnitt des Rutherford-Experiments $\sigma_{\mathrm{tot}} \approx 40\,\mathrm{kb}$ (14.62).

F. Reines und C.L. Cowan gelang 1955 der Neutrino-Nachweis mithilfe des hohen Flusses von Antineutrinos $\bar{\nu}_e$ aus einem Kernreaktor (Kapitel 18.2). In der linken ►Abbildung 17.25 ist die Reaktion gezeigt:

$$\bar{\nu}_e + p \longrightarrow \underbrace{\mathrm{e}^+}_{1} + \underbrace{n}_{2} \tag{17.55}$$

Bei der Wechselwirkung der Antineutrinos mit Protonen entsteht ein Positron und ein Neutron, deren Nachweis (1) und (2) wie folgt funktioniert.

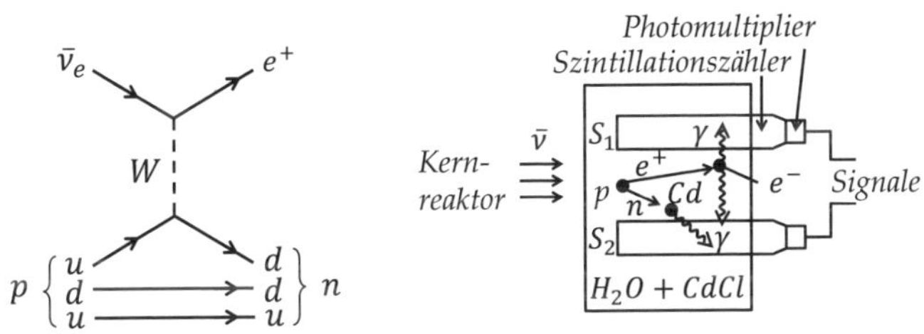

Abbildung 17.25 Links: Antineutrino-Proton-Streuprozess mit Austausch eines W-Bosons: Aus dem Antineutrino und dem Proton im Anfangszustand wird ein Positron und ein Neutron im Endzustand. Rechts: Experiment von Reines und Cowen zum Nachweis von Neutrinos.

Im Experiment wird ein großer Wassertank genutzt, der von Szintillationszählern umgeben ist (rechte ►Abbildung 17.25). Dem Wasser ist etwas Cd Cl beigemischt. Die Antineutrinos wechselwirken mit den Protonen des Wassers und erzeugen so die Positronen und Neutronen, die separat nachgewiesen werden.

Nachweis des Positrons (1): Das Positron e^+ wird sehr schnell abgebremst und zusammen mit einem Elektron e^- des Wassers vernichtet:

$$\mathrm{e}^+ + \mathrm{e}^- \longrightarrow \gamma + \gamma \tag{17.56}$$

Aufgrund der Erhaltungssätze entstehen zwei Photonen (γ) mit der Energie von jeweils $E_\gamma = m_e = 511\,\mathrm{keV}$, die in entgegengesetzte Richtungen fliegen. Sie werden zeitgleich in den Szintillationszählern registriert (►Abbildungen 17.25 und 17.26).

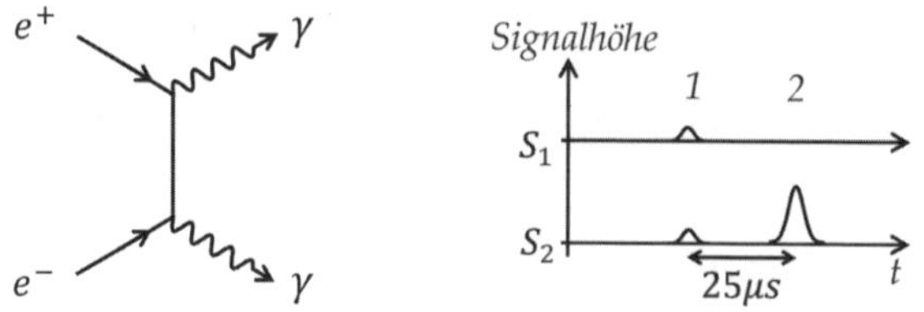

Abbildung 17.26 Links: Ein Elektron und ein Positron vernichten sich unter Erzeugung eines Photonenpaares $\gamma\gamma$. Rechts: Das Signal der Neutronen (2) ist ≈ 25 µs gegenüber dem Signal der Positronen (1) verzögert.

Nachweis des Neutrons (2): Das Neutron wird im Wasser abgebremst und von einem Cadmium-Kern Cd eingefangen, der sich zunächst in einem angeregten Energiezustand befindet. Der Kern geht durch Emission mehrerer Photonen in den Grundzustand über, die ein weiteres Signal in den Szintillationszählern ergeben, das aber erst ≈ 25 µs später eintrifft:

$$^{113}\mathrm{Cd} + n \longrightarrow {}^{114}\mathrm{Cd}^* \longrightarrow {}^{114}\mathrm{Cd} + \gamma' s \qquad E_\gamma = 9{,}1\,\mathrm{MeV} \tag{17.57}$$

Mit dem hohen Fluss der Antineutrinos aus dem Reaktor und dem großen Detektorvolumen ergab sich eine große Luminosität L (14.12) für das Experiment. Allerdings lag die Zählrate der Neutrinoereignisse wegen des geringen Streuquerschnitts (17.54) nur bei $\dot{N} = \sigma\, L \approx 1{,}5/\mathrm{h}$ (14.13). Um diese geringe Rate von dem vergleichsweise hohen Untergrund zu trennen, war neben den klaren Energiesignalen (1) und (2) die Technik der **verzögerten Koinzidenz** mit zuerst Signal 1 und dann 2 (►Abbildung 17.26 rechts) für das Experiment entscheidend. Damit war das Signal der Neutrino-Prozesse vom Untergrund zu trennen.

F. Reines erhielt dafür 1995 den Nobelpreis.

17.3.6 K-Einfang

Ein Elektron in der K-Schale der Atomhülle ist in Kernnähe und kann von einem Proton „eingefangen" werden. Man nennt diesen Prozess entsprechend **K-Einfang** (►Abbildung 17.27):

$$\mathrm{e}^- + p \longrightarrow n + \nu_e \tag{17.58}$$

Der $1s$-Zustand in der K-Schale wird sofort wieder aufgefüllt und es entsteht Röntgenstrahlung. Die Kernreaktion hat keine Änderung der Neutralität des Atoms zur Folge:

$$^A_Z X + \mathrm{e}^- \longrightarrow {}^{A}_{Z-1}Y + \nu_e \tag{17.59}$$

Energieerhaltung: Damit der Prozess überhaupt stattfinden kann, muss die Energieerhaltung gewahrt bleiben. Anfangs beträgt die Ruheenergie des Ausgangskerns zusammen mit der Energie des $1s$-Elektrons:

$$E_i = \underbrace{\left(m_{\mathrm{Atom}}({}^{\mathrm{A}}_{\mathrm{Z}}\mathrm{X}) - Z\, m_e\right) c^2}_{\text{Ruheenergie Kern X}} + \underbrace{m_e\, c^2 - |E_{B,e}|}_{1s\ \text{Elektron}} \tag{17.60}$$

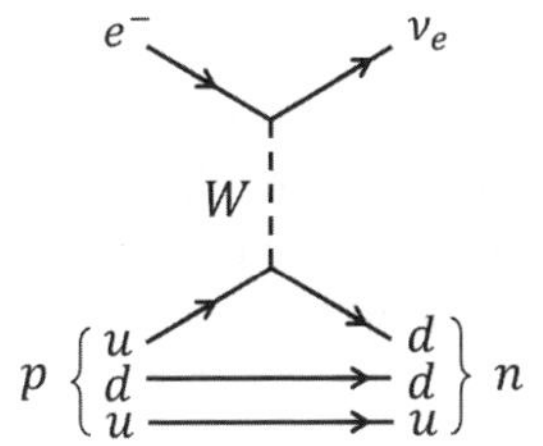

Abbildung 17.27 In schweren Atomen führt der schwache Wechselwirkungsprozess eines Elektrons der K-Schale mit einem Proton zu einem Neutron im Kern und der Emission eines Neutrinos. Durch das fehlende Elektron in der K-Schale entsteht anschließend Röntgenstrahlung.

Im Endzustand ist die Ruheenergie des Endkerns zusammen mit der Neutrino-Energie E_{ν_e} ($m_\nu \approx 0$):

$$E_f = \underbrace{\left(m_{\text{Atom}}({}_{\text{Z}-1}^{\text{A}}\text{Y}) - (Z-1)\,m_e\right)\,c^2}_{\text{Ruheenergie Kern Y}} + \underbrace{E_{\nu_e}}_{\text{Neutrino-Energie}} \tag{17.61}$$

Beim Einsetzen in die Energieerhaltung fallen die Massenterme der Elektronen weg:

$$E_i = E_f$$

$$m_{\text{Atom}}({}_{\text{Z}}^{\text{A}}\text{X})\,c^2 - Z\,m_e\,c^2 + m_e\,c^2 - |E_{B,e}| = m_{\text{Atom}}({}_{\text{Z}-1}^{\text{A}}\text{Y})\,c^2 - (Z-1)\,m_e\,c^2 + E_{\nu_e}$$

Wir lösen nach der Differenz der Ruheenergien $\Delta m_{\text{Atom}}\,c^2$ der beiden Atome (nicht der Kerne) auf und sehen, dass $\Delta m_{\text{Atom}}\,c^2$ für einen K-Einfang größer als die Bindungsenergie $E_{B,e}$ des $1s$-Elektrons sein muss:

$$\Delta m_{\text{Atom}}\,c^2 = [m_{\text{Atom}}({}_{\text{Z}}^{\text{A}}\text{X}) - m_{\text{Atom}}({}_{\text{Z}-1}^{\text{A}}\text{Y})]\,c^2 > |E_{B,e}| \tag{17.62}$$

Beispiel 53: Umwandlungsprozesse bei Kalium

Das Kalium-Isotop ${}_{19}^{40}\text{K}$ geht auf zwei Wegen schwache Wechselwirkungsprozesse ein. Mit einer Wahrscheinlichkeit von 89 % passiert ein Beta-Zerfall β^- mit einem Übergangsprozess des Kaliums in Calzium:

$${}_{19}^{40}\text{K} \longrightarrow {}_{20}^{40}\text{Ca} + \text{e}^- + \bar{\nu}_e \tag{17.63}$$

Immerhin mit 11 % Wahrscheinlichkeit geschieht ein Elektron-Einfang, sodass das Kalium zu Argon übergeht:

$${}_{19}^{40}\text{K} + \text{e}^- \longrightarrow {}_{18}^{40}\text{Ar} + \nu_e \tag{17.64}$$

17.3.7 Altersbestimmung mit radioaktivem Kohlenstoff

Durch die kosmische Strahlung entstehen laufend freie Neutronen in der Atmosphäre, die ihrerseits kontinuierlich radioaktiven Kohlenstoff erzeugen:

$$\text{n} + {}_{7}^{14}\text{N} \longrightarrow {}_{6}^{14}\text{C} + \text{p} \tag{17.65}$$

Die Produktionsrate und die Zerfallsrate liegen im Gleichgewicht. Der Anteil an radioaktivem Kohlenstoff in der Atmosphäre ist sehr gering und liegt bei $\sim 10^{-12}$.

Organismen können nicht zwischen $^{14}_{6}C$ und $^{12}_{6}C$ unterscheiden und lagern das Isotop ein. Nach dem Ende des Stoffwechsels zerfällt das $^{14}_{6}C$, d.h. das Verhältnis $^{14}_{6}C$ zu $^{12}_{6}C$ verändert sich. Daher ist eine Altersbestimmung über die Menge an $^{14}_{6}C$ im Gewebe möglich. Diese sogenannte **Radiokarbonmethode** oder ^{14}C-Methode funktioniert zwischen 1.000 – 7.500 Jahren.

17.4 Gamma-Zerfall: Strahlungsübergänge

Gamma-Strahlung bezeichnet die Emission von Photonen aus Atomkernen. Sie entstehen durch angeregte Kernzustände, die unter Aussenden von hochenergetischen Photonen in niedrigere Zustände oder in den Grundzustand des Kerns übergehen. Die Reaktionsgleichung lautet:

$$^{A}_{Z}X^{*} \longrightarrow {}^{A}_{Z}X + \gamma \qquad (17.66)$$

Der Prozess entsteht analog zu den Photonen bei Übergängen von Elektronen in der Atomhülle.

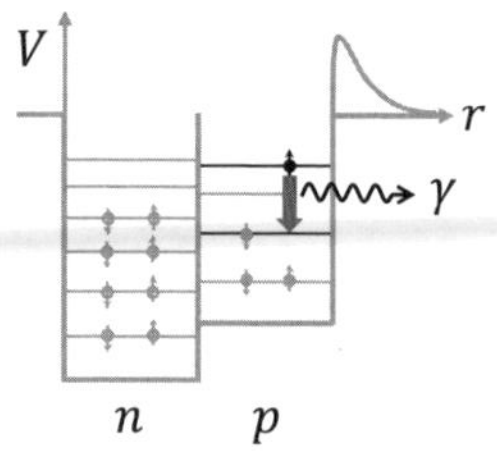

Abbildung 17.28 Emission eines hochenergetischen Photons beim Übergang eines Nukleons von einem angeregten Energieniveau in ein tiefer liegendes Energieniveau.

Wegen der Stärke der Kernkräfte hat der Kern eine geringe Ausdehnung, dadurch sind die Energien vergleichsweise groß:

$$E_{\gamma} \approx 10\,\text{keV} - 10\,\text{MeV} \qquad (17.67)$$

Da die Kerne im Vergleich zur Hülle eine komplexe Ladungs- und Stromverteilung haben, treten nicht nur elektrische Dipol-, sondern allgemein elektrische und magnetische Multipolübergänge auf (Dipol-, Quadrupol-, Oktupol-Strahlung).

Gamma-Strahlung wird im Zusammenhang mit Kernreaktionen, insbesondere mit anderen radioaktiven Prozessen des Alpha- und Beta-Zerfalls beobachtet.

Als Beispiel für Gamma-Strahlung verwenden wir ein Cobalt-Präparat $^{60}_{27}Co$, das selbst ein Beta-Strahler mit $E_{e,\max} = 0{,}318\,\text{MeV}$ ist. Sein Endkern Nickel $^{60}_{28}Ni^{*}$ ist zunächst im angeregten Zustand, bevor er durch Emission zweier hochenergetischer Photonen in den Grundzustand übergeht (►Abbildung 17.29). Cobalt hat eine Halbwertszeit von $t_{1/2} = 28{,}91$ Jahren, die Gamma-Strahlung des angeregten $^{60}_{28}Ni$-Kerns folgt nach Picosekunden.

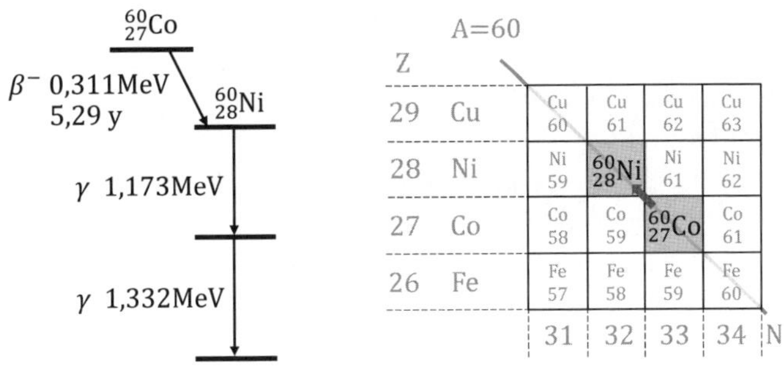

Abbildung 17.29 Links: Energien des β-Zerfall und der anschließenden γ-Zerfälle von ^{60}Co mit der Halbwertszeit und den Energien der Zerfälle, rechts: Ausschnitt aus der Nuklidkarte

Experiment 36: Gamma-Strahler

Wir messen die Teilchen des ^{60}Co-Präparats wie im vorherigen ►Experiment 35 mithilfe eines Szintillationsdetektors, dessen Licht Output von einem Photomultiplier gemessen wird. Je größer die deponierte Energie der Teilchen ist, desto größer ist auch das Photomultipliersignal. Von den drei Wechselwirkungen hochenergetischer Photonen im Szintillationsmaterial sind hier der Photoeffekt und die Compton-Streuung relevant (Kapitel 1.2).

Im Energiespektrum fallen zunächst die beiden Maxima oberhalb von $E = 1\,\mathrm{MeV}$ auf. Hier sind die Photonen aus dem Gamma-Zerfall der $^{60}_{28}$Ni-Kerne über den Photoeffekt direkt sichtbar.

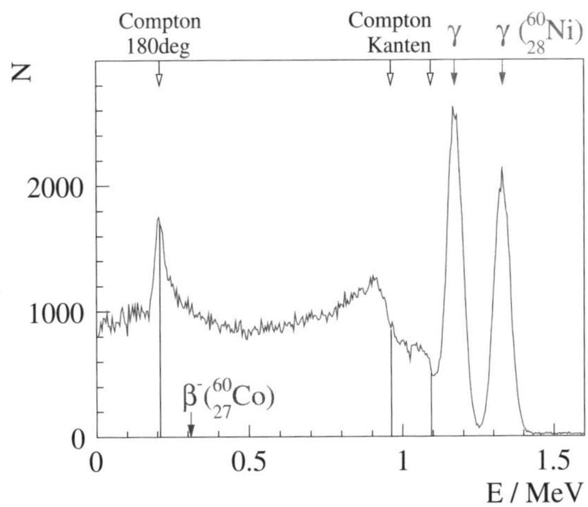

Abbildung 17.30 Energiespektrum der Photonen aus den Gamma-Zerfällen von $^{60}_{28}$Ni (►Abbildung 17.29) zusammen mit Elektron-Signalen von der Compton-Streuung der Photonen in einem Szintillationszähler

Bei einer Compton-Streuung eines Photons mit einem Elektron des Szintillatormaterials verliert das Photon einen Teil seiner Energie. Der maximal mögliche Energieverlust passiert bei der Rückwärtsstreuung $\vartheta = 180^\circ$ des Photons (1.39):

$$E_{\gamma,\min} = \frac{E_\gamma}{1 + 2\,\frac{E_\gamma}{m_e}} \approx 0{,}2\,\mathrm{MeV} \tag{17.68}$$

Das Maximum ist im Energiespektrum sichtbar. Das gestreute Elektron erhält durch den Compton-Streuprozess ebenfalls Energie E_e, die im Szintillator gemessen wird. Bei Rückwärtsstreuung des Photons ist die Elektron-Energie E_e maximal, wir sprechen von der Compton-Kante: $E_{e,\max} = E_\gamma - E_{\gamma,\min}$. Die Compton-Kanten der beiden Photon-Energien aus dem Gamma-Zerfall sind 0,2 MeV unterhalb der beiden Maxima sichtbar.

Von der Elektron-Energieverteilung aus dem Beta-Zerfall von ^{60}Co ist die Position der maximalen Energie eingezeichnet, die Verteilung selbst ist nicht separat zu sehen.

Das Wichtigste zum Mitnehmen

Zum Mitnehmen: Radioaktivität 1

- **Radioaktive Alpha-, Beta-, Gamma-Zerfälle** sind Zufallsprozesse und daher **zeitlich exponentialverteilt**. Die **Aktivität** (Zerfälle pro Sekunde) wird in der Einheit *Becquerel* angegeben. Die **mittlere Lebensdauer** τ bezeichnet die Zeit, bei der $N_\circ/e$ der ursprünglich vorhandenen $N_\circ$ radioaktiven Kerne noch nicht zerfallen sind. Die **Halbwertszeit** $t_{1/2}$ notiert stattdessen die hälftige Anzahl $N_\circ/2$:

$$A(t) \equiv -\frac{dN}{dt} \qquad (17.9)$$

$$N = N_\circ\, e^{-t/\tau} \qquad (17.4)$$

$$t_{1/2} = \tau \cdot \ln 2 \qquad (17.8)$$

- **Alpha-Zerfälle** bezeichnen die **Emission** eines **Helium-Kerns** ${}^4_2\mathrm{He}^{2+}$ aus einem schweren Atomkern X (**Zwei-Körper-Zerfall**). Bei Kernen mit Nukleonenanzahl $A \gtrsim 150$ ergibt sich dadurch ein Vorteil in der Bindungsenergie. Die **kinetische Energie** $E_{\mathrm{kin,He}}$ des Helium-Kerns berechnet sich aus der Bindungsenergiedifferenz und den Kernmassen. Kaskaden von Alpha-Zerfällen reduzieren den Ausgangskern X jeweils um $A = 4$, wodurch es **vier natürliche Zerfallsreihen** gibt. Die **Reaktionsgleichung** lautet:

$$^{\mathrm{A}}_{\mathrm{Z}}\mathrm{X} \longrightarrow {}^{\mathrm{A-4}}_{\mathrm{Z-2}}\mathrm{Y} + {}^4_2\mathrm{He} \qquad (17.11)$$

$$\Delta E_B = E_B({}^{\mathrm{A-4}}_{\mathrm{Z-2}}\mathrm{Y}) + E_B({}^4_2\mathrm{He}) - E_B({}^{\mathrm{A}}_{\mathrm{Z}}\mathrm{X}) > 0 \qquad (17.13)$$

$$E_{\mathrm{kin,He}} = \Delta E_B \cdot \frac{m_{\mathrm{Y}}}{m_{\mathrm{Y}} + m_{\mathrm{He}}} \qquad (17.18)$$

- **Tunneleffekt beim Alpha-Zerfall**: Innerhalb eines schweren Atomkerns werden kurzzeitig Helium-Kerne ${}^4_2\mathrm{He}^{2+}$ wegen deren hoher Bindungsenergie gebildet. Der **quantenmechanische Tunneleffekt** eröffnet eine **Transmissionswahrscheinlichkeit** T durch den **Coulomb-Potentialwall**, die von der kinetischen Energie $E_{\mathrm{kin,He}}$ abhängt. Wegen der Exponentialfunktion bedeuten hohe $E_{\mathrm{kin,He}}$ sehr kurze, niedrige $E_{\mathrm{kin,He}}$ sehr lange **Halbwertszeiten**:

$$T \propto e^{-G} \qquad (17.33)$$

$$G \approx 1{,}7\, A \left(E_{\mathrm{kin,He}}^{-1/2} - 0{,}1\right) \qquad (17.40)$$

$$t_{1/2} = a \cdot T^{-1} \approx 2 \cdot 10^{-42} \cdot e^{G} \qquad (17.41)$$

Zum Mitnehmen: Radioaktivität 2

- **Austauschteilchen** der **schwachen Wechselwirkung** sind die Bosonen W^+, W^-, Z mit den Massen $m_W = 80\,\text{GeV}/c^2$, $m_Z = 91\,\text{GeV}/c^2$ (17.53) und daher kurzer Reichweite 10^{-18} m. Bei Prozessen mit **W-Bosonen** werden **Teilchenarten verändert**, z. B. bei Leptonen $\nu_e \to e^-$ und bei Quarks $d \to u$. Ebenso möglich sind Prozessumkehr und Prozesse mit Antiteilchen.

- **Beispiele schwacher Wechselwirkungsprozesse** sind der Zerfall des freien Neutrons n_{udd} ($m_n > m_p + m_e$), die Umwandlung eines Protons p_{uud} (erfordert Zusatzenergie), der K-Einfang und der Entdeckungsprozess der Neutrinos bei sehr geringem Streuquerschnitt:

$$n_{udd} \longrightarrow p_{uud} + e^- + \bar{\nu}_e \tag{17.44}$$

$$p_{uud} \longrightarrow n_{udd} + e^+ + \nu_e \tag{17.50}$$

$$e^- + p_{uud} \longrightarrow n_{udd} + \nu_e \tag{17.58}$$

$$\bar{\nu}_e + p_{uud} \longrightarrow e^+ + n_{udd} \tag{17.55}$$

$$\sigma \sim 10^{-43}\,\text{cm}^2 = 10^{-4}\,\text{fb} \tag{17.54}$$

- **Beta-Zerfälle** sind die schwachen Wechselwirkungsprozesse (17.44) und (17.50). Vom **Drei-Körper-Zerfall** ist meistens nur das **Elektron** bzw. **Positron** messbar, in Tabellen ist die maximale kinetische Energie $E_{e,\max}$ angegeben. Beta-Zerfälle finden zum **Tal der Stabilität** statt (siehe Nuklidkarte), wo auch Neutron-Zerfälle energetisch nicht möglich sind. Die **Reaktionsgleichungen** im Kern sind:

$$\begin{array}{ll} \beta^-: & {}^{A}_{Z}X \longrightarrow {}_{Z+1}^{\;\;A}Y + e^- + \bar{\nu}_e \\ \beta^+: & {}^{A}_{Z}X \longrightarrow {}_{Z-1}^{\;\;A}Y + e^+ + \nu_e \end{array} \tag{17.43}$$

$$\text{Neutron } \beta^-\text{-Zerfall} \quad m_X - m_Y > m_e \tag{17.47}$$

$$\text{Proton } \beta^+\text{-Zerfall} \quad m_X - m_Y > m_e + m_n - m_p \tag{17.49}$$

- **Gamma-Zerfälle** bezeichnen die **Photon-Emission**, die den Übergang eines Nukleons von einem höheren in ein niedrigeres Energieniveau im Atomkern anzeigen (**Zwei-Körper-Zerfall**). Gamma-Zerfälle folgen oft auf Alpha- oder Beta-Zerfälle. Die **Reaktionsgleichung** lautet:

$${}^{A}_{Z}X^\star \longrightarrow {}^{A}_{Z}X + \gamma \tag{17.66}$$

$$E_\gamma \approx 10\,\text{keV} - 10\,\text{MeV} \tag{17.67}$$

Kernreaktionen

18

ÜBERBLICK

» Atomkerne können wir durch Beschuss mit Teilchen verändern. Allgemein sprechen wir bei solchen Prozessen von Kernreaktionen, die – anders als spontan stattfindende radioaktive Zerfälle – durch Kollisionen induziert werden.

Die bekanntesten Kernreaktionen sind die Spaltung von Uran-Kernen in Atomkraftwerken und die Fusion von Protonen zu Helium-Kernen auf der Sonne. Beide Reaktionen haben gemeinsam, dass die Bindungsenergie zu den Kern-Endprodukten hin ansteigt. Die überzählige Energie wird jeweils frei.

Wir starten das Kapitel mit allgemeinen Überlegungen zu Kernreaktionen und zeigen dann die beiden wichtigsten Kernreaktionen Spaltung und Fusion. «

18.1 Inelastische Prozesse

Elastische und inelastische Streuprozesse von Helium und Elektronen an Atomkernen haben wir bereits in den Kapiteln 14 und 15 vorgestellt.

In diesem Kapitel verwenden wir allgemein Strahlteilchen vom Typ a (Protonen, Neutronen, Kerne, Elektronen, hochenergetische Photonen), mit denen wir Prozesse an Targetkernen X durchführen. Als Endprodukte des Prozesses verbleiben b und Y, womit ebenfalls Protonen, Neutronen, Kerne, Elektronen oder Photonen gemeint sind:

$$a + X \longrightarrow b + Y \tag{18.1}$$

In der ►Abbildung 18.1 ist die allgemeine Kernreaktion visualisiert.

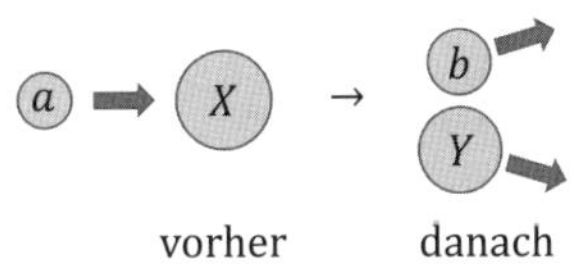

Abbildung 18.1 Visualisierung der Kernreaktion $a + X \longrightarrow b + Y$

18.1.1 Reaktionsenergie

Die Gesamtenergie muss bei den Kernreaktionen (18.1) erhalten bleiben. Bei anfangs ruhendem Targetkern X und anschließend intern angeregtem Kern Y bedeutet die Energieerhaltung:

$$E_a + E_X = E_b + E_Y \tag{18.2}$$

$$E_{\text{kin},a} + m_a\, c^2 + m_X\, c^2 = E_{\text{kin},b} + m_b\, c^2 + E_{\text{kin},Y} + E_Y^\star + m_Y\, c^2 \tag{18.3}$$

Ob eine Reaktion im Prinzip „von selbst“ oder nur mit zugeführter Energie stattfinden kann, zeigt die **Reaktionsenergie**, die auch kurz **Q-Wert** genannt wird. Wir berechnen Q über die Differenz der Ruheenergien vor und nach der Kernreaktion:

$$Q = [m_a + m_X]\, c^2 - [m_Y + m_b]\, c^2 \tag{18.4}$$

Ist die Reaktionsenergie Q positiv, handelt es sich um eine **exotherme Reaktion**. Durch Einsetzen von Q nach (18.4) in die Energieerhaltung (18.3) zeigt der Q-Wert alternativ die kinetischen Energien und die Anregungsenergien der Endprodukte an:

$$Q = (E_{\text{kin},b} + E_{\text{kin},Y} + E_Y^\star) - E_{\text{kin},a} > 0 \tag{18.5}$$

Ist Q negativ, handelt es sich um eine **endotherme Reaktion**. Der Anfangszustand muss kinetische Energie $E_{\text{kin}} \geq |Q|$ mitbringen (Schwellenenergie), um die Reaktion auszulösen:

$$E_{\text{kin},a} - (E_{\text{kin},b} + E_{\text{kin},Y} + E_Y^\star) = -Q > 0 \tag{18.6}$$

Die ►Abbildung 18.2 zeigt die Variante einer letztlich exothermen Reaktion, bei der eine Potentialschwelle überwunden werden muss.

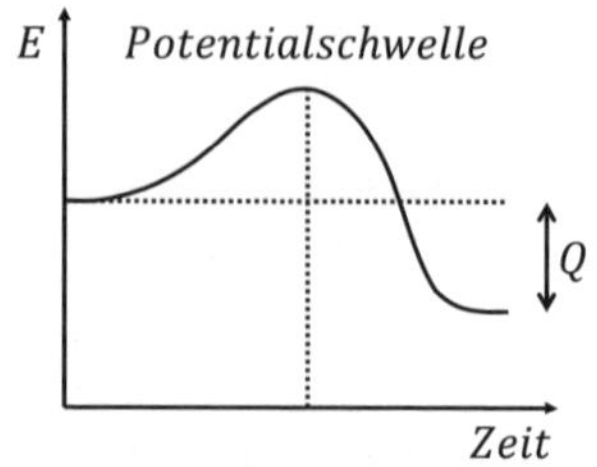

Abbildung 18.2 Beispiel einer exothermen Kernreaktion mit Potentialschwelle

Beispiel 54: Endotherme Reaktion

Wir wollen die Frage beantworten, ob folgende Reaktion endotherm oder exotherm ist:

$$^4_2\mathrm{He} + {}^4_2\mathrm{He} \longrightarrow {}^7_3\mathrm{Li} + p$$

Dafür nutzen wir Gleichung (18.4) und berechnen:

$$Q = [2 \cdot m_{^4_2\mathrm{He}}]\, c^2 - [m_{^7_3\mathrm{Li}} + m_p]\, c^2 \quad (18.7)$$

$$= (2 \cdot 3.728 - [6.535 + 938])\ \mathrm{MeV} = -17\,\mathrm{MeV} \quad (18.8)$$

Da die Reaktionsenergie Q negativ ist, handelt es sich um eine endotherme Reaktion.

18.1.2 Compoundkern

Häufig sind die genauen Prozessabläufe kompliziert. Eine vereinfachende Vorstellung ist das zweistufige „Compoundkern-Modell" (N. Bohr), in dem die Stoßpartner zunächst einen hochgradig angeregten „Compoundkern" bilden. Der Compoundkern „vergisst" seinen Anfangszustand und zerfällt unabhängig von der Art seiner Erzeugung:

$$a + X \longrightarrow C^\star \longrightarrow b + Y \quad (18.9)$$

Beispiel 55: Compoundkern

Beim Beschuss eines Lithium-Atoms mit Protonen entsteht als Hypothese des Compoundkern-Modells zunächst ein angeregter Beryllium-Kern. Der Beryllium-Kern zerfällt in zwei Helium-Kerne, wobei sich die gesamte Bindungsenergie erhöht. Diese überzählige Energie ΔE wird frei:

$$\mathrm{p} + {}^6_3\mathrm{Li} \longrightarrow {}^7_4\mathrm{Be}^*$$

$$\longrightarrow {}^4_2\mathrm{He} + {}^3_2\mathrm{He} + \Delta E$$

18.2 Kernspaltung

Kernspaltung bezeichnet eine Kernreaktion, bei der ein schwerer Atomkern in Kernfragmente aufgespalten wird. Dabei kann ein angeregter Compoundkern gebildet werden und es können freie Neutronen entstehen:

$$a + X \longrightarrow C^{\star} \longrightarrow Y_1 + Y_2 + \text{Neutronen} \tag{18.10}$$

18.2.1 Spontane Kernspaltung

Die Nuklidkarte in ►Abbildung 13.3 endet bei Atomkernen mit fast 300 Nukleonen. Die Kerne nahe dieser großen Nukleonenanzahl sind nicht stabil, sondern zerfallen durch Alpha-Zerfall oder durch spontane Kernspaltung in größere Kernfragmente.

Einen anschaulichen Grund für diese Limitierung liefert das phänomenologische Tröpfchenmodell für die Bindungsenergie (Kapitel 16.3). Im Vergleich seiner fünf Komponenten steigt die Coulomb-Abstoßung der Protonen bei großen Kernen am stärksten und reduziert damit die Bindungsenergie pro Nukleon (►Abbildung 16.9). Ein Beispiel eines spontan zerfallenden Kerns ist das Flerovium-Isotop $^{284}_{114}\mathrm{Fl}$ mit einer Bindungsenergie pro Nukleon von nur $E_B/A = 7{,}16\,\mathrm{MeV}$ (►Tabelle 16.3). Hier reduziert der Coulomb-Term die Bindung um mehr als $30\,\%$ (bezogen auf den Volumenanteil des Modells).

Bindungsenergie: Beim radioaktiven Alpha-Zerfall schwerer Atomkerne in der ►Abbildung 17.4 haben der emittierte Helium-Kern und der Endkern zusammen eine höhere Bindungsenergie als der Ausgangskern. Die Energiedifferenz wird als kinetische Energie der Endprodukte frei.

Wir beschränken uns hier nicht auf Helium-Kerne, sondern fragen allgemein, bei welchen Kernen durch Spaltung ein Bindungsenergievorteil entsteht. Für die Erklärung beschränken wir uns auf gg-Kerne, die in zwei gleichgroße Kernfragmente zerlegt werden. Die Differenz in den Bindungsenergien ΔE_B des Ausgangskerns $^{\mathrm{A}}_{\mathrm{Z}}\mathrm{X}$ und der beiden Endkerne $^{\mathrm{A}/2}_{\mathrm{Z}/2}\mathrm{Y}$ beträgt:

$$\Delta E_B = 2 \cdot E_B(^{\mathrm{A}/2}_{\mathrm{Z}/2}\mathrm{Y}) - E_B(^{\mathrm{A}}_{\mathrm{Z}}\mathrm{X}) \tag{18.11}$$

In der ►Abbildung 18.3 zeigen wir ΔE_B als Funktion der Nukleonenanzahl A. Oberhalb von $A \approx 100$ ergibt sich durch die Aufspaltung eines Kerns $\Delta E_B > 0$. Gelingt die Kernspaltung, wird dieser Bindungsenergievorteil als Reaktionsenergie frei (18.4):

$$Q = \Delta E_B > 0 \tag{18.12}$$

Zum Beispiel erzeugt die Spaltung eines einzigen Uran-Kerns $^{238}_{92}\mathrm{U}$ eine Reaktionsenergie von $Q \approx 200\,\mathrm{MeV}$!

Dass die Aufspaltung schwerer Kerne einen Bindungsenergievorteil ergibt, konnten wir bereits in der Verteilung der Bindungsenergie pro Nukleon E_B/A sehen, die zu hohen Nukleonenanzahlen hin abfällt (►Abbildung 13.6).

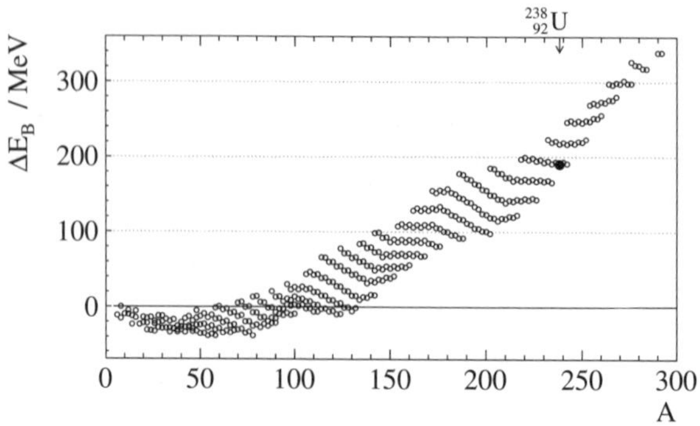

Abbildung 18.3 Differenz der Bindungsenergien für gg-Kerne $^{A}_{Z}X$ im Vergleich zur Summe der Bindungsenergien zweier exakt gleich großer Kernfragmente $^{A/2}_{Z/2}Y$. Exemplarisch ist hervorgehoben $^{238}_{92}U$ (Daten aus [16]).

Auch damit können wir die Reaktionsenergie einer Uran-Spaltung $^{238}_{92}U$ vereinfacht schätzen. Mit $E_B/A \approx 7{,}6\,\text{MeV}$ (►Tabelle 16.3) und Kernfragmenten mit $E_B/A \approx 8{,}5\,\text{MeV}$ ergibt sich die Bindungsenergiedifferenz von $Q = \Delta E_B = 238 \cdot 0{,}9\,\text{MeV} \approx 214\,\text{MeV}$.

Coulomb-Barriere: Auch wenn die Reaktionsenergie $Q > 0$ (18.12) ist, zerfallen die meisten Atomkerne mit Nukleonenanzahl $A > 100$ nicht spontan. Wie beim Alpha-Zerfall gibt es für die Kernfragmente eine Coulomb-Barriere, die zu überwinden ist (►Abbildung 18.2).

Die Kernfragmente haben viel größere Massen $m_K \gg m_{\text{He}}$ als der Helium-Kern und somit kleinere Wellenlängen $\lambda_K \ll \lambda_{\text{He}} \approx 1\,\text{fm}$ (17.31). Dadurch sinkt die Transmissionswahrscheinlichkeit $T \propto e^{-G}$ (17.32) der Kernfragmente nochmal stark ab, sodass spontane Zerfälle unterdrückt werden.

18.2.2 Induzierte Kernspaltung

Um die Reaktionsenergie $Q > 0$ (18.12) in der ►Abbildung 18.2 freizusetzen, benötigt es eine Störung von außen. Diese gelingt durch Beschuss, wobei Neutronen als Projektile besonders gut geeignet sind, da sie keine Coulomb-Schwelle überwinden müssen.

In der ►Abbildung 18.4 sind Streuquerschnitte für die Kernspaltung von Uran mit Neutronen gezeigt. Das häufigste Uran-Isotop $^{238}_{92}U$ hat bei kleinen Neutron-Energien E einen geringen Streuquerschnitt σ, der erst um $E = 1\,\text{MeV}$ ansteigt. Die Uran-Isotope $^{233}_{92}U$ und $^{235}_{92}U$ können bereits bei sehr geringen Neutron-Energien E effizient gespalten werden.

Der Grund für die hohe Effizienz ist die Bindungsenergie im Vergleich zur Höhe der Coulomb-Barriere. Bei dem Einfang eines Neutrons in das Uran-Isotop $^{235}_{92}U$ entsteht der angeregte gg-Kern $^{236}_{92}U^\star$:

$$n + {}^{235}_{92}U \longrightarrow {}^{236}_{92}U^\star \qquad (18.13)$$

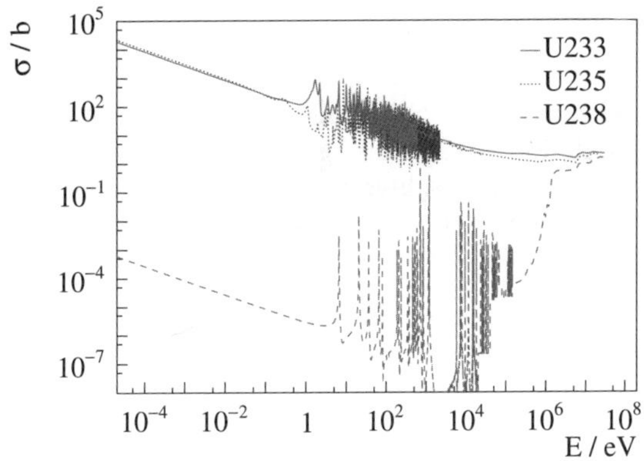

Abbildung 18.4 Streuquerschnitt σ für die Spaltung von Uran-Kernen als Funktion der kinetischen Energie E der Neutronen für ${}^{233}_{92}\mathrm{U}$, ${}^{235}_{92}\mathrm{U}$ und ${}^{238}_{92}\mathrm{U}$ (Daten aus [43]).

Der Unterschied in den Ruheenergien (18.4) reicht hier aus, um die Coulomb-Barriere zu überwinden (erforderlich sind nur $E = 5{,}1\,\mathrm{MeV}$ [43]):

$$Q = (m_{{}^{235}_{92}\mathrm{U}} + m_n - m_{{}^{236}_{92}\mathrm{U}^\star})\,c^2 \tag{18.14}$$

$$= (218.894{,}998 + 939{,}565 - 219.828{,}018)\,\mathrm{MeV} = 6{,}5\,\mathrm{MeV} \tag{18.15}$$

Die Kernspaltung von Uran wurde erstmalig von F. Strassmann, L. Meitner und O. Hahn durch Neutron-Beschuss von ${}^{238}_{92}\mathrm{U}$ nachgewiesen (Chemie-Nobelpreis an O. Hahn 1944).

Kettenreaktion: Als Beispiel für eine Kernspaltung verwenden wir im Folgenden ${}^{235}_{92}\mathrm{U}$. In der Realität sind die meisten Kernspaltungen nicht symmetrisch, sondern bilden unterschiedlich große Kernfragmente. Eine typische Reaktion von vielen möglichen ist

$$n + {}^{235}_{92}\mathrm{U} \longrightarrow {}^{236}_{92}\mathrm{U}^\star \longrightarrow {}^{140}_{55}\mathrm{Cs}^\star + {}^{94}_{37}\mathrm{Rb}^\star + 2\,n + Q \tag{18.16}$$

mit einer Reaktionsenergie von $Q = 198\,\mathrm{MeV}$ [37].

Eine entscheidende Beobachtung dabei ist, dass beim Beschuss mit nur einem Neutron im Endzustand zwei Neutronen entstehen. Die größeren Ursprungskerne haben einen höheren Neutronenüberschuss als die kleineren Kernfragmente, wie wir auf der Nuklidkarte in ►Abbildung 13.3 sehen. Im Mittel setzt jeder Spaltprozess 2,4 sogenannte prompte Neutronen frei. Zusätzlich gibt es bei Zerfällen der angeregten Endprodukte (*-Symbol in (18.16)) weitere sogenannte verzögerte Neutronen.

Die bei der Spaltung eines Uran-Kerns erzeugten Neutronen können für die Spaltung weiterer Uran-Kerne verwendet werden, sodass eine Kettenreaktion erfolgt. In Atomkraftwerken wird die Kettenreaktion durch Abschirmungen und Materialien zum Abbremsen der Neutronen so kontrolliert, dass eine konstante Anzahl von Kernspaltungen pro Zeit erzielt wird. Die dabei erzeugte Wärme wird in Drehbewegung von Stromgeneratoren umgesetzt und damit zur Stromerzeugung genutzt (siehe Band 2 [19]). Bei dem unerfreulichen Thema der Atomwaffen entfällt die Kontrolle, die Kettenreaktion läuft bis das spaltbare Material aufgebraucht ist.

18.3 Kernfusion

Gegenüber freien Nukleonen haben Nukleonen im Atomkern den Energievorteil der Bindungsenergie. Für leichte Kerne kann dieser Bindungsenergievorteil weiter erhöht werden, indem zwei Kerne zu einem schwereren Kern fusionieren. Bereits in der ►Abbildung 13.6 zur Bindungsenergie pro Nukleon E_B/A konnten wir sehen, dass die Fusion leichter Kerne bis zu Eisen-Kernen lohnt.

Das herausragende Beispiel für Kernfusionsprozesse sind die Sterne, wozu unsere Sonne zählt. Die Sonne besteht überwiegend aus Wasserstoff, der unter hohen Temperaturen in einem mehrstufigen Prozess zu Helium-Kernen fusioniert. Wir sprechen dabei von Wasserstoffbrennen, um den Prozess von Fusionsprozessen von Helium- oder schwereren Kernen zu unterscheiden, die auf sehr massereichen Sternen möglich sind.

18.3.1 p-p-Fusionskette der Sonne

Der wichtigste Fusionsprozess der Sonne ist die sogenannte p-p-Kette. Dieser dreistufige Fusionsprozess ist in ►Abbildung 18.5 visualisiert.

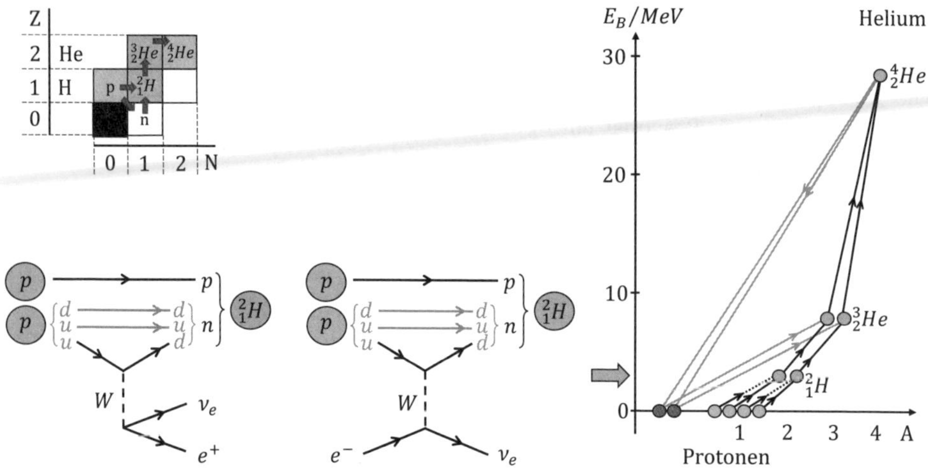

Abbildung 18.5 Links oben, Ausschnitt aus der Nuklidkarte für das Wasserstoffbrennen der Sonne. Links unten, für die Bildung von Deuterium geht ein Proton durch einen der beiden schwachen Wechselwirkungsprozesse in ein Neutron über. Rechts, die p-p-Kette ist ein dreistufiger Prozess mit Bildung von Deuterium-Kernen, Helium-3-Kernen und Endprodukten Helium-4-Kern mit Bindungsenergie $E_B = 28{,}3\,\text{MeV}$ und zwei Protonen.

Im sehr heißen Innenbereich der Sonne bei Temperaturen von $T \approx 10^7\,\text{K}$ sind die Wasserstoffatome ionisiert, Protonen und Elektronen bilden ein dichtes Teilchengemisch, das als **Plasma** bezeichnet wird.

Zwei Protonen können nicht direkt zu einem Kern-Bindungszustand fusionieren, solche Zustände sind nicht bekannt. Der einzige bekannte Zwei-Nukleonen-Zustand ist das Deuteron aus Proton und Neutron.

Daher muss zunächst ein Proton durch einen schwachen Wechselwirkungsprozess in ein Neutron übergehen. Die beiden möglichen Prozesse sind in der ►Abbildung 18.5 gezeigt. Wir haben sie bereits im Kapitel 17.3 zum Beta-Zerfall kennengelernt: Proton-Beta-Zerfall ►Abbildung 17.15 und K-Einfang 17.27.

Fusionsschritt 1: Mit dem Proton-Übergang zum Neutron lautet der Prozessschritt zum Deuterium-Kern:

$$p + p \longrightarrow {}^2_1\mathrm{H} + \mathrm{e}^+ + \nu_e + \Delta E_{1,a} \tag{18.17}$$

Die Energiebilanz dieser Reaktion beträgt (18.4):

$$\Delta E_{1,a} = (2 \cdot m_p - (m_{{}^2_1\mathrm{H}} + m_{\mathrm{e}^+} + m_{\nu_e}))\, c^2 \tag{18.18}$$

$$= (2 \cdot 938{,}272 - 1.875{,}613 - 0{,}511 - 0)\,\mathrm{MeV} = 0{,}42\,\mathrm{MeV} \tag{18.19}$$

Das Positron wird sofort mit einem Elektron in zwei Photonen vernichtet (►Abbildung 17.26), die jeweils $m_e = 0{,}511\,\mathrm{MeV}$ der Elektron- bzw. Positronmasse tragen. Dabei wird also zusätzlich die Energie

$$\Delta E_{1,\gamma\gamma} = E_{\gamma\gamma} = 1{,}022\,\mathrm{MeV} \tag{18.20}$$

frei. Der Anteil zählt positiv in die Energiebilanz der p-p-Kette.

Das Neutrino erhält entsprechend der Überschussenergie maximal $E_{\nu_e} = 0{,}42\,\mathrm{MeV}$ Energie (18.19). Im Mittel beträgt die Neutrino-Energie

$$\Delta E_{1,\nu_e} = \langle E_{\nu_e} \rangle \approx 0{,}26\,\mathrm{MeV}\,. \tag{18.21}$$

Wegen des sehr geringen Neutrino-Streuquerschnitts (17.54) durchquert es die Sonne und wird zum Botschafter über Prozesse des Sonnen-Inneren. In speziellen Detektoren wird es auf der Erde nachgewiesen [8]. In der Energiebilanz der p-p-Kette zählt dieser verlorene Anteil negativ.

Fusionsschritt 2,3: Alle nun folgenden Reaktionen sind Prozesse der starken Wechselwirkung. Als zweite Stufe wird aus einem Deuterium-Kern durch ein weiteres Proton ein Helium-3-Kern gebildet:

$${}^2_1\mathrm{H} + p \longrightarrow {}^3_2\mathrm{He} + \Delta E_2 \tag{18.22}$$

Die Reaktionsenergie beträgt dabei (18.4):

$$\Delta E_2 = (m_{{}^2_1\mathrm{H}} + m_p - m_{{}^3_2\mathrm{He}})\, c^2 \tag{18.23}$$

$$= (1.875{,}613 + 938{,}272 - 2.808{,}389)\,\mathrm{MeV} = 5{,}496\,\mathrm{MeV} \tag{18.24}$$

In der dritten Stufe fusionieren zwei Helium-3-Kerne zu einem Helium-4-Kern, wobei zwei Protonen frei werden.

$${}^3_2\mathrm{He} + {}^3_2\mathrm{He} \longrightarrow {}^4_2\mathrm{He} + p + p + \Delta E_3 \tag{18.25}$$

Die Energiebilanz dafür beträgt hier (18.4):

$$\Delta E_3 = (2 \cdot m_{^3_2\mathrm{He}} - (m_{^4_2\mathrm{He}} + 2 \cdot m_p))\,c^2 \tag{18.26}$$

$$= (2 \cdot 2.808{,}389 - 3.727{,}379 - 2 \cdot 938{,}272)\,\mathrm{MeV} = 12{,}855\,\mathrm{MeV} \tag{18.27}$$

Gesamt-Reaktionsenergie: Wir fassen alle Reaktionsenergien anhand der p-p-Kette hier zusammen und beachten die Häufigkeit der Prozesse für die Fusion eines Helium-Kerns (►Abbildung 18.5, Gleichungen (18.19), (18.20), (18.21), (18.24), (18.27)):

$$\Delta E = 2 \cdot (\Delta E_{1,a} + \Delta E_{1,\gamma\gamma} - \Delta E_{1,\nu_e}) + 2 \cdot \Delta E_2 + \Delta E_3 \tag{18.28}$$

$$= 2 \cdot (0{,}42 + 1{,}022 - 0{,}26) + 2 \cdot 5{,}496 + 12{,}855)\,\mathrm{MeV} \tag{18.29}$$

$$= 26{,}2\,\mathrm{MeV} \tag{18.30}$$

Für jedes fusionierte Proton werden demnach

$$\Delta E(\mathrm{Proton}) = 6{,}55\,\mathrm{MeV} \tag{18.31}$$

in Form von hochenergetischer Strahlung frei. Diese Strahlung wird durch das Sonnen-Innere transportiert und teilt seine Energie auf dem Weg zum Außenbereich durch Wechselwirkungen von Photonen (Kapitel 1.2) mit der Sonnenmaterie auf. Der Energietransport nach außen verläuft langsam und wird von Wärmestrahlung dominiert (Mechanismen des Wärmetransports siehe Band 1 [18]).

Informationen zur Sonne: Der beschriebene Prozess des Wasserstoffbrennens ist der häufigste Prozess. Er wird durch weitere Prozesse ergänzt, wobei in allen Vorgängen vier Protonen zu einem Helium-Kern fusionieren.

Das für uns sichtbare Sonnenspektrum wird von einer dünnen Außenschicht der Sonne emittiert (Photosphäre). Das Spektrum hat ungefähr die Form eines schwarzen Strahlers (Kapitel 1.3), wodurch wir die Oberflächentemperatur zu $T = 5.772\,\mathrm{K}$ bestimmen können. Im Spektrum sind Absorptionslinien zu sehen (Fraunhofer-Linien), die auf die Elementzusammensetzung in dieser Schicht hinweisen. Das überwiegend häufigste Element ist Wasserstoff, am zweithäufigsten ist Helium. Alle schwereren Elemente folgen mit sehr geringen Anteilen [5, 36].

Beispiel 56: Sonne

Wir fassen hier einige wichtige Daten und Eigenschaften der Sonne zusammen:

- Masse $M_\odot = 1{,}988(92) \cdot 10^{30}\,\mathrm{kg}$
- Radius $R_\odot = 6{,}963(42) \cdot 10^{8}\,\mathrm{m}$
- Mittlere Dichte $\rho = 1{,}4 \cdot 10^{3}\,\frac{\mathrm{kg}}{\mathrm{m}^3}$
- Solarkonstante (Intensität pro $1\,\mathrm{m}^2$) $S_k \approx 1{,}361 \cdot 10^{3}\,\frac{\mathrm{W}}{\mathrm{m}^2}$
- Leuchtkraft (Gesamtintensität) $L_\odot = 3{,}828 \cdot 10^{26}\,\mathrm{W}$
- Alter ca. 4–5 Milliarden Jahre

- Das Spektrum entspricht dem eines schwarzen Strahlers mit der effektiven Temperatur $T = 5.772\text{K}$.
- Temperatur in der Sonne 10^7 K
- Wärmestrahlung dominiert den (langsamen) Energietransport innerhalb der Sonne nach außen ($\tau \approx 10^7$ Jahre).
- Die Absorptionslinien im Sonnenspektrum (Fraunhofer-Linien) zeigen als das häufigste Element Wasserstoff und das zweithäufigste Element Helium sowie alle schwereren Elementen mit kleinem Anteil.
- Nachdem der Wasserstoffvorrat der Sonne in einigen Milliarden Jahren aufgebraucht ist, reicht die Temperatur nicht für Fusionsprozesse schwererer Kerne. In der Endphase wird die Sonne zum roten Riesen, bevor dieser in einen weißen Zwerg übergeht.

Das Wichtigste zum Mitnehmen

Zum Mitnehmen: Reaktionen 1

- **Kernreaktionen** sind inelastische Streuprozesse eines Strahlteilchens a mit einem Targetteichen X, die zu Kernfragmenten und Teilchen Y und b führen. Der **Q-Wert** (Reaktionsenergie) zeigt den Unterschied zwischen den Ruheenergien der Teilchen im Anfangs- und Endzustand. Als Teil der Gesamtenergieerhaltung zeigt der Q-Wert **exotherme** (genügend Energie) und **endotherme** (erfordert Energie) Reaktionen an (anfangs ruhender Targetkern X, anschließend intern angeregter Kern Y):

Kernreaktion	$a + X \longrightarrow b + Y$	(18.1)
Reaktionsenergie	$Q = [m_a + m_X]\,c^2 - [m_Y + m_b]\,c^2$	(18.4)
Exotherm	$Q = (E_{\text{kin},b} + E_{\text{kin},Y} + E_Y^\star) - E_{\text{kin},a} > 0$	(18.5)
Endotherm	$E_{\text{kin},a} - (E_{\text{kin},b} + E_{\text{kin},Y} + E_Y^\star) = -Q > 0$	(18.6)

- Zur Beschreibung komplizierter Prozessabläufe eignet sich das **Compoundkern-Modell** mit einem intermediären angeregten Kern, der unabhängig vom Anfangszustand zerfällt:

$$a + X \longrightarrow C^\star \longrightarrow b + Y \tag{18.9}$$

- Bei **Kernspaltungen** schwerer Atomkerne oberhalb von $A \gtrsim 100$ haben die Kernfragmente zusammen eine höhere Bindungsenergie als der Ausgangskern. Spontane Spaltungen sind durch sehr geringe Tunnelwahrscheinlichkeit an der Coulomb-Barriere allerdings selten.

  Induzierte Kernspaltung geschieht durch Beschuss eines schweren Atomkerns X z. B. mit Neutronen n. Die Aufteilung der A Nukleonen auf die Kernfragmente Y_1 und Y_2 ist fast immer asymmetrisch.

  Der **Neutron-Streuquerschnitt** für **Spaltung** beschreibt die Effektivität des Prozesses. Das Uran-Isotop ${}^{235}_{92}\text{U}$ hat hohen Streuquerschnitt bei kleinen Neutron-Energien. Durch Neutron-Einfang erzeugt es den gg-Kern $C^\star = {}^{236}_{92}\text{U}$ oberhalb der Mindestenergie für Spaltung. Pro Spaltprozess wird Reaktionsenergie Q frei:

$$n + X \longrightarrow C^\star \longrightarrow Y_1 + Y_2 + \text{freie Neutronen} \tag{18.10}$$

$$n + {}^{235}_{92}\text{U} \longrightarrow {}^{236}_{92}\text{U}^\star \longrightarrow {}^{140}_{55}\text{Cs}^\star + {}^{94}_{37}\text{Rb}^\star + 2\,n + Q \tag{18.16}$$

$$Q \approx 200\,\text{MeV} \tag{18.32}$$

Zum Mitnehmen: Reaktionen 2

- Bei der Kernspaltung entstehen **freie Neutronen** (18.10). Diese Neutronen können für weitere Kernspaltungsprozesse genutzt werden, es entsteht eine **Kettenreaktion**.
- Bei **Kernfusion** leichter Atomkerne X entstehen Kerne Y mit höherer Bindungsenergie als die Anfangsprodukte aufweisen (Y bis zum Nuklid Eisen $^{58}_{26}\mathrm{Fe}$, ►Abbildung 13.6, 13.7).
- **Sonnenenergie** entsteht durch Kernfusion von **vier Protonen** zu einem **Helium-Kern** bei **Temperaturen** $T \approx 10^7$ K. Überwiegender Prozess ist die dreistufige p-p-**Kette. Schwache Wechselwirkung** ist zur Bildung des Deuterium-Kerns erforderlich, sonst sind es Prozesse der **starken Wechselwirkung**.

  Pro Durchlauf der p-p-Kette wird Energie ΔE frei, die bei Transportprozessen nach außen zu Wellenlängen im sichtbaren Bereich führt. Das **Sonnenspektrum** folgt ungefähr der Schwarzkörperstrahlung bei der **Oberflächentemperatur** $T = 5.772\,\mathrm{K}$:

$$p + p \longrightarrow {}^2_1\mathrm{H} + \mathrm{e}^+ + \nu_e + \Delta E_1 \tag{18.17}$$

$${}^2_1\mathrm{H} + p \longrightarrow {}^3_2\mathrm{He} + \Delta E_2 \tag{18.22}$$

$${}^3_2\mathrm{He} + {}^3_2\mathrm{He} \longrightarrow {}^4_2\mathrm{He} + p + p + \Delta E_3 \tag{18.25}$$

$$\Delta E = 26{,}2\,\mathrm{MeV} \tag{18.30}$$

Gemeinsam verstehen

19

Wie gut können Sie bereits über die Themen sprechen? Führen Sie zu zweit ein wissenschaftliches Gespräch miteinander und beachten Sie dabei die Hinweise in Kapitel 7.

Aufgabe 32: Partnerarbeit: Bindungsenergie

Was bedeutet: Bindungsenergie eines Kerns? Erklären Sie jeweils ein Experiment zur Bestimmung der Masse, der Ladung, des magnetischen Moments eines Kerns.

Aufgabe 33: Partnerarbeit: Kerngröße

Mit welchen experimentellen Methoden kann man die Kerngröße und Kernform bestimmen?

Aufgabe 34: Partnerarbeit: Alpha-Strahlung

Wie kommt die Radioaktivität der Alpha-Strahlung zustande?

Aufgabe 35: Partnerarbeit: Beta-Strahlung

Welche Bedeutung hat die Entdeckung der Emission von Elektronen bzw. Positronen aus Kernen?

Aufgabe 36: Partnerarbeit: Gamma-Strahlung

Durch welche Mechanismen entsteht spontan hochenergetische Photon-Emission aus dem Atom ($E > 10\,\mathrm{keV}$)?

Aufgabe 37: Partnerarbeit: Kernreaktionen

Woher stammt die Sonnenenergie?

Index

F

G

H

Literaturverzeichnis

[1] Abramowicz, H., et al., Combination of measurements of inclusive deep inelastic ep scattering cross sections and QCD analysis of HERA data, Eur. Phys. J. C 75 (2015) 580

[2] Ajzenberg-Selove, F., Energy levels of light nuclei A = 13-15, Nuclear Physics A523 (1991) 1, and from ENSDF database as of Feb. 18, 2024. Version available at http://www.nndc.bnl.gov/ensarchivals

[3] Aker, M., et al., Katrin Collaboration, Direct neutrino-mass measurement with sub-electronvolt sensitivity, Nat. Phys. 18 (2022) 160

[4] Angeli, I., A consistent set of nuclear rms charge radii: properties of the radius surface R(N,Z), Atomic Data and Nuclear Data Tables, Vol. 87, Issue 2, 2004, Pages 185–206, ISSN 0092-640X, https://doi.org/10.1016/j.adt.2004.04.002.

[5] Asplund, M., Amarsi, A. M. and Grevesse, N., The chemical make-up of the Sun: A 2020 vision, Astronomy & Astrophysics Vol. 653 (2021) A141

[6] Barnes, T., Godfrey, S. and Swanson, E. S., Higher charmonia, Phys. Rev. D 72 (2005) 054026

[7] Bartel, W., et al., Electroproduction of pions near the Δ (1236) isobar and the form factor G_M^* of the $\gamma N \Delta$-vertex, Phys. Lett. B 28 (1968) 148

[8] Bellini, G. et al., BOREXINO Collaboration, Neutrinos from the primary proton-proton fusion process in the Sun, Nature 512 (2014) 7515, 383

[9] Berger, M.J., Hubbell, J.H., Seltzer, S.M., Chang, J., Coursey, J.S., Sukumar, R., Zucker, D.S. and Olsen, K., NIST, PML, Radiation Physics Division, https://www.nist.gov/pml/xcom-photon-cross-sections-database

[10] BIPM, Le Système international d'unités / The International System of Units (The SI Brochure). Bureau international des poids et mesures, ninth edition (2019), ISBN 978-92-822-2272-0, www.bipm.org.

[11] Bronstein, I., Semendjajev, K., Musiol, G., Mühlig, H., Taschenbuch der Mathematik, 11. Auflage. Verlag Europa-Lehrmittel, Haan Gruiten (2020)

[12] Browne, E., Tuli, J.K., The National Nuclear Data Center at Brookhaven National Laboratory, NDS 108 (2007) 2173, https://www.nndc.bnl.gov/ensdf/DatasetFetchServlet

[13] Carnal, 0. and Mlynek, J., Youngs Doppelspalt-Experiment mit Atomen: Ein einfaches Atominterferometer, Physikalische Blätter 47 (1991) Nr. 5, 379

[14] Demtröder, W.: Experimentalphysik 3, Atome, Moleküle und Festkörper, 5. Auflage. Springer Verlag, Berlin, ISBN: 978-3-662-49094-5 (2016)

[15] Demtröder, W.: Experimentalphysik 4, Kern-, Teilchen- und Astrophysik, 4. Auflage. Springer Verlag, Berlin, ISBN: 978-3-662-52883-9 (2017)

[16] Coursey, J.S., Schwab, D.J., Tsai, J.J., and Dragoset, R.A. (2015), Atomic Weights and Isotopic Compositions (version 4.1) [2024, Jan. 2] http://physics.nist.gov/Comp. National Institute of Standards and Technology, Gaithersburg, MD.

[17] Deslattes, R.D., et al. (The National Institute of Standards and Technology NIST), X-Ray Transition Energies, http://physics.nist.gov/PhysRefData/XrayTrans/Html/search.html

[18] Erdmann, M., Flügge, G., Experimentalphysik 1, Mechanik und Wärme, Pearson Studium, ISBN 978-3-86894-416-7 (2022)

[19] Erdmann, M., Flügge, G., Risse, M., Experimentalphysik 2, Felder und Wellen, Pearson Studium, ISBN 978-3-8689-4418-1 (2021)

[20] Erdmann, M., Hebbeker, T., Schmidt, A., Statistische Methoden in der Experimentalphysik, Pearson Studium, ISBN 978-3-8689-4391-7 (2019)

[21] Farwell, G.W. and Wegner, H.E., Elastic Scattering of Intermediate-Energy Alpha Particles by Gold, Phys. Rev. 93 (1954) 356

[22] Feynman, R., Leighton, R., and Sands, M., The Feynman Lectures on Physics. 3 volumes 1964, 1966. Library of Congress Catalog Card No. 63-20717

[23] Fixsen, D. J., et al, The Cosmic Microwave Background Spectrum from the Full COBE FIRAS Data Set, ApJ 473 (1996) 576

[24] Fregeau, J.H. and Hofstadter R., High-Energy Electron Scattering and Nuclear Structure Determinations. III. Carbon-12 Nucleus, Phys. Rev. 99 (1955) 1503

[25] Gähler, R. and Zeilinger A., Wave-optical experiments with very cold neutrons, Am. J. Phys. 59 (1991) No. 4, 316

[26] Gaiser, J., et al., Charmonium Spectroscopy from Inclusive psi-prime and J/psi Radiative Decays, Phys. Rev. D 34 (1986), 71; Gaiser, J. E., Charmonium Spectroscopy from Radiative Decays of the J/ψ and ψ', SLAC-0255.

[27] Haken, H., Wolf, H.C., Atom und Quantenphysik, Springer-Verlag, ISBN 3-540-02621-5 (2003)

[28] Hahn, B., Ravenhall, D. G. and Hofstadter R., High-Energy Electron Scattering and the Charge Distributions of Selected Nuclei, Phys. Rev. 101 (1956) 1131

[29] Hofstadter R., Nobel Lecture, https://www.nobelprize.org/uploads/2018/06/hofstadter-lecture.pdf

[30] International Atomic Energy Agency, Nuclear Data Section, Nuclear Data Services (2024), https://www-nds.iaea.org

[31] Kramida, A., Ralchenko, Yu., Reader, J., and NIST ASD Team (2022). NIST Atomic Spectra Database (ver. 5.10), Available: https://physics.nist.gov/asd [2023, September 2]. National Institute of Standards and Technology, Gaithersburg, MD. doi:10.18434/T4W30F

[32] Hui Liu, Na-Na Ma, Rong Wang, Nuclear Fermi momenta of 2H, 27Al and 56Fe from an analysis of CLAS data, Nuclear Physics A, Vol. 1018 (2022) 122377

[33] Matsumoto, R. et al., Super-Kamiokande Collaboration, Search for proton decay via $p \to \mu^+ K^0$ in 0.37 megaton-years exposure of Super-Kamiokande, Phys. Rev. D 106 (2022) 7, 072003

[34] Mertzimekis, T.J., Stamou, K., Psaltis, A., Nucl. Instrum. Meth. Phys. Res. A 807 (2016) 56, doi:10.1016/j.nima.2015.10.096; Mertzimekis, T.J., Development of a dedicated online database for nuclear moments data, Technical Report, INDC(NDS)-0704 (2016)

[35] Mohr, P.J., Newell, D.B., Taylor, B.N., CODATA Recommended Values of the Fundamental Physical Constants: 2014, arxiv 1507.07956 [physics.atom-ph] (2015); Newell, D. B. et al., The CODATA 2017 values of h, e, k, and N_A for the revision of the SI, Metrologia 55, L13-L16 (2018); Mohr, P.J., Newell, D.B., Taylor, B.N., Tiesinga, E., Data and analysis for the CODATA 2017 special fundamental constants adjustment, Metrologia 55, 125–146 (2018); *NIST:* physics.nist.gov/constants (7-Sep-2020)

[36] Magg, E., et al., Observational constraints on the origin of the elements, Astronomy & Astrophysics 661 (2022) A140

[37] Otter, G. and Honecker, R., Atome-Moleküle-Kerne, 2. Auflage, B. G. Teubner, ISBN 978-3-519-03220-5 (1996)

[38] Povh, B., Rith, K., Scholz, C., Zetsche, F., Teilchen und Kerne, Springer Verlag, ISBN 978-3-642-37821-8 (2014)

[39] Raman, S., Nestor, C.W., Tikkanen, P., Transition Probabilities from the Ground to the first-excited 2^+ State of Even-Even Nuclides, Atomic Data and Nuclear Data Tables, Volume 78 (2001) Issue 1, 1

[40] Rauch, H., Treimer W. and Bonse, U., Test of a single crystal neutron interferometer, Phys. Lett. A 47 (1974) 369

[41] Rausch, R., online Periodensystem, www.periodensystem-online.de

[42] Wegner, H. E., Eisberg, R. M. and Igo, G., Elastic Scattering of 40-Mev Alpha Particles from Heavy Elements, Phys. Rev. 99 (1955) 825

[43] Young, P. G. et al, Data base of nuclear reactions, National Nuclear Data Center, Brookhaven National Laboratory, https://www.nndc.bnl.gov/sigma/index.jsp

[44] Yearian, M. R. and Hofstadter, R., Magnetic Form Factor of the Neutron, Phys. Rev. 110 (1958) 552

[45] Navas, S., et al. (Particle Data Group], Review of particle physics, Phys. Rev. D 110 (2024) no. 3, 030001, https://pdg.lbl.gov